책장을 넘기며 느껴지는
몰입의 기쁨

노력한 만큼 빛이 나는
내일의 반짝임

새로운 배움, 더 큰 즐거움

미래엔이 응원합니다!

올리드

중등 과학 3-1

BOOK CONCEPT

개념 이해부터 내신 대비까지 완벽하게 끝내는 필수 개념서

BOOK GRADE

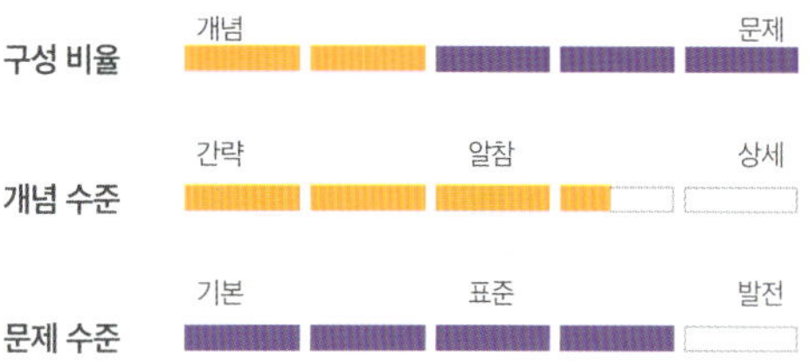

WRITERS

미래엔콘텐츠연구회

No.1 Content를 개발하는 교육 전문 콘텐츠 연구회

COPYRIGHT

인쇄일 2025년 11월 3일(1판17쇄)
발행일 2019년 10월 1일

펴낸이 신광수
펴낸곳 ㈜미래엔
등록번호 제16-67호

중고등개발본부장 하남규
개발책임 오진경
개발 서규석, 최진경, 정도윤, 유미나, 유수진, 염혜영, 하희수

디자인실장 손현지
디자인책임 김기욱
디자인 이진희, 이돈일

CS본부장 장명진

ISBN 979-11-6413-920-0

* 본 도서는 저작권법에 의하여 보호받는 저작물로, 협의 없이 복사, 복제할 수 없습니다.

* 파본은 구입처에서 교환 가능하며, 관련 법령에 따라 환불해 드립니다. 단, 제품 훼손 시 환불이 불가능합니다.

만화경

여러분은 혹시 만화경을 만들어 본 적이 있나요?
만화경은 거울로 된 통에 여러 가지 색깔의
종잇조각이나 유리구슬을 넣어서 만드는데요.
한쪽 끝으로 가만히 만화경을 들여다보며 조금씩 돌리다 보면
반대쪽으로 들어온 빛이 거울에서 계속 반사되어
여러 가지 무늬를 볼 수 있는 신기한 물건이죠.
보는 방향에 따라 모양도 무늬도 훨씬 다양하게 아름다워진답니다.

새학년이 되고 보니 작년보다 조금 더 어려운 듯도 하고
또다시 잘할 수 있을까 걱정이 되기도 하겠지요.
하지만 그동안 올리드로 다져진 탄탄한 기본기를 바탕으로
이리저리 다양한 시각으로 과학을 들여다보면
어느새 우리 눈앞에 쉽고 흥미로운 과학의 세계가 펼쳐질 거예요.

올리드가 여러분의 만화경에 빛을 담아드리겠습니다.
함께 신나고 재미있는 과학의 세계로 떠나 볼까요?

Structure

[**쉽게쉽게!**]
4종 과학 교과서를 친절하게 설명한 올리드로 쉽게 **개념을 잡아 보자**!

[**꼼꼼하게!**]
개념 다지기 문제 → 실력 확인하기 문제 → 단원 마무리하기 문제로 꼼꼼하게 **실력을 쌓자**!

[**확실하게!**]
개념학습편을 공부한 후 시험대비편으로 반복 학습하여 확실하게 **성적을 올려 보자**!

개념 학습편

1 개념 강화 학습

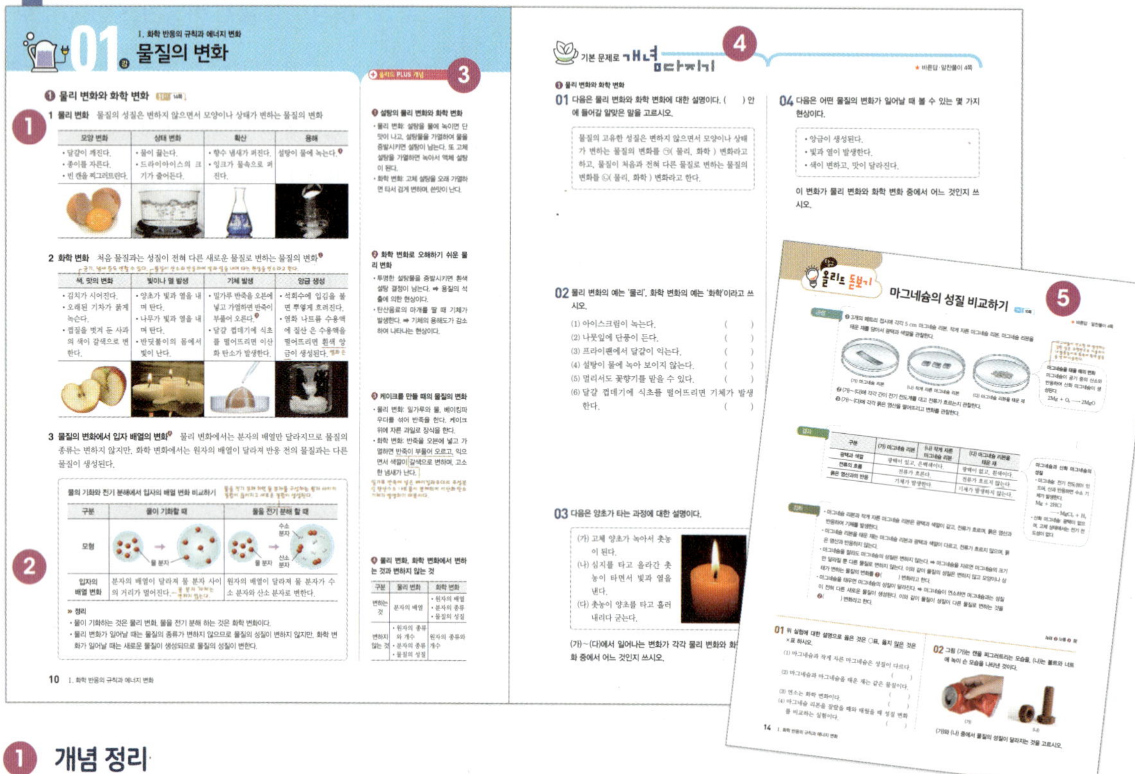

❶ 개념 정리
교과서 핵심 내용을 다양한 그림과 자료를 이용하여 이해하기 쉽게 정리하였습니다.

❷ 자료 분석
개념을 익히며 꼭 필요한 알짜 자료만 엄선하여 알기 쉽게 자료를 분석하여 정리하였습니다.

❸ ➕ 올리드 PLUS 개념
개념을 이해하는 데 더 필요한 보충과 심화 자료, 꼭 알아야 하는 용어를 쉽게 정리하였습니다.

❹ 기본 문제로 개념다지기
학습한 기본 개념을 빠르게 확인할 수 있도록 빈칸 채우기, 선 연결, OX 문제 등 다양한 유형의 쉬운 문제로 구성하였습니다.

❺ 올리드 돋보기
탐구/자료/개념 돋보기로 핵심 개념과 탐구를 집중 학습할 수 있으며, 문제로 개념을 이해했는지 바로 확인할 수 있습니다.

2 마무리 학습

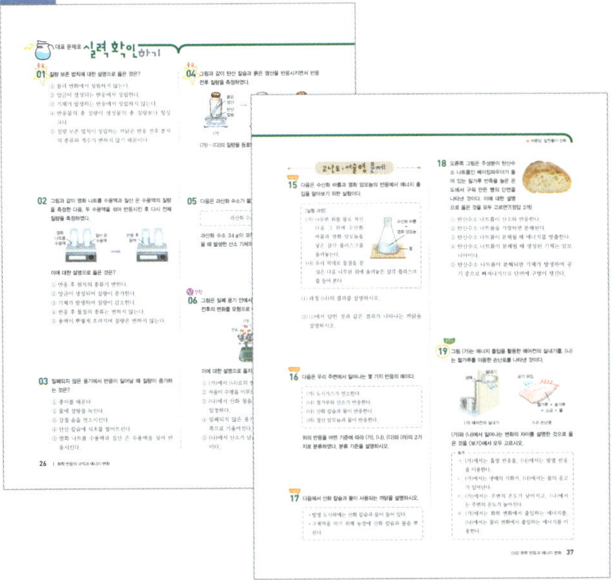

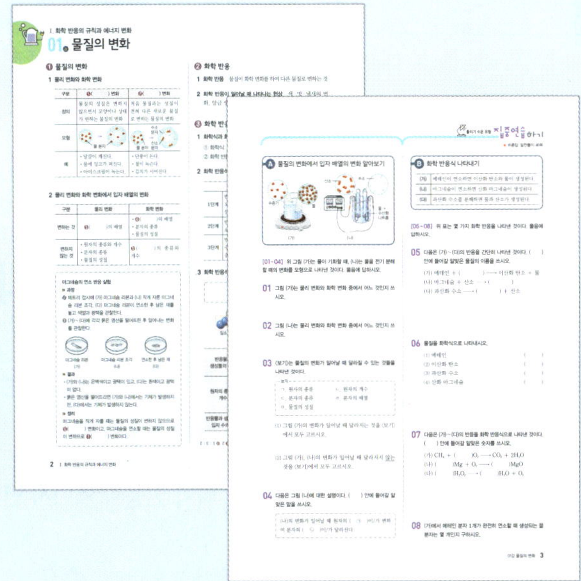

강별 대표 문제로 실력 확인하기

시험에 꼭 나올 만한 다양한 실전 문제와 함께 최신 경향의 변별력 있고 차별화된 고난도와 서술형 문제로 강별 학습 내용을 종합적으로 마무리할 수 있습니다.

핵심 정리 + 틀리기 쉬운 유형 집중연습하기

빈칸을 채우며 강별 핵심 개념을 확인할 수 있으며, 강별 계산력 강화, 탐구 자료 강화, 함정이 있는 유형 등의 문제를 집중 연습할 수 있습니다.

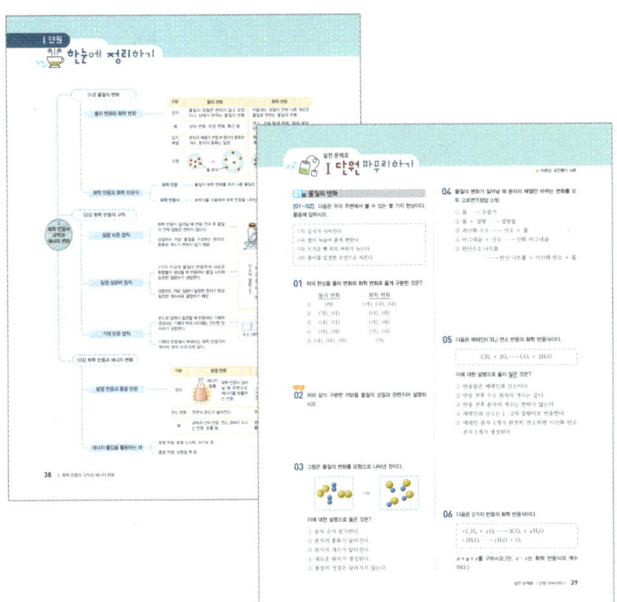

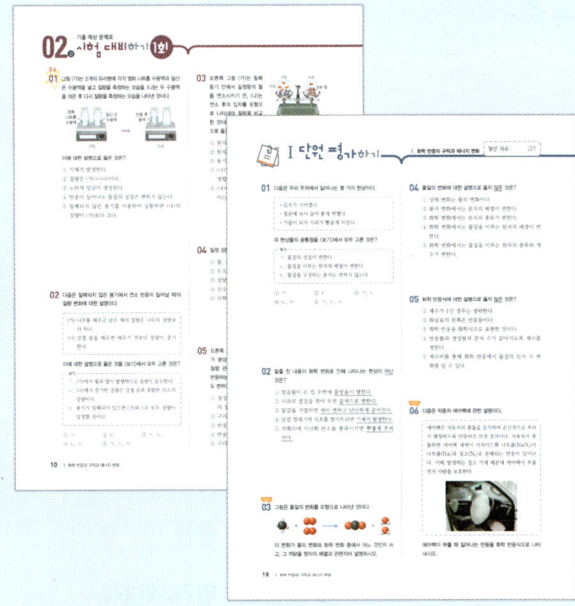

대단원별 한눈에 정리하기 + 단원 마무리하기

핵심 개념만 뽑아 한눈에 정리하였으며, 단원을 총정리하는 문제로 꼼꼼하게 실력을 쌓을 수 있습니다.

시험 대비하기 1~2회 + 단원 평가하기

학교 시험 출제 범위에 맞춰 강별, 대단원별로 학교 시험과 유사한 유형과 난이도의 문제를 구성하여 확실하게 시험에 대비할 수 있습니다.

차례 Contents

I 화학 반응의 규칙과 에너지 변화

01강	물질의 변화	10
02강	화학 반응의 규칙	20
03강	화학 반응과 에너지 변화	30

II 기권과 날씨

04강	기권의 층상 구조와 특징	44
05강	대기 중의 물	54
06강	기압과 바람	64
07강	날씨 변화	70

III 운동과 에너지

08강	운동	86
09강	일과 에너지	96

Ⅳ 자극과 반응

10강 감각 기관   112

11강 뉴런과 신경계   124

12강 호르몬과 항상성 유지   132

올리드 중등 과학 3-2 미리보기

Ⅴ 생식과 유전

01 세포 분열

02 발생

03 멘델 유전

04 사람의 유전

Ⅶ 별과 우주

01 별의 특성

02 은하와 우주

03 우주 탐사

Ⅵ 에너지 전환과 보존

01 역학적 에너지

02 전기 에너지

Ⅷ 과학기술과 인류 문명

01 과학과 기술의 발달

02 과학과 기술의 활용

단원 찾기 Search

단원	강	올리드
I 화학 반응의 규칙과 에너지 변화	**01강** 물질의 변화	10~19
	02강 화학 반응의 규칙	20~29
	03강 화학 반응과 에너지 변화	30~41
II 기권과 날씨	**04강** 기권의 층상 구조와 특징	44~53
	05강 대기 중의 물	54~63
	06강 기압과 바람	64~69
	07강 날씨 변화	70~83
III 운동과 에너지	**08강** 운동	86~95
	09강 일과 에너지	96~109
IV 자극과 반응	**10강** 감각 기관	112~123
	11강 뉴런과 신경계	124~131
	12강 호르몬과 항상성 유지	132~143

손쉽게 단원 찾는 방법

1 내가 가지고 있는 교과서의 출판사명과 학교 시험 범위를 확인한다.

2 올리드의 해당 쪽수를 찾아서 공부한다.

예 학교 시험 범위가 미래엔 과학 교과서 56~63쪽일 경우, 올리드의 44~53쪽을 공부하면 된다.

미래엔	비상교육	천재교과서	동아출판
14~25	10~23	12~25	12~21
26~37	24~37	26~41	22~33
38~51	38~49	42~53	34~45
56~63	52~63	56~67	48~57
64~73	64~77	70~83	58~69
74~77	78~83	84~89	70~73
78~93	84~95	90~105	74~89
98~113	98~111	108~121	92~105
116~133	112~125	122~139	106~123
138~147	128~139	142~155	126~139
148~157	140~149	156~165	140~149
158~169	150~157	166~177	150~165

성공에 이르는 계단

당신은 지금 성공에 이르는

계단의 입구에 서 있습니다.

주위에 수많은 사람들이 몰려 있는 것을 보고

걱정과 불안이 앞섭니다.

하지만 처음의 한 계단을 올라 보면

금방 알 수 있습니다.

올라간 곳은 입구에 비해

훨씬 비어 있을 것입니다.

자기에게는 어려운 일이라며

계단을 쳐다보기만 하면서

그냥 서 있는 사람들이 많기 때문입니다.

성공의 계단은 위로 오를수록

한가하게 비어 있습니다.

용기를 내어 일단 한 계단을 올라 보십시오.

― 『지금 이 순간 나에게 꼭 필요한 한마디』(이가출판사) 중에서 ―

I

화학 반응의 규칙과 에너지 변화

01 강 물질의 변화 학습일

❶ 물리 변화와 화학 변화   월 일

❷ 화학 반응과 화학 반응식   월 일

02 강 화학 반응의 규칙 학습일

❶ 질량 보존 법칙   월 일

❷ 일정 성분비 법칙   월 일

❸ 기체 반응 법칙   월 일

03 강 화학 반응과 에너지 변화 학습일

❶ 발열 반응과 흡열 반응   월 일

❷ 에너지 출입을 활용하는 예   월 일

01강 물질의 변화

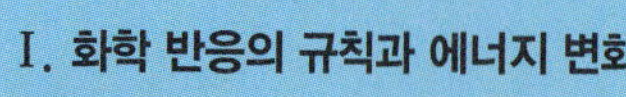

올리드 PLUS 개념

❶ 물리 변화와 화학 변화　탐구 14쪽

1 물리 변화　물질의 성질은 변하지 않으면서 모양이나 상태가 변하는 물질의 변화

모양 변화	상태 변화	확산	용해
• 달걀이 깨진다. • 종이를 자른다. • 빈 캔을 찌그러트린다.	• 물이 끓는다. • 드라이아이스의 크기가 줄어든다.	• 향수 냄새가 퍼진다. • 잉크가 물속으로 퍼진다.	설탕이 물에 녹는다.❶

2 화학 변화　처음 물질과는 성질이 전혀 다른 새로운 물질로 변하는 물질의 변화❷
└ 굳기, 냄새 등도 변할 수 있다.　└ 물질이 산소와 반응하여 빛과 열을 내며 타는 현상을 연소라고 한다.

색, 맛의 변화	빛이나 열 발생	기체 발생	앙금 생성
• 김치가 시어진다. • 오래된 기차가 붉게 녹슨다. • 껍질을 벗겨 둔 사과의 색이 갈색으로 변한다.	• 양초가 빛과 열을 내며 탄다. • 나무가 빛과 열을 내며 탄다. • 반딧불이의 몸에서 빛이 난다.	• 밀가루 반죽을 오븐에 넣고 가열하면 반죽이 부풀어 오른다.❸ • 달걀 껍데기에 식초를 떨어뜨리면 이산화 탄소가 발생한다.	• 석회수에 입김을 불면 뿌옇게 흐려진다. • 염화 나트륨 수용액에 질산 은 수용액을 떨어뜨리면 흰색 앙금이 생성된다. 염화 은

3 물질의 변화에서 입자 배열의 변화❹　물리 변화에서는 분자의 배열만 달라지므로 물질의 종류는 변하지 않지만, 화학 변화에서는 원자의 배열이 달라져 반응 전의 물질과는 다른 물질이 생성된다.

물의 기화와 전기 분해에서 입자의 배열 변화 비교하기　물을 전기 분해 하면 물 분자를 구성하는 원자 사이의 결합이 끊어지고 새로운 결합이 생성된다.

구분	물이 기화할 때	물을 전기 분해 할 때
모형	물 분자	수소 분자 / 물 분자 / 산소 분자
입자의 배열 변화	분자의 배열이 달라져 물 분자 사이의 거리가 멀어진다.─물 분자 자체는 변하지 않는다.	원자의 배열이 달라져 물 분자가 수소 분자와 산소 분자로 변한다.

》 정리
- 물이 기화하는 것은 물리 변화, 물을 전기 분해 하는 것은 화학 변화이다.
- 물리 변화가 일어날 때는 물질의 종류가 변하지 않으므로 물질의 성질이 변하지 않지만, 화학 변화가 일어날 때는 새로운 물질이 생성되므로 물질의 성질이 변한다.

---

❶ 설탕의 물리 변화와 화학 변화
- 물리 변화: 설탕을 물에 녹이면 단맛이 나고, 설탕물을 가열하여 물을 증발시키면 설탕이 남는다. 또 고체 설탕을 가열하면 녹아서 액체 설탕이 된다.
- 화학 변화: 고체 설탕을 오래 가열하면 타서 검게 변하며, 쓴맛이 난다.

❷ 화학 변화로 오해하기 쉬운 물리 변화
- 투명한 설탕물을 증발시키면 흰색 설탕 결정이 남는다. ➡ 용질의 석출에 의한 현상이다.
- 탄산음료의 마개를 딸 때 기체가 발생한다. ➡ 기체의 용해도가 감소하여 나타나는 현상이다.

❸ 케이크를 만들 때의 물질의 변화
- 물리 변화: 밀가루와 물, 베이킹파우더를 섞어 반죽을 한다. 케이크 위에 자른 과일로 장식을 한다.
- 화학 변화: 반죽을 오븐에 넣고 가열하면 반죽이 부풀어 오르고, 익으면서 색깔이 갈색으로 변하며, 고소한 냄새가 난다.
밀가루 반죽에 넣은 베이킹파우더의 주성분인 탄산수소 나트륨이 분해되어 이산화 탄소 기체가 발생하기 때문이다.

❹ 물리 변화, 화학 변화에서 변하는 것과 변하지 않는 것

구분	물리 변화	화학 변화
변하는 것	분자의 배열	• 원자의 배열 • 분자의 종류 • 물질의 성질
변하지 않는 것	• 원자의 종류와 개수 • 분자의 종류 • 물질의 성질	원자의 종류와 개수

기본 문제로 **개념 다지기**

① 물리 변화와 화학 변화

01 다음은 물리 변화와 화학 변화에 대한 설명이다. (   ) 안에 들어갈 알맞은 말을 고르시오.

> 물질의 고유한 성질은 변하지 않으면서 모양이나 상태가 변하는 물질의 변화를 ㉠(물리, 화학) 변화라고 하고, 물질이 처음과 전혀 다른 물질로 변하는 물질의 변화를 ㉡(물리, 화학) 변화라고 한다.

02 물리 변화의 예는 '물리', 화학 변화의 예는 '화학'이라고 쓰시오.

(1) 아이스크림이 녹는다. ( )
(2) 나뭇잎에 단풍이 든다. ( )
(3) 프라이팬에서 달걀이 익는다. ( )
(4) 설탕이 물에 녹아 보이지 않는다. ( )
(5) 멀리서도 꽃향기를 맡을 수 있다. ( )
(6) 달걀 껍데기에 식초를 떨어뜨리면 기체가 발생한다. ( )

03 다음은 양초가 타는 과정에 대한 설명이다.

> (가) 고체 양초가 녹아서 촛농이 된다.
> (나) 심지를 타고 올라간 촛농이 타면서 빛과 열을 낸다.
> (다) 촛농이 양초를 타고 흘러내리다 굳는다.

(가)~(다)에서 일어나는 변화가 각각 물리 변화와 화학 변화 중에서 어느 것인지 쓰시오.

04 다음은 어떤 물질의 변화가 일어날 때 볼 수 있는 몇 가지 현상이다.

> • 앙금이 생성된다.
> • 빛과 열이 발생한다.
> • 색이 변하고, 맛이 달라진다.

이 변화가 물리 변화와 화학 변화 중에서 어느 것인지 쓰시오.

05 그림은 물질의 변화를 모형으로 나타낸 것이다.

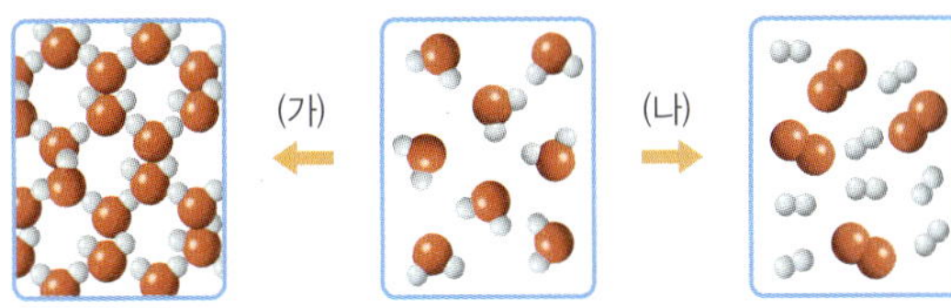

(가)와 (나)에서 일어나는 변화가 각각 물리 변화와 화학 변화 중에서 어느 것인지 쓰시오.

06 물리 변화에 대한 설명으로 옳은 것은 ○표, 옳지 않은 것은 ×표 하시오.

(1) 물질의 성질이 변한다. ( )
(2) 분자의 배열이 변한다. ( )
(3) 원자의 종류와 개수가 변한다. ( )
(4) 처음 물질과는 다른 물질이 생성된다. ( )

07 화학 변화가 일어날 때 변하는 것을 모두 고르시오.

> 원자의 배열, 원자의 개수, 물질의 성질, 원자의 종류, 분자의 종류, 원자의 크기

01강 물질의 변화

② 화학 반응과 화학 반응식 [탐구 15쪽]

> 반응물은 화학 반응에 참여한 물질이고,
> 생성물은 반응 후 새로 생성된 물질이다.

1 화학 반응 물질이 화학 변화를 하여 다른 물질로 변하는 것 예 메테인이 산소와 반응하면 이산화 탄소와 물(수증기)이 생성된다.

2 화학식과 화학 반응식

① 화학식: 원소 기호와 숫자를 이용하여 물질을 나타낸 식⁵

② 화학 반응식: 화학식을 이용하여 화학 반응을 나타낸 식⁶

▲ 메테인의 연소 반응

3 화학 반응식을 나타내는 방법

방법	예 물 생성 반응
1단계 · 반응물을 왼쪽에, 생성물을 오른쪽에 쓰고, 그 사이에 화살표를 넣는다. · 반응물과 생성물이 여러 개인 경우 +로 연결한다.	· 반응물: 수소, 산소 · 생성물: 물 ➡ 수소 + 산소 ⟶ 물
2단계 반응물과 생성물을 화학식으로 나타낸다.	수소: H_2, 산소: O_2, 물: H_2O ➡ $H_2 + O_2 \longrightarrow H_2O$
3단계 · 반응 전후 원자의 종류와 개수가 같아지도록 계수⁷를 맞춘다. · 계수비는 간단한 정수비가 되도록 하며, 계수가 1인 경우에는 생략한다.	· 반응물에 있는 산소 원자가 2개이므로 생성물의 물 분자 앞에 계수 2를 쓴다. ➡ $H_2 + O_2 \longrightarrow 2H_2O$ · 생성물에 있는 수소 원자가 4개이므로 반응물의 수소 분자 앞에 계수 2를 쓴다. ➡ $2H_2⁸ + O_2 \longrightarrow 2H_2O$

4 화학 반응식으로 알 수 있는 사실과 계수의 의미

예 메테인의 연소 반응: $CH_4 + 2O_2 \longrightarrow CO_2 + 2H_2O$

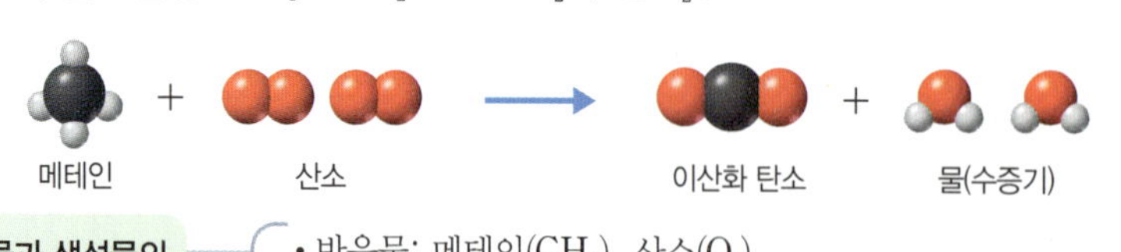

❶ 반응물과 생성물의 종류
· 반응물: 메테인(CH_4), 산소(O_2)
· 생성물: 이산화 탄소(CO_2), 물(H_2O)

❷ 반응물과 생성물을 구성하는 원자의 종류와 개수
반응 전후 원자의 종류와 개수는 탄소 원자(C) 1개, 수소 원자(H) 4개, 산소 원자(O) 4개로 같다.
➡ 반응 전후 원자의 종류와 개수는 변하지 않는다.

❸ 반응물과 생성물의 입자 수의 비
· 계수는 그 물질의 입자 수를 나타내므로 계수비=입자 수의 비이다.
➡ 계수비가 $CH_4 : O_2 : CO_2 : H_2O = 1 : 2 : 1 : 2$이므로 입자(분자) 수의 비도 $CH_4 : O_2 : CO_2 : H_2O = 1 : 2 : 1 : 2$이다.
· 메테인 분자 1개와 산소 분자 2개가 반응하여 이산화 탄소 분자 1개와 물 분자 2개를 생성한다.⁹

➕ 올리드 PLUS 개념

수소, 물 등과 같은 분자는 원소 기호에 분자를 구성하는 원자 수를 표시하여 분자식을 나타내고, 구리, 마그네슘 등의 금속과 탄소는 원소 기호로 나타낸다.

❺ 자주 나오는 물질의 화학식

물질	화학식	물질	화학식
수소	H_2	산소	O_2
질소	N_2	탄소	C
마그네슘	Mg	구리	Cu
물	H_2O	과산화 수소	H_2O_2
이산화 탄소	CO_2	메테인	CH_4
염화 나트륨	NaCl	염화 수소	HCl

❻ 여러 가지 화학 반응식

· 과산화 수소의 분해 반응
$2H_2O_2 \longrightarrow 2H_2O + O_2$
· 마그네슘의 연소 반응
$2Mg + O_2 \longrightarrow 2MgO$
· 마그네슘과 묽은 염산의 반응
$Mg + 2HCl \longrightarrow MgCl_2 + H_2$
· 탄산수소 나트륨의 분해 반응
$2NaHCO_3 \longrightarrow Na_2CO_3 + H_2O + CO_2$

❼ 계수

화학 반응식에서 반응 전후 원자의 종류와 개수가 같아지도록 화학식 앞에 쓰는 숫자로, 그 물질의 입자 수를 나타낸다.

❽ $2H_2$에서 수소 원자의 개수

$2H_2$에서 앞의 2는 수소 분자의 개수를 의미하며 뒤의 작은 숫자 2는 수소 원자의 개수를 의미한다. 즉, $2H_2$는 수소 원자 2개로 이루어진 수소 분자가 2개이므로 전체 수소 원자의 개수는 4개이다.

❾ 물 생성 반응에서 입자 수의 비

물 생성 반응의 화학 반응식은 $2H_2 + O_2 \longrightarrow 2H_2O$이므로 수소 분자 2개와 산소 분자 1개가 반응하여 물 분자 2개를 생성한다. 즉, 수소 : 산소 : 물의 입자(분자) 수의 비는 계수비와 같은 $2 : 1 : 2$이다. 예를 들어 수소 분자 4개와 산소 분자 2개가 반응하면 물 분자 4개가 생성된다.

❷ 화학 반응과 화학 반응식

08 물질이 화학 변화를 하여 다른 물질로 변하는 것을 무엇이라고 하는지 쓰시오.

09 다음은 화학 반응식을 나타내는 방법에 대한 설명이다. ( ) 안에 들어갈 알맞은 말을 쓰시오.

> - 반응물은 화살표의 (㉠)에, 생성물은 화살표의 (㉡)에 쓰고, 반응물이나 생성물이 여러 개인 경우 +로 연결한다.
> - 반응 전후 (㉢)의 종류와 개수가 같아지도록 화학식 앞에 계수를 쓴다. 계수는 계수비가 가장 간단한 정수비를 나타내도록 쓰고, 계수가 (㉣)인 경우에는 생략한다.

10 물질을 화학식으로 나타내시오.

(1) 메테인 ( )
(2) 암모니아 ( )
(3) 염화 수소 ( )
(4) 과산화 수소 ( )
(5) 이산화 탄소 ( )
(6) 산화 마그네슘 ( )

11 그림은 물의 분해 반응을 모형과 화학 반응식으로 나타낸 것이다.

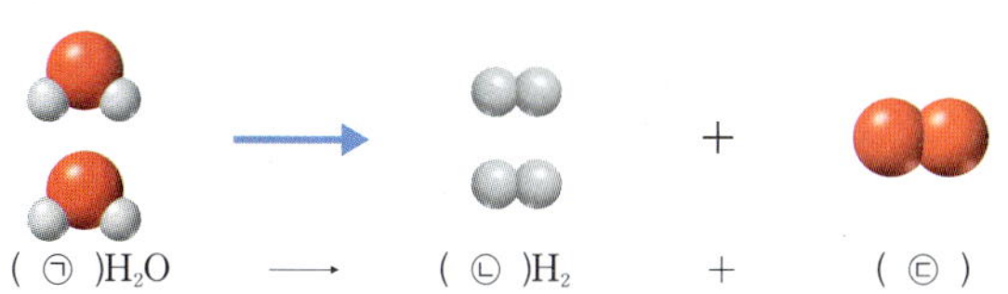

$(㉠)H_2O \longrightarrow (㉡)H_2 + (㉢)$

화학 반응식의 ( ) 안에 들어갈 알맞은 내용을 쓰시오.

12 화학 반응식을 완성하시오.

(1) $2Mg + O_2 \longrightarrow 2(\quad)$
(2) $2H_2O_2 \longrightarrow 2H_2O + (\quad)$
(3) $CH_4 + (\quad)O_2 \longrightarrow CO_2 + 2H_2O$
(4) $Na_2CO_3 + CaCl_2 \longrightarrow CaCO_3 + 2(\quad)$

13 다음 화학 반응식에 대한 설명으로 옳은 것은 ○표, 옳지 <u>않은</u> 것은 ×표 하시오.

> $$N_2 + 3H_2 \longrightarrow 2NH_3$$

(1) 생성물은 암모니아이다. ( )
(2) 반응 전후 원자의 종류가 달라진다. ( )
(3) 수소 원자 수는 반응 전후 3으로 같다. ( )
(4) 반응물과 생성물에 포함된 분자 수의 비는 질소 : 수소 : 암모니아＝1 : 3 : 2이다. ( )

14 화학 반응식을 통해 알 수 있는 것을 모두 고르시오.

> - 반응하는 입자의 모양
> - 반응하는 입자 수의 비
> - 반응물과 생성물의 종류
> - 생성된 입자의 크기

15 그림은 메테인의 연소 반응을 모형으로 나타낸 것이다.

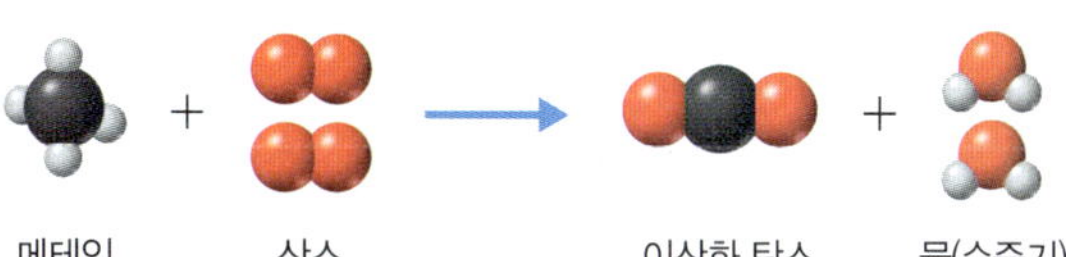

메테인 분자 2개가 충분한 양의 산소와 반응하여 완전 연소할 때 생성되는 (가) <u>이산화 탄소 분자 수</u>와 (나) <u>물 분자 수</u>는 몇 개인지 구하시오.

마그네슘의 성질 비교하기

★ 바른답 · 알찬풀이 4쪽

과정

❶ 3개의 페트리 접시에 각각 5 cm 마그네슘 리본, 작게 자른 마그네슘 리본, 마그네슘 리본을 태운 재를 담아서 광택과 색깔을 관찰한다.

(가) 마그네슘 리본

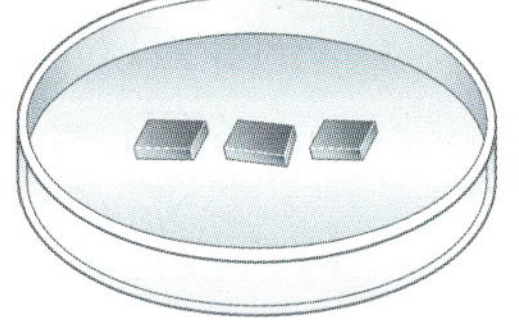
(나) 작게 자른 마그네슘 리본

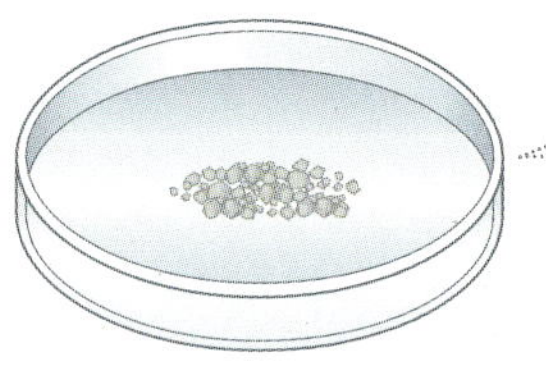
(다) 마그네슘 리본을 태운 재

마그네슘이 연소할 때 발생하는 강한 빛은 조명탄으로 이용하거나 불꽃놀이의 폭죽에 흰색 불꽃을 낼 때 이용한다.

마그네슘을 태울 때의 변화
마그네슘이 공기 중의 산소와 반응하여 산화 마그네슘이 생성된다.
$$2Mg + O_2 \longrightarrow 2MgO$$

❷ (가)~(다)에 각각 간이 전기 전도계를 대고 전류가 흐르는지 관찰한다.

❸ (가)~(다)에 각각 묽은 염산을 떨어뜨리고 변화를 관찰한다.

결과

구분	(가) 마그네슘 리본	(나) 작게 자른 마그네슘 리본	(다) 마그네슘 리본을 태운 재
광택과 색깔	광택이 있고, 은백색이다.		광택이 없고, 흰색이다.
전류의 흐름	전류가 흐른다.		전류가 흐르지 않는다.
묽은 염산과의 반응	기체가 발생한다.		기체가 발생하지 않는다.

마그네슘과 산화 마그네슘의 성질
- 마그네슘: 전기 전도성이 있으며, 산과 반응하면 수소 기체가 발생한다.
$$Mg + 2HCl \longrightarrow MgCl_2 + H_2$$
- 산화 마그네슘: 광택이 없으며, 고체 상태에서는 전기 전도성이 없다.

정리

- 마그네슘 리본과 작게 자른 마그네슘 리본은 광택과 색깔이 같고, 전류가 흐르며, 묽은 염산과 반응하여 기체를 발생한다.
- 마그네슘 리본을 태운 재는 마그네슘 리본과 광택과 색깔이 다르고, 전류가 흐르지 않으며, 묽은 염산과 반응하지 않는다.
- 마그네슘을 잘라도 마그네슘의 성질은 변하지 않는다. ➡ 마그네슘을 자르면 마그네슘의 크기만 달라질 뿐 다른 물질로 변하지 않는다. 이와 같이 물질의 성질은 변하지 않고 모양이나 상태가 변하는 물질의 변화를 ❶(   ) 변화라고 한다.
- 마그네슘을 태우면 마그네슘의 성질이 달라진다. ➡ 마그네슘이 연소하면 마그네슘과는 성질이 전혀 다른 새로운 물질이 생성된다. 이와 같이 물질이 성질이 다른 물질로 변하는 것을 ❷(   ) 변화라고 한다.

정답 ❶ 물리 ❷ 화학

---

01 위 실험에 대한 설명으로 옳은 것은 ○표, 옳지 <u>않은</u> 것은 ×표 하시오.

(1) 마그네슘과 작게 자른 마그네슘은 성질이 다르다. (   )

(2) 마그네슘과 마그네슘을 태운 재는 같은 물질이다. (   )

(3) 연소는 화학 변화이다. (   )

(4) 마그네슘 리본을 잘랐을 때와 태웠을 때 성질 변화를 비교하는 실험이다. (   )

02 그림 (가)는 캔을 찌그러트리는 모습을, (나)는 볼트와 너트에 녹이 슨 모습을 나타낸 것이다.

(가)

(나)

(가)와 (나) 중에서 물질의 성질이 달라지는 것을 고르시오.

★ 바른답 · 알찬풀이 4쪽

예시 1 • 암모니아 생성 반응

❶ 화학 반응식으로 나타내기

질소와 수소가 반응하여 암모니아를 생성한다.

[1단계] 반응물을 왼쪽에, 생성물을 오른쪽에 쓰고, 그 사이에 화살표를 넣는다. 반응물과 생성물이 여러 개인 경우 +로 연결한다.

- 반응물: 질소, 수소
- 생성물: 암모니아
  ➡ 질소 + 수소 ⟶ 암모니아

[2단계] 반응물과 생성물을 화학식으로 나타낸다.

➡ $N_2 + H_2 \longrightarrow NH_3$

[3단계] 반응 전후 원자의 종류와 개수가 같아지도록 계수를 맞춘다.

- 질소 원자의 개수를 같게 맞춘다.
  ➡ $N_2 + H_2 \longrightarrow (\ ② \ )NH_3$
  2개   1개
  NH_3 앞에 2를 쓰면 N 원자의 개수가 2개로 같아진다.
- 수소 원자의 개수를 같게 맞춘다.
  ➡ $N_2 + (\ ③ \ )H_2 \longrightarrow 2NH_3$
  2개   6개
  H_2 앞에 3을 쓰면 H 원자의 개수가 6개로 같아진다.

❷ 화학 반응식으로 알 수 있는 사실 알아보기

$$N_2 + 3H_2 \longrightarrow 2NH_3$$

물질의 종류	• 반응물: 질소(N_2), 수소(H_2) • 생성물: 암모니아(NH_3)
분자의 종류와 개수	• 반응물: N_2 1개, H_2 3개 • 생성물: NH_3 ❶( )개
원자의 종류와 개수	• 반응물: N 2개, H 6개 • 생성물: N 2개, H 6개 ➡ ❷( )의 종류와 개수는 변하지 않는다.
계수비와 분자 수	화학 반응식의 계수비는 $N_2 : H_2 : NH_3 =$ ❸( )이다. ➡ 질소 분자 ❹( )개와 수소 분자 ❺( )개가 반응하여 암모니아 분자 ❻( )개를 생성한다.

예시 2 • 에탄올의 연소 반응

❶ 화학 반응식으로 나타내기

에탄올이 공기 중의 산소와 반응하여 이산화 탄소와 물을 생성한다.

[1단계] 반응물을 왼쪽에, 생성물을 오른쪽에 쓰고, 그 사이에 화살표를 넣는다. 반응물과 생성물이 여러 개인 경우 +로 연결한다.

- 반응물: 에탄올, 산소
- 생성물: 이산화 탄소, 물
  ➡ 에탄올 + 산소 ⟶ 이산화 탄소 + 물

[2단계] 반응물과 생성물을 화학식으로 나타낸다.

➡ $C_2H_5OH + O_2 \longrightarrow CO_2 + H_2O$

[3단계] 반응 전후 원자의 종류와 개수가 같아지도록 계수를 맞춘다.

- 탄소 원자의 개수를 같게 맞춘다.
  ➡ $C_2H_5OH + O_2 \longrightarrow (\ ② \ )CO_2 + H_2O$
  2개   1개
  CO_2 앞에 2를 쓰면 C 원자의 개수가 2개로 같아진다.
- 수소 원자의 개수를 같게 맞춘다.
  ➡ $C_2H_5OH + O_2 \longrightarrow 2CO_2 + (\ ③ \ )H_2O$
  6개   2개
  H_2O 앞에 3을 쓰면 H 원자의 개수가 6개로 같아진다.
- 산소 원자의 개수를 같게 맞춘다.
  ➡ $C_2H_5OH + (\ ③ \ )O_2 \longrightarrow 2CO_2 + 3H_2O$
  1개   2개   4개   3개
  O_2 앞에 3을 쓰면 O 원자의 개수가 7개로 같아진다.

❷ 화학 반응식으로 알 수 있는 사실 알아보기

$$C_2H_5OH + 3O_2 \longrightarrow 2CO_2 + 3H_2O$$

물질의 종류	• 반응물: 에탄올(C_2H_5OH), 산소(O_2) • 생성물: 이산화 탄소(CO_2), 물(H_2O)
분자의 종류와 개수	• 반응물: C_2H_5OH ❼( )개, O_2 3개 • 생성물: CO_2 2개, H_2O 3개
원자의 종류와 개수	• 반응물: C 2개, H 6개, O 7개 • 생성물: C 2개, H 6개, O ❽( )개 ➡ 원자의 종류와 개수는 변하지 않는다.
계수비와 분자 수	화학 반응식의 계수비는 $C_2H_5OH : O_2 : CO_2 : H_2O =$ ❾( )이다. ➡ 에탄올 분자 1개와 산소 분자 3개가 반응하여 이산화 탄소 분자 2개와 물 분자 3개를 생성한다.

정답 ❶ 2 ❷ 원자 ❸ 1:3:2 ❹ 1 ❺ 3 ❻ 2 ❼ 1 ❽ 7 ❾ 1:3:2:3

---

01 일산화 탄소(CO)가 연소하여 이산화 탄소(CO_2)가 생성되는 반응의 화학 반응식에서 이산화 탄소의 계수를 구하시오.

02 수소(H_2)와 염소(Cl_2)가 반응하여 염화 수소(HCl)가 생성되는 반응의 화학 반응식에서 계수의 총합을 구하시오.

중요
01 화학 변화에 해당하는 것은?

① 유리가 깨진다.
② 물에 잉크가 퍼진다.
③ 오래된 기차가 붉게 녹슨다.
④ 물을 끓이면 수증기가 된다.
⑤ 탄산음료를 따르면 거품이 올라온다.

02 물리 변화에 대한 설명으로 옳지 <u>않은</u> 것은?

① 분자의 배열이 변한다.
② 물질의 성질은 변하지 않는다.
③ 꽃향기가 퍼지는 것은 물리 변화이다.
④ 물질의 상태나 모양이 변하는 것은 물리 변화이다.
⑤ 물질이 빛과 열을 내며 연소하는 것은 물리 변화이다.

03 화학 변화가 일어날 때 변하는 것을 〈보기〉에서 모두 고른 것은?

┌ 보기 ─────────────────────┐
ㄱ. 분자의 종류　　　ㄴ. 원자의 개수
ㄷ. 원자의 배열　　　ㄹ. 물질의 성질
└──────────────────────────┘

① ㄱ, ㄴ　　　② ㄴ, ㄷ　　　③ ㄷ, ㄹ
④ ㄱ, ㄷ, ㄹ　　⑤ ㄴ, ㄷ, ㄹ

[04~05] 그림은 저녁 식사를 준비하는 모습을 나타낸 것이다. 물음에 답하시오.

04 ㉠~ⓗ에서 일어나는 변화를 (가) 물리 변화와 (나) 화학 변화로 구분하시오.

05 위 그림에서 화학 변화가 일어날 때 관찰할 수 있는 현상이 <u>아닌</u> 것은?

① 색이 변한다.　　　② 냄새가 변한다.
③ 열이 발생한다.　　④ 굳기가 변한다.
⑤ 물질의 상태만 변한다.

06 오른쪽 그림은 타고 있는 양초를 나타낸 것이다. 이에 대한 설명으로 옳은 것을 〈보기〉에서 모두 고른 것은?

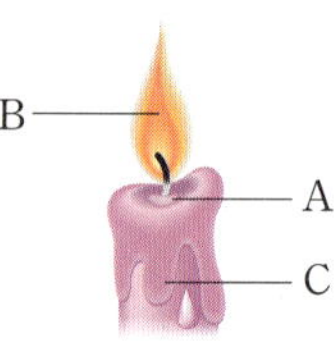

┌ 보기 ─────────────────────┐
ㄱ. A에서는 물질의 상태가 변한다.
ㄴ. B에서는 반응 전과는 다른 물질이 생성된다.
ㄷ. B의 변화가 일어날 때 원자의 배열이 변한다.
ㄹ. C에서는 원자의 개수가 감소한다.
└──────────────────────────┘

① ㄱ, ㄷ　　　② ㄴ, ㄹ　　　③ ㄷ, ㄹ
④ ㄱ, ㄴ, ㄷ　　⑤ ㄴ, ㄷ, ㄹ

07 다음은 우리 주변에서 일어나는 몇 가지 현상이다.

> • 종이를 태운다.
> • 방 안에 향수 냄새가 퍼진다.
> • 석회수에 입김을 불어 넣으면 뿌옇게 흐려진다.

이 현상들이 일어날 때 변하지 <u>않는</u> 것을 〈보기〉에서 모두 고르시오.

> ─ 보기 ─
> ㄱ. 원자의 종류　　　　ㄴ. 원자의 개수
> ㄷ. 분자의 배열　　　　ㄹ. 물질의 성질
> ㅁ. 분자의 종류

[08~09] 그림은 물질의 변화를 모형으로 나타낸 것이다. 물음에 답하시오.

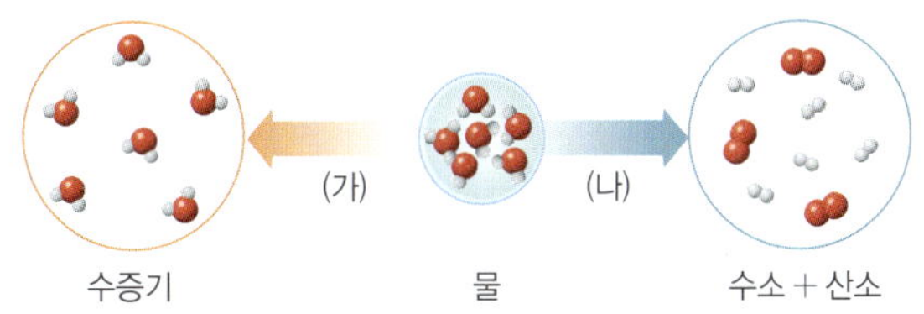

08 위 그림에 대한 설명으로 옳은 것을 모두 고르면?(정답 2개)

① (가)에서 분자의 종류가 달라진다.
② (가)에서 분자 사이의 거리가 달라진다.
③ (나)에서 원자의 배열이 달라진다.
④ (나)에서 분자의 종류는 달라지지 않는다.
⑤ (가)와 (나) 모두 원자의 종류와 개수가 달라진다.

09 (가), (나)와 종류가 같은 변화의 예를 <u>잘못</u> 짝 지은 것은?

① (가) – 달걀이 깨진다.
② (가) – 설탕을 물에 녹여 설탕물을 만든다.
③ (나) – 액체 설탕을 가열하면 검게 탄다.
④ (나) – 뜨거운 프라이팬 위에 올려놓은 버터가 녹는다.
⑤ (나) – 수돗물에 질산 은 수용액을 떨어뜨리면 흰색 앙금이 생긴다.

[10~11] 다음은 마그네슘을 이용한 실험 과정이다. 물음에 답하시오.

> [실험 과정]
> (가) 마그네슘 리본을 약 5 cm로 잘라 관찰한다.
> (나) 마그네슘 리본을 약 5 cm로 잘라 연소시킨 후 막자사발에 재를 모은 후 관찰한다.
> (다) 마그네슘 리본과 연소 후 남은 재를 페트리 접시에 넣고, 각각 묽은 염산을 떨어뜨린다.

10 과정 (나)에서 생성되는 물질의 화학식을 쓰시오.

11 위 실험에 대한 설명으로 옳지 <u>않은</u> 것은?

① (나)에서 화학 변화가 일어난다.
② 마그네슘과 연소 후 남은 재는 색과 광택이 다르다.
③ (다)에서 마그네슘 리본과 연소 후 남은 재 모두 기체가 발생한다.
④ 마그네슘이 연소하거나 마그네슘에 묽은 염산을 떨어뜨리면 원자의 배열이 달라진다.
⑤ 이 실험은 물리 변화와 화학 변화가 일어날 때 물질의 성질이 달라지는지를 확인하기 위한 것이다.

12 화학 반응식을 통해 알 수 있는 사실이 <u>아닌</u> 것은?

① 반응물의 종류
② 반응물의 화학식
③ 반응물의 전체 질량
④ 생성물을 이루는 원자의 종류
⑤ 반응물과 생성물의 입자 수의 비

13 화학 반응식에 대한 설명으로 옳지 <u>않은</u> 것은?

① 반응물은 화살표 왼쪽에 나타낸다.
② 화살표 양쪽 계수의 총합이 항상 같다.
③ 화학식 앞에 쓰는 숫자를 계수라고 한다.
④ 화살표 양쪽 원자의 종류와 개수는 같다.
⑤ 계수는 계수비가 가장 간단한 정수비를 나타내도록 쓴다.

14 그림은 과산화 수소가 분해되어 물과 산소가 생성되는 반응을 모형으로 나타낸 것이다.

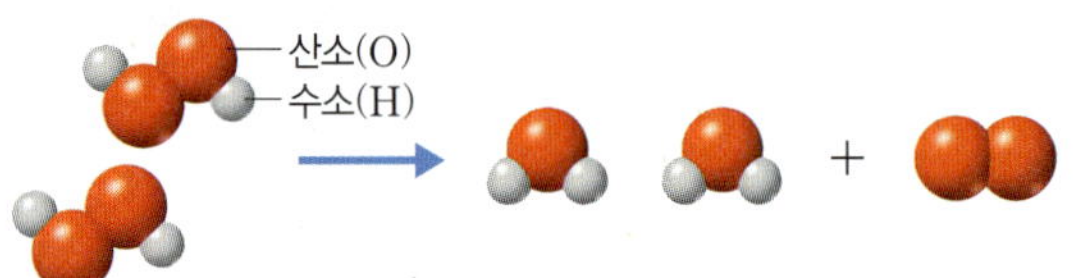

이 반응에서 (가) 반응 전 수소 원자의 개수와 (나) 반응 후 산소 원자의 개수를 옳게 짝 지은 것은?

	(가)	(나)		(가)	(나)
①	2개	2개	②	2개	4개
③	4개	2개	④	4개	4개
⑤	4개	5개			

15 화학 반응식을 옳게 나타낸 것은?

① $C + O_2 \longrightarrow 2CO$
② $H_2O \longrightarrow H_2 + O$
③ $N_2 + 3H_2 \longrightarrow N_2H_6$
④ $Cu_2 + O_2 \longrightarrow 2CuO$
⑤ $CH_4 + 2O_2 \longrightarrow CO_2 + 2H_2O$

16 탄산수소 나트륨($NaHCO_3$)이 분해되면 탄산 나트륨(Na_2CO_3), 물(H_2O), 이산화 탄소(CO_2)가 생성된다. 탄산수소 나트륨이 분해되는 반응의 화학 반응식에서 계수의 총합을 구하시오.

17 다음은 수소와 산소가 반응하여 물을 생성하는 반응의 화학 반응식이다.

$$2H_2 + O_2 \longrightarrow 2H_2O$$

이에 대한 설명으로 옳은 것은?

① 물은 반응물이다.
② 반응 전후 분자 수는 같다.
③ 생성물의 원자 수는 총 6이다.
④ 반응물의 수소 원자 수는 총 2이다.
⑤ 산소 분자 1개가 반응하면 물 분자 1개가 생성된다.

18 그림은 A_2와 B_2의 반응을 모형으로 나타낸 것이다.

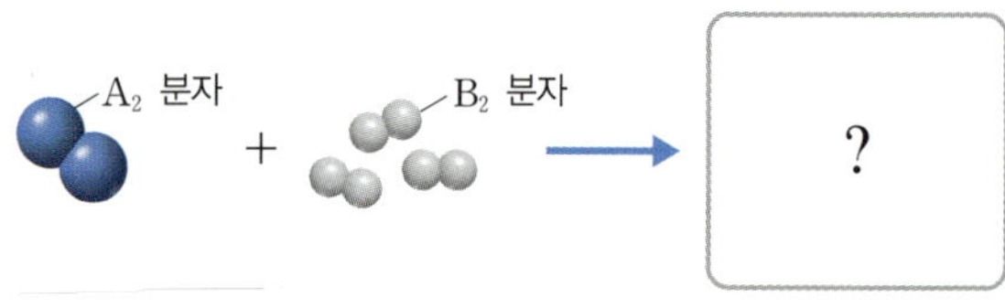

A_2와 B_2가 모두 반응한 후 생성된 분자가 2개일 때 생성물을 화학식으로 나타내시오.(단, A와 B는 임의의 원소 기호이고, 생성물은 한 종류이다.)

19 다음은 메테인 연소 반응의 화학 반응식이다.

$$CH_4 + 2O_2 \longrightarrow (\ \ ㉠\ \ ) + 2(\ \ ㉡\ \ )$$

이에 대한 설명으로 옳지 <u>않은</u> 것은?

① 반응 전후 분자 수는 달라진다.
② ㉠을 석회수에 통과시키면 뿌옇게 흐려진다.
③ ㉠과 ㉡은 분자 1개를 구성하는 원자 수가 같다.
④ 메테인 분자 1개가 완전히 반응하기 위해 산소 분자 2개가 필요하다.
⑤ 메테인 분자 2개가 완전 연소하면 물 분자 4개가 생성된다.

고난도·서술형 문제

20 다음은 설탕을 이용한 실험이다.

> [실험 과정 및 결과]
> (가) 설탕을 물에 녹였더니 투명해졌다.
> (나) 설탕물을 가열하여 물을 증발시켰더니 설탕이 남았다.
> (다) 액체 설탕을 계속 가열하였더니 검게 탔다.

(가)~(다)에 대한 설명으로 옳은 것은?

① (가)~(다)에서 설탕의 단맛은 유지된다.
② (가)에서 설탕 분자의 크기가 작아져 설탕이 보이지 않는다.
③ (나)에서 물 분자 사이의 거리가 멀어진다.
④ (다)에서 원자의 종류가 달라진다.
⑤ (나)에서 남은 설탕과 (다)에서 검게 탄 물질의 성질은 같다.

서술형
21 물리 변화가 일어날 때는 물질의 성질이 달라지지 않지만, 화학 변화가 일어날 때는 물질의 성질이 달라지는 까닭을 원자나 분자의 배열로 설명하시오.

서술형
22 그림은 물질의 반응을 모형으로 나타낸 것이다.(단, A와 B는 임의의 원소 기호이다.)

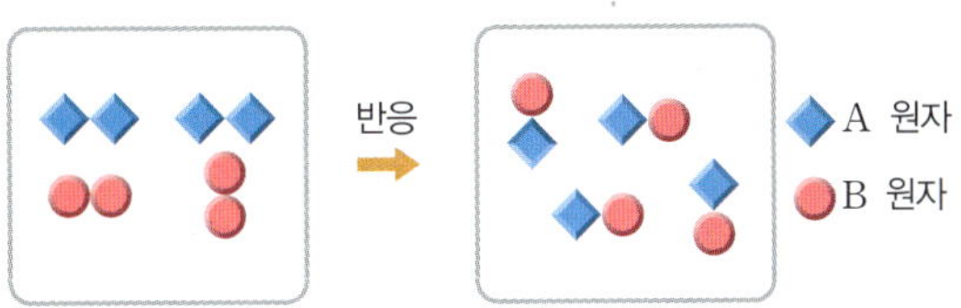

(1) 반응 후 물질의 성질이 변할지 쓰고, 그 까닭을 설명하시오.

(2) 이 반응을 화학 반응식으로 나타내시오.

통합형
23 다음은 2가지 연소 반응의 화학 반응식이다.

> (가) $CH_4 + 2O_2 \longrightarrow CO_2 + (\ \ㄱ\ \ )$
> (나) $2H_2 + O_2 \longrightarrow (\ \ㄴ\ \ )$

이에 대한 설명으로 옳은 것을 〈보기〉에서 모두 고른 것은?

> **보기**
> ㄱ. 두 반응에서 모두 원자의 배열이 달라진다.
> ㄴ. ㄱ과 ㄴ에 들어가는 분자의 종류와 개수는 같다.
> ㄷ. 산소 분자 1개와 반응하는 CH_4과 H_2 분자 수의 비는 1 : 2이다.

① ㄱ   ② ㄷ   ③ ㄱ, ㄴ
④ ㄴ, ㄷ   ⑤ ㄱ, ㄴ, ㄷ

서술형
24 그림 (가)는 불을 붙인 마그네슘(Mg) 리본을, (나)는 묽은 염산(HCl)에 넣은 마그네슘 리본을 나타낸 것이다.

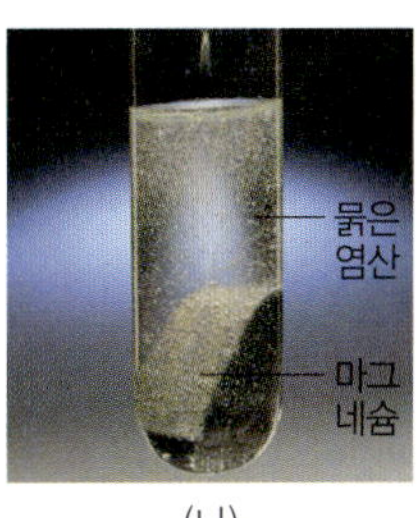

(가)   (나)

(1) 화학 변화에서 나타나는 현상 중에서 (가)와 (나)에서 볼 수 있는 것을 각각 1가지씩 설명하시오.

(2) (가)와 (나)에서 일어나는 반응을 화학 반응식으로 나타내시오.

02강 화학 반응의 규칙

+ 올리드 PLUS 개념

❶ 질량 보존 법칙 [돋보기 24쪽]

1 질량 보존 법칙(1772년, 라부아지에) 화학 반응이 일어날 때 반응 전과 후 물질의 전체 질량은 변하지 않는다. ➡ 화학 반응이 일어날 때 물질을 구성하는 원자의 종류와 개수가 변하지 않기 때문[1]

예 메탄올의 연소 반응에서 반응 전후 탄소 원자(●)의 개수는 2개, 산소 원자(●)의 개수는 8개, 수소 원자(○)의 개수는 8개로 일정하다.

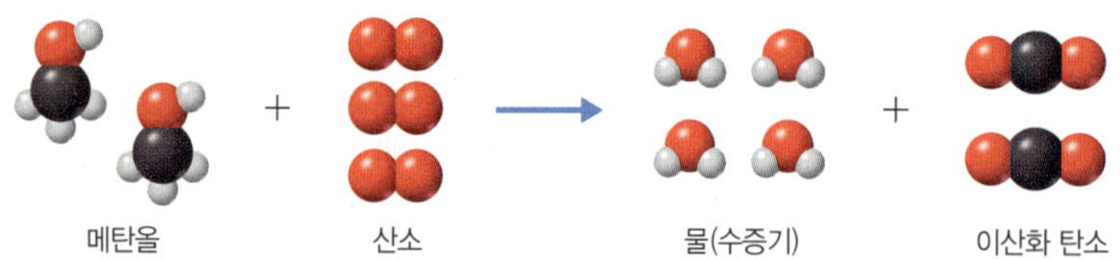

2 여러 가지 반응에서 질량 보존 법칙

① 앙금 생성 반응에서의 질량 관계: 수용액 속의 이온이 반응하여 앙금이 생성되어도 반응 전후 질량은 같다. ┌─ 수용액 속 특정한 양이온과 음이온이 반응하여 물에 녹지 않는 앙금을 생성하는 반응

② 기체 발생 반응에서의 질량 관계: 발생한 기체가 용기를 빠져나가는 경우 질량이 감소하지만, 밀폐된 용기의 경우 기체가 빠져나가지 못하므로 반응 전후 질량이 같다.[2]

③ 연소 반응에서의 질량 관계

나무 또는 종이의 연소	생성된 이산화 탄소, 수증기 등이 공기 중으로 빠져나가므로 반응 후 질량이 감소한다. ➡ 반응하는 산소의 질량과 생성되는 이산화 탄소, 수증기의 질량까지 고려하면 반응 전후 질량은 같다.— (나무 또는 종이+산소)의 질량=(재+이산화 탄소+수증기)의 질량
강철 솜의 연소[3]	강철 솜과 산소가 결합하여 산화 철이 생성되므로 반응 후 질량이 증가한다. ➡ 강철 솜과 반응한 산소의 질량까지 모두 고려하면 반응 전후 질량은 같다.┘ (강철 솜+산소)의 질량=산화 철의 질량

❷ 일정 성분비 법칙 [돋보기 25쪽]

1 일정 성분비 법칙(1799년, 프루스트) 2가지 이상의 물질이 반응하여 새로운 화합물이 생성될 때 반응하는 물질 사이에 일정한 질량비가 성립한다. ➡ 질량이 일정한 원자가 항상 일정한 개수비로 결합하기 때문[4]

원자는 종류에 따라 각각 일정한 질량이 있다.

2 화합물을 구성하는 원소의 질량비[5]

구분	구리의 연소 반응	물의 합성 반응
	구리를 가열하면 구리와 산소가 4 : 1의 질량비로 반응하여 산화 구리(Ⅱ)를 생성한다.	수소와 산소가 1 : 8의 질량비로 반응하여 물을 생성한다.
구성 원소의 질량 관계	구리 : 산소 =4 : 1 (산소의 질량(g) vs 구리의 질량(g))	수소 : 산소 =1 : 8 (산소의 질량(g) vs 수소의 질량(g))
질량비	구리 + 산소 ⟶ 산화 구리(Ⅱ) 4 : 1 : 5	수소 + 산소 ⟶ 물 1 : 8 : 9

올리드 PLUS 개념

❶ 물리 변화에서의 질량 보존 법칙

물리 변화가 일어날 때 물질의 상태나 모양이 변할 뿐 원자의 종류나 개수가 변하지 않으므로 질량은 변하지 않는다.

예 얼음 10 g=물 10 g

❷ 밀폐된 용기와 밀폐되지 않은 용기에서의 기체 발생 반응

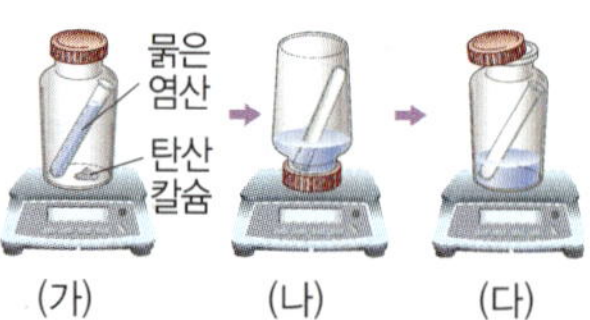

질량은 (가)=(나)>(다)이다. 밀폐된 용기의 경우는 질량이 일정하지만, 용기가 밀폐되지 않은 경우 발생하는 기체가 용기를 빠져나가므로 질량이 감소한다.

❸ 밀폐된 용기에서 강철 솜의 연소

밀폐된 용기에서 반응 전후 질량이 같다.

❹ 혼합물과 일정 성분비 법칙

혼합물은 성분 물질이 섞이는 비율이 일정하지 않으므로 일정 성분비 법칙이 성립하지 않는다.

예 설탕물은 설탕과 물의 혼합 비율에 따라 여러 가지 농도의 설탕물을 만들 수 있다.

❺ 여러 가지 화합물에서 구성 원소의 질량비

화합물	질량비
암모니아 (NH_3)	질소 : 수소=14 : 3
이산화 탄소 (CO_2)	탄소 : 산소=3 : 8
과산화 수소 (H_2O_2)	수소 : 산소=1 : 16

기본 문제로 개념 다지기

★ 바른답·알찬풀이 7쪽

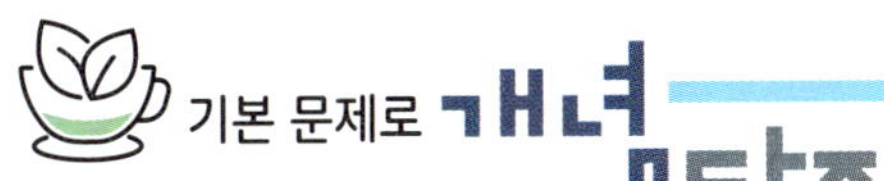

❶ 질량 보존 법칙

01 질량 보존 법칙에 대한 설명으로 옳은 것은 ○표, 옳지 않은 것은 ×표 하시오.

(1) 화학 변화에서만 성립한다. (　　)

(2) 기체 발생 반응이나 연소 반응에서는 성립하지 않는다. (　　)

(3) 반응물 질량의 총합과 생성물 질량의 총합은 항상 같다. (　　)

02 그림은 탄산 나트륨 수용액과 염화 칼슘 수용액의 반응을 나타낸 것이다.

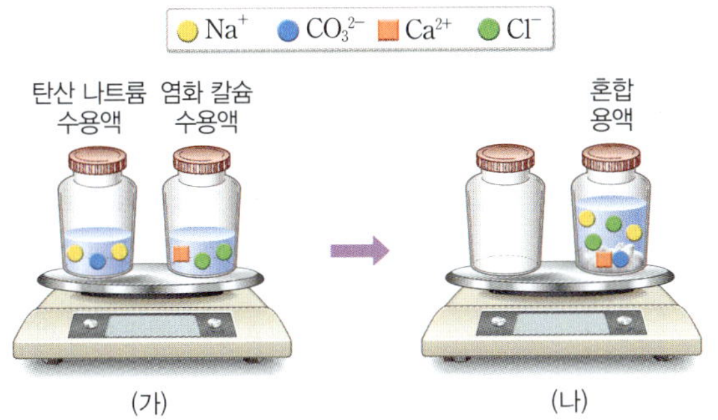

(　　) 안에 들어갈 알맞은 내용을 쓰시오.

(1) 탄산 나트륨 수용액과 염화 칼슘 수용액이 반응하면 탄산 칼슘의 흰색 (　　　)을/를 생성한다.

(2) (가)와 (나)의 질량을 등호나 부등호로 비교하면 (가)(　　　)(나)이다.

03 밀폐되지 않은 용기에서 다음 반응이 일어날 때 질량이 증가하면 '증가', 감소하면 '감소', 일정하면 '일정'이라고 쓰시오.

(1) 나무를 태운다. (　　)

(2) 강철 솜을 가열한다. (　　)

(3) 질산 은 수용액과 염화 나트륨 수용액을 반응시킨다. (　　)

❷ 일정 성분비 법칙

04 다음은 어떤 화학 반응의 규칙에 대한 설명이다. (　　) 안에 들어갈 알맞은 말을 쓰시오.

> 2가지 이상의 물질이 화학 반응하여 새로운 (㉠) 이/가 생성될 때 반응하는 물질 사이에 일정한 (㉡)이/가 성립하는 것을 (㉢) 법칙이라고 한다.

05 그림과 같이 흰색 공(A) 12개와 빨간색 공(B) 6개가 있다.

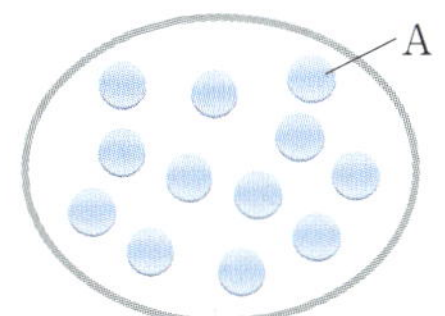

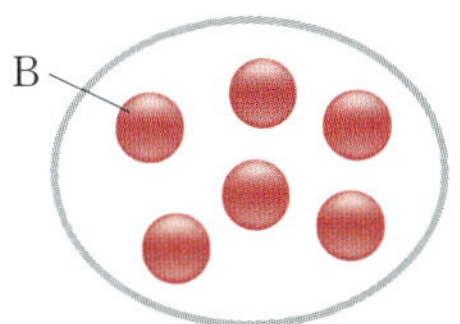

최대로 만들 수 있는 화합물 모형 (가) A_2B와 (나) A_2B_2의 개수를 각각 구하시오.

06 오른쪽 그림은 구리 가루가 연소하여 산화 구리(Ⅱ)가 생성될 때 반응하는 구리와 산소의 질량 관계를 나타낸 것이다.

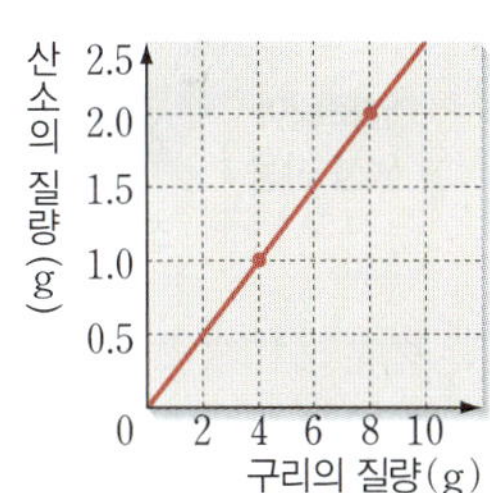

(1) 반응하는 구리와 산소의 질량비(구리 : 산소)를 구하시오.

(2) 구리 12 g을 완전히 연소시키는 데 필요한 산소의 질량은 몇 g인지 구하시오.

(3) 산화 구리(Ⅱ) 20 g을 얻기 위해 필요한 구리의 질량은 몇 g인지 구하시오.

07 오른쪽 그림은 산화 마그네슘을 이루는 마그네슘과 산소의 질량 관계를 나타낸 것이다. 산화 마그네슘 30 g에 들어 있는 마그네슘의 질량은 몇 g인지 구하시오.

산화 마그네슘 5 g

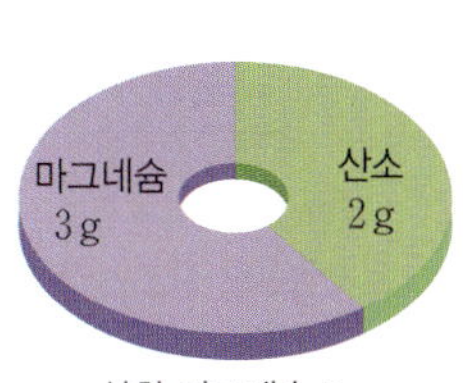

02강 화학 반응의 규칙

❸ 기체 반응 법칙 기체 반응 법칙은 반응물과 생성물이 모두 기체인 경우에만 성립한다.

1 기체 반응 법칙(1808년, 게이뤼삭) 온도와 압력이 일정할 때 반응하는 기체와 생성되는 기체의 부피 사이에 간단한 정수비가 성립한다.

예 일정한 온도와 압력에서 수소 기체와 산소 기체가 반응하여 수증기를 생성할 때 기체 사이의 부피비는 수소 : 산소 : 수증기 = 2 : 1 : 2이다.[6]

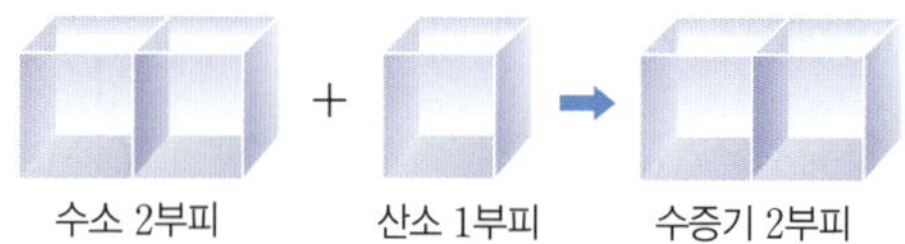

2 기체의 부피와 분자 수 일정한 온도와 압력에서 모든 기체는 같은 부피 속에 같은 수의 분자가 들어 있다.[7]

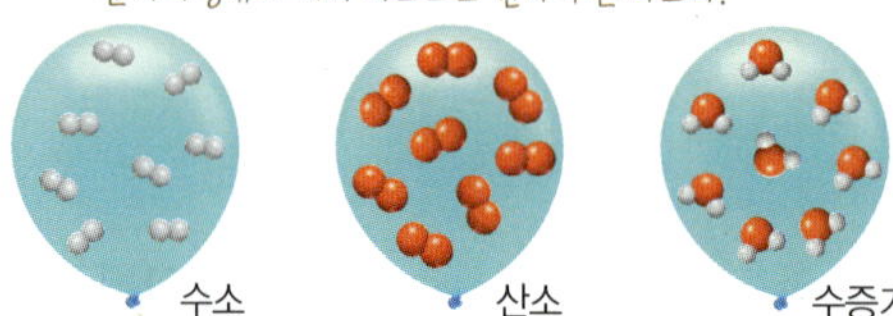

3 기체의 부피비와 분자 수의 비 일정한 온도와 압력에서 기체의 부피비는 분자 수의 비와 같고, 화학 반응식의 계수비는 분자 수의 비와 같다. ➡ 기체의 반응에서 화학 반응식의 계수비=부피비=분자 수의 비이다.

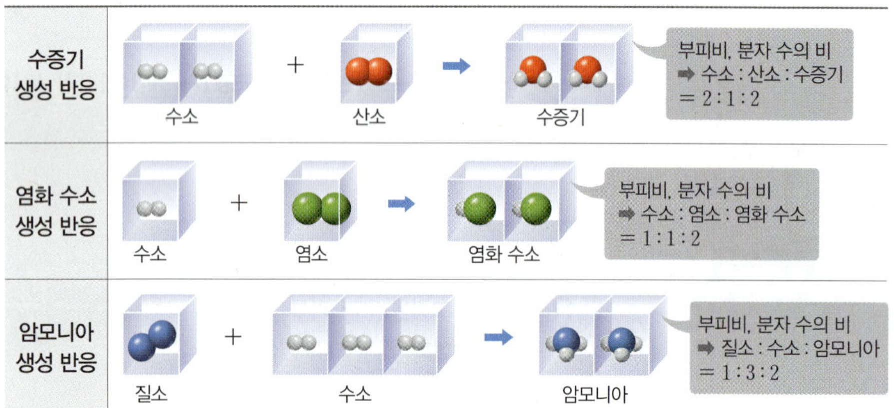

기체 반응 법칙 실험하기[8]

》과정 및 결과

❶ 기체 반응 실험 장치의 기체 주입구를 열고 주사기를 이용하여 수소 기체 10 mL와 산소 기체 5 mL를 넣는다.

❷ 기체 주입구를 닫고 점화기를 눌러 수소 기체와 산소 기체를 완전히 반응시킨 후 남은 기체의 부피를 측정한다.

❸ 기체 반응 실험 장치에 넣는 수소 기체와 산소 기체의 부피를 표와 같이 바꾸어 실험하고, 남은 기체의 부피를 측정한다.

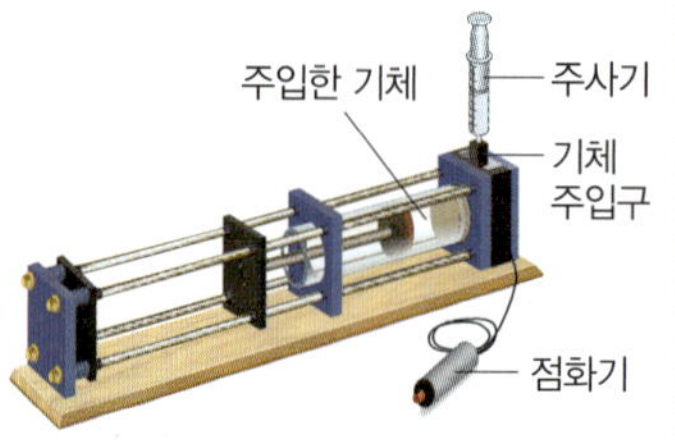

반응한 수소 기체의 부피(mL)	10	10	20
반응한 산소 기체의 부피(mL)	5	10	10
반응 후 남은 기체의 부피(mL)	0	5	0

└ 남은 기체는 산소이다.

》정리

수소와 산소는 2 : 1의 부피비로 반응한다. ➡ 반응하는 기체와 생성되는 기체의 부피 사이에 간단한 정수비가 성립한다.

---

❻ 수증기 생성 반응에서의 부피 관계

실험	반응 전 부피 (mL)		남은 기체의 종류와 부피 (mL)	생성된 수증기 부피 (mL)
	수소	산소		
1	10	10	산소, 5	10
2	20	10	없음.	20
3	40	15	수소, 10	30

❼ 기체 반응 법칙과 분자

원자 몇 개가 결합하여 생성된 물질의 성질을 지닌 가장 작은 입자를 분자라고 한다. 기체 반응 법칙이 성립하려면 같은 부피 속에 같은 수의 분자가 들어 있어야 하며, 이때 각 기체의 부피비=분자 수비가 된다.

❽ 기체 반응 법칙 실험에서 유의할 점

• 수소와 산소의 반응은 폭발적으로 일어나므로 표에 제시된 부피보다 많은 양의 기체를 사용하지 않는다.

• 생성된 수증기는 바로 물로 변하기 때문에 부피를 무시할 수 있다.

• 생성된 수증기의 부피를 직접 측정할 수 없으므로 이 실험으로는 반응하는 수소 기체와 산소 기체의 부피비만을 확인할 수 있다.

❸ 기체 반응 법칙

08 다음은 기체 반응 법칙에 대한 설명이다. ( ) 안에 들어갈 알맞은 말을 쓰시오.

(1) 온도와 압력이 일정할 때 반응하는 기체와 생성되는 기체의 (   ) 사이에 간단한 정수비가 성립한다.

(2) 온도와 압력이 일정할 때 모든 기체는 같은 부피 속에 들어 있는 (   )의 수가 같다.

(3) 반응물과 생성물이 모두 기체인 화학 반응에서 화학 반응식의 계수비는 부피비, (   ) 수의 비와 같다.

09 그림은 온도와 압력이 일정할 때 수소(H_2) 기체와 염소(Cl_2) 기체가 반응하여 염화 수소(HCl) 기체가 생성되는 반응을 모형으로 나타낸 것이다.

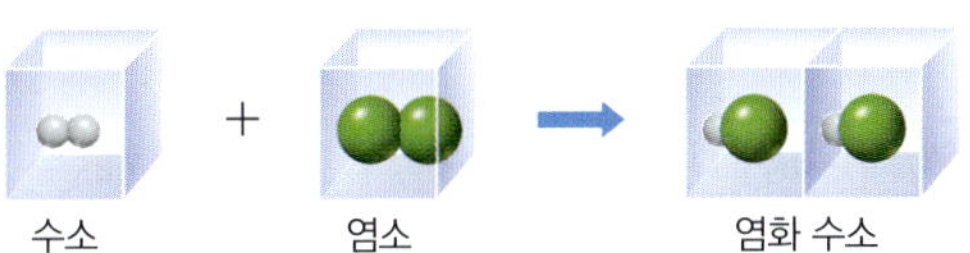

(1) 염화 수소 기체가 생성될 때 각 기체의 부피비(수소 : 염소 : 염화 수소)를 구하시오.

(2) 염화 수소 기체가 생성되는 반응에서 각 기체의 부피비가 (1)처럼 성립하는 것과 가장 관련있는 화학 반응의 규칙을 쓰시오.

(3) 수소 기체와 염소 기체가 반응하여 염화 수소 기체가 생성되는 반응을 화학 반응식으로 나타내시오.

10 온도와 압력이 일정할 때 질소 기체 **20 mL**와 수소 기체 **60 mL**를 반응시켰더니 모두 반응하여 암모니아 기체 **40 mL**가 생성되었다. (   ) 안에 들어갈 알맞은 내용을 쓰시오.

(1) 질소 : 수소 : 암모니아의 부피비는 (   )이다.

(2) 질소 기체 10 mL와 수소 기체 40 mL를 반응시키면 암모니아 기체 (   ) mL가 생성되고, (   ) 기체 (   ) mL가 남는다.

11 표는 일정한 온도와 압력에서 기체 반응 실험 장치를 이용하여 수증기를 생성할 때 반응한 수소와 산소 기체의 부피, 반응 후 남은 산소 기체의 부피를 나타낸 것이다.

반응한 수소 기체의 부피(mL)	4	6	8
반응한 산소 기체의 부피(mL)	4	6	8
반응 후 남은 산소 기체의 부피(mL)	2	3	4

이에 대한 설명으로 옳은 것은 ○표, 옳지 <u>않은</u> 것은 ×표 하시오.

(1) 수증기 생성 반응에서 수소와 산소의 부피비는 수소 : 산소＝2 : 1이다.   (   )

(2) 산소 4 mL를 모두 반응시키려면 수소 8 mL를 넣어야 한다.   (   )

(3) 수소 4 mL와 산소 2 mL가 반응하면 수증기 6 mL가 생성된다.   (   )

12 표는 일정한 온도와 압력에서 수소 기체와 산소 기체가 반응하여 수증기를 생성할 때의 부피 관계를 나타낸 것이다.

실험	반응 전 기체의 부피 (mL)		반응 후 남은 기체의 종류와 부피(mL)	생성된 수증기 부피 (mL)
	수소	산소		
1	4	4	산소, 2	4
2	8	4	없음.	8
3	16	6	(가)	(나)

(가)와 (나)에 알맞은 내용을 구하시오.

13 온도와 압력이 일정할 때 수소 기체 **30 mL**와 산소 기체 **30 mL**에 들어 있는 분자 수를 비교하시오.

화학 반응에서 질량 변화

개념 20쪽

★ 바른답 · 알찬풀이 8쪽

과정

실험 ❶ 앙금 생성 반응에서의 질량 변화

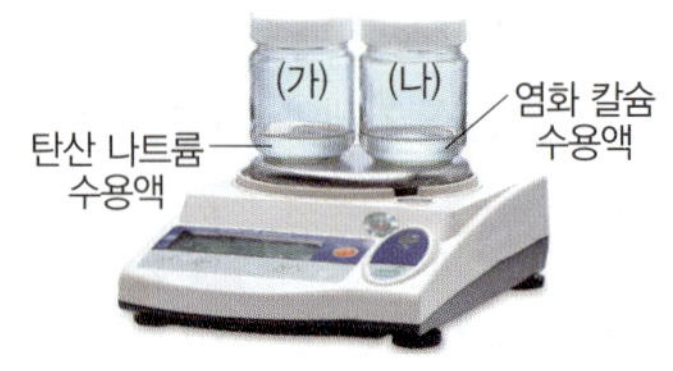

❶ 시약병 (가)와 (나)에 같은 농도의 탄산 나트륨 수용액과 염화 칼슘 수용액을 각각 10 mL씩 넣고, 뚜껑을 닫은 후 전체 질량을 측정한다.

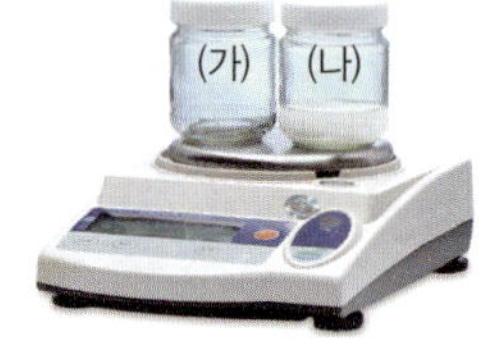

❷ 시약병 (가)의 수용액을 시약병 (나)에 부어 앙금 생성 반응이 일어나게 한 후, 시약병 (가)와 (나)의 뚜껑을 모두 닫아 전체 질량을 측정한다.

탄산 나트륨(Na_2CO_3) 수용액과 염화 칼슘($CaCl_2$) 수용액이 반응하면 탄산 이온(CO_3^{2-})과 칼슘 이온(Ca^{2+})이 반응하여 탄산 칼슘($CaCO_3$)의 흰색 앙금을 생성하고, 나트륨 이온(Na^+)과 염화 이온(Cl^-)은 용액 속에 이온 상태로 녹아 있다.

실험 ❷ 기체 발생 반응에서의 질량 변화

❶ 페트병에 탄산수소 나트륨 0.5 g, 식초 10 mL가 담긴 시험관을 넣고 뚜껑을 닫아 전체 질량을 측정한다.

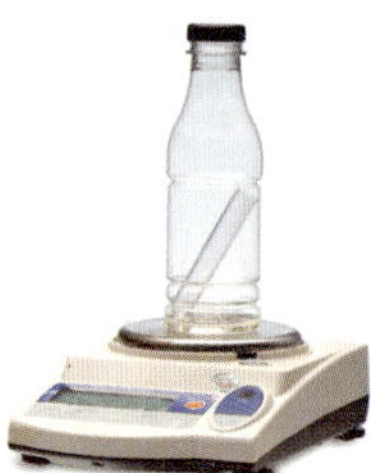

❷ 페트병을 기울여 탄산수소 나트륨과 식초를 모두 반응시킨 후 전체 질량을 측정한다.

유의할 점
페트병에 식초가 담긴 시험관을 넣을 때 식초가 쏟아지지 않도록 주의한다.

탄산수소 나트륨과 식초 속 아세트산이 반응하면 이산화 탄소 기체가 발생한다.

결과

구분	반응 전 질량(g)	반응 후 질량(g)
실험 ❶	324.28	324.28
실험 ❷	38.79	38.79

정리

• 앙금 생성 반응이 일어날 때 반응 전후 물질의 전체 질량은 변하지 않는다.

➡ ❶(　　　　) 법칙 성립

• 밀폐된 용기에서 ❷(　　　　) 발생 반응이 일어날 때 반응 전후 물질의 전체 질량은 변하지 않는다. ➡ 질량 보존 법칙 성립

답 ❶ 질량 보존 ❷ 기체

---

01 위 실험에 대한 설명으로 옳은 것은 ○표, 옳지 <u>않은</u> 것은 ×표 하시오.

(1) 실험 ❶에서 생성된 앙금의 화학식은 $CaCO_3$이다.　　　　(　)

(2) 실험 ❶에서 반응이 일어난 후 뚜껑을 열면 질량이 감소할 것이다.　　　　(　)

(3) 실험 ❷에서 탄산수소 나트륨과 식초를 반응시키면 수소 기체가 발생한다.　　　　(　)

(4) 실험 ❷에서 반응이 일어난 후 뚜껑을 열면 질량이 감소할 것이다.　　　　(　)

02 그림은 탄산 나트륨 수용액과 염화 칼슘 수용액을 혼합할 때의 반응을 모형으로 나타낸 것이다.

반응 후 혼합 용액의 수용액 속에 존재하는 이온을 그려 모형을 완성하시오.

화합물을 구성하는 원소의 질량비

개념 20쪽

★ 바른답·알찬풀이 8쪽

실험 ❶ 자료를 해석하여 그래프로 나타내기

구리와 산소의 반응

[자료]

실험	물질의 질량(g)	
	구리	산화 구리(Ⅱ)
1	2.0	2.5
2	4.0	5.0
3	6.0	7.5
4	8.0	10.0

[그래프]

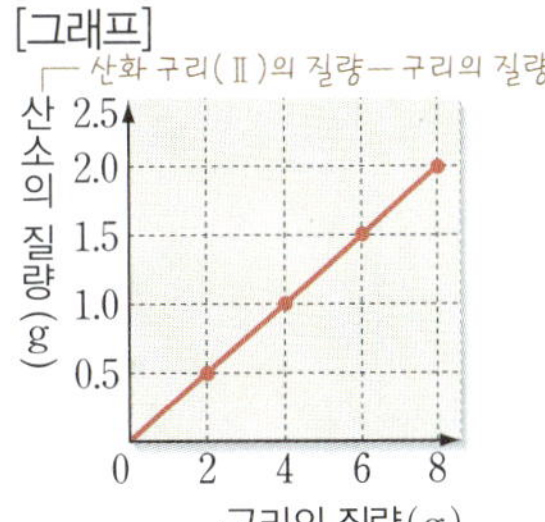

마그네슘과 산소의 반응

[자료]

실험	물질의 질량(g)	
	마그네슘	산화 마그네슘
1	0.3	0.5
2	0.6	1.0
3	0.9	1.5
4	1.2	2.0

[그래프]

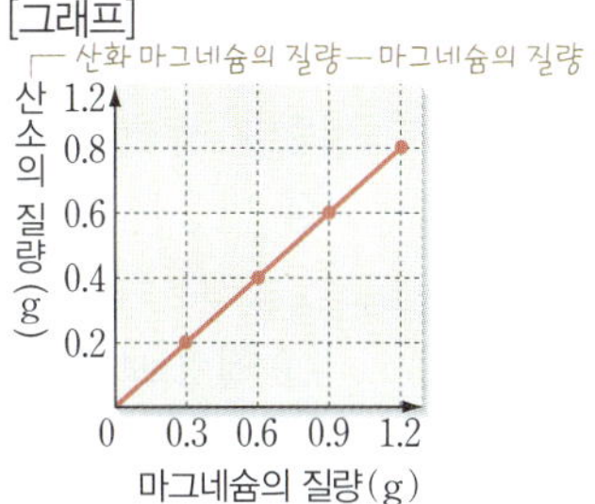

실험 ❷ 물 분자 모형 만들기

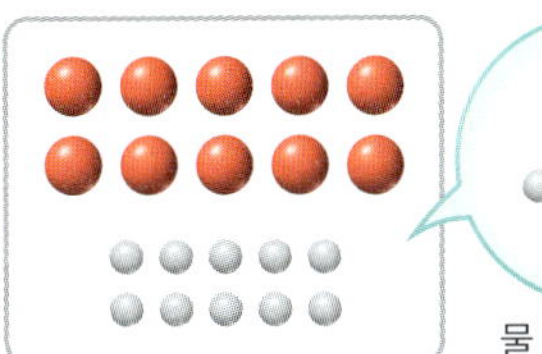

❶ 빨간색 스타이로폼 공 10개와 흰색 스타이로폼 공 10개를 준비하고, 흰색 공 2개와 빨간색 공 1개를 이용하여 물 분자 모형을 만든다.

❷ 물 분자를 구성하는 수소와 산소의 질량비(수소 : 산소)를 구한다.

> 빨간색 공은 산소 원자, 흰색 공은 수소 원자를 나타내며, 원자의 상대적 질량은 산소가 16, 수소가 1이다.

실험 ❶	산화 구리(Ⅱ)를 구성하는 구리와 산소의 질량비	구리와 산소는 4 : 1의 질량비로 반응하여 산화 구리(Ⅱ)를 생성한다.
	산화 마그네슘을 구성하는 마그네슘과 산소의 질량비	마그네슘과 산소는 3 : 2의 질량비로 반응하여 산화 마그네슘을 생성한다.
실험 ❷		• 물 분자는 수소 원자 2개와 산소 원자 1개가 결합한다. ➡ 물 분자 모형 5개를 만들고 빨간색 공 5개가 남는다. • 질량비는 수소 : 산소=(2×1) : 16=1 : 8이다.

> 산화 구리(Ⅱ)는 구리와 산소가 1 : 1의 개수비로 결합한 물질이다. 그런데 산화 구리(Ⅱ)를 구성하는 구리와 산소의 질량비가 4 : 1이므로 산소 원자의 상대적 질량이 16이면 구리 원자의 상대적 질량은 64이다. 마찬가지로 산화 마그네슘(MgO)을 구성하는 마그네슘과 산소의 질량비는 3 : 2이므로 마그네슘 원자의 상대적 질량은 24이다.

• 화합물을 구성하는 원소 사이에 일정한 질량비가 성립한다. ➡ ❶( ) 법칙 성립

• 화합물은 질량이 일정한 원자가 항상 일정한 ❷( )로 결합하므로 일정한 비율을 넘는 반응물이 있을 경우 반응하지 못하고 남는다. ➡ ❸( ) 법칙 성립

답 ❶ 일정 성분비 ❷ 개수비 ❸ 일정 성분비

---

01 위 실험에 대한 설명으로 옳은 것은 ○표, 옳지 <u>않은</u> 것은 ×표 하시오.

(1) 구리 10 g과 반응하는 산소의 질량은 2.5 g이다. ( )

(2) 생성된 산화 마그네슘의 질량에서 반응한 마그네슘의 질량을 빼면 반응한 산소의 질량을 구할 수 있다. ( )

(3) 실험 ❷에서 빨간색 공 4개와 흰색 공 6개로 물 분자 모형을 만들면 남는 공이 없다. ( )

02 그림은 물과 과산화 수소 분자를 모형으로 나타낸 것이다. (단, 원자의 상대적 질량은 산소가 16, 수소가 1이다.)

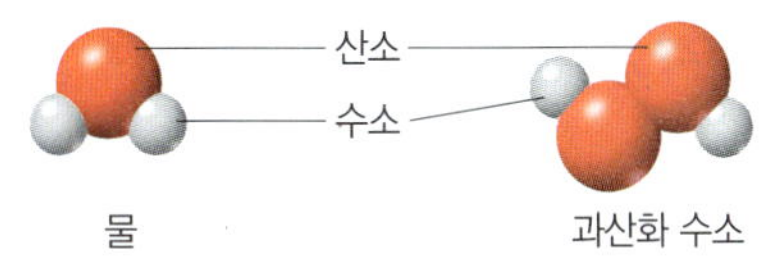

(1) 물과 과산화 수소를 구성하는 수소와 산소의 질량비(수소 : 산소)를 각각 구하여 순서대로 쓰시오.

(2) 과산화 수소 68 g 속에 들어 있는 산소의 질량은 몇 g인지 구하시오.

중요
01 질량 보존 법칙에 대한 설명으로 옳은 것은?

① 물리 변화에서 성립하지 않는다.
② 앙금이 생성되는 반응에서 성립한다.
③ 기체가 발생하는 반응에서 성립하지 않는다.
④ 반응물의 총 질량이 생성물의 총 질량보다 항상 크다.
⑤ 질량 보존 법칙이 성립하는 까닭은 반응 전후 분자의 종류와 개수가 변하지 않기 때문이다.

02 그림과 같이 염화 나트륨 수용액과 질산 은 수용액의 질량을 측정한 다음, 두 수용액을 섞어 반응시킨 후 다시 전체 질량을 측정하였다.

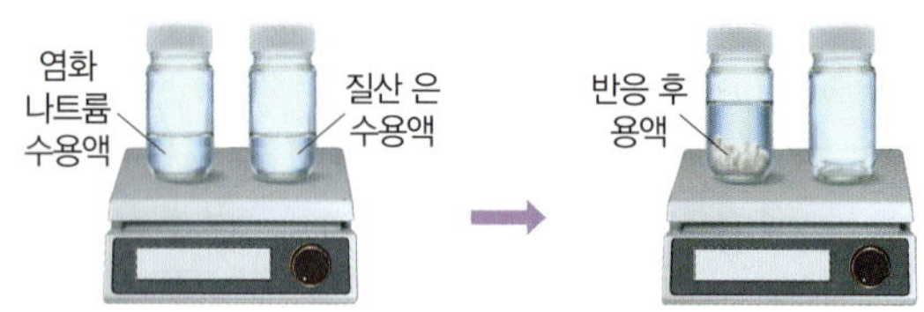

이에 대한 설명으로 옳은 것은?

① 반응 후 원자의 종류가 변한다.
② 앙금이 생성되어 질량이 증가한다.
③ 기체가 발생하여 질량이 감소한다.
④ 반응 후 물질의 종류는 변하지 않는다.
⑤ 용액이 뿌옇게 흐려지며 질량은 변하지 않는다.

03 밀폐되지 않은 용기에서 반응이 일어날 때 질량이 증가하는 것은?

① 종이를 태운다.
② 물에 설탕을 녹인다.
③ 강철 솜을 연소시킨다.
④ 탄산 칼슘에 식초를 떨어뜨린다.
⑤ 염화 나트륨 수용액과 질산 은 수용액을 섞어 반응시킨다.

중요
04 그림과 같이 탄산 칼슘과 묽은 염산을 반응시키면서 반응 전후 질량을 측정하였다.

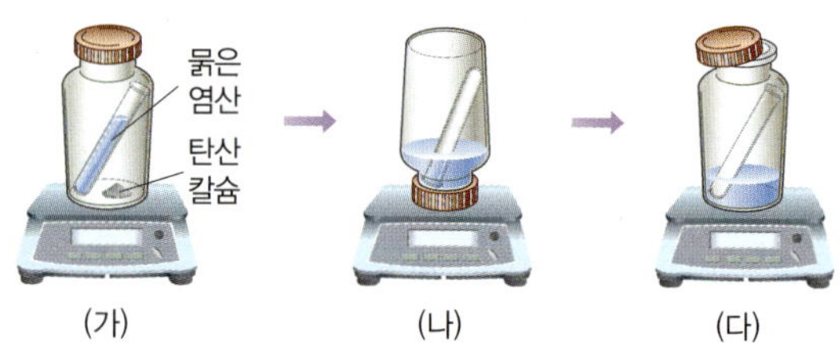

(가)~(다)의 질량을 등호나 부등호를 이용하여 비교하시오.

05 다음은 과산화 수소가 물과 산소로 분해되는 반응이다.

$$과산화 수소 \longrightarrow 물 + 산소$$

과산화 수소 34 g이 모두 분해되어 물 18 g이 생성되었을 때 발생한 산소 기체의 질량은 몇 g인지 구하시오.

신경향
06 그림은 밀폐 용기 안에서 일정량의 철을 연소시킬 때 반응 전후의 변화를 모형으로 나타낸 것이다.

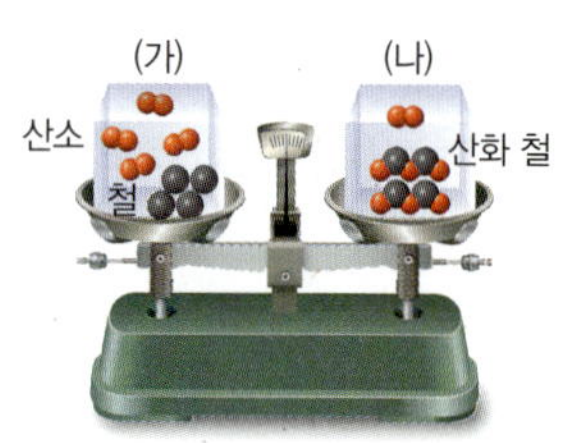

이에 대한 설명으로 옳지 **않은** 것은?

① (가)에서 (나)로의 변화는 화학 변화이다.
② 저울이 수평을 이루므로 질량 보존 법칙이 성립한다.
③ (나)에서 산화 철을 이루는 철과 산소의 질량비는 일정하다.
④ 밀폐되지 않은 용기에서 연소시키면 저울이 (가) 쪽으로 기울어진다.
⑤ (나)에서 산소가 남은 것은 반응할 철이 없기 때문이다.

07 그림은 마그네슘의 연소 반응을 모형으로 나타낸 것이다.

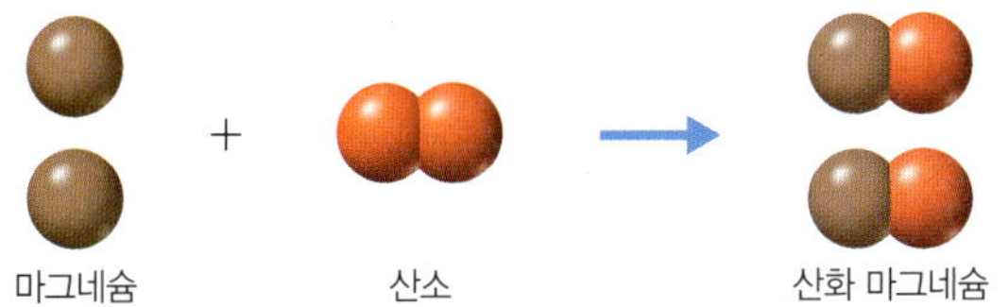

마그네슘 24 g을 모두 연소시켰더니 산화 마그네슘 40 g 이 생성되었다. (가) 마그네슘과 반응한 산소의 질량과 (나) 산화 마그네슘을 구성하는 마그네슘과 산소의 질량비(마그 네슘 : 산소)를 구하시오.

[08~09] 그림은 볼트(B)와 너트(N)를 이용하여 화합물 BN_2 가 생성되는 과정을 모형으로 나타낸 것이다. 물음에 답하시오.

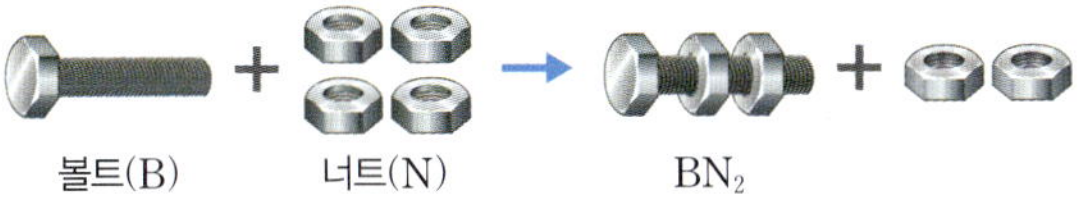

08 볼트 2개와 너트 6개로 최대로 만들 수 있는 화합물 BN_2 의 개수를 쓰시오.

09 화합물 BN_2를 구성하는 볼트(B)와 너트(N)의 질량비 (B : N)를 구하시오.(단, 볼트(B) 1개의 질량은 6 g, 너트 (N) 1개의 질량은 3 g이다.)

10 일정 성분비 법칙이 성립하지 <u>않는</u> 것은?

① 수소 + 산소 ⟶ 물
② 소금 + 물 ⟶ 소금물
③ 질소 + 수소 ⟶ 암모니아
④ 구리 + 산소 ⟶ 산화 구리(Ⅱ)
⑤ 염소 + 나트륨 ⟶ 염화 나트륨

11 질량이 20 g인 도가니에 구리 4 g을 넣고 가열할 때 도가 니의 질량 변화를 그래프로 옳게 나타낸 것은?(단, 구리는 산소와 4 : 1의 질량비로 반응하여 산화 구리(Ⅱ)를 생성 한다.)

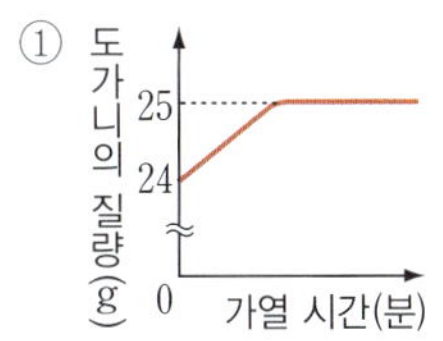
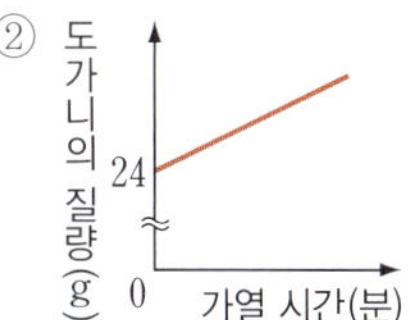
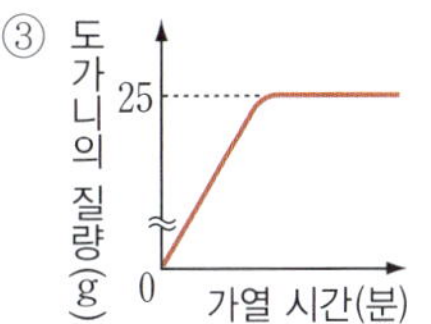
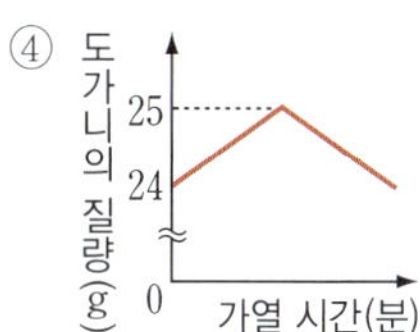
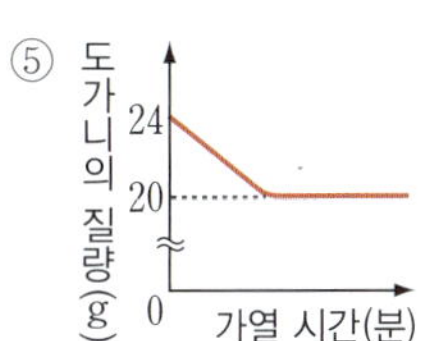

12 질소 기체 14 g과 수소 기체 3 g을 반응시키면 질소 기체 와 수소 기체가 모두 반응하여 암모니아 기체가 생성된다. 이에 대한 설명으로 옳은 것을 〈보기〉에서 모두 고른 것 은?(단, 원자의 상대적 질량은 질소가 14, 수소가 1이다.)

보기
ㄱ. 생성된 암모니아의 질량은 17 g이다.
ㄴ. 암모니아를 구성하는 질소와 수소 원자의 개수비 는 질소 : 수소=1 : 3이다.
ㄷ. 수소 기체의 질량을 6 g으로 늘리면 생성된 암모 니아의 질량은 증가한다.

① ㄱ   ② ㄷ   ③ ㄱ, ㄴ
④ ㄴ, ㄷ   ⑤ ㄱ, ㄴ, ㄷ

13 표는 물의 합성 반응에서 질량 관계를 나타낸 것이다.

실험	반응 전 기체의 질량(g)		반응 후 남은 기체의 종류와 질량(g)
	수소	산소	
1	0.3	3.0	산소, 0.6
2	0.9	6.4	수소, 0.1

수소 0.6 g과 산소 5.0 g을 반응시킬 때 (가) 남는 기체의 종류와 질량, (나) 생성되는 물의 질량을 구하시오.

14 다음은 수소 기체와 염소 기체가 반응하여 염화 수소 기체가 생성되는 반응의 화학 반응식이다.

$$H_2 + Cl_2 \longrightarrow 2HCl$$

이 반응에 대한 설명으로 옳은 것을 〈보기〉에서 모두 고른 것은?(단, 온도와 압력은 일정하다.)

┌─ 보기 ─
ㄱ. 수소 10 mL와 완전히 반응하는 염소의 부피는 10 mL이다.
ㄴ. 반응 전후 분자의 개수가 같으므로 질량 보존 법칙이 성립한다.
ㄷ. 수소 분자 2개가 완전히 반응하면 염화 수소 분자 4개가 생성된다.
└─

① ㄱ　　　② ㄴ　　　③ ㄱ, ㄷ
④ ㄴ, ㄷ　　　⑤ ㄱ, ㄴ, ㄷ

[15~16] 그림은 온도와 압력이 일정할 때 질소 기체와 수소 기체가 반응하여 암모니아 기체가 생성되는 반응을 모형으로 나타낸 것이다. 물음에 답하시오.

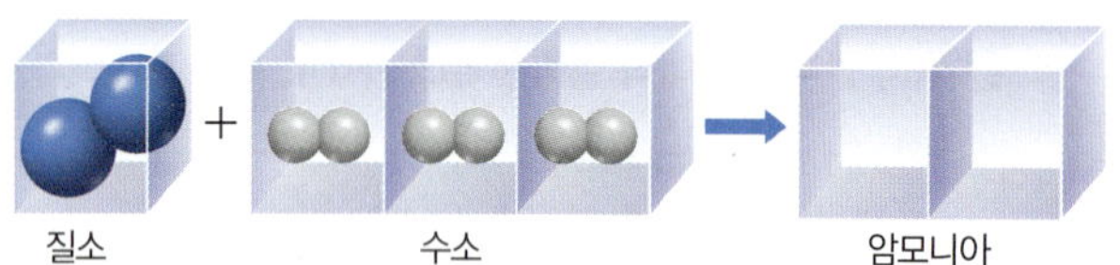

15 생성된 암모니아 분자 모형을 옳게 나타낸 것은?

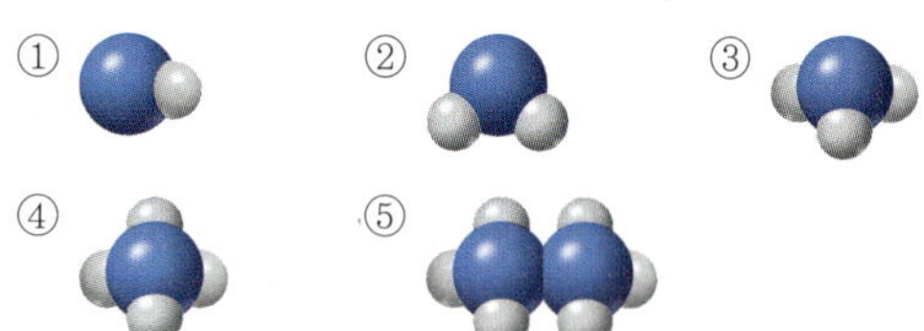

16 위 반응에 대한 설명으로 옳은 것은?

① 반응 전후 기체의 부피는 일정하다.
② 수소와 질소는 3 : 1의 질량비로 반응한다.
③ 각 기체 1부피에 들어 있는 원자 수는 같다.
④ 질소 분자 1개는 수소 분자 1개와 반응한다.
⑤ 질소 10 mL가 완전히 반응하면 암모니아 20 mL가 생성된다.

[17~18] 표는 일정한 온도와 압력에서 일산화 탄소 기체와 산소 기체가 반응하여 이산화 탄소 기체를 생성할 때의 부피 관계를 나타낸 것이다.

실험	반응 전 기체의 부피(mL)		생성된 이산화 탄소의 부피(mL)	반응 후 남은 기체의 종류와 부피(mL)
	일산화 탄소	산소		
1	20	30	20	산소, 20
2	60	20	40	x
3	60	40	60	y

17 일정한 온도와 압력에서 x와 y를 반응시킬 때 생성되는 이산화 탄소의 부피는 몇 mL인지 구하시오.

18 위 반응의 화학 반응식에서 계수비(일산화 탄소 : 산소 : 이산화 탄소)를 구하시오.

중요
19 그림은 온도와 압력이 일정할 때 수소 기체와 산소 기체가 반응하여 수증기가 생성되는 반응을 모형으로 나타낸 것이다.

이에 대한 설명으로 옳지 <u>않은</u> 것은?(단, 원자의 상대적 질량은 수소가 1, 산소가 16이다.)

① 수소와 산소 기체는 2 : 1의 부피비로 반응한다.
② 산소 분자 1개가 반응하면 수증기 분자 2개가 생성된다.
③ 수소 2 g이 산소 16 g과 반응하면 수증기 18 g이 생성된다.
④ 수증기를 구성하는 원소의 질량비는 수소 : 산소 =1 : 8이다.
⑤ 수소 기체 20 mL와 산소 기체 10 mL가 반응하면 수증기 30 mL가 생성된다.

고난도·서술형 문제

통합형

20 오른쪽 그림은 10 % 질산 납 수용액 6 mL와 반응하는 10 % 아이오딘화 칼륨 수용액의 양을 증가시킬 때 생성되는 아이오딘화 납 앙금의 높이를 나타낸 것이다. 이에 대한 설명으로 옳은 것은?

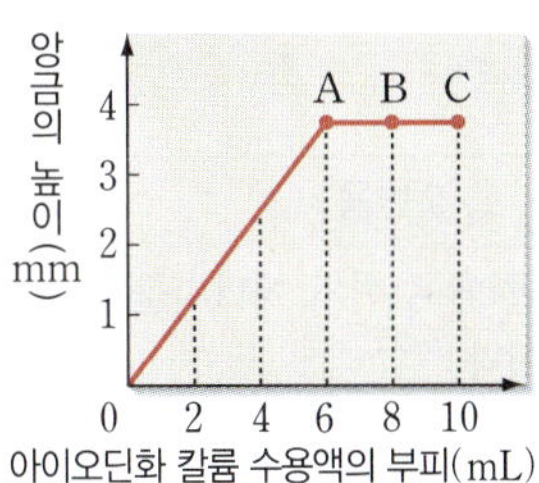

① 농도가 같은 질산 납 수용액과 아이오딘화 칼륨 수용액은 1 : 1의 질량비로 반응한다.
② A 이후 앙금의 높이가 일정해지는 까닭은 반응할 질산 납 수용액의 양이 부족하기 때문이다.
③ B에 아이오딘화 칼륨 수용액을 넣으면 앙금의 양이 증가한다.
④ 아이오딘화 납을 이루는 납과 아이오딘의 부피비가 일정함을 알 수 있다.
⑤ A, B, C에서 전체 질량은 일정하다.

서술형

21 그림과 같이 강철 솜 56 g을 공기 중에서 가열하였더니 산화 철 80 g이 생성되었다.

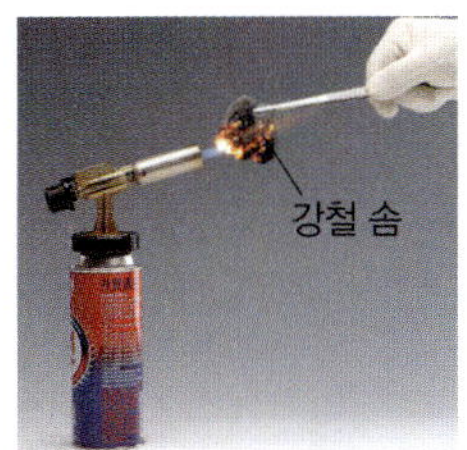

(1) 위의 반응에서 질량 보존 법칙이 성립하는지를 쓰고, 그렇게 생각한 까닭을 설명하시오.

(2) 산화 철을 이루는 철과 산소의 질량비(철 : 산소)를 구하고, 그 과정을 설명하시오.

22 다음 (가)는 에탄올(C_2H_5OH) 연소 반응, (나)는 구리(Cu) 연소 반응의 화학 반응식이다.

(가) $C_2H_5OH + aO_2 \longrightarrow 2CO_2 + bH_2O$
(나) $2Cu + O_2 \longrightarrow 2CuO$

이에 대한 설명으로 옳은 것은?(단, a와 b는 화학 반응식의 계수이다.)

① $a = b$이다.
② (가)와 (나)에서 기체 반응 법칙이 성립한다.
③ (가)와 (나)에서 반응 후 입자 수가 감소한다.
④ 산화 구리(Ⅱ)를 구성하는 원소의 질량비는 구리 : 산소=1 : 1이다.
⑤ 밀폐되지 않은 용기에서 (가)와 (나)의 반응이 일어나면 질량이 모두 감소한다.

서술형

23 그림은 일산화 탄소와 이산화 탄소의 분자 모형이다.

일산화 탄소와 이산화 탄소를 이루는 탄소와 산소의 질량비(탄소 : 산소)를 각각 구하고, 질량비가 다른 까닭을 설명하시오.(단, 원자의 상대적 질량은 탄소가 12, 산소가 16이다.)

서술형

24 그림은 온도와 압력이 일정할 때 질소 기체와 수소 기체가 반응하여 암모니아 기체가 생성되는 반응을 모형으로 나타낸 것이다.

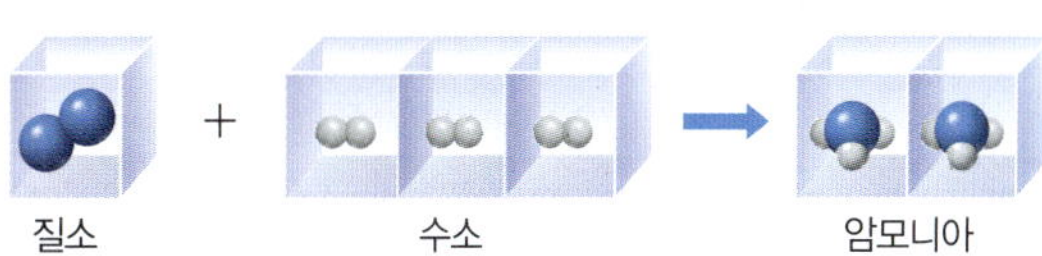

(1) 질소 기체 1 L에 들어 있는 분자 수를 N개라고 할 때 질소 기체 1 L가 완전히 반응하기 위해 필요한 수소 기체의 부피와 이때 생성된 암모니아 분자 수를 구하시오.

(2) 위 모형으로 설명할 수 있는 화학 반응의 규칙을 2가지만 설명하시오.

03강 화학 반응과 에너지 변화

❶ 발열 반응과 흡열 반응 [톺보기 32쪽]

1 화학 반응과 에너지 출입 화학 반응이 일어날 때는 에너지를 흡수하거나 방출한다. ❶❷

2 발열 반응과 흡열 반응

구분	발열 반응	흡열 반응
정의	반응이 일어날 때 주변으로 에너지를 방출하는 반응이다.	반응이 일어날 때 주변의 에너지를 흡수하는 반응이다.
에너지 출입	반응이 일어나는 쪽에서 주변으로 에너지가 이동(방출)한다. 에너지 방출	주변에서 반응이 일어나는 쪽으로 에너지가 이동(흡수)한다. 에너지 흡수
주변의 온도 변화	주변으로 에너지를 방출하므로 주변의 온도가 높아진다.	주변으로부터 에너지를 흡수하므로 주변의 온도가 낮아진다.
예	• 호흡, 연소 • 철이 녹스는 반응 • 산과 금속의 반응 • 산과 염기의 중화 반응 • 산이나 염기가 물에 녹는 반응	• 광합성 • 열분해❸, 전기 분해 • 질산 암모늄과 물의 반응 • 소금이 얼음물에 녹는 반응 • 수산화 바륨과 염화 암모늄의 반응
	▲ 메테인의 연소 반응	▲ 광합성

❷ 에너지 출입을 활용하는 예 [톺보기 33쪽]

냉장고의 냉장실(증발기), 에어컨의 실내기(증발기)에서도 에너지를 흡수하는 반응을 이용한다.

에너지 방출		에너지 흡수
발열 도시락	흔드는 손난로❹	냉찜질 팩
산화 칼슘과 물이 반응하면서 방출하는 에너지로 음식을 데운다.	포장을 뜯어 흔들면 철가루가 공기 중의 산소와 반응하면서 에너지를 방출한다.	냉찜질 팩을 세게 누르면 물과 질산 암모늄이 반응하면서 에너지를 흡수한다.

└ 발열 컵, 휴대용 가열 용기에서도 같은 원리를 이용한다.

---

❶ 화학 반응이 일어날 때 에너지를 흡수하거나 방출하는 까닭

물질은 각각 고유한 에너지를 가지고 있는데, 화학 반응이 일어날 때 물질의 종류가 달라지므로 반응물과 생성물이 가지고 있는 에너지의 차이만큼의 에너지를 흡수하거나 방출한다.

❷ 물리 변화와 열에너지 출입

상태 변화와 같은 물리 변화가 일어날 때에도 열에너지가 출입한다. 융해, 기화, 승화(고체 → 기체)가 일어날 때는 열에너지를 흡수하고, 응고, 액화, 승화(기체 → 고체)가 일어날 때는 열에너지를 방출한다. 이와 같은 상태 변화가 일어날 때 출입하는 에너지는 냉장고, 에어컨 등에 이용된다.

❸ 탄산수소 나트륨의 열분해

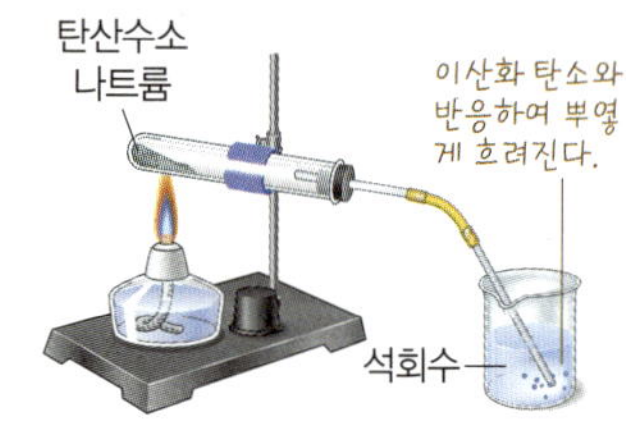

탄산수소 나트륨은 열을 흡수하여 탄산 나트륨과 물, 이산화 탄소로 분해된다. 밀가루 반죽에 넣은 베이킹파우더의 주성분인 탄산수소 나트륨이 열에 의해 분해되어 이산화 탄소 기체가 발생하므로 빵이 부풀어오른다.

❹ 금속 단추 손난로

고체 아세트산 나트륨을 적은 양의 물에 가열하면서 녹인 것으로, 금속 단추를 꺾어 작은 충격을 가하면 아세트산 나트륨이 고체로 석출되면서 에너지를 방출하므로 손난로로 쓰인다.

❶ 발열 반응과 흡열 반응

01 다음은 화학 반응이 일어날 때 주변의 온도 변화가 일어나는 까닭에 대한 설명이다. (   ) 안에 들어갈 알맞은 말을 쓰시오.

> 화학 반응이 일어날 때 주변의 온도가 높아지거나 낮아지는 것은 (   )이/가 출입하기 때문이다.

02 발열 반응과 흡열 반응에 대한 설명으로 옳은 것은 ○표, 옳지 않은 것은 ×표 하시오.

(1) 발열 반응은 에너지를 방출하는 반응이다.

(   )

(2) 발열 반응이 일어나면 주변의 온도가 낮아진다.

(   )

(3) 산과 염기의 중화 반응은 흡열 반응이다. (   )

(4) 흡열 반응은 에너지를 흡수하는 반응이다.

(   )

(5) 흡열 반응이 일어나면 주변의 온도가 낮아진다.

(   )

03 발열 반응의 예는 '발열', 흡열 반응의 예는 '흡열'이라고 쓰시오.

(1) 식물이 광합성을 한다. (   )

(2) 공기 중에서 금속이 녹슨다. (   )

(3) 공기 중에서 메테인이 연소한다. (   )

(4) 탄산수소 나트륨을 가열하여 분해한다. (   )

(5) 묽은 염산에 아연 조각을 넣어 반응시킨다.

(   )

(6) 물에 전류를 흘려주면 수소와 산소로 분해된다.

(   )

04 오른쪽 그림은 삼각 플라스크 안에서 어떤 반응이 일어날 때 에너지의 이동 방향을 나타낸 것이다. 이에 대한 설명으로 옳은 것은 ○표, 옳지 않은 것은 ×표 하시오.

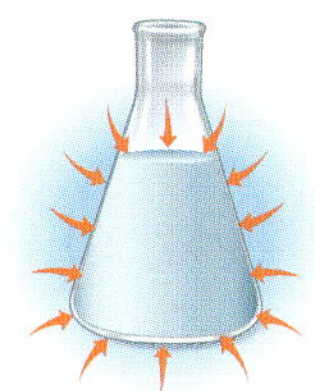

(1) 삼각 플라스크 안에서 흡열 반응이 일어난다.

(   )

(2) 반응이 일어나면 삼각 플라스크 주변의 온도가 높아진다. (   )

(3) 물에 질산 암모늄을 녹일 때 에너지가 위의 그림처럼 이동한다. (   )

❷ 에너지 출입을 활용하는 예

05 다음은 휴대용 손난로와 냉찜질 팩의 원리에 대한 설명이다. (   ) 안에 들어갈 알맞은 말을 쓰시오.

> • 휴대용 손난로를 흔들면 부직포 속 철가루가 산소와 반응하면서 에너지를 (㉠)하므로 주변의 온도가 (㉡)진다.
> • 냉찜질 팩을 누르면 질산 암모늄이 물과 반응하면서 에너지를 (㉢)하므로 주변의 온도가 (㉣)진다.

06 그림의 장치가 발열 반응을 활용하면 '발열', 흡열 반응을 활용하면 '흡열'이라고 쓰시오.

(1)

▲ 냉찜질 팩

(2)

▲ 발열 도시락

(3)

▲ 가스레인지

(4)

▲ 냉장고의 냉장실

화학 반응에서 에너지 출입

★ 바른답 · 알찬풀이 11쪽

과정 및 결과 **실험 ❶ 에너지를 방출하는 반응**

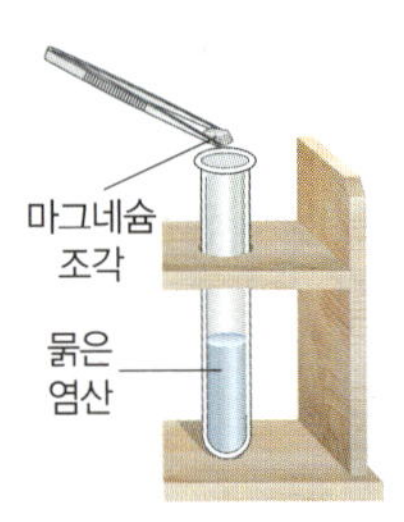

❶ 시험관에 묽은 염산 20 mL를 넣고 마그네슘 조각 3개~4개를 넣은 다음 온도계를 넣는다. ➡ 온도계의 눈금이 올라간다.

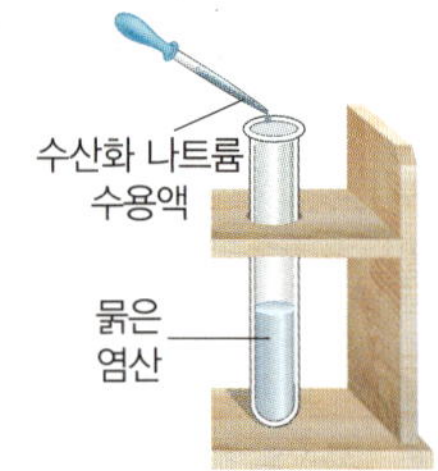

❷ 시험관에 묽은 염산 10 mL를 넣고 수산화 나트륨 수용액 10 mL를 넣은 다음 온도계를 넣는다. ➡ 온도계의 눈금이 올라간다.

유의할 점
• 묽은 염산과 마그네슘이 반응할 때 발생하는 수소 기체는 가연성이 있으므로 주변에 불씨가 없는 곳에서 실험한다.
• 묽은 염산과 수산화 나트륨 수용액은 같은 농도로 준비한다.

실험 ❷ 에너지를 흡수하는 반응

❶ 물을 떨어뜨린 나무판 위에 삼각 플라스크를 올려놓는다.

❷ 삼각 플라스크에 염화 암모늄 10 g과 수산화 바륨 20 g을 넣고 유리 막대로 잘 저은 다음 온도계를 넣는다. ➡ 온도계의 눈금이 0 ℃ 이하로 내려간다.

❸ 나무판 위에 올려놓은 삼각 플라스크를 손으로 들어 본다. ➡ 나무판에 떨어뜨린 물이 얼면서 나무판과 삼각 플라스크가 달라붙어 들려 올라온다.

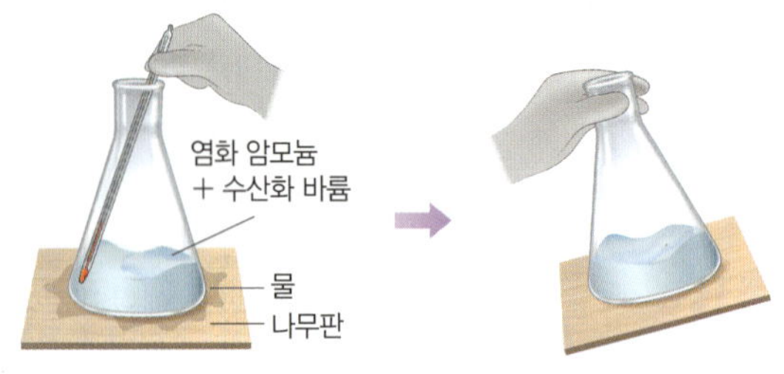

유의할 점
• 반응 시 암모니아 기체가 발생하므로 반드시 마스크를 착용하고, 환기가 잘 되는 곳에서 실험한다.
• 삼각 플라스크가 나무판에 완전히 달라붙을 때까지 충분히 기다린다.

정리

• 실험 ❶에서 온도계의 눈금이 올라간 것으로 보아 온도가 ❶(　　　　)진 것을 알 수 있다. ➡ 주변으로 에너지를 ❷(　　　　)하는 반응이 일어난다.

• 실험 ❷의 반응이 일어날 때는 주변에서 에너지를 ❸(　　　　)하므로 주변의 온도가 ❹(　　　　)진다. 이때 나무판 위의 물은 에너지를 ❺(　　　　)하여 얼음으로 응고하므로 삼각 플라스크가 나무판에 달라붙는다.

답 ❶ 높아 ❷ 방출 ❸ 흡수 ❹ 낮아 ❺ 방출

---

01 위 실험에 대한 설명으로 옳은 것은 ○표, 옳지 <u>않은</u> 것은 ×표 하시오.

(1) 산과 금속의 반응, 산과 염기의 반응은 발열 반응이다. (　　　)

(2) 염화 암모늄과 수산화 바륨이 반응할 때는 주변에서 에너지를 흡수한다. (　　　)

(3) 나무판 위의 물은 에너지를 흡수하여 응고된다. (　　　)

(4) 에너지를 흡수하는 반응이 일어나면 주변의 온도가 높아진다. (　　　)

02 위의 실험 ❷와 에너지 출입이 같은 반응은?

① 호흡
② 철의 부식
③ 메테인의 연소
④ 산화 칼슘과 물의 반응
⑤ 탄산수소 나트륨의 열분해

에너지 출입을 활용한 기구 만들기

개념 30쪽

★ 바른답·알찬풀이 12쪽

과정

실험 ❶ 손난로 만들기

소금이나 숯가루는 반응이 빠르게 일어날 수 있도록 하고, 질석은 손난로가 빨리 식지 않도록 한다.

❶ 부직포 주머니에 철가루, 숯가루, 소금, 질석을 한 숟가락씩 넣고 소량의 물을 넣은 다음, 열 봉합기로 주머니의 입구를 밀봉한다.

❷ 주머니를 흔들거나 주무른 다음, 손이나 팔에 대어 본다.

실험 ❷ 손 냉장고 만들기

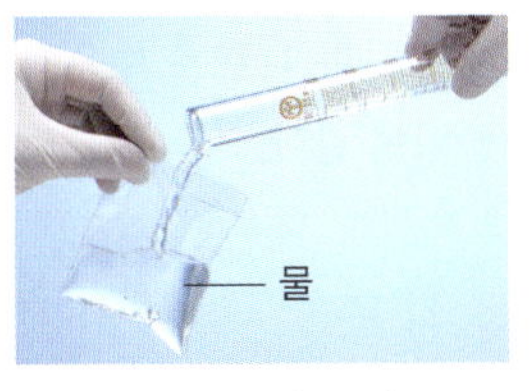

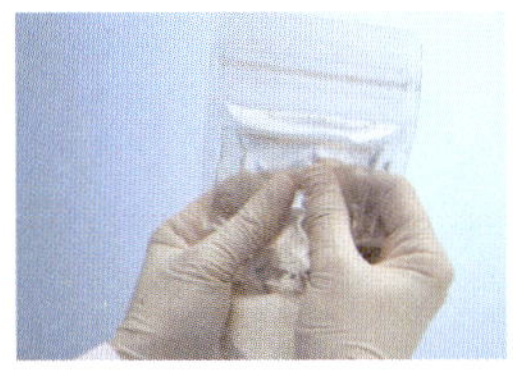

❶ 작은 비닐 팩에 물 약 20 mL를 넣고 입구를 닫는다.

❷ 큰 비닐 팩에 질산 암모늄 약 30 g과 과정 ❶의 비닐 팩을 넣은 후 열 봉합기로 입구를 밀봉한다.

❸ 작은 비닐 팩을 터뜨려 물이 질산 암모늄과 반응하게 한 후 비닐 팩을 만져 본다.

• 부직포를 사용하는 까닭: 부직포에는 공기가 통과할 수 있는 구멍이 있어 철가루가 공기 중의 산소와 만나 화학 반응을 할 수 있기 때문이다. 따라서 손난로를 많이 흔들수록 반응이 잘 일어나 빨리 뜨거워진다.

• 손난로 속 철가루가 모두 산소와 반응하면 더 이상 반응이 일어나지 않으므로 손난로는 재사용할 수 없다.

결과 및 정리

• 실험 ❶에서 손난로를 흔들거나 주무르면 따뜻해진다. ➡ 손난로의 철가루가 공기 중의 ❶(　　　)과/와 반응하여 산화 철이 될 때 에너지를 ❷(　　　)한다.

• 실험 ❷에서 비닐 팩이 차가워진다. ➡ 질산 암모늄이 물에 녹는 반응이 일어날 때 주변의 에너지를 ❸(　　　)하므로 주변의 온도가 ❹(　　　)진다.

➕ 또 다른 탐구

온도에 따라 색이 변하는 물감

과정 ❶ 비닐 팩에 아세트산 나트륨 70 g, 물 10 mL, 시온 물감, 금속 단추를 넣고 비닐 팩 입구를 열 봉합기로 밀봉한다.

❷ 밀봉한 비닐 팩을 뜨거운 물에 넣고 아세트산 나트륨이 모두 녹아 투명해질 때까지 둔다.

❸ 비닐 팩이 투명해지면 조심스럽게 찬물에 넣어 식힌 다음 금속 단추를 꺾어 본다.

결과 포화 상태보다 더 많은 양의 아세트산 나트륨이 녹아 있는 불안정한 용액에 금속 단추를 꺾어 충격을 가하면 아세트산 나트륨이 고체로 석출되면서 에너지를 방출하므로 손난로로 사용할 수 있다.

└ 뜨거운 물에 손난로를 넣고 다시 고체를 녹이면 재사용할 수 있다.

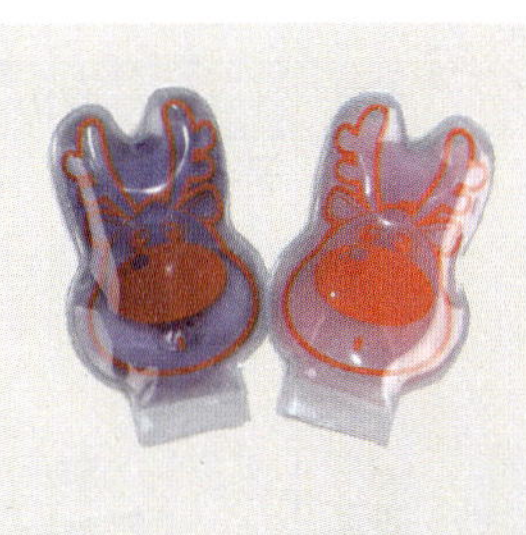

답 ❶ 산소 ❷ 방출 ❸ 흡수 ❹ 차가워

---

01 위 실험에 대한 설명으로 옳은 것은 ○표, 옳지 않은 것은 ×표 하시오.

(1) 철이 공기 중의 산소와 반응할 때는 에너지를 흡수한다. (　　　)

(2) 실험 ❶과 실험 ❷에서 일어나는 반응은 에너지 출입이 같다. (　　　)

(3) 흔드는 손난로는 재사용이 가능하다. (　　　)

(4) 질산 암모늄이 물과 반응할 때는 주변에서 에너지를 흡수한다. (　　　)

02 오른쪽 그림은 등산이나 캠핑 등에 이용되는 휴대용 가열 용기를 나타낸 것이다. 이 용기에서 활용하는 반응이 발열 반응과 흡열 반응 중에서 어느 것인지 쓰시오.

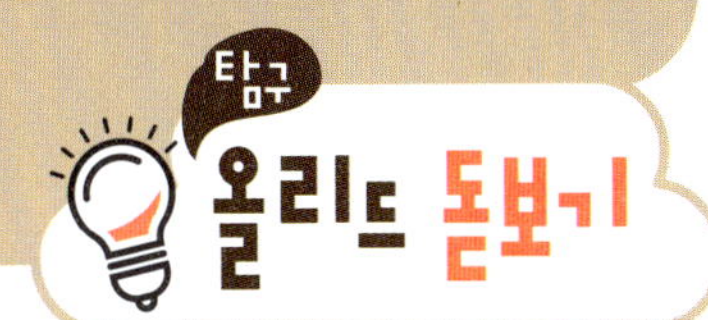

중요
01 에너지 출입이 일어나는 반응에 대한 설명으로 옳지 <u>않은</u> 것은?

① 발열 반응이 일어나면 주변의 온도가 높아진다.
② 흡열 반응이 일어나면 주변의 온도가 낮아진다.
③ 에너지를 방출하는 반응을 발열 반응이라고 한다.
④ 흡열 반응이 일어날 때는 주변에서 반응이 일어나는 쪽으로 에너지가 이동한다.
⑤ 발열 반응이나 흡열 반응이 일어날 때 항상 열에너지만 출입한다.

02 표는 묽은 염산을 이용한 2가지 실험을 나타낸 것이다.

실험	(가)	(나)
과정	묽은 염산이 들어 있는 시험관에 마그네슘 조각 3개~4개를 넣는다. 마그네슘 조각 묽은 염산	묽은 염산이 들어 있는 시험관에 농도가 같은 수산화 나트륨 수용액을 넣는다. 수산화 나트륨 수용액 묽은 염산

실험 (가)와 (나)의 공통점을 〈보기〉에서 모두 고른 것은?

┌ 보기 ┐
ㄱ. 발열 반응이다.
ㄴ. 기체가 발생한다.
ㄷ. 시험관 속 용액의 온도가 높아진다.
└───┘

① ㄱ   ② ㄴ   ③ ㄱ, ㄷ
④ ㄴ, ㄷ   ⑤ ㄱ, ㄴ, ㄷ

03 오른쪽 그림은 삼각 플라스크 안에서 어떤 화학 반응이 일어날 때 에너지 출입을 나타낸 것이다. 이에 대한 설명으로 옳은 것을 〈보기〉에서 모두 고른 것은?

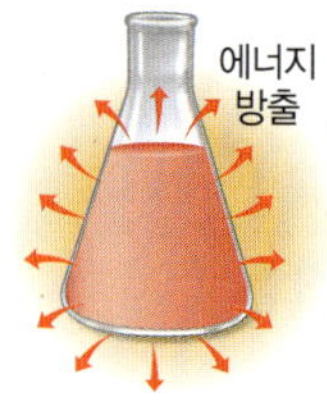

┌ 보기 ┐
ㄱ. 발열 반응이다.
ㄴ. 삼각 플라스크를 손으로 만지면 따뜻하다.
ㄷ. 묽은 염산과 수산화 나트륨 수용액의 중화 반응과 에너지 출입이 같다.
└───┘

① ㄱ   ② ㄷ   ③ ㄱ, ㄴ
④ ㄴ, ㄷ   ⑤ ㄱ, ㄴ, ㄷ

신경향
04 다음은 일상생활에서 일어나는 3가지 현상이다.

이에 대한 설명으로 옳은 것을 〈보기〉에서 모두 고른 것은?

┌ 보기 ┐
ㄱ. 발열 반응은 2가지이다.
ㄴ. 화학 변화는 1가지이다.
ㄷ. 에너지가 출입하는 변화는 2가지이다.
└───┘

① ㄱ   ② ㄴ   ③ ㄱ, ㄷ
④ ㄴ, ㄷ   ⑤ ㄱ, ㄴ, ㄷ

05 반응이 일어날 때 주변의 온도가 높아지는 것을 〈보기〉에서 모두 고른 것은?

> **보기**
> ㄱ. 철가루와 산소가 반응한다.
> ㄴ. 산화 칼슘과 물이 반응한다.
> ㄷ. 염화 암모늄과 수산화 바륨이 반응한다.

① ㄱ   ② ㄷ   ③ ㄱ, ㄴ
④ ㄴ, ㄷ   ⑤ ㄱ, ㄴ, ㄷ

신경향
06 그림은 철과 산소의 반응을 모형으로 나타낸 것이다.

이에 대한 설명으로 옳지 **않은** 것은?

① 산화 철과 철은 성질이 다르다.
② 반응이 일어날 때 에너지를 방출한다.
③ 산화 철의 질량은 (철＋산소)의 질량이다.
④ 반응이 일어나면 주변의 온도가 낮아진다.
⑤ 산화 철을 이루는 철과 산소의 질량비는 일정하다.

07 그림은 질산 암모늄과 물의 반응에서 에너지 출입을 나타낸 것이다.

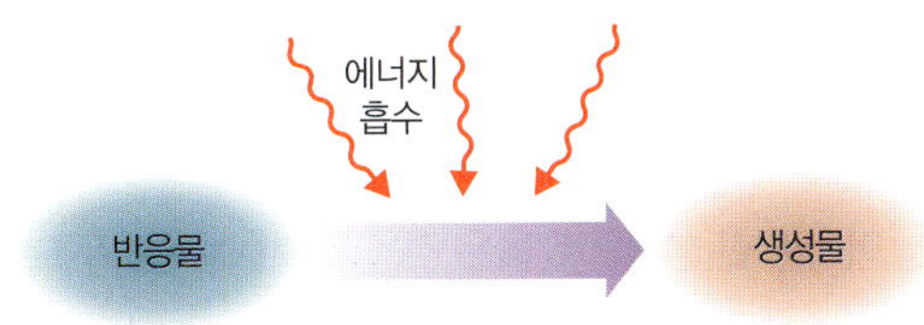

이에 대한 설명으로 옳은 것을 〈보기〉에서 모두 고른 것은?

> **보기**
> ㄱ. 발열 반응이다.
> ㄴ. 물의 전기 분해와 에너지 출입이 같다.
> ㄷ. 반응이 일어나면 주변의 온도가 낮아진다.

① ㄱ   ② ㄷ   ③ ㄱ, ㄴ
④ ㄴ, ㄷ   ⑤ ㄱ, ㄴ, ㄷ

08 다음은 수산화 바륨과 염화 암모늄의 반응에서 에너지 출입을 알아보기 위한 실험이다.

> [실험 과정 및 결과]
> (가) 나무판 위를 물로 적신 다음 그 위에 수산화 바륨과 염화 암모늄을 넣은 삼각 플라스크를 올려놓는다.
> (나) 유리 막대로 물질을 잘 섞은 다음 나무판 위에 올려놓은 삼각 플라스크를 들어 올렸더니 나무판이 삼각 플라스크와 함께 들어 올려졌다.
>
> 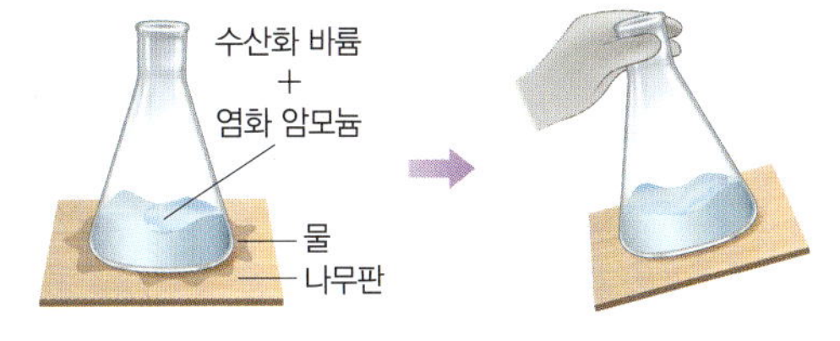
>

이에 대한 설명으로 옳은 것을 〈보기〉에서 모두 고른 것은?

> **보기**
> ㄱ. 삼각 플라스크 안에서는 흡열 반응이 일어난다.
> ㄴ. 나무판 위의 물은 열에너지를 방출하여 응고된다.
> ㄷ. 이 반응은 질산 암모늄과 물의 반응과 에너지 출입이 같다.

① ㄱ   ② ㄷ   ③ ㄱ, ㄴ
④ ㄴ, ㄷ   ⑤ ㄱ, ㄴ, ㄷ

중요
09 발열 반응과 흡열 반응의 예를 〈보기〉에서 골라 옳게 짝 지은 것은?

> **보기**
> ㄱ. 철이 녹슨다.
> ㄴ. 식물이 광합성을 한다.
> ㄷ. 생물이 세포 호흡을 한다.
> ㄹ. 탄산수소 나트륨을 가열하면 탄산수소 나트륨이 분해되어 이산화 탄소가 발생한다.

	발열	흡열		발열	흡열
①	ㄱ, ㄴ	ㄷ, ㄹ	②	ㄱ, ㄷ	ㄴ, ㄹ
③	ㄱ, ㄹ	ㄴ, ㄷ	④	ㄴ, ㄷ	ㄱ, ㄹ
⑤	ㄷ, ㄹ	ㄱ, ㄴ			

10 냉각 장치를 만들 때 이용할 수 있는 반응은?

① 숯의 연소 반응
② 산화 칼슘과 물의 반응
③ 질산 암모늄과 물의 반응
④ 묽은 염산과 아연의 반응
⑤ 묽은 염산과 수산화 나트륨 수용액의 반응

[11~12] 그림은 일상생활에서 이용하는 에너지 출입을 활용한 장치를 나타낸 것이다. 물음에 답하시오.

(가) 발열 도시락

(나) 손난로

(다) 냉찜질 팩

11 (가)~(다)에서 이용한 반응으로 적절한 것을 〈보기〉에서 골라 짝 지어 쓰시오.

> ┌ 보기 ─
> ㄱ. 철과 산소의 반응
> ㄴ. 산화 칼슘과 물의 반응
> ㄷ. 질산 암모늄과 물의 반응

12 (가)~(다) 중에서 에너지를 방출하는 반응을 활용한 장치를 모두 고르시오.

13 다음은 물과 수산화 나트륨을 반응시켰더니 용액의 온도가 높아지고, 물과 염화 칼륨을 반응시켰더니 용액의 온도가 낮아지는 현상에 대한 세 학생의 대화 내용이다.

대화 내용이 옳은 학생을 모두 고르시오.

중요
14 다음은 질산 암모늄을 이용하여 에너지 출입을 활용한 장치를 만드는 실험이다.

> [실험 과정]
> (가) 비닐 팩에 물을 넣고 밀봉한 비닐봉지, 질산 암모늄을 넣는다.
> (나) 비닐 팩의 입구를 밀봉하고 손으로 눌러 비닐봉지를 터트린다.

이에 대한 설명으로 옳은 것을 〈보기〉에서 모두 고른 것은?

> ┌ 보기 ─
> ㄱ. 비닐 팩이 차가워진다.
> ㄴ. 물과 질산 암모늄이 반응하면서 에너지를 흡수한다.
> ㄷ. 이 반응을 휴대용 손난로를 만드는 데 이용할 수 있다.

① ㄱ　　　② ㄷ　　　③ ㄱ, ㄴ
④ ㄴ, ㄷ　　　⑤ ㄱ, ㄴ, ㄷ

서술형

15 다음은 수산화 바륨과 염화 암모늄의 반응에서 에너지 출입을 알아보기 위한 실험이다.

[실험 과정]

(가) 나무판 위를 물로 적신 다음 그 위에 수산화 바륨과 염화 암모늄을 넣은 삼각 플라스크를 올려놓는다.

(나) 유리 막대로 물질을 잘 섞은 다음 나무판 위에 올려놓은 삼각 플라스크를 들어 본다.

(1) 과정 (나)의 결과를 설명하시오.

(2) (1)에서 답한 것과 같은 결과가 나타나는 까닭을 설명하시오.

서술형

16 다음은 우리 주변에서 일어나는 몇 가지 반응의 예이다.

(가) 도시가스가 연소한다.
(나) 철가루와 산소가 반응한다.
(다) 산화 칼슘과 물이 반응한다.
(라) 질산 암모늄과 물이 반응한다.

위의 반응을 어떤 기준에 따라 (가), (나), (다)와 (라)의 2가지로 분류하였다. 분류 기준을 설명하시오.

서술형

17 다음에서 산화 칼슘과 물이 사용되는 까닭을 설명하시오.

• 발열 도시락에는 산화 칼슘과 물이 들어 있다.
• 구제역을 막기 위해 농장에 산화 칼슘과 물을 뿌린다.

18 오른쪽 그림은 주성분이 탄산수소 나트륨인 베이킹파우더가 들어 있는 밀가루 반죽을 높은 온도에서 구워 만든 빵의 단면을 나타낸 것이다. 이에 대한 설명으로 옳은 것을 모두 고르면?(정답 2개)

① 탄산수소 나트륨이 산소와 반응한다.
② 탄산수소 나트륨을 가열하면 분해된다.
③ 탄산수소 나트륨이 분해될 때 에너지를 방출한다.
④ 탄산수소 나트륨이 분해될 때 생성된 기체는 암모니아이다.
⑤ 탄산수소 나트륨이 분해되면 기체가 발생하여 공기 중으로 빠져나가므로 단면에 구멍이 생긴다.

통합형

19 그림 (가)는 에너지 출입을 활용한 에어컨의 실내기를, (나)는 철가루를 이용한 손난로를 나타낸 것이다.

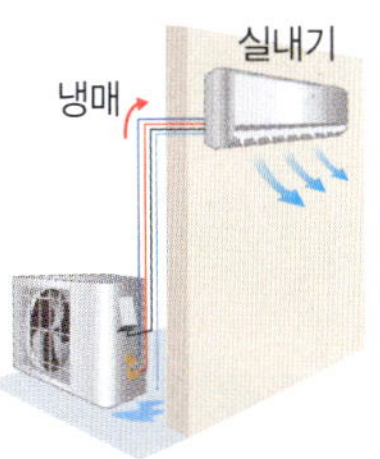

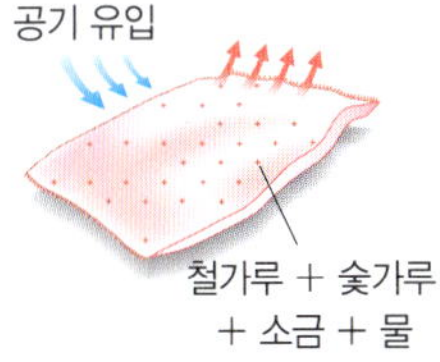

(가) 에어컨의 실내기　　　　(나) 손난로

(가)와 (나)에서 일어나는 변화의 차이를 설명한 것으로 옳은 것을 〈보기〉에서 모두 고르시오.

보기

ㄱ. (가)에서는 흡열 반응을, (나)에서는 발열 반응을 이용한다.
ㄴ. (가)에서는 냉매의 기화가, (나)에서는 물의 응고가 일어난다.
ㄷ. (가)에서는 주변의 온도가 낮아지고, (나)에서는 주변의 온도가 높아진다.
ㄹ. (가)에서는 화학 변화에서 출입하는 에너지를, (나)에서는 물리 변화에서 출입하는 에너지를 이용한다.

한눈에 정리하기

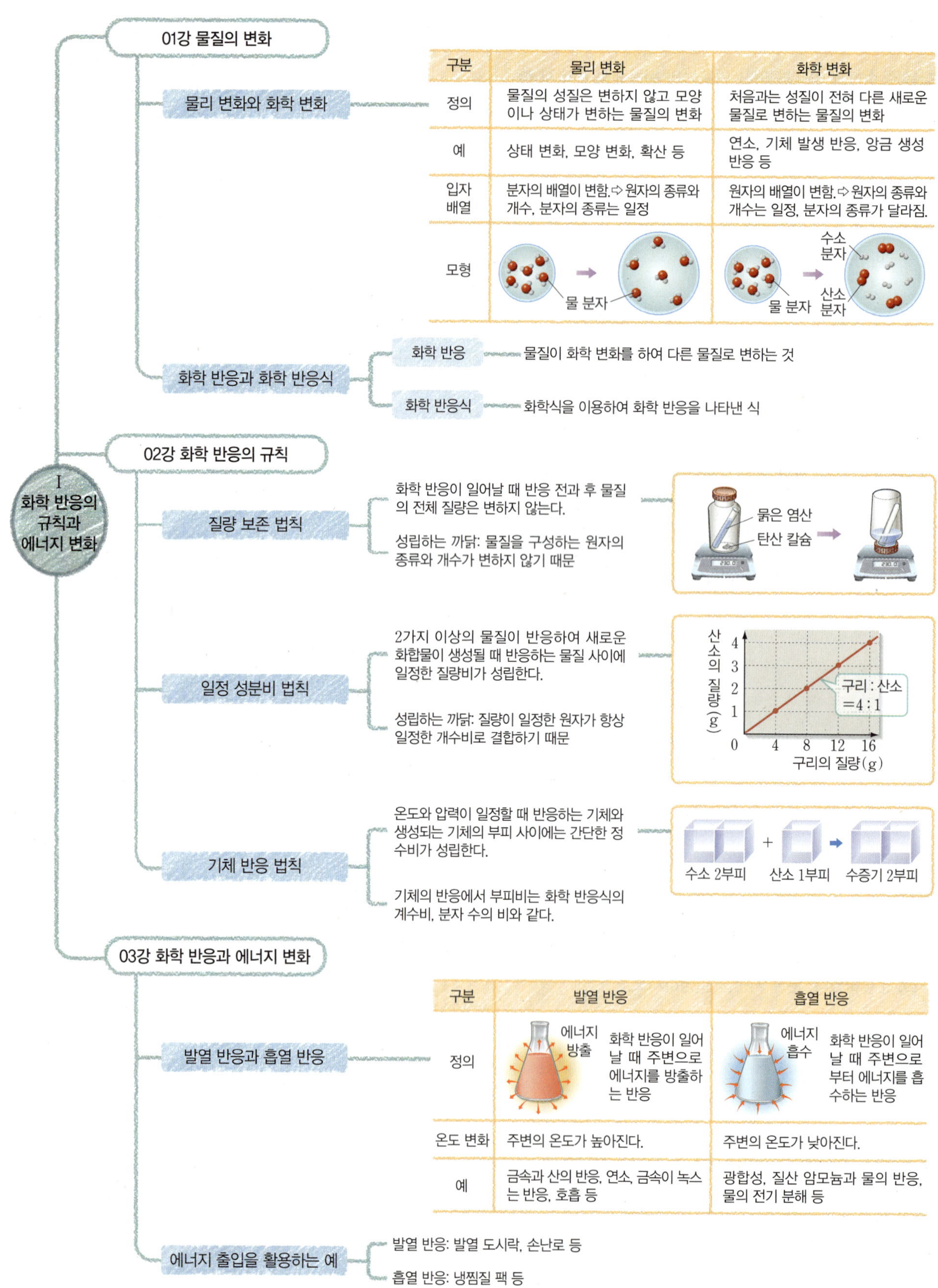

01강 물질의 변화

물리 변화와 화학 변화

구분	물리 변화	화학 변화
정의	물질의 성질은 변하지 않고 모양이나 상태가 변하는 물질의 변화	처음과는 성질이 전혀 다른 새로운 물질로 변하는 물질의 변화
예	상태 변화, 모양 변화, 확산 등	연소, 기체 발생 반응, 앙금 생성 반응 등
입자 배열	분자의 배열이 변함.⇨ 원자의 종류와 개수, 분자의 종류는 일정	원자의 배열이 변함.⇨ 원자의 종류와 개수는 일정, 분자의 종류가 달라짐.
모형	물 분자	수소 분자 / 산소 분자 / 물 분자

화학 반응과 화학 반응식

화학 반응 — 물질이 화학 변화를 하여 다른 물질로 변하는 것

화학 반응식 — 화학식을 이용하여 화학 반응을 나타낸 식

02강 화학 반응의 규칙

질량 보존 법칙

화학 반응이 일어날 때 반응 전과 후 물질의 전체 질량은 변하지 않는다.

성립하는 까닭: 물질을 구성하는 원자의 종류와 개수가 변하지 않기 때문

묽은 염산
탄산 칼슘

일정 성분비 법칙

2가지 이상의 물질이 반응하여 새로운 화합물이 생성될 때 반응하는 물질 사이에 일정한 질량비가 성립한다.

성립하는 까닭: 질량이 일정한 원자가 항상 일정한 개수비로 결합하기 때문

산소의 질량 (g)
구리의 질량(g)
구리 : 산소 = 4 : 1

기체 반응 법칙

온도와 압력이 일정할 때 반응하는 기체와 생성되는 기체의 부피 사이에는 간단한 정수비가 성립한다.

기체의 반응에서 부피비는 화학 반응식의 계수비, 분자 수의 비와 같다.

수소 2부피   +   산소 1부피   →   수증기 2부피

03강 화학 반응과 에너지 변화

발열 반응과 흡열 반응

구분	발열 반응	흡열 반응
정의	에너지 방출 / 화학 반응이 일어날 때 주변으로 에너지를 방출하는 반응	에너지 흡수 / 화학 반응이 일어날 때 주변으로부터 에너지를 흡수하는 반응
온도 변화	주변의 온도가 높아진다.	주변의 온도가 낮아진다.
예	금속과 산의 반응, 연소, 금속이 녹스는 반응, 호흡 등	광합성, 질산 암모늄과 물의 반응, 물의 전기 분해 등

에너지 출입을 활용하는 예

발열 반응: 발열 도시락, 손난로 등

흡열 반응: 냉찜질 팩 등

I
화학 반응의 규칙과 에너지 변화

★ 바른답·알찬풀이 14쪽

01강 물질의 변화

[01~02] 다음은 우리 주변에서 볼 수 있는 몇 가지 현상이다. 물음에 답하시오.

> (가) 김치가 시어진다.
> (나) 철이 녹슬어 붉게 변한다.
> (다) 뜨거운 빵 위의 버터가 녹는다.
> (라) 종이를 일정한 모양으로 자른다.

01 위의 현상을 물리 변화와 화학 변화로 옳게 구분한 것은?

	물리 변화	화학 변화
①	(라)	(가), (나), (다)
②	(가), (다)	(나), (라)
③	(나), (다)	(가), (라)
④	(다), (라)	(가), (나)
⑤	(나), (다), (라)	(가)

서술형
02 위와 같이 구분한 까닭을 물질의 성질과 관련지어 설명하시오.

03 그림은 물질의 변화를 모형으로 나타낸 것이다.

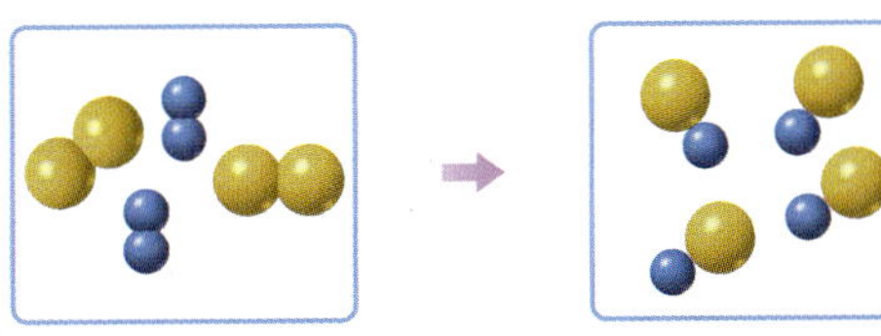

이에 대한 설명으로 옳은 것은?

① 분자 수가 증가한다.
② 분자의 종류가 달라진다.
③ 원자의 개수가 달라진다.
④ 새로운 원자가 생성된다.
⑤ 물질의 성질은 달라지지 않는다.

04 물질의 변화가 일어날 때 분자의 배열만 바뀌는 변화를 모두 고르면?(정답 2개)

① 물 ⟶ 수증기
② 물 + 설탕 ⟶ 설탕물
③ 과산화 수소 ⟶ 산소 + 물
④ 마그네슘 + 산소 ⟶ 산화 마그네슘
⑤ 탄산수소 나트륨
  　　　⟶ 탄산 나트륨 + 이산화 탄소 + 물

05 다음은 메테인(CH_4) 연소 반응의 화학 반응식이다.

$$CH_4 + 2O_2 \longrightarrow CO_2 + 2H_2O$$

이에 대한 설명으로 옳지 <u>않은</u> 것은?

① 반응물은 메테인과 산소이다.
② 반응 전후 수소 원자의 개수는 같다.
③ 반응 전후 분자의 개수는 변하지 않는다.
④ 메테인과 산소는 1 : 2의 질량비로 반응한다.
⑤ 메테인 분자 1개가 완전히 연소하면 이산화 탄소 분자 1개가 생성된다.

06 다음은 2가지 반응의 화학 반응식이다.

> • $C_3H_8 + x\,O_2 \longrightarrow 3CO_2 + y\,H_2O$
> • $2H_2O_2 \longrightarrow z\,H_2O + O_2$

$x+y+z$를 구하시오.(단, $x \sim z$는 화학 반응식의 계수이다.)

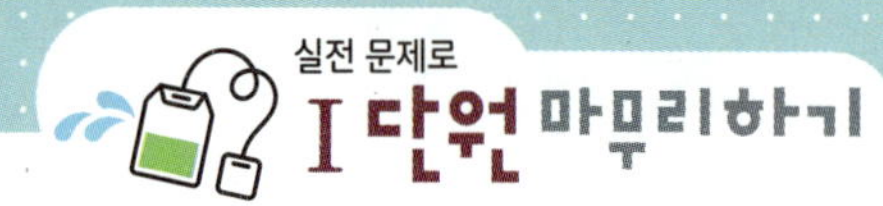

02강 화학 반응의 규칙

07 화학 반응이 일어날 때 질량이 보존되는 까닭을 설명한 것으로 옳은 것은?

① 반응 후 새로운 원자가 만들어지기 때문
② 반응 후 새로운 분자가 만들어지기 때문
③ 원자는 종류와 관계없이 크기와 질량이 같기 때문
④ 물질을 이루는 원자의 종류와 개수가 변하지 않기 때문
⑤ 물질을 이루는 분자의 종류와 개수가 변하지 않기 때문

08 오른쪽 그림과 같이 불을 붙인 양초에 유리컵을 씌웠더니 잠시 후 불이 꺼졌다. 이에 대한 설명으로 옳은 것을 〈보기〉에서 모두 고른 것은?

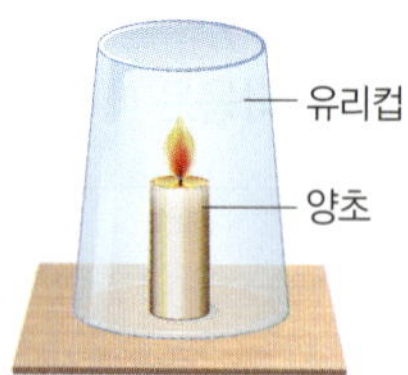

보기
ㄱ. 산소가 없으므로 불이 꺼진다.
ㄴ. 질량 보존 법칙이 성립함을 확인할 수 있다.
ㄷ. 일정 성분비 법칙이 성립함을 확인할 수 있다.

① ㄴ   ② ㄷ   ③ ㄱ, ㄷ
④ ㄴ, ㄷ   ⑤ ㄱ, ㄴ, ㄷ

09 그림과 같이 강철 솜의 질량을 측정한 후, 강철 솜을 연소시킨 다음 다시 질량을 측정하였다.

(가)와 (나)의 질량을 부등호나 등호로 비교하고, 강철 솜의 연소 반응에서 질량 보존 법칙이 성립하는지 설명하시오.

[10~11] 오른쪽 그림은 구리가 연소하여 산화 구리(II)가 생성될 때 구리와 산화 구리(II)의 질량 관계를 나타낸 것이다. 물음에 답하시오.

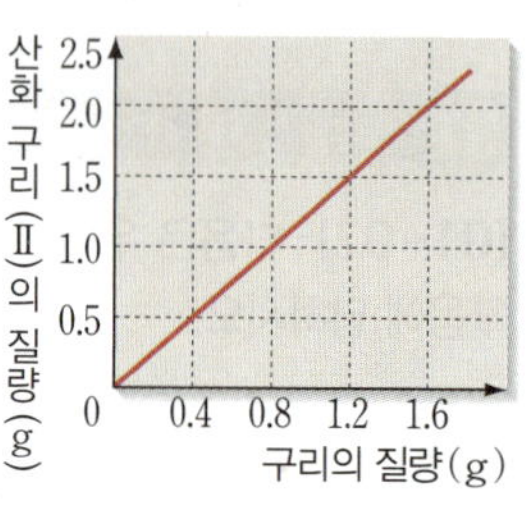

10 위 그림에 대한 설명으로 옳은 것을 〈보기〉에서 모두 고른 것은?(단, 원자의 상대적 질량은 구리가 64, 산소가 16이다.)

보기
ㄱ. 산소의 질량은 산화 구리(II)의 질량에서 구리의 질량을 뺀 값이다.
ㄴ. 산화 구리(II)를 구성하는 구리와 산소의 질량비는 구리 : 산소＝4 : 1이다.
ㄷ. 산화 구리(II)를 구성하는 구리와 산소의 개수비는 구리 : 산소＝1 : 1이다.

① ㄱ   ② ㄴ   ③ ㄱ, ㄷ
④ ㄴ, ㄷ   ⑤ ㄱ, ㄴ, ㄷ

11 구리 50 g과 산소 10 g을 밀폐된 용기에서 가열할 때 (가) 생성되는 산화 구리(II)의 질량과 (나) 반응하지 않고 남는 물질의 종류와 그 질량을 구하시오.

12 그림은 볼트(B)와 너트(N)를 이용하여 화합물 BN_3를 만드는 반응을 모형으로 나타낸 것이다.

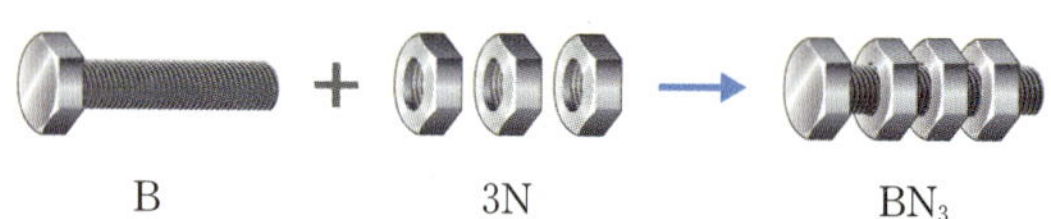

볼트 4개와 너트 10개를 이용하여 최대로 만들 수 있는 화합물 BN_3의 전체 질량은 몇 g인지 구하시오.(단, B 4개의 질량은 20 g, N 10개의 질량은 20 g이다.)

13 그림은 온도와 압력이 일정할 때 질소 기체와 산소 기체가 반응하여 일산화 질소 기체가 생성되는 반응을 모형으로 나타낸 것이다.

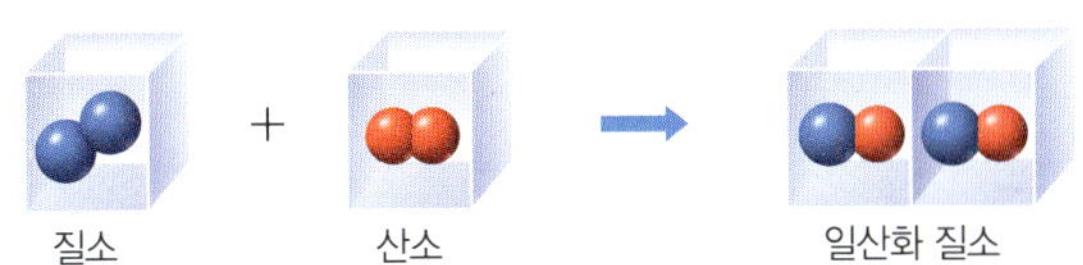

질소 기체 50 mL와 산소 기체 50 mL가 완전히 반응할 때 생성되는 일산화 질소 기체의 부피는 몇 mL인지 구하시오.

14 그림은 온도와 압력이 일정할 때 반응물과 생성물이 모두 기체인 반응을 모형으로 나타낸 것이다.

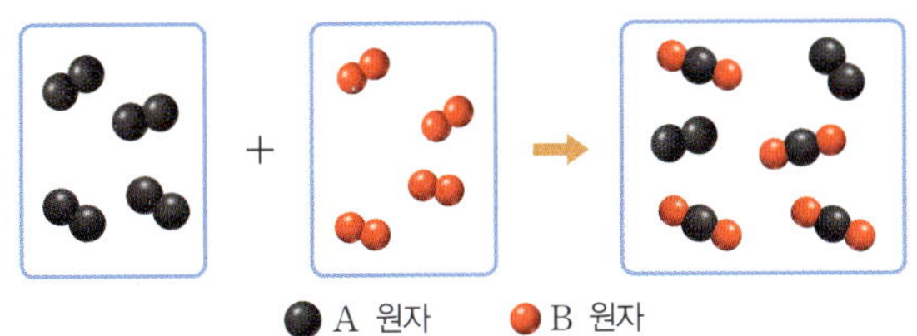

이 반응을 화학 반응식으로 옳게 나타낸 것은?(단, A와 B는 임의의 원소 기호이다.)

① $8A + 8B \longrightarrow 6AB$
② $A_2 + 2B_2 \longrightarrow 2AB_2$
③ $2A_2 + 4B_2 \longrightarrow 4AB_2$
④ $4A_2 + 2B_2 \longrightarrow 4AB_2$
⑤ $4A_2 + 2B_2 \longrightarrow 4AB_2 + 2A_2$

15 그림은 온도와 압력이 일정할 때 수소 기체와 산소 기체가 반응하여 수증기가 생성되는 반응을 모형으로 나타낸 것이다.

이에 대한 설명으로 옳지 않은 것은?

① 반응 후 분자의 개수가 감소한다.
② 반응 전후 원자의 종류와 개수가 같다.
③ 수소와 산소는 2 : 1의 부피비로 반응한다.
④ 같은 부피 속에 들어 있는 원자의 개수는 같다.
⑤ 수증기를 이루는 수소와 산소 원자의 개수비는 일정하다.

16 표는 일정한 온도와 압력에서 기체 A_2와 기체 B_2가 반응하여 기체 C를 생성할 때의 부피 관계를 나타낸 것이다.

실험	반응 전 기체의 부피(L)		C의 부피(L)	반응 후 남은 기체의 종류와 부피(L)
	A_2	B_2		
1	20	30	20	B_2, 20
2	40	20	㉠	0
3	60	40	60	㉡

이에 대한 설명으로 옳은 것을 〈보기〉에서 모두 고른 것은? (단, A와 B는 임의의 원소 기호이다.)

> **보기**
> ㄱ. ㉠은 40이다.
> ㄴ. ㉡은 B_2, 10이다.
> ㄷ. C의 화학식은 A_2B이다.

① ㄱ   ② ㄴ   ③ ㄱ, ㄷ
④ ㄴ, ㄷ   ⑤ ㄱ, ㄴ, ㄷ

03강 **화학 반응과 에너지 변화**

17 주변의 온도가 높아지는 변화를 모두 고르면?(정답 2개)

① 소금이 얼음물에 녹는다.
② 산화 칼슘과 물이 반응한다.
③ 질산 암모늄과 물이 반응한다.
④ 묽은 염산과 아연 조각이 반응한다.
⑤ 수산화 바륨과 염화 암모늄이 반응한다.

서술형

18 오른쪽 그림과 같이 스타이로폼 컵에 온도가 25 °C로 같은 5 % 묽은 염산과 5 % 수산화 나트륨 수용액을 넣고 온도 변화를 측정하였다. 용액의 온도가 어떻게 변할지 예측하고, 그 까닭을 설명하시오.

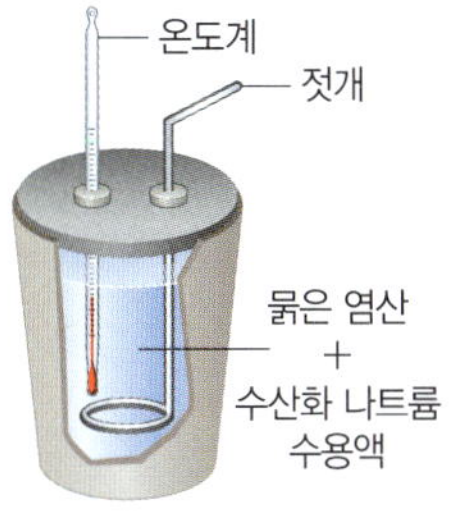

타인에게 보이는 나, 페르소나

페르소나는 '가면'을 나타내는 라틴어에서 유래한 말입니다. 스위스의 심리학자이자 정신과 의사인 카를 구스타프 융이 사용한 이 용어는 타인에게 보이기 원하는 자신의 모습이나 사회적 역할에 따라 변화하는 자아를 뜻하는 말입니다. 개인은 페르소나가 있기 때문에 사회 속에서 자기의 역할을 적절히 수행할 수 있으며 타인을 비롯한 주변 세계와 상호 관계를 맺을 수 있습니다.

하지만 융은 페르소나가 자신의 진정한 자아와 다르기 때문에 때로는 내면적 갈등을 일으킬 수 있다고 주장하였습니다. 남에게 좋은 인상을 주기 위해 자신의 본모습을 숨길 때 맞닥뜨리는 어려움이 바로 그것입니다.

한편 영화에서는 감독이 자신의 분신으로서 반복적으로 등장시키는 특정 배우 또는 특정한 상징을 표현하는 배우를 페르소나라고 말합니다. 감독은 그 배우에게 자신의 영화 세계를 투영시켜 감독의 의도와 생각을 표현하게 합니다.

II

기권과 날씨

04강 기권의 층상 구조와 특징   학습일

❶ 기권   월 일
❷ 기권의 구조   월 일
❸ 지구의 복사 평형   월 일
❹ 지구 온난화   월 일

05강 대기 중의 물   학습일

❶ 대기 중의 수증기   월 일
❷ 상대 습도   월 일
❸ 구름   월 일
❹ 강수   월 일

06강 기압과 바람   학습일

❶ 기압   월 일
❷ 바람   월 일

07강 날씨 변화   학습일

❶ 기단   월 일
❷ 전선과 날씨   월 일
❸ 기압과 날씨   월 일
❹ 날씨와 일기도   월 일

04강 기권의 층상 구조와 특징

올리드 PLUS 개념

❶ 기권

1 기권 지구를 둘러싸고 있는 대기로, 지표~높이 약 1000 km까지의 구간이다.

> 높이 올라갈수록 중력이 작아지기 때문에 대기는 대부분 지표 부근에 존재한다.

2 대기 기권을 구성하고 있는 여러 가지 기체로, 질소와 산소가 전체 대기의 약 99 %를 차지한다.

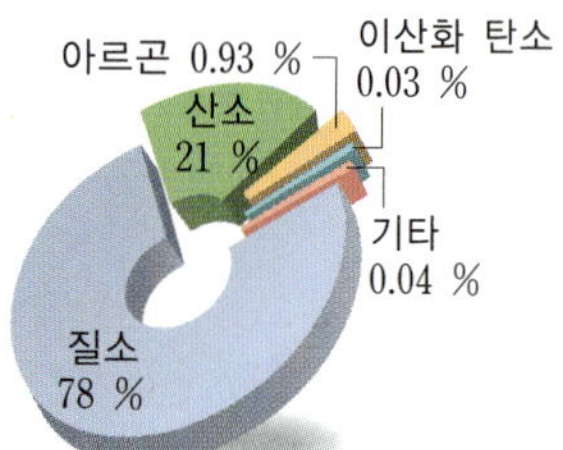

▲ 대기의 성분비

질소 > 산소 > 아르곤 > 이산화 탄소 > 기타

> 수증기는 기상 현상을 일으키는 중요한 성분이지만, 장소와 시간에 따라 변하기 때문에 대기의 성분은 수증기를 제외하고 나타낸다.

❷ 기권의 구조

1 기권의 구분

① 기권의 구분 기준: 높이에 따른 기온 변화

② 기권의 구분: 지표에서부터 대류권, 성층권, 중간권, 열권으로 구분한다.

③ 각 층의 경계면: 대류권 계면(높이 약 11 km), 성층권 계면(높이 약 50 km), 중간권 계면(높이 약 80 km)

2 기권의 구조와 특징

구분	특징
대류권	• 위로 올라갈수록 기온이 낮아진다. • 전체 대기의 약 80 %가 분포한다. • 대기가 불안정해서 대류가 활발하게 일어난다. • 수증기가 있어 기상 현상이 일어난다.
성층권	• 위로 올라갈수록 기온이 높아진다. • 대류가 일어나지 않아 대기가 안정하여 비행기의 항로로 이용된다. • 높이 약 20 km~30 km에 오존층이 존재하여 태양으로부터 오는 자외선을 흡수한다. 오존이 밀집해 있는 층
중간권	• 위로 올라갈수록 기온이 낮아진다. • 대류가 일어나지만 수증기가 거의 없어 기상 현상은 일어나지 않는다. • 기권에서 기온이 가장 낮은 곳이 나타난다. 중간권 계면 부근 • 중간권 상층에서 유성이 나타난다.
열권	• 위로 올라갈수록 기온이 높아진다. • 공기가 희박하여 낮과 밤의 기온 차가 매우 크다. • 고위도 지역에서 오로라가 나타난다. • 인공위성의 궤도로 이용된다.

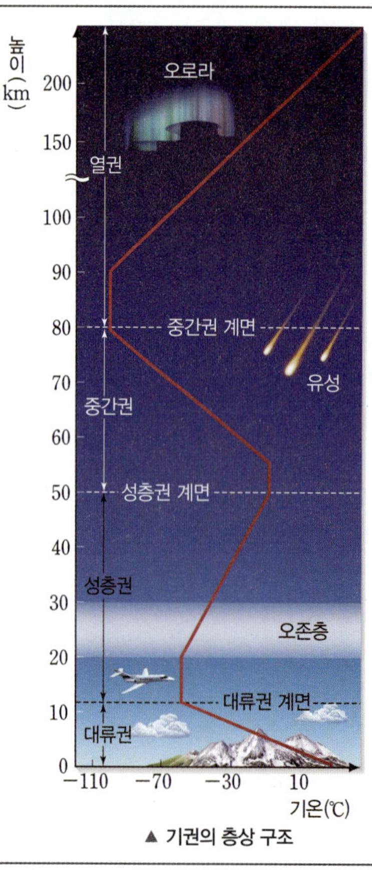

▲ 기권의 층상 구조

❶ 기권의 역할

• 생물이 살아가는 데 필요한 기체를 제공해 준다.

• 우주에서 날아오는 유성체를 막아 준다.

• 지구상의 열이 우주로 빠져나가는 것을 막아 준다.

• 태양으로부터 들어오는 유해한 자외선을 막아 준다.

• 저위도의 남는 열을 고위도로 운반하여 저위도와 고위도의 기온 차를 줄여 준다.

❷ 기권의 구조와 높이에 따른 기온 변화

구분	높이(km)	높이에 따른 기온 변화
대류권	지표~약 11	하강
성층권	약 11~50	상승
중간권	약 50~80	하강
열권	약 80~1000	상승

❸ 각 층에서 높이에 따른 기온 변화의 원인

• 대류권: 위로 올라갈수록 지구 복사 에너지가 적게 도달하기 때문이다.

• 성층권: 성층권의 오존이 태양으로부터 오는 자외선을 흡수하기 때문이다.

• 중간권: 위로 올라갈수록 오존층에서 멀어져 성층권의 열이 적게 도달하기 때문이다.

• 열권: 태양 복사 에너지의 직접적인 영향을 받기 때문이다.

❹ 성층권에 오존이 존재하지 않을 경우 기권의 온도 분포

성층권에 오존이 존재하지 않으면 태양에서 오는 자외선을 흡수하여 기온이 높아지는 구간이 나타나지 않는다. 따라서 중간권 계면까지 기온이 계속 낮아지다가 태양 복사 에너지의 영향을 받는 높이부터 기온이 높아져 2개의 층으로만 구분된다.

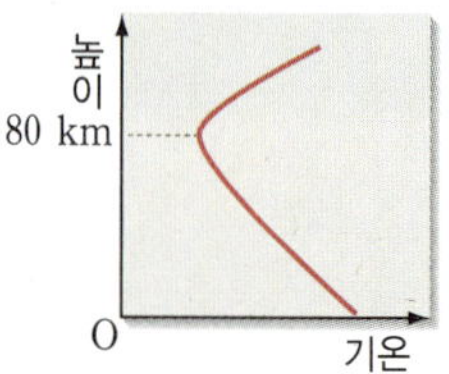

① 기권

01 다음은 기권에 대한 설명이다. ( ) 안에 들어갈 알맞은 말을 쓰시오.

> 지표면을 둘러싸고 있는 여러 가지 기체를 (㉠)(이)라고 하며, 지표면에서 약 1000 km 높이까지 공간을 (㉡)(이)라고 한다.

02 그림은 대기를 구성하는 주요 기체들의 성분비를 나타낸 것이다.

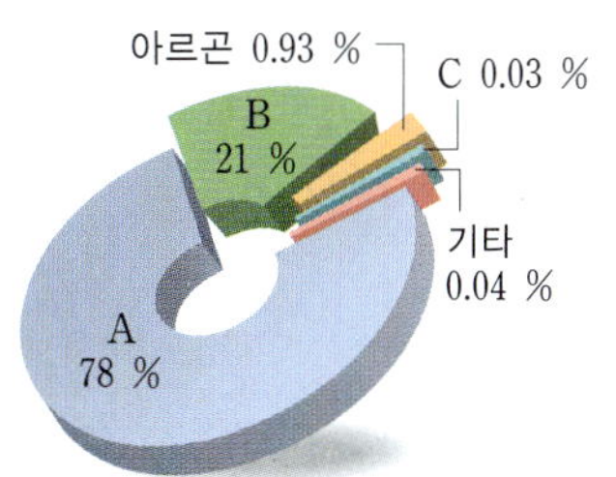

A, B, C에 해당하는 기체의 이름을 각각 쓰시오.

03 기권에 대한 설명으로 옳은 것은 ○표, 옳지 <u>않은</u> 것은 ×표 하시오.

(1) 여러 가지 기체로 이루어져 있다. ( )
(2) 지표면으로부터 높이 약 100 km까지의 구간이다. ( )
(3) 위로 올라갈수록 대기는 희박해진다. ( )
(4) 대기 중 이산화 탄소는 두 번째로 많은 양을 차지한다. ( )

② 기권의 구조

04 기권의 구분 기준을 쓰시오.

05 기권의 구조에 대한 설명으로 옳은 것은 ○표, 옳지 않은 것은 ×표 하시오.

(1) 기권은 높이에 따라 대류권, 성층권, 오존층, 중간권, 열권 5개의 층으로 구분한다. ( )
(2) 대류가 일어나는 층은 2개이다. ( )
(3) 기상 현상이 나타나는 층은 2개이다. ( )
(4) 성층권에서는 높이 올라갈수록 기온이 높아진다. ( )
(5) 위로 올라갈수록 대기가 희박하여 기온이 점점 낮아진다. ( )

06 그림은 기권의 구조를 나타낸 것이다.

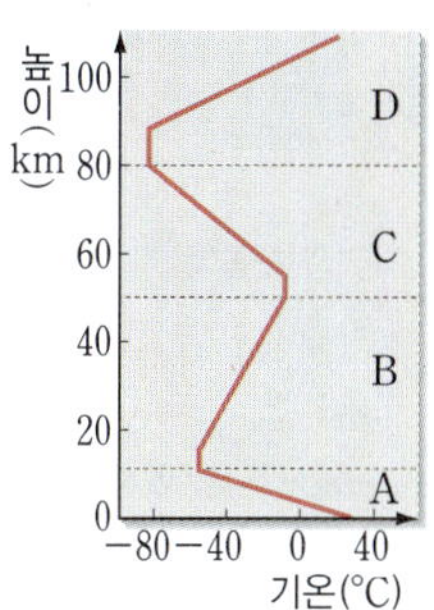

(1) A~D층의 이름을 각각 쓰시오.

(2) A~D 중 대류가 일어나는 층을 모두 고르시오.

(3) A~D 중 오존층이 존재하는 층을 고르시오.

(4) B와 C층의 경계면의 이름을 쓰시오.

07 기권에서 나타나는 특징과 기권의 각 층을 옳게 연결하시오.

(1) 유성 ・　　　　・ ㉠ 대류권
(2) 구름 ・　　　　・ ㉡ 성층권
(3) 오로라 ・　　　　・ ㉢ 중간권
(4) 비행기의 항로 ・　　　　・ ㉣ 열권

04강 기권의 층상 구조와 특징

❸ 지구의 복사 평형

1 복사 에너지 물체가 복사의 형태로 방출하는 에너지 <u>열이 물질의 도움 없이 직접 전달되는 현상</u>
표면 온도가 높은 물체일수록 많은 양의 에너지를 방출한다.

구분	정의	방출 파장
태양 복사 에너지	태양이 방출하는 복사 에너지	가시광선(가장 많음), 적외선, 자외선 등
지구 복사 에너지	지구가 방출하는 복사 에너지	주로 적외선

2 지구의 복사 평형 [탐구하기] 48쪽

① 복사 평형: 물체가 흡수하는 복사 에너지의 양과 방출하는 복사 에너지의 양이 같아 물체의 온도가 일정하게 유지되는 상태이다.

② 지구의 복사 평형: 지구가 흡수하는 태양 복사 에너지양과 지구가 방출하는 지구 복사 에너지양이 같다.

③ 지구의 연평균 기온이 일정하게 유지되는 까닭: 지구는 태양으로부터 끊임없이 에너지를 받고 있지만, 복사 평형을 이루고 있기 때문이다. ❺

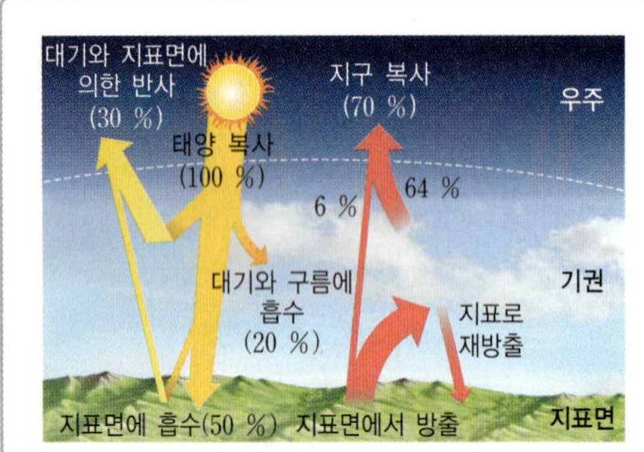

▲ 지구의 복사 평형

[지구로 들어오는 태양 복사 에너지]
대기와 지표면에 의한 반사(30 %)+대기와 구름에 흡수(20 %)+지표면에 흡수(50 %)

[우주로 방출되는 지구 복사 에너지]
지표면에서 우주로 방출(6 %)+대기에서 우주로 방출(64 %)

[복사 평형]
지구가 흡수하는 태양 복사 에너지양(70 %)=지구가 방출하는 지구 복사 에너지양(70 %)

❺ 위도에 따른 복사 에너지의 분포

- 저위도 지방: 태양 복사 에너지양(흡수)＞지구 복사 에너지양(방출) ➡ 에너지 과잉
- 고위도 지방: 태양 복사 에너지양(흡수)＜지구 복사 에너지양(방출) ➡ 에너지 부족
- 위도 약 38° 지방에서는 태양 복사 에너지양과 지구 복사 에너지양이 같아 에너지 평형을 이루며, 에너지 이동이 가장 활발하게 일어난다.

❻ 지구의 온실 효과와 복사 평형

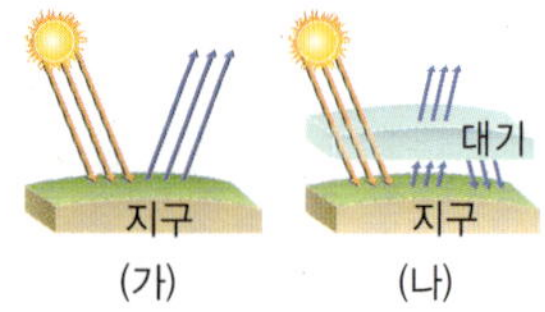

- (가) 대기가 없는 경우: 흡수한 태양 복사 에너지를 그대로 지구 복사 에너지로 방출한다. 지구의 평균 기온은 약 −18 °C일 것이다.
- (나) 대기가 있는 경우: 지구 복사 에너지의 일부를 대기 중의 온실 기체가 흡수한 후 지표로 재방출하여 지구의 평균 기온을 높게 유지시킨다. 지구의 평균 기온은 약 15 °C이다.

❹ 지구 온난화

1 온실 효과 지구는 온실 효과 때문에 대기가 없을 때보다 높은 온도에서 복사 평형을 이룬다.

온실 효과	지구 복사 에너지의 일부가 지구 대기에 흡수되었다가 지표로 재방출되어 지구의 평균 온도를 높이는 현상 ❻
온실 기체	온실 효과를 일으키는 기체 예 수증기, 이산화 탄소, 메테인, 오존, 프레온 가스 등

2 지구 온난화 ❼

원인: 석탄, 석유와 같은 화석 연료의 사용량 증가, 무분별한 개발로 인한 숲의 면적 감소 등

정의	대기 중 온실 기체의 양이 증가함에 따라 온실 효과가 증가하여 지구의 평균 기온이 높아지는 현상 └ 가장 큰 원인이 되는 기체는 이산화 탄소이다.
영향	빙하 면적 감소, 기상 이변, 해수면 상승, 기후 변화, 해양 산성화, 생태계 변화 등
해결 방안	온실 기체의 배출량 줄이기, 친환경 에너지 개발, 삼림 보존, 국제 협력 등

❼ 대기 중 이산화 탄소와 지구의 평균 기온 변화

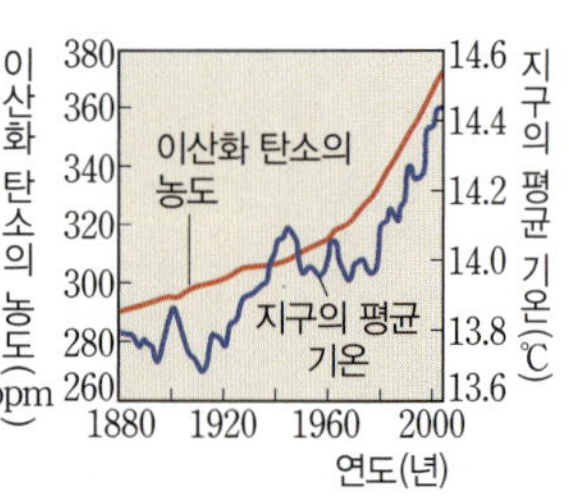

대기 중 이산화 탄소의 농도가 증가하면 평균 기온이 상승한다.

③ 지구의 복사 평형

08 복사 에너지에 대한 설명으로 옳은 것은 ○표, 옳지 <u>않은</u> 것은 ×표 하시오.

(1) 물체가 복사의 형태로 방출하는 에너지이다.

( )

(2) 태양은 가시광선, 자외선, 적외선 등을 방출한다.

( )

(3) 지구는 주로 가시광선을 방출한다. ( )

(4) 물체가 흡수하는 복사 에너지의 양과 방출하는 복사 에너지의 양이 같으면 물체의 온도는 일정하게 유지된다. ( )

09 물체가 흡수하는 복사 에너지의 양과 방출하는 복사 에너지의 양이 같아져 온도가 일정하게 유지되는 상태를 무엇이라고 하는지 쓰시오.

10 그림은 지구의 복사 평형을 나타낸 것이다.

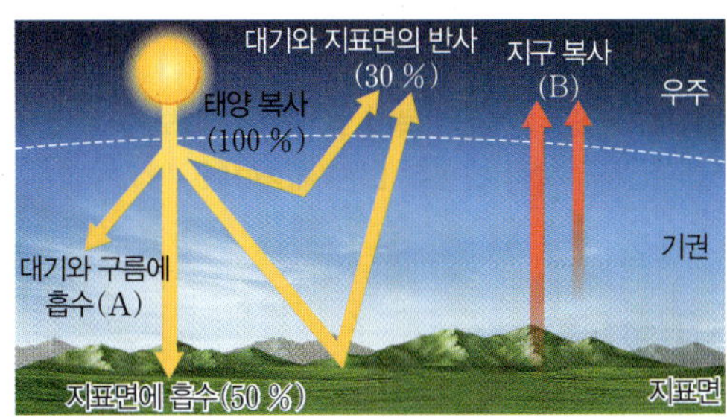

(1) 대기와 구름에 흡수되는 태양 복사 에너지양(A)은 몇 %인지 쓰시오.

(2) 지구에서 우주로 방출되는 지구 복사 에너지양(B)은 몇 %인지 쓰시오.

11 다음은 지구의 평균 기온에 대한 설명이다. ( ) 안에 들어갈 알맞은 말을 쓰시오.

> 지구는 태양 에너지를 계속 받지만 평균 기온이 일정하게 유지된다. 그 까닭은 지구가 (   )을/를 이루고 있기 때문이다.

④ 지구 온난화

12 온실 효과에 대한 설명으로 옳은 것은 ○표, 옳지 <u>않은</u> 것은 ×표 하시오.

(1) 지구에서 방출하는 복사 에너지의 일부가 대기에 흡수되었다가 다시 지표로 재방출되어 지구의 온도를 높이는 현상이다. ( )

(2) 대기가 없을 때보다 대기가 있을 때 더 낮은 온도에서 복사 평형이 일어난다. ( )

(3) 온실 효과를 일으키는 기체에는 질소, 산소, 이산화 탄소 등이 있다. ( )

13 대기 중 온실 기체의 양이 증가하면서 지구의 연평균 기온이 높아지는 현상을 무엇이라고 하는지 쓰시오.

14 다음은 지구 온난화에 의해 나타나는 지구 환경 변화를 나열한 것이다. ( ) 안에 들어갈 알맞은 말을 고르시오.

(1) 해수면 (상승, 하강)

(2) 빙하 면적 (증가, 감소)

(3) 홍수, 가뭄, 집중 호우 등의 기상 이변 (증가, 감소)

올리드 돋보기 복사 평형 (개념 46쪽)

과정

❶ 검은색 알루미늄 컵의 뚜껑을 덮고, 뚜껑의 구멍에 디지털 온도계를 꽂는다.

❷ 알루미늄 컵을 적외선 가열 장치에서 약 20 cm 떨어진 위치에 놓는다.

❸ 적외선 가열 장치를 켜고 2분 간격으로 20분 동안 컵 속의 온도를 측정하여 표에 기록한다.

❹ 시간에 따라 온도가 어떻게 변하는지 그래프로 그려 본다.

유의할 점
적외선 가열 장치를 켜기 전에 컵 속의 온도가 변하지 않고 일정하게 유지되고 있는지 확인한다.

결과

1. 시간에 따른 알루미늄 컵 속 공기의 온도

시간(분)	0	2	4	6	8	10	12	14	16	18	20
온도(℃)	18	20	22	24	26	28	30	32	32	32	32

2. 시간에 따른 알루미늄 컵 속 공기의 온도 변화 그래프

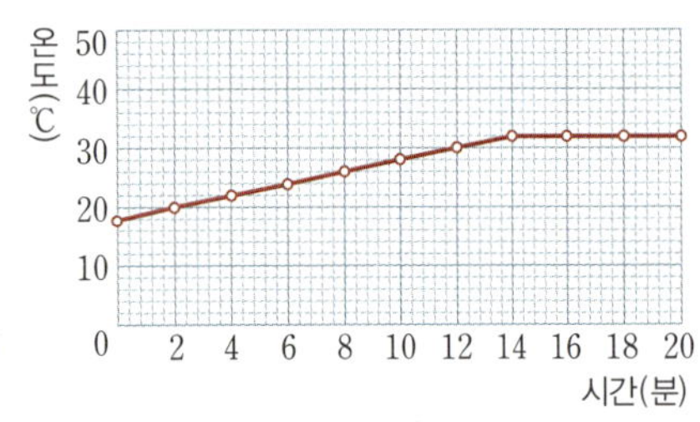

정리

• 이 실험에서 적외선 가열 장치는 ❶(   ), 알루미늄 컵은 ❷(   )(이)라고 가정한다.

• 알루미늄 컵 속 공기의 온도는 처음에는 ❸(   )하다가 어느 정도 시간이 지난 후부터는 일정하게 유지된다.

• 시간이 지난 후 알루미늄 컵이 흡수하는 복사 에너지의 양과 방출하는 복사 에너지의 양이 같아져서 ❹(   )을/를 이룬다.

• 지구는 흡수하는 태양 복사 에너지양과 방출하는 지구 복사 에너지양이 같아 ❺(   )을/를 이루므로 연평균 기온이 ❻(   )하다.

답 ❶ 태양 ❷ 지구 ❸ 상승 ❹ 복사 평형 ❺ 복사 평형 ❻ 일정

---

01 위 실험에 대한 설명으로 옳은 것은 ○표, 옳지 <u>않은</u> 것은 ×표 하시오.

(1) 적외선 가열 장치는 태양, 알루미늄 컵은 지구로 가정할 수 있다. ( )

(2) 컵 속의 온도는 처음에는 올라가다가 어느 정도 시간이 지난 후에는 일정해진다. ( )

(3) 14분 이전까지는 알루미늄 컵이 방출하는 복사 에너지양이 흡수하는 복사 에너지양보다 많다. ( )

(4) 14분 이후에는 알루미늄 컵이 복사 평형을 이루었다. ( )

02 그림 (가)는 지구의 복사 평형을 알아보기 위한 실험 장치를, (나)는 실험 결과를 나타낸 것이다.

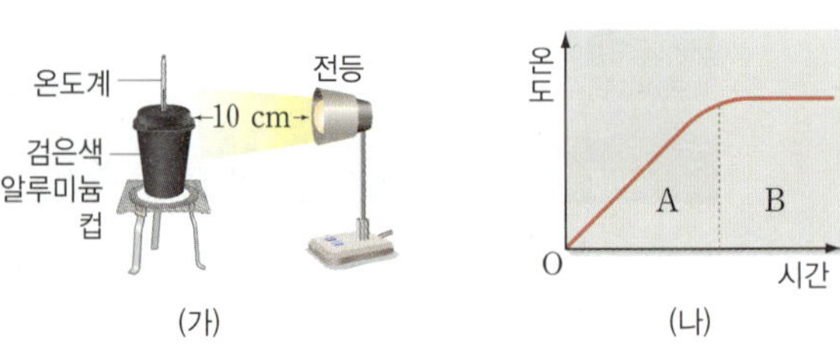

A, B 구간에서 알루미늄 컵이 흡수하고 방출하는 복사 에너지의 출입량 관계를 부등호로 나타내시오.

01 대기와 기권에 대한 설명으로 옳지 <u>않은</u> 것은?

① 대기가 차지하는 공간을 기권이라고 한다.
② 대기의 대부분은 지표면 부근에 밀집되어 있다.
③ 대기 중 가장 많은 양을 차지하는 기체는 산소이다.
④ 대기는 중력에 의해 높이 약 1000 km까지 분포한다.
⑤ 대기는 높이에 따른 기온 분포에 따라 4개의 층으로 구분된다.

02 오른쪽 그림은 대기를 구성하는 기체의 성분비를 나타낸 것이다. 이에 대한 설명으로 옳은 것을 〈보기〉에서 모두 고른 것은?

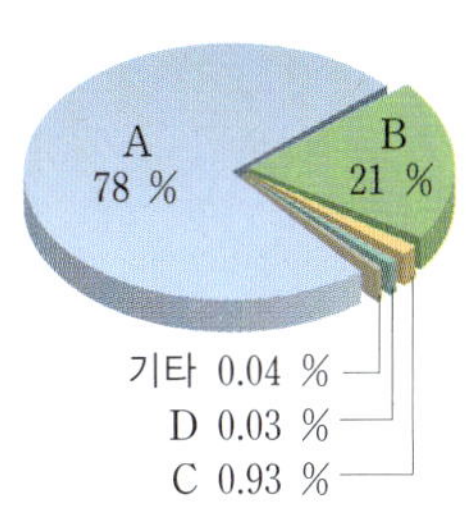

보기

ㄱ. A는 질소, D는 아르곤이다.
ㄴ. B는 생물의 호흡과 생명 유지에 필요한 기체이다.
ㄷ. C는 지구 온난화를 일으키는 주요 원인이 되는 기체이다.

① ㄱ　　　　② ㄴ　　　　③ ㄱ, ㄷ
④ ㄴ, ㄷ　　　⑤ ㄱ, ㄴ, ㄷ

03 대기의 역할에 대한 설명으로 옳지 <u>않은</u> 것은?

① 우주에서 날아오는 유성체를 막아 준다.
② 태양에서 들어오는 자외선을 막아 준다.
③ 생물이 호흡하는 데 필요한 기체를 공급한다.
④ 지표에서 방출하는 열을 흡수하여 지구를 보온해 준다.
⑤ 고위도의 남는 열을 저위도로 운반하여 저위도와 고위도의 기온 차를 줄여 준다.

04 기권을 4개의 층으로 구분하는 기준으로 옳은 것은?

① 대류의 유무
② 오존층의 유무
③ 기상 현상의 유무
④ 높이에 따른 기온 변화
⑤ 높이에 따른 기압 변화

[05~07] 그림은 기권의 구조를 나타낸 것이다. 물음에 답하시오.

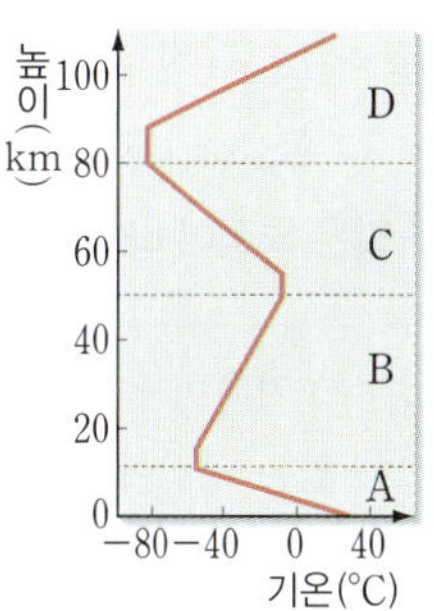

05 A~D층에 대한 설명으로 옳지 <u>않은</u> 것은?

① A층에는 전체 대기의 약 80 %가 분포한다.
② B층에는 오존층이 존재하여 태양으로부터 오는 자외선을 흡수한다.
③ C층에서는 대류와 기상 현상이 나타난다.
④ D층은 낮과 밤의 기온 차가 매우 크다.
⑤ 오로라는 D층에서 관찰된다.

06 A~D 중 공기의 대류가 일어나는 층을 모두 골라 기호와 이름을 각각 쓰시오.

07 A~D 중 구름이 생성되고 비나 눈이 내리는 층은?

① A　　　　② B　　　　③ C
④ D　　　　⑤ A, C

08 기권의 각 층에 대한 설명으로 옳지 <u>않은</u> 것은?

① 대류권에서는 높이 올라갈수록 기온이 낮아진다.
② 성층권은 기층이 안정하여 비행기의 항로로 이용된다.
③ 중간권에는 기권 중 기온이 가장 낮은 곳이 존재한다.
④ 열권은 공기가 희박하여 기온의 일교차가 크다.
⑤ 오존층은 열권에 존재하여 태양으로부터 오는 자외선을 흡수한다.

09 기권에서 다음과 같은 특징이 나타나는 층의 이름을 쓰시오.

> • 높이 올라갈수록 기온이 높아진다.
> • 오존이 밀집해 있는 구간이 존재한다.
> • 대기가 안정하여 장거리 비행기의 항로로 이용된다.

10 대류권에서 높이 올라갈수록 기온이 낮아지는 까닭으로 옳은 것은?

① 대류가 활발하게 일어나기 때문이다.
② 태양 에너지에 의해 직접 가열되기 때문이다.
③ 구름이 만들어질 때 기온이 낮아지기 때문이다.
④ 오존층에서 태양의 자외선을 흡수하기 때문이다.
⑤ 높이 올라갈수록 지표에서 방출되는 에너지가 적게 도달하기 때문이다.

중요
11 대류권과 중간권의 공통점으로 옳지 <u>않은</u> 것은?

① 수증기가 풍부하다.
② 기층이 불안정하다.
③ 공기의 대류가 일어난다.
④ 높이 올라갈수록 기온이 낮아진다.
⑤ 높이 올라갈수록 공기가 희박해진다.

12 열권에 대한 설명으로 옳은 것을 모두 고르면?(정답 2개)

① 유성이 나타난다.
② 구름이 생성된다.
③ 기권 중 공기가 가장 희박하다.
④ 낮과 밤의 기온 차가 매우 크다.
⑤ 높이 올라갈수록 기온이 낮아진다.

신경향
13 그림은 기권의 각 층에서 볼 수 있는 현상을 나타낸 것이다.

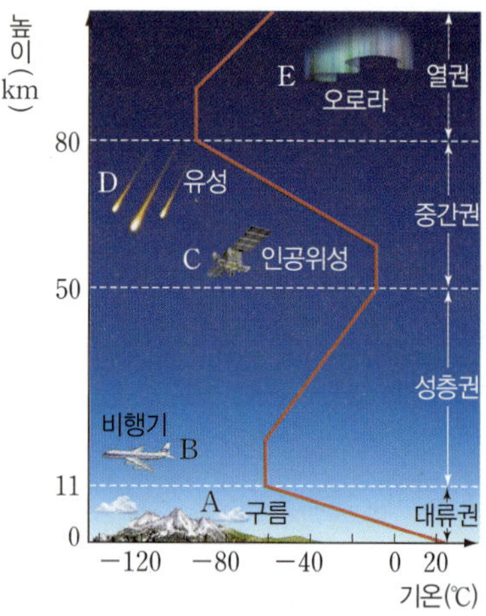

A~E 중 위치를 <u>잘못</u> 나타낸 것은?

① A   ② B   ③ C
④ D   ⑤ E

14 그림은 고위도 지방에서 주로 관측되는 현상을 나타낸 것이다.

이와 같은 현상의 이름과 현상을 볼 수 있는 층의 이름을 순서대로 옳게 짝 지은 것은?

① 유성, 열권   ② 유성, 중간권
③ 오로라, 열권   ④ 오로라, 중간권
⑤ 무지개, 대류권

15 다음에서 설명하는 기권의 경계면을 무엇이라고 하는가?

> • 높이 약 80 km에 해당한다.
> • 기권에서 기온이 가장 낮은 곳이다.
> • 이 경계면 위로 올라갈수록 기온이 높아진다.

① 대류권 계면   ② 성층권 계면
③ 오존층 계면   ④ 중간권 계면
⑤ 열권 계면

중요
16 다음은 기권의 각 층에서 나타나는 특징을 설명한 것이다.

> (가) 자외선을 흡수하는 오존층이 존재한다.
> (나) 인공위성의 궤도로 이용되며, 오로라가 나타난다.
> (다) 구름, 무지개, 눈, 비와 같은 기상 현상이 나타난다.
> (라) 대류가 일어나며, 기권 중 기온이 가장 낮은 곳이 존재한다.

(가)~(라)층의 이름을 옳게 짝 지은 것은?

	(가)	(나)	(다)	(라)
①	대류권	성층권	중간권	열권
②	대류권	성층권	열권	중간권
③	성층권	대류권	중간권	열권
④	성층권	열권	대류권	중간권
⑤	열권	성층권	대류권	중간권

17 오존층에 대한 설명으로 옳지 <u>않은</u> 것은?

① 성층권에 분포한다.
② 이 부근에서 오로라가 나타난다.
③ 성층권의 온도 분포에 영향을 준다.
④ 높이 약 20 km~30 km에 분포한다.
⑤ 태양에서 방출하는 자외선을 흡수한다.

18 복사 에너지에 대한 설명으로 옳지 <u>않은</u> 것은?

① 모든 물체는 복사 에너지를 방출한다.
② 태양 복사 에너지는 가시광선만 방출한다.
③ 지구 복사 에너지는 대부분 적외선 영역이다.
④ 물체는 표면 온도에 따라 방출하는 복사 에너지가 다르다.
⑤ 태양 복사 에너지는 지구계의 순환에 큰 영향을 미친다.

19 지표면에서 주로 방출하는 지구 복사 에너지의 파장 영역으로 옳은 것은?

① 적외선   ② 자외선
③ 가시광선   ④ 적외선, 자외선
⑤ 적외선, 가시광선, 자외선

20 그림은 지구의 복사 평형을 나타낸 것이다.

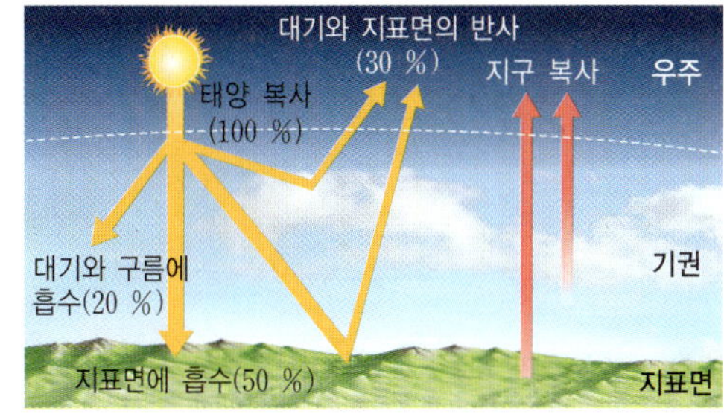

이에 대한 설명으로 옳지 <u>않은</u> 것은?

① 지구는 태양 복사 에너지를 100 % 흡수한다.
② 지표면에 흡수된 태양 복사 에너지는 50 %이다.
③ 지구에서 반사되는 태양 복사 에너지는 30 %이다.
④ 지구에서 우주로 방출하는 지구 복사 에너지는 70 %이다.
⑤ 지구가 흡수하는 태양 복사 에너지양과 방출하는 지구 복사 에너지양은 같다.

21 지구가 흡수하는 태양 복사 에너지양과 방출하는 지구 복사 에너지양의 크기를 옳게 비교하시오.

[22~23] 그림과 같이 장치하고 전등을 켠 다음 2분 간격으로 알루미늄 컵 속의 온도를 측정하였다. 물음에 답하시오.

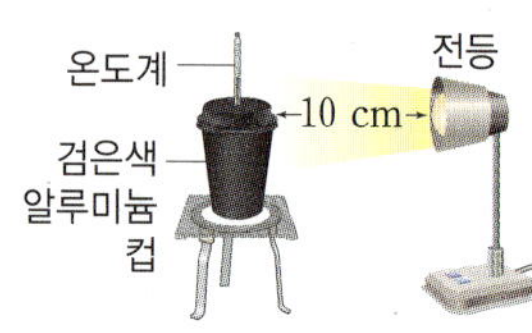

22 위 실험을 통해 알아보고자 하는 사실로 옳은 것은?

① 대류권의 온도 분포
② 성층권의 온도 분포
③ 온실 효과가 발생하는 까닭
④ 밤낮의 기온 차가 생기는 까닭
⑤ 지구의 연평균 기온이 일정하게 유지되는 까닭

23 위 실험 결과 시간에 따른 컵 속 공기의 온도 변화를 그래프로 옳게 나타낸 것은?

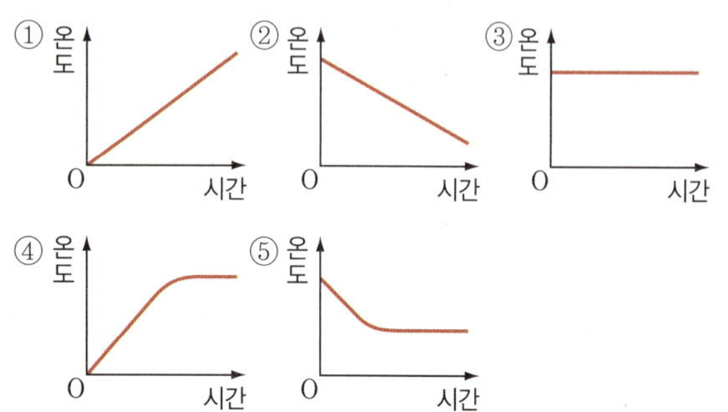

중요
24 온실 효과에 대한 설명으로 옳은 것을 〈보기〉에서 모두 고른 것은?

보기
ㄱ. 대기 중 온실 효과를 일으키는 기체를 온실 기체라고 한다.
ㄴ. 대기가 없다면 지구의 평균 기온은 현재보다 높아질 것이다.
ㄷ. 온실 기체에 의해 지구의 평균 기온이 점점 높아지는 현상이다.

① ㄱ ② ㄴ ③ ㄱ, ㄷ
④ ㄴ, ㄷ ⑤ ㄱ, ㄴ, ㄷ

25 지구 온난화에 대한 설명으로 옳지 <u>않은</u> 것은?

① 지구 온난화의 영향으로 해수면이 상승한다.
② 지구 온난화는 지구 환경 변화를 유발시킨다.
③ 주로 대기 중 이산화 탄소의 농도 증가로 인해 발생한다.
④ 지구 온난화가 진행되면 극지방의 기온은 점점 낮아진다.
⑤ 지구 온난화를 막기 위해서는 화석 연료 사용을 줄여야 한다.

신경향
26 그림은 지구의 기온이 상승함에 따라 여러 지역에서 나타나는 현상들을 나타낸 것이다.

이와 같은 현상을 방지하기 위한 대책으로 옳지 <u>않은</u> 것은?

① 나무를 심고, 숲을 늘린다.
② 석탄과 석유의 사용량을 늘린다.
③ 풍력, 태양열 등 친환경 에너지를 개발한다.
④ 국제 협약을 통해 온실 기체 배출량을 규제한다.
⑤ 자원 재활용, 대중교통 이용하기 등을 실천한다.

고난도·서술형 문제

27 표는 어느 지역에서 기권의 높이에 따른 기온 분포를 나타낸 것이다.

높이(km)	기온(℃)	높이(km)	기온(℃)
0	15.2	20	−56.4
1	8.5	25	−51.5
2	2.0	30	−46.5
3	−4.5	35	−36.5
4	−11.0	40	−22.7
5	−17.3	45	−8.9
10	−49.8	50	−2.4
15	−56.4	60	−26.0

높이 20 km~50 km 구간에서 높이 올라갈수록 기온이 상승하는 까닭은?

① 오존이 태양의 자외선을 흡수하기 때문이다.

② 지표에서 받는 복사 에너지가 점점 많아지기 때문이다.

③ 태양에 가까워지므로 직접 받는 태양열에 의해 가열되기 때문이다.

④ 지구로 떨어지는 수많은 유성체에 의해 마찰열이 발생하기 때문이다.

⑤ 이산화 탄소와 수증기의 농도가 높아 온실 효과가 크게 나타나기 때문이다.

28 오른쪽 그림은 기권의 구조를 나타낸 것이다.

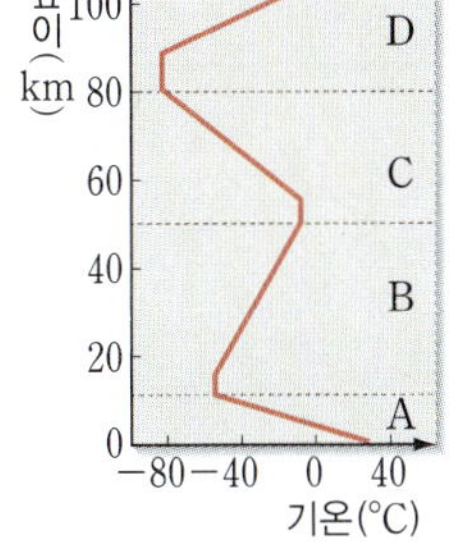

(1) 기권을 A~D 4개의 층으로 구분하는 기준을 쓰시오.

(2) A~D 중 기상 현상과 대류가 모두 나타나는 층의 기호와 이름을 쓰시오.

(3) 오존층이 존재하지 않는다면 기권의 층상 구조는 어떻게 나타나겠는지 설명하시오.

29 지구는 태양으로부터 끊임없이 에너지를 받고 있지만, 연평균 기온이 일정하게 유지된다. 그 까닭을 설명하시오.

30 그림 (가)는 지구의 복사 평형을 알아보기 위한 실험 장치를, (나)는 실험 결과를 나타낸 것이다.

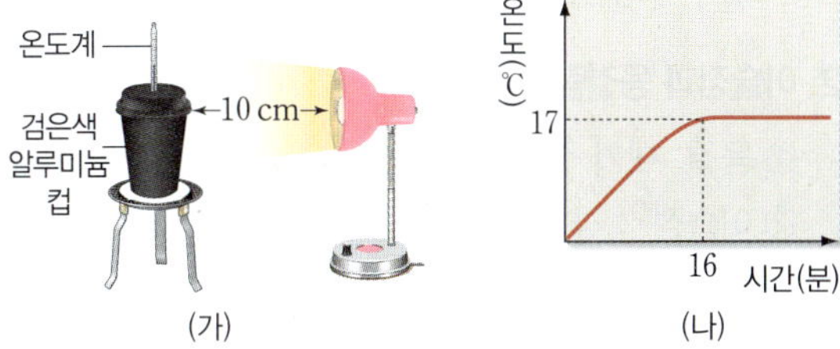

(1) 16분 이후 온도가 일정하게 유지되는 상태를 무엇이라고 하는지 쓰시오.

(2) 컵 속 공기의 온도가 일정해지는 까닭을 설명하시오.

31 그림은 대기 중 이산화 탄소의 농도 변화와 지구의 평균 기온 변화를 나타낸 것이다.

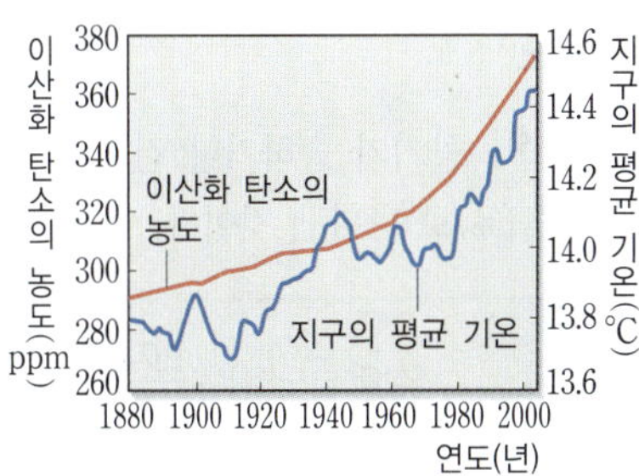

이에 대한 설명으로 옳은 것을 〈보기〉에서 모두 고른 것은?

보기

ㄱ. 이산화 탄소는 대표적인 온실 기체로, 지구 온난화의 주요 원인 물질이다.

ㄴ. 대기 중 이산화 탄소의 농도 증가로 지구의 평균 기온이 높아지고 있다.

ㄷ. 대기 중 온실 기체의 농도가 증가할수록 지구 온난화가 가속화됨을 알 수 있다.

① ㄱ　　　② ㄴ　　　③ ㄱ, ㄷ

④ ㄴ, ㄷ　　　⑤ ㄱ, ㄴ, ㄷ

05강 대기 중의 물

❶ 대기 중의 수증기 [돋보기 58쪽↓]

1 포화 수증기량

① 포화 상태❶: 어떤 공기가 수증기를 최대로 포함하고 있는 상태이다. 현재 수증기량＝포화 수증기량

② 포화 수증기량: 포화 상태의 공기 1 kg 속에 들어 있는 수증기의 양(g)

③ 포화 수증기량의 변화 요인: 기온 ➡ 기온이 높을수록 포화 수증기량은 증가한다.

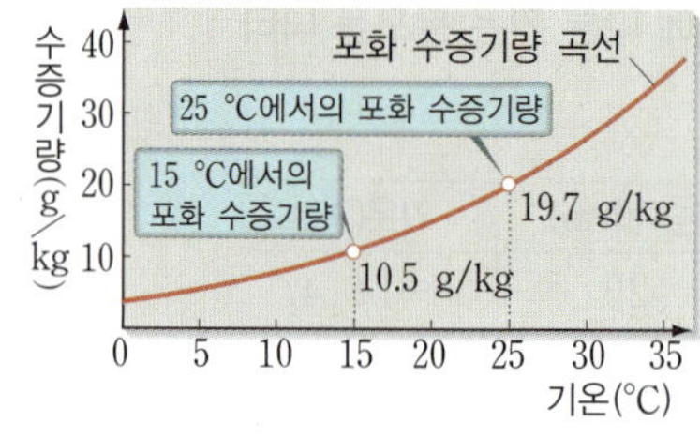

▲ 포화 수증기량 곡선

2 이슬점과 응결량

① 응결: 대기 중의 수증기가 물방울로 변하는 현상 예 이슬이 맺힌다, 차가운 캔 표면에 물방울이 맺힌다.

② 이슬점❷: 공기가 냉각되어 수증기가 응결되기 시작하는 온도

③ 이슬점의 변화 요인: 공기 중의 수증기량 ➡ 공기 중의 수증기량이 많을수록 이슬점이 높아진다.

④ 응결량: 현재 수증기량 − 냉각된 기온에서의 포화 수증기량

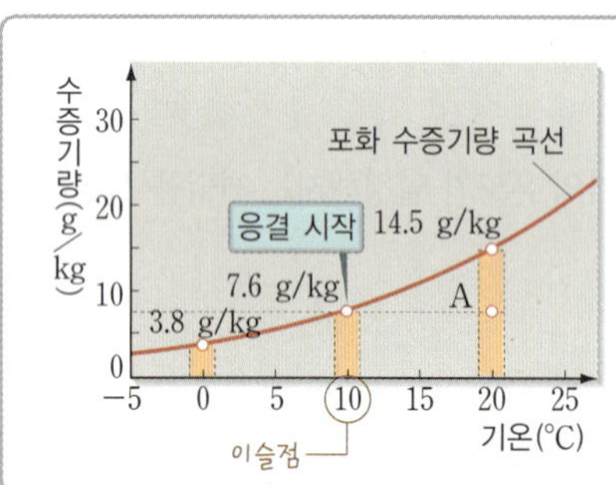

- 공기 A의 현재 수증기량: 7.6 g/kg
- 공기 A의 포화 수증기량: 14.5 g/kg
- 공기 A의 이슬점: 10 ℃
- 1 kg의 공기 A를 0 ℃로 냉각시켰을 때 응결되는 수증기량(g): 공기 A의 현재 수증기량 − 0 ℃의 포화 수증기량＝7.6 g − 3.8 g＝3.8 g
➡ 공기 총량이 2 kg일 때 응결량은 7.6 g이다.

❷ 상대 습도

1 상대 습도❸❹
공기가 습하거나 건조한 정도로, 포화 수증기량에 대한 현재 수증기량의 비를 백분율(%)로 나타낸 것이다.

$$상대\ 습도(\%)=\frac{현재\ 공기\ 중에\ 포함된\ 수증기량(g/kg)}{현재\ 기온에서\ 포화\ 수증기량(g/kg)}\times100$$

이슬점의 포화 수증기량

2 습도의 변화
습도는 기온, 장소, 계절, 날씨 등에 따라 변한다.

① 기온이 일정할 때: 현재 수증기량이 많을수록 상대 습도는 높다.

② 현재 수증기량이 일정할 때: 기온이 높을수록 상대 습도는 낮다.

3 맑은 날의 기온, 습도, 이슬점 변화❺ 맑은 날 기온과 습도의 변화는 반대로 나타난다.

기온	오후 2∼3시경에 가장 높고, 새벽에 가장 낮다.
습도	오후 2∼3시경에 가장 낮고, 새벽에 가장 높다.
이슬점	맑은 날 하루 동안 이슬점은 크게 변하지 않는다. 공기 중의 수증기량이 거의 일정하기 때문

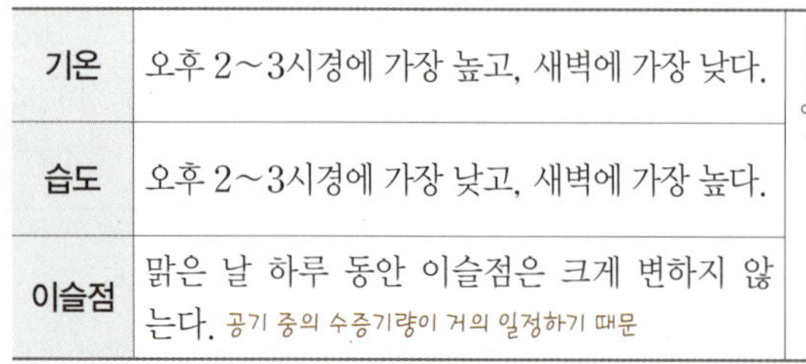

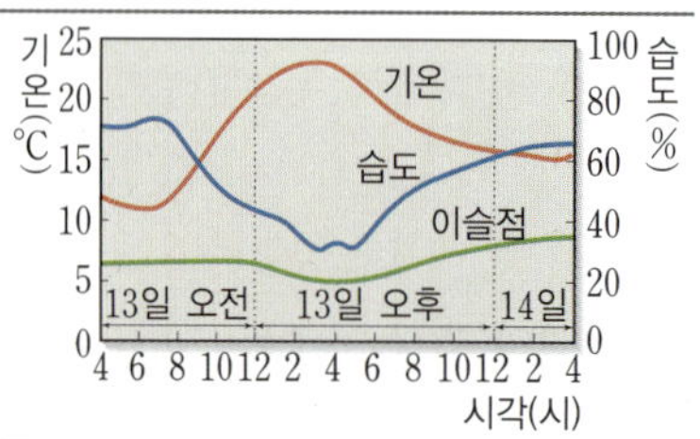

❶ 불포화 상태의 공기를 포화 상태로 만드는 법

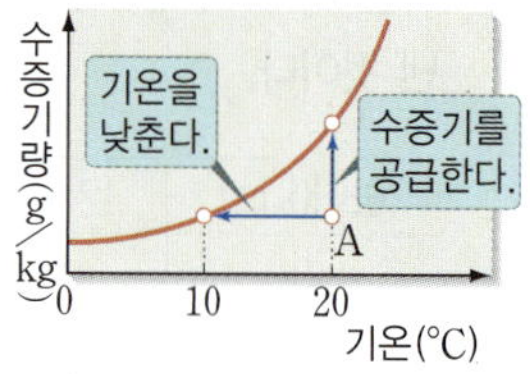

❷ 이슬점
- 응결이 시작되는 온도
- 공기가 포화 상태에 이를 때의 온도
- 상대 습도가 100 %일 때의 온도
- 현재 수증기량과 포화 수증기량이 같아질 때의 온도

❸ 습도 측정
- 건습구 습도계와 습도표를 이용하여 상대 습도를 측정한다.
- 건습구 습도계는 습구 온도계의 구부에서 물이 증발할 때 주위의 열을 흡수하는 성질을 이용한다.
- 습도표 읽는 법: 습구 온도와 건구와 습구의 온도 차가 만나는 값이 상대 습도이다. 예 습구 온도가 19 ℃이고, 건구와 습구의 온도 차가 4 ℃일 때 상대 습도는 69 %이다.

습구 온도 (℃)	건구와 습구의 온도 차(℃)				
	0	1	2	3	4
17	100	91	82	74	67
18	100	91	83	75	68
19	100	91	83	76	69
20	100	91	83	76	69

❹ 상대 습도가 100 %인 경우
- 포화 상태일 때
- 포화 수증기량 곡선상에 위치할 때
- 현재 기온과 이슬점이 같을 때
- 현재 수증기량과 포화 수증기량이 같을 때
- 건구 온도와 습구 온도가 같을 때

❺ 날씨에 따른 습도 변화
- 흐린 날: 맑은 날보다 기온 변화가 작기 때문에 습도 변화도 작다.
- 비 오는 날: 공기 중에 수증기가 많기 때문에 이슬점은 높고, 기온과 습도 변화는 작다.

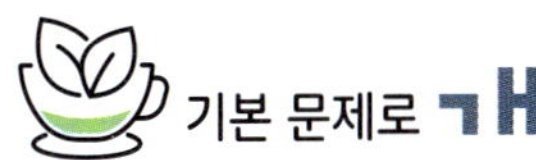

① 대기 중의 수증기

01 대기 중의 수증기에 대한 설명으로 옳은 것은 ○표, 옳지 <u>않은</u> 것은 ×표 하시오.

(1) 어떤 공기가 수증기를 최대로 포함하고 있는 상태를 증발이라고 한다. ( )

(2) 기온이 높아질수록 포화 수증기량이 증가한다. ( )

(3) 포화 수증기량이 많을수록 이슬점이 높다. ( )

(4) 수증기의 공급 없이 포화 상태에 도달할 때의 온도는 이슬점과 같다. ( )

02 다음은 대기 중의 수증기량에 대한 설명이다. ( ) 안에 들어갈 알맞은 말을 쓰시오.

포화 상태의 공기 1 kg 속에 들어 있는 수증기의 양 (g)을 (㉠)(이)라고 하며, 이 값은 (㉡)이/가 높아질수록 증가한다.

03 그림은 기온에 따른 포화 수증기량을 나타낸 것이다.

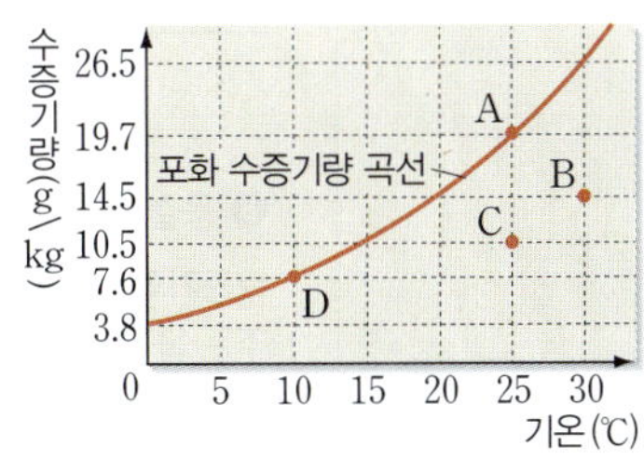

(1) A~D 중 포화 상태의 공기를 모두 고르시오.

(2) B 공기의 이슬점을 쓰시오.

(3) C의 ㉠ 포화 수증기량과 ㉡ 현재 수증기량은 몇 g/kg 인지 각각 쓰시오.

(4) C 공기 1 kg의 온도를 10 ℃까지 냉각시켰을 때 수증기의 응결량은 몇 g인지 구하시오.

② 상대 습도

04 상대 습도에 대한 설명으로 옳은 것은 ○표, 옳지 <u>않은</u> 것은 ×표 하시오.

(1) 상대 습도는 공기의 건조하고 습한 정도를 나타낸 것이다. ( )

(2) 습도는 기온, 날씨, 계절, 장소에 상관없이 항상 일정하다. ( )

(3) 맑은 날 하루 동안 기온과 습도의 변화는 반대로 나타난다. ( )

(4) 상대 습도가 100 %일 때는 포화 상태이다. ( )

05 그림은 기온에 따른 포화 수증기량을 나타낸 것이다.

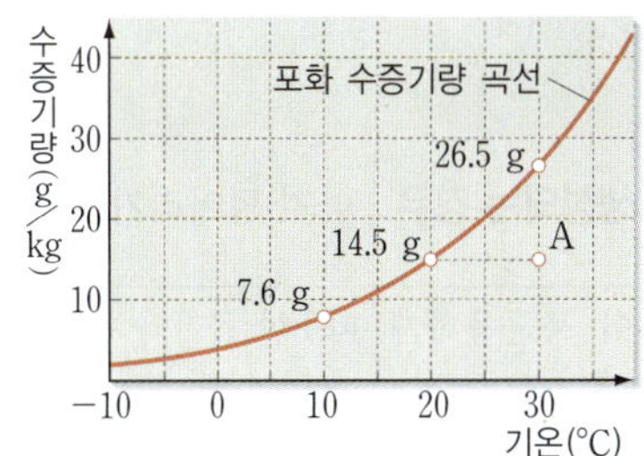

( ) 안에 들어갈 알맞은 값을 쓰시오.

$$A \text{ 공기의 상대 습도(\%)} = \frac{(\ ㉠\ )\text{ g/kg}}{(\ ㉡\ )\text{ g/kg}} \times 100$$

06 현재 기온에서 포화 수증기량이 34 g/kg이고, 현재 공기 중의 실제 수증기량이 17 g/kg인 공기의 상대 습도를 구하시오.

07 그림은 맑은 날의 기온, 습도, 이슬점 변화를 순서 없이 나타낸 것이다.

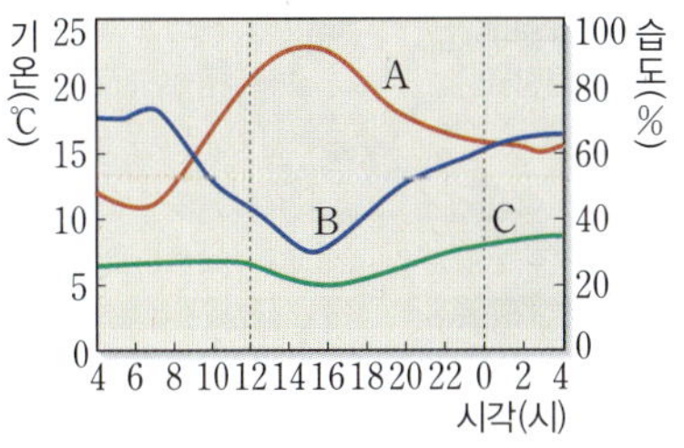

A, B, C가 각각 나타내는 것은 무엇인지 쓰시오.

05 대기 중의 물

❸ 구름

1 단열 팽창[6] 외부와 열을 교환하지 않고 공기가 팽창하여 온도가 내려가는 현상이다.

2 구름 물방울이나 빙정(얼음 알갱이)이 하늘에 떠 있는 것이다.[7]

3 구름의 생성 과정 공기 상승 → 부피 팽창 → 기온 하강 → 이슬점 도달 → 수증기 응결 → 구름 생성 **탐구** 59쪽 단열 팽창

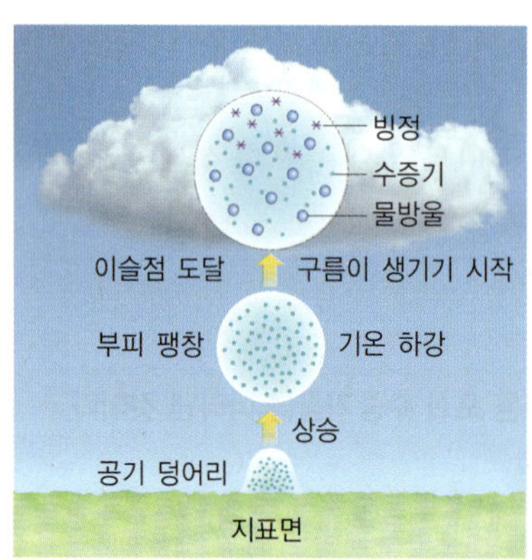

수증기가 응결하여 생성된 작은 물방울이나 빙정이 모여 구름이 생성된다.

공기 덩어리의 기온이 이슬점과 같아지면 수증기가 응결하기 시작한다.[8]

부피가 팽창하는 과정에서 열을 소모하므로 공기 덩어리의 기온이 낮아진다.

지표 부근의 공기 덩어리가 상승하면 주위의 기압이 낮아지므로 부피가 팽창한다.

4 구름이 생성되는 경우 공기 덩어리가 상승하면 구름이 생성된다.

지표면이 불균등하게 가열될 때	따뜻한 공기와 찬 공기가 만날 때	저기압 중심으로 공기가 모여들 때	이동하는 공기가 산과 같은 장애물을 만날 때

❹ 강수

1 강수 구름에서 비나 눈 등이 만들어져서 지표로 떨어지는 현상이다.

2 강수 과정

구분	병합설(따뜻한 비)	빙정설(찬비)
지역	열대 지방	중위도 지방이나 고위도 지방
강수 과정	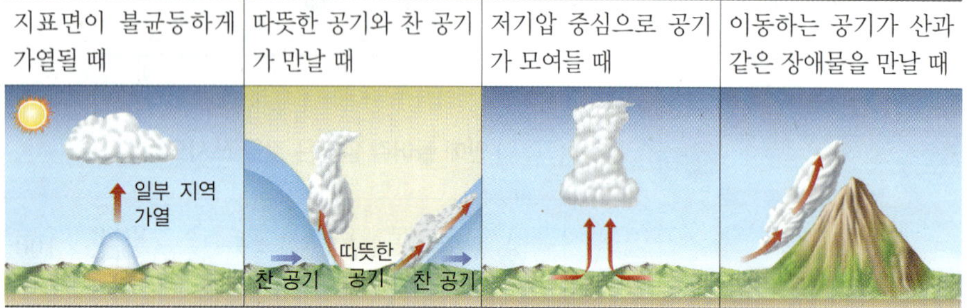	
	큰 물방울과 작은 물방울이 충돌해서 합쳐져 크기가 커짐. → 빗방울로 성장[9] → 지표로 떨어지면 비	물방울에서 증발한 수증기가 빙정에 달라붙음. → 빙정이 무거워져 지표로 떨어지면 눈, 떨어지면서 녹으면 비

---

❻ 단열 변화

외부와 열을 주고받지 않는 상태에서 공기의 부피가 변하면서 기온이 변하는 현상

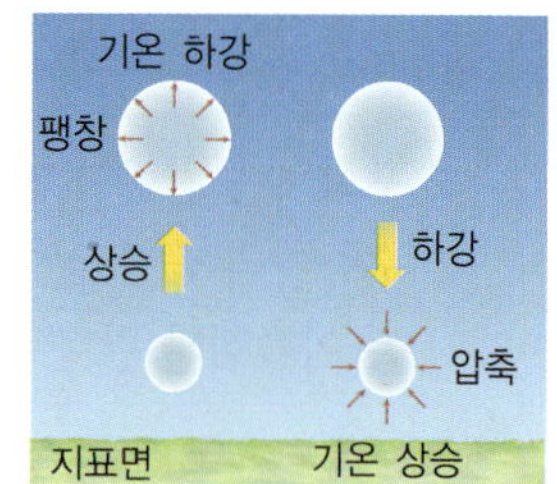

- 단열 팽창: 공기 상승 → 부피 팽창 → 기온 하강
- 단열 압축: 공기 하강 → 부피 압축 → 기온 상승

❼ 모양에 따른 구름의 분류

구름은 모양에 따라 층운형 구름과 적운형 구름으로 분류한다.

층운형 구름	적운형 구름
• 옆으로 넓게 퍼진 모양 • 상승 기류가 약할 때 만들어진다. • 넓은 지역에 걸쳐 이슬비가 내린다.	• 위로 솟은 모양 • 상승 기류가 강할 때 만들어진다. • 좁은 지역에 걸쳐 소나기가 내린다.

❽ 응결핵

수증기의 응결이 잘 일어나도록 도와주는 물질로, 먼지, 연기, 소금 알갱이 등이 있다.

❾ 빗방울의 크기

구름 입자가 100만 개 이상 모여야 빗방울이 된다.

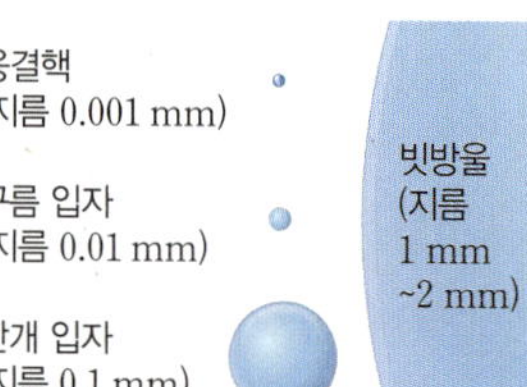

③ 구름

08 외부와 열 교환 없이 공기의 부피가 변하면서 기온이 변하는 현상을 무엇이라고 하는지 쓰시오.

09 다음은 구름의 생성 과정을 나열한 것이다. ( ) 안에 들어갈 알맞은 말을 쓰시오.

> 공기 덩어리 상승 → 부피 (㉠) → 기온 (㉡)
> → (㉢) 도달 → 수증기 (㉣) → 구름 생성

10 그림은 구름이 생성되는 과정을 나타낸 것이다.

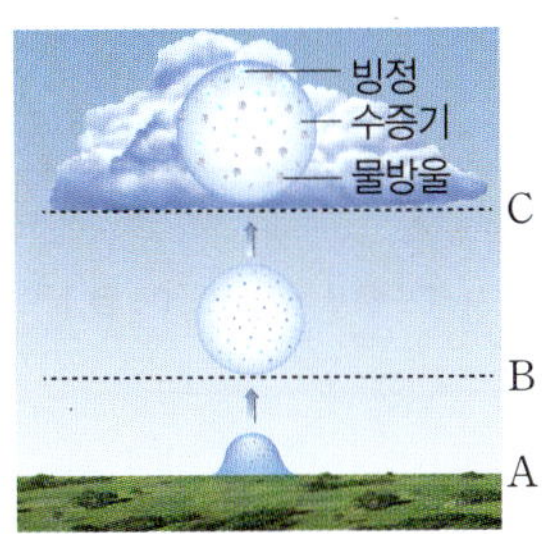

A~C 중 구름이 생기기 시작하는 높이를 고르시오.

11 구름이 생성되는 경우로 옳은 것은 ○표, 옳지 <u>않은</u> 것은 ×표 하시오.

(1) 지표면이 불균등하게 가열될 때 ( )
(2) 공기가 산 빗면을 타고 내려올 때 ( )
(3) 따뜻한 공기와 찬 공기가 만날 때 ( )
(4) 저기압 중심으로 공기가 모여들 때 ( )
(5) 고기압 중심에서 공기가 불어 나갈 때 ( )

12 구름을 적운형 구름과 층운형 구름으로 분류하는 기준을 쓰시오.

④ 강수

13 다음은 구름에 대한 설명이다. ( ) 안에 들어갈 알맞은 말을 쓰시오.

(1) 구름에서 만들어진 비나 눈, 우박 등이 지표로 떨어지는 것을 ( )(이)라고 한다.
(2) 열대 지방에서는 구름 속의 물방울들이 ( )하여 커지고 무거워져 떨어지면 비가 된다.
(3) 중위도나 고위도 지방에서는 ( )(으)로 강수 과정을 설명한다.

14 그림 (가)와 (나)는 각각 서로 다른 지역의 강수 과정을 나타낸 것이다.

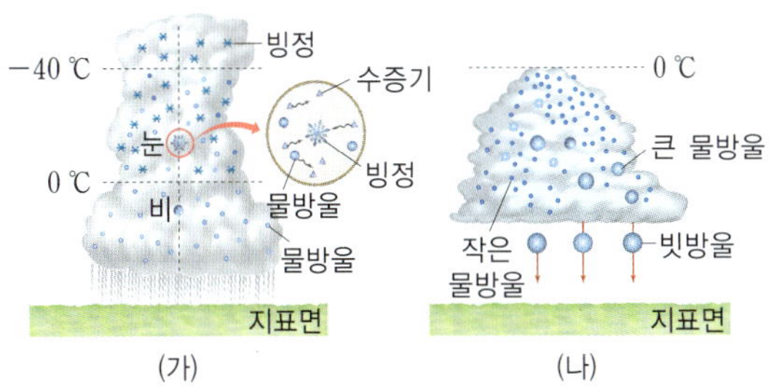

(1) (가)의 강수 이론을 쓰시오.

(2) (가)와 (나) 중 열대 지방에서 나타나는 강수 과정을 고르시오.

포화 수증기량 곡선 해석 개념 54쪽

★ 바른답 · 알찬풀이 19쪽

포화 수증기량 곡선을 해석하여 포화 수증기량, 현재 수증기량, 이슬점, 응결량, 상대 습도를 구하는 과정을 알아보자.

포화 수증기량 구하기

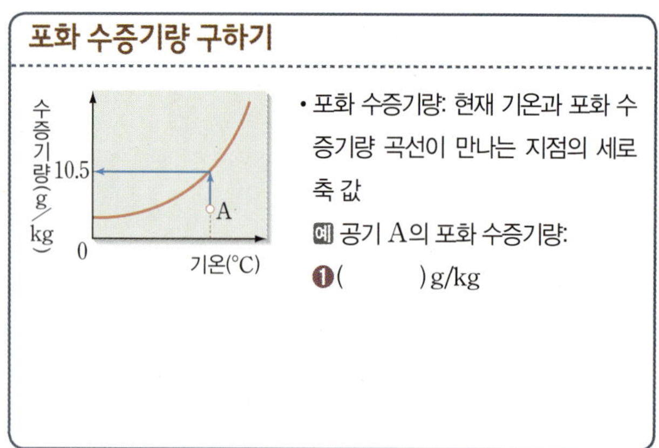

- 포화 수증기량: 현재 기온과 포화 수증기량 곡선이 만나는 지점의 세로축 값
- 예 공기 A의 포화 수증기량: ❶( ) g/kg

현재 수증기량과 이슬점 구하기

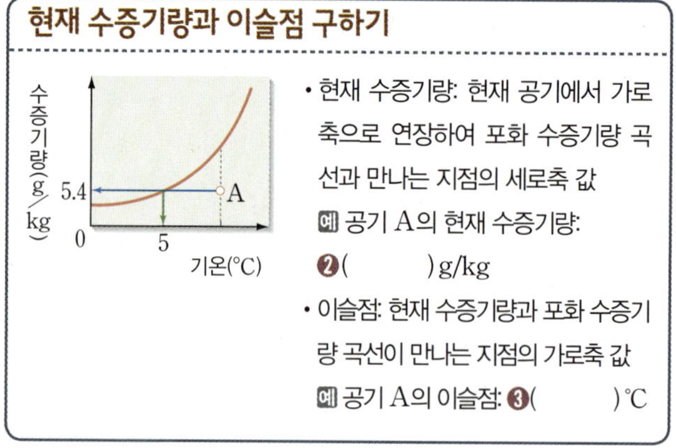

- 현재 수증기량: 현재 공기에서 가로축으로 연장하여 포화 수증기량 곡선과 만나는 지점의 세로축 값
- 예 공기 A의 현재 수증기량: ❷( ) g/kg
- 이슬점: 현재 수증기량과 포화 수증기량 곡선이 만나는 지점의 가로축 값
- 예 공기 A의 이슬점: ❸( ) ℃

응결량 구하기

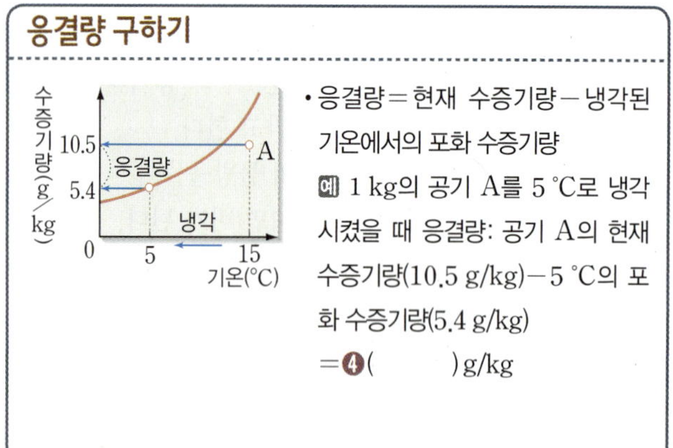

- 응결량 = 현재 수증기량 − 냉각된 기온에서의 포화 수증기량
- 예 1 kg의 공기 A를 5 ℃로 냉각시켰을 때 응결량: 공기 A의 현재 수증기량(10.5 g/kg) − 5 ℃의 포화 수증기량(5.4 g/kg) = ❹( ) g/kg

상대 습도 구하기

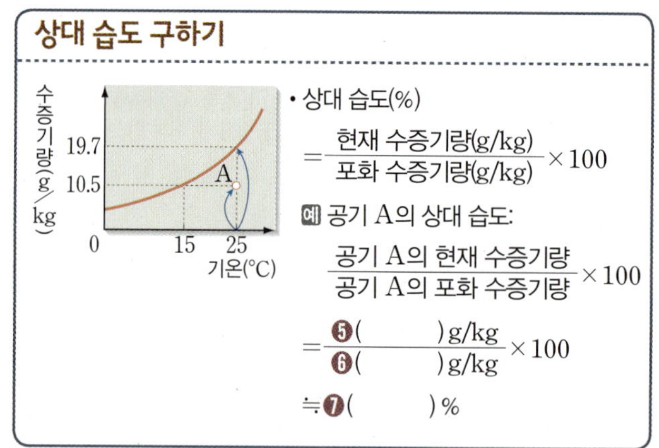

- 상대 습도(%)

$$= \frac{\text{현재 수증기량(g/kg)}}{\text{포화 수증기량(g/kg)}} \times 100$$

- 예 공기 A의 상대 습도:

$$\frac{\text{공기 A의 현재 수증기량}}{\text{공기 A의 포화 수증기량}} \times 100$$

$$= \frac{❺( )\ \text{g/kg}}{❻( )\ \text{g/kg}} \times 100$$

$$≒ ❼( )\ \%$$

답 ❶10.5 ❷5.4 ❸5 ❹5.1 ❺10.5 ❻19.7 ❼53

---

01 그림은 기온에 따른 포화 수증기량을 나타낸 것이다.

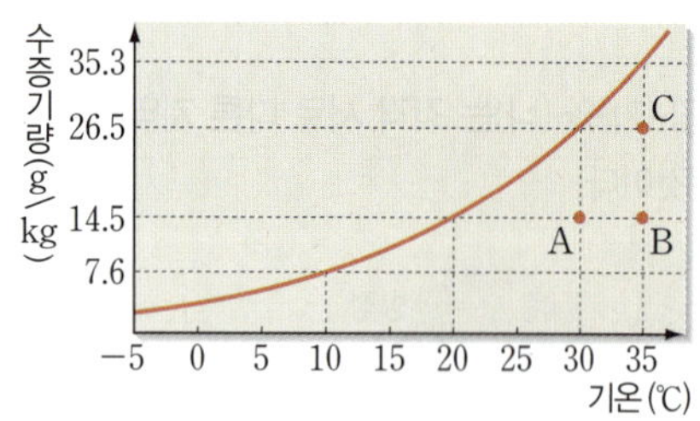

위 그림을 보고 ( ) 안에 들어갈 알맞은 값을 쓰시오.

구분	공기 A	공기 B	공기 C
기온(℃)	30	35	35
이슬점(℃)	(㉠)	20	30
현재 수증기량(g/kg)	14.5	(㉡)	26.5
포화 수증기량(g/kg)	26.5	35.3	(㉢)
상대 습도(%)	약 54.7	(㉣)	약 75.1

02 그림은 기온에 따른 포화 수증기량을 나타낸 것이다.

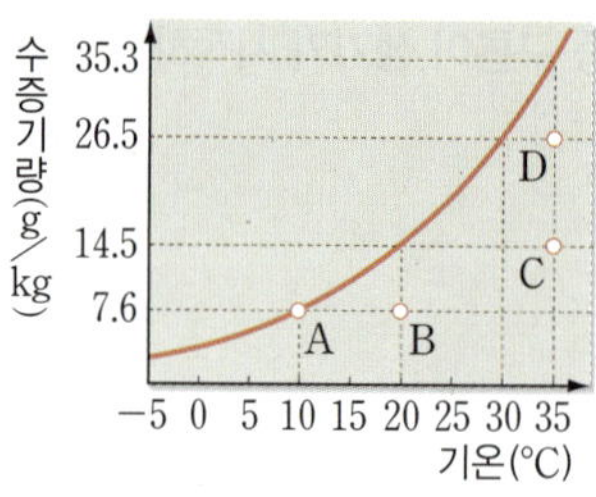

(1) 공기 A~D 중 현재 수증기량이 가장 많은 공기를 고르시오.

(2) 공기 A~D 중 기온을 10 ℃로 낮추었을 때 응결되는 수증기의 양이 가장 많은 것을 고르시오.

(3) 공기 A~D의 상대 습도는 몇 %인지 각각 구하시오.(단, 소수점 아래 둘째 자리에서 반올림한다.)

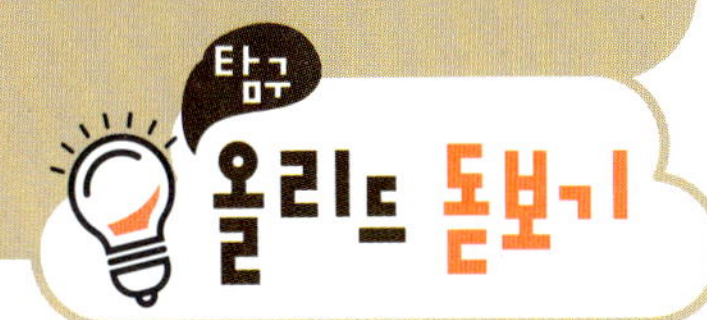

구름의 생성 원리 개념 56쪽

과정

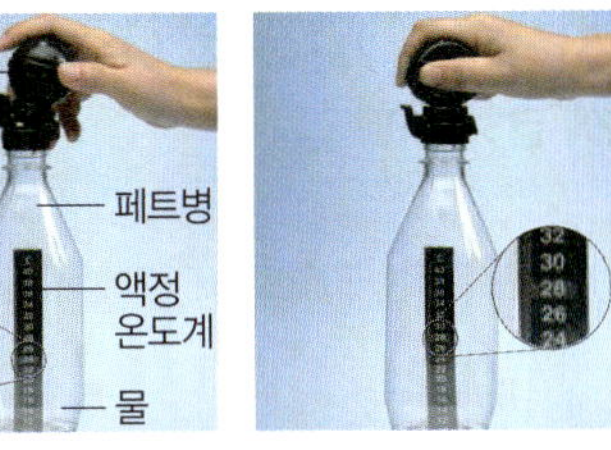

❶ 물을 조금 넣은 페트병에 액정 온도계를 넣고 간이 가압 장치가 달린 뚜껑을 닫은 후 기온을 측정한다.
（수증기 제공）

❷ 간이 가압 장치를 여러 번 눌러 페트병 내부의 공기를 압축한 후 변화를 관찰한다.
→ 단열 압축

❸ 뚜껑을 열어 페트병 내부의 공기를 팽창시킨 후 변화를 관찰한다.
→ 단열 팽창

❹ 페트병에 향 연기를 조금 넣은 후 과정 ❷~❸을 반복한다.
（응결핵 역할）

유의할 점
• 과정 ❷에서 공기를 압축할 때는 뚜껑을 단단히 잠가 공기가 새지 않도록 한다.
• 과정 ❸에서 공기를 팽창시킬 때는 공기가 빠르게 빠져 나오도록 한다.

결과

• 페트병 내부의 변화

구분	향 연기를 넣기 전		향 연기를 넣은 후	
	내부 변화	기온 변화	내부 변화	기온 변화
공기를 압축한 후	변화 없음.	상승	맑아짐.	상승
공기를 팽창시킨 후	약간 흐려짐.	하강	흐려짐.	하강

정리

• 공기를 압축시키는 것은 ❶(　　　)에 해당하고, 공기를 팽창시키는 것은 ❷(　　　)에 해당한다.
• 향 연기를 넣은 후에는 페트병 내부가 흐려지는 현상이 잘 관찰된다.
• 향 연기의 역할: 수증기의 응결을 돕는 ❸(　　　) 역할을 한다.
• 구름의 생성 과정: 부피 팽창 → ❹(　　　) → 이슬점 도달 → 수증기 응결 → 구름 생성

실제 구름이 생성될 때는 먼지나 소금 입자가 향 연기와 같은 응결핵 역할을 한다.

답 ❶ 단열 압축 ❷ 단열 팽창 ❸ 응결핵 ❹ 기온 하강

---

01 위 실험에 대한 설명으로 옳은 것은 ○표, 옳지 않은 것은 ×표 하시오.

(1) 간이 가압 장치를 누르면 페트병 속 공기의 온도는 올라간다. （　　）

(2) 간이 가압 장치의 뚜껑을 여는 것은 단열 압축을 의미한다. （　　）

(3) 향 연기를 넣기 전과 넣은 후 페트병 내부의 변화는 차이가 없다. （　　）

(4) 향 연기는 수증기의 응결을 도와주는 역할을 한다. （　　）

02 그림과 같이 장치한 후 간이 가압 장치를 여러 번 눌렀다가 뚜껑을 열어 주었다.

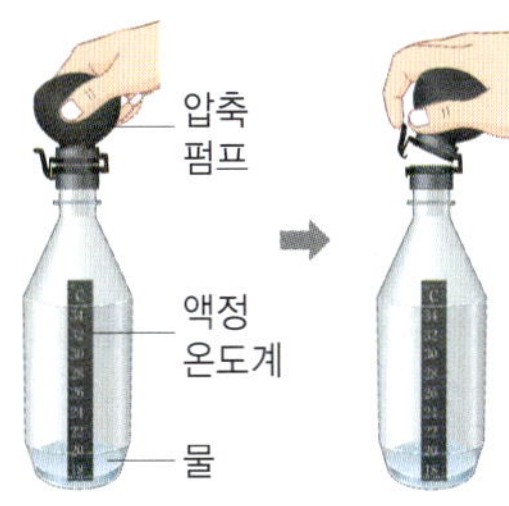

페트병 내부의 변화를 옳게 짝 지은 것은?

	부피	기온	내부 변화
①	팽창	상승	맑아짐.
②	팽창	하강	흐려짐.
③	압축	상승	맑아짐.
④	압축	하강	흐려짐.
⑤	압축	하강	변화 없음.

01 일상생활에서 일어나는 현상 중 응결 현상과 관련 있는 것을 〈보기〉에서 모두 고른 것은?

> ─ 보기 ─
> ㄱ. 어항의 물이 줄어든다.
> ㄴ. 추운 겨울날 실내로 들어오면 안경이 뿌옇게 흐려진다.
> ㄷ. 냉장고에서 꺼낸 찬 음료수 캔 표면에 물방울이 생긴다.

① ㄱ
② ㄴ
③ ㄱ, ㄷ
④ ㄴ, ㄷ
⑤ ㄱ, ㄴ, ㄷ

중요
02 포화 상태와 포화 수증기량에 대한 설명으로 옳지 <u>않은</u> 것은?

① 기온이 높을수록 포화 수증기량은 증가한다.
② 현재 수증기량이 많을수록 포화 수증기량은 증가한다.
③ 포화 상태일 때 현재 수증기량과 포화 수증기량은 같다.
④ 어떤 공기가 수증기를 최대한 포함하고 있는 상태를 포화 상태라고 한다.
⑤ 포화 상태의 공기 1 kg 속에 들어 있는 수증기량(g)을 포화 수증기량이라고 한다.

03 기온과 포화 수증기량의 관계를 그래프로 가장 적절하게 나타낸 것은?

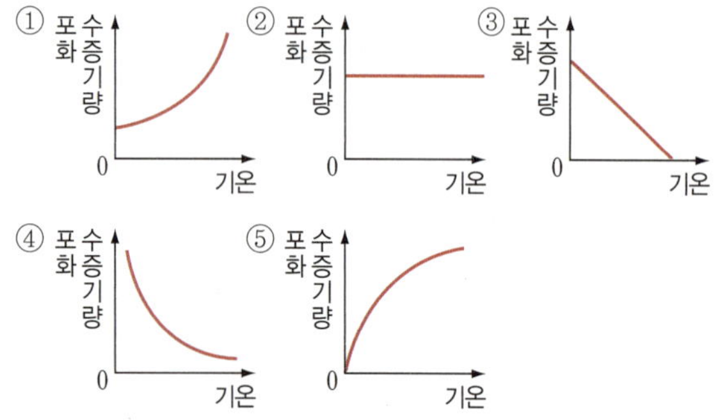

[04~05] 그림은 기온과 포화 수증기량의 관계를 나타낸 것이다. 물음에 답하시오.

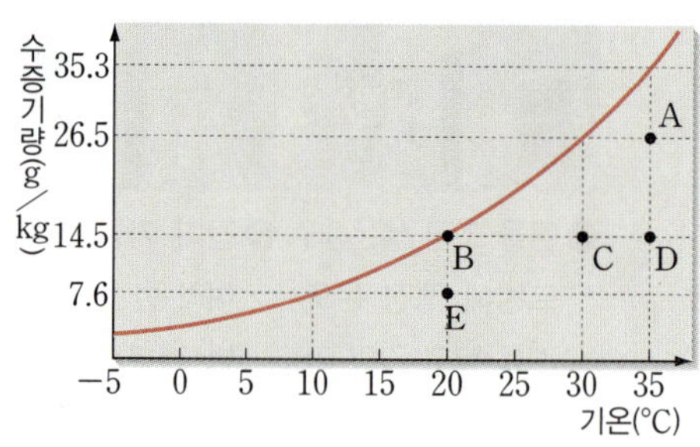

04 기온과 수증기량 이외의 다른 조건이 모두 같다고 할 때 A ~E 중 증발이 일어나기 가장 어려운 상태의 공기를 고르시오.

05 C 공기 10 kg을 포화 상태로 만드는 방법으로 옳은 것을 〈보기〉에서 모두 고른 것은?

> ─ 보기 ─
> ㄱ. 기온을 20 ℃로 낮춘다.
> ㄴ. 기온을 35 ℃로 올려 준다.
> ㄷ. 120 g의 수증기를 공급한다.

① ㄱ
② ㄴ
③ ㄱ, ㄷ
④ ㄴ, ㄷ
⑤ ㄱ, ㄴ, ㄷ

신경향
06 미래는 그림과 같이 물이 담긴 알루미늄 컵에 얼음을 조금 넣은 후 잘 저어 주면서 컵의 표면이 흐려지는 순간의 물의 온도를 측정하였다.

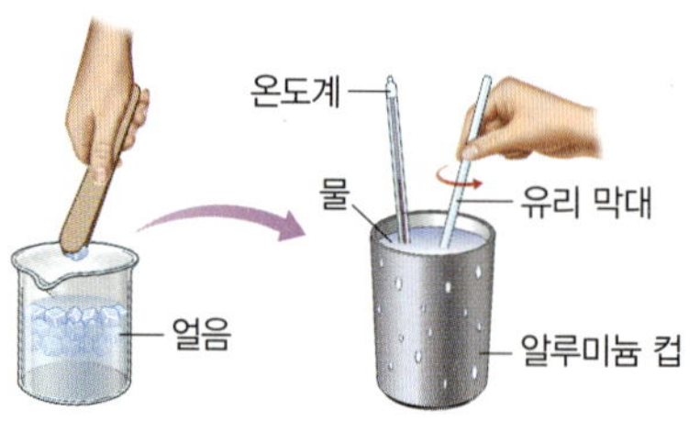

위 실험을 통해 미래가 측정하려는 것은?

① 어는점
② 녹는점
③ 끓는점
④ 용해도
⑤ 이슬점

중요
07 이슬점에 대한 설명으로 옳지 <u>않은</u> 것은?

① 기온이 변하면 이슬점이 달라진다.
② 공기가 수증기로 포화되었을 때의 온도이다.
③ 공기 중의 수증기가 응결하기 시작하는 온도이다.
④ 공기 중의 수증기량이 많아지면 이슬점은 높아진다.
⑤ 현재 수증기량과 포화 수증기량이 같아질 때의 온도이다.

[08~10] 표는 기온에 따른 포화 수증기량을 나타낸 것이다. 물음에 답하시오.

기온(℃)	0	5	10	15	20	25	30
포화 수증기량(g/kg)	3.8	5.4	7.6	10.5	14.5	19.7	26.5

08 현재 기온이 30 ℃이고, 상대 습도가 40 %였다. 다음 날 새벽에 이슬이 맺혔다면 밤 사이 기온은 몇 ℃ 이하로 내려갔겠는가?(단, 이슬점은 일정하다.)

① 약 5 ℃ 　② 약 10 ℃ 　③ 약 15 ℃
④ 약 20 ℃ 　⑤ 약 25 ℃

09 현재 기온이 25 ℃인 실험실에서 이슬점을 측정하였더니 5 ℃로 나타났다. 이 실험실 공기의 상대 습도를 구하는 식을 쓰시오.

10 현재 기온이 30 ℃인 공기 1 kg 속에 수증기가 18.3 g 포함되어 있다. 이 공기 5 kg을 10 ℃로 냉각시켰을 때 응결되는 수증기의 양은 몇 g인가?

① 6.9 g 　② 10.7 g 　③ 34.5 g
④ 53.5 g 　⑤ 107.0 g

[11~12] 그림은 기온과 포화 수증기량의 관계를 나타낸 것이다. 물음에 답하시오.

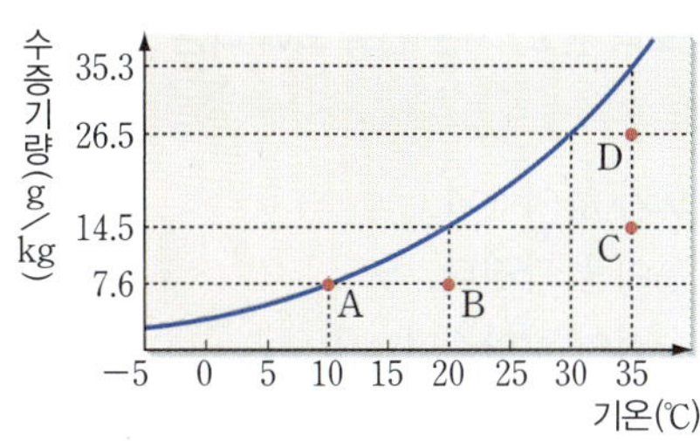

11 C 공기의 ㉠ 이슬점과 이 공기 1 kg을 10 ℃까지 냉각시켰을 때 ㉡ 응결되는 수증기의 양을 옳게 짝 지은 것은?

	㉠	㉡		㉠	㉡
①	10 ℃	6.9 g	②	20 ℃	6.9 g
③	20 ℃	12.0 g	④	35 ℃	6.9 g
⑤	35 ℃	12.0 g			

중요
12 A~D 공기에 대한 설명으로 옳지 <u>않은</u> 것은?

① A와 B 공기는 이슬점이 같다.
② B는 C보다 포화 수증기량이 적다.
③ C와 D는 현재 기온이 같으므로 포화 수증기량이 같다.
④ A~D 중 상대 습도가 가장 높은 공기는 A이다.
⑤ A~D 공기의 기온을 5 ℃로 낮추었을 때 응결되는 양이 가장 많은 것은 A이다.

중요
13 그림은 맑은 날 하루 동안의 기온, 습도, 이슬점의 변화를 나타낸 것이다.

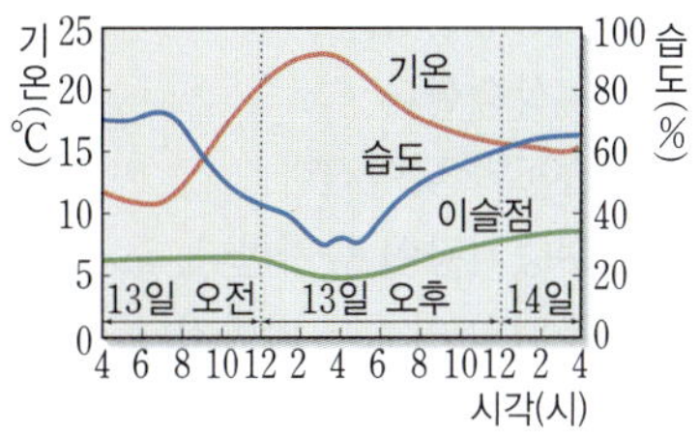

위 그림에 대한 설명으로 옳은 것은?

① 습도는 거의 변하지 않는다.
② 이슬점의 일변화가 가장 크다.
③ 포화 수증기량은 거의 일정하다.
④ 습도와 기온의 일변화는 거의 비슷하게 나타난다.
⑤ 하루 동안 공기 중에 포함된 수증기량은 거의 일정하다.

신경향

14 여름철에 밀폐된 방 안에서 에어컨을 틀었다. 이때 방 안에서 예상되는 변화로 옳은 것은?(단, 에어컨의 설정 온도는 이슬점보다 높고, 기온 변화 외에 다른 요인은 고려하지 않는다.)

① 습도가 높아진다.
② 기온이 높아진다.
③ 이슬점이 낮아진다.
④ 현재 수증기량이 감소한다.
⑤ 포화 수증기량이 증가한다.

15 오른쪽 그림은 구름의 생성 과정을 알아보기 위한 실험 장치를 나타낸 것이다. 압축 펌프를 눌러 실험 장치의 내부를 충분히 압축시킨 후 뚜껑을 열었을 때 장치 내부에서 일어나는 현상으로 옳지 <u>않은</u> 것은?

① 공기의 압력은 감소한다.
② 공기의 부피는 팽창한다.
③ 공기의 온도는 올라간다.
④ 공기의 상대 습도는 높아진다.
⑤ 실험 장치 내부는 뿌옇게 흐려진다.

중요

16 지표면의 공기가 상승하여 구름이 생성되는 동안 일어나는 변화로 옳은 것을 모두 고르면?(정답 2개)

① 부피가 팽창한다.
② 온도가 상승한다.
③ 상대 습도가 낮아진다.
④ 포화 수증기량이 증가한다.
⑤ 주위 공기의 압력이 낮아진다.

17 〈보기〉는 구름의 생성 과정을 나타낸 것이다. 구름이 생성되는 과정을 순서대로 나열하시오.

― 보기 ―
ㄱ. 부피 팽창   ㄴ. 구름 생성   ㄷ. 이슬점 도달
ㄹ. 기온 하강   ㅁ. 공기 상승   ㅂ. 수증기 응결

중요

18 구름이 생성되는 경우가 <u>아닌</u> 것은?

① 지표 부근의 공기가 냉각될 때
② 공기가 모여드는 저기압 중심일 때
③ 공기가 산의 경사면을 타고 올라갈 때
④ 따뜻한 공기가 찬 공기를 타고 올라갈 때
⑤ 찬 공기가 따뜻한 공기 아래로 파고들 때

19 그림은 중위도 지역에서 공기 덩어리가 상승하여 구름이 생성되는 모습을 나타낸 것이다.

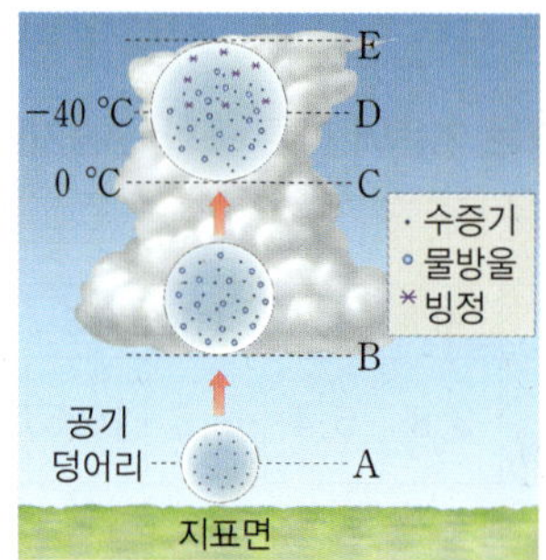

이에 대한 설명으로 옳은 것을 〈보기〉에서 모두 고른 것은?

― 보기 ―
ㄱ. A에서 E로 갈수록 공기는 팽창한다.
ㄴ. B~C 구간에는 물방울과 빙정이 섞여 있다.
ㄷ. C에서 불포화 상태의 공기가 포화 상태로 바로 바뀐다.

① ㄱ   ② ㄴ   ③ ㄱ, ㄷ
④ ㄴ, ㄷ   ⑤ ㄱ, ㄴ, ㄷ

20 열대 지방에서 비나 눈이 생성되는 과정을 옳게 설명한 것은?

① 구름 속에서 얼음 알갱이들이 충돌하여 커지면 떨어져 눈이 된다.
② 구름 속에서 물방울들이 충돌하여 커진 큰 물방울이 떨어져 비가 된다.
③ 구름 속에서 얼음 알갱이와 물방울이 충돌하여 커지면 떨어져 눈이 된다.
④ 구름 속에서 얼음 알갱이에 수증기가 달라붙어서 커지면 떨어져 눈이 된다.
⑤ 구름 속에서 얼음 알갱이들이 충돌한 후 녹아 큰 물방울이 되면 떨어져 비가 된다.

고난도·서술형 문제

21 그림은 기온과 포화 수증기량의 관계를 나타낸 것이다.

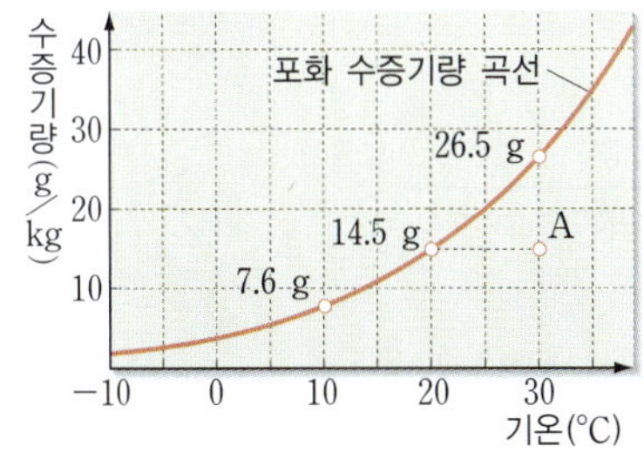

(1) 20 kg의 공기 A를 10 ℃로 냉각시킬 때 응결되는 수증기의 양은 몇 g인지 구하시오.

(2) 공기 A를 포화 상태로 만들기 위한 방법 2가지를 설명하시오.

22 그림은 3일 동안의 기온, 습도, 이슬점의 변화를 나타낸 것이다. A, B, C는 맑은 날, 비 오는 날, 흐린 날 중 하나이다.

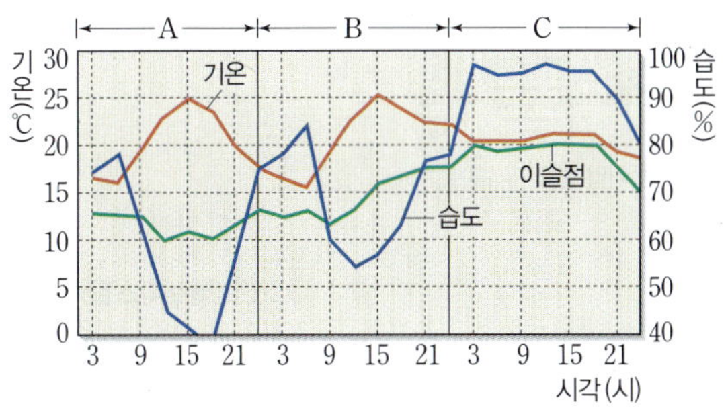

위 그림에 대한 설명으로 옳은 것을 〈보기〉에서 모두 고른 것은?

보기
ㄱ. A는 맑은 날, B는 흐린 날, C는 비 오는 날이다.
ㄴ. 맑은 날에는 이슬점의 변화가 거의 없다.
ㄷ. 비 오는 날에는 하루 중 기온 변화가 크다.

① ㄱ 　　② ㄷ 　　③ ㄱ, ㄴ
④ ㄴ, ㄷ 　　⑤ ㄱ, ㄴ, ㄷ

23 그림은 습도가 높은 공기 덩어리가 이동하면서 산의 경사면을 타고 올라가는 모습을 나타낸 것이다.

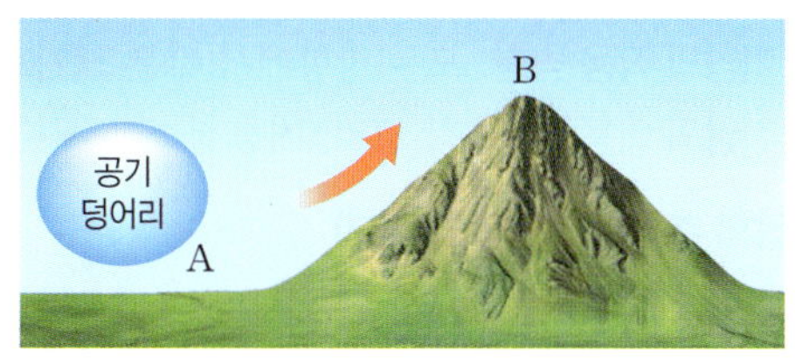

공기 덩어리가 A에서 B로 이동할 때 주위의 기압, 공기 덩어리의 기온, 습도의 변화를 옳게 짝 지은 것은?

	주위의 기압	기온	습도
①	증가	하강	감소
②	증가	상승	감소
③	감소	상승	증가
④	감소	상승	감소
⑤	감소	하강	증가

24 그림 (가)와 (나)는 모양이 서로 다른 구름을 나타낸 것이다.

(가)　　　　　　　(나)

위 그림과 같이 구름의 모양이 다른 까닭을 설명하시오.

25 그림 (가)와 (나)는 서로 다른 강수 이론을 나타낸 것이다.

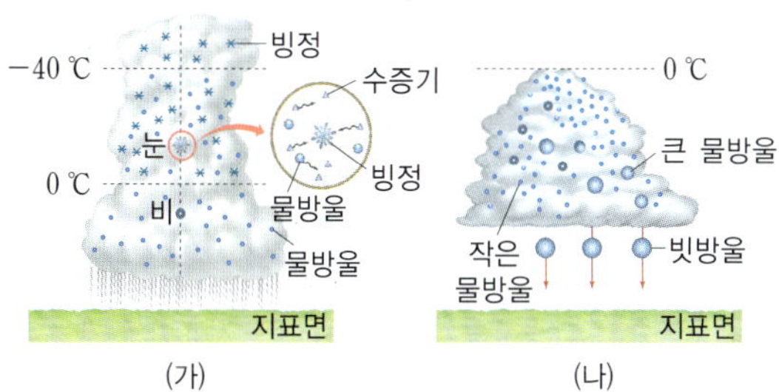

(1) (가)와 (나)의 과정으로 강수 현상이 일어나는 지방을 각각 쓰시오.

(2) (나) 지역에서 비가 내리는 과정을 설명하시오.

06강 기압과 바람

❶ 기압

1 기압　공기가 단위 면적을 누르는 힘❶

① 기압의 작용 방향: 모든 방향에서 같은 크기로 작용한다.❷

② 기압의 이용 예: 흡착 고리, 진공청소기, 빨대, 분무기 등

2 기압의 측정(토리첼리의 실험)

	실험 과정	수은이 담긴 수조에 수은을 가득 채운 유리관을 거꾸로 세운다.
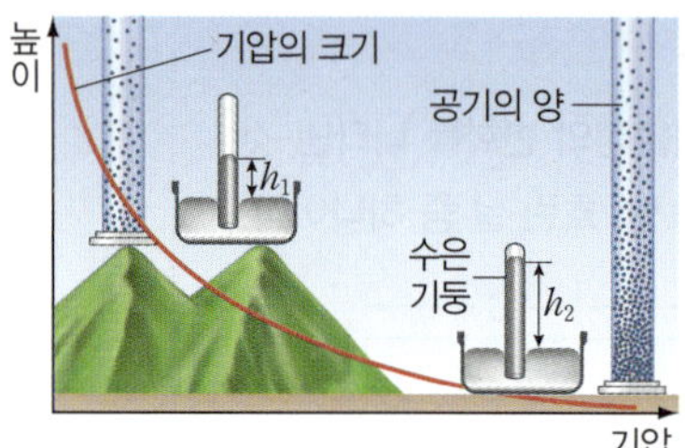	실험 결과	수은 기둥이 수은면으로부터 약 76 cm 높이에서 멈춘다. ➡ 수은면에 작용하는 기압과 수은 기둥 76 cm가 누르는 압력이 같기 때문이다.
	수은 기둥의 높이 변화	• 기압이 일정할 때 유리관의 굵기나 기울기가 변해도 수은 기둥의 높이는 변하지 않는다.❸ • 기압이 낮아지면 수은 기둥의 높이는 낮아지고, 기압이 높아지면 수은 기둥의 높이는 높아진다.

3 기압의 크기

① 기압의 단위: 기압, cmHg, mmHg, hPa(헥토파스칼)

② 기압의 크기

$$1기압=76\ cmHg=760\ mmHg≒1013\ hPa❹$$

수은의 원소 기호

＝공기 기둥 약 1000 km의 압력
＝물기둥 약 10 m의 압력

4 기압의 변화　기압의 크기는 측정 위치, 장소, 시각에 따라 변한다.

① 높이에 따른 기압 변화: 위로 올라갈수록 급격히 낮아진다. ➡ 위로 올라갈수록 중력이 급격히 작아져 공기의 양이 줄어들기 때문이다.

② 측정 시각과 장소에 따른 변화: 측정 시각과 장소에 따라 달라진다. ➡ 공기는 계속해서 움직이기 때문이다.

높이 올라가면 귀가 먹먹해지고, 풍선이 팽창하는 까닭이다.

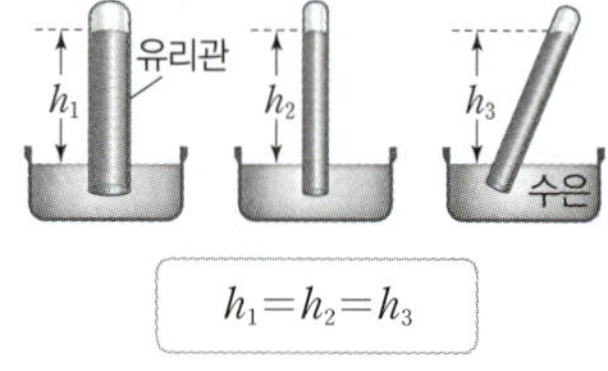

▲ 높이에 따른 기압 변화

❷ 바람

1 바람　두 지점의 기압 차이에 의해 수평 방향으로 이동하는 공기의 흐름

2 바람이 부는 원리　지표면이 가열, 냉각됨에 따라 기압 차이가 발생해 바람이 분다.❺

지표면이 냉각된 곳	공기 하강 → 상층에서 주변으로부터 공기가 모여듦. → 지표면의 기압 상승	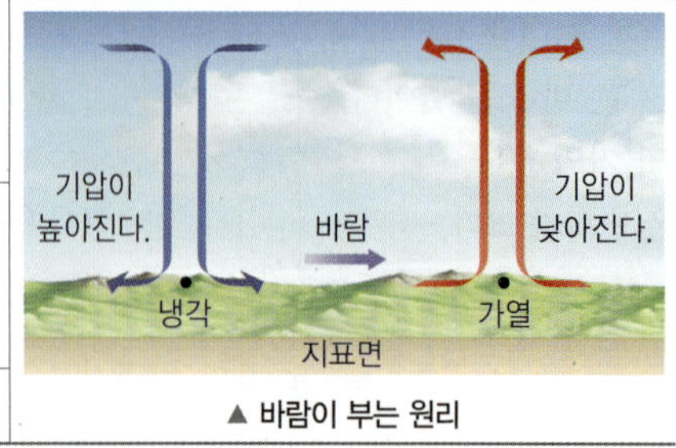
지표면이 가열된 곳	공기 상승 → 상층에서 공기가 주변으로 퍼져 나감. → 지표면의 기압 하강	
바람의 방향	기압이 높은 곳 → 기압이 낮은 곳	

▲ 바람이 부는 원리

---

❶ 기압을 느끼지 못하는 까닭

우리의 몸 내부에서도 우리 몸에 작용하는 기압과 같은 크기의 압력이 몸 밖으로 작용하기 때문이다.

❷ 기압의 작용 방향 확인

• 고무풍선에 바람을 넣으면 둥근 모양이 된다.

• 종이팩에 든 음료를 끝까지 빨대로 빨아 마시면 팩이 찌그러진다.

• 물을 담은 컵을 종이로 덮은 후 거꾸로 뒤집어도 물이 쏟아지지 않는다.

• 따뜻한 물을 넣은 페트병을 찬물에 넣으면 페트병이 찌그러진다.

❸ 수은 기둥의 높이 변화

$$h_1=h_2=h_3$$

❹ hPa(헥토파스칼)

1 hPa은 100 Pa(파스칼)과 같으며, 1 Pa은 $1\ m^2$의 면적에 1 N의 힘이 작용하는 압력이다.

❺ 고기압과 저기압

• 고기압: 같은 고도에서 주변보다 기압이 높은 곳

• 저기압: 같은 고도에서 주변보다 기압이 낮은 곳

3 해류풍과 계절풍 육지와 바다의 가열·냉각 속도의 차이에 의해 부는 바람이다. ❻❼

① 해류풍: 해안에서 하루를 주기로 풍향이 바뀌어 부는 바람

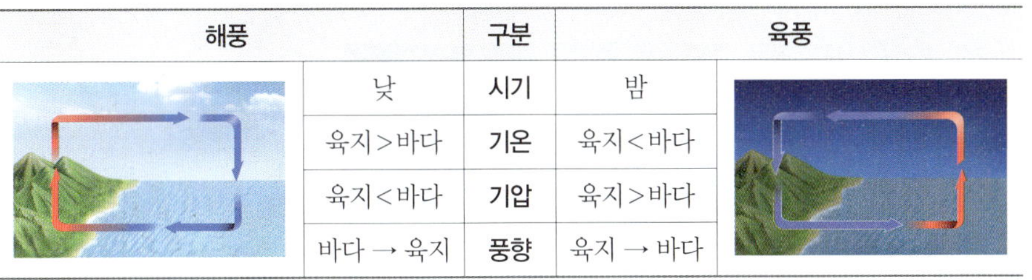

해풍	구분	육풍
낮	시기	밤
육지 > 바다	기온	육지 < 바다
육지 < 바다	기압	육지 > 바다
바다 → 육지	풍향	육지 → 바다

② 계절풍: 대륙과 해양 사이에서 1년을 주기로 풍향이 바뀌어 부는 바람

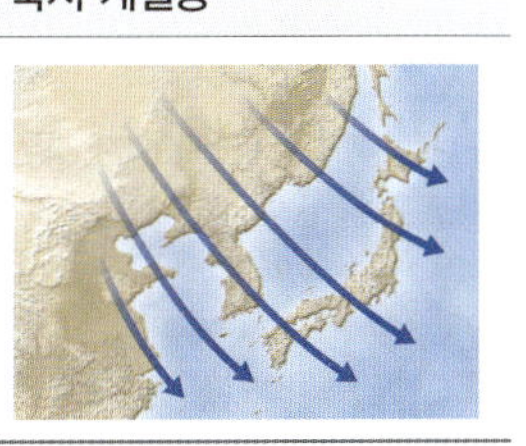

남동 계절풍	구분	북서 계절풍
여름철	시기	겨울철
해양 < 대륙	기온	해양 > 대륙
해양 > 대륙	기압	해양 < 대륙
해양 → 대륙	풍향	대륙 → 해양

❻ **육지와 바다의 가열·냉각 속도 차이**

육지는 바다보다 비열이 작아 빨리 가열되고, 빨리 냉각된다. 따라서 낮이나 여름철에는 육지가 바다보다 온도가 높고, 밤이나 겨울철에는 바다가 육지보다 온도가 높다.

❼ **해류풍과 계절풍의 공통점과 차이점**

- 공통점: 지표의 가열과 냉각에 의한 기압 차이로 부는 바람이다.
- 차이점: 해류풍은 해안 지역에서 하루를 주기로 풍향이 바뀌지만, 계절풍은 대륙과 해양 사이에서 1년을 주기로 풍향이 바뀐다.

기본 문제로 **개념 마다지기**

★ 바른답·알찬풀이 21쪽

❶ 기압

01 다음은 1기압의 크기를 나타낸 것이다. (   ) 안에 들어갈 알맞은 말을 쓰시오.

> 1기압 = (㉠) mmHg ≒ (㉡) hPa

02 기압에 대한 설명으로 옳은 것은 ○표, 옳지 <u>않은</u> 것은 ×표 하시오.

(1) 기압이 낮아지면 수은 기둥의 높이는 낮아진다. (   )

(2) 기압이 같은 지역에서 토리첼리의 실험을 하면 유리관의 굵기가 굵을수록 수은 기둥의 높이가 높다. (   )

(3) 위로 올라갈수록 기압은 높아진다. (   )

(4) 기압은 항상 위에서 아래로만 작용한다. (   )

(5) 공기는 계속 이동하기 때문에 장소에 따라 기압이 달라진다. (   )

❷ 바람

03 다음은 바람에 대한 설명이다. (   ) 안에 들어갈 알맞은 말을 쓰시오.

> 바람은 기압이 (㉠) 곳에서 (㉡) 곳으로 분다.

04 해류풍에 대한 설명으로 옳은 것은 ○표, 옳지 <u>않은</u> 것은 ×표 하시오.

(1) 12시간을 주기로 풍향이 바뀌어 분다. (   )

(2) 낮에는 육풍, 밤에는 해풍이 분다. (   )

(3) 낮에는 육지가 바다보다 기압이 낮다. (   )

(4) 밤에는 바다가 육지보다 기온이 높다. (   )

05 계절풍을 관련 있는 것끼리 옳게 연결하시오.

(1) 남동 계절풍 •　• ㉠ 겨울철 •　• ⓐ 대륙 → 해양

(2) 북서 계절풍 •　• ㉡ 여름철 •　• ⓑ 해양 → 대륙

해륙풍과 계절풍의 발생 원리

개념 65쪽 ↓

★ 바른답 · 알찬풀이 22쪽

과정

❶ 물과 모래를 사각 접시에 각각 담고, 온도계를 꽂은 후 전등을 켜고 2분 간격으로 10분 동안 온도를 측정한다.

❷ 물과 모래 사이에 향을 피우고, 향 연기의 흐름을 관찰한다.

❸ 전등을 끄고 모래와 물의 온도를 2분 간격으로 10분 동안 측정하고, 향 연기의 흐름을 관찰한다.

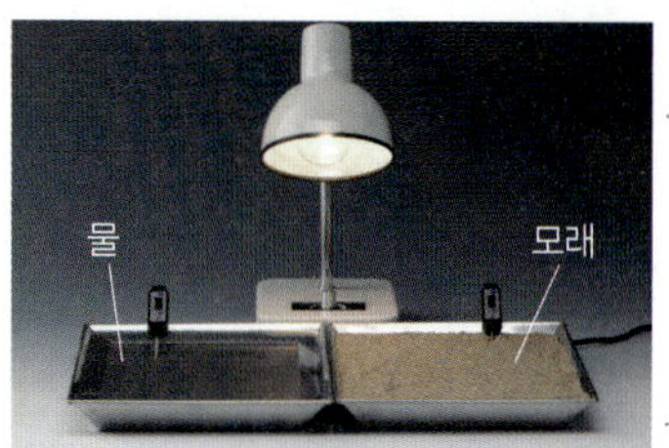

유의할 점
온도계는 표면에서 1 cm 이내의 깊이에 설치한다.

향을 피우는 까닭
공기의 흐름을 잘 관찰하기 위해서이다.

결과

• 전등을 켰을 때: 모래가 물보다 빨리 가열되어 모래의 온도가 물보다 높다. ➡ 낮에 부는 해풍과 우리나라에서 여름철에 부는 남동 계절풍을 설명할 수 있다.

• 전등을 끈 후: 모래가 물보다 빨리 냉각되어 모래의 온도가 물보다 낮다. ➡ 밤에 부는 육풍과 우리나라에서 겨울철에 부는 북서 계절풍을 설명할 수 있다.

• 향 연기의 이동 방향: 전등을 켰을 때는 물에서 모래 쪽으로, 전등을 끈 후에는 모래에서 물 쪽으로 이동한다.

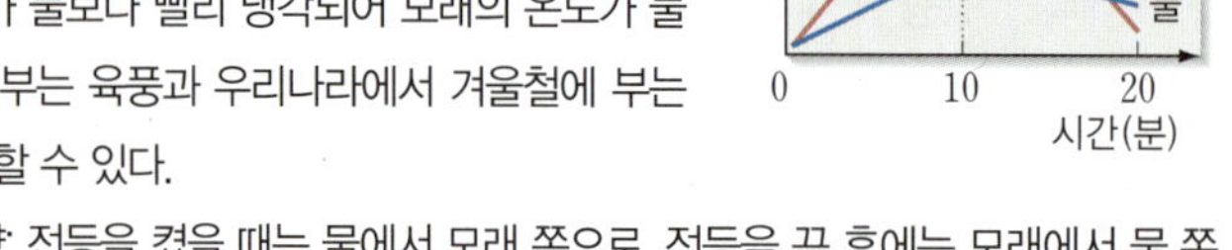

모래가 물보다 빨리 가열되고 빨리 식는 까닭
모래가 물보다 비열이 작기 때문이다.

정리

• 낮에는 육지가 바다보다 빨리 가열되어 바다에서 육지로 ❶(   )이/가 불고, 밤에는 육지가 바다보다 빨리 냉각되어 육지에서 바다로 ❷(   )이/가 분다.

• 여름철에는 대륙이 해양보다 더 빨리 가열되어 해양에서 대륙 쪽으로 ❸(   ) 계절풍이 불고, 겨울철에는 대륙이 해양보다 더 빨리 냉각되어 대륙에서 해양 쪽으로 ❹(   ) 계절풍이 분다.

• 해륙풍과 계절풍은 육지(대륙)와 바다(해양)를 구성하는 물질의 ❺(   ) 차이에 의해 발생한다.

답 ❶ 해풍 ❷ 육풍 ❸ 남동 ❹ 북서 ❺ 비열(비열 · 열용량 등 유사 어구(비열))

---

01 위 실험에 대한 설명으로 옳은 것은 ○표, 옳지 않은 것은 ×표 하시오.

(1) 모래는 육지, 물은 바다에 해당한다. (   )

(2) 모래는 물보다 빨리 가열된다. (   )

(3) 모래는 물보다 천천히 냉각된다. (   )

(4) 전등을 켜면 물이 모래보다 온도가 빨리 높아진다. (   )

(5) 전등을 끄고 일정 시간이 지나면 향 연기는 모래에서 물 쪽으로 이동한다. (   )

(6) 계절풍이 부는 원리를 설명할 수 있다. (   )

02 오른쪽 그림과 같이 모래와 물을 수조에 각각 담고, 10분 동안 전등을 켜서 모래와 물의 온도 변화를 측정한 후 다시 전등을 끄고 10분 동안 온도 변화를 측정하였다. 전등을 끈 후 물과 모래 위 기압의 크기 비교와 향 연기의 이동 방향을 옳게 짝 지은 것은?

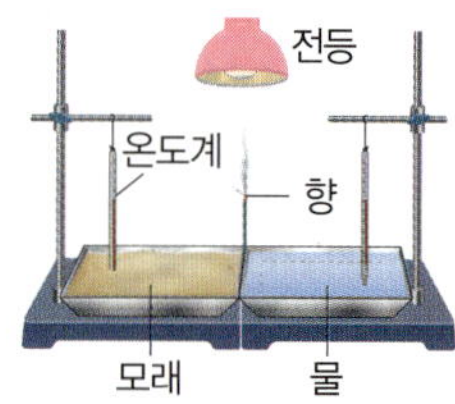

	기압	향 연기의 이동 방향
①	물>모래	물 → 모래
②	물>모래	모래 → 물
③	모래>물	물 → 모래
④	모래>물	모래 → 물
⑤	모래=물	물 → 모래

01 기압에 대한 설명으로 옳지 <u>않은</u> 것은?

① 모든 방향으로 작용한다.
② 위로 올라갈수록 증가한다.
③ 측정 시각과 장소에 따라 달라진다.
④ 공기가 단위 면적에 작용하는 힘이다.
⑤ 1기압은 76 cm 높이의 수은 기둥이 누르는 압력과 같다.

02 기압에 의해 나타나는 현상으로 옳지 <u>않은</u> 것은?

① 높은 산에 올라가면 귀가 먹먹해진다.
② 풍선이 하늘로 올라갈수록 점점 커진다.
③ 빨대로 빈 우유팩을 계속 빨면 팩이 찌그러진다.
④ 뜨거운 밥이 들어 있던 그릇의 뚜껑이 잘 열리지 않는다.
⑤ 추운 겨울날 실내에 들어오면 안경이 뿌옇게 흐려진다.

03 그림과 같이 알루미늄 캔에 물을 조금 넣고 수증기가 나올 때까지 가열한 후 입구를 테이프로 막고 냉각시켰더니 알루미늄 캔이 찌그러졌다.

이에 대한 설명으로 옳지 <u>않은</u> 것은?

① 기압의 작용을 알아보는 실험이다.
② 수증기가 응결하여 내부 압력이 낮아진다.
③ 알루미늄 캔 외부의 기압은 변하지 않는다.
④ 물이 증발하면서 알루미늄 캔이 찌그러진다.
⑤ 기압이 모든 방향으로 작용하는 것을 알 수 있다.

04 기압을 이용한 예가 <u>아닌</u> 것은?

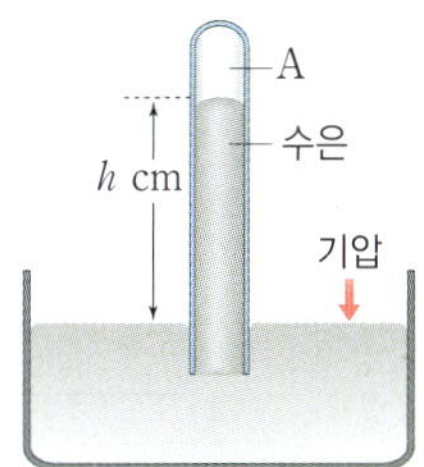

05 오른쪽 그림과 같이 유리관에 수은을 가득 채우고 수은이 담긴 수조에 유리관을 거꾸로 세운 후 수은 기둥의 높이를 측정하였다. 이에 대한 설명으로 옳지 <u>않은</u> 것은?

① A는 진공 상태이다.
② 기압이 높아지면 수은 기둥의 높이 h는 높아진다.
③ 유리관을 기울여도 수은 기둥의 높이 h는 변하지 않는다.
④ 가는 유리관을 사용하면 수은 기둥의 높이 h는 높아진다.
⑤ 높은 산 위에서 실험을 하면 수은 기둥의 높이 h는 낮아진다.

06 그림은 서로 다른 세 지역에서 토리첼리의 실험을 한 결과를 나타낸 것이다.

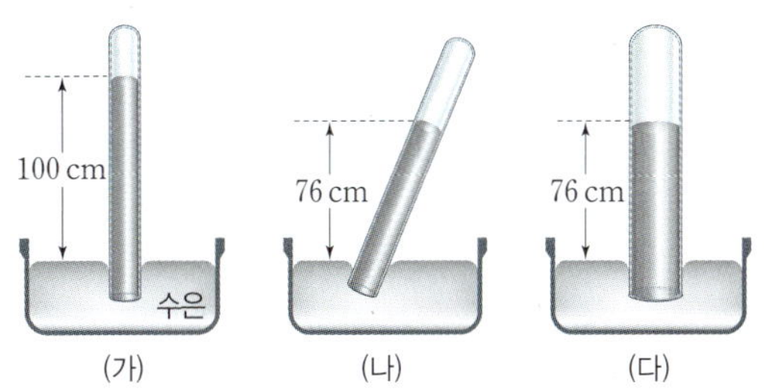

(가)~(다) 지역의 기압의 크기를 부등호로 비교하시오.

07 기압의 크기가 나머지 넷과 <u>다른</u> 하나는?

① 1기압

② 약 1013 hPa

③ 76 mmHg

④ 물기둥 약 10 m가 누르는 힘

⑤ 공기 기둥 약 1000 km가 누르는 힘

08 높이에 따른 기압의 변화를 그래프로 옳게 나타낸 것은?

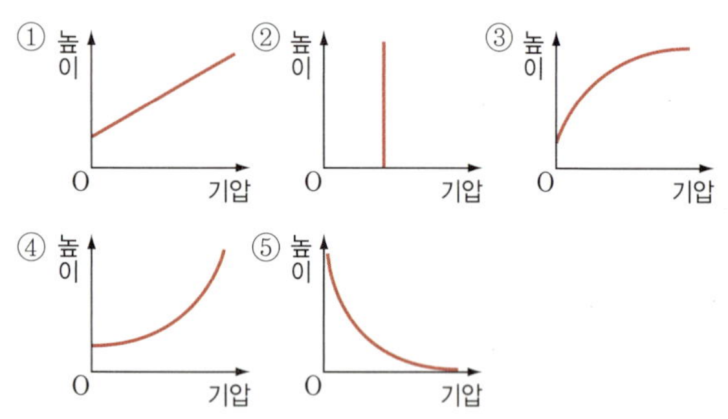

중요
09 바람이 부는 직접적인 원인으로 옳은 것은?

① 수압 차이

② 수온 차이

③ 기온 차이

④ 기압 차이

⑤ 수증기량 차이

10 그림은 지표면의 가열 및 냉각에 따른 공기의 흐름을 나타낸 것이다.

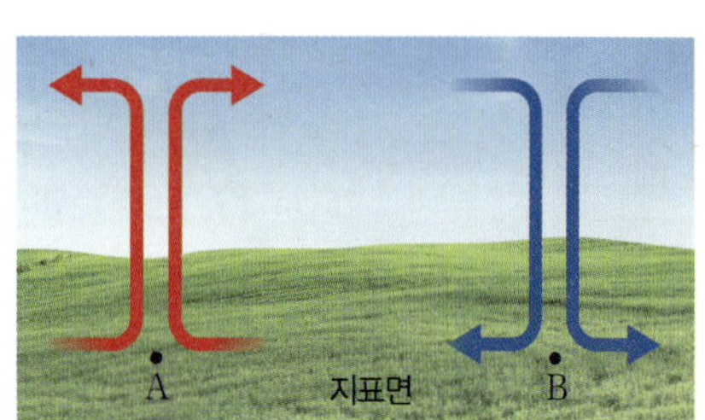

A, B 중 지표면이 가열된 곳을 쓰시오.

[11~12] 그림과 같이 장치하고 전등을 켜서 물과 모래의 온도 변화를 측정한 후, 다시 전등을 끄고 물과 모래의 온도 변화를 측정하였다. 물음에 답하시오.

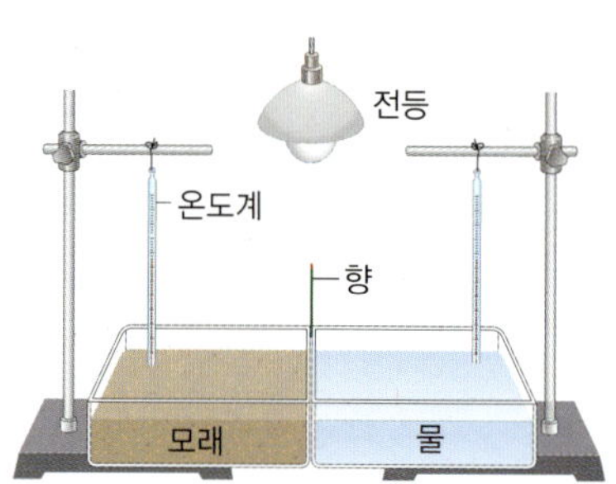

중요
11 위 실험에 대한 설명으로 옳은 것을 〈보기〉에서 모두 고른 것은?

보기
ㄱ. 모래는 물보다 먼저 가열되고 먼저 냉각된다.

ㄴ. 전등을 켜면 물 쪽이 모래 쪽보다 기압이 높아진다.

ㄷ. 전등을 끄면 향 연기는 모래에서 물 쪽으로 이동한다.

① ㄱ   ② ㄴ   ③ ㄱ, ㄷ

④ ㄴ, ㄷ   ⑤ ㄱ, ㄴ, ㄷ

12 위 실험 결과 모래와 물의 온도 변화로 가장 적절한 것은?

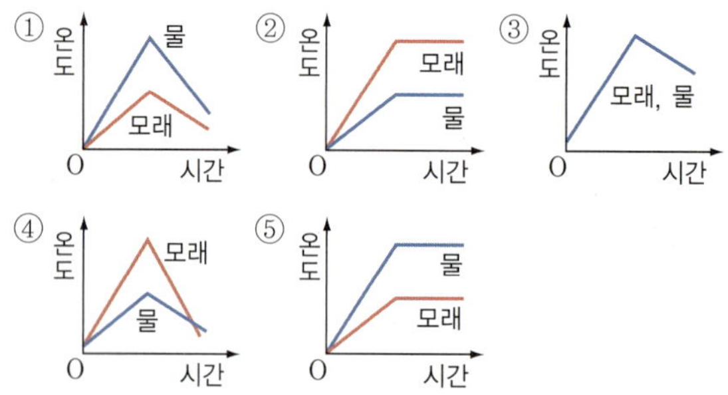

13 해륙풍과 계절풍이 발생하는 원인으로 옳은 것은?

① 계절의 변화

② 지구의 공전

③ 해수면의 높이 차이

④ 위도에 따른 복사 에너지의 차이

⑤ 육지와 바다의 가열 및 냉각 속도 차이

14 그림은 어느 해안 지방에서 부는 바람을 나타낸 것이다.

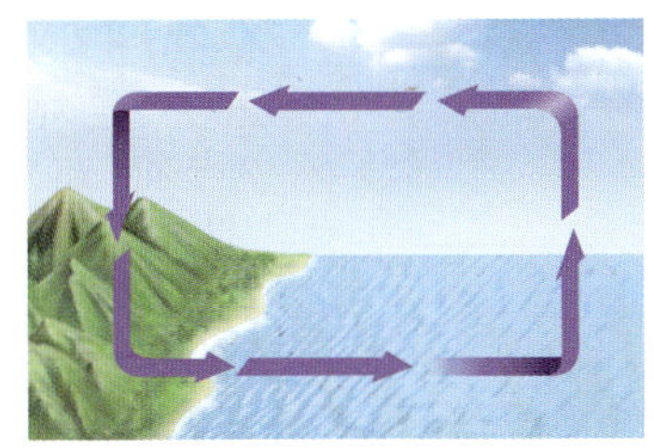

이 바람의 명칭을 쓰고, 이와 같은 바람이 부는 시기를 쓰시오.

15 그림은 어느 해안 지방에서 부는 바람을 나타낸 것이다.

위와 같은 바람이 불 때 바다와 육지의 기온과 기압을 옳게 비교한 것은?

기온	기압
① 육지＞바다	육지＞바다
② 육지＞바다	육지＜바다
③ 육지＝바다	육지＝바다
④ 육지＜바다	육지＞바다
⑤ 육지＜바다	육지＜바다

16 그림 (가)와 (나)는 우리나라 부근에서 부는 계절풍을 나타낸 것이다.

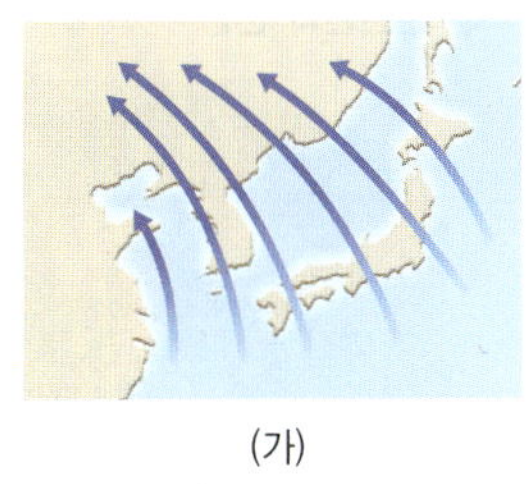
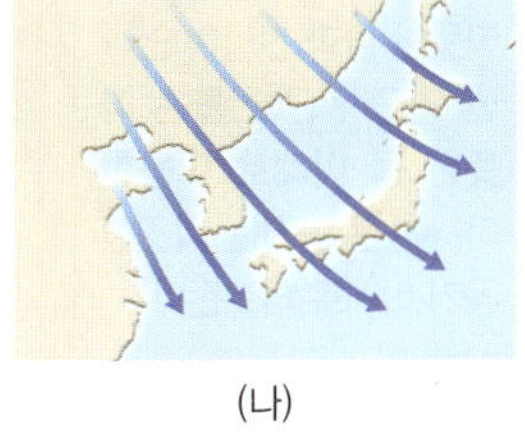

(가) (나)

위 그림에 대한 설명으로 옳지 <u>않은</u> 것은?

① (가)는 북서 계절풍이다.
② (나)는 겨울철에 부는 바람이다.
③ (가) 시기에는 해양이 대륙보다 기압이 높다.
④ (나) 시기에는 해양이 대륙보다 기온이 높다.
⑤ 대륙과 해양의 경계에서 1년을 주기로 풍향이 바뀌는 바람이다.

고난도·서술형 문제

통합형

17 토리첼리의 기압 측정 실험을 〈보기〉의 지역에서 각각 했을 때 수은 기둥이 높은 지역부터 순서대로 나열하시오.

─ 보기 ─
ㄱ. 우리 학교 과학실
ㄴ. 에베레스트산 정상
ㄷ. 수심 20 m인 바닷속

서술형

18 오른쪽 그림과 같이 유리관에 수은을 가득 채우고 수은이 담긴 수조에 유리관을 거꾸로 세웠더니 수은 기둥이 내려오다가 높이 **76 cm**에서 멈추었다. 수은 기둥이 멈춘 까닭을 설명하시오.

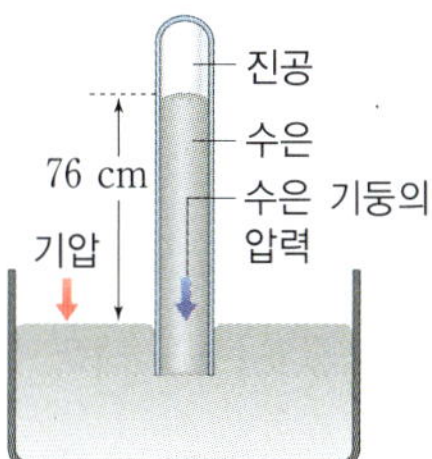

서술형

19 그림 (가)와 (나)는 우리나라에서 부는 두 종류의 바람을 나타낸 것이다.(단, 그림에서 화살표는 바람의 방향이다.)

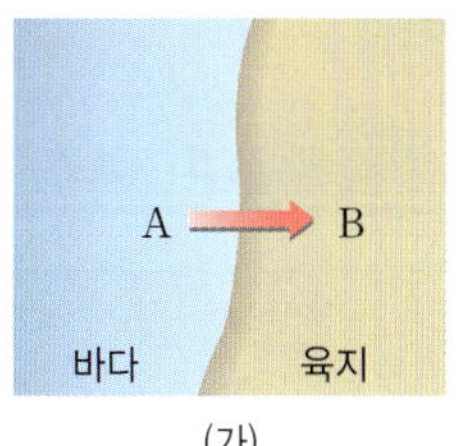

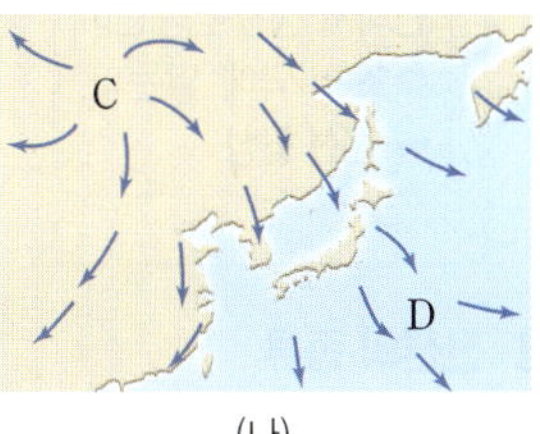

(가) (나)

(1) (가)와 (나)에서 기압이 높은 지역을 각각 고르시오.

(2) (가)와 (나) 바람의 명칭을 각각 쓰시오.

(3) (가)와 (나) 바람의 공통점을 설명하시오.

07강 날씨 변화

❶ 기단

1 기단   기온과 습도가 거의 균일한 거대한 공기 덩어리

2 기단의 성질   발생지에 따라 성질이 달라진다. 공기가 한 지역에 오래 머물면 그 지역 지표면의 성질을 닮게 된다.

기단의 발생지❶	고위도		저위도	
	대륙	해양	대륙	해양
기단의 성질❷	한랭 건조	한랭 다습	고온 건조	고온 다습

3 우리나라에 영향을 주는 기단   우리나라는 대륙과 해양의 경계에 위치하고 있어 계절에 따라 영향을 미치는 기단이 다르다.

구분	성질❸	계절	날씨
시베리아 기단	한랭 건조	겨울	한파, 폭설
양쯔강 기단	온난 건조	봄, 가을	따뜻하고 건조한 날씨
오호츠크해 기단	한랭 다습	초여름	동해안 저온 현상
북태평양 기단	고온 다습	여름	열대야, 무더위

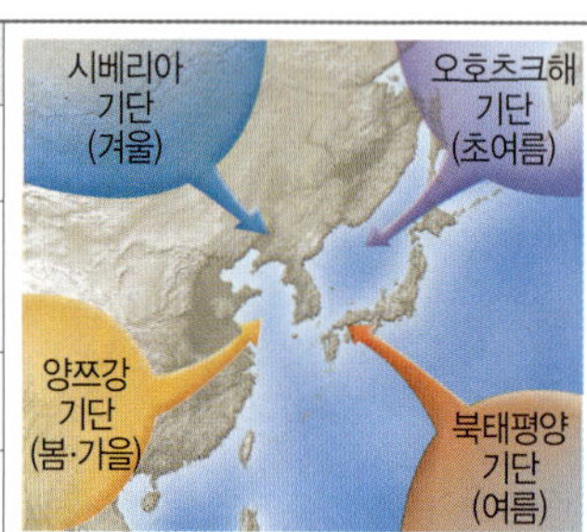

❷ 전선과 날씨

1 전선면과 전선❹   전선면 부근에서는 따뜻한 기단이 상승하여 수증기가 응결되므로 구름이 생기고 강수 현상이 일어난다.

① 전선면: 성질이 다른 두 기단이 만나 섞이지 않고 형성된 경계면이다.

② 전선: 전선면이 지표면과 만나 이루는 경계선이다.

전선의 생성 원리: 칸막이가 있는 수조의 한쪽에는 따뜻한 물, 다른 쪽에는 찬물을 넣은 후 칸막이를 들어 올리면서 따뜻한 물과 찬물의 움직임을 관찰한다.

따뜻한 물과 찬물이 만나면 밀도가 작은 **따뜻한 물은 찬물 위로 이동**한다. ➡ 따뜻한 공기는 찬 공기 위로 올라간다.

따뜻한 물과 찬물이 만나면 섞이지 않고 경계면이 만들어진다. ➡ **전선면 형성**

따뜻한 물과 찬물이 만나서 생긴 경계면이 수조 바닥에 닿는다. ➡ **전선 형성**

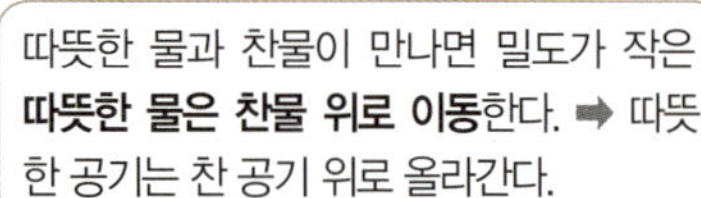

따뜻한 물과 찬물이 만나면 밀도가 큰 찬물은 **따뜻한 물 아래로 이동**한다. ➡ 찬 공기는 따뜻한 공기 아래로 파고든다.

수온이 낮을수록 밀도가 크다.

2 전선의 종류   밀도는 단위 부피당 질량$(=\dfrac{질량}{부피})$으로, 밀도가 큰 물질은 아래에 위치하고, 밀도가 작은 물질은 위에 위치한다.

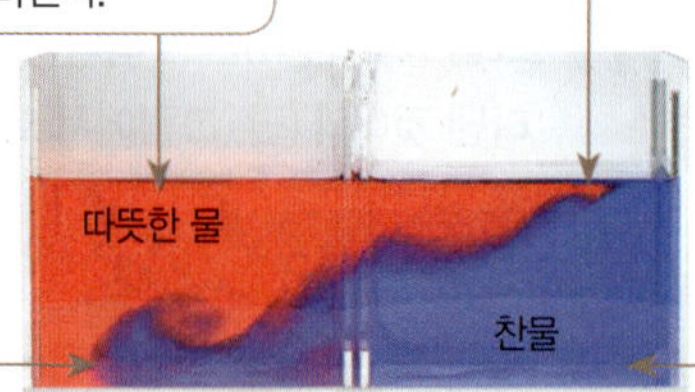

전선	기호	형성 과정
한랭 전선		찬 공기가 따뜻한 공기 아래로 파고들 때
온난 전선		따뜻한 공기가 찬 공기 위로 타고 올라갈 때
폐색 전선		속도가 빠른 한랭 전선이 온난 전선을 따라잡아 겹쳐질 때
정체 전선❺		세력이 비슷한 두 기단이 만나 한곳에 오랫동안 머무를 때

❶ 기단의 발생지

기단은 넓은 지역에 걸쳐 기온과 습도가 일정한 평탄한 지역인 넓은 대륙, 사막, 해양, 설원 등에서 발생한다. 공기의 이동이 심한 해안이나 온대 지방에서는 기단이 잘 발생하지 않는다.

❷ 기단의 성질 변화

기단이 발생지에서 다른 지역으로 이동하면, 이동하는 지역의 영향을 받아 기단의 아랫부분부터 성질이 변하고, 주변 날씨에 영향을 미친다.

❸ 우리나라 주변 기단의 성질

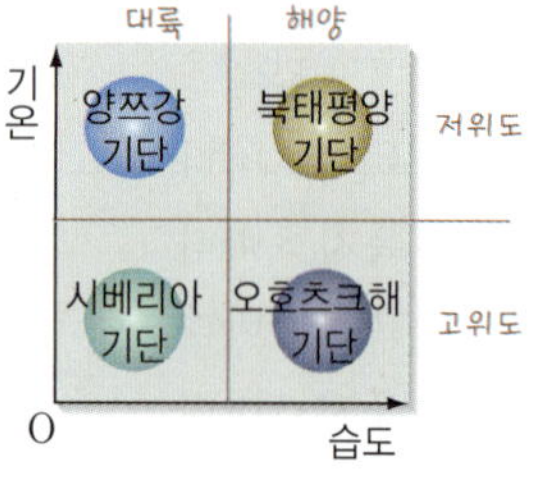

❹ 전선면과 전선

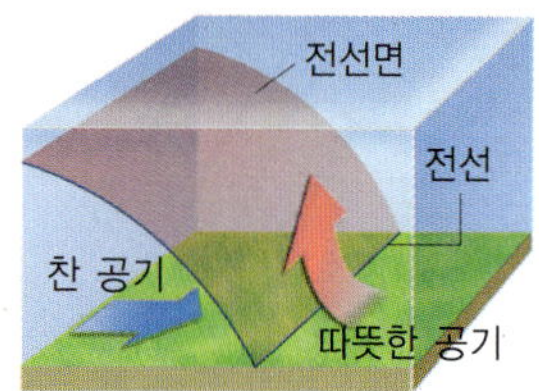

❺ 장마 전선

우리나라의 초여름에 발생하는 장마 전선은 대표적인 정체 전선으로, 북쪽의 찬 기단과 남쪽의 고온 다습한 북태평양 기단이 만나 많은 비를 내린다.

3 한랭 전선과 온난 전선

구분	한랭 전선	온난 전선
전선면의 단면		
전선면	기울기가 급한 전선면 형성	기울기가 완만한 전선면 형성
구름	적운형 구름	층운형 구름
강수	전선 뒤 좁은 지역에 소나기	전선 앞쪽 넓은 지역에 이슬비
이동 속도	빠르다.	느리다.
전선 통과 후 ❻ 기온	낮아진다.	높아진다.
전선 통과 후 ❻ 기압	높아진다.	낮아진다.

➕ 올리드 PLUS 개념

❻ 전선면 주변의 날씨

성질이 다른 두 기단이 만나는 전선면 주변에서는 구름이 만들어지고 날씨의 변화도 심하다. 전선을 경계로 기온, 기압, 풍향 등이 크게 달라진다.

기본 문제로 개념 다지기

★ 바른답·알찬풀이 23쪽

❶ 기단

01 기단에 대한 설명으로 옳은 것은 ○표, 옳지 <u>않은</u> 것은 ×표 하시오.

(1) 기단은 기온과 습도가 거의 균일한 공기 덩어리이다.

(   )

(2) 해양에서 발생한 기단은 습도가 높다. (   )

(3) 고위도에서 발생한 기단은 기온이 높다. (   )

(4) 기단은 발생지에서 다른 지역으로 이동하면서 성질이 변한다. (   )

02 그림은 우리나라 주변의 기단을 나타낸 것이다.

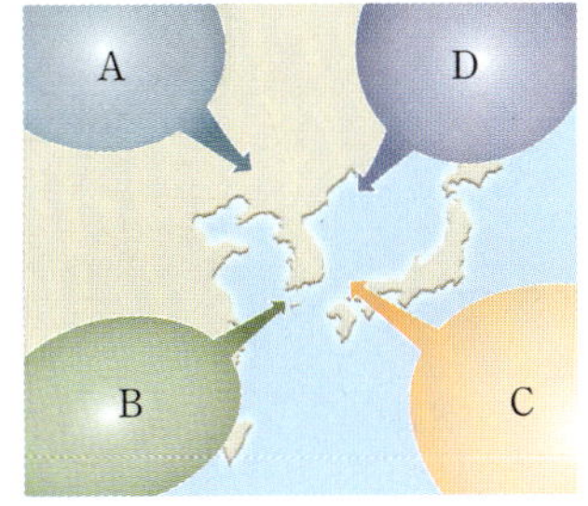

(1) A~D 중 우리나라의 여름철에 영향을 주는 기단의 기호를 쓰시오.

(2) A~D 중 습한 성질을 가지는 기단을 모두 고르시오.

03 우리나라 주변의 기단과 그 성질을 옳게 연결하시오.

(1) 양쯔강 기단 •   • ㉠ 고온 다습

(2) 오호츠크해 기단 •   • ㉡ 한랭 건조

(3) 시베리아 기단 •   • ㉢ 온난 건조

(4) 북태평양 기단 •   • ㉣ 한랭 다습

❷ 전선과 날씨

04 다음 (   ) 안에 들어갈 알맞은 말을 쓰시오.

> 성질이 다른 두 기단이 만날 때 생기는 경계면을 (㉠)(이)라 하고, 이것이 지표면과 만나 이루는 경계선을 (㉡)(이)라고 한다.

05 그림 (가)와 (나)는 서로 다른 두 전선의 단면을 나타낸 것이다.

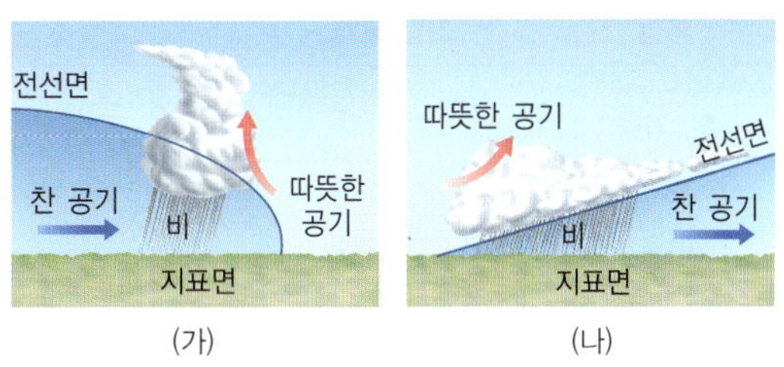

(가)와 (나) 전선의 이름을 각각 쓰시오.

07 강 날씨 변화

③ 기압과 날씨

1 고기압과 저기압

구분	고기압	저기압 [7]
모습(북반구)	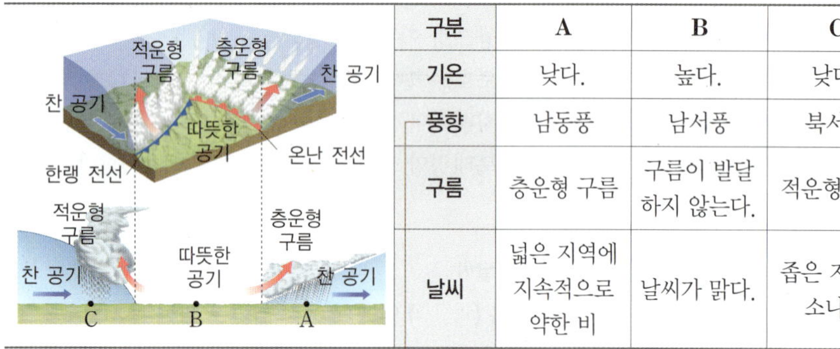	
정의	주위보다 상대적으로 기압이 높은 곳	주위보다 상대적으로 기압이 낮은 곳
중심 기류와 날씨	하강 기류 발생 ➡ 구름이 소멸하고, 날씨가 맑다.	상승 기류 발생 ➡ 구름이 발생하고, 날씨가 흐리거나 비가 내린다.
지표의 바람(북반구)	시계 방향으로 불어 나간다.	시계 반대 방향으로 불어 들어간다.

2 온대 저기압과 날씨

① 특징: 중위도 지방에서 주로 발생하는 저기압으로, 한랭 전선과 온난 전선을 동반한다.

② 이동 방향: 편서풍의 영향으로 서 → 동으로 이동한다.

③ 온대 저기압 주변의 날씨 　온대 저기압이 통과하는 지역에서는 풍향이 시계 방향(남동풍 → 남서풍 → 북서풍)으로 변한다.

구분	A	B	C
기온	낮다.	높다.	낮다.
풍향	남동풍	남서풍	북서풍
구름	층운형 구름	구름이 발달하지 않는다.	적운형 구름
날씨	넓은 지역에 지속적으로 약한 비	날씨가 맑다.	좁은 지역에 소나기

└── 온대 저기압이 통과함에 따라 풍향이 시계 방향으로 변한다.

④ 날씨와 일기도

1 일기도
기온, 기압, 풍향, 풍속, 고기압, 저기압, 등압선, 전선 등을 기호로 표시하여 여러 지역의 대기 상태를 한눈에 알아보기 쉽게 작성한 지도이다. [8][9]

└ 기압이 같은 지점을 연결한 선

2 우리나라의 계절별 기압 배치와 날씨 　돋보기 74쪽 ↓

┌── 기단의 영향을 받는다.

계절	기압 배치	날씨
봄, 가을	이동성 고기압과 저기압	• 봄: 온난 건조한 날씨, 꽃샘추위, 변덕스러운 날씨 변화 • 가을: 맑은 날씨　이동성 고기압과 저기압의 통과로 날씨 변화가 심하다.
여름	남고북저형	• 남동 계절풍이 불고, 무덥고 습한 날씨가 나타난다. • 장마(초여름), 열대야, 태풍
겨울	서고동저형	• 북서 계절풍이 불고, 춥고 건조한 날씨가 나타난다. • 한파, 폭설 [10]

---

⑦ 저기압의 종류

• 온대 저기압: 중위도 지방에서 발생하고 전선을 동반한다.

• 열대 저기압: 열대 해상에서 발생하며, 전선을 동반하지 않는다.

⑧ 일기 예보

기상 관측 장비를 이용하여 일기도를 작성하고 분석하여 일기를 예측하여 알려 주는 것이다.

⑨ 일기도와 위성 영상

일기도로는 기압이나 전선의 위치, 대략적인 바람의 방향을 파악할 수 있고, 위성 영상을 함께 보면 구름의 위치와 양을 한눈에 파악할 수 있다.

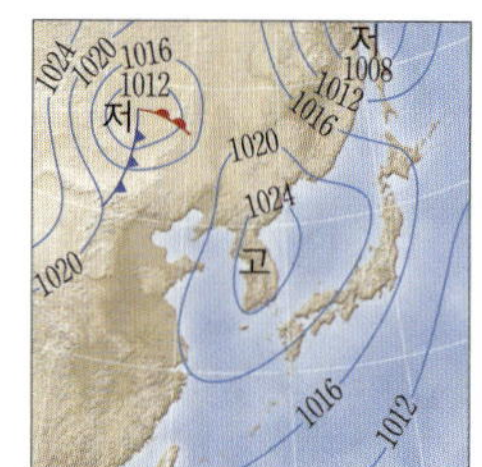

▲ 일기도

▲ 위성 영상

일기도상에 저기압으로 표시된 지역은 위성 영상에서 흰 구름으로 나타나고, 고기압으로 표시된 지역은 구름이 없이 깨끗하게 보인다.

⑩ 폭설

시베리아 기단이 남하하면서 황해를 지날 때 황해로부터 열과 수증기를 공급받아 강한 눈구름이 형성되어 우리나라 서쪽 지방에 폭설을 내린다.

★ 바른답·알찬풀이 23쪽

③ 기압과 날씨

06 고기압과 저기압에 대한 설명으로 옳은 것은 ○표, 옳지 <u>않은</u> 것은 ×표 하시오.

(1) 1기압보다 기압이 높은 곳을 고기압이라고 한다.

(   )

(2) 고기압 중심부에서는 하강 기류가 발달한다.

(   )

(3) 저기압 부근에서는 구름이 발생하고 흐리거나 비가 온다. (   )

(4) 북반구 저기압 중심부에서 바람은 시계 방향으로 불어 나간다. (   )

07 그림 (가)와 (나)는 북반구 어느 지역에서 부는 바람의 방향과 공기의 연직 운동을 나타낸 것이다.

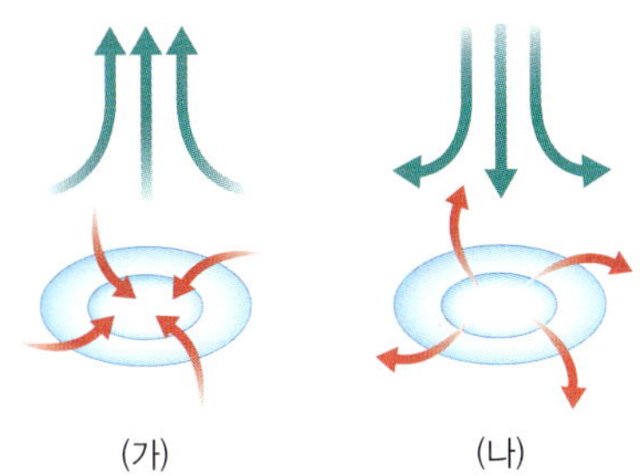

(가)   (나)

(가)와 (나) 지역의 중심 기압을 쓰시오.

08 다음은 온대 저기압에 대한 설명이다. (   ) 안에 들어갈 알맞은 말을 쓰시오.

중위도 지방에서는 북쪽의 차가운 기단과 남쪽의 따뜻한 기단이 만나 전선을 동반한 온대 저기압이 발생하는데, 온대 저기압 중심에서 남서쪽으로는 (㉠) 전선이 형성되고 남동쪽으로는 (㉡) 전선이 형성된다.

09 그림은 온대 저기압의 단면을 나타낸 것이다.

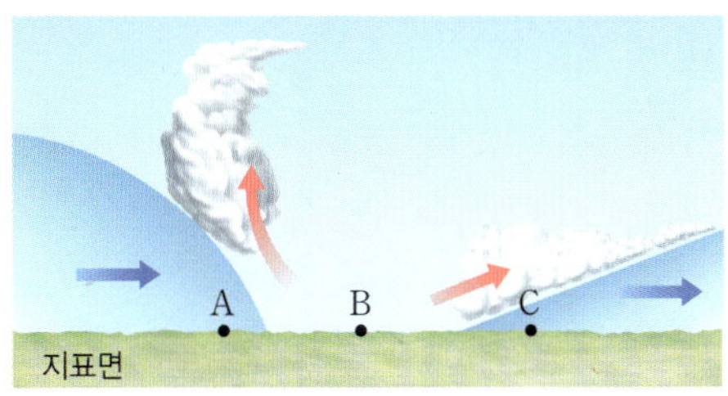

(1) A~C 중 기온이 가장 높은 지역을 고르시오.

(2) A~C 중 현재 남동풍이 부는 지역을 고르시오.

(3) A~C 중 현재 좁은 지역에 걸쳐 소나기가 내리는 지역을 고르시오.

④ 날씨와 일기도

10 여러 지점에서 관측한 기상 요소들과 등압선, 전선, 기압 배치 등을 기호로 표시하여 여러 지역의 대기 상태를 한눈에 알아보기 쉽게 작성한 지도를 무엇이라고 하는지 쓰시오.

11 우리나라의 계절별 기압 배치를 옳게 연결하시오.

(1) 봄, 가을 •   • ㉠ 서고동저형 기압 배치

(2) 여름   •   • ㉡ 남고북저형 기압 배치

(3) 겨울   •   • ㉢ 이동성 고기압과 저기압

12 우리나라에서 다음과 같은 특징이 나타나는 계절을 쓰시오.

북태평양 기단의 영향을 받아 덥고 습한 날씨가 나타나며, 한밤중에도 기온이 잘 떨어지지 않는 열대야가 나타나기도 한다. 또한 전선을 동반하지 않고 원형의 등압선을 가진 태풍이 지나가기도 한다.

우리나라의 계절별 일기도

개념 72쪽

★ 바른답 · 알찬풀이 24쪽

우리나라의 계절별 일기도에 나타난 기압 배치의 특징을 기단과 관련지어 살펴보고, 계절별 날씨 특징을 알아보자.

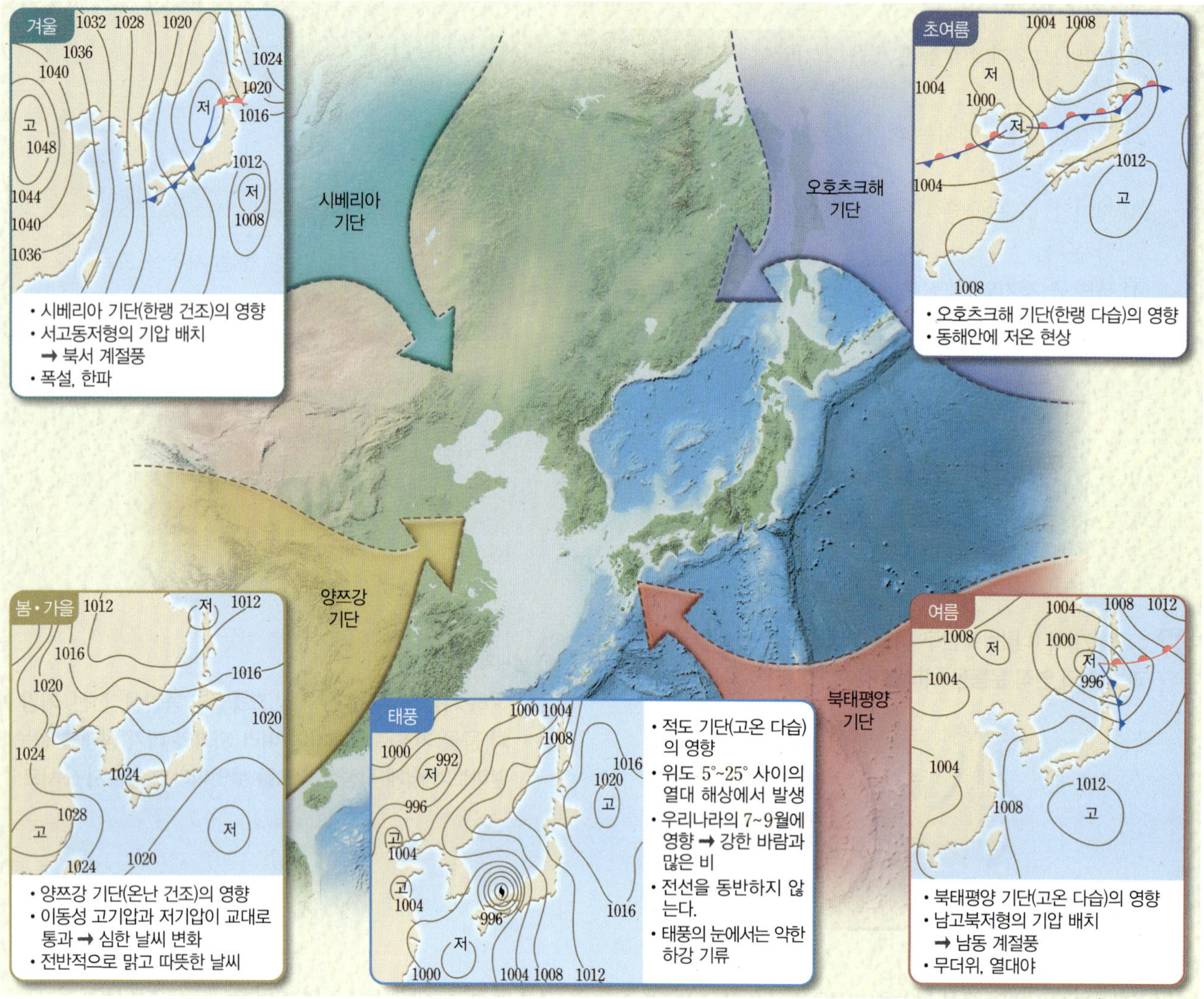

01 그림은 우리나라 어느 계절의 대표적인 일기도를 나타낸 것이다.

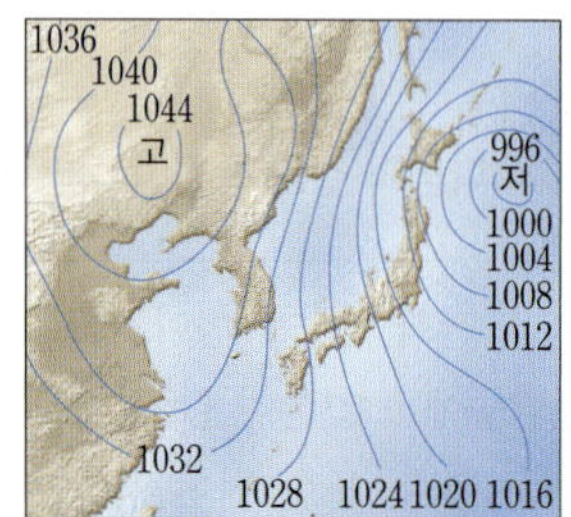

이 계절에 영향을 주는 기단을 쓰시오.

02 우리나라의 각 계절에 나타나는 특징으로 옳은 것은?

① 봄 – 정체 전선이 우리나라 부근에 오래 머무르면서 많은 비가 내린다.
② 초여름 – 서고동저형의 기압 배치가 나타나며 북서 계절풍이 분다.
③ 여름 – 무덥고 습하며, 열대야가 나타나기도 한다.
④ 가을 – 양쯔강 기단의 영향을 받으며, 꽃샘추위가 나타난다.
⑤ 겨울 – 열대 해상에서 발생한 태풍의 영향을 받기도 한다.

01 기단에 대한 설명으로 옳지 <u>않은</u> 것은?

① 해양에서 형성된 기단은 습하다.
② 대륙에서 형성된 기단은 건조하다.
③ 고위도에서 형성된 기단은 온난하다.
④ 저위도 해양에서 형성된 기단은 고온 다습하다.
⑤ 기단은 발생 장소를 떠나 다른 곳으로 이동하면 성질이 변한다.

신 경향

02 그림은 대륙에서 발생한 차고 건조한 기단이 따뜻한 바다 위를 지나는 모습을 나타낸 것이다.

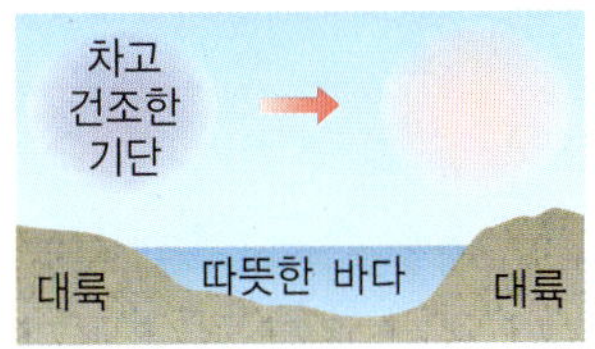

이때 기단의 기온과 습도 변화로 옳은 것은?

	기온	습도
①	높아진다.	높아진다.
②	낮아진다.	높아진다.
③	높아진다.	낮아진다.
④	낮아진다.	낮아진다.
⑤	변화 없다.	변화 없다.

03 우리나라의 봄철에 영향을 주는 기단과 성질을 옳게 짝 지은 것은?

	기단	성질
①	양쯔강 기단	고온 다습
②	양쯔강 기단	온난 건조
③	북태평양 기단	고온 다습
④	시베리아 기단	한랭 건조
⑤	오호츠크해 기단	한랭 다습

[04~05] 그림은 우리나라에 영향을 미치는 기단을 나타낸 것이다. 물음에 답하시오.

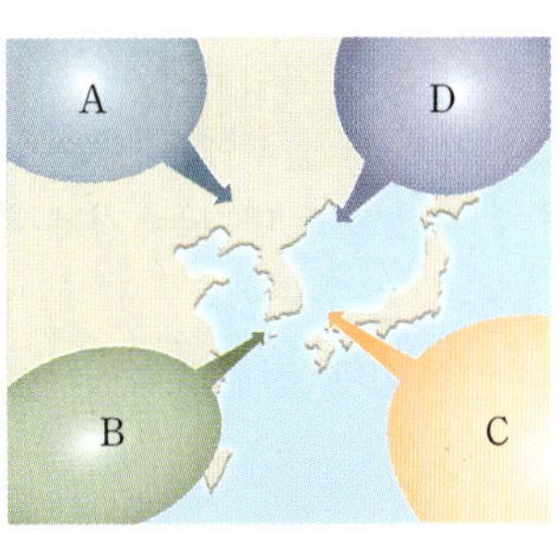

04 A~D 중 건조한 성질을 가진 기단을 모두 고른 것은?

① A　　② A, B　　③ A, D
④ B, C　　⑤ C, D

중요

05 A~D 기단에 대한 설명으로 옳은 것은?

① A와 D 기단은 기온이 높다.
② C와 D 기단은 습도가 높다.
③ B 기단은 장마의 원인이 된다.
④ C 기단은 초겨울에 세력이 발달한다.
⑤ D 기단의 영향을 받아 폭염과 열대야가 나타난다.

06 그림 (가)는 우리나라 주변의 기단을, (나)는 기단의 성질을 나타낸 것이다.

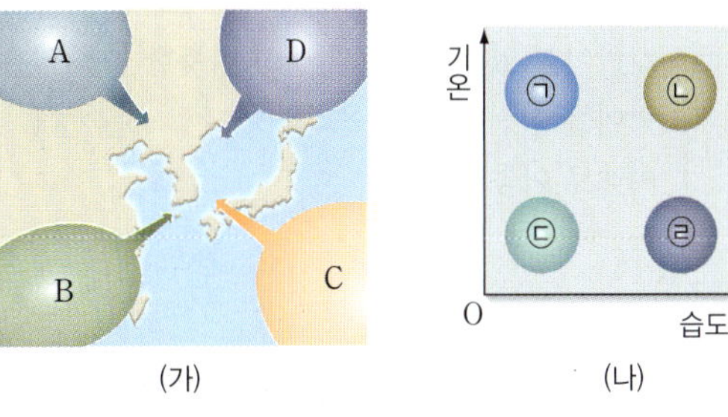

(가)의 A~D 기단의 성질을 (나)에서 골라 옳게 짝 지으시오.

07 전선에 대한 설명으로 옳지 <u>않은</u> 것은?

① 장마 전선은 정체 전선의 한 종류이다.
② 한랭 전선이 온난 전선보다 빠르게 이동한다.
③ 온난 전선이 통과한 후에는 기온이 낮아진다.
④ 전선면이 지표면과 만나는 경계선을 전선이라고 한다.
⑤ 폐색 전선은 한랭 전선과 온난 전선이 겹쳐져서 생긴다.

08 그림은 전선과 전선면의 모습을 나타낸 것이다.

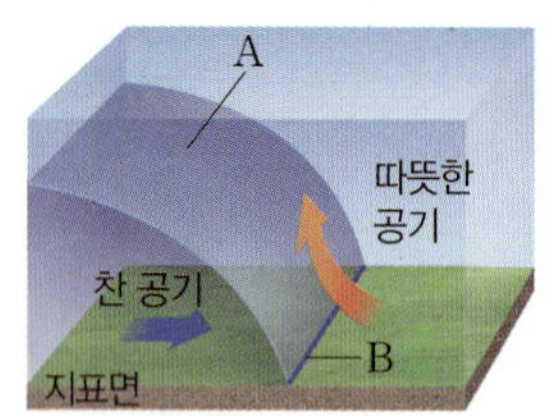

이에 대한 설명으로 옳은 것은?

① A는 전선, B는 전선면이다.
② 전선을 경계로 날씨가 달라진다.
③ 전선면은 항상 전선의 뒤쪽으로 형성된다.
④ 성질이 다른 두 기단이 만나면 쉽게 섞인다.
⑤ 세력이 비슷한 두 기단이 만나면 전선이 만들어지지 않는다.

09 다음은 전선의 생성 원리를 알아보기 위한 실험이다. ( ) 안에 들어갈 알맞은 말을 쓰시오.

칸막이가 있는 수조에 찬물과 따뜻한 물을 넣은 후 칸막이를 천천히 들어 올리면 (㉠)은/는 (㉡) 아래로 이동한다.

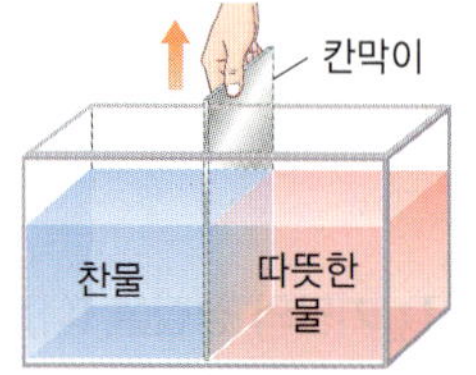

10 온난 전선과 한랭 전선의 특징을 비교한 것으로 옳지 <u>않은</u> 것은?

구분	온난 전선	한랭 전선
① 이동 속도	느리다.	빠르다.
② 구름의 종류	층운형 구름	적운형 구름
③ 강수 구역	전선 뒤	전선 앞
④ 강수 형태	지속적인 비	소나기
⑤ 전선면의 기울기	완만하다.	급하다.

11 그림은 우리나라 부근의 일기도를 나타낸 것이다.

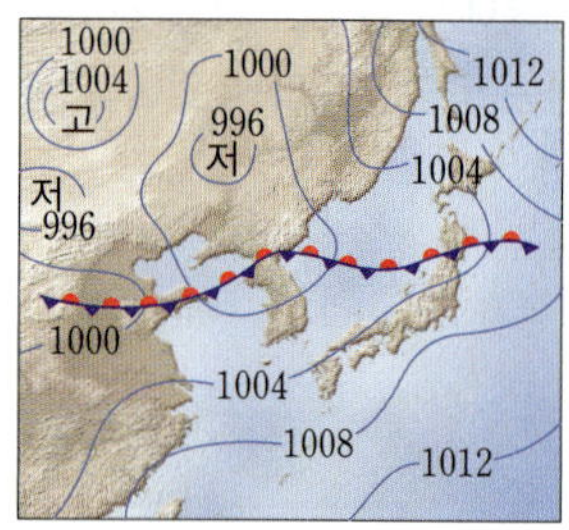

이 일기도에서 우리나라를 가로지르고 있는 전선의 종류는 무엇인가?

① 온난 전선　② 한랭 전선　③ 폐색 전선
④ 정체 전선　⑤ 온대 저기압

12 그림은 어느 전선의 단면을 나타낸 것이다.

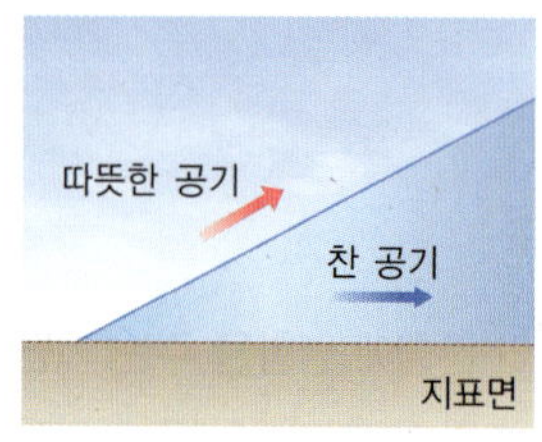

이에 대한 설명으로 옳지 <u>않은</u> 것은?

① 한랭 전선의 단면이다.
② 층운형 구름이 형성된다.
③ 전선의 이동 속도가 느리다.
④ 전선면의 기울기가 완만하다.
⑤ 전선 앞쪽에서 약한 비가 내린다.

13 그림 (가)와 (나)는 서로 다른 두 전선의 단면을 나타낸 것이다.

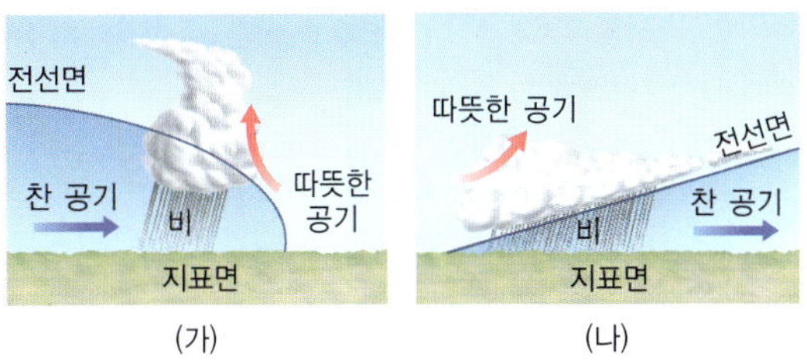

이에 대한 설명으로 옳은 것을 〈보기〉에서 모두 고른 것은?

> **보기**
> ㄱ. 전선 (가)의 이동 속도는 전선 (나)보다 빠르다.
> ㄴ. (가)에서는 적운형 구름이, (나)에서는 층운형 구름이 발달한다.
> ㄷ. 전선 (가)의 뒤쪽에서는 소나기, 전선 (나)의 앞쪽에서는 이슬비가 내린다.
> ㄹ. 전선 (가)가 통과한 후에는 따뜻한 공기의 영향을 받고, 전선 (나)가 통과한 후에는 찬 공기의 영향을 받는다.

① ㄱ, ㄴ ② ㄴ, ㄷ ③ ㄷ, ㄹ
④ ㄱ, ㄴ, ㄷ ⑤ ㄴ, ㄷ, ㄹ

14 북반구 고기압 중심부에서 부는 바람의 방향과 공기의 연직 운동을 옳게 나타낸 것은?

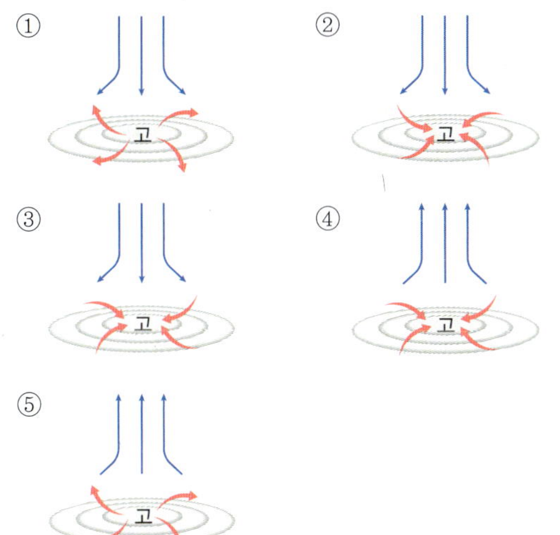

15 저기압 지역에서 날씨가 흐린 까닭을 옳게 설명한 것은?

① 주변 지역보다 습도가 낮기 때문
② 주변 지역보다 기온이 낮기 때문
③ 저기압 중심에서 상승 기류가 발달하기 때문
④ 저기압 중심에서 하강 기류가 발달하기 때문
⑤ 저기압 중심에서 주변 지역으로 공기가 빠져 나가기 때문

중요
16 그림은 온대 저기압의 단면을 나타낸 것이다.

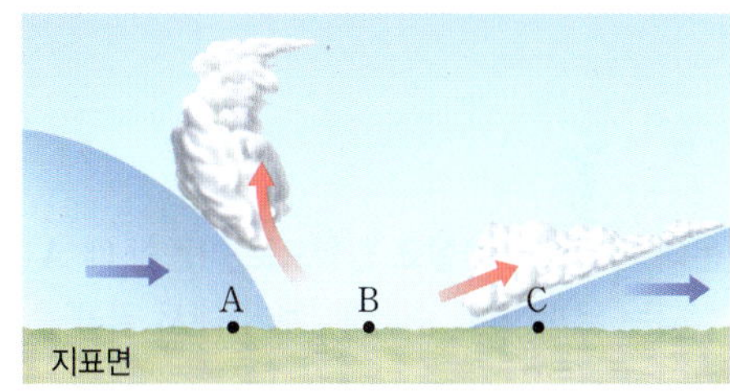

위 그림에 대한 설명으로 옳지 <u>않은</u> 것은?

① A 지역에서는 소나기가 내린다.
② B 지역은 현재 날씨가 맑다.
③ C 지역에는 적운형 구름이 만들어진다.
④ C 지역의 풍향은 시계 방향으로 바뀐다.
⑤ 온대 저기압은 한랭 전선과 온난 전선을 동반한다.

17 표는 어느 관측소에서 3시간 간격으로 측정한 풍향, 풍속, 기온을 나타낸 것이다.

시각(시)	9	12	15	18	21
풍향	남서풍	남서풍	남서풍	북서풍	북서풍
풍속(m/s)	3	5	5	8	5
기온(°C)	12	22	22	17	13

이 관측소에서 전선이 통과한 시각과 이때 통과한 전선의 종류를 옳게 짝 지은 것은?

① 9~12시 사이, 한랭 전선
② 9~12시 사이, 온난 전선
③ 15~18시 사이, 한랭 전선
④ 15~18시 사이, 온난 전선
⑤ 18~21시 사이, 한랭 전선

[18~19] 그림은 어느 날 우리나라 부근을 통과하는 온대 저기압의 모습을 나타낸 것이다. 물음에 답하시오.

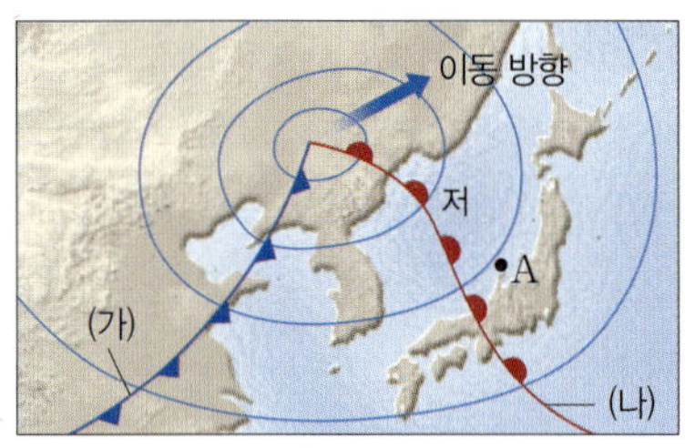

18 (가)와 (나) 전선의 이름을 각각 쓰시오.

19 온대 저기압이 화살표 방향으로 이동할 때 A 지점에서 예상되는 날씨 변화 순서를 〈보기〉에서 골라 순서대로 옳게 나열한 것은?

> **보기**
> ㄱ. 맑고 따뜻하다.
> ㄴ. 이슬비가 내린다.
> ㄷ. 소나기가 내린다.

① ㄱ－ㄴ－ㄷ   ② ㄱ－ㄷ－ㄴ
③ ㄴ－ㄱ－ㄷ   ④ ㄴ－ㄷ－ㄱ
⑤ ㄷ－ㄱ－ㄴ

20 그림은 어느 계절의 우리나라 부근의 일기도를 나타낸 것이다.

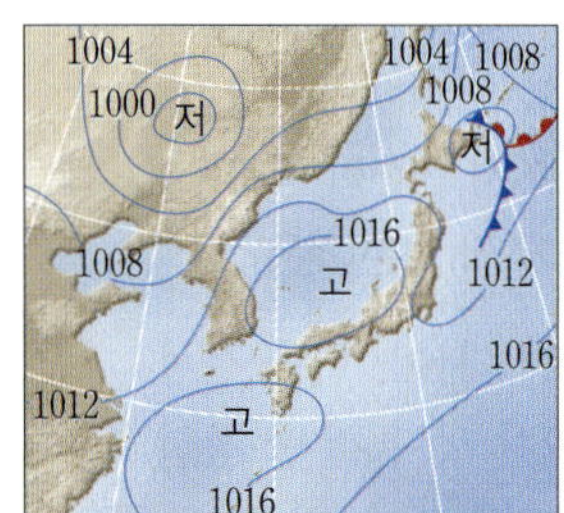

위 그림과 같은 일기도가 나타나는 계절과 기압 배치를 쓰시오.

21 그림은 우리나라의 어느 두 계절의 대표적인 일기도를 나타낸 것이다.

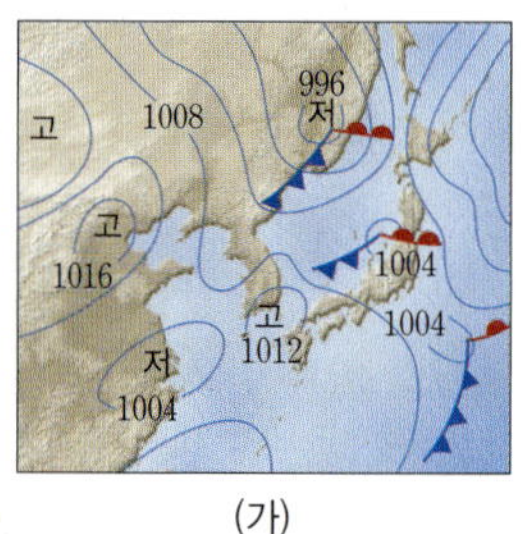

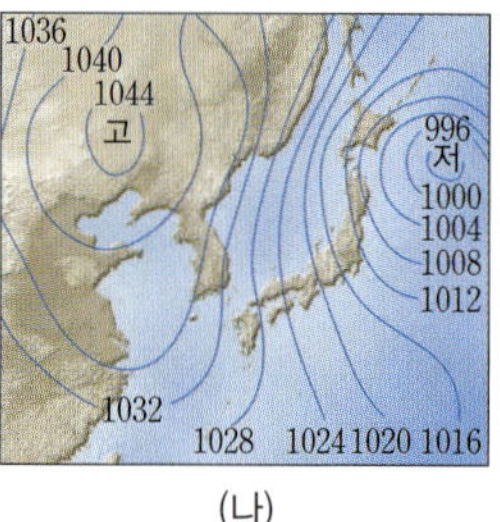

(가), (나) 계절에 나타나는 날씨의 특징을 옳게 짝 지은 것은?

	(가)	(나)
①	폭염	한파
②	한파	장마
③	태풍	꽃샘추위
④	꽃샘추위	폭설
⑤	꽃샘추위	열대야

중요
22 우리나라의 겨울철 날씨 특징으로 옳은 것은?

① 남동 계절풍이 분다.
② 꽃샘추위가 나타난다.
③ 열대야와 폭염이 이어진다.
④ 서고동저형의 기압 배치가 나타난다.
⑤ 이동성 고기압과 온대 저기압이 자주 통과하여 날씨 변화가 심하다.

23 오른쪽 그림은 어느 날 우리나라 부근의 일기도를 나타낸 것이다. 이 일기도에 표시된 A에 대한 설명으로 옳은 것을 〈보기〉에서 모두 고른 것은?

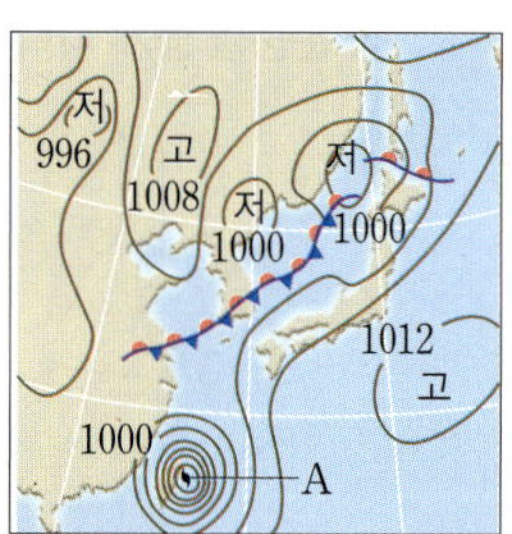

> **보기**
> ㄱ. 겨울철에 주로 발생한다.
> ㄴ. 강한 바람과 호우를 동반한다.
> ㄷ. 온대 지방의 해상에서 발생한다.

① ㄱ   ② ㄴ   ③ ㄷ
④ ㄱ, ㄴ   ⑤ ㄴ, ㄷ

고난도·서술형 문제

24 그림은 우리나라 부근에서 발달한 어떤 전선의 단면을 나타낸 것이다.

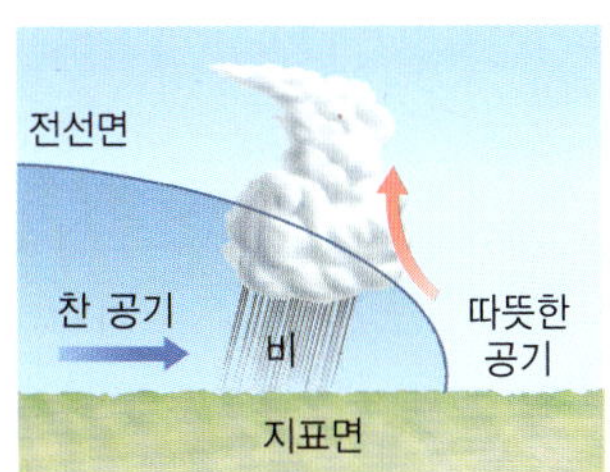

(1) 이 전선의 이름을 쓰시오.

(2) 이 전선이 통과한 후 날씨 변화를 다음의 요소를 모두 포함하여 설명하시오.

> 구름의 종류, 강수 구역, 강수 현상, 기온, 기압

25 그림은 어느 관측소에서 하루 동안 측정한 기온과 기압 변화를 나타낸 것이다.

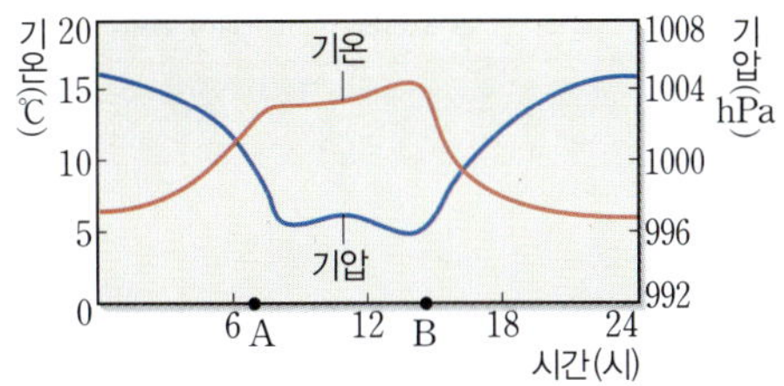

이 관측소에 온대 저기압이 통과하였다고 할 때, A와 B 시각에 통과한 전선의 종류를 각각 쓰시오.

26 그림 (가)는 우리나라 부근의 일기도를, (나)는 (가)의 A∼C 중 한 지역에서 관측한 바람의 방향을 나타낸 것이다.

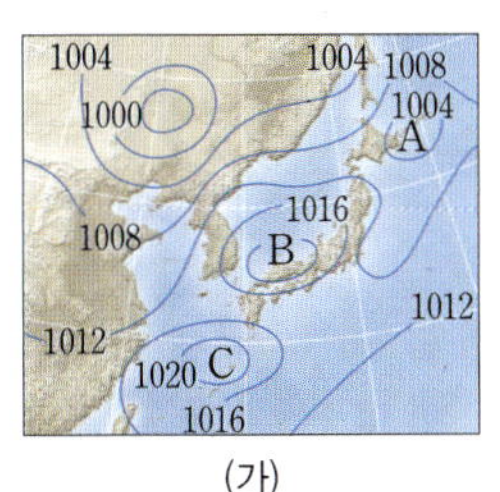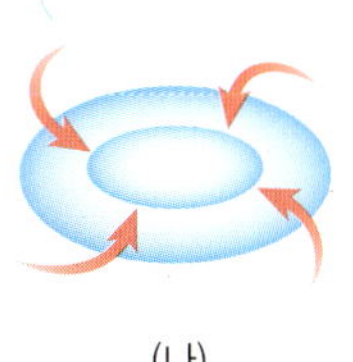

(가)에서 (나)와 같은 바람이 부는 지역의 기호를 쓰시오.

27 그림은 온대 저기압의 단면을 나타낸 것이다.

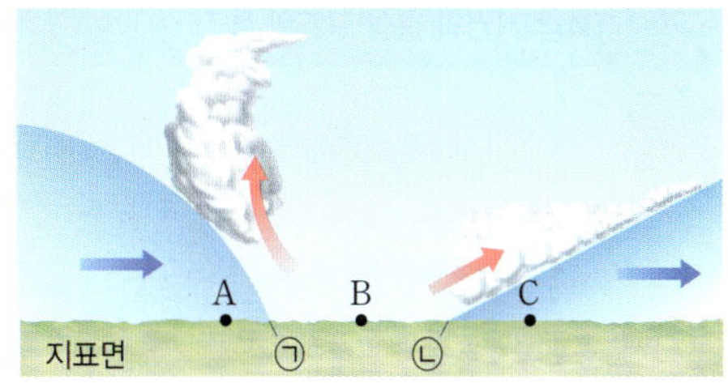

(1) 전선 ㉠, ㉡의 이름을 쓰시오.

(2) A∼C 지역 중 현재 비가 내리는 지역을 모두 고르시오.

(3) 시간이 지나면서 C 지역의 풍향은 어떻게 변하게 될지 설명하시오.

28 우리나라 주변에서 여름철에는 남쪽에 고기압, 북쪽에 저기압이 발달하는 남고북저형 기압 배치가 흔히 나타난다. 그 까닭을 우리나라에 영향을 주는 기단과 관련지어 설명하시오.

29 그림 (가)는 우리나라의 어느 계절의 일기도를, (나)는 기단의 성질을 나타낸 것이다.

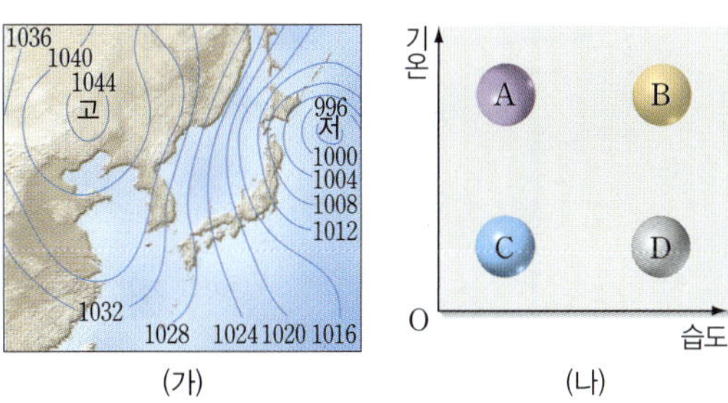

(가) 계절에 우리나라에 영향을 미치는 기단의 성질을 (나)에서 골라 기호를 쓰시오.

한눈에 정리하기

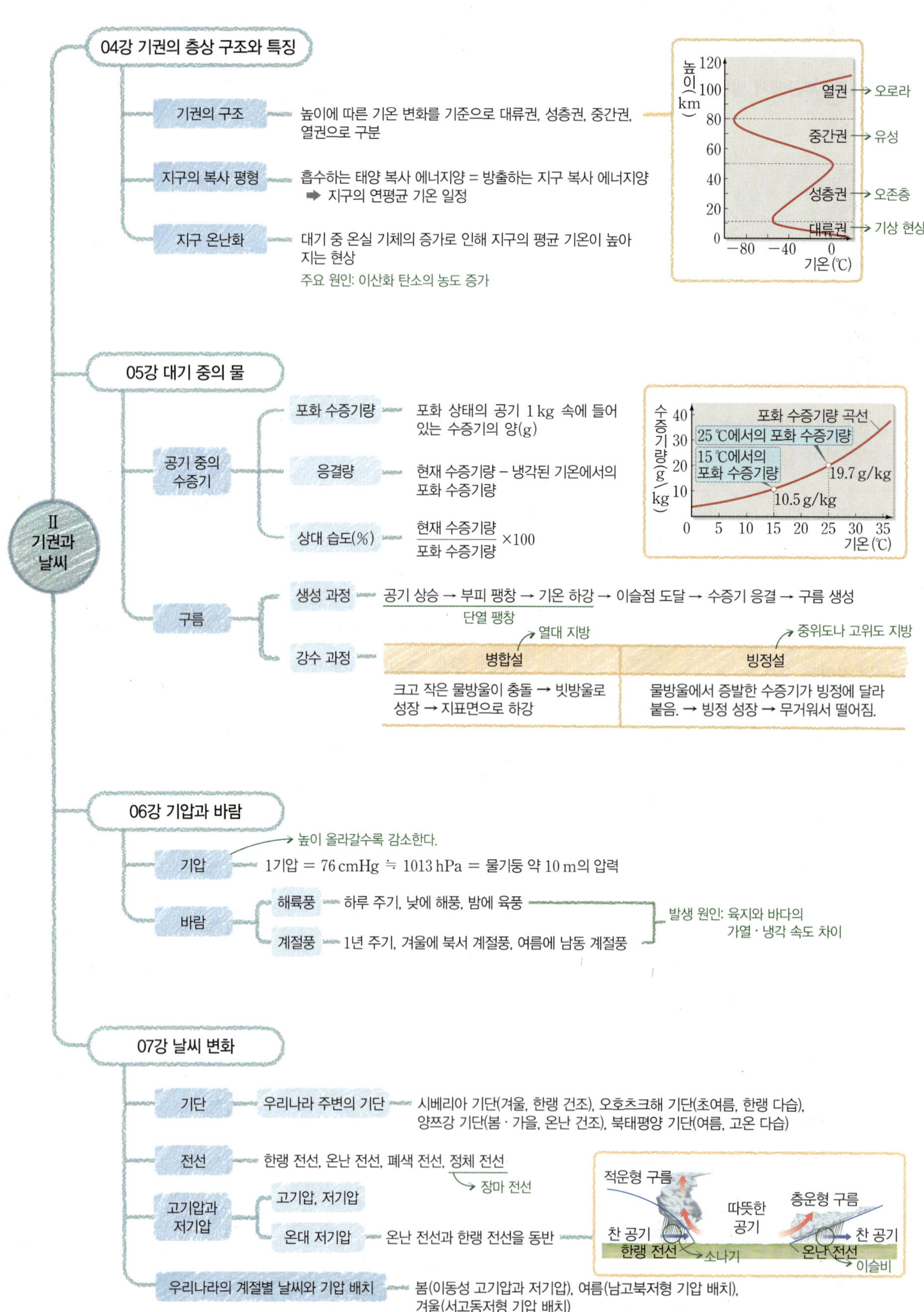

Ⅱ 기권과 날씨

04강 기권의 층상 구조와 특징

- **기권의 구조** — 높이에 따른 기온 변화를 기준으로 대류권, 성층권, 중간권, 열권으로 구분
- **지구의 복사 평형** — 흡수하는 태양 복사 에너지양 = 방출하는 지구 복사 에너지양 ➡ 지구의 연평균 기온 일정
- **지구 온난화** — 대기 중 온실 기체의 증가로 인해 지구의 평균 기온이 높아지는 현상
  주요 원인: 이산화 탄소의 농도 증가

05강 대기 중의 물

- **공기 중의 수증기**
  - **포화 수증기량** — 포화 상태의 공기 1 kg 속에 들어 있는 수증기의 양(g)
  - **응결량** — 현재 수증기량 − 냉각된 기온에서의 포화 수증기량
  - **상대 습도(%)** — $\dfrac{\text{현재 수증기량}}{\text{포화 수증기량}} \times 100$
- **구름**
  - **생성 과정** — 공기 상승 → 부피 팽창 → 기온 하강 → 이슬점 도달 → 수증기 응결 → 구름 생성
    (단열 팽창)
  - **강수 과정**

병합설	빙정설
열대 지방	중위도나 고위도 지방
크고 작은 물방울이 충돌 → 빗방울로 성장 → 지표면으로 하강	물방울에서 증발한 수증기가 빙정에 달라붙음. → 빙정 성장 → 무거워서 떨어짐.

06강 기압과 바람

- **기압** — 높이 올라갈수록 감소한다.
  1기압 = 76 cmHg ≒ 1013 hPa = 물기둥 약 10 m의 압력
- **바람**
  - **해륙풍** — 하루 주기, 낮에 해풍, 밤에 육풍
  - **계절풍** — 1년 주기, 겨울에 북서 계절풍, 여름에 남동 계절풍
  - 발생 원인: 육지와 바다의 가열·냉각 속도 차이

07강 날씨 변화

- **기단** — **우리나라 주변의 기단** — 시베리아 기단(겨울, 한랭 건조), 오호츠크해 기단(초여름, 한랭 다습), 양쯔강 기단(봄·가을, 온난 건조), 북태평양 기단(여름, 고온 다습)
- **전선** — 한랭 전선, 온난 전선, 폐색 전선, 정체 전선
  (장마 전선)
- **고기압과 저기압**
  - 고기압, 저기압
  - **온대 저기압** — 온난 전선과 한랭 전선을 동반

- **우리나라의 계절별 날씨와 기압 배치** — 봄(이동성 고기압과 저기압), 여름(남고북저형 기압 배치), 겨울(서고동저형 기압 배치)

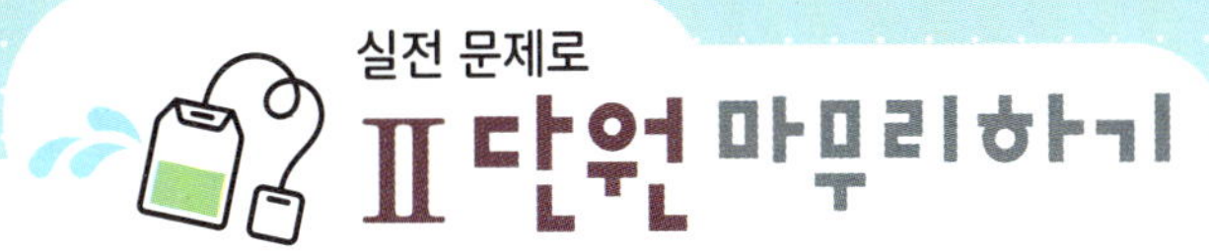

04강 기권의 층상 구조와 특징

[01~03] 그림은 기권의 구조를 나타낸 것이다. 물음에 답하시오.

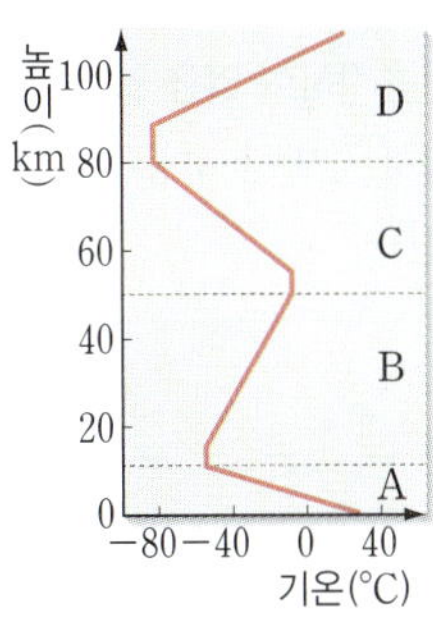

01 위 그림에 대한 설명으로 옳지 않은 것은?

① A에서는 적운형 구름을 관찰할 수 있다.
② B와 D는 안정한 기층으로, 대류가 일어나지 않는다.
③ 높이에 따른 기온 변화를 기준으로 A~D로 나뉜다.
④ A~D 중 대기가 가장 많이 분포하는 층은 A이다.
⑤ 기권에서 기온이 가장 낮은 구간이 존재하는 층은 B이다.

02 그림은 기권에서 볼 수 있는 현상을 나타낸 것이다.

(가)   (나)

A~D 중 (가)와 (나) 현상을 볼 수 있는 기권의 층을 순서대로 옳게 짝 지은 것은?

① A, C   ② A, D   ③ B, C
④ B, D   ⑤ C, D

서술형
03 기권 중 대류권과 중간권은 위로 올라갈수록 기온이 낮아지므로 공기의 대류가 일어난다. 그러나 대류권과는 달리 중간권에서는 구름, 비 등의 기상 현상이 나타나지 않는다. 그 까닭을 설명하시오.

04 그림은 지구에서 복사 에너지의 출입을 나타낸 것이다.

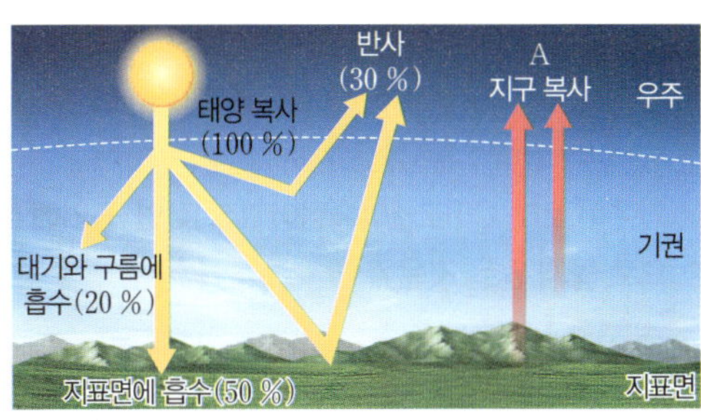

지구가 복사 평형을 이루고 있을 때 지구에서 방출되는 에너지양(A)은 얼마인가?

① 20 %   ② 30 %   ③ 50 %
④ 70 %   ⑤ 100 %

05 지구 온난화가 진행됨에 따라 일어나는 환경 변화로 옳지 않은 것은?

① 사막 지역이 넓어진다.
② 해수면의 높이가 상승한다.
③ 생물의 서식지가 파괴된다.
④ 기상 이변이 자주 일어난다.
⑤ 동해에 한류성 어종이 증가한다.

05강 대기 중의 물

06 그림은 기온과 포화 수증기량의 관계를 나타낸 것이다.

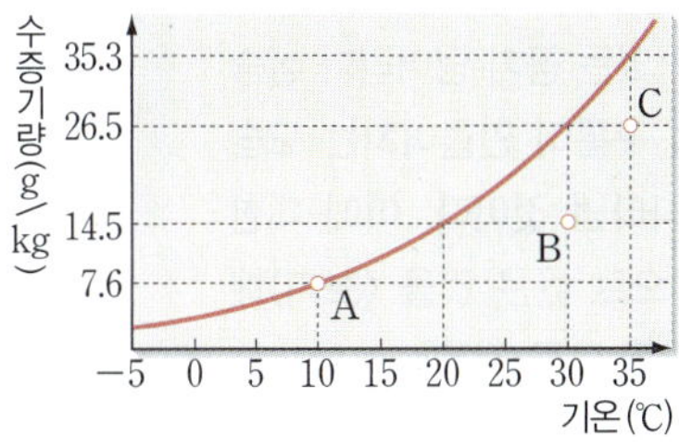

A~C 중 (가) 이슬점이 가장 높은 공기와 (나) 습도가 가장 높은 공기를 옳게 짝 지은 것은?

	(가)	(나)		(가)	(나)
①	A	A	②	A	C
③	B	A	④	C	A
⑤	C	C			

07 표는 기온과 포화 수증기량의 관계를 나타낸 것이다.

기온(℃)	0	5	10	15	20	25	30
포화 수증기량 (g/kg)	3.8	5.4	7.6	10.5	14.5	19.7	26.5

기온이 25 ℃이고, 이슬점이 15 ℃인 공기에 대한 설명으로 옳지 <u>않은</u> 것은?

① 불포화 상태의 공기이다.

② 공기의 상대 습도는 약 53 %이다.

③ 이 공기는 9.2 g/kg의 수증기를 더 포함할 수 있다.

④ 현재 공기에는 19.7 g/kg의 수증기가 포함되어 있다.

⑤ 기온을 10 ℃까지 낮추면 2.9 g/kg의 수증기가 응결된다.

<u>서술형</u>
08 그림은 맑은 날 하루 동안의 기온, 습도, 이슬점의 일변화를 나타낸 것이다.

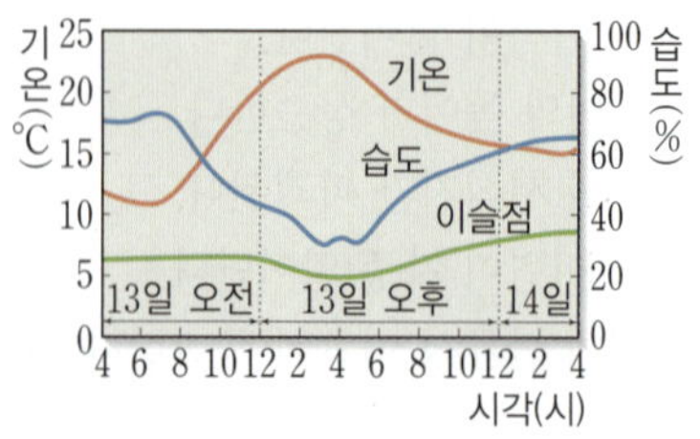

하루 동안 기온과 습도의 일변화는 크게 나타나지만, 이슬점은 거의 변하지 않는다. 그 까닭을 설명하시오.

09 오른쪽 그림은 수증기를 포함하고 있는 공기 덩어리가 상승하여 구름이 만들어지는 모습을 나타낸 것이다. 이에 대한 설명으로 옳은 것을 〈보기〉에서 모두 고른 것은?

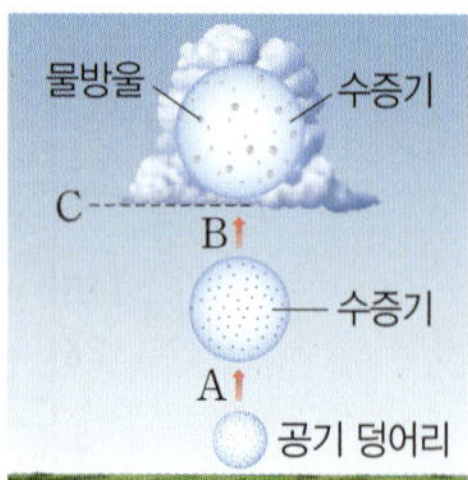

┌ 보기 ┐
ㄱ. A에서 C로 갈수록 기압은 상승한다.
ㄴ. A, B 과정에서 공기 덩어리의 부피는 팽창한다.
ㄷ. C 높이에서 이슬점에 도달한다.

① ㄱ   ② ㄴ   ③ ㄱ, ㄷ
④ ㄴ, ㄷ   ⑤ ㄱ, ㄴ, ㄷ

10 다음 〈보기〉는 우리나라에서의 강수 과정을 설명한 것이다. 순서대로 옳게 나열하시오.

┌ 보기 ┐
ㄱ. 커진 얼음 알갱이가 지표로 떨어지다 녹는다.
ㄴ. 수증기가 응결하여 얼음 알갱이와 물방울이 생긴다.
ㄷ. 물방울에서 증발한 수증기가 얼음 알갱이에 달라붙어 커진다.

06강 기압과 바람

11 오른쪽 그림과 같이 길이가 약 1 m인 유리관에 수은을 가득 채우고 수은이 담긴 수조에 유리관을 거꾸로 세웠더니 수은 기둥의 높이가 76 cm가 되었다. 이에 대한 설명으로 옳은 것을 〈보기〉에서 모두 고른 것은?

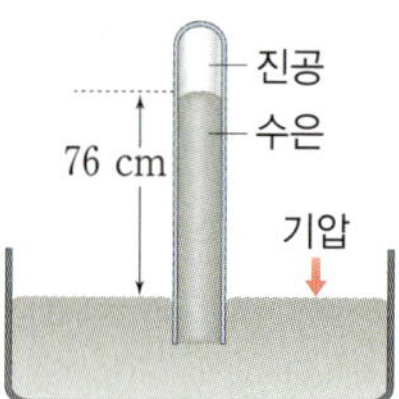

┌ 보기 ┐
ㄱ. 현재의 기압은 1000 hPa이다.
ㄴ. 수은 대신 물로 실험한다면 물기둥은 내려오지 않는다.
ㄷ. 높은 산에 올라가서 실험을 하면 수은 기둥의 높이는 현재보다 높아진다.

① ㄱ   ② ㄴ   ③ ㄱ, ㄷ
④ ㄴ, ㄷ   ⑤ ㄱ, ㄴ, ㄷ

12 풍선이 위로 올라갈 때 풍선의 모양과 기압의 변화를 옳게 나타낸 것은?

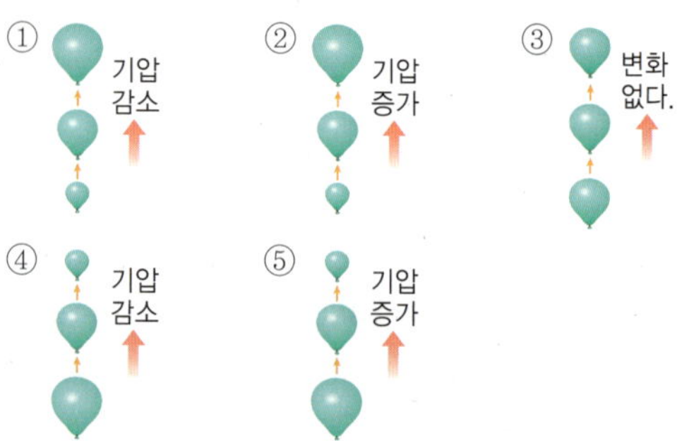

★ 바른답·알찬풀이 27쪽

13 그림 (가)와 (나)는 해륙풍과 계절풍을 나타낸 것이다.

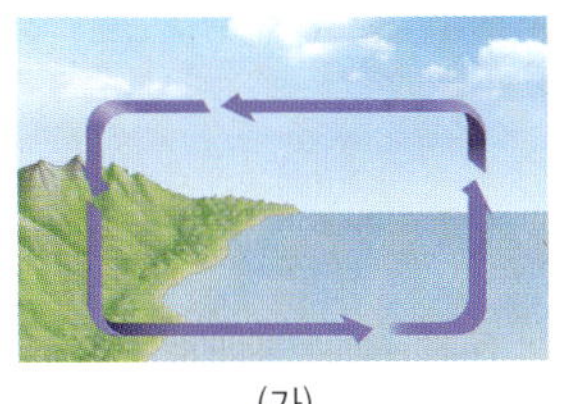
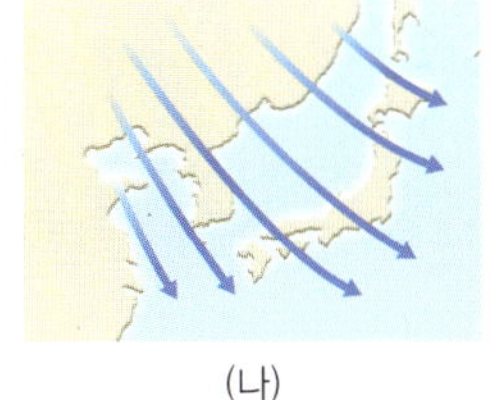

(가) (나)

이에 대한 설명으로 옳지 <u>않은</u> 것은?

① (가)는 밤에 부는 육풍이다.
② (나)는 겨울에 부는 계절풍이다.
③ (가)에서 기압은 육지가 바다보다 높다.
④ (나)에서 기온은 대륙이 해양보다 높다.
⑤ (가)는 하루를 주기로 풍향이 바뀌고, (나)는 1년을 주기로 풍향이 바뀐다.

07 강 날씨 변화

[14~15] 그림은 우리나라에 영향을 미치는 기단을 나타낸 것이다. 물음에 답하시오.

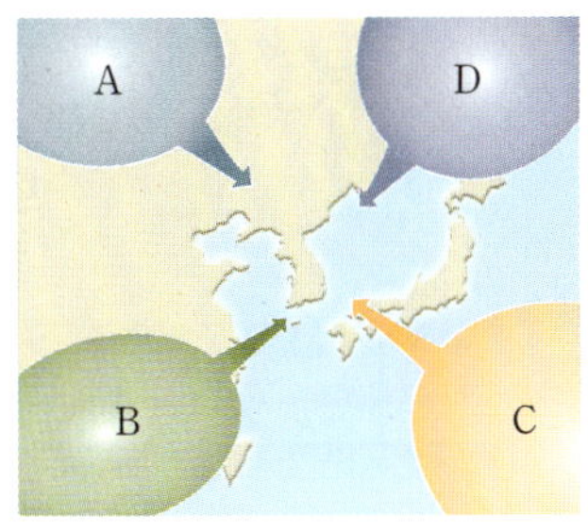

14 위 그림에 대한 설명으로 옳지 <u>않은</u> 것은?

① A는 한랭 건조한 기단으로, 겨울철에 영향을 미친다.
② B는 고온 다습한 대륙성 기단으로, 봄과 가을철에 영향을 미친다.
③ C는 해양에서 발생한 기단으로, 장마철에 영향을 미친다.
④ C가 발달하여 우리나라에 영향을 미치는 계절에는 폭염과 열대야가 발생한다.
⑤ D는 고위도의 해양에서 발생한 기단으로, 초여름에 영향을 미친다.

서술형
15 겨울철 우리나라의 서해안에는 폭설이 내리는 경우가 많다. A~D 중 그 원인이 되는 기단을 고르고, 그 까닭을 기단의 이동과 관련지어 설명하시오.

16 온난 전선이 통과한 후에 나타나는 현상으로 옳은 것은?

① 기압 상승
② 기온 하강
③ 구름 소멸
④ 강수량 증가
⑤ 시계 반대 방향으로 풍향 변화

17 오른쪽 그림은 온대 저기압이 통과할 때 어느 지역에 발달한 구름의 모습을 나타낸 것이다. 이 지역을 통과한 것으로 예상되는 전선의 종류를 쓰시오.

18 오른쪽 그림은 우리나라 부근을 지나는 온대 저기압을 나타낸 것이다. A – B 단면의 모습을 옳게 나타낸 것은?

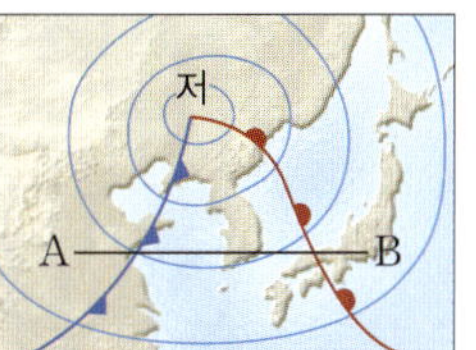

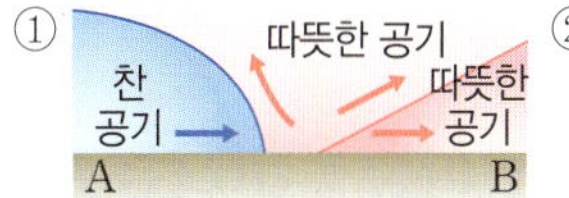

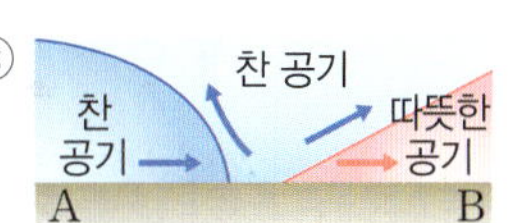

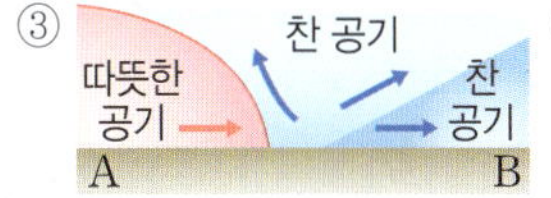

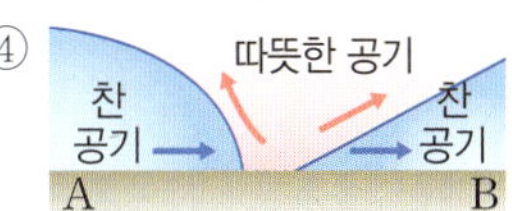

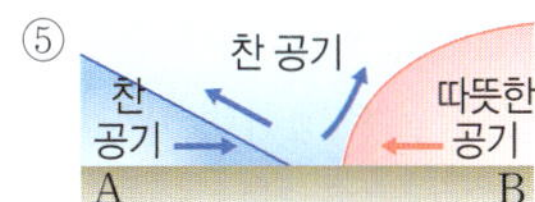

19 오른쪽 그림과 같은 일기도가 나타나는 계절과 관계있는 것을 모두 고르면?

(정답 2개)

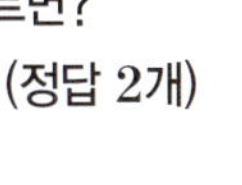
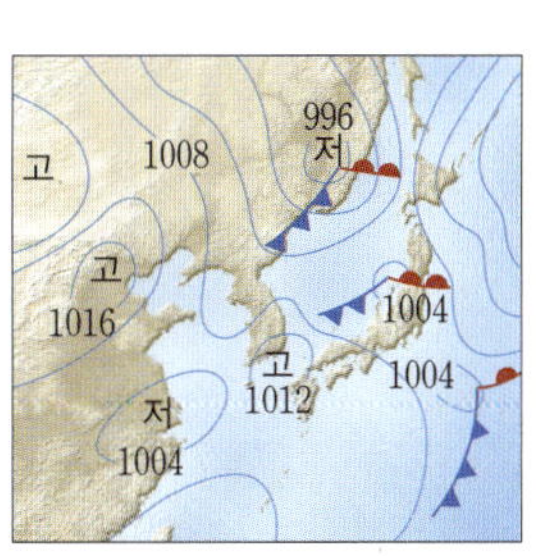

① 태풍
② 한파
③ 폭염
④ 꽃샘추위
⑤ 이동성 고기압

신발 속 모래

세계 여러 사막을 여행하고 돌아온 탐험가에게 물었습니다.

"사막을 여행하며 가장 고통스러웠던 것은 무엇입니까?"

땅을 녹일 듯 뜨거운 태양이나
사무치게 시린 밤의 추위였을까요?
아니면 해결할 길 없는 갈증이었을까요?
하지만 그의 대답은 의외였습니다.

"사막에서 나를 가장 괴롭게 했던 것은 신발 속 모래였습니다."

삶의 중요한 문제들은 모래처럼 작고 사소하게 시작됩니다.
소소한 것부터 해결하는 것이 때로는 큰 문제를 해결하는 답이 됩니다.

III

운동과 에너지

08강 운동 학습일

❶ 운동의 기록 □월□일
❷ 등속 운동 □월□일
❸ 자유 낙하 운동 □월□일
❹ 질량이 다른 물체의 자유 낙하 운동 □월□일

09강 일과 에너지 학습일

❶ 일 □월□일
❷ 일과 에너지의 관계 □월□일
❸ 중력에 의한 위치 에너지 □월□일
❹ 운동 에너지 □월□일

08강 운동

❶ 운동의 기록

1 운동 시간에 따라 물체의 위치가 변하는 현상❶

① 이동 거리: 물체가 운동하는 동안 움직인 거리

② 속력: 일정한 시간 동안 물체가 이동한 거리로 물체의 빠르기를 나타낸다.

> 운동하는 물체의 위치가 시간에 따라 얼마나 빠르게 변하는가를 나타낸 값을 물체의 빠르기라 한다.

$$속력 = \frac{이동\ 거리}{걸린\ 시간}\ (단위: m/s, km/h)❷❸❹$$

2 연속 사진으로 운동 기록하기 사진에 나타난 물체 사이의 시간 간격은 일정하므로 물체 사이의 거리를 재면 빠르기 변화를 알 수 있다.

속력이 점점 빨라지는 경우	속력이 점점 느려지는 경우	속력이 일정한 경우
운동 방향 →	운동 방향 →	운동 방향 →
물체 사이 거리가 점점 커진다.	물체 사이 거리가 점점 작아진다.	물체 사이 거리가 일정하다.

3 그래프로 운동 기록하기❺

> A 구간에서는 속력이 일정하게 빨라지고,
> B 구간에서는 속력이 일정하다.

시간 – 이동 거리 그래프	시간 – 속력 그래프
• 그래프의 기울기는 속력과 같다.	• 그래프 아래의 넓이는 이동 거리와 같다.
• A 구간에서의 속력 = $\dfrac{8\ m}{2\ s}$ = 4 m/s	• A 구간에서의 이동 거리 　= $\dfrac{1}{2} \times 10\ m/s \times 8\ s$ = 40 m
• B 구간에서는 물체가 정지해 있다.	• B 구간에서의 이동 거리 　= 10 m/s × 6 s = 60 m
• C 구간에서의 속력 = $\dfrac{16\ m}{2\ s}$ = 8 m/s	
➡ 기울기가 클수록 속력이 빠르다.	

❷ 등속 운동 [탐구] 90쪽

1 등속 운동 속력이 일정한 운동 — 운동하는 물체에 힘이 작용하지 않으면 물체는 등속 운동을 한다.

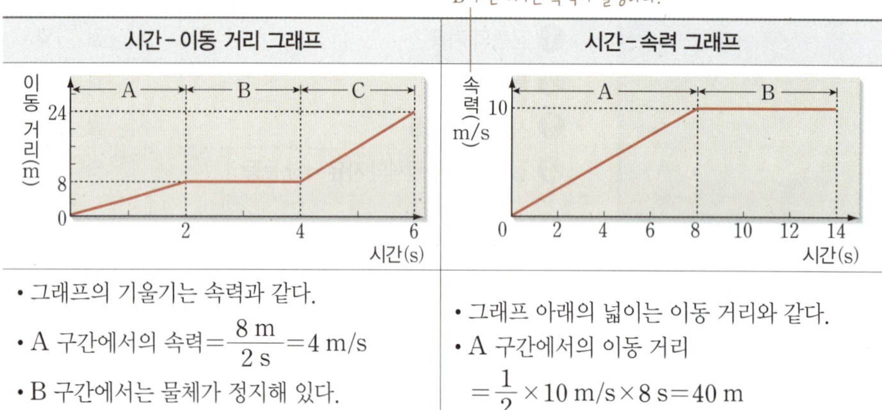

등속 운동 하는 물체의 이동 거리는 시간에 비례하여 증가한다. 이때 그래프의 기울기가 클수록 속력이 크다.

등속 운동 하는 물체의 속력은 일정하므로 시간축에 나란한 직선 모양이 된다.

▲ 시간 – 이동 거리 그래프　　　　▲ 시간 – 속력 그래프

2 등속 운동의 예❻ 에스컬레이터, 무빙워크, 컨베이어 벨트, 스키장 리프트 등

---

❶ 위치의 표현

물체의 위치는 기준점을 정한 다음, 그 기준점으로부터 물체가 있는 지점까지의 거리로 나타낸다.

❷ 속력의 단위

속력의 단위는 m/s(미터 매 초)나 km/h(킬로미터 매 시) 등을 주로 사용한다.

❸ 빠르기의 비교

• 일정한 거리를 이동할 때 이동 시간이 짧을수록 더 빠르다.

• 일정한 시간 동안 이동할 때 이동 거리가 길수록 더 빠르다.

❹ 평균 속력

물체가 운동하는 도중 속력이 변하는 경우 물체가 이동한 전체 거리를 걸린 시간으로 나누어 평균 속력을 구한다.

$$평균\ 속력 = \frac{전체\ 이동\ 거리}{걸린\ 시간}$$

❺ 속력의 비교

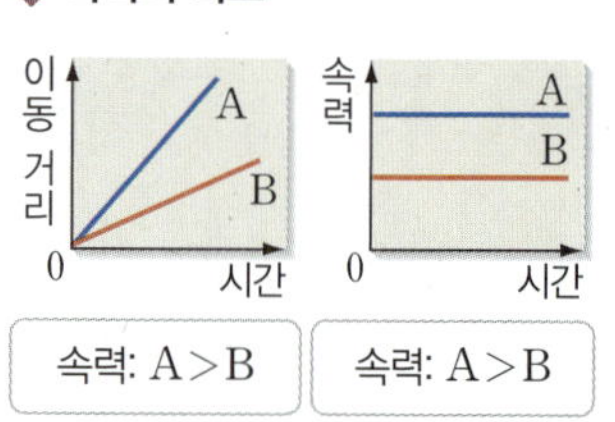

> 바닥에 뚫린 작은 구멍을 통해 공기를 불어 넣어 물체가 살짝 뜨게 하여 마찰력을 없애는 장치

❻ 등속 운동 하는 경우

에어 테이블에서 공기가 나오면 원판이 바닥에서 살짝 떠올라 바닥과 원판 사이에 마찰력이 거의 작용하지 않는다. 따라서 원판은 등속 운동을 한다.

★ 바른답·알찬풀이 28쪽

❶ 운동의 기록

01 운동에 대한 설명으로 옳은 것은 ○표, 옳지 <u>않은</u> 것은 ×표 하시오.

(1) 시간에 따라 물체의 위치가 변할 때 물체가 운동한 다고 한다. ( )

(2) 같은 거리를 이동할 때 걸린 시간이 짧을수록 물체 의 속력이 빠르다. ( )

(3) 속력은 일정한 시간 동안 물체가 이동한 거리로, 단위는 m를 사용한다. ( )

02 정지해 있던 자동차가 출발하여 30초 동안 1200 m를 이 동하였을 때 평균 속력은 몇 m/s인지 구하시오.

03 그림은 자전거를 타고 운동하는 모습을 1초 간격으로 나타 낸 것이다.

(1) A, B 구간을 이동하는 데 걸리는 시간은 몇 초인 지 각각 쓰시오.

(2) A, B 구간 중 이동 거리가 긴 구간을 고르시오.

(3) A, B 구간 중 속력이 빠른 구간을 고르시오.

04 일정한 시간 간격으로 촬영한 연속 사진에 찍힌 물체의 운 동에 대한 설명이다. ( ) 안에 들어갈 알맞은 말을 고르 시오.

(1) 물체와 물체 사이의 간격이 좁을수록 물체의 속력 이 (느리다, 빠르다).

(2) 물체와 물체 사이의 간격이 넓을수록 물체의 속력 이 (느리다, 빠르다).

❷ 등속 운동

05 등속 운동에 대한 설명으로 옳은 것은 ○표, 옳지 <u>않은</u> 것은 ×표 하시오.

(1) 물체가 등속 운동 할 때 이동 거리는 시간에 비례 한다. ( )

(2) 물체가 등속 운동 할 때 속력은 시간에 따라 일정 하게 증가한다. ( )

(3) 등속 운동 하는 물체의 예로는 컨베이어 벨트, 무 빙워크 등이 있다. ( )

06 그림은 킥보드를 타고 등속 운동 하고 있는 모습을 10초 간격으로 나타낸 것이다.

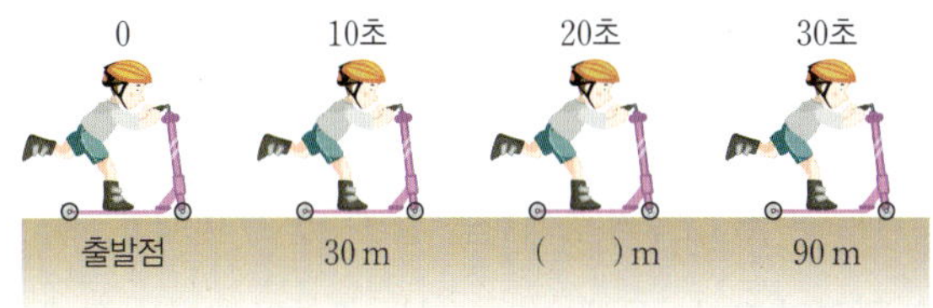

(1) ( ) 안에 들어갈 알맞은 숫자를 쓰시오.

(2) 킥보드의 속력은 몇 m/s인지 구하시오.

07 오른쪽 그림은 등속 운동 하 는 물체의 시간에 따른 이동 거리를 나타낸 것이다. 이 물 체의 속력은 몇 m/s인지 구 하시오.

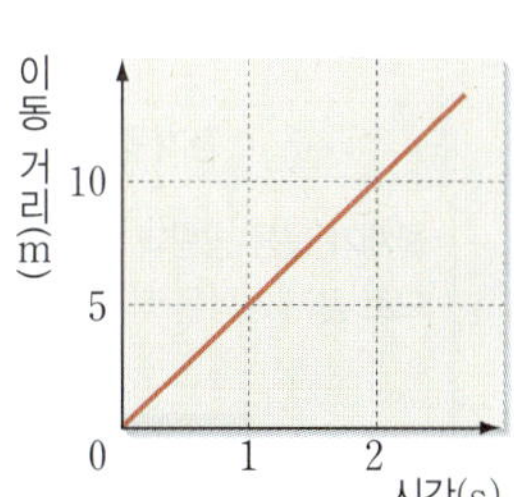

08 오른쪽 그림은 등속 운동 하는 물체의 시간−속력 그래프이다. 이 물체가 15 초 동안 이동한 거리는 몇 m인지 구하시오.

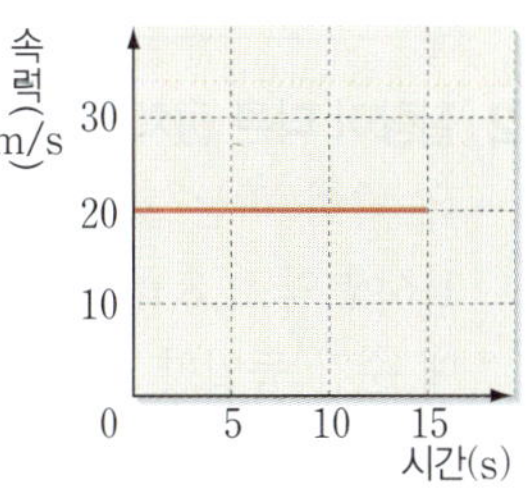

08강 운동

❸ 자유 낙하 운동

1 자유 낙하 운동　공기 저항을 무시할 때 물체가 중력만 받으면서 아래로 떨어지는 운동

중력은 지구가 물체에 작용하는 당기는 힘이다.

① 물체의 시간에 따른 위치 변화: 물체 사이의 간격이 점점 넓어진다.
② 물체의 시간에 따른 속력 변화: 물체의 속력이 일정하게 증가한다.
➡ 물체가 낙하하는 동안 아래 방향으로 일정한 크기의 중력을 받기 때문이다. [7]

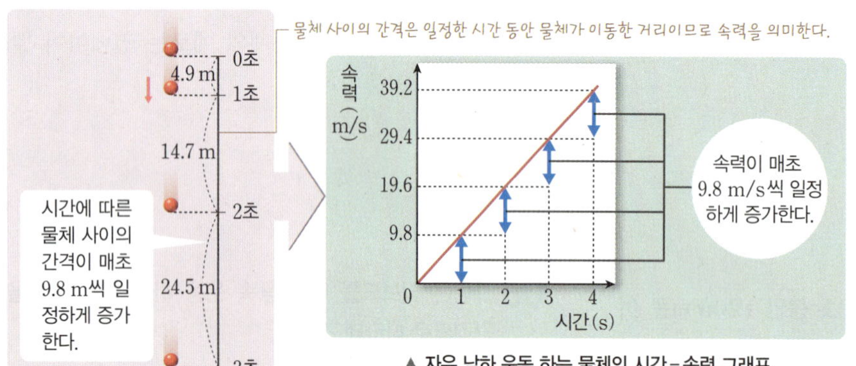

2 중력 가속도 상수　자유 낙하 운동 하는 물체의 시간－속력 그래프를 분석하면, 속력이 매초 9.8 m/s씩 증가함을 알 수 있다. 이때 9.8을 지구의 중력 가속도 상수라고 한다. [8]

3 중력의 크기　물체에 작용하는 중력의 크기는 무게와 같으며, 질량에 비례한다.

$$중력의\ 크기 = 9.8 \times 질량 ^{[9]}$$

중력의 단위는 힘의 단위인 뉴턴(N)을 사용한다.

❹ 질량이 다른 물체의 자유 낙하 운동　[탐구] 91쪽

1 공기 중과 진공 중에서의 낙하 운동

자유 낙하 하는 물체의 단위 시간당 속력 변화, 즉 중력 가속도는 물체의 질량에 관계없이 모두 같다.

공기 중에서의 낙하 운동	진공 중에서의 낙하 운동 [10]
물체가 운동 방향과 반대 방향으로 공기 저항을 받으므로 공기 저항을 적게 받는 물체가 더 빨리 떨어진다.	공기 저항을 받지 않으므로 물체의 크기나 질량에 관계없이 같은 높이에서 낙하하는 물체는 동시에 지면에 도달한다.

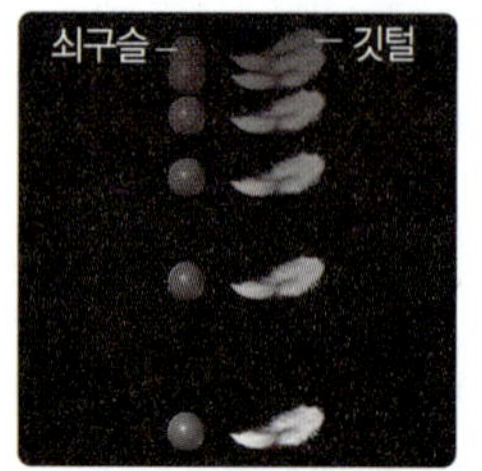

2 질량이 다른 물체의 자유 낙하 운동　같은 높이에서 자유 낙하 하는 모든 물체는 질량에 관계없이 속력이 1초에 약 9.8 m/s씩 일정하게 증가한다. ➡ 물체는 매 순간 동일한 높이에 위치하며, 지면에 동시에 도달한다.

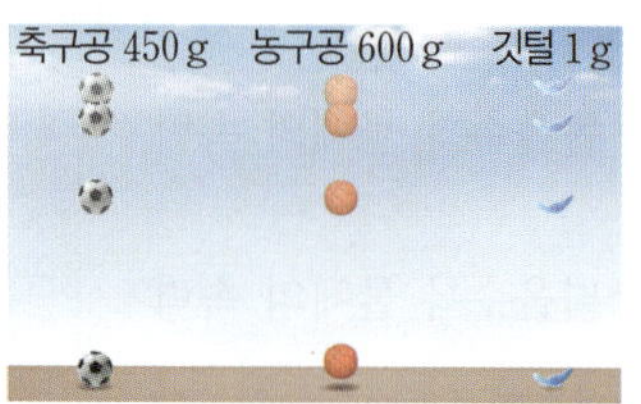

---

❼ 힘과 물체의 속력 변화

• 물체의 운동 방향과 같은 방향으로 일정한 크기의 힘이 작용하면 물체의 속력이 일정하게 증가한다.

힘　물체 사이의 간격이 점점 넓어진다.

• 물체의 운동 방향과 반대 방향으로 일정한 크기의 힘이 작용하면 물체의 속력이 일정하게 감소한다.

힘　물체 사이의 간격이 점점 좁아진다.

❽ 중력 가속도

자유 낙하 운동 하는 물체의 시간에 따른 속력 변화 정도를 중력 가속도라 한다. 지표면 근처에서 자유 낙하하는 모든 물체는 1초 동안 속력이 약 9.8 m/s만큼 변한다.

❾ 중력의 크기

물체에 작용하는 중력의 크기는 물체의 무게와 같으며, 무게는 질량에 비례한다. 이러한 중력의 크기는 중력 가속도 상수에 질량을 곱하여 구한다. 예 질량이 1 kg인 물체에 작용하는 중력의 크기는 9.8 N이다.

❿ 진공

물질이 전혀 존재하지 않는 공간이다. 따라서 진공 중에서 운동하는 물체는 공기 저항을 받지 않는다.

❸ 자유 낙하 운동

09 자유 낙하 운동을 하는 물체에 대한 설명이다. (   ) 안에 들어갈 알맞은 말을 고르시오.

(1) 자유 낙하 운동 하는 물체는 속력이 (일정한, 일정하게 느려지는, 일정하게 빨라지는) 운동을 한다.

(2) 자유 낙하 운동 하는 물체에는 운동 방향과 (같은, 반대) 방향으로 중력이 작용한다.

10 다음은 자유 낙하 하는 물체에 대한 설명이다. (   ) 안에 들어갈 알맞은 말을 쓰시오.

> 지표면 근처에서 자유 낙하 운동을 하는 모든 물체의 속력은 1초에 (㉠   ) m/s씩 증가한다. 이렇게 속력이 일정하게 증가하는 것은 물체에 (㉡   )이/가 작용하기 때문이다.

11 질량이 3 kg인 물체를 50 m 높이에서 자유 낙하시켰다. 2초 후 이 물체의 속력은 몇 m/s인지 구하시오.

12 자유 낙하 운동을 하는 물체의 시간 – 속력 그래프를 옳게 나타낸 것을 〈보기〉에서 고르시오.

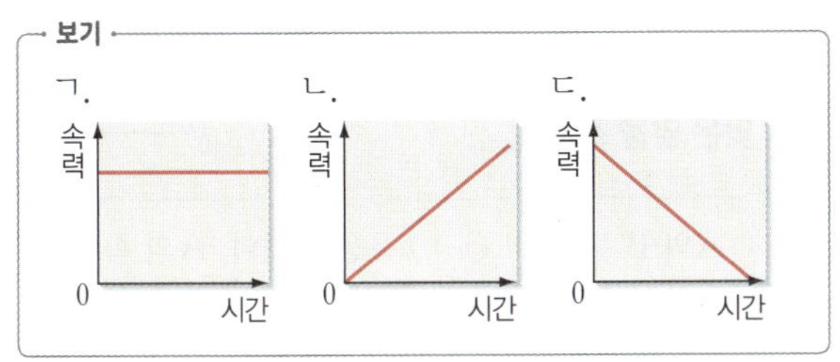

❹ 질량이 다른 물체의 자유 낙하 운동

13 자유 낙하 운동에 대한 설명으로 옳은 것은 ○표, 옳지 <u>않은</u> 것은 ×표 하시오.

(1) 1초마다 9.8 m/s씩 속력이 빨라진다.   (   )

(2) 자유 낙하 하는 물체는 중력과 공기 저항을 받으면서 운동한다.   (   )

(3) 질량이 다른 두 물체가 같은 높이에서 동시에 자유 낙하 하면 질량이 큰 물체가 지면에 먼저 도달한다.
(   )

14 그림 (가)와 (나)는 쇠구슬과 깃털을 같은 높이에서 동시에 떨어뜨려 낙하시키는 모습을 일정한 시간 간격으로 나타낸 것이다. (   ) 안에 들어갈 알맞은 말을 고르시오.

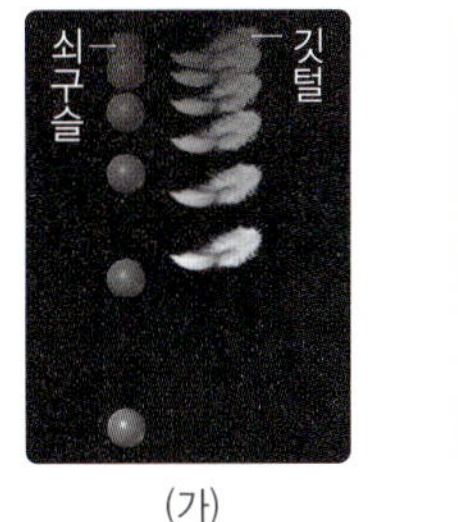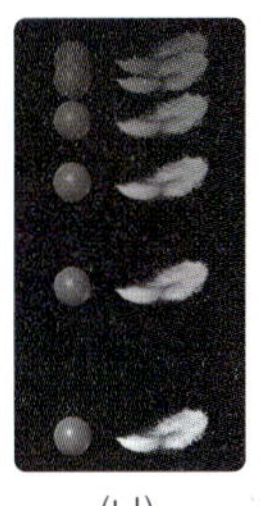

(1) ㉠((가), (나))에서는 공기 저항이 작용하고, ㉡((가), (나))에서는 공기 저항이 작용하지 않는다.

(2) ((가), (나))에서 두 물체는 매초당 9.8 m/s씩 속력이 일정하게 증가한다.

(3) ((가), (나))에서는 공기 저항을 적게 받는 물체가 더 빨리 바닥에 도달한다.

15 오른쪽 그림과 같이 진공 중에서 쇠구슬과 깃털을 동시에 떨어뜨렸다. 바닥에 먼저 도달하는 물체를 쓰시오.(단, 두 물체를 떨어뜨린 높이는 같다.)

등속 운동 분석하기

★ 바른답 · 알찬풀이 29쪽

과정 및 결과

❶ 그림은 일정한 속력으로 운동하는 공의 위치를 0.5초 간격으로 나타낸 것이다.

운동 방향 ➡ (단위: cm)

❷ 공이 처음 위치에서 0.5초, 1.0초, … 지난 후의 이동 거리를 표에 기록한다.

시간(s)	0	0.5	1.0	1.5	2.0	2.5
이동 거리(cm)	0	20	40	60	80	100

❸ 공의 구간 이동 거리와 속력을 계산하여 표에 기록한다.

시간(s)	0~0.5	0.5~1.0	1.0~1.5	1.5~2.0	2.0~2.5
구간 이동 거리(cm)	20	20	20	20	20
속력(m/s)	0.4	0.4	0.4	0.4	0.4

❹ 공의 시간에 따른 이동 거리와 시간에 따른 속력을 그래프로 나타낸다.

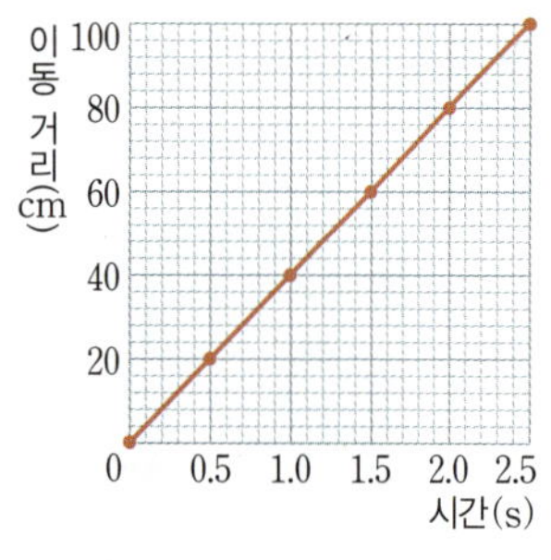
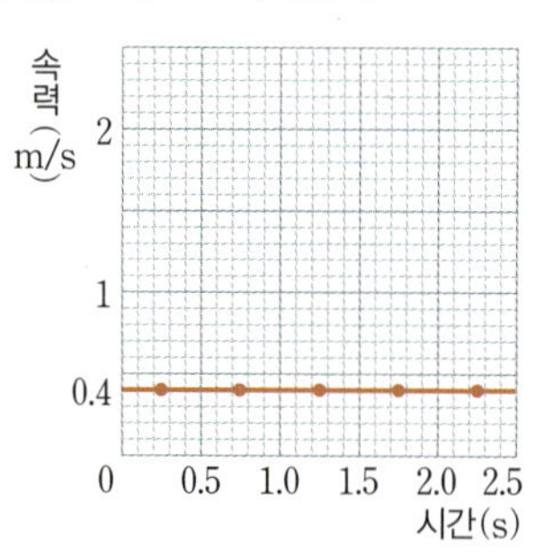

유의할 점

- 구간 이동 거리의 단위를 cm에서 m로 바꾸어 속력을 m/s의 단위로 계산한다.
- 표에서 구한 속력은 평균값이므로 시간-속력 그래프에서 시간 구간의 중앙에 표시한다.

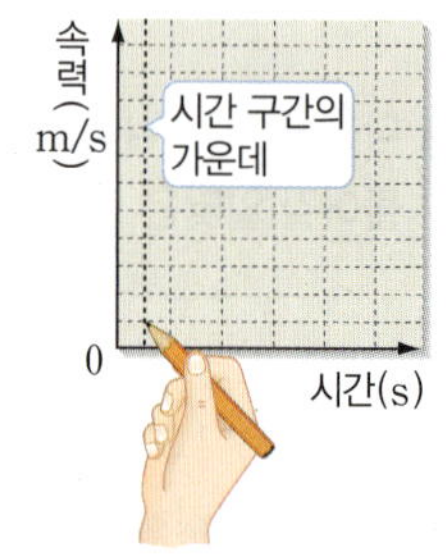

정리

- 물체의 속력이 일정한 운동을 ❶(　　　) 운동이라고 한다.
- 등속 운동 하는 물체의 이동 거리는 시간에 따라 일정하게 ❷(　　　)한다.
- 등속 운동 하는 물체의 속력은 시간에 따라 ❸(　　　)하다.

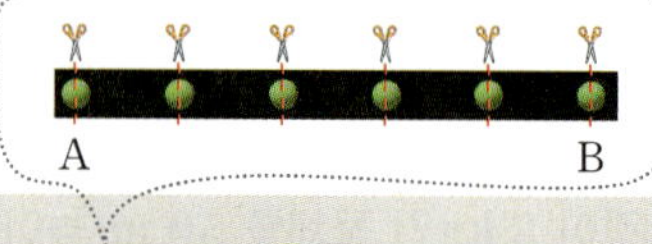

＋ 또 다른 탐구

과정 ❶ 등속 운동 하는 공의 사진에서 공의 가운데를 왼쪽(A)부터 자른 후, 잘라낸 조각들을 그래프의 시간축을 따라 나란히 붙인다.

❷ 잘라낸 조각의 윗변을 지나는 선을 그어 그래프를 완성한다.

결과
- 공과 공 사이를 잘라낸 조각의 길이는 구간 평균 속력을 의미한다.
- 공과 공 사이를 잘라낸 조각의 길이가 일정하다. ➡ 등속 운동 하는 공의 속력이 일정하다.

답 ❶ 등속 ❷ 증가 ❸ 일정

---

01 위 실험에 대한 설명으로 옳은 것은 ○표, 옳지 <u>않은</u> 것은 ×표 하시오.

(1) 등속 운동 하는 물체의 이동 거리는 시간에 비례하여 증가한다. (　　　)

(2) 시간을 가로축으로 하여 등속 운동 하는 물체의 속력을 그래프로 나타내면 그래프는 원점을 지나는 기울어진 직선 모양이 된다. (　　　)

02 오른쪽 그림은 물체 A와 B의 운동을 시간-이동 거리 그래프로 나타낸 것이다. (　　　) 안에 들어갈 알맞은 말을 쓰시오.

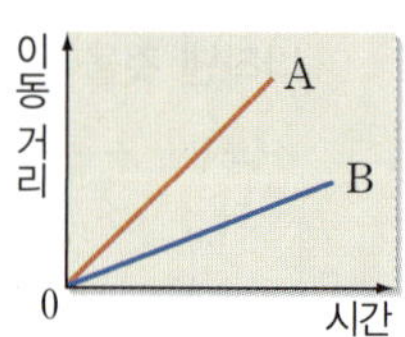

A와 B 모두 (　㉠　) 운동을 하며, A의 속력이 B의 속력보다 (　㉡　).

자유 낙하 운동 분석하기 개념 88쪽

★ 바른답 · 알찬풀이 29쪽

과정

❶ 그림과 같이 모눈종이와 자를 설치하고, 바닥에 방석을 놓은 다음 스마트 기기를 고정하여 촬영 준비를 한다.

❷ 질량이 다른 테니스공과 야구공을 동시에 놓아 두 공이 떨어지는 모습을 0.1초 간격으로 촬영한다.

❸ 촬영한 영상을 확인하여 공의 위치를 0.1초 간격으로 측정한다.

❹ 실험 결과를 표에 기록하여 두 공의 구간 이동 거리와 속력을 구하고, 테니스공과 야구공의 시간에 따른 속력을 그래프로 나타낸다.

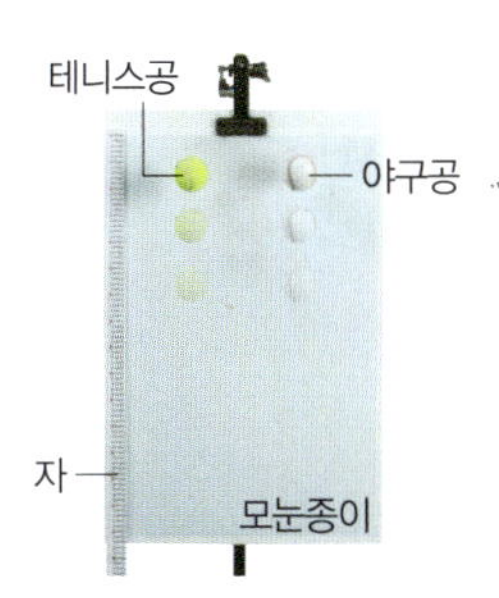

유의할 점
• 구간 이동 거리의 단위를 cm에서 m로 바꾸어 속력을 m/s의 단위로 계산한다.
• 표에서 구한 속력은 평균값이므로 그래프에서 시간 구간의 중앙에 표시한다.

결과

물체	시간(s)	0		0.1		0.2		0.3		0.4
테니스공	위치(cm)	0		4.9		19.6		44.1		78.4
	구간 이동 거리(cm)		4.9		14.7		24.5		34.3	
	속력(m/s)		0.49		1.47		2.45		3.43	
	속력 변화(m/s)			0.98		0.98		0.98		
야구공	위치(cm)	0		4.9		19.6		44.1		78.4
	구간 이동 거리(cm)		4.9		14.7		24.5		34.3	
	속력(m/s)		0.49		1.47		2.45		3.43	
	속력 변화(m/s)			0.98		0.98		0.98		

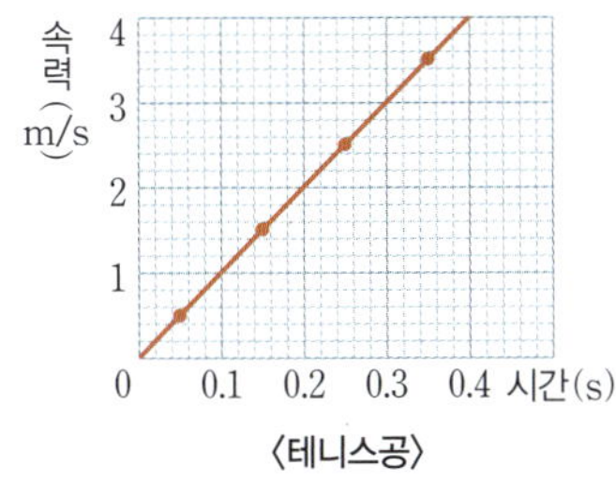

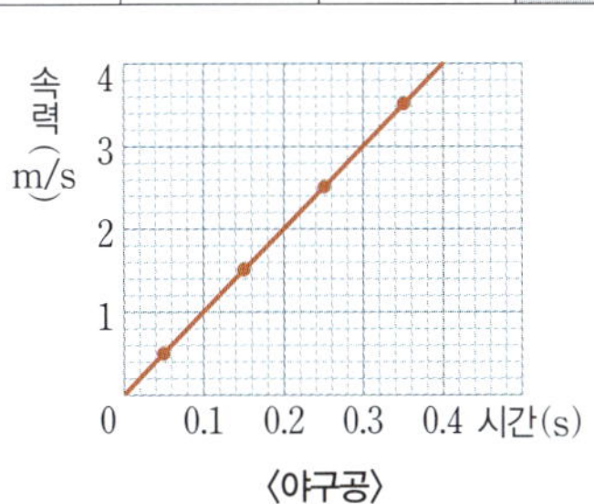

+ 또 다른 탐구

과정

그림의 진공 낙하 실험 장치를 뒤집어 세우면서 무거운 쇠구슬과 가벼운 깃털이 동시에 낙하하는 장면을 스마트 기기로 촬영한다.

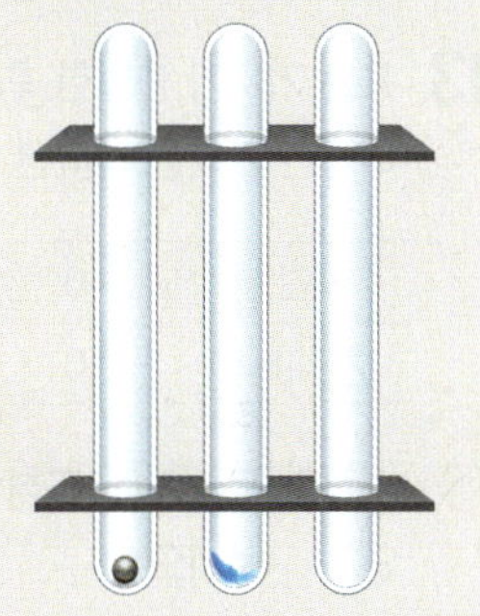

결과

쇠구슬과 깃털이 동시에 낙하한다. ➡ 자유 낙하 하는 물체는 질량에 관계없이 속력이 일정하게 빨라진다.

정리

• 테니스공과 야구공의 속력은 시간에 따라 일정하게 ❶(　　　)한다.

• 테니스공과 야구공의 0.1초 동안의 속력 변화는 각각 0.98 m/s로 같다. ➡ 자유 낙하 하는 물체는 1초마다 ❷(　　　) m/s씩 속력이 증가한다.

• 테니스공과 야구공의 속력 변화가 같다. ➡ 자유 낙하 하는 물체의 시간에 따른 속력 변화는 ❸(　　　)에 관계없이 일정하다.

정답 ❶ 증가 ❷ 9.8 ❸ 질량

---

01 위 실험에 대한 설명으로 옳은 것은 ○표, 옳지 않은 것은 ×표 하시오.

(1) 질량이 서로 다른 물체에 작용하는 중력의 크기는 물체의 질량에 반비례한다. (　　)

(2) 진공 중에서 테니스공과 야구공을 동시에 떨어뜨리면 두 공이 동시에 바닥에 도달한다. (　　)

(3) 자유 낙하 하는 물체는 질량에 관계없이 속력이 매초마다 9.8 m/s씩 증가한다. (　　)

02 오른쪽 그림과 같이 질량이 50 g인 공 A와 질량이 100 g인 공 B를 같은 높이에서 동시에 가만히 놓아 떨어뜨렸다. 같은 높이만큼 낙하했을 때 A와 B의 속력 변화의 비(A : B)를 쓰시오.(단, 공기 저항은 무시한다.)

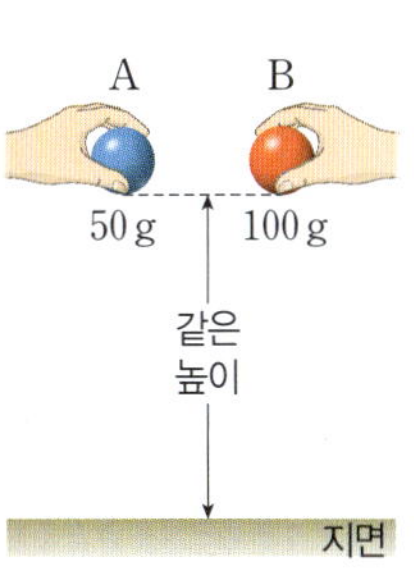

01 어떤 사람이 1000 m를 이동하는 데 3분 20초가 걸렸다. 이 사람의 속력은 몇 m/s인지 구하시오.

02 표는 스피드 스케이팅 선수 A~D가 500 m를 달린 기록을 나타낸 것이다.

선수	A	B	C	D
기록(초)	35.01	34.98	35.03	34.96

가장 빠른 선수는?

① A ② B ③ C
④ D ⑤ 모두 같다.

03 표는 기차가 출발한 후 목적지에 도착할 때까지 1시간마다 이동한 거리를 나타낸 것이다.

시간(h)	0	1	2	3
거리(km)	0	80	140	240

기차가 목적지에 도착할 때까지의 평균 속력은 몇 km/h인지 구하시오.

신경향

04 그림은 배에서 발생시킨 초음파가 되돌아오는 시간을 측정하여 바다의 깊이를 측정하는 모습을 나타낸 것이다.

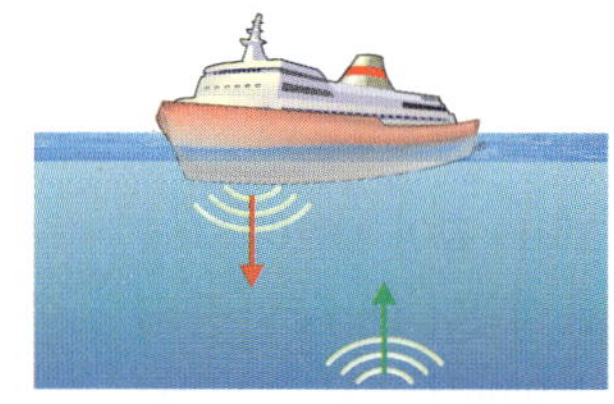

배에서 발생시킨 초음파가 다시 배까지 되돌아오는 데 걸린 시간이 4초였다면, 배에서 바닥까지의 깊이는 몇 m인가?(단, 초음파의 속력은 1500 m/s이다.)

① 375 m ② 1500 m ③ 3000 m
④ 4500 m ⑤ 6000 m

05 그림은 운동장에서 굴러가는 축구공의 운동을 1초 간격으로 나타낸 것이다.

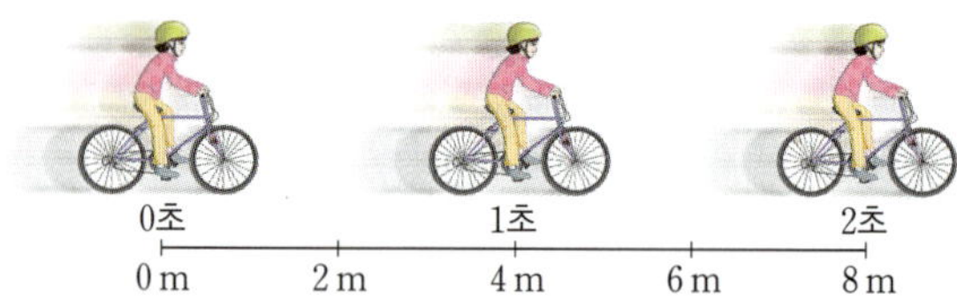

공의 속력에 대한 설명으로 옳은 것은?

① 속력이 일정하다.
② 속력이 점점 감소한다.
③ 속력이 점점 증가한다.
④ 속력이 감소하다 증가한다.
⑤ 속력이 증가하다 감소한다.

중요

06 그림은 연수가 자전거를 타고 이동한 거리를 1초마다 나타낸 것이다.

이에 대한 설명으로 옳은 것을 〈보기〉에서 모두 고른 것은?

보기
ㄱ. 속력은 4 m/s로 일정하다.
ㄴ. 1초 동안 8 m를 이동하였다.
ㄷ. 이동 거리는 일정하게 증가하였다.

① ㄱ ② ㄴ ③ ㄱ, ㄷ
④ ㄴ, ㄷ ⑤ ㄱ, ㄴ, ㄷ

07 등속 운동 하는 물체에 대한 설명으로 옳은 것을 〈보기〉에서 모두 고르시오.

보기
ㄱ. 속력은 시간에 따라 변하지 않는다.
ㄴ. 위치는 시간에 따라 변하지 않는다.
ㄷ. 이동 거리는 시간에 비례하여 증가한다.

[08~10] 그림은 공의 운동 상태를 **0.1초** 간격으로 나타낸 연속 사진이다. 물음에 답하시오.

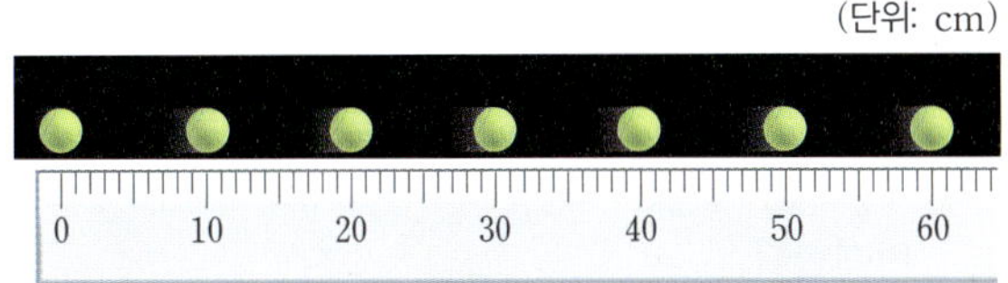

(단위: cm)

08 공의 속력은 몇 **m/s**인지 구하시오.

09 공이 30초 동안 계속 같은 속력으로 운동할 때, 이동한 거리는 몇 **m**인가?

① 10 m   ② 20 m   ③ 30 m
④ 40 m   ⑤ 50 m

10 공의 시간에 따른 속력을 그래프로 옳게 나타낸 것은?

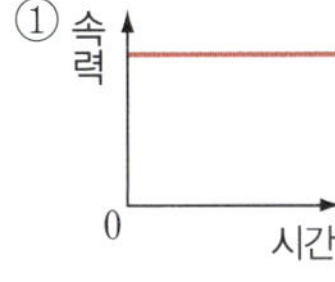
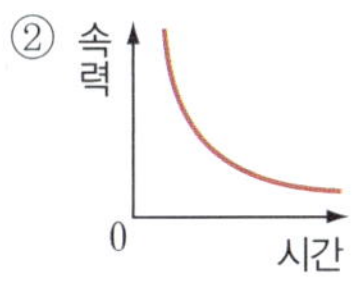
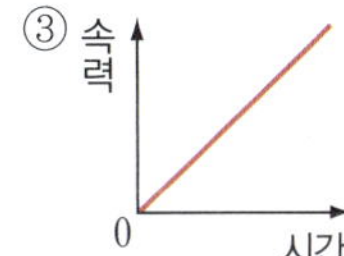
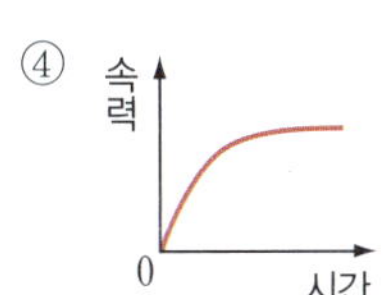
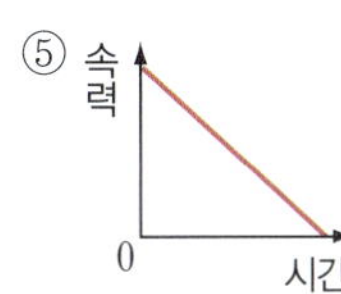

11 표는 두 물체 A와 B의 이동 거리를 시간에 따라 나타낸 것이다.

시간(s)	0	1	2	3	4	5
A의 이동 거리(m)	0	20	40	60	80	100
B의 이동 거리(m)	0	10	20	30	40	50

A와 B의 시간에 따른 속력을 그래프로 가장 적절하게 나타낸 것은?

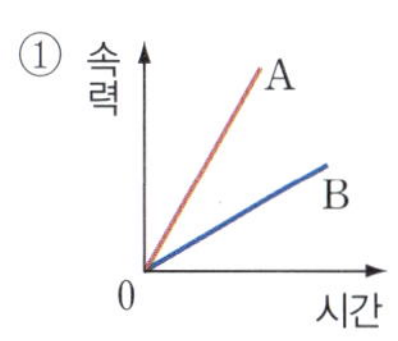
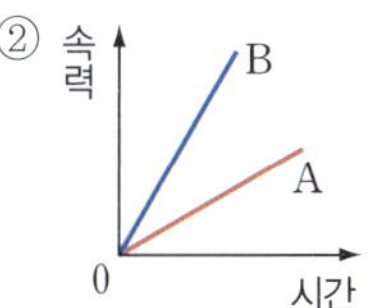
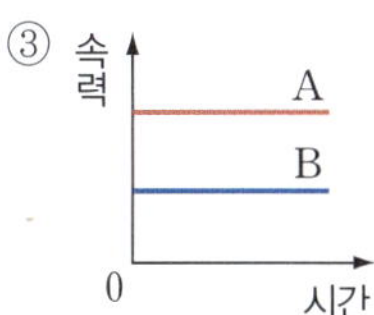
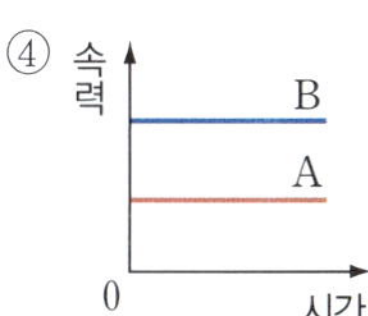
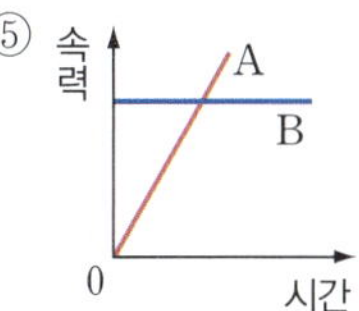

12 오른쪽 그림은 세 물체 A, B, C의 이동 거리를 시간에 따라 나타낸 것이다. 세 물체의 속력을 옳게 비교한 것은?

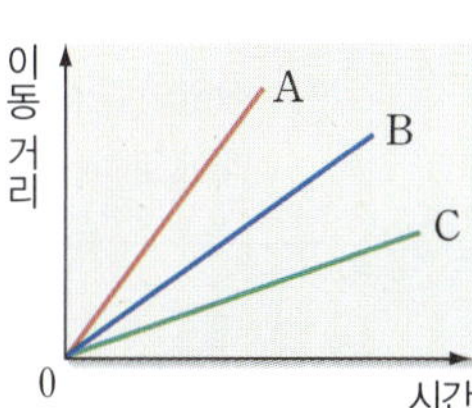

① A=B=C   ② A>B>C   ③ A>B=C
④ C>A=B   ⑤ C>B>A

13 등속 운동을 하는 예가 <u>아닌</u> 것은?

① 무빙워크   ② 롤러코스터
③ 에스컬레이터   ④ 컨베이어 벨트
⑤ 스키장의 리프트

14 오른쪽 그림은 공중에서 가만히 놓은 질량이 **1 kg**인 물체의 속력을 시간에 따라 나타낸 것이다. 이에 대한 설명으로 옳은 것을 〈보기〉에서 모두 고른 것은?

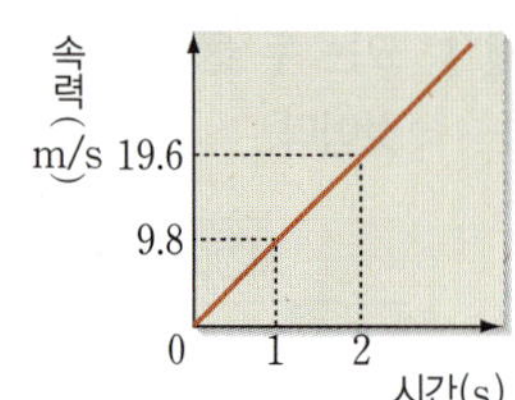

보기
ㄱ. 물체의 무게는 9.8 N이다.
ㄴ. 물체의 속력은 1초당 9.8 m/s씩 증가한다.
ㄷ. 물체가 0~2초 동안 이동한 거리는 39.2 m이다.

① ㄱ ② ㄴ ③ ㄷ
④ ㄱ, ㄴ ⑤ ㄱ, ㄷ

15 오른쪽 그림은 물체 **A**와 **B**의 운동을 시간-속력 그래프로 나타낸 것이다. 이에 대한 설명으로 옳은 것을 〈보기〉에서 모두 고른 것은?

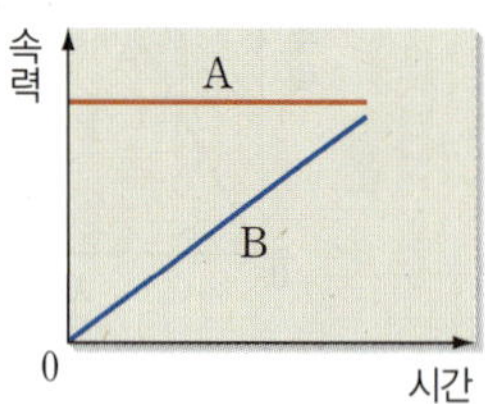

보기
ㄱ. A는 등속 운동을 한다.
ㄴ. 무빙워크의 시간-속력 그래프로 적절한 것은 B이다.
ㄷ. 자유 낙하 운동을 하는 경우 B와 같은 형태의 그래프로 나타난다.

① ㄱ ② ㄴ ③ ㄱ, ㄷ
④ ㄴ, ㄷ ⑤ ㄱ, ㄴ, ㄷ

16 오른쪽 그림과 같이 물체를 가만히 놓았더니 물체가 자유 낙하 운동을 하였다. 1초일 때와 3초일 때 물체의 속력의 비(1초 : 3초)를 구하시오.

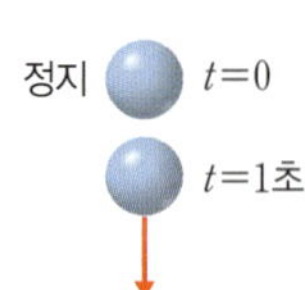

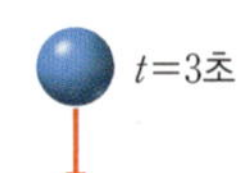

17 중력과 물체의 낙하 운동에 대한 설명으로 옳지 <u>않은</u> 것은?

① 진공 중에서 낙하하는 물체에는 중력만 작용한다.
② 공기 저항이 없는 곳에서도 물체에 중력이 작용한다.
③ 물체에 작용하는 중력의 크기는 물체의 질량에 반비례한다.
④ 공기 중에서 낙하하는 물체에는 중력과 공기 저항이 작용한다.
⑤ 낙하하는 물체의 운동 방향과 같은 방향으로 중력이 작용한다.

18 달의 중력은 지구의 $\frac{1}{6}$배이다. 달에서 자유 낙하 운동 하는 물체의 속력 변화에 대한 설명으로 옳은 것은?

① 물체의 질량에 따라 1초당 속력 변화가 달라진다.
② 1초당 속력 변화는 지구에서의 속력 변화와 같다.
③ 1초당 속력 변화는 지구에서의 속력 변화의 6배이다.
④ 1초당 속력 변화는 지구에서의 속력 변화의 $\frac{1}{6}$배이다.
⑤ 물체를 낙하시킨 높이에 따라 1초당 속력 변화가 달라진다.

중요
19 오른쪽 그림은 사과를 가만히 놓았을 때 사과의 운동 모습을 나타낸 것이다. 이에 대한 설명으로 옳은 것을 〈보기〉에서 모두 고른 것은?(단, 공기 저항은 무시한다.)

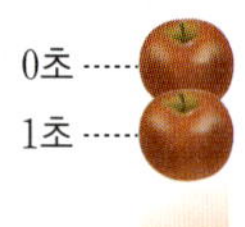

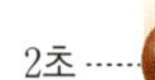

보기
ㄱ. 2초일 때 사과의 속력은 19.6 m/s이다.
ㄴ. 사과의 질량이 클수록 1초당 사과의 속력 변화가 크다.
ㄷ. 사과에 작용하는 중력의 방향은 사과의 운동 방향과 반대이다.

① ㄱ ② ㄴ ③ ㄷ
④ ㄱ, ㄴ ⑤ ㄱ, ㄷ

20 오른쪽 그림은 공과 깃털이 같은 높이에서 동시에 낙하할 때의 모습을 일정한 시간 간격으로 나타낸 것이다. 이에 대한 설명으로 옳은 것은?

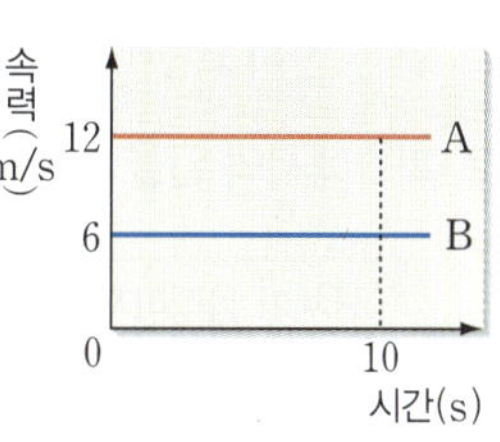

① 공이 낙하하는 속력은 일정하다.
② 깃털에는 중력이 작용하지 않는다.
③ 깃털이 낙하하는 속력은 점점 감소한다.
④ 공과 깃털은 동시에 바닥에 도달한다.
⑤ 공에 작용하는 중력의 크기는 점점 커진다.

신경향

21 오른쪽 그림은 질량이 2 kg인 물체가 자유 낙하 운동을 할 때의 시간에 따른 속력을 나타낸 것이다. 질량이 4 kg인 물체가 자유 낙하 운동을 할 때의 시간에 따른 속력을 그래프로 옳게 나타낸 것은?

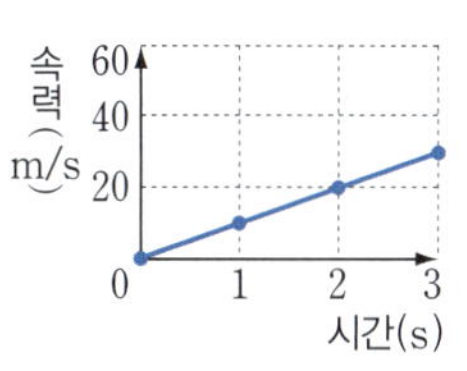

① 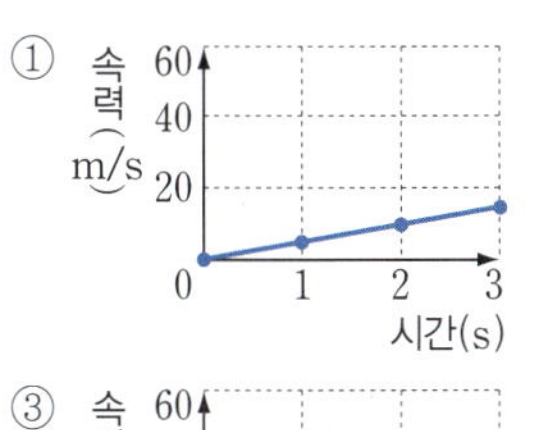 ② 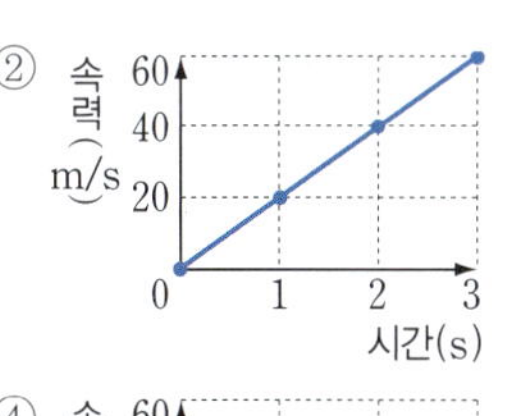

③ 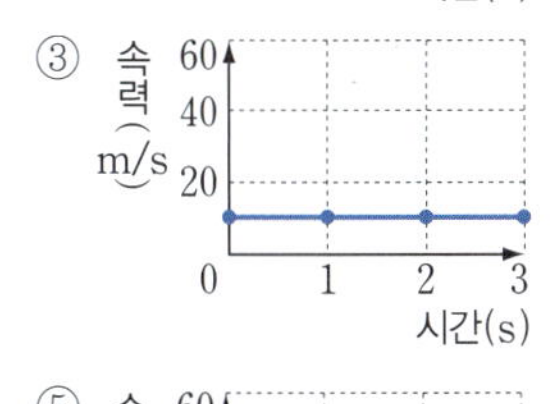 ④ 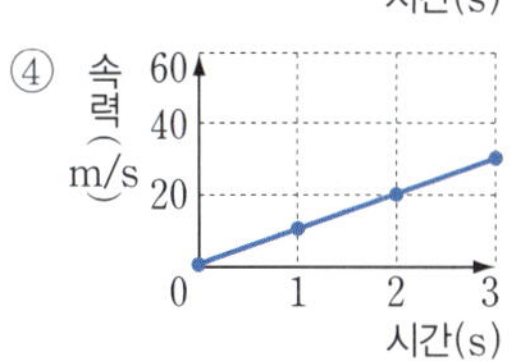

⑤ 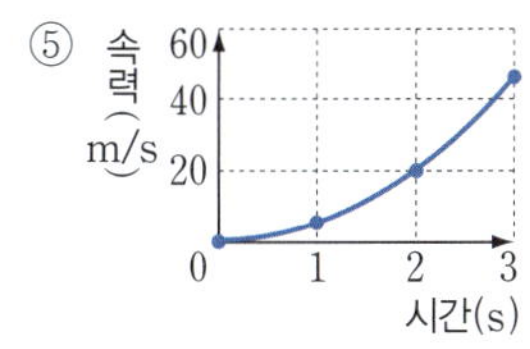

22 다음은 자유 낙하 하는 물체에 대한 설명이다. ( ) 안에 들어갈 알맞은 말을 쓰시오.

> 서로 다른 물체에 작용하는 중력의 크기는 물체의 질량에 (㉠)하고, 이들 물체가 자유 낙하 운동을 할 때 물체의 (㉡) 변화는 물체의 질량에 관계없이 같다.

고난도·서술형 문제

23 오른쪽 그림은 같은 지점에서 동시에 출발하여 같은 방향으로 운동하는 두 물체 A와 B의 시간에 따른 속력을 나타낸 것이다. 이에 대한 설명으로 옳은 것은?

① A와 B의 속력은 같다.
② A만 등속 운동을 한다.
③ B의 속력이 A의 속력보다 빠르다.
④ 10초일 때 A는 B보다 60 m 앞에 있다.
⑤ 시간이 지나도 A와 B는 6 m 거리 간격을 유지하면서 운동한다.

서술형

24 다음 글을 읽고 전파의 이동 거리가 시간에 비례할 조건을 설명하시오.

> 레이더는 전파의 이동 거리가 시간에 비례함을 이용하여 물체까지의 거리를 측정한다.

통합형

25 그림 (가)~(다)는 자유 낙하 하는 물체의 어떤 물리량을 시간에 따라 개략적으로 나타낸 것이다.

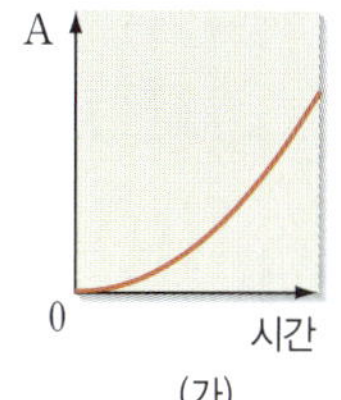

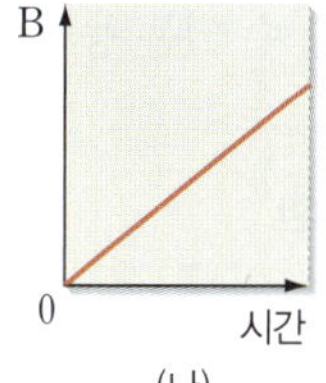

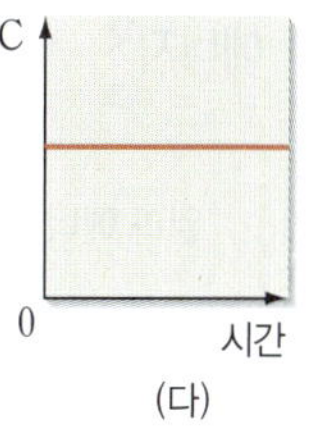

각 그래프의 y축에 해당하는 물리량을 옳게 짝 지은 것은?

	A	B	C
①	속력	이동 거리	작용하는 힘
②	속력	작용하는 힘	이동 거리
③	이동 거리	속력	작용하는 힘
④	이동 거리	작용하는 힘	속력
⑤	작용하는 힘	속력	이동 거리

 09강 일과 에너지

❶ 일

1 과학에서의 일❶ 과학에서는 물체에 힘을 작용하여 물체를 힘의 방향으로 이동시킬 때 일을 한다고 한다.

2 과학에서의 일을 하지 않은 경우(일의 양이 0인 경우)

물체가 움직이지 않은 경우 (이동 거리가 0인 경우)	물체에 작용한 힘이 0인 경우	물체에 작용한 힘의 방향과 이동 방향이 수직인 경우❷
• 역기를 들고 가만히 서 있는 경우 • 벽을 힘껏 밀었으나 움직이지 않는 경우	• 썰매를 타고 얼음 위를 일정한 속력으로 움직이는 경우 • 에어 테이블 위의 원판이 일정한 속력으로 움직이는 경우	• 가방을 들고 수평 방향으로 걸어가는 경우 힘의 방향으로 이동한 거리가 0이다.

3 일의 양 물체에 한 일(W)의 양은 물체에 작용한 힘(F)의 크기와 힘의 방향으로 이동한 거리(s)의 곱이다.

$$일 = 힘 \times 힘의\ 방향으로\ 이동한\ 거리,\ W = Fs$$

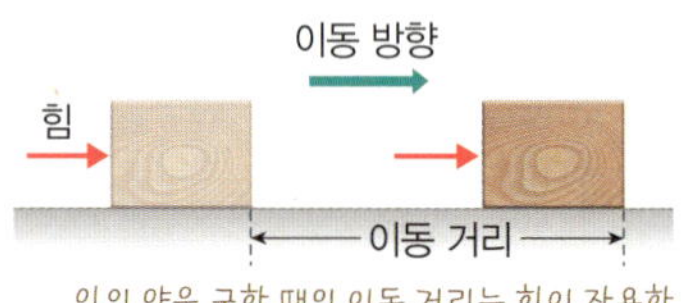

일의 양을 구할 때의 이동 거리는 힘이 작용한 방향으로의 이동 거리만을 의미한다.

물체를 들어 올릴 때 한 일 (중력에 대하여 한 일)	물체가 자유 낙하 할 때 한 일 (중력이 한 일)
• 물체를 일정한 속력으로 들어 올릴 때 힘의 크기는 물체의 무게와 같다.❸ • 일 = 물체의 무게 × 들어 올린 높이❹ 물체의 무게는 물체에 작용하는 중력의 크기와 같다.	• 떨어지는 물체에는 중력이 작용한다. • 일 = 물체에 작용하는 중력 × 낙하한 거리 질량이 m인 물체가 높이 h만큼 자유 낙하 하였을 때 중력이 한 일은 $9.8mh$이다.

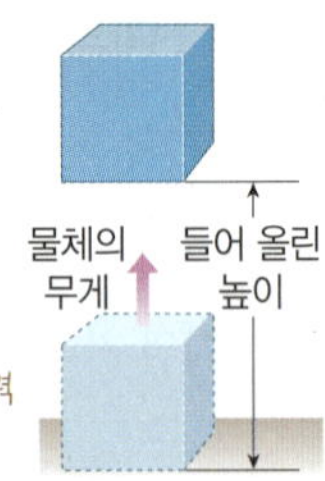

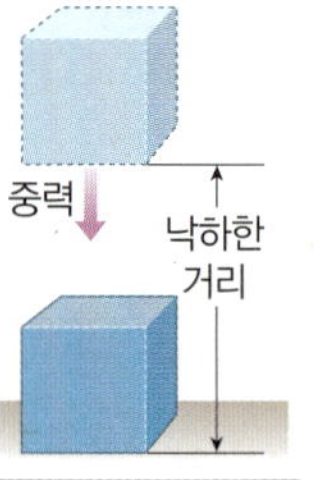

4 일의 단위 J(줄)

• 1 J: 1 N의 힘이 작용하여 물체가 힘의 방향으로 1 m 이동했을 때 한 일의 양

❷ 일과 에너지의 관계

1 에너지❺ 일을 할 수 있는 능력

일과 에너지의 전환

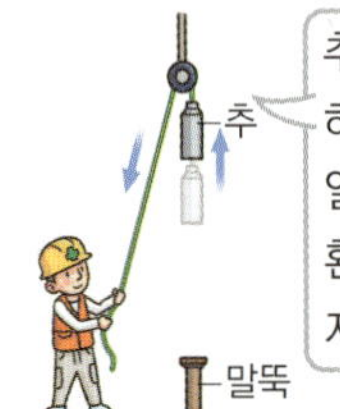

추를 들어 올리는 일을 하면 중력에 대해 한 일이 추의 에너지로 전환된다. ➡ 추는 에너지를 가지게 된다.

추를 떨어뜨리면 추의 에너지가 중력이 한 일로 전환된다. ➡ 추는 떨어지면서 말뚝을 박는 일을 한다.

물체에 일을 하면 한 일의 양만큼 물체의 에너지는 증가하고, 물체가 외부에 일을 하면 한 일의 양만큼 물체의 에너지는 감소한다. ➡ 에너지와 일은 서로 전환된다.

2 에너지의 단위 J(줄) — 일의 단위와 같다.

---

❶ 일상생활에서의 일

일상생활에서는 무엇을 만들거나 이루기 위해서 머리로 생각하거나 몸을 움직이는 인간의 활동을 모두 일이라 한다.

❷ 힘의 방향과 이동 방향이 수직일 때 한 일의 양이 0인 까닭

물체에 작용한 힘의 방향으로 이동한 거리가 0이므로, 물체에 작용한 힘이 한 일의 양도 0이다.

❸ 무게

물체에 작용하는 중력의 크기로, 지표면에서 질량이 1 kg인 물체의 무게는 9.8 N이다.

$$무게(N) = 9.8 \times 질량(kg)$$

❹ 물체를 들고 계단을 오를 때 물체에 한 일

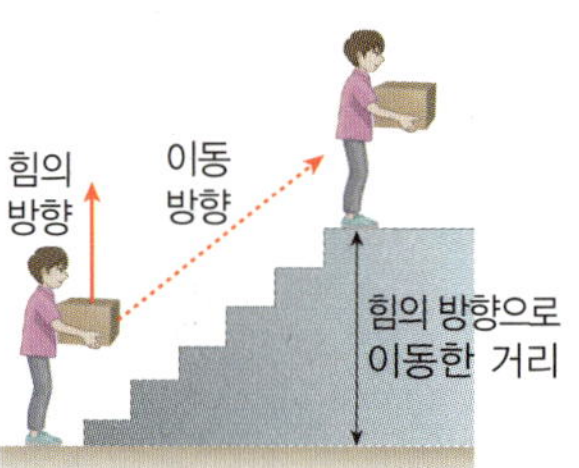

물체에 수평 방향으로 작용한 힘은 0이고, 수직 방향으로 작용한 힘은 물체의 무게와 같다. 따라서 한 일은 '물체의 무게 × 올라간 높이'로 구할 수 있다.

❺ 에너지의 크기

에너지는 일로 전환될 수 있고, 일은 에너지로 전환될 수 있다. 따라서 물체가 한 일의 양으로 물체가 가지고 있던 에너지의 크기를 측정할 수 있다.

★ 바른답·알찬풀이 31쪽

❶ 일

01 과학에서의 일을 한 경우는 ○표, 과학에서의 일을 하지 <u>않은</u> 경우는 ×표 하시오.

(1) 가방을 들고 복도를 걸어갔다. ( )

(2) 바위를 밀었으나 움직이지 않았다. ( )

(3) 가방을 들고 계단을 따라 올라갔다. ( )

(4) 1시간 동안 음악을 들으면서 책을 읽었다.

( )

(5) 스케이트를 타고 일정한 속력으로 움직였다.

( )

02 다음은 한 일의 양이 0인 경우이다. 한 일의 양이 0인 까닭이 작용한 힘이 0이기 때문이면 '힘', 이동 거리가 0이기 때문이면 '거리', 힘의 방향과 이동 방향이 수직이기 때문이면 '방향'이라고 쓰시오.

(1) 의자를 들고 복도를 걸어갔다. ( )

(2) 역기를 든 채로 가만히 서 있었다. ( )

(3) 썰매를 타고 얼음 위를 일정한 속력으로 움직이고 있다. ( )

03 그림과 같이 수평면에 놓인 물체에 20 N의 힘을 작용하여 수평 방향으로 5 m 이동시켰다.

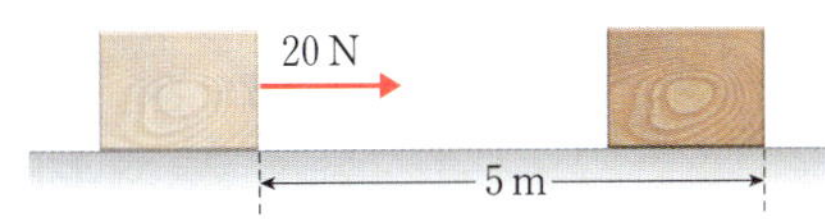

이때 한 일의 양은 몇 J인지 구하시오.

04 그림과 같이 수평면에 놓인 어떤 물체에 힘을 작용하여 물체를 힘의 방향으로 4 m 이동시켰을 때 한 일의 양은 10 J이었다.

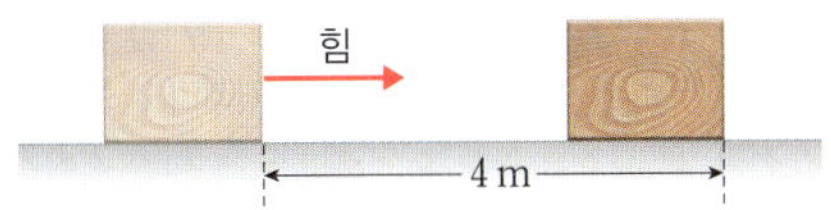

이때 물체에 작용한 힘의 크기는 몇 N인지 구하시오.

05 오른쪽 그림과 같이 질량이 3 kg인 물체를 2 m만큼 들어 올렸을 때 중력에 대하여 한 일의 양은 몇 J인지 구하시오.

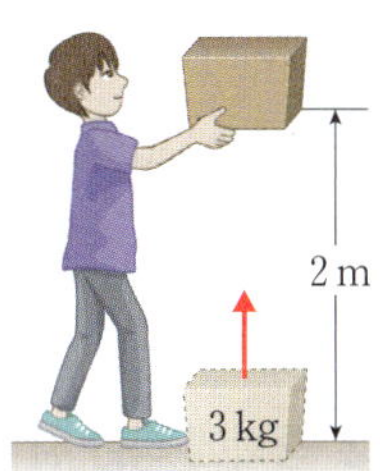

❷ 일과 에너지의 관계

06 에너지에 대한 설명으로 옳은 것은 ○표, 옳지 <u>않은</u> 것은 ×표 하시오.

(1) 에너지는 일을 할 수 있는 능력이다. ( )

(2) 에너지의 단위로 N(뉴턴)을 사용한다. ( )

(3) 에너지를 가지고 있는 물체는 일을 할 수 있다.

( )

(4) 에너지는 일로 전환되지만 일은 에너지로 전환되지 않는다. ( )

07 다음과 같은 경우 물체가 가지고 있는 에너지는 몇 J인지 구하시오.

(1) 바닥에 놓인 물체에 100 J의 일을 해서 1 m 들어 올렸다.

(2) 100 J의 에너지를 가진 물체가 다른 물체에 50 J의 일을 하였다.

08 다음은 일과 에너지에 대한 설명이다. ( ) 안에 들어갈 알맞은 말을 쓰시오.

> 외부에 일을 한 물체는 에너지가 (㉠)하고, 외부에서 물체에 일을 해 주면 물체의 에너지가 (㉡)한다.

09 강 일과 에너지

❸ 중력에 의한 위치 에너지

1 중력에 의한 위치 에너지 기준면으로부터 높은 곳에 있는 물체가 가지는 에너지❻

> 중력에 의한 위치 에너지=9.8×질량×높이, $E=9.8mh$ (단위: J(줄))

2 중력에 의한 위치 에너지와 질량 및 높이의 관계 질량과 높이에 각각 비례한다.

- 추의 높이가 일정할 때 말뚝이 밀려난 거리는 추의 질량에 비례한다.
- 추의 질량이 일정할 때 말뚝이 밀려난 거리는 추의 높이에 비례한다.❼

추를 떨어뜨린 후, 말뚝이 이동한 거리로부터 위치 에너지의 크기를 비교해 볼 수 있다.

위치 에너지와 질량의 관계	위치 에너지와 높이의 관계
높이 일정	질량 일정
높이가 일정할 때 위치 에너지는 질량에 비례한다.	질량이 일정할 때 위치 에너지는 높이에 비례한다.

❹ 운동 에너지 돋보기 100쪽

1 운동 에너지 운동하는 물체가 가지는 에너지❽

> 운동 에너지=$\frac{1}{2}$×질량×속력^2, $E=\frac{1}{2}mv^2$ (단위: J(줄))

2 운동 에너지와 질량 및 속력의 관계 운동 에너지는 질량과 속력의 제곱에 각각 비례한다.

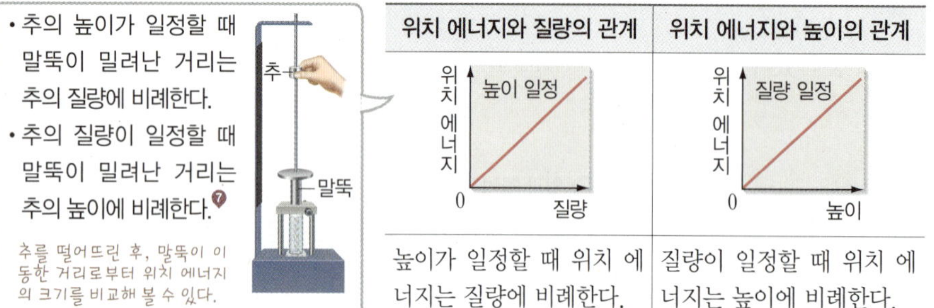

질량이 다른 3개의 수레를 같은 속력으로 밀어 나무 도막과 충돌하게 한다.❾

질량(kg)	1.5	3.0	4.5
이동 거리(cm)	6.0	12.0	18.0

➡ 나무 도막의 이동 거리는 수레의 질량에 비례한다. 나무 도막의 이동 거리를 측정하면 수레의 운동 에너지를 비교할 수 있다.

질량이 같은 수레의 속력을 다르게 하여 나무 도막과 충돌하게 한다.

속력(m/s)	0.2	0.4	0.6
이동 거리(cm)	6.0	24.0	54.0

➡ 나무 도막의 이동 거리는 수레의 속력의 제곱에 비례한다.

운동 에너지와 질량의 관계	운동 에너지와 속력의 관계❿
속력이 일정할 때 운동 에너지는 질량에 비례한다. (속력 일정)	질량이 일정할 때 운동 에너지는 속력의 제곱에 비례한다. (질량 일정)

3 자유 낙하 운동을 할 때 중력이 한 일과 운동 에너지의 관계

① 물체가 자유 낙하 운동을 하면 중력이 물체에 일을 하게 된다. 이때 중력이 한 일은 물체의 운동 에너지로 전환된다.

② 물체의 질량이 클수록, 물체가 낙하한 거리가 길수록 중력이 물체에 한 일의 양이 많아져 물체의 운동 에너지가 커진다.

> 중력이 한 일의 양
> =힘×이동 거리
> =9.8×질량×낙하한 거리
>
> ⬇ 전환
>
> 운동 에너지

---

❻ **위치 에너지의 기준면**

중력에 의한 위치 에너지는 높이에 비례하므로 기준면에 따라 높이가 달라지면 위치 에너지가 달라진다.

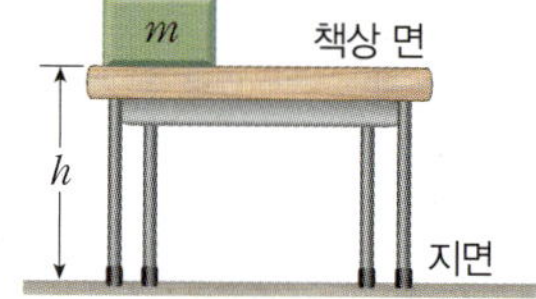

- 지면을 기준으로 할 때: $9.8mh$
- 책상 면을 기준으로 할 때: 0

보통 지면을 기준으로 하지만, 편리한 대로 정할 수도 있다.

❼ **추의 위치 에너지와 일**

추는 중력을 받아 낙하하면서 말뚝을 밀어내는 일을 한다. 추가 말뚝을 밀어내며 한 일은 추의 중력에 의한 위치 에너지와 같다.

❽ **위치 에너지와 운동 에너지를 가지고 있는 예**

- 나무에 매달린 사과: 위치 에너지를 가지고 있다.
- 수평한 도로를 달리는 자동차: 운동 에너지를 가지고 있다.
- 날아가는 새: 위치 에너지와 운동 에너지를 모두 가지고 있다.

❾ **수레의 운동 에너지와 일**

수레의 운동 에너지는 나무 도막을 밀고 가는 일로 전환된다. 따라서 나무 도막의 이동 거리는 수레의 운동 에너지에 비례한다.

❿ **자동차의 속력과 제동 거리**

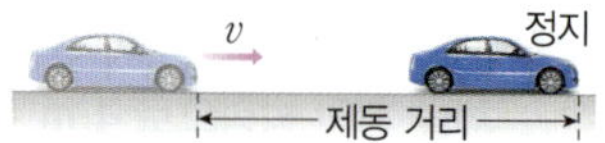

자동차가 브레이크를 밟은 순간부터 완전히 정지할 때까지 이동한 거리를 제동 거리라고 한다. 자동차의 속력이 빠를수록 제동 거리가 커지므로 교통사고의 위험이 증가한다.

속력이 2배가 되면 제동 거리는 4배, 속력이 4배가 되면 제동 거리는 16배가 된다.

❸ 중력에 의한 위치 에너지

09 오른쪽 그림과 같이 질량이 5 kg인 물체가 기준면으로부터 2 m 높이에 있을 때, 물체가 가지는 중력에 의한 위치 에너지는 몇 J인지 구하시오.

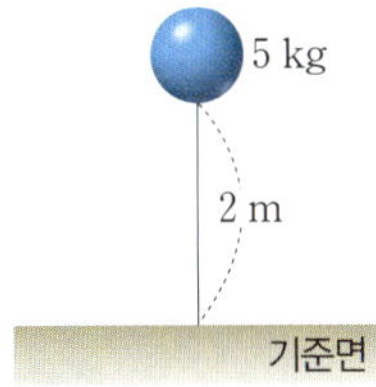

10 중력에 의한 위치 에너지와 질량 및 높이와의 관계를 옳게 나타낸 그래프를 〈보기〉에서 모두 고르시오.

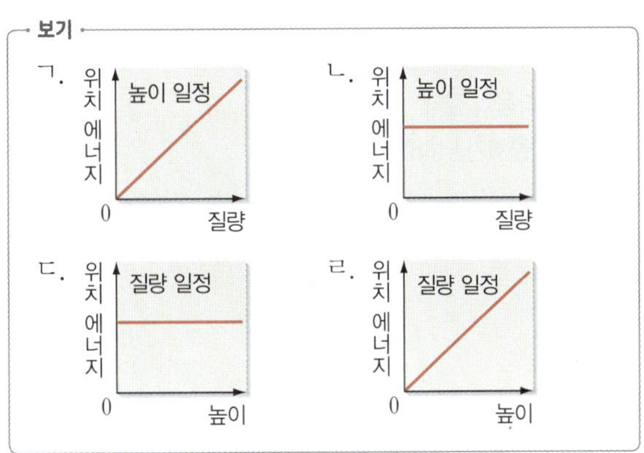

11 중력에 의한 위치 에너지의 기준면에 대한 설명으로 옳은 것은 ○표, 옳지 <u>않은</u> 것은 ×표 하시오.

(1) 항상 지면을 기준면으로 한다. ( )
(2) 위치 에너지는 기준면에 따라 달라진다. ( )
(3) 기준면에 있는 물체의 위치 에너지는 0이다.
　　　　　　　　　　　　　　　　　　( )

12 오른쪽 그림과 같이 장치하고 질량이 100 g인 추를 20 cm 높이에서 떨어뜨렸더니 나무 도막이 2 cm 이동하였다. 질량이 200 g인 추를 20 cm 높이에서 떨어뜨리면 나무 도막의 이동 거리는 몇 cm가 되는지 구하시오.

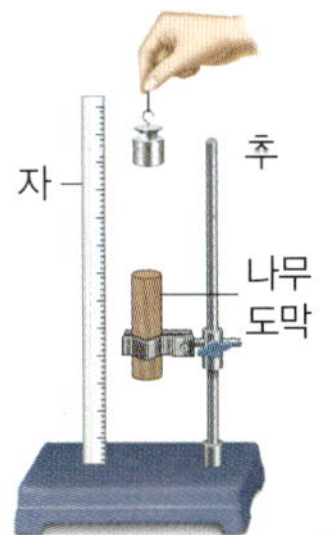

❹ 운동 에너지

13 운동 에너지가 몇 배가 되는지 쓰시오.

(1) 운동하는 물체의 질량은 일정하고 속력이 2배가 되면 운동 에너지는 몇 배가 되는지 쓰시오.
(2) 운동하는 물체의 속력은 일정하고 질량이 2배가 되면 운동 에너지는 몇 배가 되는지 쓰시오.
(3) 운동하는 물체의 질량과 속력이 각각 2배가 되면 운동 에너지는 몇 배가 되는지 쓰시오.

14 그림과 같이 질량이 1 kg인 수레를 4 m/s의 속력으로 나무 도막에 충돌시켰더니 나무 도막이 2 m 이동한 후 정지하였다.

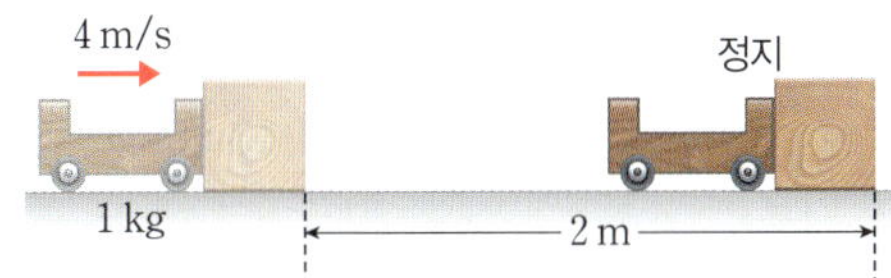

질량이 3 kg인 수레를 4 m/s의 속력으로 나무 도막에 충돌시키면 나무 도막이 몇 m 이동한 후 정지하는지 구하시오.

15 질량이 2 kg인 물체가 15 m만큼 자유 낙하 할 때 증가한 운동 에너지는 몇 J인지 구하시오.

16 중력에 의한 위치 에너지만 가지고 있는 경우에는 '위치', 운동 에너지만 가지고 있는 경우에는 '운동', 위치 에너지와 운동 에너지를 모두 가지고 있는 경우에는 '모두'라고 쓰시오.(단, 중력에 의한 위치 에너지의 기준면은 지면이다.)

(1) 수평한 지면을 굴러가고 있는 축구공 ( )
(2) 연직 위 방향으로 발사한 로켓 ( )
(3) 스탠드에 매달려 정지해 있는 추 ( )
(4) 공중에서 떨어지고 있는 스카이다이버 ( )

중력이 한 일과 운동 에너지의 관계

개념 98쪽 ★ 바른답 · 알찬풀이 31쪽

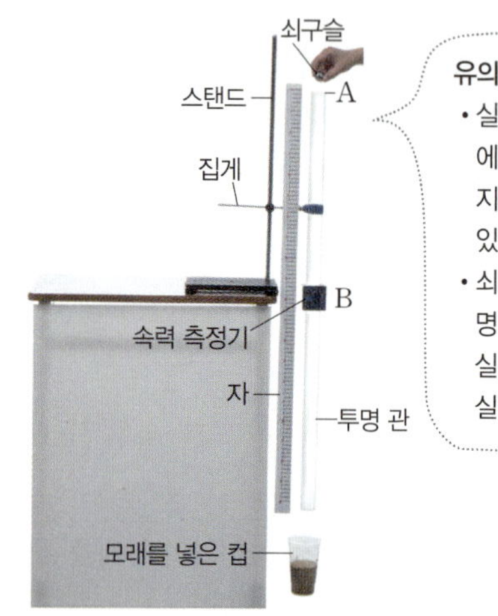

과정

❶ 그림과 같이 스탠드를 이용하여 투명 관, 자를 설치한다.

❷ 투명 관의 위쪽 입구(A)에서 아래로 50 cm 떨어진 위치 (B)에 속력 측정기를 설치하고, 투명 관의 아래 출구에 모래를 넣은 컵을 놓는다.

❸ A 지점에서 질량이 0.1 kg인 쇠구슬을 떨어뜨리면서 B 지점을 지날 때의 속력을 3회 측정하여 각각 표에 기록하고, 평균값을 구한다.

횟수	1회	2회	3회	평균
속력(m/s)	3.13	3.13	3.12	3.13

유의할 점
- 실에 추를 매달아 투명 관 속에 넣어 보면 관이 정확하게 지면에 수직인지 확인할 수 있다.
- 쇠구슬이 낙하하는 동안 투명 관에 부딪히면 그때의 실험 결과는 무시하고 다시 실험한다.

결과

1. 쇠구슬이 A 지점에서 B 지점까지 이동하는 동안 중력이 한 일의 양은 다음과 같다.
   ➡ 물체에 작용하는 중력의 크기×물체가 낙하한 거리＝물체의 무게×물체가 낙하한 거리
   $=(9.8 \times 0.1)\,N \times 0.5\,m = 0.49\,J$

2. 쇠구슬이 A 지점에서 B 지점까지 이동하는 동안 운동 에너지의 변화량은 다음과 같다.
   ➡ $\frac{1}{2} \times 0.1\,kg \times (3.13\,m/s)^2 - \frac{1}{2} \times 0.1\,kg \times 0^2 = 0.49\,J$

정리

- 쇠구슬이 A 지점에서 B 지점으로 이동하는 동안 중력이 한 일의 양과 쇠구슬이 A 지점에서 B 지점으로 이동하는 동안 운동 에너지의 변화량은 ❶( ). ➡ 물체가 자유 낙하 하는 동안 중력이 물체에 한 일의 양과 물체의 운동 에너지가 ❷( ).
- 물체가 자유 낙하 할 때 중력이 한 일은 모두 물체의 ❸( ) 에너지로 전환된다.

답 ❶ 같다 ❷ 같다 ❸ 운동

---

01 위 실험에 대한 설명으로 옳은 것은 ○표, 옳지 <u>않은</u> 것은 ×표 하시오.

(1) 공기 저항과 모든 마찰을 무시할 때 물체를 가만히 놓으면 물체는 중력만을 받아 자유 낙하 운동을 하게 된다. ( )

(2) 물체의 질량과 물체가 낙하한 거리를 측정하면 중력이 물체에 한 일의 양을 알 수 있다. ( )

(3) 중력이 물체에 한 일의 양은 물체의 질량과 물체가 낙하한 거리의 곱과 같다. ( )

(4) 쇠구슬이 A 지점에서 B 지점까지 이동하는 동안 쇠구슬의 위치 에너지는 증가한다. ( )

(5) 쇠구슬이 A 지점에서 B 지점까지 이동하는 동안 쇠구슬의 운동 에너지는 감소한다. ( )

(6) 쇠구슬이 자유 낙하 하면 중력이 쇠구슬에 한 일의 양만큼 쇠구슬의 운동 에너지가 증가한다. ( )

[02~03] 오른쪽 그림과 같이 A 지점에서 가만히 잡고 있던 질량이 0.1 kg인 추를 놓아 떨어뜨렸다. A 지점에서 B 지점까지 추가 낙하한 거리는 0.1 m이다. 물음에 답하시오.

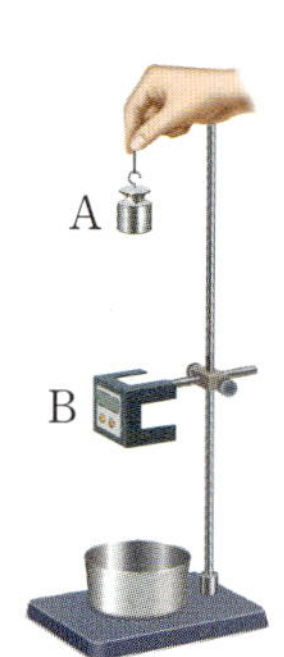
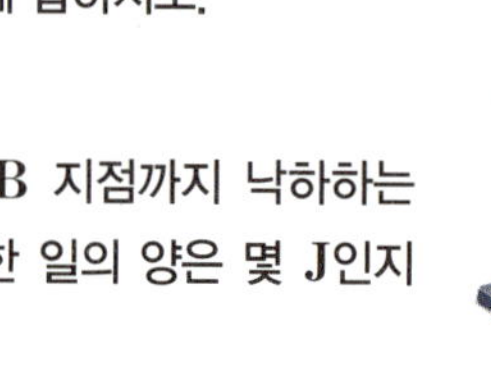

02 추가 A 지점에서 B 지점까지 낙하하는 동안 중력이 추에 한 일의 양은 몇 J인지 구하시오.

03 이에 대한 설명으로 옳은 것을 〈보기〉에서 모두 고르시오.

보기
ㄱ. A 지점에서 추의 운동 에너지는 0이다.
ㄴ. B 지점에서 추의 속력은 1.4 m/s이다.
ㄷ. B 지점에서 추의 운동 에너지는 0.049 J이다.

01 다음 중 밑줄 친 일이 과학에서의 일을 의미하는 것은?

① 나는 은행에서 일을 한다.
② 일이 산더미처럼 쌓여 있다.
③ 상자를 선반에 올리는 일을 하였다.
④ 컴퓨터로 프로그램 짜는 일을 하였다.
⑤ 선반 위의 상자를 받치고 있는 일을 하였다.

02 한 일의 양이 0인 아닌 경우를 모두 고르면?(정답 2개)

① 가방을 들고 수평한 길을 걸어갔다.
② 마트에서 카트를 밀어서 이동시켰다.
③ 무거운 바위를 밀었으나 움직이지 않았다.
④ 우주선이 우주 공간에서 일정한 속력으로 운동을 하고 있다.
⑤ 사다리를 이용하여 지면에 놓여 있는 화분을 옥상에 올려놓았다.

03 오른쪽 그림과 같이 역기를 들고 가만히 서 있을 때 한 일의 양은 0이다. 그 까닭을 옳게 설명한 것은?

① 역기에 작용한 힘이 0이므로
② 역기에 작용한 힘의 방향으로 이동한 거리가 0이므로
③ 역기에 작용한 힘의 방향과 역기의 이동 방향이 같아서
④ 역기에 작용한 힘의 방향과 역기의 이동 방향이 반대이므로
⑤ 역기에 작용한 힘의 방향과 역기의 이동 방향이 수직이므로

04 그림과 같이 수평면에서 무게가 50 N인 물체를 천천히 끌어당겨 2 m 이동시켰다. 이때 용수철저울의 눈금은 15 N을 가리켰다.

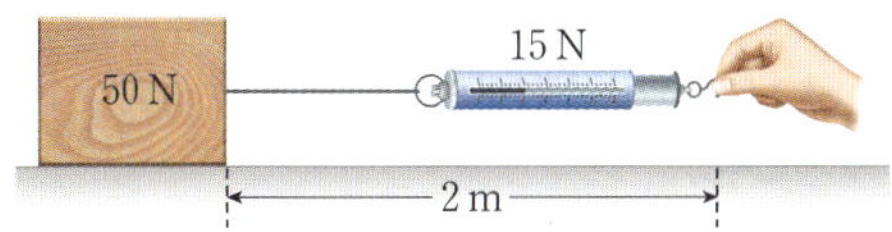

이 물체에 한 일의 양은 몇 J인지 구하시오.

05 다음은 연수와 지원이가 한 일에 대한 설명이다.

> • 연수: 질량이 10 kg인 물체를 1 m 높이의 선반 위에 올려놓았다.
> • 지원: 질량이 10 kg인 물체를 2 m 높이의 선반 위에 올려놓았다.

이에 대한 설명으로 옳은 것을 〈보기〉에서 모두 고른 것은?

┌ 보기 ┐
ㄱ. 연수가 한 일의 양은 10 J이다.
ㄴ. 연수와 지원이 모두 중력에 대해 일을 하였다.
ㄷ. 연수와 지원이가 한 일의 비(연수 : 지원)는 1 : 2이다.

① ㄱ　　　　② ㄷ　　　　③ ㄱ, ㄴ
④ ㄴ, ㄷ　　　⑤ ㄱ, ㄴ, ㄷ

06 다음과 같이 일을 할 때 (가)~(다)에서 한 일의 양을 옳게 비교한 것은?

> (가) 무게가 10 N인 물체를 5 m 높이까지 들어 올렸다.
> (나) 질량이 5 kg인 물체를 들고 계단을 따라 2 m 높이까지 올라갔다.
> (다) 질량이 10 kg인 물체를 들고 수평 방향으로 천천히 10 m를 걸어갔다.

① (가)>(나)>(다)　　② (가)>(다)>(나)
③ (나)>(가)>(다)　　④ (나)>(다)>(가)
⑤ (다)>(나)>(가)

07 오른쪽 그림과 같이 3 m 높이에서 질량이 2 kg인 물체를 가만히 놓았다. 지면에 도달할 때까지 중력이 물체에 한 일의 양은 몇 J인지 구하시오.(단, 공기 저항과 모든 마찰은 무시한다.)

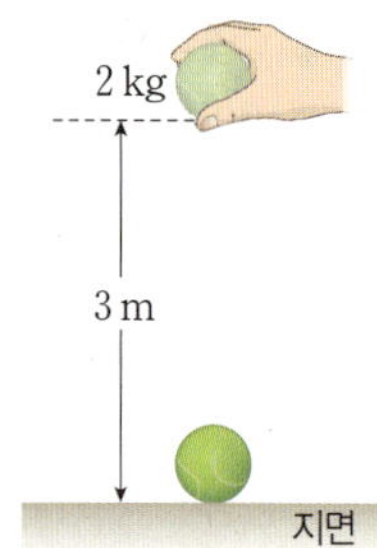

08 일과 에너지에 대한 설명으로 옳지 <u>않은</u> 것은?

① 에너지의 단위는 일의 단위와 같다.
② 운동하는 물체가 가지는 에너지를 운동 에너지라고 한다.
③ 질량이 3 kg인 물체를 1 m 들어 올리면 물체의 에너지가 감소한다.
④ 물체가 외부에 일을 하면 일을 한 양만큼 물체의 에너지가 감소한다.
⑤ 높은 곳에 있는 물체가 가지는 에너지를 중력에 의한 위치 에너지라고 한다.

신경향

09 그림은 돌을 떨어뜨려 말뚝을 박는 모습을 나타낸 것이다.

이에 대한 설명으로 옳은 것을 〈보기〉에서 모두 고른 것은?

> **보기**
> ㄱ. 에너지를 가진 돌은 일을 할 수 있다.
> ㄴ. 돌이 일을 해도 돌의 에너지에는 변화가 없다.
> ㄷ. 돌이 한 일의 양과 돌의 감소한 에너지는 같다.

① ㄱ   ② ㄴ   ③ ㄱ, ㄷ
④ ㄴ, ㄷ   ⑤ ㄱ, ㄴ, ㄷ

10 다음은 200 J의 에너지를 가진 물체가 한 일과 받은 일의 양을 나타낸 것이다.

> • 물체가 한 일의 양: 40 J
> • 물체가 받은 일의 양: 150 J

이 물체가 최종적으로 가지게 되는 에너지는 몇 J인지 구하시오.

11 중력에 의한 위치 에너지가 일로 전환되는 경우로 옳은 것을 모두 고르면?(정답 2개)

① 굴러가는 볼링공이 핀을 쓰러뜨린다.
② 높은 곳에서 떨어지는 추가 말뚝을 박는다.
③ 강하게 부는 바람이 풍력 발전기의 날개를 돌린다.
④ 야구 선수가 휘두른 배트가 야구공을 멀리 날아가게 한다.
⑤ 디딜방아에서 높이 들어 올린 공이가 떨어지면서 곡식을 찧는다.

신경향

12 오른쪽 그림과 같이 용수철저울에 필통을 매달았더니 용수철저울의 눈금이 15 N을 가리켰다. 이 필통을 50 cm 들어 올렸을 때에 대한 설명으로 옳은 것을 〈보기〉에서 모두 고른 것은?

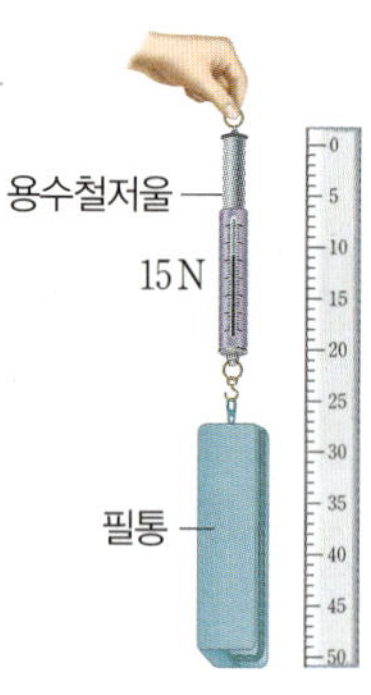

> **보기**
> ㄱ. 필통을 들어 올리는 일의 양은 7.5 J이다.
> ㄴ. 필통을 들어 올리는 동안 중력이 필통에 일을 한다.
> ㄷ. 필통을 들어 올리는 동안 필통의 중력에 의한 위치 에너지는 7.5 J만큼 감소한다.

① ㄱ   ② ㄴ   ③ ㄱ, ㄷ
④ ㄴ, ㄷ   ⑤ ㄱ, ㄴ, ㄷ

13 그림과 같이 물체 A∼F가 놓여 있다.

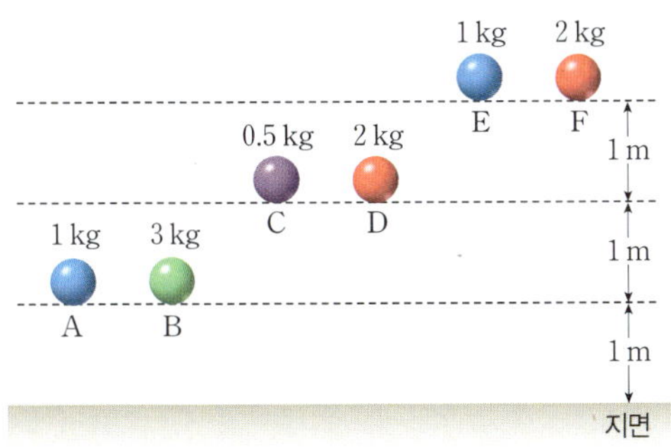

지면을 기준면으로 할 때, 중력에 의한 위치 에너지가 같은 물체끼리 옳게 짝 지은 것을 모두 고르면?(정답 2개)

① A와 C ② A와 D ③ B와 E
④ D와 F ⑤ E와 F

14  그림과 같이 지면을 기준으로 5 m 높이의 옥상에 질량이 1 kg인 물체가 놓여 있다.

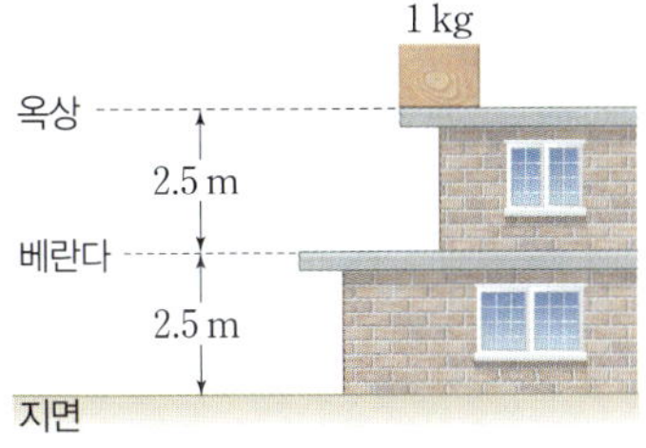

지면과 베란다를 기준으로 할 때 이 물체의 중력에 의한 위치 에너지의 비(지면 : 베란다)는?

① 1 : 1 ② 1 : 2 ③ 1 : 4
④ 2 : 1 ⑤ 4 : 1

15 오른쪽 그림은 두 물체 A와 B의 높이에 따른 위치 에너지를 나타낸 것이다. A의 질량은 B의 몇 배인지 구하시오.

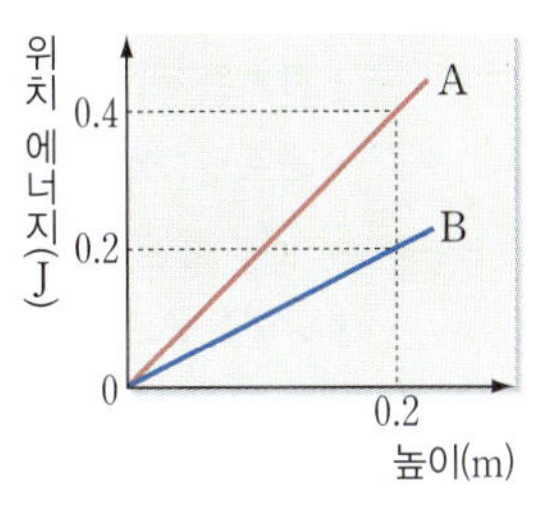

16 오른쪽 그림은 추를 낙하시켜 나무 도막을 밀어내는 실험 장치를 나타낸 것이다. 나무 도막의 이동 거리에 비례하는 것을 〈보기〉에서 모두 고른 것은?

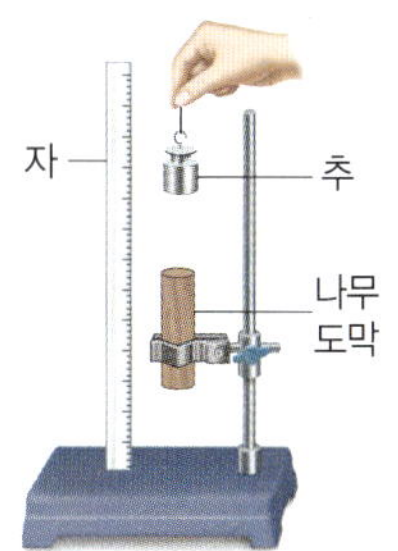

┌ 보기 ┐
ㄱ. 추의 질량
ㄴ. 추의 낙하 거리
ㄷ. 나무 도막의 길이

① ㄱ ② ㄴ ③ ㄷ
④ ㄱ, ㄴ ⑤ ㄴ, ㄷ

17 그림과 같이 장치하고 쇠구슬을 굴리는 높이와 질량을 달리하면서 쇠구슬을 빗면에 가만히 놓아 굴렸다.

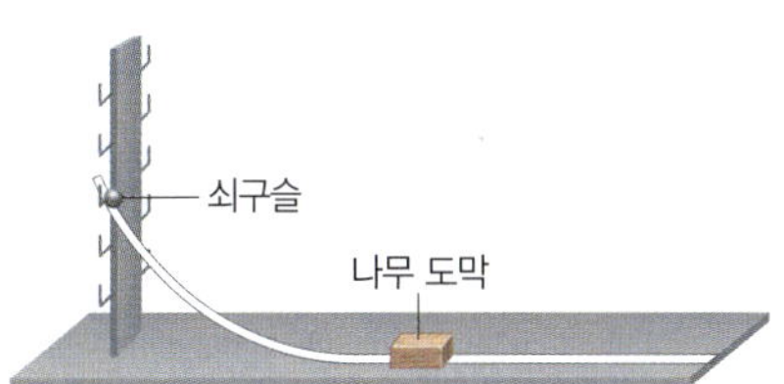

쇠구슬을 굴리는 높이와 질량이 다음과 같을 때 나무 도막이 밀려난 거리가 가장 긴 경우는?

	굴리는 높이	질량
①	10 cm	100 g
②	10 cm	200 g
③	30 cm	100 g
④	30 cm	200 g
⑤	50 cm	100 g

18 질량이 2 kg인 물체가 6 m/s의 속력으로 운동하고 있다. 이 물체가 다른 물체에 해 줄 수 있는 일의 양은 몇 J인지 구하시오.

19 운동 에너지에 대한 설명으로 옳지 <u>않은</u> 것은?

① 운동 에너지는 물체의 질량에 비례한다.

② 운동 에너지는 물체의 속력의 제곱에 반비례한다.

③ 물체의 속력이 2배가 되면 운동 에너지는 4배가 된다.

④ 물체의 질량이 2배가 되면 운동 에너지는 2배가 된다.

⑤ 낙하하는 물체에 중력이 한 일은 물체의 운동 에너지를 증가시킨다.

중요
20 오른쪽 그림과 같이 질량이 0.1 kg인 공이 자유 낙하하고 있다. A 지점에서의 속력은 10 m/s였고, B 지점에서의 속력은 20 m/s였다. 이에 대한 설명으로 옳은 것을 〈보기〉에서 모두 고른 것은?

0.1 kg
A ⋯⋯10 m/s

B ⋯⋯20 m/s

지면

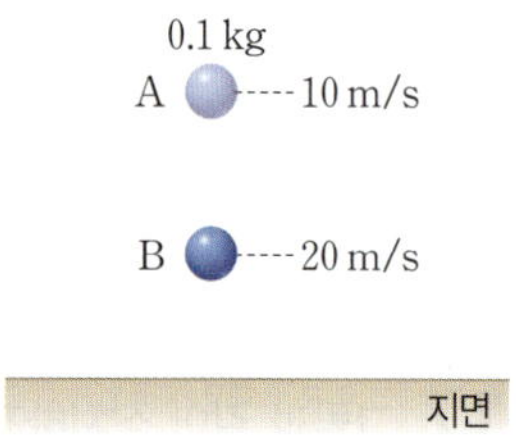

─ 보기 ─

ㄱ. 중력에 의한 위치 에너지는 A 지점에서가 B 지점에서보다 크다.

ㄴ. B 지점에서 공의 운동 에너지는 A 지점에서 공의 운동 에너지의 4배이다.

ㄷ. 공이 자유 낙하 하는 동안 중력이 공에 일을 하며, 중력이 한 일이 공의 위치 에너지로 전환된다.

① ㄱ   ② ㄷ   ③ ㄱ, ㄴ

④ ㄴ, ㄷ   ⑤ ㄱ, ㄴ, ㄷ

21 40 km/h의 속력으로 달리던 자동차의 브레이크를 밟았더니 30 m를 이동한 후 멈추었다. 이 자동차의 속력이 80 km/h일 때 브레이크를 밟으면 정지할 때까지 이동한 거리는 몇 m인가?(단, 자동차의 바퀴와 도로 사이의 마찰력은 일정하다.)

① 50 m   ② 80 m   ③ 100 m

④ 120 m   ⑤ 150 m

22 오른쪽 그림과 같이 추가 매달린 A 지점으로부터 20 cm 간격으로 속력 측정 장치를 설치한 후, 실을 잘라 추를 자유 낙하시켰다. A~D 지점 중 추의 운동 에너지가 가장 큰 지점을 쓰시오.(단, 공기 저항은 무시한다.)

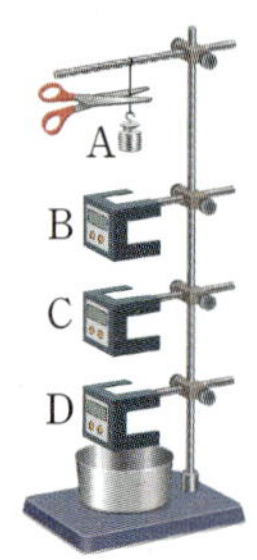

중요
23 그림은 수레를 밀어 나무 도막에 충돌시키면서 수레의 속력과 운동 에너지의 관계를 알아보는 실험을 나타낸 것이다.

이때 일정하게 유지해야 할 물리량을 〈보기〉에서 모두 고른 것은?

─ 보기 ─

ㄱ. 수레의 질량

ㄴ. 수레의 속력

ㄷ. 나무 도막의 질량

ㄹ. 나무 도막이 밀려난 거리

① ㄱ, ㄴ   ② ㄱ, ㄷ   ③ ㄱ, ㄹ

④ ㄴ, ㄷ   ⑤ ㄷ, ㄹ

24 다음 (　　) 안에 공통으로 들어갈 알맞은 말을 쓰시오.

- 풍력 발전: 바람의 (　　) 에너지를 이용하여 발전기를 회전시킨다.
- 래프팅: 흐르는 물의 (　　) 에너지를 이용하여 배를 이동시킨다.
- 당구: 구르는 공의 (　　) 에너지를 이용하여 다른 공을 밀어낸다.

서술형
25 그림과 같이 무게가 **10 N**인 물체를 들고 일정한 속력으로 (가) 수평면에서 **5 m**를 이동한 후 (나) 계단 **4개**를 올라갔다. 계단 1개의 높이는 **20 cm**이다.

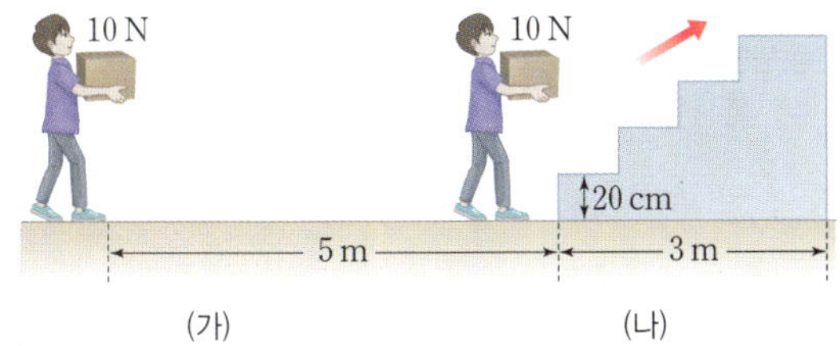

(1) (가) 과정에서 한 일의 양은 몇 J인지 구하시오.

(2) (나) 과정에서 어떤 힘에 대해 일을 하는지 쓰시오.

(3) (나) 과정에서 한 일의 양은 몇 J인지 구하는 과정을 식으로 나타내시오.

26 그림 (가)~(다)는 쇠구슬의 질량과 높이를 달리하면서 빗면에 쇠구슬을 가만히 놓아 운동시켰을 때 동일한 나무 도막이 밀려난 거리를 측정하는 실험을 나타낸 것이다. 쇠구슬의 질량이 m, 쇠구슬을 놓은 높이가 h일 때 나무 도막이 거리 s만큼 밀려났다.

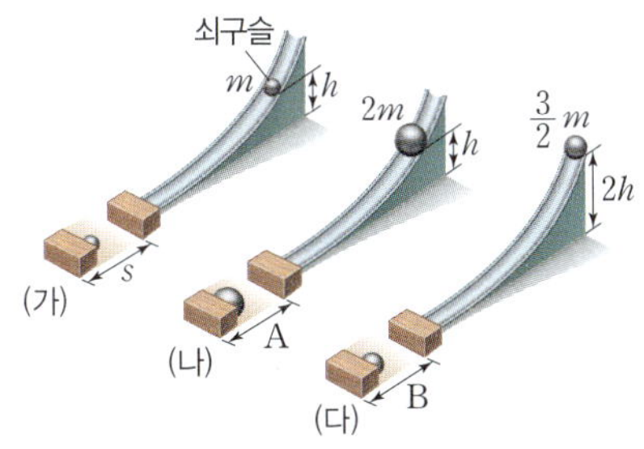

이에 대한 설명으로 옳은 것을 〈보기〉에서 모두 고른 것은?

보기
ㄱ. A가 B보다 길다.
ㄴ. 쇠구슬의 중력에 의한 위치 에너지가 나무 도막을 미는 일로 전환된다.
ㄷ. 쇠구슬의 중력에 의한 위치 에너지가 클수록 나무 도막이 많이 밀려난다.

① ㄱ ② ㄷ ③ ㄱ, ㄴ
④ ㄴ, ㄷ ⑤ ㄱ, ㄴ, ㄷ

27 오른쪽 그림과 같이 **10 m** 높이에서 질량이 **2 kg**인 물체를 가만히 놓았다. 높이가 **5 m**인 지점을 지나는 순간 물체의 중력에 의한 위치 에너지, 운동 에너지, 중력이 한 일을 옳게 짝 지은 것은?(단, 공기 저항은 무시한다.)

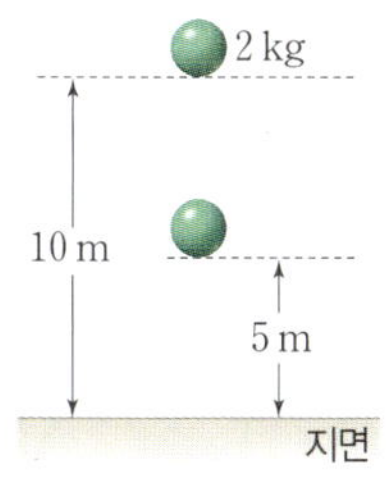

	위치 에너지	운동 에너지	중력이 한 일
①	98 J	98 J	98 J
②	98 J	196 J	98 J
③	196 J	98 J	98 J
④	196 J	98 J	196 J
⑤	196 J	196 J	196 J

서술형
28 다음은 연수가 한 실험의 실험 과정이다.

[실험 과정]
(가) 빈 수레, 추 1개, 추 2개를 올려놓은 수레의 질량을 각각 측정한다.
(나) 세 수레를 출발선에 나란히 놓고 긴 자로 동시에 밀어 동일한 나무 도막에 동시에 충돌시킨다.
(다) 나무 도막의 이동 거리를 측정한다.

(1) 이 실험에서 긴 자로 세 수레를 동시에 민 까닭을 설명하시오.

(2) 이 실험을 통해 알 수 있는 사실을 설명하시오.

통합형
29 오른쪽 그림은 어떤 자동차의 시간에 따른 이동 거리를 나타낸 것이다. 자동차의 질량이 **500 kg**이라면, 자동차의 운동 에너지는 몇 J인지 구하시오.

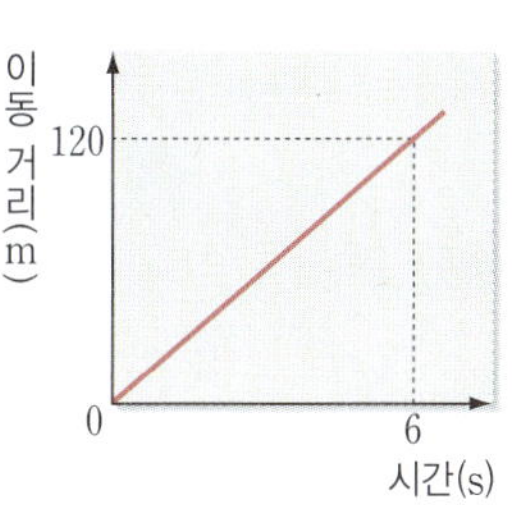

한눈에 정리하기

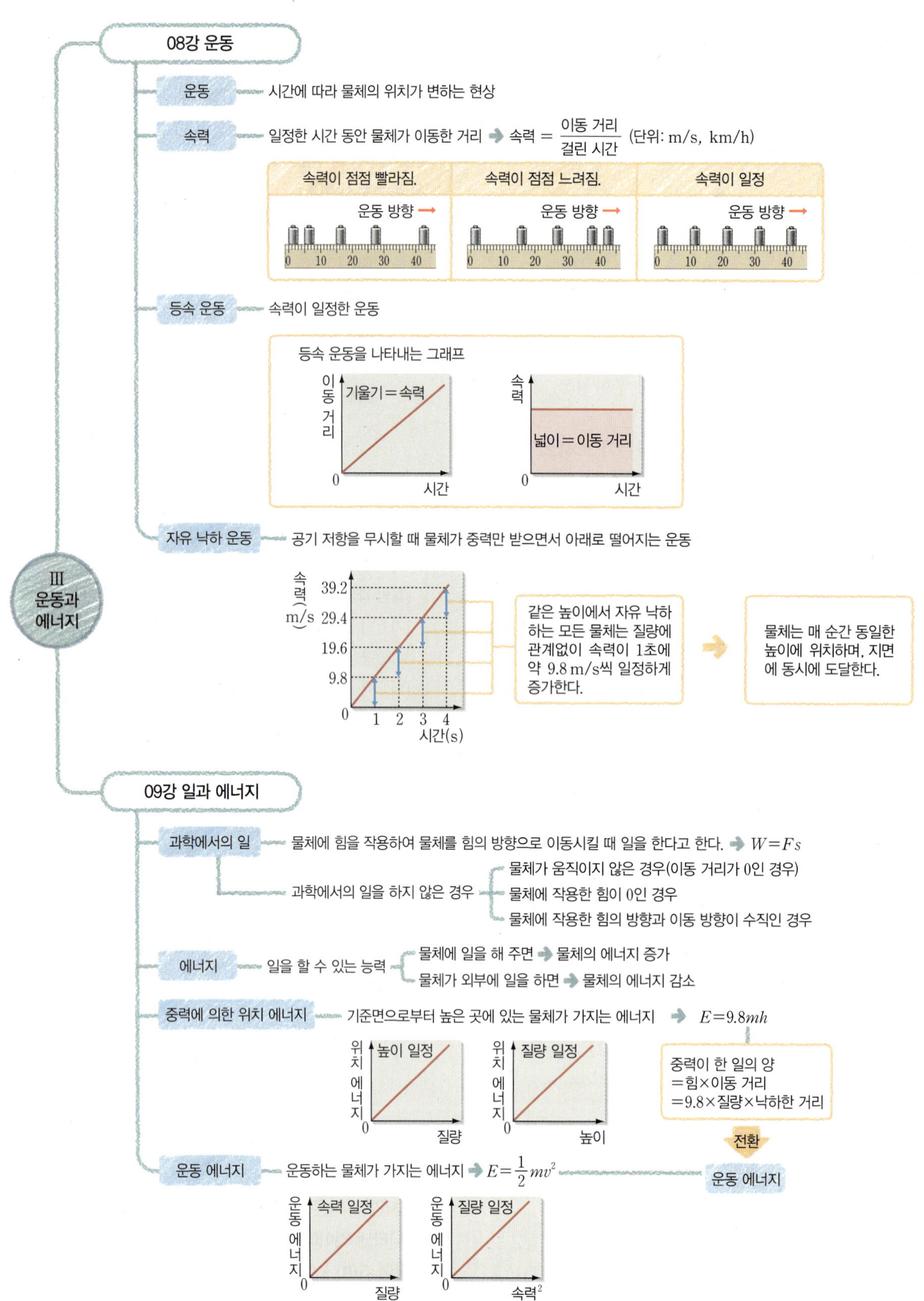

Ⅲ 운동과 에너지

08강 운동

운동 — 시간에 따라 물체의 위치가 변하는 현상

속력 — 일정한 시간 동안 물체가 이동한 거리 → 속력 = 이동 거리 / 걸린 시간 (단위: m/s, km/h)

속력이 점점 빨라짐.
운동 방향 →
0 10 20 30 40

속력이 점점 느려짐.
운동 방향 →
0 10 20 30 40

속력이 일정
운동 방향 →
0 10 20 30 40

등속 운동 — 속력이 일정한 운동

등속 운동을 나타내는 그래프
이동 거리
기울기 = 속력
0 시간
속력
넓이 = 이동 거리
0 시간

자유 낙하 운동 — 공기 저항을 무시할 때 물체가 중력만 받으면서 아래로 떨어지는 운동

속력(m/s)
39.2
29.4
19.6
9.8
0 1 2 3 4
시간(s)

같은 높이에서 자유 낙하하는 모든 물체는 질량에 관계없이 속력이 1초에 약 9.8 m/s씩 일정하게 증가한다.

물체는 매 순간 동일한 높이에 위치하며, 지면에 동시에 도달한다.

09강 일과 에너지

과학에서의 일 — 물체에 힘을 작용하여 물체를 힘의 방향으로 이동시킬 때 일을 한다고 한다. → W=Fs

과학에서의 일을 하지 않은 경우 — 물체가 움직이지 않은 경우(이동 거리가 0인 경우)
물체에 작용한 힘이 0인 경우
물체에 작용한 힘의 방향과 이동 방향이 수직인 경우

에너지 — 일을 할 수 있는 능력 — 물체에 일을 해 주면 → 물체의 에너지 증가
물체가 외부에 일을 하면 → 물체의 에너지 감소

중력에 의한 위치 에너지 — 기준면으로부터 높은 곳에 있는 물체가 가지는 에너지 → E=9.8mh

위치 에너지
높이 일정
0 질량

위치 에너지
질량 일정
0 높이

중력이 한 일의 양
=힘×이동 거리
=9.8×질량×낙하한 거리

전환

운동 에너지 — 운동하는 물체가 가지는 에너지 → E=½mv²

운동 에너지
속력 일정
0 질량

운동 에너지
질량 일정
0 속력²

08 강 운동

01 표는 직선상에서 운동하는 세 물체 A, B, C의 이동 거리와 걸린 시간을 나타낸 것이다.

물체	A	B	C
이동 거리(m)	100	1000	10
걸린 시간(s)	20	50	1

속력이 빠른 물체부터 순서대로 쓰시오.

02 오른쪽 그림은 공기가 나오는 에어 테이블에서 원판이 운동하는 모습을 일정한 시간 간격으로 나타낸 것으로 원판 사이의 간격은 같다. 이에 대한 설명으로 옳지 <u>않은</u> 것은?

① 원판의 속력은 일정하다.
② 원판의 운동 방향은 일정하다.
③ 원판에는 일정한 힘이 작용한다.
④ 원판에는 마찰력이 작용하지 않는다.
⑤ 원판의 이동 거리는 시간에 비례한다.

03 그림은 직선상에서 운동하는 장난감 자동차의 모습을 0.1초 간격으로 연속해서 나타낸 것이다.

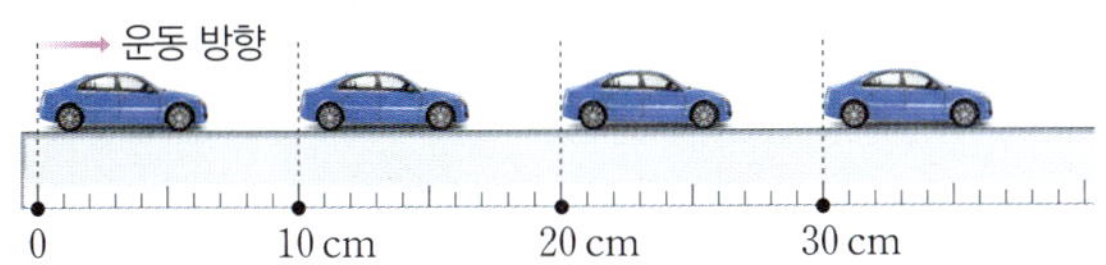

이에 대한 설명으로 옳은 것을 〈보기〉에서 모두 고른 것은?

> **보기**
> ㄱ. 자동차의 속력은 0.1 m/s로 일정하다.
> ㄴ. 자동차의 이동 거리는 일정하게 증가한다.
> ㄷ. 자동차에는 일정한 크기의 힘이 작용하고 있다.

① ㄱ 　② ㄴ 　③ ㄱ, ㄷ
④ ㄴ, ㄷ 　⑤ ㄱ, ㄴ, ㄷ

[04~05] 그림은 운동하는 어떤 물체의 시간에 따른 속력을 나타낸 것이다. 물음에 답하시오.

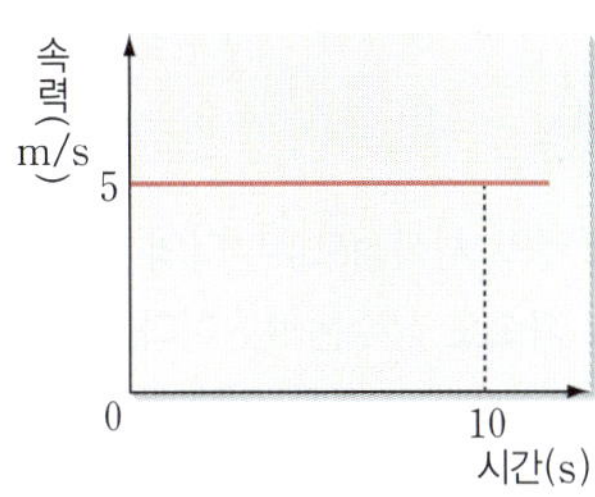

04 이 물체가 0~10초 동안 이동한 거리는 몇 m인지 구하시오.

05 이 물체의 시간에 따른 이동 거리를 그래프로 옳게 나타낸 것은?

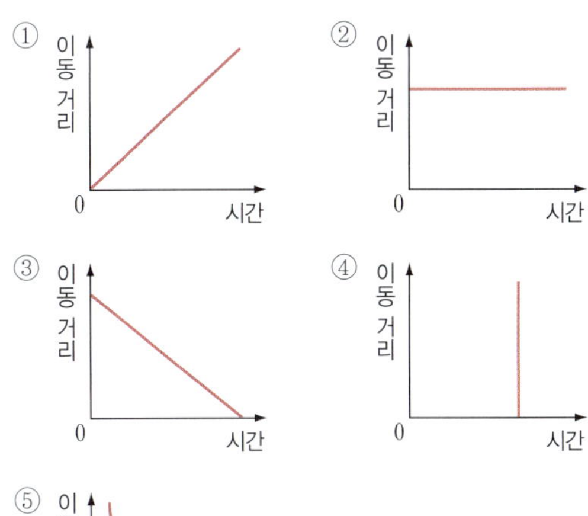

06 오른쪽 그림은 직선상을 운동하는 어떤 물체의 시간에 따른 이동 거리를 나타낸 것이다. 이 물체의 속력을 이동 거리 및 시간과 관련지어 설명하시오.

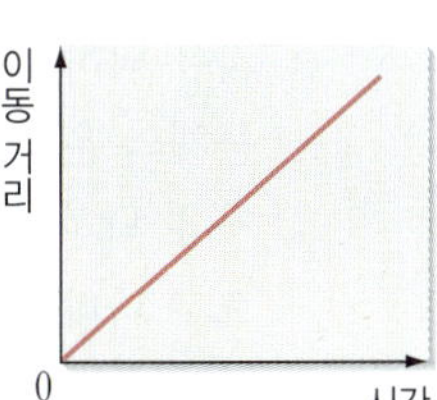

07 표는 자유 낙하 운동 하는 물체의 시작점으로부터의 이동 거리를 시간에 따라 나타낸 것이다.

시간(s)	0	1	2	3
이동 거리(m)	0	4.9	19.6	44.1

4초일 때 물체의 시작점으로부터의 이동 거리는 몇 m인가?(단, 중력 가속도 상수는 9.8이다.)

① 53.9 m ② 63.7 m ③ 68.5 m
④ 73.5 m ⑤ 78.4 m

08 오른쪽 그림은 진공 중에서 동시에 낙하시킨 쇠구슬과 깃털의 운동을 나타낸 것이다. 이에 대한 설명으로 옳은 것을 〈보기〉에서 모두 고른 것은?(단, 쇠구슬의 질량이 깃털의 질량보다 크다.)

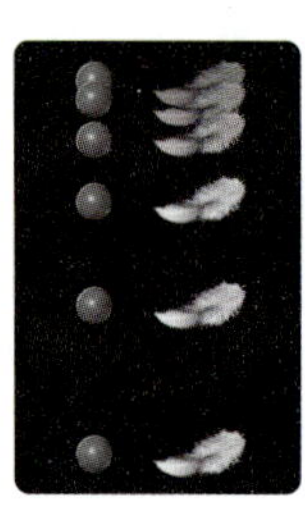

┌─ 보기 ─
ㄱ. 두 물체에는 중력만 작용한다.
ㄴ. 두 물체가 받는 힘의 크기는 같다.
ㄷ. 두 물체는 동시에 바닥에 떨어진다.
└

① ㄱ ② ㄱ, ㄴ ③ ㄱ, ㄷ
④ ㄴ, ㄷ ⑤ ㄱ, ㄴ, ㄷ

09 자유 낙하 운동에 대한 설명으로 옳지 <u>않은</u> 것은?(단, 공기 저항은 무시한다.)

① 자유 낙하 하는 물체는 등속 운동을 한다.
② 지구에서 자유 낙하 하는 물체의 속력은 1초당 9.8 m/s씩 변한다.
③ 질량이 1 kg인 물체와 질량이 10 kg인 물체를 같은 높이에서 동시에 떨어뜨리면 두 물체가 동시에 떨어진다.
④ 자유 낙하 하는 물체의 속력이 점점 빨라지는 것은 물체의 운동 방향으로 중력이 작용하기 때문이다.
⑤ 자유 낙하 하는 물체의 위치를 일정한 시간 간격으로 나타내면 물체와 물체 사이의 간격이 아래로 내려갈수록 점점 더 벌어진다.

10 일과 에너지에 대한 설명으로 옳지 <u>않은</u> 것은?

① 에너지와 일은 서로 전환된다.
② 물체의 에너지는 측정할 수 없다.
③ 에너지의 단위는 J(줄)을 사용한다.
④ 물체가 일을 하면 물체의 에너지는 감소한다.
⑤ 물체에 일을 해 주면 물체의 에너지는 증가한다.

11 그림은 민수가 1.5 m 높이에서 떨어지려는 무게가 30 N인 상자를 1분 동안 손으로 받치고 있는 모습을 나타낸 것이다.

이때 민수가 상자에 한 일의 양은 몇 J인지 설명하시오.

12 오른쪽 그림은 추를 낙하시켜 나무 도막을 밀어내리는 실험 장치를 나타낸 것으로 추를 낙하시켰더니 나무 도막이 거리 s만큼 이동하였다. 추의 질량과 낙하 거리를 각각 2배로 하여 실험하였을 때 나무 도막의 이동 거리로 옳은 것은?

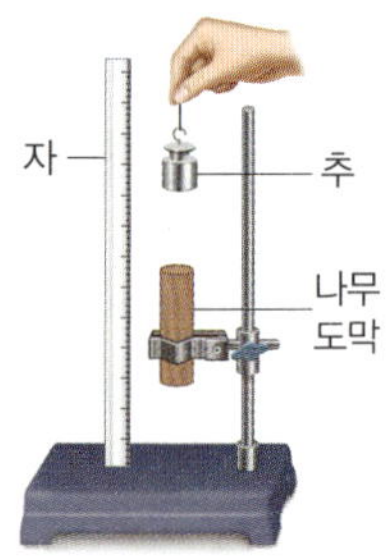

① $1s$ ② $2s$ ③ $4s$
④ $8s$ ⑤ $16s$

★ 바른답·알찬풀이 34쪽

13 그림과 같이 질량이 **10 kg**인 물체를 높이가 **1 m**인 빗면에 가만히 놓았더니 물체가 빗면을 따라 내려가 수평면에서 나무 도막을 **2 m** 이동시켰다.

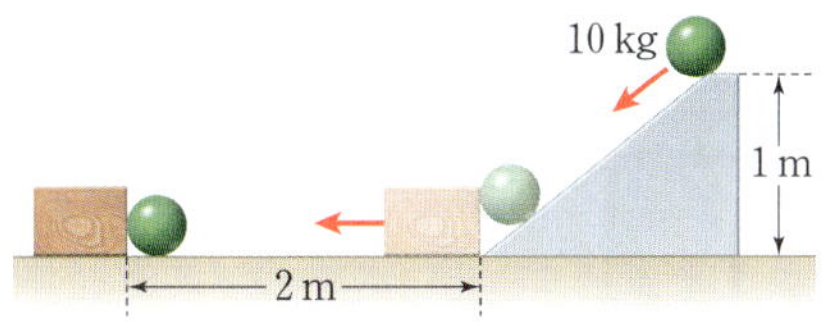

질량이 **30 kg**인 물체를 높이가 **2 m**인 빗면에 가만히 놓았을 때, 나무 도막의 이동 거리는 몇 **m**인가?(단, 물체에 작용하는 마찰은 무시한다.)

① 2 m   ② 4 m   ③ 6 m
④ 9 m   ⑤ 12 m

14 오른쪽 그림은 질량이 **5 kg**인 물체를 지면으로부터 높이 **1 m**인 곳까지 천천히 들어 올리는 모습을 나타낸 것이다. 이때 물체의 중력에 대한 위치 에너지 변화량은 몇 **J**인지 구하시오.

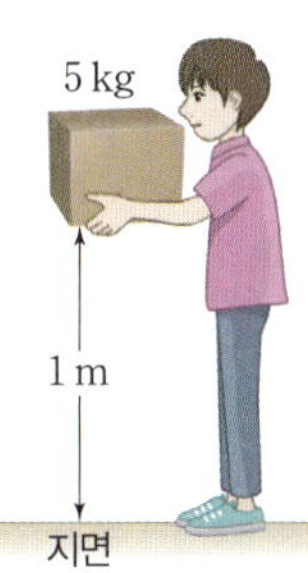

15 그림은 수평한 도로에서 운전자가 브레이크를 밟은 순간부터 자동차가 정지할 때까지의 제동 거리를 나타낸 것이고, 표는 이 자동차의 속력에 따른 제동 거리를 나타낸 것이다.

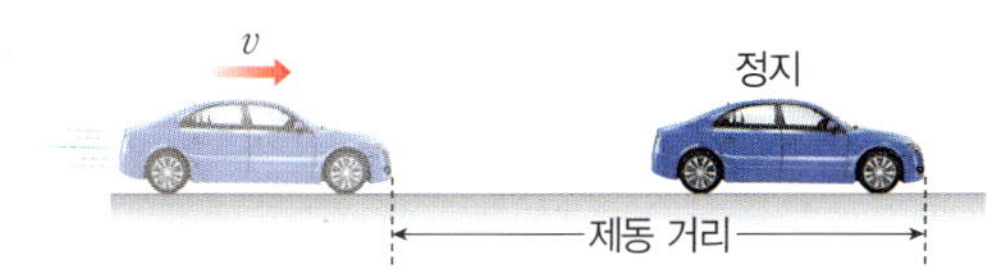

속력(km/h)	40	50	60	80	100
제동 거리(m)	8	12.5	18	㉠	50

㉠에 들어갈 값으로 옳은 것은?(단, 타이어와 지면 사이의 마찰은 일정하며, 공기 저항은 무시한다.)

① 22.5   ② 25   ③ 32
④ 36   ⑤ 40

16 오른쪽 그림은 두 물체 A와 B의 운동 에너지와 속력의 제곱의 관계를 나타낸 것이다. A와 B의 질량 비 (A : B)를 구하시오.

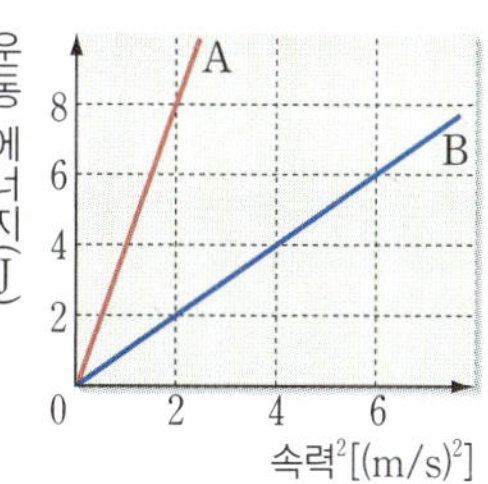

17 오른쪽 그림은 야구공을 연직 위 방향으로 던져 올렸을 때 공이 운동하는 모습을 펼쳐서 나타낸 것이다. 이에 대한 설명으로 옳지 <u>않은</u> 것은?(단, A와 C의 높이는 같다.)

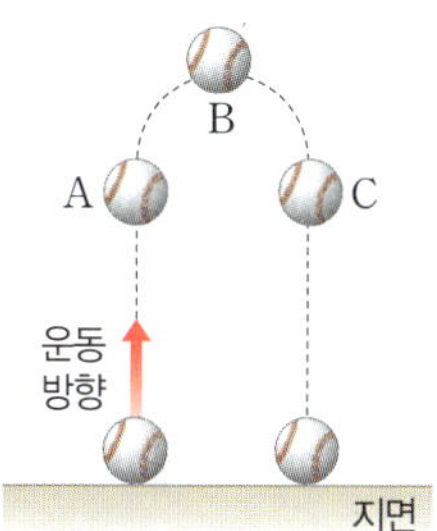

① A에서 B로 운동하는 동안 중력에 대해 일을 한다.
② A에서 B로 운동하는 동안 야구공의 위치 에너지가 증가한다.
③ B에서 C로 운동하는 동안 중력이 일을 한다.
④ B에서 C로 운동하는 동안 야구공의 운동 에너지가 감소한다.
⑤ A와 C에서 야구공의 위치 에너지는 같다.

18 그림은 에너지를 이용하는 예를 나타낸 것이다.

  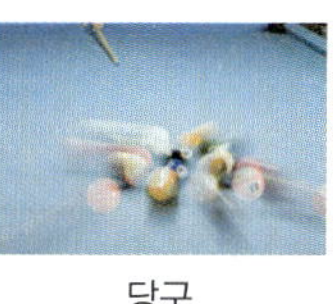

풍력 발전   래프팅   당구

위의 예에서 공통적으로 이용하는 에너지에 대한 설명으로 옳은 것을 〈보기〉에서 모두 고른 것은?

> **보기**
> ㄱ. 속력의 제곱에 비례한다.
> ㄴ. 중력에 의해 생기는 에너지이다.
> ㄷ. 운동하는 물체가 가지고 있는 에너지이다.

① ㄱ   ② ㄴ   ③ ㄱ, ㄷ
④ ㄴ, ㄷ   ⑤ ㄱ, ㄴ, ㄷ

그런 날이 있다

글 / 그림 우쿠쥐

IV

자극과 반응

10강 감각 기관　　　　학습일

1 눈의 구조와 기능　　　월　일
2 귀의 구조와 기능　　　월　일
3 코와 혀의 구조와 기능　　　월　일
4 피부의 구조와 기능　　　월　일

11강 뉴런과 신경계　　　　학습일

1 뉴런의 구조와 기능　　　월　일
2 신경계의 구조와 기능　　　월　일
3 자극에 따른 반응의 경로　　　월　일

12강 호르몬과 항상성 유지　　　　학습일

1 호르몬의 조절 작용　　　월　일
2 항상성 유지　　　월　일

10강 감각 기관

❶ 눈의 구조와 기능(1) [돌보기] 118쪽

1 자극과 감각 기관❶

① 자극: 생물에 작용하여 특정한 반응이 일어나도록 하는 주변 환경의 변화

② 감각 기관: 주변에서 발생하는 자극을 받아들여 인식하게 해 주는 기관으로, 눈, 귀, 코, 혀, 피부 등이 있다. 각 감각 기관은 특정 종류의 자극(적합 자극)만을 받아들인다.

2 시각 눈에서 빛 자극을 받아들여 물체의 형태와 크기, 색깔, 거리 등을 느끼는 감각

3 눈의 구조와 기능❷❸

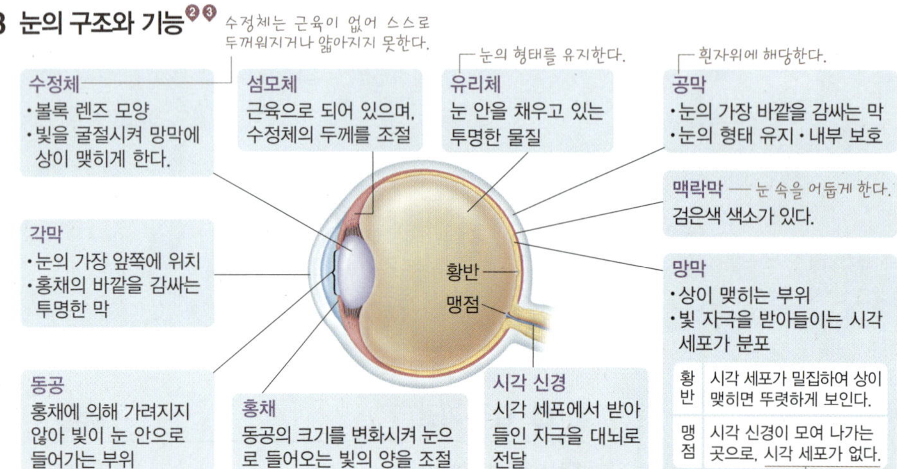

시각의 성립 경로

빛 → 각막 → 수정체 → 유리체 → 망막의 시각 세포 → 시각 신경 → 대뇌

투명하여 빛을 통과시킨다. 빛을 굴절시킨다. 빛 자극을 받아들인다.

4 눈의 조절 작용

① 명암 조절: 주변의 밝기에 따라 홍채의 면적을 늘리거나 줄여서 눈으로 들어오는 빛의 양을 조절한다.

밝을 때	어두울 때
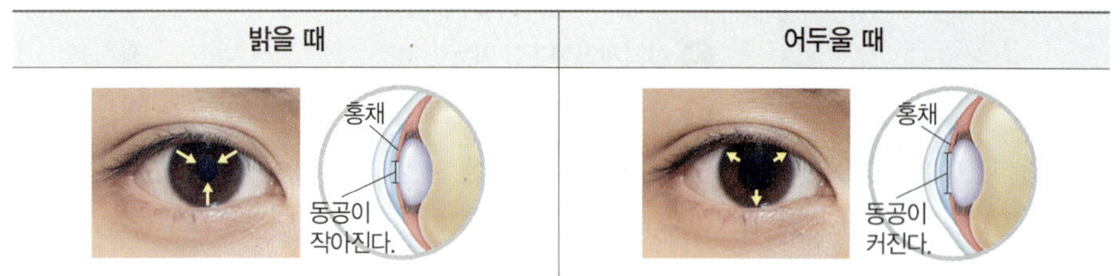	
홍채의 면적이 늘어나면서 동공이 작아져 눈으로 들어오는 빛의 양을 줄인다.	홍채의 면적이 줄어들면서 동공이 커져 눈으로 들어오는 빛의 양을 늘린다.

② 원근 조절: 물체와 눈 사이의 거리에 따라 수정체의 두께를 조절한다.

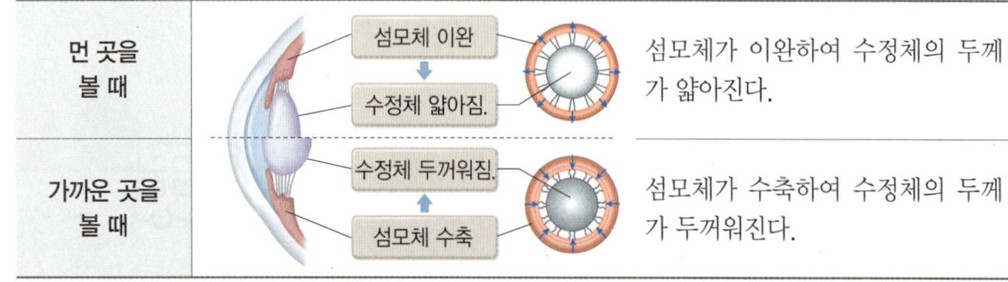

---

❶ 감각 기관의 종류와 기능

눈	물체를 본다.
귀	소리를 듣고, 몸의 기울어짐과 회전을 느낀다.
코	냄새를 맡는다.
혀	맛을 느낀다.
피부	압력, 접촉, 아픔, 차가움, 따뜻함 등을 느낀다.

❷ 눈과 사진기의 비교

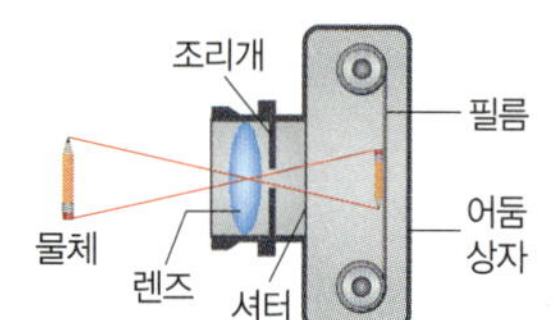

기능	눈	사진기
빛의 굴절	수정체	렌즈
빛의 양 조절	홍채	조리개
암실 역할	맥락막	어둠상자
상이 맺힘.	망막	필름
빛의 투과 조절	눈꺼풀	셔터

❸ 두 눈이 필요한 까닭

• 두 눈은 미세하지만 다른 각도에서 물체를 보게 되며, 두 눈에서 본 모양이 대뇌에서 통합되어 물체의 입체적인 모양과 거리를 판단한다.

• 두 눈과 물체 사이의 거리는 두 눈과 물체의 한 점이 이루는 각도(광각)로 판단하므로 한쪽 눈만으로는 물체와의 거리를 판단하기 어렵다.

★ 바른답·알찬풀이 35쪽

❶ 눈의 구조와 기능(1)

01 다음 (   ) 안에 들어갈 알맞은 말을 쓰시오.

> 생물에 작용하여 특정한 반응이 일어나도록 하는 주변 환경의 변화를 (㉠)(이)라고 하며, 우리 몸에서 (㉠)을/를 받아들여 인식하게 해 주는 기관을 (㉡)(이)라고 한다.

02 눈에서 빛 자극을 받아들여 물체의 형태와 크기, 색깔, 거리 등을 느끼는 감각을 무엇이라고 하는지 쓰시오.

03 그림은 눈의 구조를 나타낸 것이다.

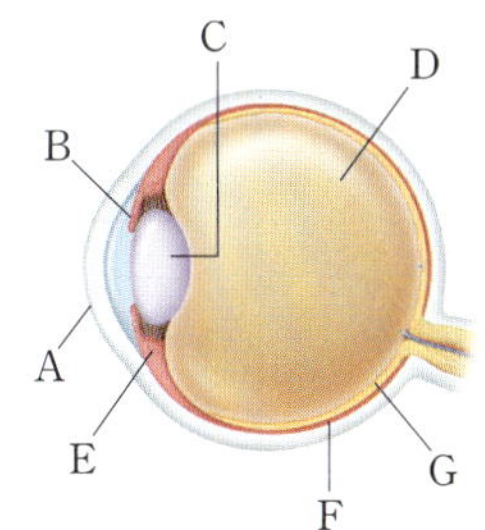

다음 설명에 해당하는 구조의 기호와 이름을 각각 쓰시오.

(1) 동공의 크기를 조절한다. (   )
(2) 수정체의 두께를 조절한다. (   )
(3) 볼록 렌즈 모양으로, 빛을 굴절시킨다. (   )
(4) 검은색 색소가 있어 눈 속을 어둡게 한다. (   )
(5) 눈 안을 채우고 있는 투명한 물질로, 눈의 형태를 유지한다. (   )
(6) 시각 세포가 분포하여 빛 자극을 받아들이며, 상이 맺히는 부위이다. (   )

04 다음은 우리가 물체를 보기까지의 과정을 나열한 것이다. (   ) 안에 들어갈 알맞은 말을 쓰시오.

> 빛 → 각막 → (㉠) → 유리체 → 망막의 시각 세포 → (㉡) → 대뇌

05 그림은 주변의 밝기에 따라 눈에서 일어나는 변화를 나타낸 것이다.

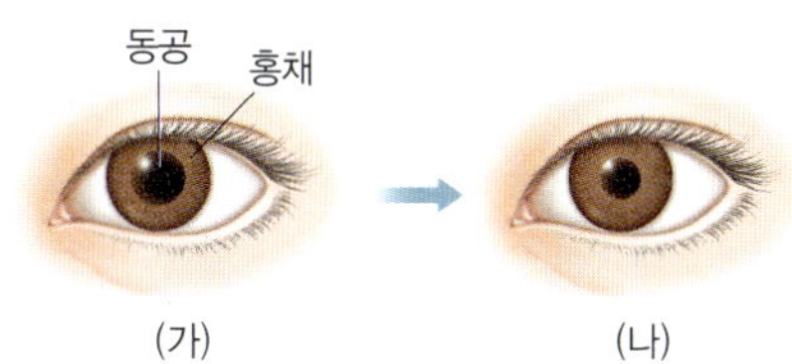

다음은 (가)에서 (나)로 될 때 일어나는 변화를 설명한 것이다. (   ) 안에 들어갈 알맞은 말을 고르시오.

(1) 주변이 (밝아질, 어두워질) 때 나타나는 변화이다.
(2) 홍채의 면적이 (늘어나, 줄어들어) 동공이 작아진다.
(3) 눈으로 들어오는 빛의 양이 (늘어난다, 줄어든다).

06 물체와 눈 사이의 거리에 따른 섬모체와 수정체의 변화를 옳게 연결하시오.

	섬모체	수정체
(1) 먼 곳을 볼 때	• ㉠ 수축 •	• ⓐ 얇아짐.
(2) 가까운 곳을 볼 때	• ㉡ 이완 •	• ⓑ 두꺼워짐.

07 눈의 조절 작용에 대한 설명으로 옳은 것은 ○표, 옳지 않은 것은 ×표 하시오.

(1) 어두운 곳에 있다가 밝은 곳으로 가면 동공이 작아진다. (   )
(2) 밝은 곳에 있다가 어두운 곳으로 가면 섬모체가 이완한다. (   )
(3) 가까운 곳을 보다가 먼 곳을 보면 수정체의 두께가 얇아진다. (   )
(4) 먼 곳을 보다가 가까운 곳을 보면 홍채의 면적이 늘어난다. (   )

10강 감각 기관

❶ 눈의 구조와 기능(2)

5 눈의 이상과 교정 ❹

구분	근시	원시
증상	먼 곳의 물체가 잘 보이지 않는다.	가까운 곳의 물체가 잘 보이지 않는다.
원인	수정체가 두껍거나 수정체와 망막 사이의 거리가 정상보다 길다. ➡ 먼 곳에 있는 물체를 볼 때 상이 망막 앞에 맺힌다.	수정체가 얇거나 수정체와 망막 사이의 거리가 정상보다 짧다. ➡ 가까운 곳에 있는 물체를 볼 때 상이 망막 뒤에 맺힌다.
교정	오목 렌즈로 교정	볼록 렌즈로 교정

❹ 난시와 노안

• 난시: 각막이나 수정체의 표면이 고르지 않아 상이 겹쳐 보이거나 흐려 보이는 눈의 이상
• 노안: 나이가 들어 수정체의 탄력이 떨어져 가까운 곳의 물체가 잘 보이지 않는 눈의 이상

❷ 귀의 구조와 기능

1 청각 귀에서 공기의 진동을 자극으로 받아들여 소리를 듣는 감각

2 귀의 구조와 기능 ❺❻

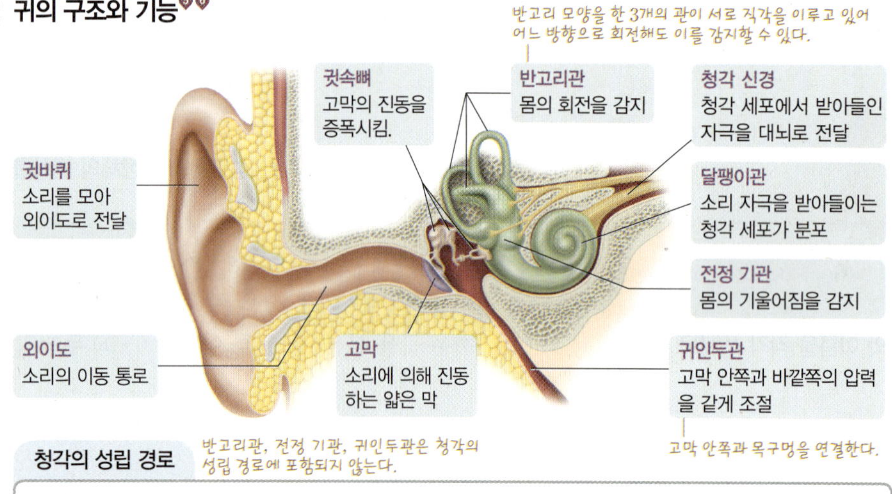

청각의 성립 경로 : 반고리관, 전정 기관, 귀인두관은 청각의 성립 경로에 포함되지 않는다.

소리(공기의 진동) → 외이도 → 고막 → 귓속뼈 → 달팽이관의 청각 세포 → 청각 신경 → 대뇌

❺ 높은 곳에 올라갔을 때 귀가 먹먹해지는 까닭

자동차를 타고 높이 올라가거나 고속 엘리베이터를 타고 높이 올라가면 기압 차이 때문에 귀가 먹먹해진다. 이때 침을 삼키거나 입을 크게 벌리면 귀인두관의 작용으로 먹먹한 느낌이 사라진다.

3 평형 감각 ❼ 눈으로 보지 않고도 몸이 회전하거나 기울어지는 것을 느낄 수 있는 감각

① 회전 감각: 반고리관에서 몸의 회전을 감지한다.
② 기울기 감각: 전정 기관에서 몸의 기울어짐을 감지한다.

❻ 반고리관과 전정 기관

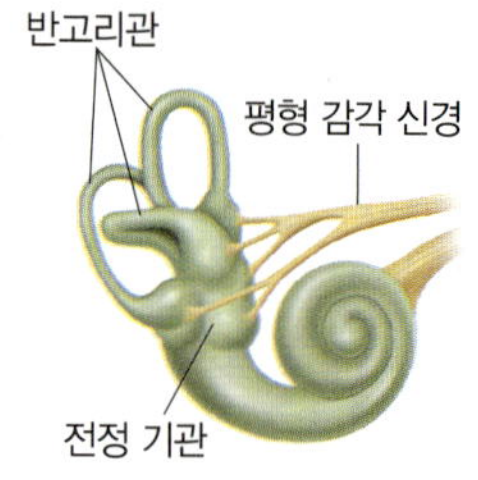

• 반고리관: 3개의 관이 서로 직각으로 배열되어 있고, 몸이 회전할 때 반고리관에 들어 있는 림프액이 감각 세포를 자극한다.
• 전정 기관: 몸이 기울어질 때 전정 기관에 있는 작은 돌이 감각 세포를 자극한다.

평형 감각 확인하기

》 과정

❶ 눈을 안대로 가리고 한 발로 서서 몸의 균형을 잡는다.
❷ 한 사람은 발이 바닥에 닿지 않도록 하여 회전의자에 앉은 후 눈을 안대로 가리고, 다른 사람이 회전의자를 돌린다. 이때 의자에 앉은 사람은 몸이 회전한다고 느끼는 방향의 손을 든다.

》 결과 및 정리
눈을 가려도 몸의 회전 방향과 기울어짐을 느낄 수 있다. ➡ 평형 감각은 귀에서 감지한다.

❼ 평형 감각의 성립 경로

자극 → 반고리관, 전정 기관 → 평형 감각 신경 → 소뇌

❶ 눈의 구조와 기능(2)

08 근시에 대한 설명은 '근', 원시에 대한 설명은 '원'이라고 쓰시오.

(1) 먼 곳의 물체가 잘 보이지 않는다. (　　　)
(2) 볼록 렌즈를 이용하여 교정할 수 있다. (　　　)
(3) 수정체와 망막 사이의 거리가 정상보다 짧다.
　　　　　　　　　　　　　　　　　(　　　)
(4) 먼 곳에 있는 물체를 볼 때 상이 망막 앞에 맺힌다.
　　　　　　　　　　　　　　　　　(　　　)

❷ 귀의 구조와 기능

09 그림은 귀의 구조를 나타낸 것이다.

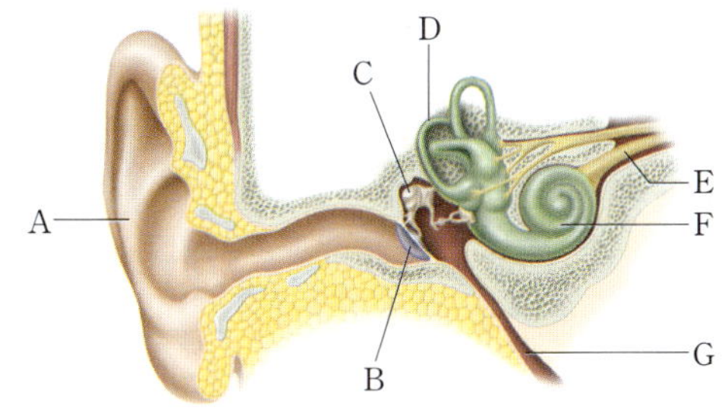

다음 설명에 해당하는 구조의 기호와 이름을 각각 쓰시오.

(1) 고막의 진동을 증폭시킨다. (　　　)
(2) 몸이 회전하는 자극을 받아들인다. (　　　)
(3) 소리에 의해 진동하는 얇은 막이다. (　　　)
(4) 고막 안쪽과 바깥쪽의 압력을 같게 조절한다.
　　　　　　　　　　　　　　　　　(　　　)
(5) 소리 자극을 받아들이는 청각 세포가 분포한다.
　　　　　　　　　　　　　　　　　(　　　)
(6) 청각 세포에서 받아들인 자극을 대뇌로 전달한다.
　　　　　　　　　　　　　　　　　(　　　)

10 다음 설명과 관련 있는 귀의 구조를 쓰시오.

> 고속 엘리베이터를 타고 높이 올라가면 귀가 먹먹해진다. 이때 침을 삼키거나 입을 크게 벌리면 먹먹한 느낌이 사라진다.

11 다음은 우리가 소리를 듣기까지의 과정을 나열한 것이다. (　　　) 안에 들어갈 알맞은 말을 쓰시오.

> 소리 → 외이도 → (　㉠　) → 귓속뼈 → (　㉡　)의 청각 세포 → 청각 신경 → 대뇌

12 다음은 귀에서 느끼는 감각을 설명한 것이다. 각 설명에 해당하는 감각을 쓰시오.

(1) 공기의 진동을 자극으로 받아들여 소리를 듣는 감각
　　　　　　　　　　　　　　　　　(　　　)
(2) 눈으로 보지 않고도 몸이 회전하거나 기울어지는 것을 느낄 수 있는 감각 (　　　)

13 다음은 평형 감각에 대한 설명이다. (　　　) 안에 들어갈 알맞은 말을 쓰시오.

> 회전하는 놀이 기구를 탔을 때 몸이 회전하는 것을 느낄 수 있는 것은 귀에 있는 (　㉠　)에서 자극을 받아들이기 때문이고, 눈을 감아도 몸이 기울어지는 것을 느낄 수 있는 것은 귀에 있는 (　㉡　)에서 자극을 받아들이기 때문이다.

14 귀의 구조와 기능에 대한 설명으로 옳은 것은 ○표, 옳지 않은 것은 ×표 하시오.

(1) 눈을 감으면 몸의 회전 방향을 알기 어렵다.
　　　　　　　　　　　　　　　　　(　　　)
(2) 귀에서는 공기의 진동을 자극으로 받아들인다.
　　　　　　　　　　　　　　　　　(　　　)
(3) 소리 자극을 받아들이는 청각 세포는 귀인두관에 분포한다. (　　　)
(4) 높은 곳에 올라갔을 때 귀가 먹먹해지는 것은 고막 안쪽과 바깥쪽의 압력이 달라졌기 때문이다.
　　　　　　　　　　　　　　　　　(　　　)

10강 감각 기관

③ 코와 혀의 구조와 기능

1 코의 구조와 기능

① 후각: 코에서 기체 상태의 화학 물질을 자극으로 받아들여 냄새를 느끼는 감각

② 후각의 성립 경로: 기체 상태의 화학 물질 → 후각 상피의 후각 세포 → 후각 신경 → 대뇌

③ 후각은 다른 감각에 비해 매우 예민하며, 쉽게 피로해져 세기와 종류가 같은 냄새를 계속 맡으면 나중에는 그 냄새를 잘 느끼지 못한다. _{새로운 종류의 냄새는 맡을 수 있다.}

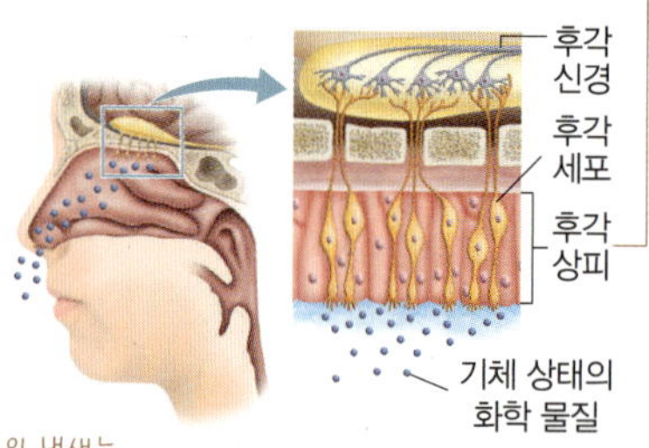

▲ 코의 구조

2 혀의 구조와 기능

① 미각: 혀에서 액체 상태의 화학 물질을 자극으로 받아들여 맛을 느끼는 감각

② 혀 표면에는 유두라는 작은 돌기가 나 있고, 유두의 옆면에는 맛세포가 모여 있는 맛봉오리가 있다.

③ 미각의 성립 경로: 액체 상태의 화학 물질 → 맛봉오리의 맛세포 ❽ → 미각 신경 → 대뇌

④ 혀로 느끼는 기본적인 맛에는 단맛, 짠맛, 신맛, 쓴맛, 감칠맛의 5가지가 있다. ❾
_{└ 아미노산의 일종인 글루탐산의 맛으로, 고기, 생선, 다시마 등에서 느낄 수 있다.}

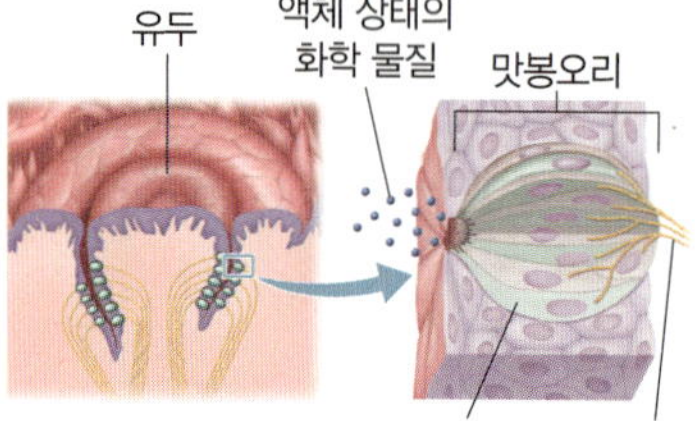

▲ 혀의 구조

후각과 미각의 상호 작용 확인하기

» 과정

❶ 실험자는 눈가리개로 눈을 가리고 코를 손으로 막는다.

❷ 보조자는 양파 조각과 사과 조각을 각각 실험자에게 먹인 후, 먹은 음식이 무엇인지 맞혀 보게 한다.

❸ 실험자는 코를 막지 않은 상태에서 눈가리개로 눈만 가린 후, 과정 ❷를 반복한다.

» 결과 및 정리

눈을 가리고 코를 막았을 때보다 눈을 가리고 코를 막지 않았을 때 양파와 사과의 맛을 잘 구별한다. ➡ 음식의 맛을 느끼는 데는 미각뿐만 아니라 후각도 중요하게 작용한다.

---

④ 피부의 구조와 기능

1 피부 감각
피부에서 여러 가지 자극을 받아들여 부드러움, 아픔, 따뜻함, 차가움, 딱딱함 등을 느끼는 감각

2 감각점 ❿⓫⓬
피부에서 자극을 받아들이는 부위로, 통점, 압점, 촉점, 냉점, 온점이 있다.

① 온몸에 분포하며, 몸의 부위에 따라 단위 면적당 분포하는 감각점의 수가 다르다. _{특정 감각점이 많은 부위는 그 감각점이 받아들이는 자극에 더 예민하다.}

② 감각점의 평균 분포 밀도: 일반적으로 통점이 가장 많다.
➡ 통점 > 압점 > 촉점 > 냉점 > 온점

▲ 피부의 구조와 감각점의 분포

3 피부 감각의 성립 경로
자극 → 감각점 → 피부 감각 신경 → 대뇌

---

❽ 맛세포의 분포

혀에는 서로 다른 맛을 감지하는 맛세포가 고르게 분포되어 있지 않아 혀의 부위에 따라, 사람에 따라 각각의 맛을 느끼는 정도가 다를 수 있다.

❾ 매운맛과 떫은맛

매운맛은 혀의 피부에 있는 통점을 통해, 떫은맛은 압점을 통해 느끼는 감각으로 미각이 아니라 피부 감각에 해당한다.

❿ 감각점

감각점의 종류	받아들이는 자극
통점	아픔
압점	누르는 압력
촉점	가벼운 접촉
냉점	차가움 (낮은 온도로의 변화)
온점	따뜻함 (높은 온도로의 변화)

⓫ 냉점과 온점

냉점과 온점은 절대적인 온도를 자극으로 받아들이는 것이 아니라 상대적인 온도 변화를 자극으로 받아들인다. 즉, 온도가 내려가면 냉점이 차가움을 자극으로 받아들이고, 온도가 올라가면 온점이 따뜻함을 자극으로 받아들인다.

예 오른손은 20 ℃ 물에, 왼손은 40 ℃ 물에 20초 정도 담갔다가 두 손을 동시에 30 ℃ 물에 담그면 오른손은 따뜻함을, 왼손은 차가움을 느낀다.

⓬ 피부의 감각점 분포 조사하기

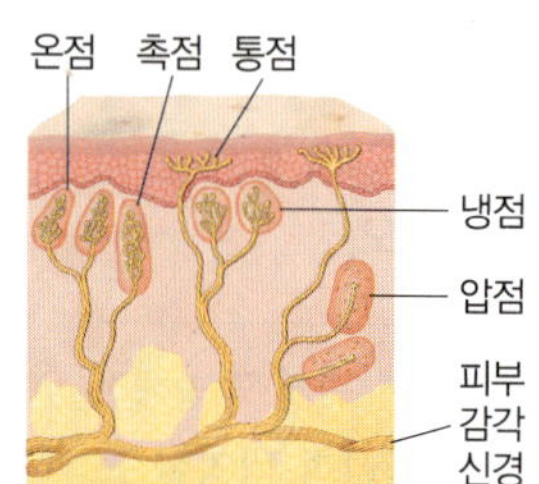

30 cm 자에 이쑤시개 2개를 붙여 몸의 각 부분을 눌렀을 때 두 이쑤시개의 접촉을 2개로 구별해서 느끼는 최소 거리를 측정한다. ➡ 몸의 부위에 따라 최소 거리가 다르다. ➡ 몸의 부위에 따라 단위 면적당 분포하는 감각점의 수가 다르기 때문이다.

❸ 코와 혀의 구조와 기능

15 오른쪽 그림은 코의 구조 중 일부를 확대한 것이다.

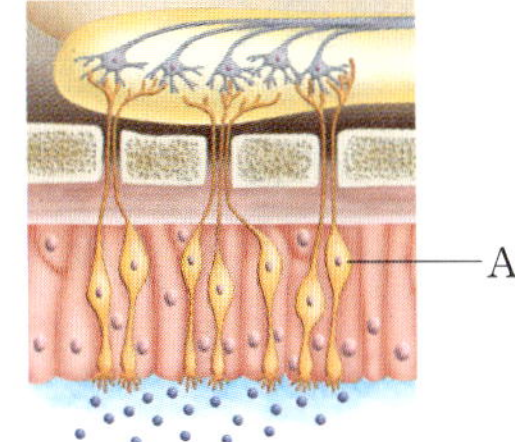

(1) 냄새 자극을 받아들이는 감각 세포 A의 이름을 쓰시오.

(2) A는 어떤 상태의 화학 물질을 자극으로 받아들이는지 쓰시오.

16 후각에 대한 설명으로 옳은 것은 ○표, 옳지 <u>않은</u> 것은 ×표 하시오.

(1) 후각 상피는 콧속 윗부분에 있다. ( )

(2) 다른 감각에 비해 매우 예민하여 쉽게 피로해진다. ( )

(3) 후각 세포에서 받아들인 자극은 후각 신경을 통해 대뇌로 전달된다. ( )

(4) 어떤 냄새를 계속 맡아 피로해지면 새로운 종류의 냄새도 맡을 수 없다. ( )

17 다음은 혀의 구조에 대한 설명이다. ( ) 안에 들어갈 알맞은 말을 쓰시오.

> 혀의 표면에는 (㉠)(이)라고 부르는 작은 돌기가 많이 나 있으며, 그 옆면에는 맛세포가 모여 있는 (㉡)이/가 분포한다.

18 혀에서 느낄 수 있는 기본적인 맛 5가지를 모두 쓰시오.

19 다음은 음식의 맛에 대한 설명이다. ( ) 안에 들어갈 알맞은 말을 쓰시오.

> 감기에 걸려 코가 막혔을 때에는 평상시보다 음식의 맛을 잘 느끼지 못한다. 이는 맛을 느끼는 데에는 혀에서 자극을 받아들이는 (㉠)과/와 함께 코에서 자극을 받아들이는 (㉡)이/가 중요하게 작용하기 때문이다.

❹ 피부의 구조와 기능

20 각 피부의 감각점이 받아들이는 자극을 옳게 연결하시오.

(1) 냉점 •　　　　　　• ㉠ 아픔
(2) 압점 •　　　　　　• ㉡ 차가움
(3) 온점 •　　　　　　• ㉢ 따뜻함
(4) 촉점 •　　　　　　• ㉣ 가벼운 접촉
(5) 통점 •　　　　　　• ㉤ 누르는 압력

21 일반적으로 피부에 가장 많이 분포하는 감각점의 종류를 쓰시오.

22 피부의 구조와 기능에 대한 설명으로 옳은 것은 ○표, 옳지 <u>않은</u> 것은 ×표 하시오.

(1) 피부에서 자극을 받아들이는 부위를 감각점이라고 한다. ( )

(2) 냉점과 온점은 절대적인 온도를 자극으로 받아들인다. ( )

(3) 몸의 부위에 관계없이 단위 면적당 분포하는 감각점의 수는 같다. ( )

(4) 특정 감각점의 수가 많은 부위일수록 그 감각점이 받아들이는 자극에 더 예민하다. ( )

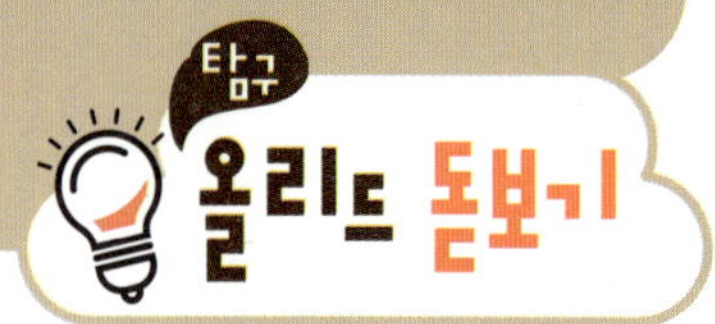

시각 관련 실험하기

개념 112쪽

★ 바른답 · 알찬풀이 36쪽

실험 1 · 맹점 확인하기

과정
❶ 오른손으로 맹점 확인 검사지를 눈높이만큼 들고 왼손으로 왼쪽 눈을 가린다.
❷ 오른쪽 눈으로 토끼를 응시한 후 검사지를 눈앞에서 천천히 앞뒤로 움직여 본다.

유의할 점
오른쪽 눈으로 토끼를 응시하도록 하고, 의식적으로 당근을 보지 않도록 한다.

결과
어느 순간 맹점 확인 검사지의 오른쪽에 있는 당근이 사라져서 보이지 않는다.

정리
• 맹점 확인 검사지와 오른쪽 눈 사이가 일정 거리가 되면 당근의 상이 ❶(   )에 맺혀 당근이 보이지 않는다.
• 맹점에는 ❷(   )이/가 분포하지 않아 이곳에 상이 맺히면 물체를 볼 수 없다.

실험 2 · 빛의 양 조절 확인하기

과정
❶ 손전등의 앞부분에 흰 종이를 붙인다.
❷ 한 사람은 두 눈을 감고 손으로 감은 눈을 가린다.
❸ 1분 정도 지난 후 손을 떼고 감은 눈을 뜨면, 다른 사람이 손전등을 눈에 비추고 홍채와 동공의 변화를 관찰한다.

유의할 점
손전등으로 너무 오랫동안 눈을 비추지 않는다.

결과
홍채의 면적이 늘어나면서 동공이 작아진다.

정리
홍채의 작용으로 밝은 곳에서는 동공이 작아져 눈으로 들어오는 빛의 양을 ❸(줄이고, 늘리고), 어두운 곳에서는 동공이 커져 눈으로 들어오는 빛의 양을 ❹(줄인다, 늘린다).

답 ❶ 맹점 ❷ 시각 세포 ❸ 줄이고 ❹ 늘린다

---

01 위 실험에 대한 설명으로 옳은 것은 ○표, 옳지 않은 것은 ×표 하시오.

(1) 맹점은 시각 세포가 밀집해 있는 곳이다. (   )
(2) 맹점 확인 실험에서 당근이 보이지 않을 때는 당근의 상이 맹점에 맺혔을 때이다. (   )
(3) 손전등을 눈에 비추면 홍채의 면적이 줄어든다. (   )
(4) 주변의 밝기에 따라 홍채의 면적이 변하여 눈으로 들어오는 빛의 양이 조절된다. (   )
(5) 주변이 어두울 때에는 눈으로 들어오는 빛의 양을 늘리는 방향으로 조절이 일어난다. (   )

02 그림 (가)와 (나)는 손전등을 눈에 비추기 전과 비춘 후의 모습을 순서 없이 나타낸 것이다.

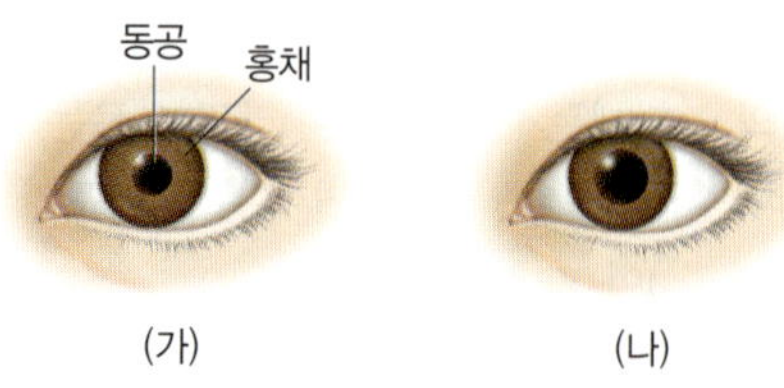

이에 대한 설명으로 옳지 않은 것은?

① 손전등을 비춘 후의 모습은 (나)이다.
② 빛은 동공을 통해 눈 안으로 들어간다.
③ 동공의 크기를 조절하는 것은 홍채이다.
④ 동공의 크기는 (가)에서가 (나)에서보다 작다.
⑤ 홍채의 면적은 (가)에서가 (나)에서보다 넓다.

★ 바른답·알찬풀이 37쪽

[01~03] 오른쪽 그림은 눈의 구조를 나타낸 것이다. 물음에 답하시오.

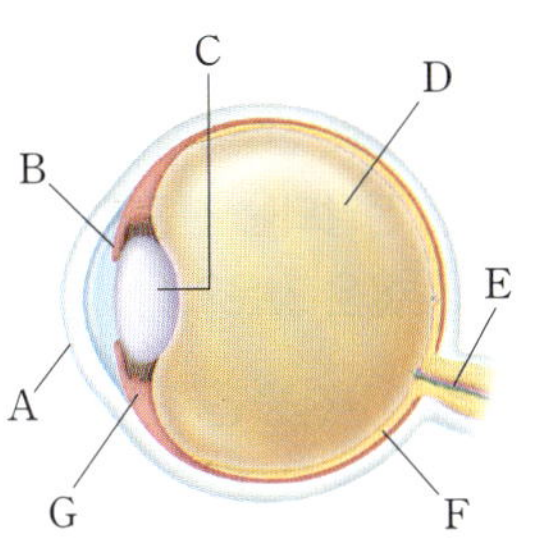

01 각 구조의 이름을 옳게 짝 지은 것은?

① A: 망막
② B: 각막
③ C: 유리체
④ D: 수정체
⑤ G: 섬모체

중요
02 각 구조에 대한 설명으로 옳은 것을 〈보기〉에서 모두 고른 것은?

—— 보기 ——
ㄱ. B는 수정체의 두께를 조절한다.
ㄴ. C는 빛을 굴절시켜 F에 상이 맺히게 한다.
ㄷ. D는 투명한 물질로, 눈의 형태를 유지한다.
ㄹ. F의 모든 부분에 시각 세포가 분포한다.

① ㄱ, ㄷ
② ㄴ, ㄷ
③ ㄷ, ㄹ
④ ㄱ, ㄴ, ㄷ
⑤ ㄴ, ㄷ, ㄹ

03 빛이 눈으로 들어와 그 정보가 대뇌로 전달되기까지의 과정을 옳게 나열한 것은?

① 빛 → A → B → C → D → E → 대뇌
② 빛 → A → B → C → D → F → E → 대뇌
③ 빛 → A → C → D → E → 대뇌
④ 빛 → A → C → D → E → F → 대뇌
⑤ 빛 → A → C → D → F → E → 대뇌

중요
04 그림은 주변의 밝기에 따라 눈에서 일어나는 변화를 나타낸 것이다.

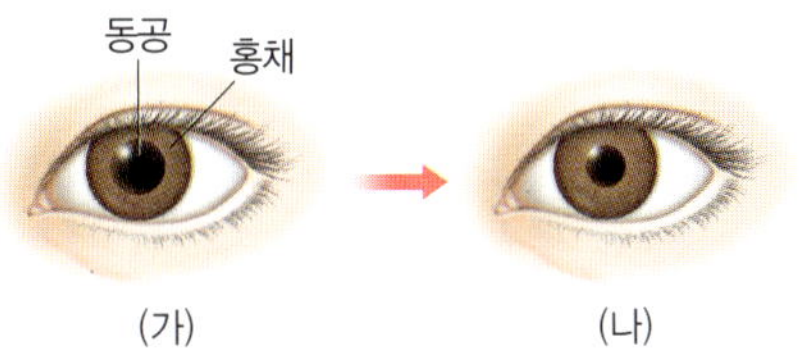

눈의 구조가 (가)에서 (나)로 바뀌는 예로 옳은 것은?

① 책을 보다가 창밖의 먼 산을 바라보았다.
② 창밖의 먼 산을 바라보다가 책을 보았다.
③ 밝은 곳에서 눈을 뜨고 있다가 눈을 감았다.
④ 어두운 극장 안에 있다가 밝은 곳으로 나왔다.
⑤ 밝은 곳에 있다가 어두운 극장 안으로 들어갔다.

[05~06] 오른쪽 그림은 물체와 눈 사이의 거리에 따라 눈에서 일어나는 변화를 나타낸 것이다. 물음에 답하시오.

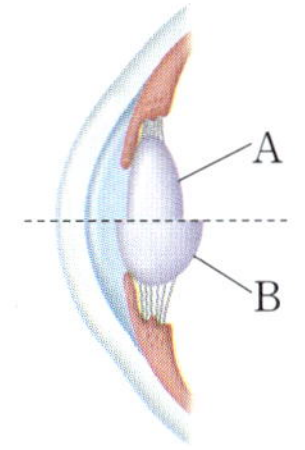

중요
05 눈의 구조가 A에서 B로 바뀌는 경우로 옳은 것은?

① 섬모체가 이완하였다.
② 섬모체가 수축하였다.
③ 홍채의 면적이 늘어났다.
④ 홍채의 면적이 줄어들었다.
⑤ 물체와 눈 사이의 거리가 멀어졌다.

06 눈의 구조가 B에서 A로 바뀌는 예로 옳은 것을 〈보기〉에서 모두 고른 것은?

—— 보기 ——
ㄱ. 손전등을 눈에 비추었다.
ㄴ. 어두운 방에 들어가 전등을 켰다.
ㄷ. 칠판을 보다가 책상 위의 책을 보았다.
ㄹ. 휴대 전화를 보다가 벽에 걸린 시계를 보았다.

① ㄱ
② ㄴ
③ ㄹ
④ ㄱ, ㄴ
⑤ ㄷ, ㄹ

07 그림은 어떤 사람이 먼 곳을 볼 때 눈에 물체의 상이 맺힌 모습을 나타낸 것이다.

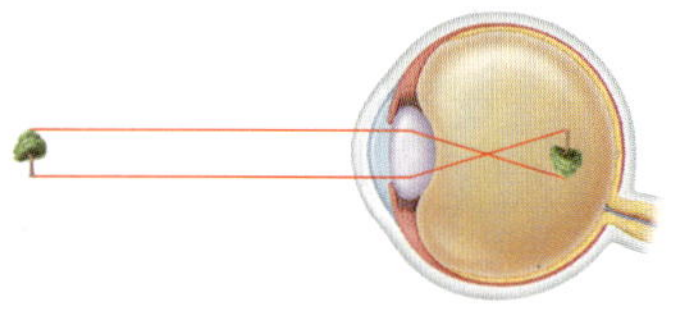

이에 대한 설명으로 옳지 <u>않은</u> 것은?

① 이 사람은 근시이다.
② 오목 렌즈로 교정한다.
③ 물체의 상이 망막 앞에 맺힌다.
④ 가까운 곳의 물체가 잘 보이지 않는다.
⑤ 수정체와 망막 사이의 거리가 정상보다 길 때 나타난다.

[08~09] 그림은 귀의 구조를 나타낸 것이다. 물음에 답하시오.

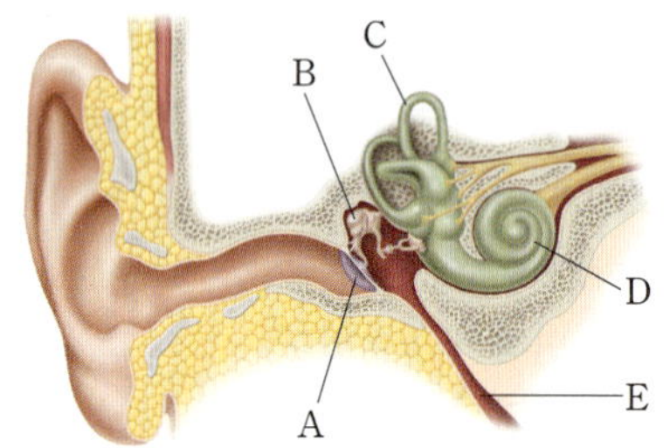

중요
08 A~E에 대한 설명으로 옳지 <u>않은</u> 것은?

① A는 얇은 막으로, 소리에 의해 진동한다.
② B는 A의 진동을 증폭시킨다.
③ C는 반고리관이다.
④ D에는 소리 자극을 받아들이는 청각 세포가 있다.
⑤ E는 소리 자극을 대뇌로 전달한다.

09 소리의 전달 경로와 관련이 <u>없는</u> 구조의 기호를 모두 쓰시오.

신 경향
10 소리는 고막을 진동시키고, 이 진동은 달팽이관의 청각 세포로 전달되어 소리를 들을 수 있게 된다. 이때 달팽이관에 전달되는 진동은 고막의 진동보다 큰데, 그 까닭으로 가장 옳은 것은?

① 진동은 전달될수록 커지기 때문이다.
② 고막의 진동이 귓속뼈에서 증폭되기 때문이다.
③ 달팽이관의 막이 고막보다 더 두껍기 때문이다.
④ 고막의 진동이 반고리관에서 증폭되기 때문이다.
⑤ 고막의 진동이 귀인두관에서 증폭되기 때문이다.

11 다음 ( ) 안에 들어갈 알맞은 말을 쓰시오.

> 영수는 코를 세게 풀었더니 귀가 먹먹해졌다. 이것은 (㉠) 안쪽과 바깥쪽의 압력이 달라져서 생기는 현상으로, 이때 하품을 하면 (㉡)의 작용으로 먹먹한 느낌이 사라진다.

중요
12 오른쪽 그림은 귀의 구조 중 일부를 나타낸 것이다. 다음 현상과 관련 있는 부분을 옳게 짝 지은 것은?

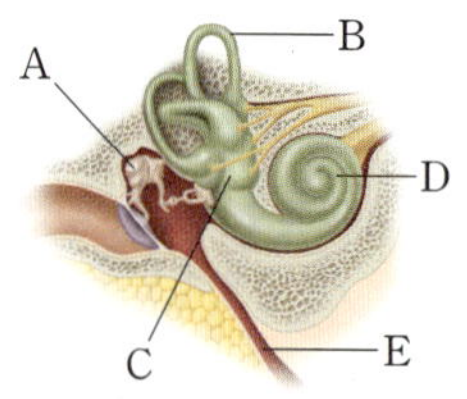

> (가) 좁은 평균대 위를 넘어지지 않고 걷는다.
> (나) 놀이동산에서 회전하는 기구를 타면 어지러움을 느낀다.

	(가)	(나)		(가)	(나)
①	A	B	②	B	C
③	C	B	④	C	D
⑤	E	C			

중요
13 오른쪽 그림은 코의 구조 중 일부를 확대한 것이다. 이에 대한 설명으로 옳은 것을 〈보기〉에서 모두 고른 것은?

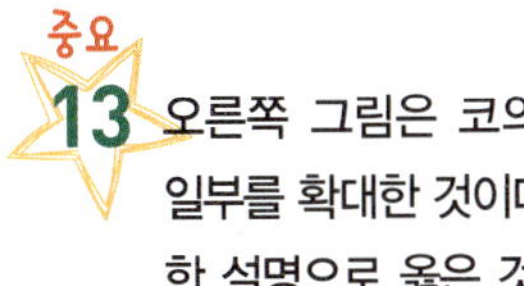

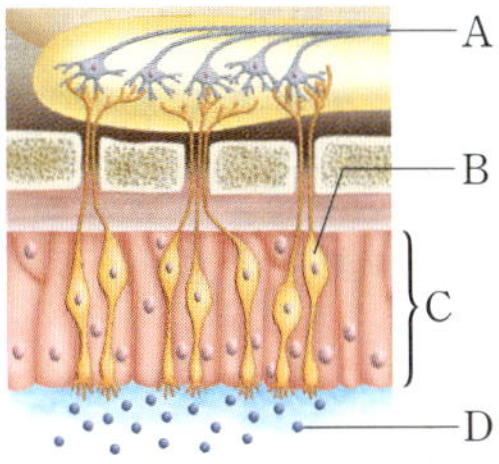

> **보기**
> ㄱ. A는 후각 세포이다.
> ㄴ. B는 자극을 받아들여 후각 신경으로 전달한다.
> ㄷ. C는 후각 상피로, 콧속 윗부분에 있다.
> ㄹ. D는 액체 상태의 화학 물질이다.

① ㄱ, ㄷ   ② ㄱ, ㄹ   ③ ㄴ, ㄷ
④ ㄱ, ㄴ, ㄹ   ⑤ ㄴ, ㄷ, ㄹ

14 다음 현상과 가장 관련 있는 후각의 특징으로 옳은 것은?

> 화원에 들어갔더니 진한 꽃향기가 물씬 풍겨 왔다. 그런데 화원에 오랫동안 있었더니 더 이상 꽃향기가 느껴지지 않았다.

① 쉽게 피로해진다.
② 후각 상피는 점액으로 덮여 있다.
③ 후각 세포에서 자극을 받아들인다.
④ 액체 상태의 화학 물질을 자극으로 받아들인다.
⑤ 우리가 구별할 수 있는 냄새의 종류는 수천 가지이다.

15 혀에서 느낄 수 있는 기본적인 맛이 <u>아닌</u> 것은?

① 단맛   ② 짠맛
③ 신맛   ④ 매운맛
⑤ 감칠맛

[16~17] 그림은 혀의 구조 중 일부를 확대한 것이다. 물음에 답하시오.

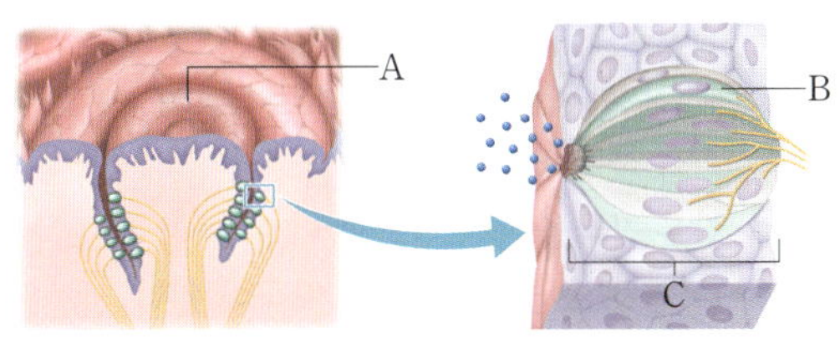

16 A, B의 이름을 각각 쓰시오.

중요
17 위 그림에 대한 설명으로 옳지 <u>않은</u> 것은?

① B는 미각 신경과 연결되어 있다.
② B에서 받아들인 자극은 대뇌로 전달된다.
③ 하나의 B는 5가지 기본 맛을 모두 느낄 수 있다.
④ B는 액체 상태의 화학 물질을 자극으로 받아들인다.
⑤ C는 맛봉오리이다.

18 다음은 후각과 미각의 관계를 알아보기 위한 실험이다.

> [실험 과정 및 결과]
> (가) A는 눈가리개로 눈을 가리고 코를 손으로 막는다. B는 A에게 양파 조각과 사과 조각을 각각 먹인 후, 먹은 음식이 무엇인지 맞혀 보게 하였더니 A가 잘 맞추지 못했다.
> (나) A는 입안을 물로 헹군 후 눈가리개로 눈만 가린다. B는 A에게 양파 조각과 사과 조각을 각각 먹인 후, 먹은 음식이 무엇인지 맞혀 보게 하였더니 A가 잘 맞추었다.

위 실험의 결론으로 옳은 것은?

① 후각은 미각을 방해한다.
② 미각은 후각과 관련이 없다.
③ 미각에 이상이 생기면 후각도 느낄 수 없다.
④ 냄새를 맡는 데는 후각뿐만 아니라 미각도 중요하게 작용한다.
⑤ 음식의 맛을 느끼는 데는 미각뿐만 아니라 후각도 중요하게 작용한다.

19 후각과 미각의 공통점으로 옳은 것을 〈보기〉에서 모두 고른 것은?

보기
ㄱ. 감각점에서 자극을 받아들인다.
ㄴ. 화학 물질을 자극으로 받아들인다.
ㄷ. 같은 자극을 계속 받으면 더 예민해진다.
ㄹ. 감각 세포에서 받아들인 자극이 감각 신경을 통해 대뇌로 전달된다.

① ㄱ, ㄴ　　　② ㄱ, ㄹ　　　③ ㄴ, ㄷ
④ ㄴ, ㄹ　　　⑤ ㄷ, ㄹ

중요
20 피부 감각에 대한 설명으로 옳지 <u>않은</u> 것은?

① 압점은 누르는 압력을 받아들인다.
② 감각점은 내장 기관에는 분포하지 않는다.
③ 단위 면적당 분포하는 감각점의 수가 많을수록 자극에 더 예민하다.
④ 몸의 같은 부위라도 감각점의 종류에 따라 분포하는 개수가 다르다.
⑤ 감각점에서 받아들인 자극은 피부 감각 신경을 통해 대뇌로 전달된다.

21 일반적으로 우리 몸에 (가) 가장 많이 분포하는 감각점과 (나) 가장 적게 분포하는 감각점을 옳게 짝 지은 것은?

	(가)	(나)		(가)	(나)
①	촉점	압점	②	촉점	온점
③	통점	온점	④	통점	압점
⑤	냉점	통점			

22 그림과 같이 오른손은 20 °C 물에, 왼손은 40 °C 물에 20초 정도 담갔다가 두 손을 동시에 30 °C 물에 담갔다.

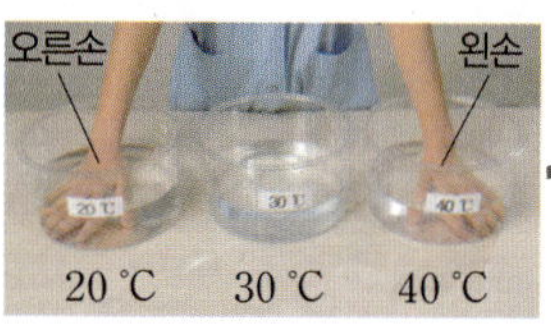

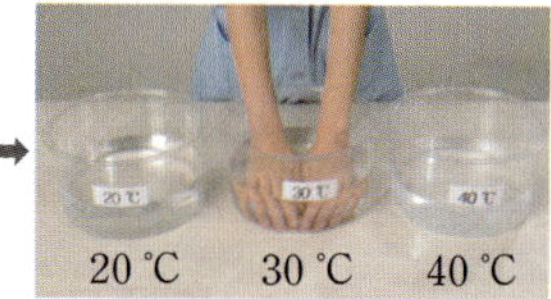

이에 대한 설명으로 옳은 것을 모두 고르면?(정답 2개)

① 두 손 모두 차가움을 느낀다.
② 오른손은 따뜻함을, 왼손은 차가움을 느낀다.
③ 오른손은 차가움을, 왼손은 따뜻함을 느낀다.
④ 오른손은 온점이, 왼손은 냉점이 자극을 받아들인다.
⑤ 냉점과 온점은 절대적인 온도를 감지한다는 것을 알 수 있다.

23 다음은 피부 감각점의 분포를 알아보는 실험이다.

[실험 과정 및 결과]
(가) 하드보드지의 네 변에 이쑤시개를 2개씩 각각 8 mm, 6 mm, 4 mm, 2 mm 간격으로 붙인다.
(나) 실험자는 눈을 가리고, 보조자는 실험자의 손바닥을 하드보드지 네 변의 이쑤시개로 돌아가며 살짝 누른다.
(다) 이쑤시개가 2개로 느껴지는 최소 거리를 구한다.
(라) 실험자의 손가락 끝과 손등에 과정 (나)~(다)를 반복하여 표와 같은 결과를 얻었다.

구분	손바닥	손가락 끝	손등
최소 거리(mm)	6	2	8

이에 대한 설명으로 옳지 <u>않은</u> 것은?

① 가장 예민한 부위는 손가락 끝이다.
② 손바닥과 손등에 분포하는 감각점의 수는 다르다.
③ 몸의 부위에 따라 분포하는 감각점의 수가 다름을 알 수 있다.
④ 단위 면적당 분포하는 감각점의 수가 가장 많은 부위는 손가락 끝이다.
⑤ 이쑤시개가 2개로 느껴지는 최소 거리가 길수록 감각이 예민한 것이다.

고난도·서술형 문제

24 그림은 눈의 구조를 나타낸 것이다.

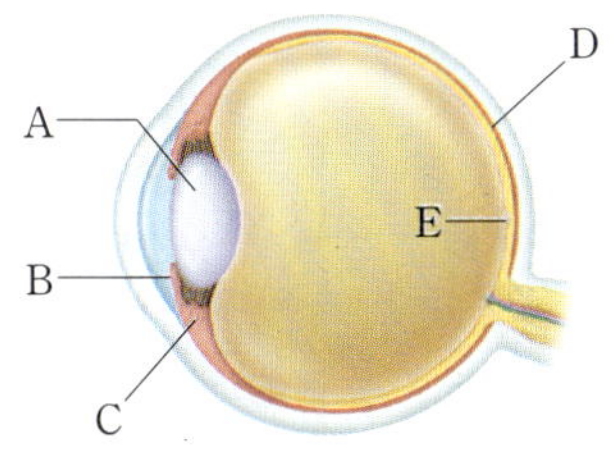

A~E에 대한 설명으로 옳은 것은?

① A가 정상보다 두꺼운 경우 먼 곳을 볼 때 상이 망막의 뒤에 맺힌다.

② 밝은 곳에 있다가 어두운 곳으로 들어가면 B의 면적이 늘어난다.

③ C에 의해 B의 면적이 줄어들거나 늘어난다.

④ D는 맥락막으로, 검은색 색소가 있다.

⑤ E는 시각 신경이 모여 나가는 곳으로, 이곳에 상이 맺히면 보이지 않는다.

25 오른쪽 그림과 같이 귓구멍에 꽂지 않고 귀 근처에 걸어 사용하는 이어폰이 있다. 이 이어폰으로 소리를 들을 때 소리를 듣기까지의 과정에 포함되지 <u>않는</u> 귀의 구조는?

① 고막　　　　　② 대뇌

③ 달팽이관　　　④ 청각 세포

⑤ 청각 신경

26 오른쪽 그림과 같이 병에 개구리를 넣고, 병을 한쪽으로 기울이면 개구리가 몸의 균형을 유지한다. 이와 관련 있는 귀의 구조를 쓰고, 그 구조의 기능을 설명하시오.

27 오른쪽 그림은 코의 구조를 나타낸 것이다. 냄새를 맡기까지의 과정을 자극이 되는 물질의 특징과 구조의 기호를 포함하여 설명하시오.

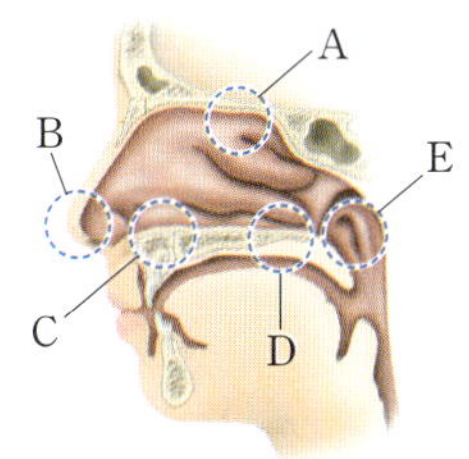

28 사탕을 입안에 처음 넣었을 때는 달지 않지만, 사탕이 침에 녹다 보면 단맛을 잘 느낄 수 있다. 그 까닭을 감각 세포의 특징을 포함하여 설명하시오.

29 그림은 피부의 서로 다른 부위 A~G에 디바이더의 두 핀을 댔을 때 두 핀의 접촉을 2개로 구별해서 느끼는 최소 거리를 측정하여 나타낸 것이다.

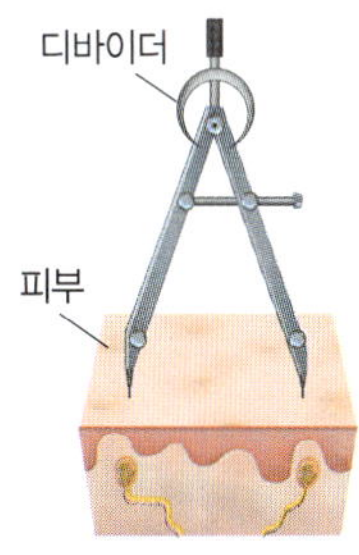

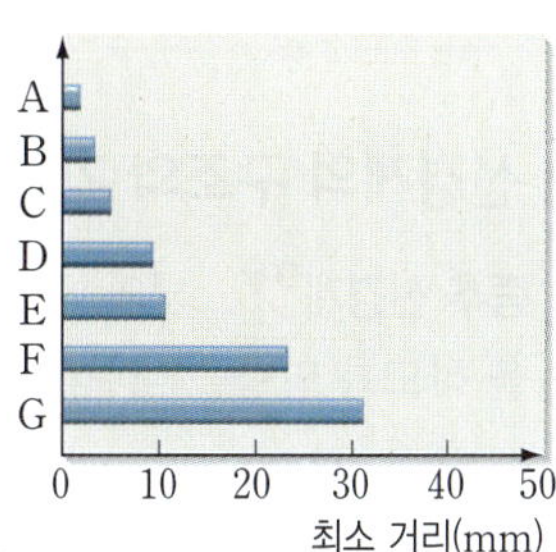

이에 대한 설명으로 옳은 것을 〈보기〉에서 모두 고르시오.

> **보기**
> ㄱ. A는 D보다 촉각이 예민하다.
> ㄴ. G는 E보다 냉점이 분포 밀도가 높다.
> ㄷ. 몸의 부위에 따라 감각점의 분포 정도가 다름을 알 수 있다.
> ㄹ. 두 핀 사이의 거리가 10 mm인 경우 A에서는 두 핀을 2개로 느낀다.

11강 뉴런과 신경계

❶ 뉴런의 구조와 기능

1 신경계　감각 기관이 받아들인 자극을 뇌로 전달하거나, 이 자극을 판단하여 적절한 반응이 나타나도록 신호를 전달하는 체계로, 중추 신경계와 말초 신경계로 구성된다.

2 뉴런　신경계를 구성하는 기본 단위가 되는 신경 세포로, 자극을 받아들여 반응이 일어나기까지 신호를 전달하고 분석한다.
— 신호를 받아들이고 전달하기에 적합한 구조로 되어 있다.

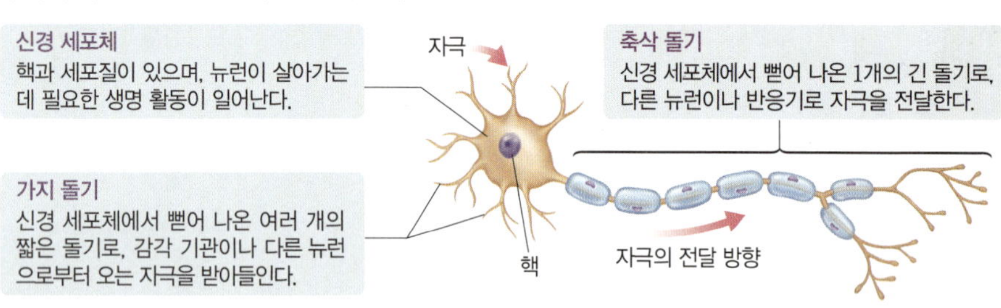

3 뉴런의 종류❶

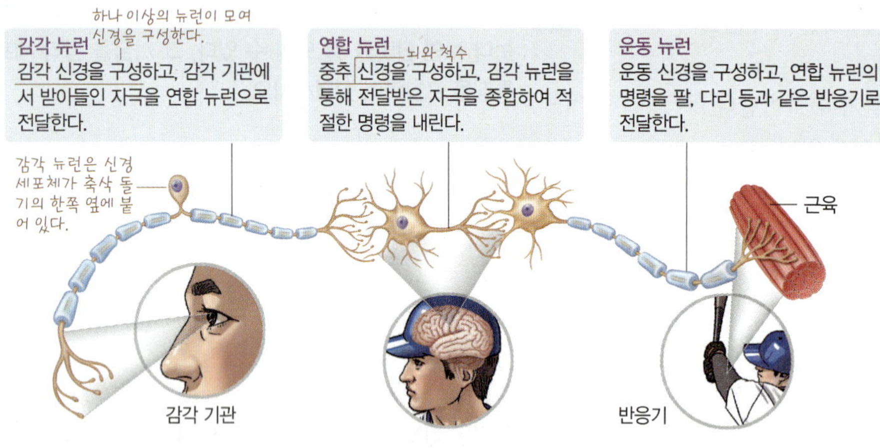

자극의 전달 경로　자극은 감각 뉴런 → 연합 뉴런 → 운동 뉴런의 방향으로 전달되며, 반대 방향으로는 전달되지 않는다.

자극 → 감각 기관 → 감각 뉴런 → 연합 뉴런 → 운동 뉴런 → 반응기 → 반응

❷ 신경계의 구조와 기능(1)

1 중추 신경계❷❸　뇌와 척수로 이루어져 있으며, 여러 감각 정보를 종합하여 적절한 반응을 하도록 명령을 내린다.

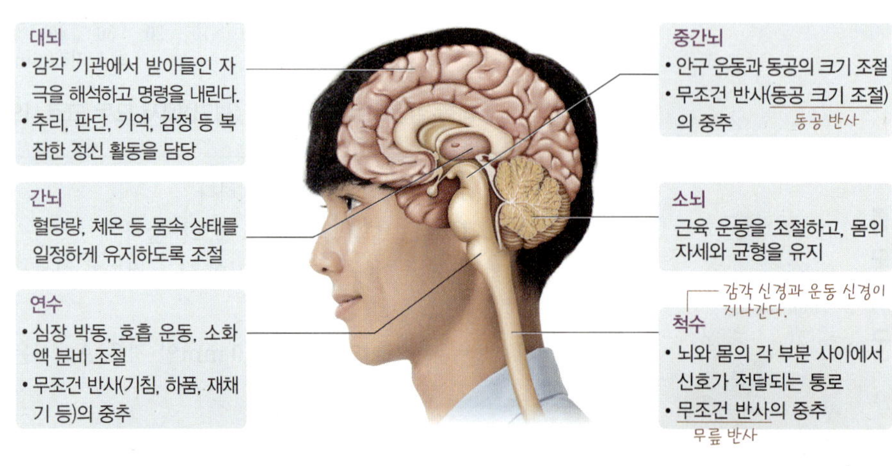

---

❶ 신경계의 자극 전달과 컴퓨터의 정보 전달 비교

신경계	컴퓨터
자극 수용	자판 입력
감각 뉴런	케이블(A)
연합 뉴런	중앙 처리 장치(CPU)
운동 뉴런	케이블(B)
반응	화면 출력

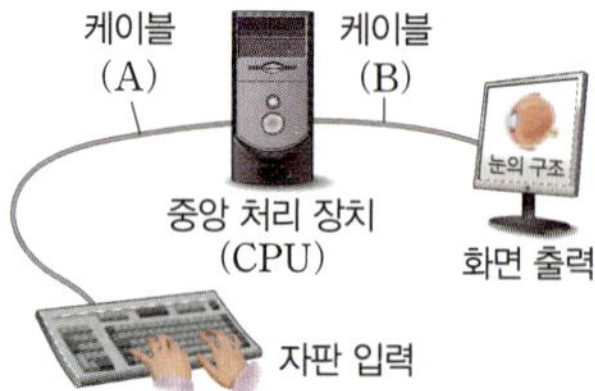

▲ 컴퓨터에서 정보가 전달되는 과정

❷ 신경계의 구성

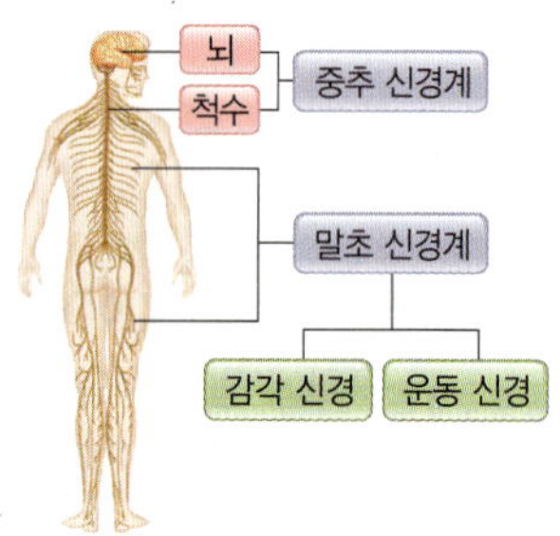

❸ 척수의 구조

척수는 척추에 싸여 보호되며, 뇌와 말초 신경계를 연결한다.

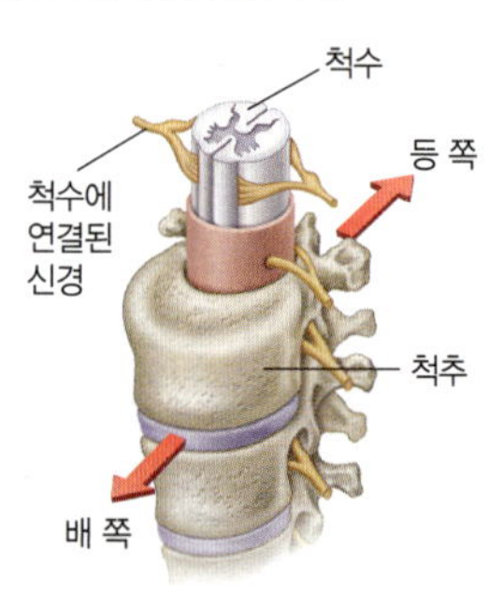

① 뉴런의 구조와 기능

01 다음 (   ) 안에 들어갈 알맞은 말을 쓰시오.

> 감각 기관이 받아들인 자극을 뇌로 전달하거나, 이 자극을 판단하여 적절한 반응이 나타나도록 신호를 전달하는 체계를 (㉠   )(이)라고 한다. (㉠   )은/는 신경 세포인 (㉡   )(으)로 구성된다.

02 그림은 뉴런의 구조를 나타낸 것이다.

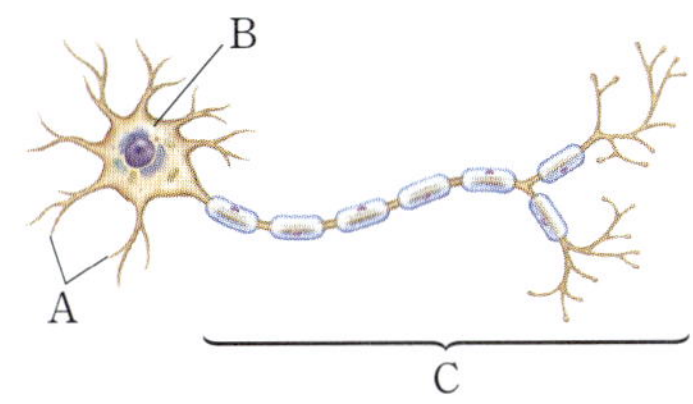

다음 설명에 해당하는 구조의 기호와 이름을 각각 쓰시오.

(1) 핵이 있으며, 생명 활동이 일어난다. (   )
(2) 다른 뉴런이나 반응기로 자극을 전달한다.
(   )
(3) 감각 기관이나 다른 뉴런으로부터 오는 자극을 받아들인다. (   )

03 그림은 세 종류의 뉴런이 연결된 모습을 나타낸 것이다.

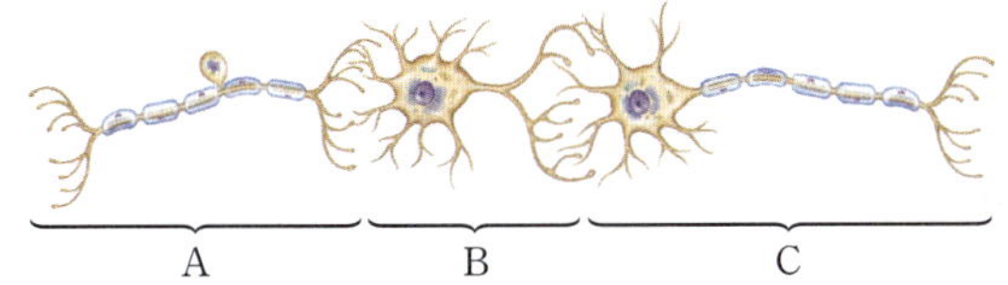

(1) A~C의 이름과 기능을 옳게 연결하시오.

A	•	• ㉠ 운동 뉴런 •	• ⓐ 연합 뉴런의 명령을 반응기로 전달한다.
B	•	• ㉡ 연합 뉴런 •	• ⓑ 자극을 종합하여 명령을 내린다.
C	•	• ㉢ 감각 뉴런 •	• ⓒ 감각 기관에서 받아들인 자극을 전달한다.

(2) A~C 사이에서 자극이 전달되는 경로를 나열하시오.

② 신경계의 구조와 기능(1)

04 그림은 신경계의 구성을 나타낸 것이다. (   ) 안에 들어갈 알맞은 말을 쓰시오.

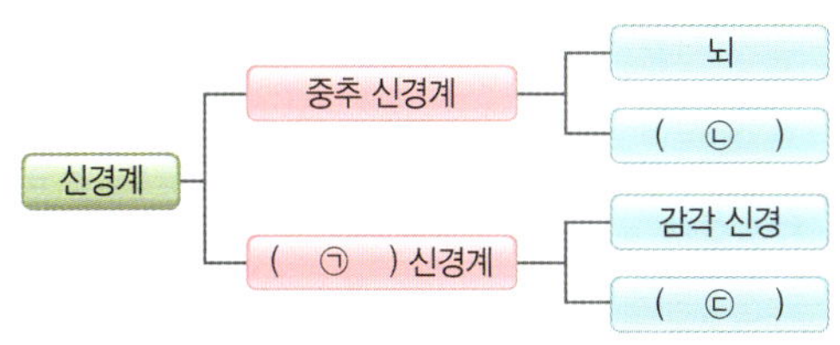

05 오른쪽 그림은 사람의 뇌 구조를 나타낸 것이다. 다음 설명에 해당하는 구조의 기호와 이름을 각각 쓰시오.

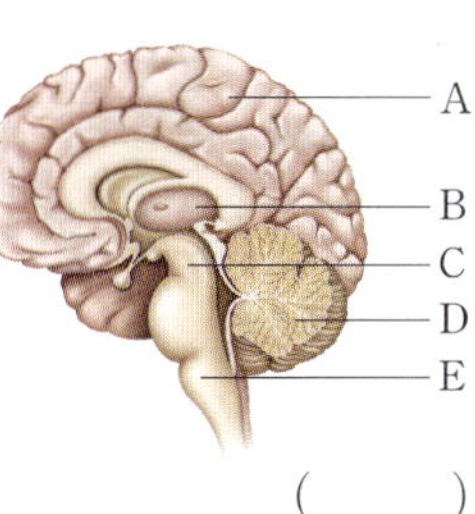

(1) 안구 운동과 동공의 크기를 조절한다. (   )
(2) 심장 박동, 호흡 운동, 소화액 분비를 조절한다.
(   )
(3) 근육 운동을 조절하고, 몸의 자세와 균형을 유지한다. (   )
(4) 혈당량, 체온 등 몸속 상태를 일정하게 유지하도록 조절한다. (   )
(5) 여러 가지 자극을 해석하고 명령을 내리며, 복잡한 정신 활동을 담당한다. (   )

06 신경계의 구조와 기능에 대한 설명으로 옳은 것은 ○표, 옳지 않은 것은 ×표 하시오.

(1) 연합 뉴런은 뇌와 척수를 구성한다. (   )
(2) 척수는 척추 속에 들어 있으며, 뇌와 말초 신경계를 연결한다. (   )
(3) 감각 기관에서 받아들인 자극을 종합하여 그에 적절한 반응을 하도록 명령을 내리는 것은 말초 신경계이다. (   )

11강 뉴런과 신경계

② 신경계의 구조와 기능(2)

2 말초 신경계 감각 신경과 운동 신경으로 구성되며, 온몸에 그물처럼 퍼져 있어 중추 신경계와 온몸의 조직이나 기관을 연결하여 그 사이에서 신호를 전달하는 역할을 한다.

① 감각 신경: 감각 기관에서 받아들인 자극을 중추 신경계로 전달한다.
② 운동 신경: 중추 신경계의 명령을 반응기로 전달한다.

체성 신경	대뇌의 명령을 팔이나 다리 등의 근육으로 전달하여 몸을 움직이는 데 관여한다.
자율 신경	• 심장이나 소장 등 내장 기관에 연결되어 있어, 대뇌의 직접적인 명령 없이 내장 기관의 운동을 조절한다. • 교감 신경과 부교감 신경으로 구분되며, 같은 내장 기관에 분포하여 서로 반대 작용을 한다.❹ └ 길항 작용이라고 한다.

③ 자극에 따른 반응의 경로 [돋보기] 128쪽

1 의식적인 반응❺ 대뇌가 관여하며, 자신의 의지에 따라 일어나는 반응 예 주전자의 물을 컵에 따르는 행동, 어두운 방에서 손을 더듬어 스위치를 누르는 행동, 야구 선수가 야구공을 보고 방망이로 공을 치는 행동 등

머리에 있는 감각 기관이나 반응기로 신호가 전달될 때에는 척수를 거치지 않는다.

반응 경로 ≫	자극 → 감각 기관 → 감각 신경 → (척수) → 대뇌 → (척수) → 운동 신경 → 반응기 → 반응 └ 반응 중추

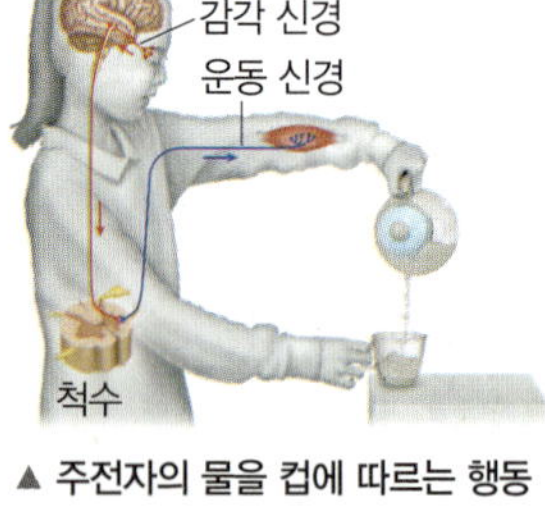

▲ 주전자의 물을 컵에 따르는 행동

2 무조건 반사 대뇌가 관여하지 않으며, 무의식적으로 일어나는 반응 예 무릎 반사, 기침, 재채기 등

① 척수, 연수, 중간뇌가 관여한다.❻ 태어날 때부터 가지고 있는 선천적인 반응이다.
② 대뇌를 거치지 않아 의식적인 반응보다 빠르게 일어난다. ➡ 위험으로부터 몸을 보호하는 데 도움이 된다.

반응 경로 ≫	자극 → 감각 기관 → 감각 신경 → 척수, 연수, 중간뇌 → 운동 신경 → 반응기 → 반응 └ 반응 중추

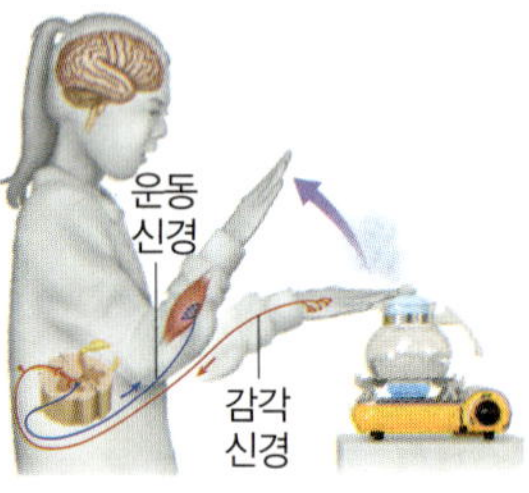

▲ 뜨거운 주전자에 손이 닿았을 때 급히 손을 떼는 행동

무릎 반사 확인하기

》 과정

❶ 두 사람이 짝을 이루고 한 사람은 의자에 앉아 한쪽 다리를 다른 쪽 다리 위에 포개어 놓은 후 다리의 힘을 뺀다.
❷ 앉은 사람은 눈가리개로 눈을 가리고, 다른 한 사람은 고무망치로 앉아 있는 사람의 무릎뼈 바로 아래를 가볍게 친다.

》 결과 및 정리

• 무릎뼈 바로 아래를 고무망치로 치면 자신도 모르게 다리가 저절로 올라간다. ➡ 무릎 반사는 대뇌가 관여하지 않는 무조건 반사이다.
• 무릎 반사 경로: 자극 → 감각 기관 → 감각 신경 → 척수 → 운동 신경 → 반응기 → 반응

고무망치로 무릎뼈 바로 아래를 가볍게 친 자극은 대뇌로도 전달되어 고무망치가 피부에 닿은 것을 느낀다.

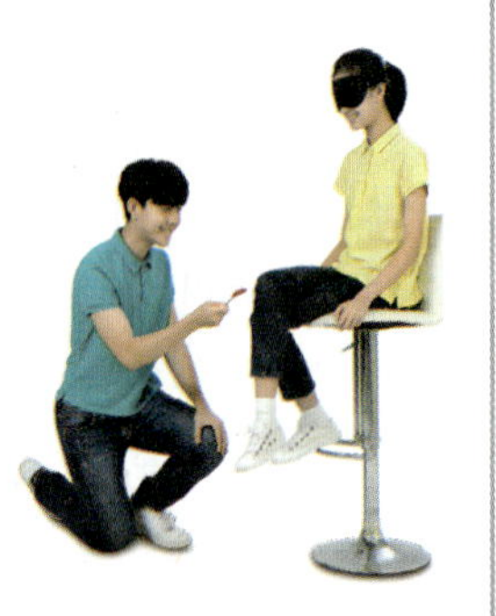

---

❹ 교감 신경과 부교감 신경의 작용

교감 신경과 부교감 신경은 같은 내장 기관에 분포하여 서로 반대 작용을 한다. 일반적으로 교감 신경은 몸을 긴장 상태로 만들어 위기 상황에 대처하도록 조절하고, 부교감 신경은 긴장 상태에 있던 몸을 원래의 안정된 상태로 되돌리도록 조절한다.

구분	교감 신경	부교감 신경
동공 크기	확대	축소
호흡 운동	촉진	억제
심장 박동	촉진	억제
소화 운동	억제	촉진

❺ 반응

감각 기관이 받아들인 자극에 대해 우리 몸이 나타내는 행동으로, 우리 몸에서 반응이 일어나려면 감각 기관에서 받아들인 자극이 중추 신경계로 전달되고, 반응 중추의 명령이 반응기로 전달되어야 한다.

❻ 무조건 반사의 반응 중추

척수	무릎 반사, 배뇨·배변 반사, 압정을 밟았을 때 급히 발을 떼는 행동 등
연수	기침, 재채기, 침과 눈물 분비, 하품 등
중간뇌	주변의 밝기에 따른 동공의 크기 조절

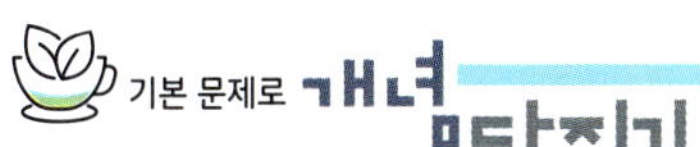

❷ 신경계의 구조와 기능(2)

07 다음은 말초 신경계에 대한 설명이다. ( ) 안에 들어갈 알맞은 말을 쓰시오.

(1) (㉠)에서 받아들인 자극을 중추 신경계로 전달하고, 중추 신경계의 명령을 (㉡)(으)로 전달한다.

(2) 감각 신경과 운동 신경으로 구성되고, 운동 신경은 체성 신경과 ( )(으)로 구분된다.

08 자율 신경에 대한 설명으로 옳은 것은 ○표, 옳지 <u>않은</u> 것은 ×표 하시오.

(1) 심장이나 소장 등 내장 기관에 연결되어 있다. ( )

(2) 대뇌의 직접적인 명령을 받아 내장 기관의 운동을 조절한다. ( )

(3) 교감 신경과 부교감 신경으로 구분되며, 이들은 서로 반대 작용을 한다. ( )

(4) 교감 신경은 심장 박동을 억제하고, 부교감 신경은 심장 박동을 촉진한다. ( )

❸ 자극에 따른 반응의 경로

09 의식적인 반응과 관련이 있는 설명은 '의', 무조건 반사와 관련이 있는 설명은 '무', 공통적인 설명은 '공'이라고 쓰시오.

(1) 대뇌가 관여한다. ( )

(2) 자신의 의지에 따라 일어나는 반응이다. ( )

(3) 척수, 연수, 중간뇌가 반응 중추이다. ( )

(4) 위험으로부터 몸을 보호하는 데 도움이 된다. ( )

(5) 감각 기관이 받아들인 자극에 대해 우리 몸이 나타내는 행동이다. ( )

10 다음 반응과 각 반응의 중추를 옳게 연결하시오.

(1) 무릎 반사 •　　　　　• ㉠ 연수

(2) 기침, 재채기 •　　　　　• ㉡ 척수

(3) 동공의 크기 조절 •　　　• ㉢ 중간뇌

11 그림은 자극의 전달 경로를 나타낸 것이다.

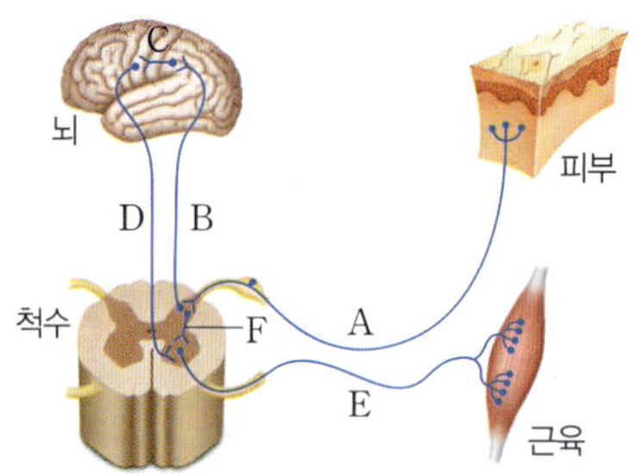

다음과 같은 반응이 일어날 때의 반응 경로를 완성하시오.

(1) 어두운 방에서 손을 더듬어 스위치를 누르는 행동

> 피부 → A → (㉠) → (㉡) → (㉢) → E → 근육

(2) 뜨거운 주전자에 손이 닿았을 때 급히 손을 떼는 행동

> 피부 → A → ( ) → E → 근육

12 자극에 따른 반응의 경로에 대한 설명으로 옳은 것은 ○표, 옳지 <u>않은</u> 것은 ×표 하시오.

(1) 주전자를 들고 컵에 물을 따르는 행동은 의식적인 반응이다. ( )

(2) 무조건 반사는 의식적인 반응보다 반응 경로가 길어 반응 속도가 느리다. ( )

(3) 무조건 반사는 대뇌가 관여하지만, 의식적인 반응은 대뇌가 관여하지 않는다. ( )

(4) 무릎 반사 실험에서 고무망치로 무릎뼈 바로 아래를 가볍게 친 자극은 대뇌로도 전달된다. ( )

자극에 대한 반응 실험하기 개념 126쪽

과정

❶ 두 명이 짝을 이루어 한 사람은 의자에 앉아 팔을 책상에 얹은 후 엄지손가락과 집게손가락을 벌리고, 다른 한 사람은 50 cm 자의 끝을 잡고 앉은 사람의 엄지손가락에 자의 눈금 0이 오도록 자의 높이를 조절한다.

❷ 자를 든 사람이 예고 없이 자를 떨어뜨리면 앉은 사람은 떨어지는 자를 보고 2개의 손가락으로 자를 잡은 후 엄지손가락 부분의 눈금을 확인한다. 이 과정을 3회 반복한다.

❸ 앉은 사람의 눈을 눈가리개로 가리고 자를 든 사람이 '땅' 소리와 함께 자를 떨어뜨리면 앉은 사람은 그 소리를 듣고 2개의 손가락으로 자를 잡은 후 엄지손가락 부분의 눈금을 확인한다. 이 과정을 3회 반복한다.

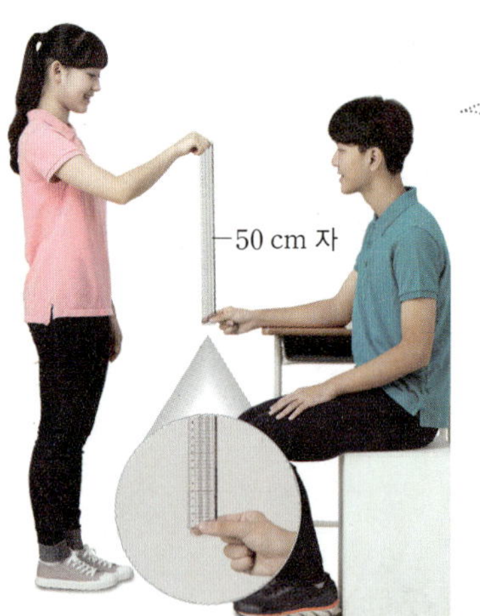

유의할 점
- 자를 잡는 사람은 자를 떨어뜨리는 사람의 손을 쳐다보지 않도록 하며, 예측하여 자를 잡지 않도록 한다.
- 자를 떨어뜨리는 사람은 자를 아래로 밀면서 떨어뜨리지 않도록 한다.

결과

구분	눈으로 보고 잡을 때(cm)	소리를 듣고 잡을 때(cm)
1회	20.5	30
2회	21	31.5
3회	18.5	28.5
평균값	20	30

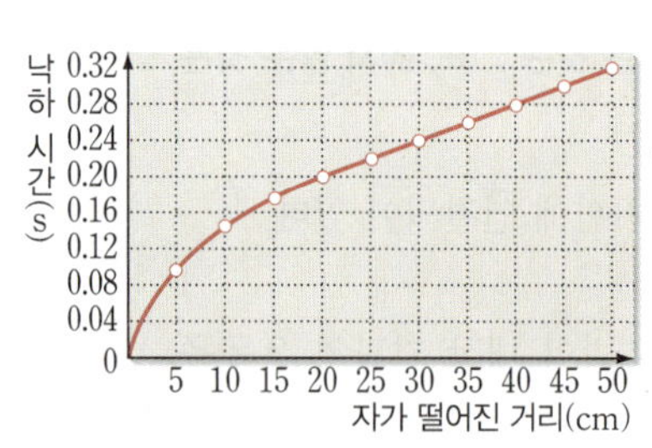

▲ 자를 잡은 거리와 반응 시간

자극에 대한 반응
- 감각 기관에서 받아들인 자극이 신경을 통해 뇌와 근육으로 전달되어 반응이 일어나기까지 시간이 걸린다.
- 자를 잡을 때의 반응 경로: 자극 → 눈(귀) → 시각 신경(청각 신경) → 대뇌 → (척수) → 운동 신경 → 손 → 자를 잡음.

정리

- 그래프를 이용하여 자를 잡기까지 걸린 대략적인 시간을 구하면 눈으로 보고 잡을 때 약 ❶( )초, 소리를 듣고 잡을 때 약 ❷( )초이다.
- 떨어지는 자를 눈으로 보고 잡을 때와 소리를 듣고 잡을 때의 ❸( )이/가 다르기 때문에 걸리는 시간에 차이가 있다. ➡ 걸리는 시간이 더 짧은 경우가 반응 속도가 더 빠른 것이므로, 시각과 청각 중 ❹( )을/를 통한 반응이 더 빠르다는 것을 의미한다.

답 ❶ 0.2 ❷ 0.24 ❸ 반응 경로 ❹ 시각

---

01 위 실험에 대한 설명으로 옳은 것은 ○표, 옳지 <u>않은</u> 것은 ×표 하시오.

(1) 소리를 듣고 자를 잡는 것은 의식적인 반응이다. ( )

(2) 자를 잡기까지의 반응 경로에 척수는 관여하지 않는다. ( )

(3) 자가 떨어진 거리가 길수록 반응 속도가 빠른 것이다. ( )

(4) 자극을 받아 반응이 일어나기까지의 걸리는 시간을 알아보는 실험이다. ( )

02 위 실험으로 알 수 있는 사실을 〈보기〉에서 모두 고른 것은?

보기
ㄱ. 자극의 종류에 따라 반응 속도가 다르다.
ㄴ. 청각을 통한 반응이 시각을 통한 반응보다 더 빠르다.
ㄷ. 실험을 반복할수록 연습이 되어 반응 시간이 조금씩 길어진다.

① ㄱ ② ㄴ ③ ㄱ, ㄷ
④ ㄴ, ㄷ ⑤ ㄱ, ㄴ, ㄷ

 대표 문제로 **실력 확인**하기

중요
01 그림은 뉴런의 구조를 나타낸 것이다.

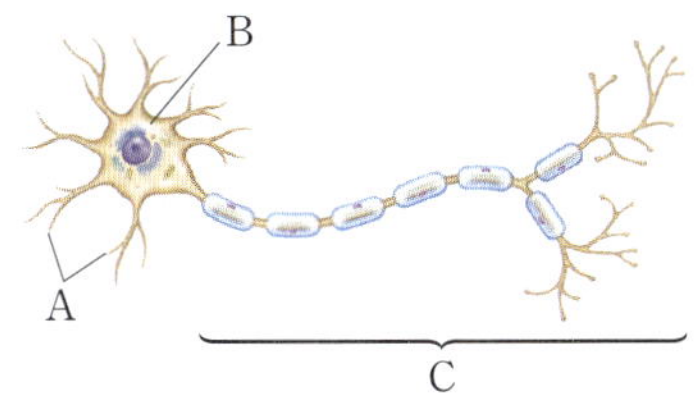

이에 대한 설명으로 옳지 <u>않은</u> 것은?

① 1개의 세포를 나타낸 것이다.
② 신경계를 구성하는 기본 단위이다.
③ 신호를 받아들이고 전달하는 역할을 한다.
④ A는 감각 기관이나 다른 뉴런으로부터 오는 자극을 받아들이고, C는 다른 뉴런이나 반응기로 자극을 전달한다.
⑤ 뉴런 내에서 자극은 C → B → A의 방향으로 전달된다.

02 신경계의 자극 전달 과정과 컴퓨터의 정보 전달 과정을 비교할 때, 다음 설명에 해당하는 뉴런의 종류를 쓰시오.

> 컴퓨터 본체에 있는 중앙 처리 장치의 명령을 모니터로 전달한다.

중요
03 그림은 자극이 전달되는 과정을 나타낸 것이다.

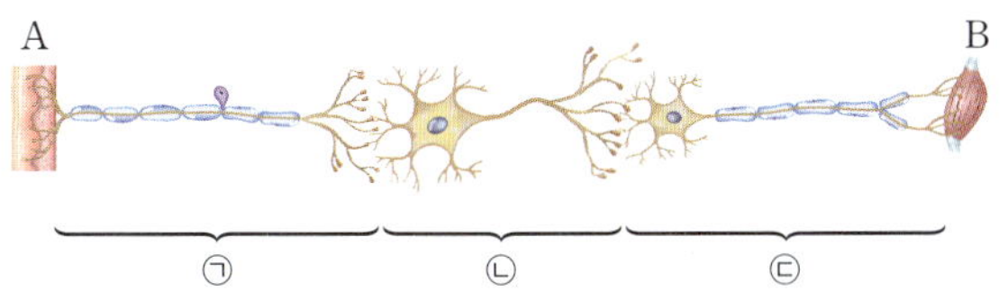

이에 대한 설명으로 옳은 것을 〈보기〉에서 모두 고르시오.

┌ 보기 ┐
ㄱ. ㉠은 운동 뉴런, ㉢은 감각 뉴런이다.
ㄴ. ㉡은 뇌와 척수를 구성한다.
ㄷ. A와 B 중 반응기는 B이다.
ㄹ. 자극은 ㉠ → ㉡ → ㉢의 방향으로 전달된다.

[04~05] 오른쪽 그림은 사람의 뇌 구조를 나타낸 것이다. 물음에 답하시오.

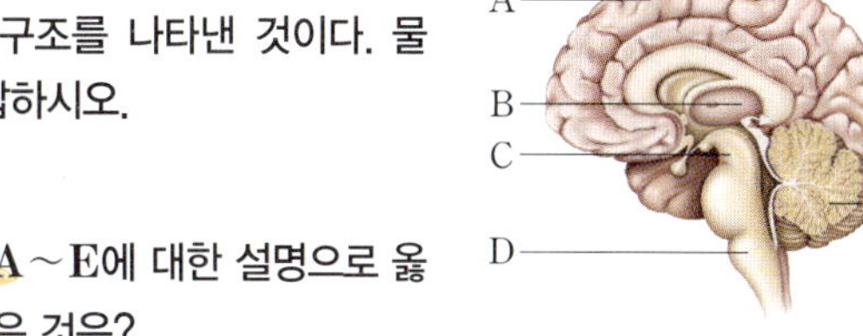

중요
04 A~E에 대한 설명으로 옳은 것은?

① A는 혈당량을 일정하게 유지한다.
② B는 반응기에 명령을 내린다.
③ C는 안구 운동과 동공의 크기를 조절한다.
④ D는 판단, 추리 등 고등 정신 활동을 담당한다.
⑤ E는 호흡 운동, 심장 박동 조절의 중추이다.

05 A~E 중 다음 내용과 관련 있는 구조의 기호와 이름을 각각 쓰시오.

> 체조 선수는 좁은 평균대 위에서 한 발을 들고서도 떨어지지 않고 균형을 유지한다.

신경향
06 어떤 사람이 교통사고로 뇌를 다친 후에 다음과 같은 반응을 보였다.(단, 교통사고로 뇌를 다치기 전에는 뇌의 모든 활동이 정상이었다.)

> • 호흡 운동은 스스로 할 수 있다.
> • 교통사고가 나기 전의 상황을 기억한다.
> • 혈당량과 체온이 일정하게 유지되지 않는다.

위 자료로 미루어 볼 때 이 사람은 뇌의 어느 구조에 이상이 생겼다고 판단할 수 있는가?

① 대뇌　　② 간뇌　　③ 소뇌
④ 연수　　⑤ 중간뇌

07 오른쪽 그림은 중추 신경계의 일부를 나타낸 것이다. A에 대한 설명으로 옳은 것을 〈보기〉에서 모두 고른 것은?

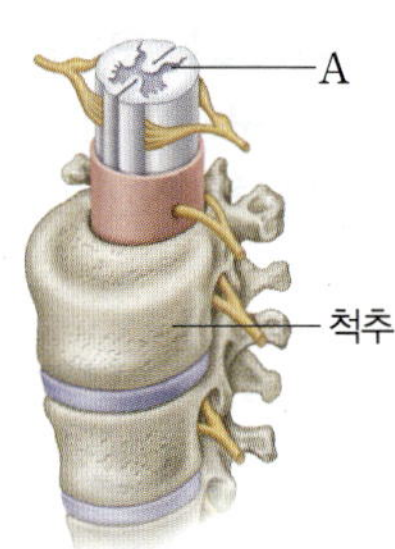

> **보기**
> ㄱ. 척수이다.
> ㄴ. 감각 뉴런과 운동 뉴런으로 구성된다.
> ㄷ. 무릎 반사와 같은 무조건 반사의 중추이다.
> ㄹ. 뇌에서 반응기로 신호가 전달되는 통로 역할을 한다.

① ㄱ, ㄹ 　② ㄴ, ㄷ 　③ ㄱ, ㄴ, ㄷ
④ ㄱ, ㄷ, ㄹ 　⑤ ㄴ, ㄷ, ㄹ

08 그림은 말초 신경계의 구성을 나타낸 것이다.

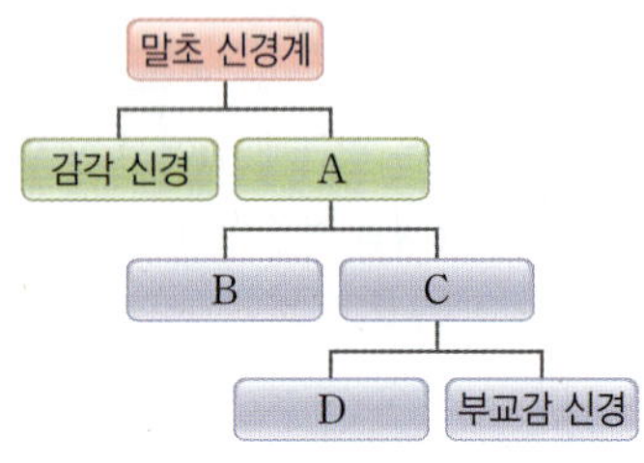

이에 대한 설명으로 옳지 **않은** 것은?

① A는 운동 신경이다.
② B는 주로 의식적인 반응에 관여한다.
③ C는 대뇌의 직접적인 명령을 받지 않는다.
④ C는 팔이나 다리 등의 근육에 연결되어 있다.
⑤ D와 부교감 신경은 서로 반대 작용을 한다.

09 교감 신경과 부교감 신경의 작용을 옳게 짝 지은 것은?

	구분	교감 신경	부교감 신경
①	동공 크기	확대	축소
②	침 분비	촉진	억제
③	호흡 운동	억제	촉진
④	심장 박동	억제	촉진
⑤	소화 운동	촉진	억제

중요
10 의식적인 반응에 대한 설명으로 옳지 **않은** 것은?

① 대뇌가 관여한다.
② 자신의 의지에 따라 일어나는 반응이다.
③ 무조건 반사보다 반응이 빠르게 일어난다.
④ 반응 경로에 척수가 포함되지 않는 경우도 있다.
⑤ 주전자의 물을 컵에 따르는 행동은 의식적인 반응의 예에 해당한다.

11 대뇌가 관여하는 반응이 **아닌** 것은?

① 굴러오는 공을 보고 발로 찼다.
② 무서운 영화를 보고 눈을 감았다.
③ 초록 신호등을 보고 길을 건넜다.
④ 길을 걷다가 돌을 밟아 발을 들었다.
⑤ 갑자기 눈에 먼지가 들어가 눈물이 나왔다.

중요
12 그림은 자극의 전달 경로를 나타낸 것이다.

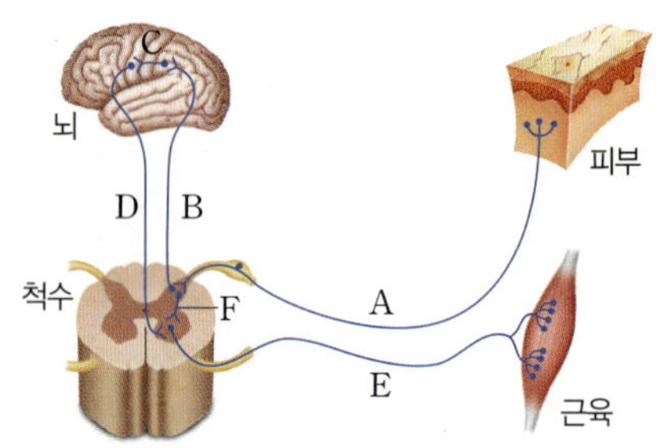

이에 대한 설명으로 옳은 것은?

① A는 운동 뉴런으로 구성된다.
② E는 감각 뉴런으로 구성된다.
③ C와 F는 말초 신경계를 구성한다.
④ 척수는 자극을 뇌로 전달하고, 뇌의 명령을 반응기로 전달한다.
⑤ 무릎 반사는 피부 → A → B → C → D → E → 근육의 경로로 일어난다.

13 오른쪽 그림과 같이 한 사람이 자를 떨어뜨리면 다른 사람이 자의 기준점에 손가락을 대고 있다가 떨어지는 자를 보고 잡는 실험을 하였다. 이 실험에 대한 설명으로 옳지 <u>않은</u> 것은?

① 반응 경로에 척수가 관여한다.
② 반응 경로에 대뇌의 판단 과정이 포함되지 않는다.
③ 자가 떨어진 거리가 길수록 반응 시간이 긴 것이다.
④ 떨어지는 자를 보고 잡는 것은 의식적인 반응이다.
⑤ 자극을 받아 반응이 일어나기까지의 걸리는 시간을 알아보는 실험이다.

14 의식적인 반응과 무조건 반사의 공통점으로 옳은 것을 〈보기〉에서 모두 고른 것은?

> **보기**
> ㄱ. 대뇌가 관여한다.
> ㄴ. 무의식적으로 반응이 일어난다.
> ㄷ. 척수, 연수 등이 반응 중추이다.
> ㄹ. 중추 신경계와 말초 신경계가 모두 관여한다.

① ㄱ ② ㄷ ③ ㄹ
④ ㄱ, ㄴ ⑤ ㄷ, ㄹ

중요
15 다음 반응과 각 반응의 중추를 옳게 짝 지은 것은?

> (가) 음식물이 입안에 들어가자 침이 나왔다.
> (나) 손가락이 압정에 찔리자 자신도 모르게 재빨리 손가락을 뗐다.

	(가)	(나)		(가)	(나)
①	연수	척수	②	연수	중간뇌
③	척수	연수	④	척수	간뇌
⑤	간뇌	중간뇌			

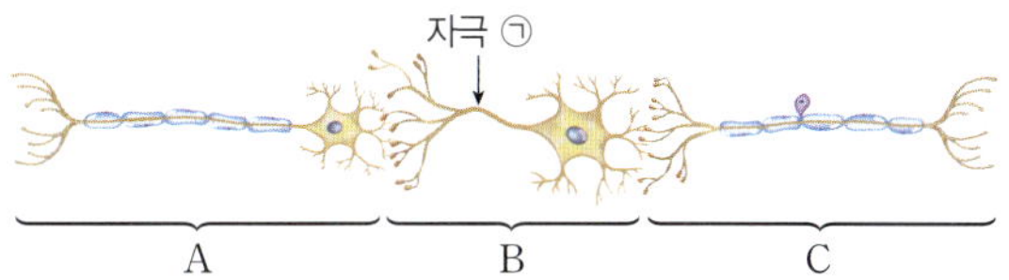

통합형
16 그림은 세 종류의 뉴런이 연결되어 있는 모습을 나타낸 것이다.

이에 대한 설명으로 옳은 것은?

① A는 축삭 돌기의 끝이 반응기와 연결된다.
② 간뇌는 A와 같은 뉴런으로 구성되어 있다.
③ B는 감각 기관으로부터 자극을 받아들인다.
④ B에 자극 ㉠을 주면 A와 C로 자극이 전달된다.
⑤ 부교감 신경은 C와 같은 뉴런으로 구성된다.

서술형
17 사람의 신경계를 크게 2가지로 구분하고, 각각의 기능을 설명하시오.

[18~19] 그림은 감각 기관에서 받아들인 자극이 신경계를 거쳐 반응기에 전달되는 여러 가지 경로를 나타낸 것이다. 물음에 답하시오.

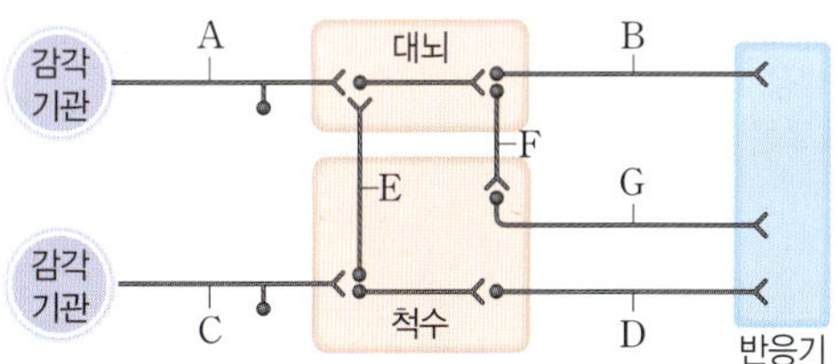

18 다음과 같은 경로로 일어나는 반응의 예를 1가지만 쓰시오.

> 감각 기관 → A → 대뇌 → F → G → 반응기

서술형
19 손가락이 선인장 가시에 찔려 재빨리 손가락을 떼는 행동의 반응 경로를 위 그림에서 찾아 나열하고, 이러한 반응이 유리한 점을 설명하시오.

12강 호르몬과 항상성 유지

올리드 PLUS 개념

❶ 호르몬의 조절 작용

1 항상성 몸이 환경 변화에 적절히 반응하여 몸의 상태를 일정하게 유지하려는 성질로, 호르몬과 신경계의 조절 작용으로 항상성이 유지된다.

2 호르몬 세포나 기관으로 신호를 전달하는 화학 물질이다.

① 내분비샘에서 만들어져 혈액으로 분비된다.❶
② 혈액을 따라 온몸을 순환하면서 신호를 전달하고 각 기관의 활동을 조절한다.
③ 표적 세포나 표적 기관에만 작용하며, 여러 가지 생리 작용을 조절한다.
④ 적은 양으로 큰 효과를 나타낸다.
└─ 특정 호르몬의 작용을 받는 세포나 기관

3 사람의 내분비샘과 호르몬❷ 사람의 몸에는 내분비샘이 분포하며, 각각 다른 종류의 호르몬을 분비한다.

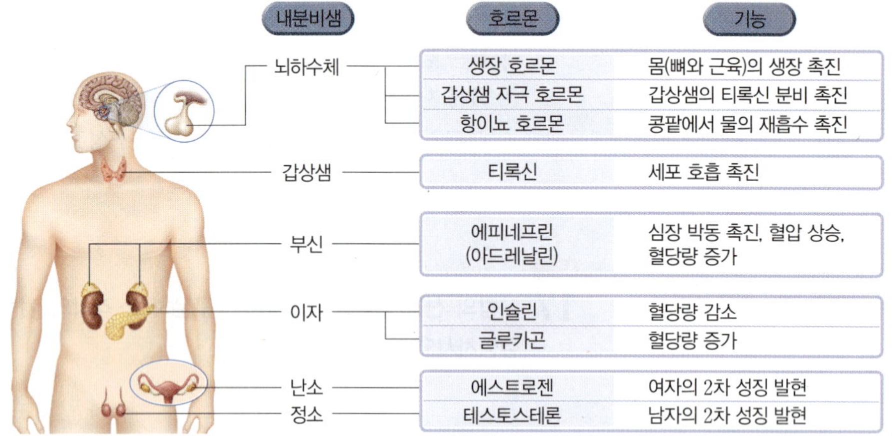

4 호르몬의 결핍증과 과다증 호르몬의 분비량이 너무 적으면 결핍증이, 너무 많으면 과다증이 나타난다.

생장 호르몬	결핍증	소인증	뼈와 근육의 발달이 미흡하여 키가 잘 자라지 않는다.
	과다증	거인증	비정상적으로 키가 많이 자란다.
		말단 비대증	성장기 이후에 생장 호르몬이 너무 많이 분비되어 입술, 코가 두꺼워지고, 손과 발이 커진다.
티록신	결핍증	갑상샘 기능 저하증	체중이 증가하고 추위를 잘 탄다.
	과다증	갑상샘 기능 항진증	체중이 감소하고 눈이 돌출된다. 맥박이 빨라진다.
인슐린	결핍증	당뇨병	혈당량이 정상보다 높은 상태가 지속되며, 포도당이 오줌에 섞여 나온다.

인슐린이 너무 적게 분비되거나 세포가 인슐린에 적절하게 반응하지 못하여 나타난다.

5 호르몬과 신경계의 비교❸ 호르몬에 의한 신호 전달은 신경계에 비해 느리지만, 작용 범위가 넓고 효과가 오래 지속된다.

구분	신호 전달 속도	작용 범위	효과의 지속성	신호 전달 매체	특징
호르몬	느리다.	넓다.	길다.	혈액	표적 세포나 표적 기관에만 작용
신경계	빠르다.	좁다.	짧다.	뉴런	일정한 방향으로만 신호 전달

---

❶ 내분비샘과 외분비샘

• 내분비샘: 호르몬을 만들어 분비하는 조직이나 기관으로, 분비관이 따로 없어 혈관으로 호르몬을 분비한다. 예 뇌하수체, 갑상샘 등
• 외분비샘: 특정 분비물을 분비관을 통해 분비하는 기관이다. 예 소화샘, 땀샘 등

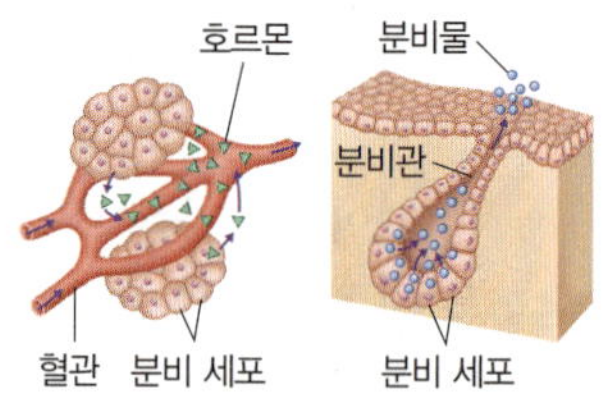

이자는 호르몬을 분비하는 내분비샘이면서 소화액을 분비하는 외분비샘이다.

❷ 2차 성징

청소년기에 성호르몬의 분비가 활발해지면서 남자와 여자로서의 여러 가지 특징이 나타나는 것을 2차 성징이라고 한다.

• 남자: 목소리가 굵어지고, 수염이 나며, 생식 능력이 생긴다.
• 여자: 가슴과 골반이 커지고, 월경과 배란이 일어난다.

❸ 호르몬과 신경계의 작용

• 호르몬: 혈액을 따라 이동하며, 멀리 떨어진 표적 기관에 신호를 전달한다.

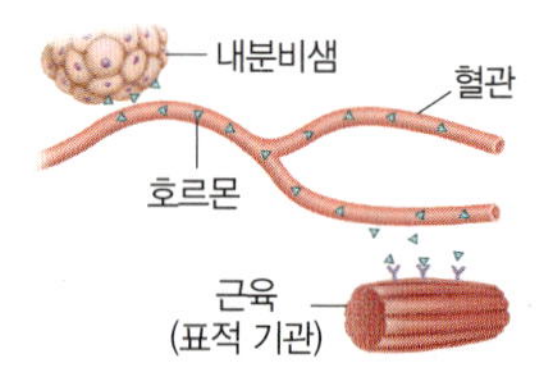

• 신경계: 뉴런을 통해 뉴런이 연결된 곳에만 신호를 전달한다.

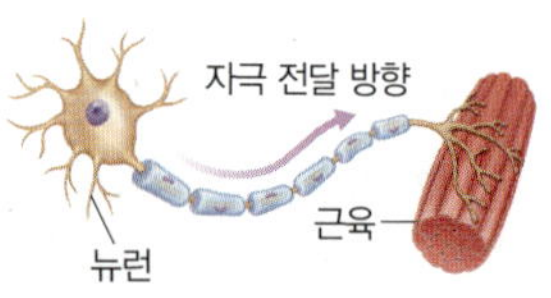

★ 바른답·알찬풀이 42쪽

❶ 호르몬의 조절 작용

01 다음은 우리 몸의 조절 작용에 대한 설명이다. (   ) 안에 들어갈 알맞은 말을 쓰시오.

> 우리 몸은 환경 변화에 적절히 반응하여 몸의 상태를 일정하게 유지하려는 성질이 있는데, 이를 (㉠)(이)라고 한다. (㉠)은/는 (㉡)과/와 신경계의 조절 작용으로 유지된다.

02 호르몬에 대한 설명으로 옳은 것은 ○표, 옳지 <u>않은</u> 것은 ×표 하시오.

(1) 표적 세포나 표적 기관에만 작용한다.　(　　　)

(2) 세포나 기관으로 신호를 전달하는 화학 물질이다.
　(　　　)

(3) 내분비샘에서 만들어져 별도의 분비관을 통해 분비된다.　(　　　)

(4) 혈액을 따라 온몸을 순환하면서 각 기관의 활동을 조절한다.　(　　　)

03 오른쪽 그림은 사람의 내분비샘을 나타낸 것이다. A~E의 이름과 각 내분비샘에서 분비되는 호르몬을 옳게 연결하시오.

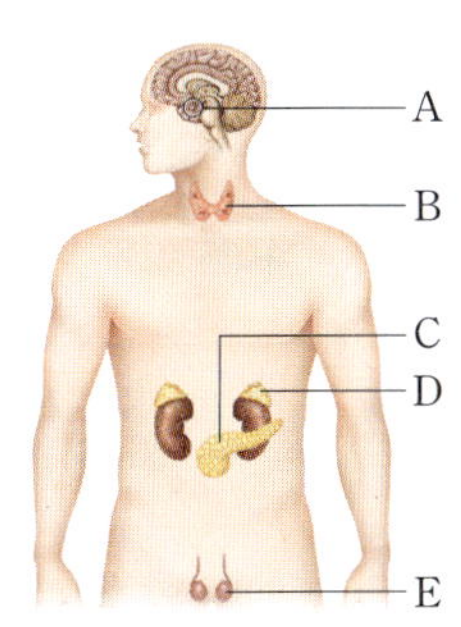

(1) A・　　・이자　　・㉠ 티록신
(2) B・　　・부신　　・㉡ 인슐린
(3) C・　　・정소　　・㉢ 에피네프린
(4) D・　　・갑상샘　・㉣ 생장 호르몬
(5) E・　　・뇌하수체・㉤ 테스토스테론

04 다음 설명에 해당하는 호르몬의 이름을 쓰시오.

(1) 갑상샘에서 분비되며, 세포 호흡을 촉진한다.
　(　　　)

(2) 난소에서 분비되며, 여자의 2차 성징이 발현되게 한다.　(　　　)

(3) 뇌하수체에서 분비되며, 콩팥에서 물의 재흡수를 촉진한다.　(　　　)

(4) 부신에서 분비되며, 심장 박동을 촉진하고, 혈압을 상승시킨다.　(　　　)

(5) 이자에서 분비되며, 글리코젠이 포도당으로 분해되는 반응을 촉진하여 혈당량을 높인다. (　　　)

05 각 호르몬의 결핍증과 과다증에 해당하는 질병을 옳게 연결하시오.

(1) 인슐린 결핍증　　　・　　・㉠ 소인증
(2) 티록신 과다증　　　・　　・㉡ 당뇨병
(3) 생장 호르몬 결핍증・　　・㉢ 말단 비대증
(4) 생장 호르몬 과다증・　　・㉣ 갑상샘 기능 항진증

06 표는 호르몬과 신경계의 작용을 비교한 것이다. (   ) 안에 들어갈 알맞은 말을 고르시오.

구분	호르몬	신경계
신호 전달 속도	㉠(느리다, 빠르다).	㉡(느리다, 빠르다).
작용 범위	㉢(좁다, 넓다).	㉣(좁다, 넓다).
효과의 지속성	㉤(짧다, 길다).	㉥(짧다, 길다).
신호 전달 매체	㉦(혈액, 뉴런)	㉧(혈액, 뉴런)

12강 호르몬과 항상성 유지

❷ 항상성 유지 [돋보기] 136쪽 ↓

1 항상성 유지

① 항상성 유지의 중추는 간뇌이다.
② 호르몬과 신경계의 조절 작용에 의해 항상성이 유지된다.
③ 혈중 호르몬 농도에 따라 호르몬의 분비가 조절된다. ➡ 호르몬의 양이 필요량보다 많으면 호르몬의 분비가 억제되고, 필요량보다 적으면 호르몬의 분비가 촉진된다. ❹

2 혈당량 조절 ❺❻
주로 혈당량 조절 호르몬인 인슐린과 글루카곤의 작용으로 혈당량이 일정하게 유지된다.

인슐린과 글루카곤은 같은 기관(간)에 작용하면서 서로 반대되는 효과를 일으킨다. ➡ 인슐린과 글루카곤의 길항 작용

포도당으로 이루어진 다당류로, 주로 간과 근육에서 합성된다.

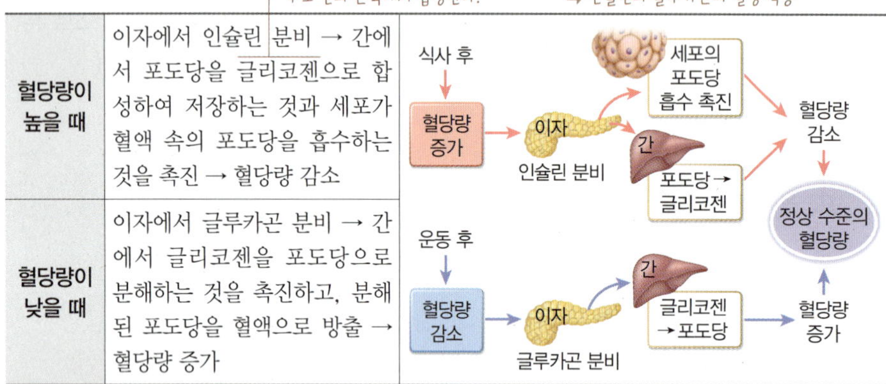

3 체온 조절 ❼
피부에서 받아들인 온도 변화는 간뇌로 전달되고, 간뇌가 열 발생량과 열 방출량을 조절함으로써 체온이 일정하게 유지된다.

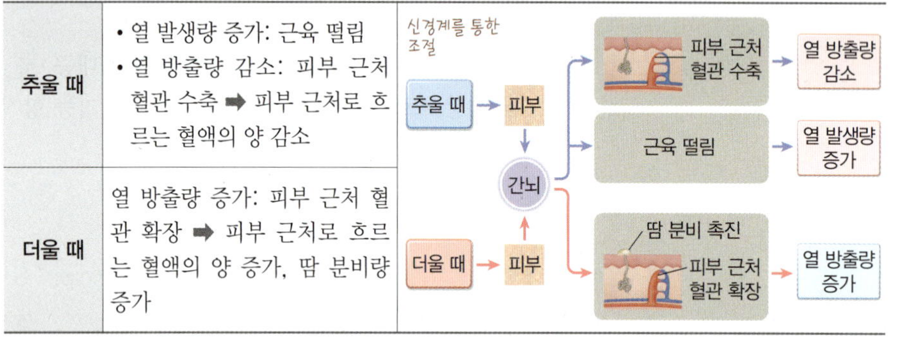

4 몸속 수분량 조절
뇌하수체에서 분비되는 항이뇨 호르몬의 분비량을 조절함으로써 몸속 수분량이 일정하게 유지된다.

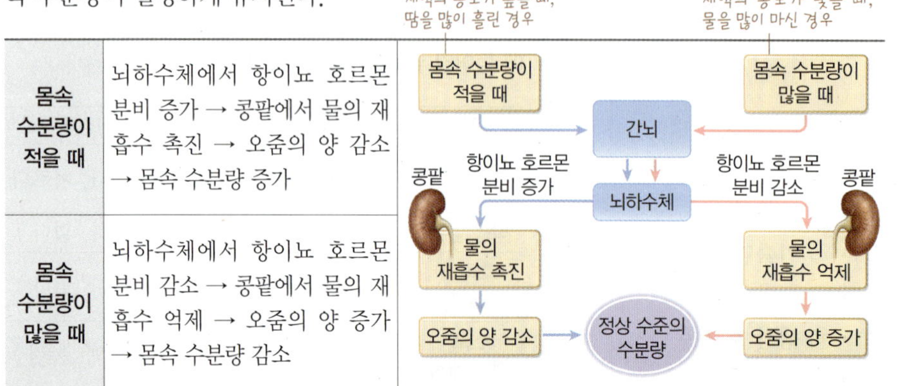

---

❹ 올리드 PLUS 개념

❹ 호르몬의 분비 조절 원리

호르몬은 피드백에 의해 분비량이 조절된다. 피드백이란 어떤 원인에 의해 일어난 결과가 다시 그 원인에 영향을 끼치는 조절 원리이다.

❺ 혈당량

혈액 속에 들어 있는 포도당의 양으로, 정상인은 약 0.1 %로 일정하게 유지된다. 식사를 하면 포도당이 흡수되어 혈당량이 증가하고, 운동을 하면 포도당이 소모되어 혈당량이 감소한다.

혈당량을 일정 수준으로 유지해야 세포에 에너지원이 공급되어 생명 활동이 정상적으로 일어날 수 있다.

❻ 에피네프린의 작용

부신에서 분비되는 에피네프린은 간에서 글리코젠을 포도당으로 분해하는 과정을 촉진하여 혈당량을 증가시킨다.

❼ 땀 분비와 기화열

액체가 기체로 될 때 흡수하는 열에너지를 기화열이라고 한다. 땀의 성분은 대부분 물인데, 물이 증발하여 수증기가 될 때 피부로부터 열에너지를 흡수하므로 체온이 낮아진다.

❷ 항상성 유지

07 다음 설명에 해당하는 호르몬의 이름을 쓰시오.

> - 이자에서 분비된다.
> - 혈액 속의 포도당이 세포로 흡수되는 것을 촉진한다.
> - 간에서 포도당이 글리코젠으로 합성되는 과정을 촉진한다.

08 그림은 이자에서 분비되는 호르몬에 의해 혈당량이 조절되는 과정을 나타낸 것이다.

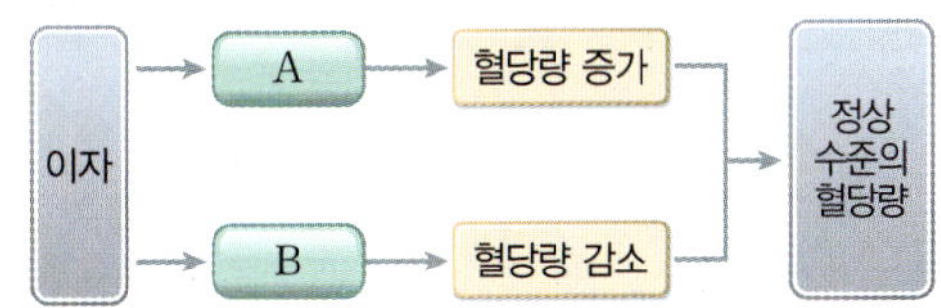

(1) 호르몬 A, B의 이름을 각각 쓰시오.

(2) 호르몬 A, B 중 운동을 한 후에 분비량이 증가하는 호르몬을 고르시오.

09 혈당량 조절에 대한 설명으로 옳은 것은 ○표, 옳지 <u>않은</u> 것은 ×표 하시오.

(1) 혈당량이 낮을 때는 이자에서 인슐린이 분비된다.

( )

(2) 혈당량이란 혈액 속에 들어 있는 포도당의 양을 말한다. ( )

(3) 혈당량을 증가시키는 호르몬에는 글루카곤과 에피네프린이 있다. ( )

(4) 혈당량이 높을 때는 간에서 글리코젠이 포도당으로 분해되어 혈액으로 방출된다. ( )

(5) 인슐린이 너무 적게 분비되거나 세포가 인슐린에 적절하게 반응하지 못하면 혈당량이 높게 유지되는 당뇨병에 걸릴 수 있다. ( )

10 다음은 체온을 조절할 때 일어나는 신체 변화이다. 추울 때 일어나는 조절 과정은 '추', 더울 때 일어나는 조절 과정은 '더'라고 쓰시오.

(1) 땀 분비량이 증가한다. ( )
(2) 피부 근처 혈관이 수축된다. ( )
(3) 근육의 떨림으로 열 발생량이 증가한다. ( )
(4) 피부 근처로 흐르는 혈액의 양이 증가한다.

( )

11 그림 (가)와 (나)는 추울 때와 더울 때 피부 근처 혈관이 체온에 따라 변화하는 모습을 순서 없이 나타낸 것이다.

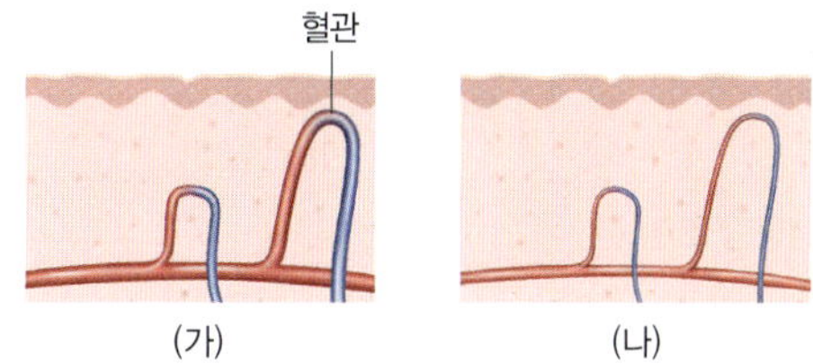

(1) (가), (나) 중 피부 근처로 흐르는 혈액의 양이 더 적은 것은 어느 것인지 고르시오.

(2) (가), (나) 중 열이 외부로 더 많이 방출되는 것은 어느 것인지 고르시오.

(3) (가), (나) 중 더울 때의 모습은 어느 것인지 고르시오.

12 다음은 몸속 수분량 조절에 대한 설명이다. ( ) 안에 들어갈 알맞은 말을 고르시오.

> 땀을 많이 흘려 몸속 수분량이 ㉠(적어, 많아)지면 뇌하수체에서 항이뇨 호르몬의 분비가 ㉡(증가, 감소)하여 콩팥에서 물의 재흡수를 촉진한다. 그 결과 오줌으로 빠져나가는 물의 양이 ㉢(증가, 감소)한다.

항상성 유지 _{개념} 134쪽

외부 기온이 변하거나 단 음식을 많이 먹어도 우리 몸은 체온이나 혈당량 등을 일정하게 유지한다. 호르몬과 신경계의 조절을 통한 항상성 유지 과정을 알아보자.

항상성 조절의 원리 - 피드백

어떤 원인에 의해 일어난 결과가 다시 그 원인에 영향을 끼치는 조절 원리를 피드백이라고 한다.

자동 온도 조절기에 의한 온도 유지

실내 온도가 설정한 온도보다 낮아지면 난방기가 작동하고, 설정한 온도보다 높아지면 난방기가 작동하지 않는다.

티록신의 혈중 농도 유지

티록신의 혈중 농도가 높아지면 뇌하수체의 작용이 억제되어 갑상샘에서 티록신의 분비량이 감소하고, 티록신의 혈중 농도가 낮아지면 뇌하수체의 작용이 촉진되어 갑상샘에서 티록신의 분비량이 증가한다.

혈당량 조절

혈당량은 주로 이자에서 분비되는 인슐린과 글루카곤의 조절에 의해 일정하게 유지된다.

➡ 혈당량이 높을 때는 이자에서 인슐린이 분비되어 혈당량을 낮추고, 혈당량이 낮을 때는 글루카곤이 분비되어 혈당량을 높인다.

체온 조절

간뇌에서 체온 변화를 감지하고, 열 발생량과 열 방출량을 조절하여 체온이 일정하게 유지된다.

➡ 더워서 체온이 올라가면 열 방출량을 늘려 체온을 정상 수준으로 낮추고, 추워서 체온이 내려가면 열 발생량은 늘리고, 열 방출량은 줄여 체온을 정상 수준으로 높인다.

01 항상성에 대한 설명으로 옳지 <u>않은</u> 것은?

① 항상성 유지의 조절 중추는 연수이다.
② 호르몬과 신경계의 조절 작용으로 유지된다.
③ 체온 유지, 혈당량 유지 등을 예로 들 수 있다.
④ 환경 변화에 관계없이 몸의 상태를 일정하게 유지하려는 성질이다.
⑤ 물을 많이 마시면 오줌의 양이 증가하는 것도 항상성 유지의 예이다.

중요
02 호르몬에 대한 설명으로 옳지 <u>않은</u> 것은?

① 내분비샘에서 만들어진다.
② 세포나 기관으로 신호를 전달한다.
③ 적은 양으로 생리 작용을 조절한다.
④ 혈액을 통해 표적 세포나 표적 기관에만 운반된다.
⑤ 너무 적게 분비되거나 많이 분비되면 결핍증이나 과다증이 나타난다.

03 그림은 사람의 몸에 있는 2가지 분비샘을 나타낸 것이다.

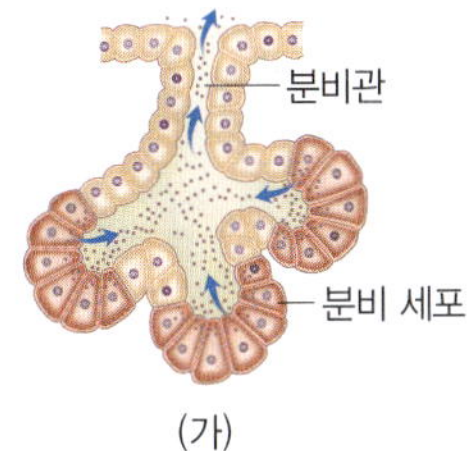

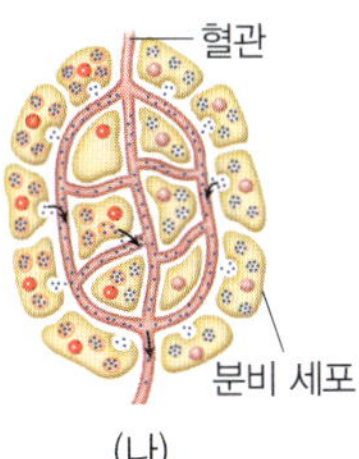

이에 대한 설명으로 옳은 것을 〈보기〉에서 모두 고른 것은?

보기
ㄱ. (가)는 내분비샘, (나)는 외분비샘이다.
ㄴ. (가)에서는 눈물, 소화액, 땀 등이 분비된다.
ㄷ. (나)의 예로는 뇌하수체, 갑상샘, 땀샘 등이 있다.
ㄹ. (나)에서 분비되는 물질은 혈액을 따라 이동한다.

① ㄱ, ㄴ　　② ㄱ, ㄷ　　③ ㄴ, ㄹ
④ ㄷ, ㄹ　　⑤ ㄴ, ㄷ, ㄹ

[04~05] 오른쪽 그림은 사람의 내분비샘 중 일부를 나타낸 것이다. 물음에 답하시오.

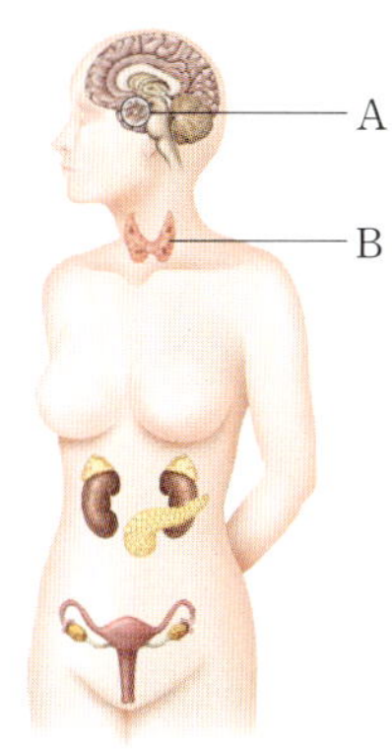

04 A에서 분비되는 호르몬을 〈보기〉에서 모두 고른 것은?

보기
ㄱ. 에스트로젠　　ㄴ. 에피네프린
ㄷ. 생장 호르몬　　ㄹ. 항이뇨 호르몬
ㅁ. 갑상샘 자극 호르몬

① ㄱ, ㄴ, ㄷ　　② ㄱ, ㄴ, ㅁ　　③ ㄱ, ㄹ, ㅁ
④ ㄴ, ㄷ, ㄹ　　⑤ ㄷ, ㄹ, ㅁ

중요
05 B에서 분비되는 호르몬에 대한 설명으로 옳은 것은?

① 혈당량을 증가시킨다.
② 세포 호흡을 촉진한다.
③ 심장 박동을 촉진한다.
④ 몸이 자라 커지게 한다.
⑤ 여자의 2차 성징이 발현된다.

06 다음과 같은 신체적 변화가 나타나는 원인에 대한 설명으로 옳은 것은?

• 손과 발이 커진다.
• 입술, 코가 두꺼워져 얼굴 모습이 변한다.

① 이자에서 인슐린이 너무 적게 분비되었다.
② 갑상샘에서 티록신이 너무 많이 분비되었다.
③ 갑상샘에서 티록신이 너무 적게 분비되었다.
④ 성장기에 뇌하수체에서 생장 호르몬이 너무 적게 분비되었다.
⑤ 성장기 이후에 뇌하수체에서 생장 호르몬이 너무 많이 분비되었다.

07 그림 (가), (나)는 우리 몸에서 신호가 전달되는 과정을 나타낸 것이다.

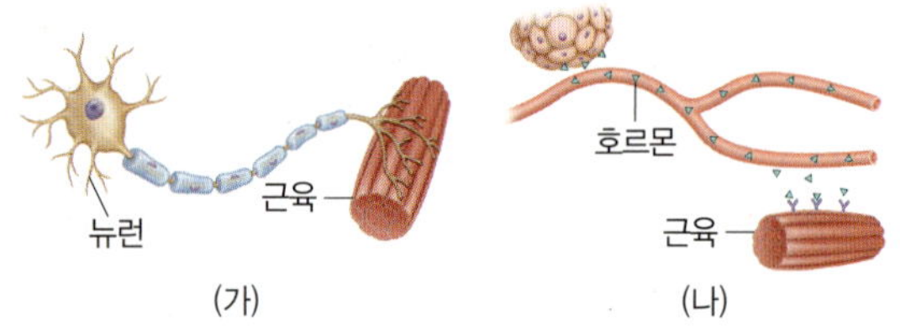

이에 대한 설명으로 옳지 <u>않은</u> 것은?

① 항상성 유지에는 (가)와 (나)가 모두 관여한다.
② 신호 전달 속도는 (가)가 (나)보다 빠르다.
③ (나)는 (가)보다 작용 범위가 넓다.
④ (나)는 (가)보다 효과가 오래 지속된다.
⑤ 청소년기에 나타나는 신체 변화는 (나)보다 (가)와 관련이 더 깊다.

08 다음은 호르몬의 분비량이 조절되는 원리를 설명한 것이다. (   ) 안에 들어갈 알맞은 말을 고르시오.

> 혈중 호르몬의 농도가 필요 이상으로 높으면 호르몬의 분비가 ㉠(억제, 촉진)되고, 혈중 호르몬의 농도가 필요 이상으로 낮으면 호르몬의 분비가 ㉡(억제, 촉진)된다. 이와 같이 결과가 원인에 영향을 끼치는 조절 원리를 ㉢(피드백, 길항 작용)이라고 한다.

09 그림은 티록신의 분비 조절 과정을 나타낸 것이다.

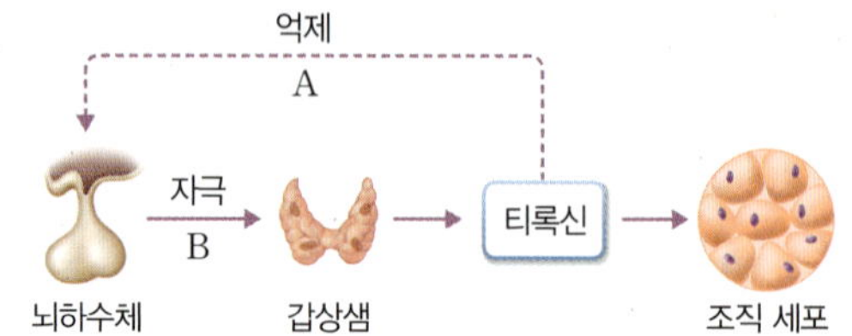

이에 대한 설명으로 옳지 <u>않은</u> 것은?

① A는 티록신의 농도가 높을 때 일어난다.
② B는 티록신의 농도가 낮을 때 일어난다.
③ B는 갑상샘 자극 호르몬에 의해 일어난다.
④ 티록신은 조직 세포에서의 세포 호흡을 촉진한다.
⑤ 뇌하수체의 작용에 이상이 생겨도 티록신의 농도는 변하지 않는다.

10 혈당량 조절에 대한 설명으로 옳은 것은?

① 혈당량 조절 호르몬은 갑상샘에서 분비된다.
② 인슐린은 포도당이 혈액으로 방출되는 것을 촉진한다.
③ 부신에서 분비되는 에피네프린은 혈당량을 감소시킨다.
④ 혈당량이 높으면 간에서 포도당이 글리코젠으로 합성되는 과정을 억제한다.
⑤ 혈당량 조절 과정에서 이자에서 분비된 인슐린과 글루카곤은 서로 반대되는 작용을 한다.

11 그림은 사람의 몸에서 혈당량이 조절되는 과정을 나타낸 것이다.

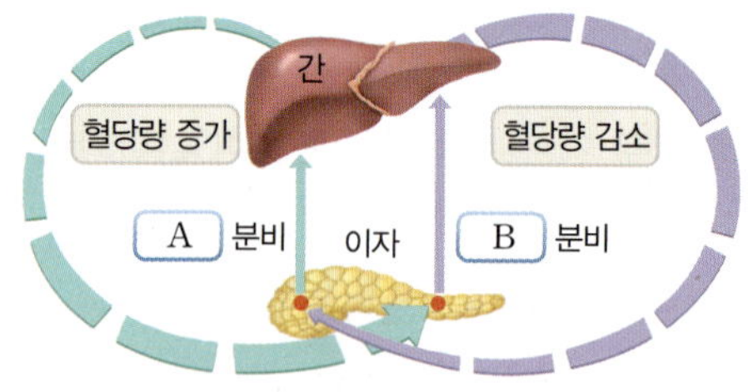

이에 대한 설명으로 옳은 것은?

① 식사 후에는 A의 분비량이 증가한다.
② A가 잘 분비되지 않으면 당뇨병에 걸리기 쉽다.
③ 혈당량이 정상보다 높아지면 A의 분비량이 증가한다.
④ 운동을 하면 B의 분비량이 증가한다.
⑤ B는 포도당이 글리코젠으로 합성되는 과정을 촉진한다.

12 추울 때 일어나는 신체 변화로 옳은 것을 〈보기〉에서 모두 고르시오.

> **보기**
> ㄱ. 근육이 떨린다.
> ㄴ. 땀 분비량이 증가한다.
> ㄷ. 피부 근처 혈관이 수축된다.

13 다음은 체온이 낮을 때 호르몬이 분비되어 체온이 정상 수준으로 높아지는 과정을 순서 없이 나열한 것이다.

> (가) 체온이 높아진다.
> (나) 간뇌에서 체온이 낮음을 감지한다.
> (다) 티록신의 영향으로 세포 호흡이 촉진된다.
> (라) 갑상샘이 자극을 받아 티록신을 분비한다.
> (마) 뇌하수체에서 갑상샘 자극 호르몬이 분비된다.

위 과정을 순서대로 나열하시오.

중요
14 그림은 체온 조절 과정을 나타낸 것이다.

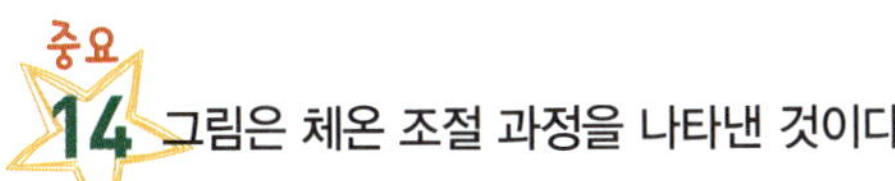
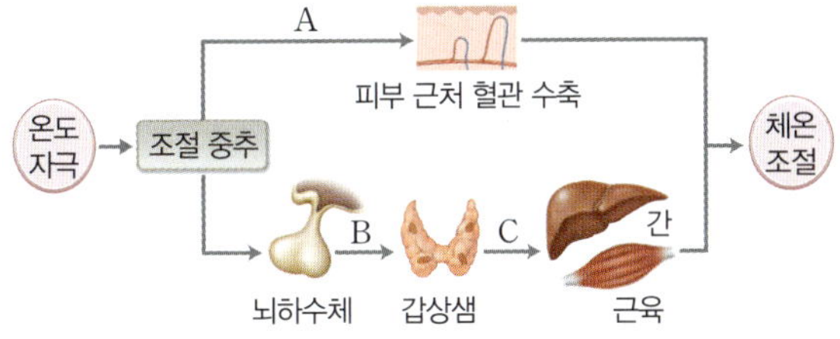

이에 대한 설명으로 옳지 <u>않은</u> 것은?

① 조절 중추는 간뇌이다.
② 추울 때 일어나는 과정이다.
③ A는 신경계에 의해 일어난다.
④ B와 C는 호르몬에 의해 일어난다.
⑤ 위 과정에서 열 발생량은 감소하고, 열 방출량은 증가한다.

15 오른쪽 그림은 목이 말라 물을 마시는 모습이다. 물을 많이 마셨을 때 우리 몸에서 일어나는 변화로 옳은 것을 모두 고르면? (정답 2개)

① 오줌의 양이 감소한다.
② 체액의 농도가 높아진다.
③ 몸속 수분량이 증가한다.
④ 항이뇨 호르몬의 분비가 감소한다.
⑤ 콩팥에서 재흡수되는 물의 양이 증가한다.

16 오른쪽 그림은 사람의 내분비샘을 나타낸 것이다. A∼E에 대한 설명으로 옳은 것은?

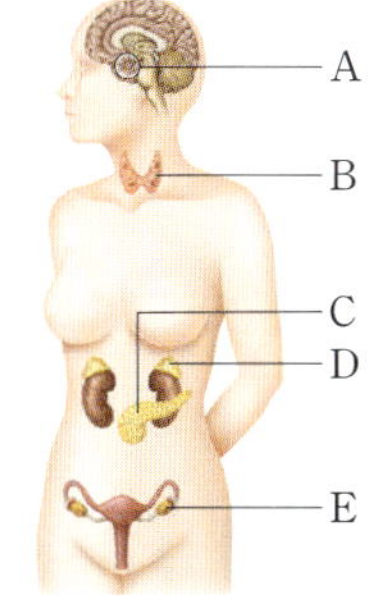

① A에서는 에피네프린이 분비된다.
② B에서는 혈당량 조절 과정에서 서로 반대되는 작용을 하는 호르몬이 분비된다.
③ C는 항이뇨 호르몬의 표적 기관이다.
④ D에서 분비되는 호르몬은 혈압을 상승시킨다.
⑤ E에서 분비되는 호르몬은 1차 성징을 발현시킨다.

서술형
17 갑상샘 기능 저하증에 걸리면 체중이 증가하고 추위를 잘 탄다. 그 까닭을 호르몬의 이름과 기능을 포함하여 설명하시오.

통합형
18 그림은 건강한 사람의 혈당량과 이자에서 분비되는 호르몬 A, B의 분비량을 나타낸 것이다.

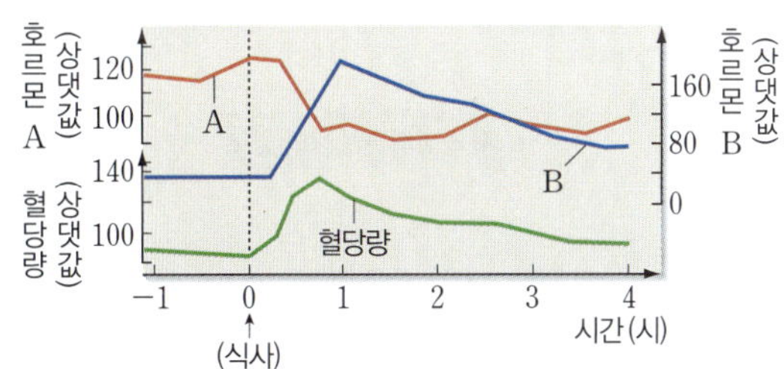

이에 대한 설명으로 옳은 것은?

① 건강한 사람은 혈당량이 변하지 않는다.
② A는 인슐린, B는 글루카곤이다.
③ A는 포도당이 간에서 혈액으로 방출되도록 한다.
④ 식사 후에는 B에 의해 혈당량이 높아진다.
⑤ 에피네프린은 B와 같은 작용을 한다.

서술형
19 날씨가 더울 때 얼굴이 빨갛게 되는 까닭을 체온 조절 과정을 포함하여 설명하시오.

한눈에 정리하기

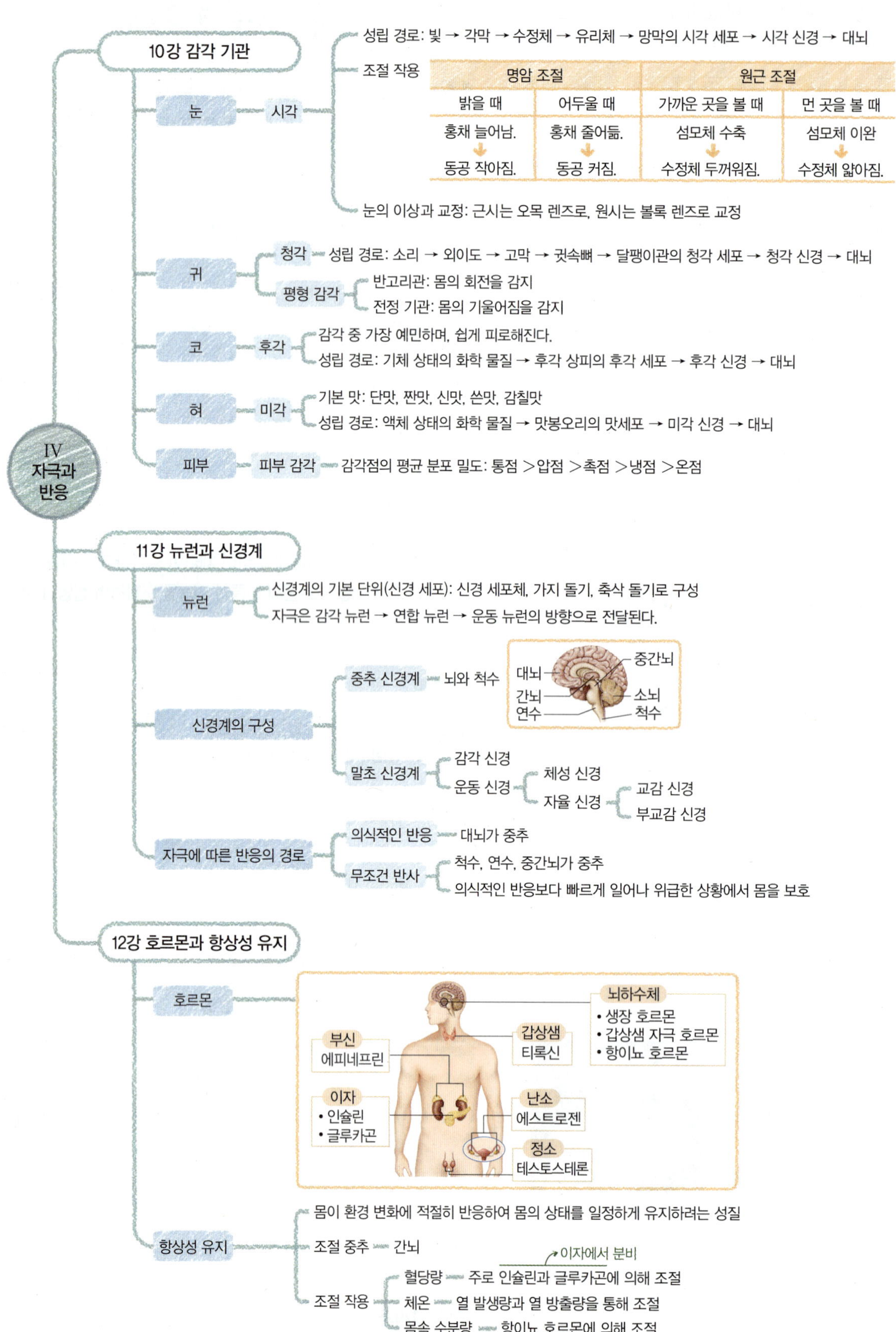

Ⅳ 자극과 반응

10강 감각 기관

눈 — 시각
성립 경로: 빛 → 각막 → 수정체 → 유리체 → 망막의 시각 세포 → 시각 신경 → 대뇌
조절 작용

명암 조절		원근 조절	
밝을 때	어두울 때	가까운 곳을 볼 때	먼 곳을 볼 때
홍채 늘어남.	홍채 줄어듦.	섬모체 수축	섬모체 이완
↓	↓	↓	↓
동공 작아짐.	동공 커짐.	수정체 두꺼워짐.	수정체 얇아짐.

눈의 이상과 교정: 근시는 오목 렌즈로, 원시는 볼록 렌즈로 교정

귀
청각 — 성립 경로: 소리 → 외이도 → 고막 → 귓속뼈 → 달팽이관의 청각 세포 → 청각 신경 → 대뇌
평형 감각
반고리관: 몸의 회전을 감지
전정 기관: 몸의 기울어짐을 감지

코 — 후각
감각 중 가장 예민하며, 쉽게 피로해진다.
성립 경로: 기체 상태의 화학 물질 → 후각 상피의 후각 세포 → 후각 신경 → 대뇌

혀 — 미각
기본 맛: 단맛, 짠맛, 신맛, 쓴맛, 감칠맛
성립 경로: 액체 상태의 화학 물질 → 맛봉오리의 맛세포 → 미각 신경 → 대뇌

피부 — 피부 감각
감각점의 평균 분포 밀도: 통점 > 압점 > 촉점 > 냉점 > 온점

11강 뉴런과 신경계

뉴런
신경계의 기본 단위(신경 세포): 신경 세포체, 가지 돌기, 축삭 돌기로 구성
자극은 감각 뉴런 → 연합 뉴런 → 운동 뉴런의 방향으로 전달된다.

신경계의 구성
중추 신경계 — 뇌와 척수
대뇌
간뇌
연수
중간뇌
소뇌
척수
말초 신경계
감각 신경
운동 신경
체성 신경
자율 신경
교감 신경
부교감 신경

자극에 따른 반응의 경로
의식적인 반응 — 대뇌가 중추
무조건 반사 — 척수, 연수, 중간뇌가 중추
의식적인 반응보다 빠르게 일어나 위급한 상황에서 몸을 보호

12강 호르몬과 항상성 유지

호르몬
뇌하수체
• 생장 호르몬
• 갑상샘 자극 호르몬
• 항이뇨 호르몬
부신
에피네프린
갑상샘
티록신
이자
• 인슐린
• 글루카곤
난소
에스트로젠
정소
테스토스테론

항상성 유지
몸이 환경 변화에 적절히 반응하여 몸의 상태를 일정하게 유지하려는 성질
조절 중추 — 간뇌
이자에서 분비
조절 작용
혈당량 — 주로 인슐린과 글루카곤에 의해 조절
체온 — 열 발생량과 열 방출량을 통해 조절
몸속 수분량 — 항이뇨 호르몬에 의해 조절

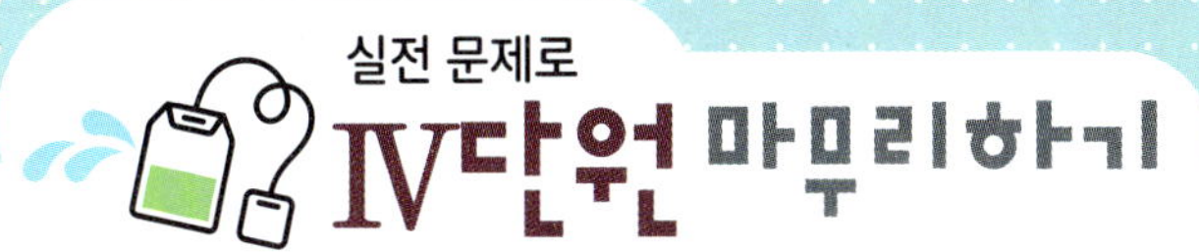

10강 감각 기관

01 그림은 눈의 구조를 나타낸 것이다.

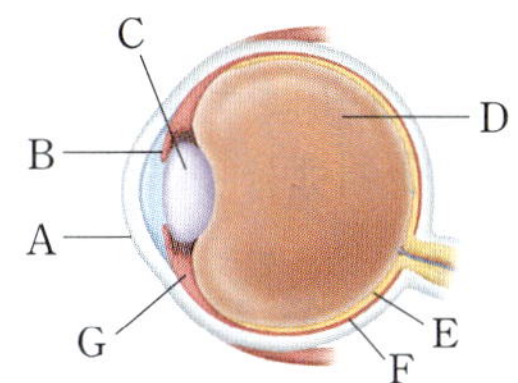

이에 대한 설명으로 옳은 것은?

① 빛은 A를 통과하면서 굴절되어 E에 상을 맺는다.
② E에는 상이 맺혀도 보이지 않는 부위가 있다.
③ F는 공막으로, 암실 역할을 한다.
④ G는 동공의 크기를 조절한다.
⑤ 빛은 A → B → C → D → E → 시각 신경 → 대뇌로 전달되어 물체를 볼 수 있게 된다.

서술형

02 다음은 미래가 밝은 낮에 한 일을 나타낸 것이다.

> (가) 어두운 영화관에서 밝은 곳으로 나왔다.
> (나) 휴대 전화로 문자를 확인한 후 길 건너편에 있는 신호등을 보았다.

(가), (나)의 경우 눈에서 일어나는 변화를 각각 명암 조절, 원근 조절과 관련지어 설명하시오.

03 그림은 귀의 구조를 나타낸 것이다.

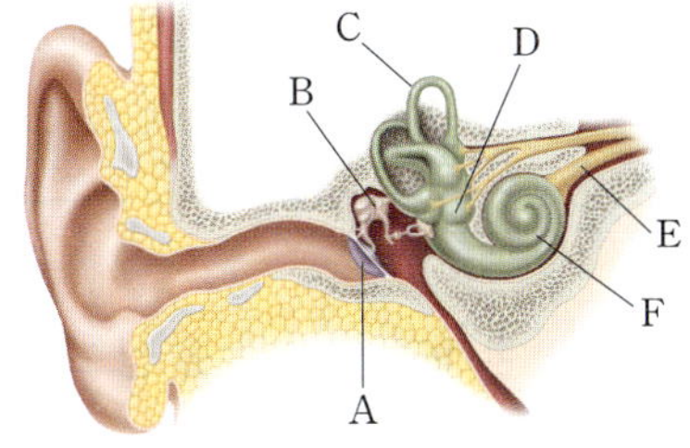

고막의 진동을 증폭하는 구조와 소리 자극을 받아들이는 청각 세포가 분포하는 구조의 기호를 옳게 짝 지은 것은?

① A, D　　② A, F
③ B, C　　④ B, F
⑤ C, E

04 다음은 평형 감각에 대한 설명이다. (　) 안에 들어갈 알맞은 말을 쓰시오.

> 눈을 감고 한 발을 들어도 몸이 기울어지는 것을 느낄 수 있는데 이것은 귀에 있는 (　㉠　)에서 몸의 기울어짐을 감지하기 때문이다. (　㉠　)에서 받아들인 자극은 평형 감각 신경을 통해 (　㉡　)(으)로 전달되는데, (　㉡　)은/는 몸의 자세와 균형을 유지하는 중추이다.

05 후각과 미각에 대한 설명으로 옳은 것은?

① 혀는 맛봉오리가 분포한 일부에서만 기본적인 맛을 느낀다.
② 후각 세포와 맛세포는 모두 화학 물질을 자극으로 받아들인다.
③ 냄새의 종류는 중간뇌, 맛의 종류는 대뇌에서 구별할 수 있다.
④ 맛세포는 쉽게 피로해져 한꺼번에 여러 가지 맛을 잘 느끼지 못한다.
⑤ 음식의 맛은 혀를 통해 자극을 받아들이는 미각으로만 느낄 수 있다.

06 표는 피부에 분포하는 감각점의 평균 분포 밀도를 나타낸 것이다. A~D는 각각 냉점, 압점, 온점, 통점 중 하나이다.

감각점	A	B	C	D
분포 개수 (개/cm²)	1~3	6~23	50	90~150

이에 대한 설명으로 옳지 **않은** 것은?

① A는 절대적인 온도를 자극으로 받아들인다.
② D는 아픔을 자극으로 받아들인다.
③ 몸의 부위에 따라 감각점의 수에 차이가 있다.
④ 감각점의 수가 많을수록 감각을 예민하게 느낀다.
⑤ 같은 부위라도 감각점의 종류에 따라 피부의 단위 면적당 분포하는 개수에 차이가 있다.

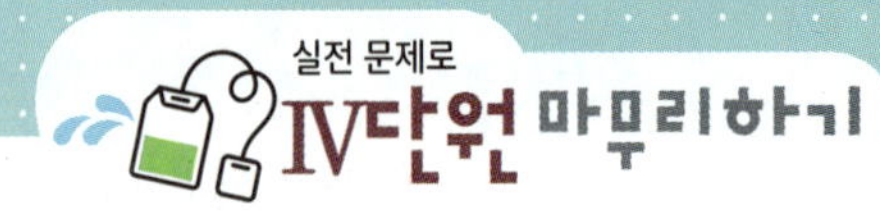

11강 뉴런과 신경계

07 그림은 뉴런의 구조를 나타낸 것이다.

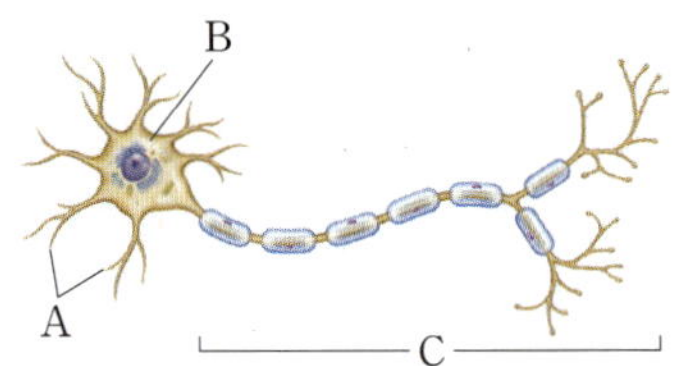

이에 대한 설명으로 옳은 것은?

① A는 다른 뉴런이나 반응기로 자극을 전달한다.
② B로는 자극이 전달되지 않는다.
③ C는 다른 뉴런이나 감각 기관으로부터 오는 자극을 받아들인다.
④ 자극의 전달 방향은 C → B → A 순이다.
⑤ 자극을 받아들이고 전달하기에 적합한 구조이다.

08 그림은 세 종류의 뉴런이 연결된 모습을 나타낸 것이다.

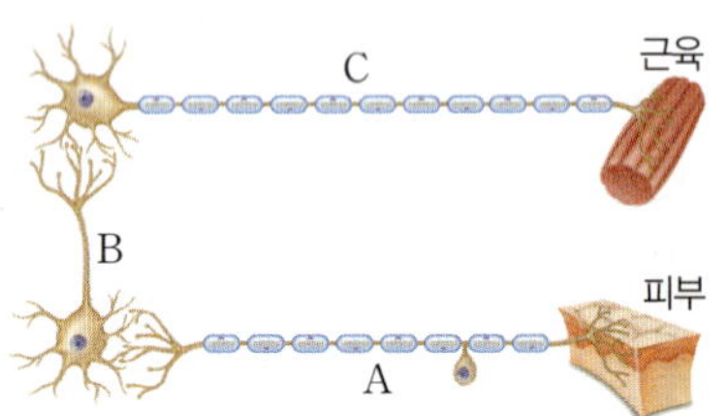

이에 대한 설명으로 옳은 것을 〈보기〉에서 모두 고르시오.

> **보기**
> ㄱ. 시각 신경은 A로 이루어져 있다.
> ㄴ. B는 척수와 체성 신경을 구성한다.
> ㄷ. C는 감각 기관으로부터 받아들인 자극을 B로 전달한다.

09 서술형 오른쪽 그림은 사람의 뇌 구조를 나타낸 것이다. 어떤 사람이 교통사고를 당한 후 손전등을 눈에 비추어도 변화가 없었다면 어느 구조에 이상이 생긴 것인지 기호와 이름을 쓰고, 그 기능을 설명하시오.

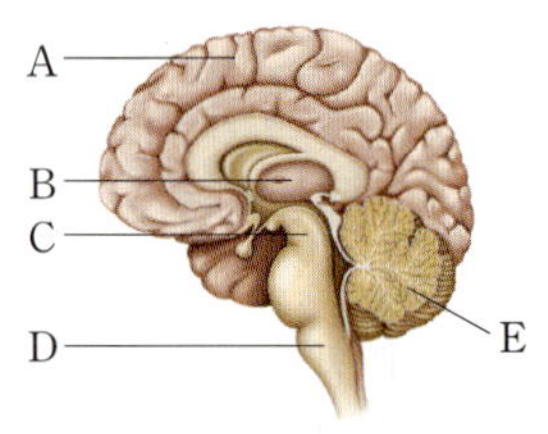

10 자율 신경 중 교감 신경에 대한 설명으로 옳은 것은?

① 동공을 축소시킨다.
② 소화 운동을 억제한다.
③ 심장 박동을 억제한다.
④ 주로 팔, 다리의 근육에 연결되어 있다.
⑤ 위기 상황에 처했을 때보다 평상시에 더 활발하게 작용한다.

11 반응 경로가 무릎 반사와 같은 반응으로 옳은 것은?

① 귤을 먹었더니 침이 나왔다.
② 추운 겨울날 손이 시려 장갑을 끼었다.
③ 어두운 영화관에 들어가니 동공이 커졌다.
④ 군고구마를 잡았다가 뜨거워 얼른 손을 뗐다.
⑤ 골대를 향해 날아오는 공을 본 골키퍼가 공을 막아 낸다.

12 그림은 감각 기관에서 받아들인 자극이 신경계를 거쳐 반응기에 전달되는 여러 가지 경로를 나타낸 것이다.

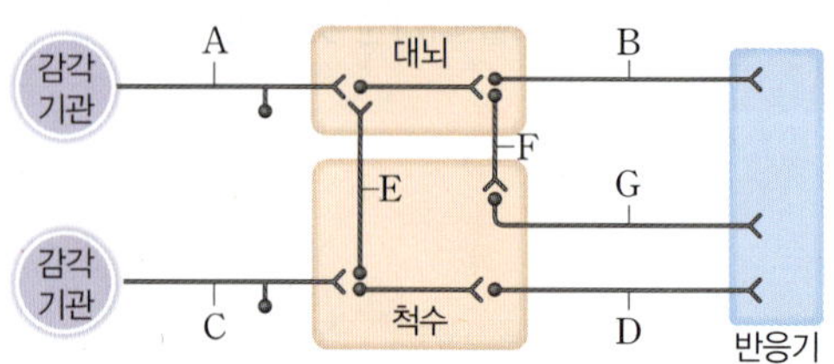

공포 영화의 한 장면을 보고 눈을 찡그리는 반응의 반응 경로로 옳은 것은?

① 감각 기관 → A → 대뇌 → B → 반응기
② 감각 기관 → A → 대뇌 → F → G → 반응기
③ 감각 기관 → A → E → 척수 → D → 반응기
④ 감각 기관 → C → 척수 → D → 반응기
⑤ 감각 기관 → C → E → 대뇌 → F → G → 반응기

★ 바른답·알찬풀이 44쪽

12강 호르몬과 항상성 유지

13 호르몬에 대한 설명으로 옳은 것을 〈보기〉에서 모두 고른 것은?

> **보기**
> ㄱ. 종류에 따라 작용하는 세포나 기관이 다르다.
> ㄴ. 생리 작용을 조절하기 위해 많은 양이 필요하다.
> ㄷ. 신경계에 비해 효과가 지속적이고 작용 범위가 넓다.
> ㄹ. 내분비샘에서 만들어져 별도의 분비관을 통해 분비된다.

① ㄱ, ㄴ   ② ㄱ, ㄷ   ③ ㄴ, ㄷ
④ ㄴ, ㄹ   ⑤ ㄷ, ㄹ

14 각 내분비샘에서 분비되는 호르몬과 그 기능을 옳게 짝 지은 것은?

① 이자 – 인슐린 – 혈당량 증가
② 갑상샘 – 티록신 – 세포 호흡 억제
③ 정소 – 에피네프린 – 남자의 2차 성징 발현
④ 난소 – 에스트로겐 – 여자의 2차 성징 발현
⑤ 뇌하수체 – 갑상샘 자극 호르몬 – 에피네프린 분비 촉진

15 특정 호르몬의 분비 이상으로 생기는 질병에 대한 설명으로 옳은 것은?

① 인슐린이 너무 적게 분비되면 혈당량이 정상보다 낮은 상태가 지속된다.
② 성장기에 생장 호르몬이 너무 적게 분비되면 말단 비대증에 걸릴 수 있다.
③ 성호르몬이 너무 적게 분비되면 어린 나이에 2차 성징이 발현될 수 있다.
④ 성장기 이후에 에피네프린이 너무 많이 분비되면 키가 비정상적으로 커질 수 있다.
⑤ 티록신이 너무 많이 분비되면 체중이 감소하고 눈이 돌출되는 증상이 나타날 수 있다.

16 그림은 혈당량이 조절되는 과정을 나타낸 것이다.

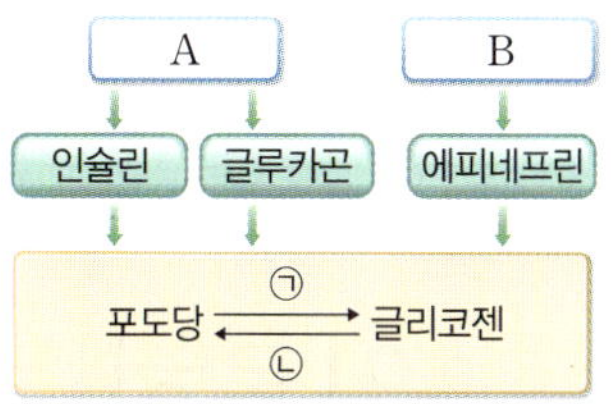

이에 대한 설명으로 옳은 것은?(단, A와 B는 내분비샘이다.)

① 혈당량이 높아지면 A에서 글루카곤의 분비가 촉진된다.
② B는 이자이다.
③ 인슐린과 에피네프린은 ㉠ 과정을 촉진한다.
④ ㉡ 과정이 촉진되면 혈당량이 감소한다.
⑤ ㉠과 ㉡ 과정은 모두 간에서 일어난다.

17 ^{서술형} 추울 때 우리 몸에서 일어나는 변화를 다음 내용을 모두 포함하여 설명하시오.

> 피부 근처 혈관, 근육의 떨림, 열 방출량, 열 발생량

18 다음은 몸속 수분량 조절에 대한 설명이다. ( ) 안에 들어갈 알맞은 말을 쓰시오.

> 물을 많이 마셔 몸속 수분량이 많아지면 (㉠)에서 이를 감지하여 뇌하수체에서 (㉡)의 분비가 감소한다. 그 결과 콩팥에서 물의 재흡수를 억제하여 오줌으로 빠져나가는 물의 양이 증가한다.

위로하는 방법

어쨌든 책 속에 답은 있어! 정말이야.

Mirae N 에듀

국어부터 똑바로 잡자!

바르게 익힌 국어가 **학습의 자신감**이 된다.

중학교에서 한 땀 한 땀 채운 국어 실력이
고등학교 내신과 수능까지 이어진다.

깨우자!
독해력!

깨독

✦ 독해·어휘·문법 구석구석 꽉 채우자!
✦ 깨독의 단계별 훈련으로 국어 실력을 잡자!

독해

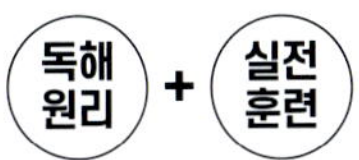

0_준비편, 1_기본편, 2_실력편, 3_수능편

독해 원리 + 실전 훈련

7가지 독해 원리를 단계별로
익혀 다양한 영역에 맞게 독해
하는 방법을 훈련해요.

어휘

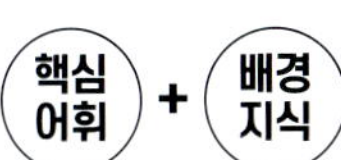

1_종합편, 2_수능편

핵심 어휘 + 배경 지식

지문에 나온 핵심 어휘를 학습
하고 지문과 관련 있는 배경지식
을 쌓아요.

문법

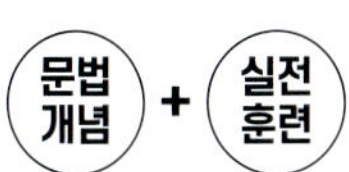

NEW

1_기본편, 2_수능편

문법 개념 + 실전 훈련

중학교는 물론 고등학교 문법
까지 개념을 익히고 수능형
문제를 풀며 실전을 대비해요.

국어 독해·문법·어휘 훈련서

수능 국어 자신감을 깨우는 단계별 훈련서

깨독

독해   0_준비편, 1_기본편, 2_실력편, 3_수능편
문법   1_기본편, 2_수능편
어휘   1_종합편, 2_수능편

영어 문법·독해 훈련서

중학교 영어의 핵심 문법과 독해 스킬 공략으로
내신·서술형·수능까지 완성하는 단계별 훈련서

READING BITE   독해   PREP
Grade 1, Grade 2, Grade 3

GRAMMAR BITE   문법   PREP
Grade 1, Grade 2, Grade 3

내신 필수 기본서

자세하고 쉬운 설명으로 개념을 이해하고,
특별한 비법으로 시험에 대비하는 필수 기본서

엔픽

[2022 개정]
사회   ①-1, ①-2, ②-1, ②-2
역사   ①-1, ①-2, ②-1, ②-2
과학   1-1, 1-2, 2-1, 2-2

올리드

[2022 개정]
국어   (신유식) 1-1, 1-2, 2-1, 2-2
        (민병곤) 1-1, 1-2, 2-1, 2-2
영어   1-1, 1-2, 2-1, 2-2

[2015 개정]
국어   3-1, 3-2
영어   3-1, 3-2
수학   3(상), 3(하)
사회   ②-1, ②-2
역사   ②-1, ②-2
과학   3-1, 3-2

수학 개념·유형 훈련서

빠르게 반복하며 수학 실력을 제대로 완성하는
단계별 내신 완성 훈련서

개념 리:피트

[2022 개정]
수학   1-1, 1-2, 2-1, 2-2, 3-1, 3-2

유형 리:피트

[2022 개정]
수학   1-1, 1-2, 2-1, 2-2, 3-1, 3-2

개념수다

[2015 개정]
수학   3(상), 3(하)

올리드 유형완성

[2015 개정]
수학   3(상), 3(하)

올리드

시험대비편 중등 과학 3-1

올리드 100점 전략 개념을 꽉! 문제를 싹! 시험을 확! 오답을 꼭! 잡아라

Mirae N 에듀

올리드 100점 전략

1 개념과 탐구를 알차게 모아 정리한 **개념 꽉 잡기**

2 기본-실력-마무리 평가 3단계 문제로 **문제 싹 잡기**

3 개념학습편-시험대비편 반복 학습으로 **시험 확 잡기**

4 명쾌한 해설과 문제 해결 노하우를 담은 **오답 꼭 잡기**

개념학습편

시험대비편

바른답·알찬풀이

시험 대비편

중등 과학 3-1

I 화학 반응의 규칙과 에너지 변화

01강 물질의 변화 … 2
02강 화학 반응의 규칙 … 8
03강 화학 반응과 에너지 변화 … 14
I 단원 평가하기 … 18

II 기권과 날씨

04강 기권의 층상 구조와 특징 … 22
05강 대기 중의 물 … 28
06강 기압과 바람 … 34
07강 날씨 변화 … 40
II 단원 평가하기 … 46

III 운동과 에너지

08강 운동 … 50
09강 일과 에너지 … 56
III 단원 평가하기 … 62

IV 자극과 반응

10강 감각 기관 … 66
11강 뉴런과 신경계 … 72
12강 호르몬과 항상성 유지 … 78
IV 단원 평가하기 … 84

01강 물질의 변화

❶ 물질의 변화

1 물리 변화와 화학 변화

구분	❶( ) 변화	❷( ) 변화
정의	물질의 성질은 변하지 않으면서 모양이나 상태가 변하는 물질의 변화	처음 물질과는 성질이 전혀 다른 새로운 물질로 변하는 물질의 변화
모형	물 분자	물 분자 / 수소 분자 / 산소 분자
예	• 달걀이 깨진다. • 물에 잉크가 퍼진다. • 아이스크림이 녹는다.	• 단풍이 든다. • 철이 녹슨다. • 김치가 시어진다.

2 물리 변화와 화학 변화에서 입자 배열의 변화

구분	물리 변화	화학 변화
변하는 것	❸( )의 배열	• ❹( )의 배열 • 분자의 종류 • 물질의 성질
변하지 않는 것	• 원자의 종류와 개수 • 분자의 종류 • 물질의 성질	❺( )의 종류와 개수

마그네슘의 연소 반응 실험

» 과정

❶ 페트리 접시에 (가) 마그네슘 리본과 (나) 작게 자른 마그네슘 리본 조각, (다) 마그네슘 리본이 연소한 후 남은 재를 놓고 색깔과 광택을 관찰한다.

❷ (가)~(다)에 각각 묽은 염산을 떨어뜨린 후 일어나는 변화를 관찰한다.

마그네슘 리본
(가)

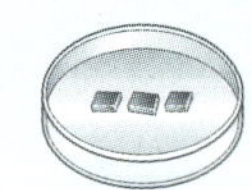
마그네슘 리본 조각
(나)

연소한 후 남은 재
(다)

» 결과

• (가)와 (나)는 은백색이고 광택이 있고, (다)는 흰색이고 광택이 없다.

• 묽은 염산을 떨어뜨리면 (가)와 (나)에서는 기체가 발생하지만, (다)에서는 기체가 발생하지 않는다.

» 정리

마그네슘을 작게 자를 때는 물질의 성질이 변하지 않으므로 ❻( ) 변화이고, 마그네슘을 연소할 때는 물질의 성질이 변하므로 ❼( ) 변화이다.

❷ 화학 반응

1 화학 반응
물질이 화학 변화를 하여 다른 물질로 변하는 것

2 화학 반응이 일어날 때 나타나는 현상
색·맛·냄새의 변화, 앙금 생성, 기체 발생, 빛과 열 발생 등

❸ 화학 반응식

1 화학식과 화학 반응식

① 화학식: 원소 기호와 숫자를 이용하여 물질을 나타낸 식

② 화학 반응식: 화학식을 이용하여 화학 반응을 나타낸 식

2 화학 반응식을 나타내는 방법

	방법	예 암모니아 생성 반응
1단계	반응물을 왼쪽에, 생성물을 오른쪽에 쓰고, 그 사이에 화살표(⟶)를 넣는다.	질소 + 수소 ⟶ 암모니아
2단계	반응물과 생성물을 화학식으로 나타낸다.	$N_2 + H_2 \longrightarrow NH_3$
3단계	반응 전후 원자의 종류와 개수가 같아지도록 계수를 맞춘다.	$N_2 + 3H_2 \longrightarrow$ ❽( )NH_3

3 화학 반응식으로 알 수 있는 사실

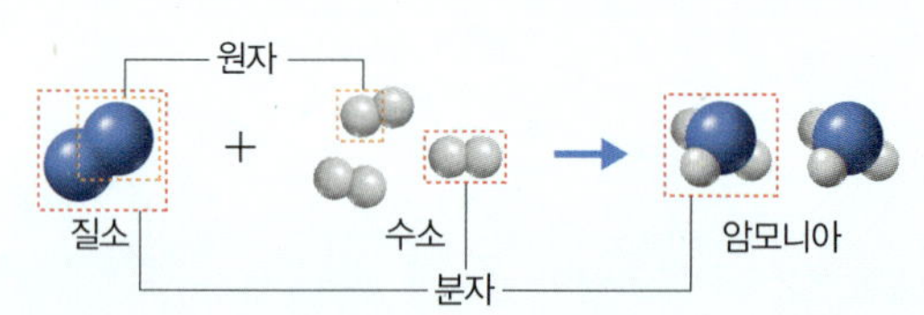

$$N_2 + 3H_2 \longrightarrow 2NH_3$$

반응물과 생성물의 종류	[반응물] 질소(N_2), 수소(H_2) [생성물] 암모니아(NH_3)
	반응 전후 분자의 종류가 달라진다.
원자의 종류와 개수	[반응물] 질소 원자 2개, 수소 원자 6개 [생성물] 질소 원자 2개, 수소 원자 6개
	반응 전후 원자의 종류와 개수는 달라지지 않는다.
반응물과 생성물의 입자 수의 비	계수비＝입자 수의 비 ➡ 질소 : 수소 : 암모니아＝❾( )

답 ❶ 물리 ❷ 화학 ❸ 분자 ❹ 분자 ❺ 원자 ❻ 물리 ❼ 화학 ❽ 2 ❾ 1 : 3 : 2

A 물질의 변화에서 입자 배열의 변화 알아보기

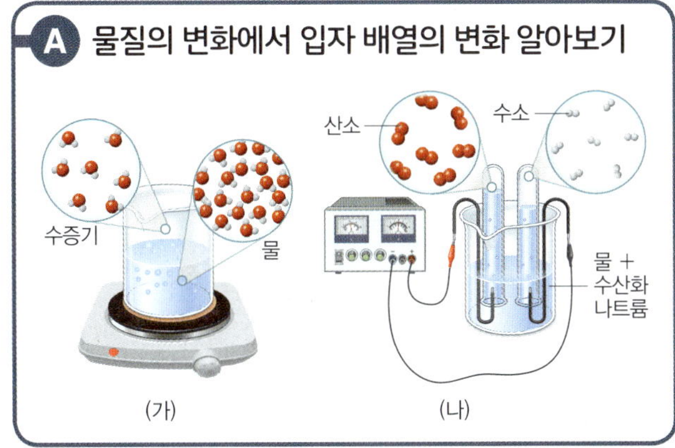

[01~04] 위 그림 (가)는 물이 기화할 때, (나)는 물을 전기 분해할 때의 변화를 모형으로 나타낸 것이다. 물음에 답하시오.

01 그림 (가)는 물리 변화와 화학 변화 중에서 어느 것인지 쓰시오.

02 그림 (나)는 물리 변화와 화학 변화 중에서 어느 것인지 쓰시오.

03 〈보기〉는 물질의 변화가 일어날 때 달라질 수 있는 것들을 나타낸 것이다.

> **보기**
>
> ㄱ. 원자의 종류　　ㄴ. 원자의 개수
> ㄷ. 분자의 종류　　ㄹ. 분자의 배열
> ㅁ. 물질의 성질

(1) 그림 (가)의 변화가 일어날 때 달라지는 것을 〈보기〉에서 모두 고르시오.

(2) 그림 (가), (나)의 변화가 일어날 때 달라지지 <u>않는</u> 것을 〈보기〉에서 모두 고르시오.

04 다음은 그림 (나)에 대한 설명이다. (　　) 안에 들어갈 알맞은 말을 쓰시오.

> (나)의 변화가 일어날 때 원자의 (　㉠　)이/가 변하여 분자의 (　㉡　)이/가 달라진다.

B 화학 반응식 나타내기

(가)	메테인이 연소하면 이산화 탄소와 물이 생성된다.
(나)	마그네슘이 연소하면 산화 마그네슘이 생성된다.
(다)	과산화 수소를 분해하면 물과 산소가 생성된다.

[05~08] 위 표는 몇 가지 화학 반응을 나타낸 것이다. 물음에 답하시오.

05 다음은 (가)~(다)의 반응을 간단히 나타낸 것이다. (　　) 안에 들어갈 알맞은 물질의 이름을 쓰시오.

(가) 메테인 + (　　　　) ⟶ 이산화 탄소 + 물
(나) 마그네슘 + 산소 ⟶ (　　　　)
(다) 과산화 수소 ⟶ (　　　　) + 산소

06 물질을 화학식으로 나타내시오.

(1) 메테인　　　　　　　　　　　　(　　　　)
(2) 이산화 탄소　　　　　　　　　　(　　　　)
(3) 과산화 수소　　　　　　　　　　(　　　　)
(4) 산화 마그네슘　　　　　　　　　(　　　　)

07 다음은 (가)~(다)의 반응을 화학 반응식으로 나타낸 것이다. (　　) 안에 들어갈 알맞은 숫자를 쓰시오.

(가) CH_4 + (　　　)O_2 ⟶ CO_2 + $2H_2O$
(나) (　　　)Mg + O_2 ⟶ (　　　)MgO
(다) (　　　)H_2O_2 ⟶ (　　　)H_2O + O_2

08 (가)에서 메테인 분자 1개가 완전히 연소할 때 생성되는 물 분자는 몇 개인지 구하시오.

중요
01 물질 변화의 종류가 나머지 넷과 <u>다른</u> 것은?

① 마그네슘 리본을 자른다.
② 오래된 김치에서 신맛이 난다.
③ 붉은색 구리를 가열하면 검게 변한다.
④ 식초에 달걀 껍데기를 넣으면 거품이 발생한다.
⑤ 베이킹파우더를 넣은 밀가루 반죽을 오븐에 넣고 가열하면 부풀어 오른다.

02 물이 끓어 수증기가 될 때의 변화에 대한 설명으로 옳은 것은?

① 분자를 이루는 원자의 종류와 개수가 달라진다.
② 분자의 종류는 같으나 물질의 성질이 달라진다.
③ 분자의 개수는 같으나 물질의 질량이 달라진다.
④ 분자의 종류와 개수는 같으나 분자 사이의 거리는 달라진다.
⑤ 분자를 이루는 원자의 개수는 같으나 원자의 크기가 달라진다.

03 설탕을 물에 녹였을 때 일어나는 변화로 옳은 것을 〈보기〉에서 모두 고른 것은?

┌─ 보기 ─────────────────────────
ㄱ. 물 분자와 설탕 분자의 배열이 달라진다.
ㄴ. 물 분자와 설탕 분자는 다른 분자로 변하지 않는다.
ㄷ. 설탕물에서 단맛이 나므로 물의 성질이 달라진 것이다.
ㄹ. 설탕이 보이지 않으므로 설탕이 다른 물질로 변한 것이다.
└────────────────────────────

① ㄱ, ㄴ   ② ㄱ, ㄹ   ③ ㄴ, ㄷ
④ ㄷ, ㄹ   ⑤ ㄱ, ㄷ, ㄹ

04 물질의 변화가 일어날 때 분자의 배열만 변하는 것을 〈보기〉에서 모두 고른 것은?

┌─ 보기 ─────────────────────────
ㄱ. 유리컵이 깨진다.
ㄴ. 실온에서 아이스크림이 녹는다.
ㄷ. 가을이 되면 단풍잎이 붉게 물든다.
ㄹ. 마그네슘 리본을 태우면 밝은 빛을 내며 탄다.
└────────────────────────────

① ㄱ, ㄴ   ② ㄱ, ㄷ   ③ ㄴ, ㄷ
④ ㄴ, ㄹ   ⑤ ㄷ, ㄹ

05 다음과 같은 변화가 일어날 때 항상 변하지 <u>않는</u> 것은?

┌──────────────────────────────
• 소독제로 세면대를 닦는다.
• 상처난 곳에 과산화 수소수를 바르면 거품이 난다.
└──────────────────────────────

① 원자의 배열   ② 원자의 종류
③ 분자의 개수   ④ 분자의 종류
⑤ 물질의 성질

중요
06 그림은 물질의 변화를 모형으로 나타낸 것이다.

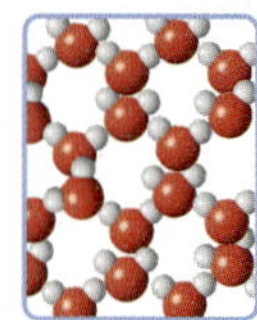 (가) 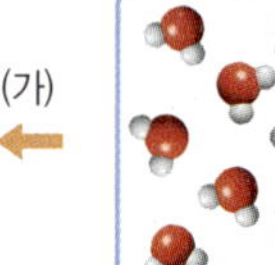 (나) 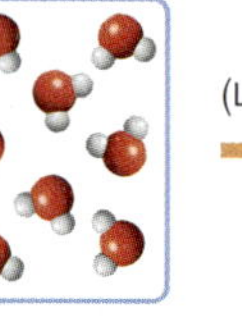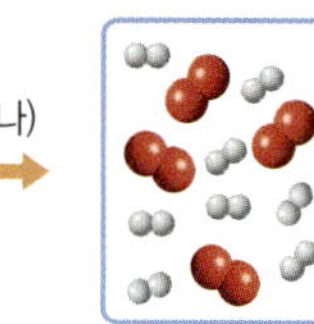

이에 대한 설명으로 옳은 것은?

① (가)에서 분자의 종류가 달라진다.
② (가)에서 물질의 성질이 달라진다.
③ (나)에서 물질의 성질이 달라지지 않는다.
④ (나)에서 분자의 종류가 달라지지 않는다.
⑤ (가)와 (나) 모두에서 원자의 종류와 개수는 달라지지 않는다.

07 화학식과 화학 반응식에 대한 설명으로 옳지 <u>않은</u> 것은?

① 금속의 화학식은 원소 기호로 나타낸다.
② 화학 반응식의 계수비는 입자 수의 비이다.
③ 화학 반응식의 계수비는 물질의 질량비를 나타낸다.
④ 화학 반응식으로 반응물과 생성물을 구성하는 원자의 종류와 개수를 알 수 있다.
⑤ 화학 반응식에서 반응물은 화살표의 왼쪽에, 생성물은 화살표의 오른쪽에 나타낸다.

08 다음은 마그네슘의 연소 반응을 화학 반응식으로 나타내는 단계를 나타낸 것이다.

> • 1단계: 반응물과 생성물 나타내기
> 　마그네슘 ＋ (㉠) ⟶ (㉡)
> • 2단계: 반응물과 생성물을 화학식으로 나타내기
> 　$Mg + O_2 \longrightarrow$ (㉢)
> • 3단계: 계수 맞추기
> 　(㉣)$Mg + O_2 \longrightarrow$ (㉤)(㉢)

㉠~㉤에 들어갈 내용을 짝 지은 것으로 옳지 <u>않은</u> 것은?

① ㉠ – 산소　　　　② ㉡ – 산화 마그네슘
③ ㉢ – MgO_2　　　④ ㉣ – 2
⑤ ㉤ – 2

09 그림은 어떤 화학 반응을 모형으로 나타낸 것이다.

 ＋  ⟶  

이 모형으로 나타낼 수 있는 화학 반응식은?

① $C + O_2 \longrightarrow CO_2$
② $2H_2 + O_2 \longrightarrow H_2O$
③ $H_2 + Cl_2 \longrightarrow 2HCl$
④ $2Cu + O_2 \longrightarrow 2CuO$
⑤ $Mg + 2HCl \longrightarrow MgCl_2 + H_2$

10 다음은 질소와 수소가 반응하여 암모니아를 생성하는 반응의 화학 반응식이다.

$$N_2 + 3H_2 \longrightarrow 2NH_3$$

이에 대한 설명으로 옳은 것은?

① 반응물은 1가지이다.
② 반응 전후 분자의 개수는 변하지 않는다.
③ 질소 원자 1개와 수소 원자 3개가 반응한다.
④ 분자 수의 비는 질소 : 수소 : 암모니아＝1 : 2 : 3이다.
⑤ 암모니아 분자 2개를 얻기 위해 수소 원자 6개가 필요하다.

11 다음은 수소와 산소가 반응하여 물을 생성하는 반응의 화학 반응식이다.

$$2H_2 + O_2 \longrightarrow 2H_2O$$

수소 분자 20개와 산소 분자 20개가 반응할 때 생성되는 물 분자 수는 몇 개인지 구하시오.

✏ 서술형 문제

12 다음 반응이 일어날 때 나타나는 화학 반응의 증거가 되는 현상을 물질의 종류를 포함하여 설명하시오.

(1) 식초에 달걀 껍데기를 넣는다.

(2) 질산 은 수용액에 염화 나트륨 수용액을 넣는다.

13 다음 화학 반응을 화학 반응식으로 나타내시오.

(1) 에탄올(C_2H_5OH)과 산소(O_2)가 반응하여 이산화 탄소(CO_2)와 물(H_2O)이 생성된다.

(2) 염산(HCl)과 마그네슘(Mg)이 반응하여 염화 마그네슘($MgCl_2$)과 수소(H_2)가 생성된다.

01 물리 변화에 대한 설명으로 옳은 것은?

① 물질의 성질이 변한다.
② 항상 빛과 열이 발생한다.
③ 물질을 이루는 분자의 배열이 변한다.
④ 앙금이 생성되는 반응은 물리 변화이다.
⑤ 원자의 종류는 변하지 않고, 원자의 개수가 변한다.

중요
02 물리 변화에 해당하는 것을 〈보기〉에서 모두 고르시오.

┌─ 보기 ─
ㄱ. 꽃향기가 방 안에 퍼진다.
ㄴ. 프라이팬 위에서 달걀이 익는다.
ㄷ. 오래된 철문에 붉은 녹이 생긴다.
ㄹ. 탄산음료 마개를 열면 기포가 발생한다.
ㅁ. 드라이아이스 주변에서 흰 연기가 발생한다.
└─

03 화학 변화가 일어날 때 변하는 것을 〈보기〉에서 모두 고른 것은?

┌─ 보기 ─
ㄱ. 원자의 종류 　　ㄴ. 원자의 개수
ㄷ. 분자의 종류 　　ㄹ. 물질의 성질
ㅁ. 원자의 배열
└─

① ㄱ, ㄴ　　② ㄱ, ㄹ　　③ ㄴ, ㅁ
④ ㄴ, ㄷ, ㄹ　　⑤ ㄷ, ㄹ, ㅁ

04 화학 변화가 아닌 것은?

① 산소 + 수소 ⟶ 물
② 설탕 + 물 ⟶ 설탕물
③ 철 + 산소 ⟶ 산화 철
④ 과산화 수소 ⟶ 물 + 산소
⑤ 숯(탄소) + 산소 ⟶ 이산화 탄소

05 설탕을 이용하여 다음과 같은 2가지 실험을 하였다.

┌─
[실험 과정 및 결과]
(가) 고체 설탕을 가열하여 액체 설탕으로 만든 후 모형 틀에 부어 식혔더니 다시 굳었다.
(나) 액체 설탕을 계속 가열하였더니 검게 탔다.
└─

이에 대한 설명으로 옳은 것은?

① (가)에서 모양과 상태가 변한다.
② (가)에서 설탕 분자가 다른 분자로 변한다.
③ (나)에서 설탕 분자의 배열만 변한다.
④ (나)에서 생성된 물질에는 설탕을 이루는 원자가 들어 있지 않다.
⑤ (가)와 (나)에서 설탕의 성질은 변하지 않는다.

중요
06 표는 마그네슘 리본을 이용한 실험 결과를 나타낸 것이다.

구분	마그네슘 리본	구부린 마그네슘 리본	마그네슘 리본을 태운 재
색, 광택	은백색, 광택 있음.	은백색, 광택 있음.	흰색, 광택 없음.
전류의 흐름	흐름.	⊙	ⓒ
묽은 염산과의 반응	기체 발생	기체 발생	ⓒ

이에 대한 설명으로 옳지 않은 것은?

① ⊙은 '흐름.'이다.
② ⓒ은 '흐르지 않음.'이다.
③ ⓒ은 '기체 발생'이다.
④ 마그네슘을 태우면 성질이 변한다.
⑤ 마그네슘을 구부려도 성질은 변하지 않는다.

07 화학 반응이 일어난 증거로 보기 <u>어려운</u> 현상은?

① 기체가 발생한다.
② 앙금이 생성된다.
③ 물질의 상태만 변한다.
④ 빛이나 열이 발생한다.
⑤ 색, 맛, 굳기, 냄새 등이 변한다.

중요
08 화학 반응식을 옳게 나타낸 것을 모두 고르면?(정답 2개)

① $2C + O_2 \longrightarrow 2CO$
② $H_2O_2 \longrightarrow H_2O + O_2$
③ $4Al + 3O_2 \longrightarrow 2Al_2O_3$
④ $2CuO + 2C \longrightarrow 2Cu + CO_2$
⑤ $NaHCO_3 \longrightarrow Na_2CO_3 + CO_2 + H_2O$

09 그림은 2가지 물질이 반응하여 새로운 물질을 생성하는 반응을 모형으로 나타낸 것이다.

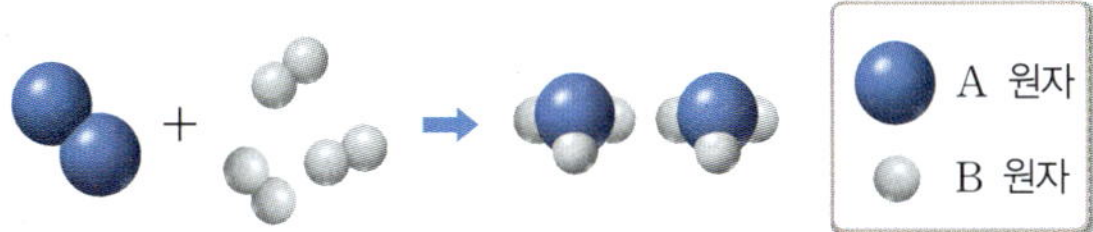

이 반응을 화학 반응식으로 옳게 나타낸 것은?(단, A와 B는 임의의 원소 기호이다.)

① $A + 3B \longrightarrow AB_3$
② $2A + 6B \longrightarrow A_2B_6$
③ $2A + 3B_2 \longrightarrow 2AB_3$
④ $A_2 + 6B \longrightarrow 2AB_3$
⑤ $A_2 + 3B_2 \longrightarrow 2AB_3$

중요
10 화학 반응식을 통해 알 수 있는 것이 <u>아닌</u> 것은?

① 반응물의 종류
② 원자와 분자의 크기
③ 반응물과 생성물의 원자의 종류
④ 생성물을 구성하는 원자 수의 비
⑤ 반응물과 생성물의 입자 수의 비

11 다음은 메탄올(CH_3OH)과 메테인(CH_4)의 연소 반응식을 나타낸 것이다.

> • $2CH_3OH + 3O_2 \longrightarrow 4(\ ㉠\ ) + 2(\ ㉡\ )$
> • $CH_4 + 2O_2 \longrightarrow 2(\ ㉠\ ) + (\ ㉡\ )$

이에 대한 설명으로 옳은 것을 〈보기〉에서 모두 고른 것은?

보기
ㄱ. ㉠에 들어갈 물질의 화학식은 H_2O이다.
ㄴ. 메탄올 1분자가 완전히 반응할 때 생성되는 물과 이산화 탄소 분자 수의 비는 2 : 1이다.
ㄷ. 각 분자 1개를 완전 연소시키기 위해 필요한 산소 분자의 개수는 메탄올이 메테인보다 많다.

① ㄱ   ② ㄷ   ③ ㄱ, ㄴ
④ ㄴ, ㄷ   ⑤ ㄱ, ㄴ, ㄷ

✏ 서술형 문제

12 주방에서 식사를 준비할 때 일어나는 물리 변화와 화학 변화의 예를 각각 1가지씩 설명하시오.

13 화학식을 이용하여 화학 반응을 화학 반응식으로 나타낼 때 반응 전과 후 물질을 구성하는 원자의 종류와 개수가 같아지도록 계수를 맞추는 까닭을 설명하시오.

02강 화학 반응의 규칙

❶ 질량 보존 법칙

1 ❶(　　　) 법칙 화학 반응이 일어날 때 반응 전과 후 물질의 전체 질량은 변하지 않는다. ➡ 반응 전후 원자의 종류와 개수가 변하지 않기 때문

2 화학 반응 전과 후의 질량 변화

① 앙금 생성 반응에서의 질량 변화

화학 반응	탄산 나트륨 수용액과 염화 칼슘 수용액이 반응하면 흰색 앙금인 탄산 칼슘이 생성된다.
질량 관계	(탄산 나트륨＋염화 칼슘)의 질량＝(탄산 칼슘＋염화 나트륨)의 질량

② 기체 발생 반응에서의 질량 변화

화학 반응	탄산 칼슘과 묽은 염산이 반응하면 이산화 탄소 기체가 발생한다.	
	밀폐되지 않은 용기	밀폐된 용기
질량 관계	기체가 빠져나가므로 반응 후 질량이 ❷(　　　)한다.	질량이 변하지 않는다.
	(탄산 칼슘＋묽은 염산)의 질량＝(염화 칼슘＋물＋이산화 탄소)의 질량	

③ 연소 반응

나무의 연소	강철 솜의 연소
생성된 이산화 탄소, 수증기가 날아가므로 반응 후 질량이 ❸(　　　)한다.	강철 솜이 산소와 결합하므로 반응 후 질량이 ❹(　　　)한다.

반응에 참여하는 기체의 질량까지 모두 고려하면 반응 전후 질량은 같다.

❷ 일정 성분비 법칙

1 ❺(　　　) 법칙 2가지 이상의 물질이 반응하여 새로운 화합물이 생성될 때 반응하는 물질 사이에 일정한 질량비가 성립한다. ➡ 질량이 일정한 원자가 항상 일정한 개수비로 결합하기 때문

2 화합물을 구성하는 원소의 질량비

① 마그네슘 연소 반응(원자의 상대적 질량: Mg 24, O 16)

화학 반응식	2Mg	＋	O_2	⟶	2MgO
질량	2×24		2×16		$2 \times (24+16)$
질량비	마그네슘 : 산소 : 산화 마그네슘＝3 : 2 : 5				

② 물 생성 반응(원자의 상대적 질량: H 1, O 16)

화학 반응식	$2H_2$	＋	O_2	⟶	$2H_2O$
질량	$2 \times (2 \times 1)$		2×16		$2 \times (2+16)$
질량비	수소 : 산소 : 물＝❻(　　　)				

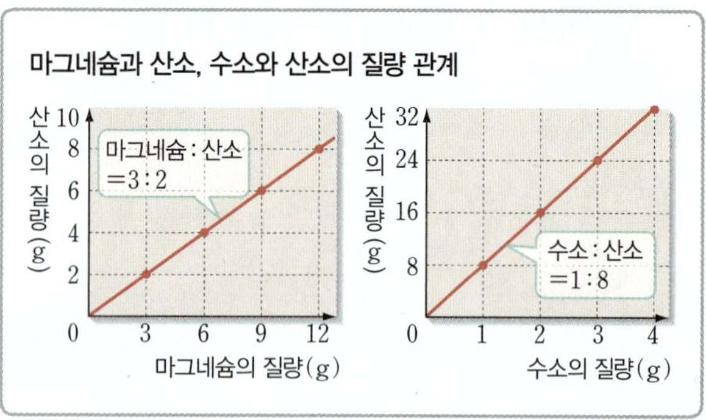

❸ 기체 반응 법칙

1 ❼(　　　) 법칙 온도와 압력이 일정할 때 반응하는 기체와 생성되는 기체의 부피 사이에는 간단한 정수비가 성립한다.

2 기체의 부피와 분자 수 일정한 온도와 압력에서 모든 기체는 같은 부피 속에 같은 수의 분자가 들어 있다.

3 화학 반응식과 기체 반응 법칙 기체의 반응에서 화학 반응식의 계수비＝분자 수의 비＝부피비이다.

예 암모니아 생성 반응(단, 온도와 압력은 일정하다.)

화학 반응식	$N_2 + 3H_2 \longrightarrow 2NH_3$		
반응 모형	질소	수소	암모니아
물질의 종류	반응물		생성물
	질소	수소	암모니아
계수비	1	3	2
분자 수의 비	1	3	2
부피비	1	3	2
질량 보존 법칙 성립	반응 전후 질소 원자, 수소 원자가 각각 2개, 6개로 같으므로 질량 보존 법칙이 성립한다.		
일정 성분비 법칙 성립	암모니아를 이루는 질소 원자와 수소 원자의 개수비가 1 : 3으로 일정하므로 질소와 수소의 질량비도 일정하다.		

답 ❶ 질량 보존 ❷ 감소 ❸ 감소 ❹ 증가 ❺ 일정 성분비 ❻ 1 : 8 : 9 ❼ 기체 반응

A 일정 성분비 법칙 알아보기

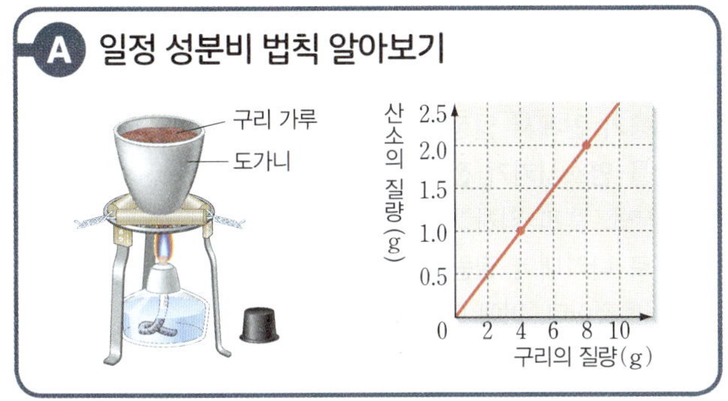

[01~03] 위 그림은 도가니에 구리 가루를 넣고 가열하여 산화 구리(Ⅱ)가 생성될 때 구리와 산소의 질량 관계를 나타낸 것이다. 물음에 답하시오.

01 반응하는 구리와 산소의 질량비(구리 : 산소)를 구하시오.

02 구리 16 g이 산소와 완전히 반응할 때 생성되는 산화 구리(Ⅱ)의 질량은 몇 g인지 구하시오.

03 산화 구리(Ⅱ) 25 g을 얻기 위해 필요한 산소의 질량은 몇 g인지 구하시오.

[04~05] 표는 수소와 산소가 반응하여 물을 생성할 때의 질량 관계를 나타낸 것이다. 물음에 답하시오.

실험	반응 전 기체의 질량(g)		반응 후 남은 기체의 종류와 질량(g)
	수소	산소	
1	0.2	㉠	수소, 0.1
2	0.4	2.4	수소, 0.1
3	0.6	6.0	㉡

04 반응하는 수소와 산소의 질량비(수소 : 산소)를 구하시오.

05 ㉠과 ㉡에 알맞은 내용을 옳게 짝 지은 것은?

	㉠	㉡		㉠	㉡
①	0.8	수소, 0.1	②	0.8	산소, 1.2
③	0.9	수소, 0.6	④	1.6	산소, 0.2
⑤	1.6	산소, 1.2			

B 기체 반응 법칙 알아보기

실험	반응 전 기체의 부피(mL)		반응 후 남은 기체의 종류와 부피(mL)	생성된 기체 C의 부피(mL)
	A_2	B_2		
1	40	10	A_2, 10	20
2	60	20	없음.	(가)
3	90	40	(나)	60

[06~10] 위 표는 일정한 온도와 압력에서 기체 A_2와 기체 B_2가 반응하여 기체 C를 생성할 때의 부피 관계를 나타낸 것이다. 물음에 답하시오.(단, A와 B는 임의의 원소 기호이다.)

06 각 기체 사이의 부피비(A_2 : B_2 : C)를 구하시오.

07 (가)와 (나)에 알맞은 내용을 옳게 짝 지은 것은?

	(가)	(나)		(가)	(나)
①	40	A_2, 10	②	40	B_2, 10
③	60	A_2, 30	④	80	B_2, 10
⑤	80	없다.			

08 C를 이루는 A와 B 원자의 개수비(A : B)를 구하시오.

09 다음은 위 반응을 A와 B를 이용하여 화학 반응식으로 나타낸 것이다. (   ) 안에 들어갈 알맞은 내용을 쓰시오.(단, ㉠과 ㉡은 숫자이다.)

$$(\ ㉠ \ )A_2 + B_2 \longrightarrow (\ ㉡ \ )(\ ㉢ \ )$$

10 A_2 분자 6개가 완전히 반응할 때 생성되는 C 분자의 개수는 몇 개인지 구하시오.

중요 01 그림 (가)는 2개의 유리병에 각각 염화 나트륨 수용액과 질산 은 수용액을 넣고 질량을 측정하는 모습을, (나)는 두 수용액을 섞은 후 다시 질량을 측정하는 모습을 나타낸 것이다.

이에 대한 설명으로 옳은 것은?

① 기체가 발생한다.
② 질량은 (가)=(나)이다.
③ 노란색 앙금이 생성된다.
④ 반응이 일어나도 물질의 성질은 변하지 않는다.
⑤ 밀폐되지 않은 용기를 이용하여 실험하면 (나)의 질량이 (가)보다 크다.

02 다음은 밀폐되지 않은 용기에서 연소 반응이 일어날 때의 질량 변화에 대한 설명이다.

> (가) 나무를 태우고 남은 재의 질량은 나무의 질량보다 작다.
> (나) 강철 솜을 태우면 태우기 전보다 질량이 증가한다.

이에 대한 설명으로 옳은 것을 〈보기〉에서 모두 고른 것은?

─ 보기 ─
ㄱ. (가)에서 빛과 열이 발생하므로 질량이 감소한다.
ㄴ. (나)에서 증가한 질량은 강철 솜과 결합한 산소의 질량이다.
ㄷ. 용기가 밀폐되어 있으면 (가)와 (나) 모두 질량이 일정할 것이다.

① ㄱ   ② ㄷ   ③ ㄱ, ㄴ
④ ㄴ, ㄷ   ⑤ ㄱ, ㄴ, ㄷ

03 오른쪽 그림 (가)는 밀폐 용기 안에서 일정량의 철을 연소시키기 전, (나)는 연소 후의 입자를 모형으로 나타내어 질량을 비교한 것이다. 이에 대한 설명으로 옳지 <u>않은</u> 것은?

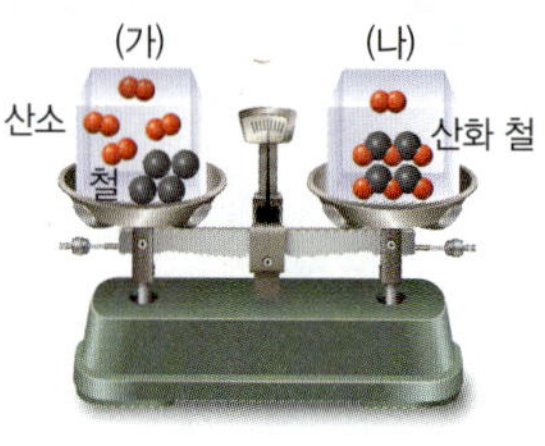

① 원자의 배열이 달라진다.
② 원자의 종류와 개수는 변하지 않는다.
③ 용기가 밀폐되지 않으면 저울이 (나) 쪽으로 기운다.
④ (나)에서 산소가 남는 것은 질량 보존 법칙으로 설명할 수 있다.
⑤ (나)에서 산화 철을 이루는 철과 산소 사이의 질량비는 일정하다.

04 일정 성분비 법칙이 성립하는 물질들로 옳게 짝 지은 것은?

① 물, 질소, 산소
② 수소, 소금물, 나트륨
③ 설탕물, 과산화 수소, 물
④ 산소, 메테인, 과산화 수소
⑤ 산화 마그네슘, 염화 은, 이산화 탄소

05 오른쪽 그림은 산화 구리(Ⅱ)가 생성될 때 구리와 산소의 질량 관계를 나타낸 것이다. 반응하는 구리의 양이 달라져도 변하지 않는 것은?

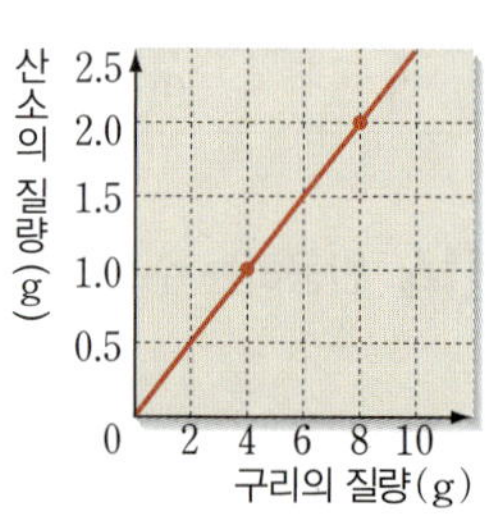

① 생성되는 산화 구리(Ⅱ)의 질량
② 구리와 반응하는 산소의 질량
③ 반응하는 구리와 산소의 질량비
④ 반응하는 구리와 산소의 질량의 합
⑤ 구리가 완전히 반응하는 데 걸린 시간

06 마그네슘 3 g과 산소 2 g이 완전히 반응하여 산화 마그네슘 5 g이 생성되었다. 산소 10 g이 들어 있는 반응 용기 속에서 마그네슘을 연소시켰더니 산소 4 g이 남을 때 생성된 산화 마그네슘의 질량은 몇 g인지 구하시오.

07 표는 수소와 산소가 반응하여 물을 생성할 때의 질량 관계를 나타낸 것이다.

실험	혼합 기체의 질량(g)		반응 후 남은 기체의 종류와 질량(g)
	수소	산소	
1	1.0	4.0	(가)
2	2.0	16.0	없음.
3	(나)	28.0	산소, 4.0

(가)와 (나)에 알맞은 내용을 옳게 짝 지은 것은?

	(가)	(나)		(가)	(나)
①	수소, 0.5	3.0	②	수소, 0.5	4.0
③	산소, 1.0	3.0	④	산소, 2.0	5.0
⑤	산소, 3.5	12.0			

중요
08 그림은 일정한 온도와 압력에서 수소 기체와 산소 기체가 반응하여 수증기가 생성되는 반응을 모형으로 나타낸 것이다.

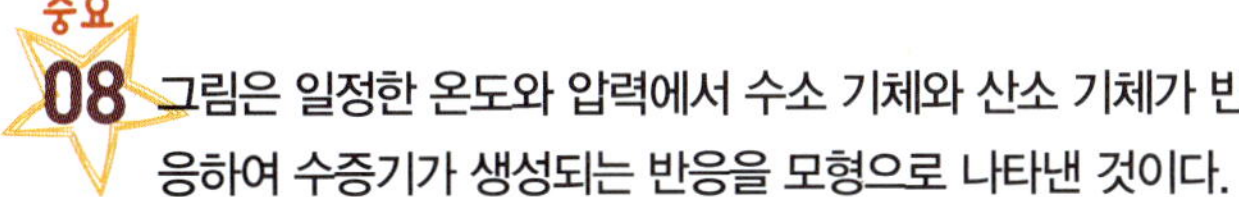

이 모형으로 알 수 있는 사실로 옳지 <u>않은</u> 것은?

① 수소와 산소는 2 : 1의 부피비로 반응한다.
② 반응한 수소와 산소 질량의 합은 생성된 수증기의 질량과 같다.
③ 수소 분자 2개와 산소 분자 2개를 반응시키면 산소 분자 1개가 남는다.
④ 수소 50 mL와 산소 50 mL가 반응할 때 생성되는 수증기의 부피는 100 mL이다.
⑤ 같은 온도와 압력에서 같은 부피 속에 들어 있는 수소, 산소, 수증기 분자 수는 같다.

중요
09 기체 반응 법칙을 설명할 수 있는 것은?

① 물을 구성하는 수소와 산소의 질량비는 1 : 8이다.
② 구리 8 g과 산소 2 g이 반응하여 산화 구리(Ⅱ) 10 g이 생성된다.
③ 수소 기체 10 g과 산소 기체 80 g이 반응하여 물 90 g을 생성한다.
④ 일산화 탄소(CO)와 이산화 탄소(CO_2)에서 일정량의 탄소와 결합한 산소의 질량비는 1 : 2이다.
⑤ 일정한 온도와 압력에서 질소 10 mL와 수소 30 mL가 반응하면 암모니아 20 mL가 생성된다.

✏ 서술형 문제

10 그림은 밀폐된 용기에서 탄산 칼슘과 묽은 염산이 반응할 때 반응 전후의 질량 변화를 측정하는 실험을 나타낸 것이다.

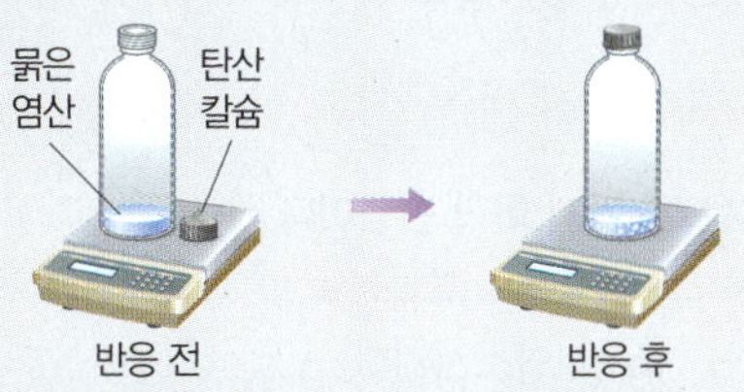

탄산 칼슘과 묽은 염산이 반응할 때 발생하는 이산화 탄소의 질량을 구할 수 있는 방법을 쓰고, 그 까닭을 화학 반응의 규칙을 포함하여 설명하시오.

11 그림은 물과 과산화 수소를 모형으로 나타낸 것이다.

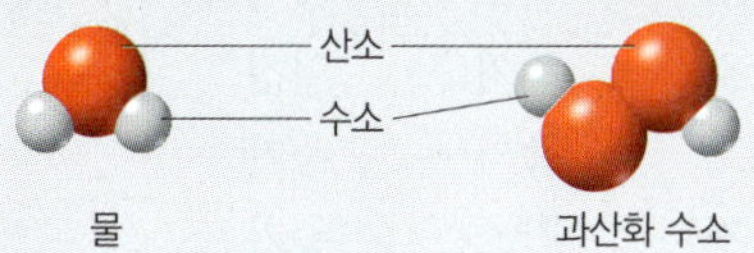

(1) 물과 과산화 수소를 이루는 수소와 산소의 질량비(수소 : 산소)를 각각 쓰시오.(단, 원자의 상대적 질량은 수소가 1, 산소가 16이다.)

(2) (1)에서 답한 질량비가 서로 다른 까닭을 설명하시오.

01 그림은 탄산 칼슘과 묽은 염산을 밀폐된 용기 속에서 반응시키면서 반응 전과 후의 질량 변화를 알아보는 실험을 나타낸 것이다.

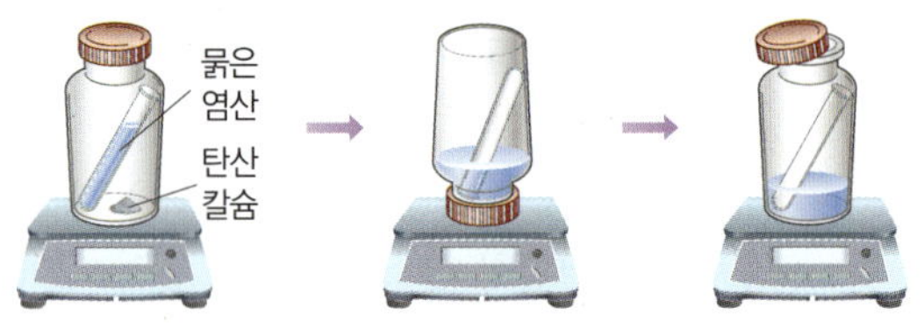

이에 대한 설명으로 옳은 것은?

① 물리 변화가 일어난다.
② 수소 기체가 발생한다.
③ 질량은 (가)=(나)>(다)이다.
④ 밀폐된 용기에서만 질량 보존 법칙이 성립한다.
⑤ 기체 발생 반응에서는 질량 보존 법칙이 성립하지 않는다.

중요
02 다음은 몇 가지 화학 반응이다.

> (가) 나무를 연소시킨다.
> (나) 구리판을 가열한다.
> (다) 탄산 나트륨 수용액과 염화 칼슘 수용액을 반응시킨다.

밀폐되지 않은 용기에서 위의 반응이 일어날 때 (가)~(다)의 반응 전후 질량 변화를 옳게 짝 지은 것은?

	(가)	(나)	(다)
①	감소	감소	일정
②	감소	증가	일정
③	감소	증가	증가
④	일정	감소	증가
⑤	일정	일정	일정

03 탄산수소 나트륨을 가열하여 완전히 분해시켰더니 탄산 나트륨 106 g, 이산화 탄소 44 g, 물 18 g이 생성되었다. 분해시킨 탄산수소 나트륨의 질량은 몇 g인지 구하시오.

04 일정 성분비 법칙이 성립하지 <u>않는</u> 경우는?

① 물에 아세트산을 녹여 식초를 만들었다.
② 질소와 수소가 반응하여 암모니아가 생성되었다.
③ 구리를 가열하였더니 산화 구리(Ⅱ)가 생성되었다.
④ 탄소와 산소가 반응하여 이산화 탄소가 생성되었다.
⑤ 질산 납 수용액과 아이오딘화 칼륨 수용액이 반응하여 아이오딘화 납 앙금이 생성되었다.

중요
05 오른쪽 그림은 구리와 산소가 반응하여 산화 구리(Ⅱ)가 생성될 때 구리와 산화 구리(Ⅱ)의 질량 관계를 나타낸 것이다. 산화 구리(Ⅱ) 20 g 속에 들어 있는 산소의 질량은 몇 g인지 구하시오.

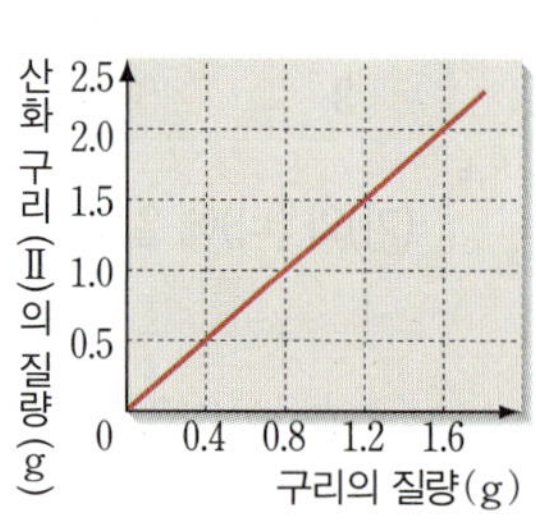

06 표는 도가니에 마그네슘 가루 15 g을 넣고 가열하면서 도가니의 질량 변화를 측정한 결과이다.

시간(분)	0	1	2	3	4	5
질량(g)	35	38	41	43	45	45

이에 대한 설명으로 옳지 <u>않은</u> 것은?(단, 도가니의 질량은 20 g으로 일정하다.)

① 가열하면 마그네슘 가루의 색이 변한다.
② 마그네슘과 산소는 3 : 2의 질량비로 반응한다.
③ 반응한 산소의 질량은 질량 보존 법칙으로 구할 수 있다.
④ 마그네슘이 산소와 반응하여 산화 마그네슘이 생성된다.
⑤ 마그네슘의 양을 늘려도 반응하는 산소의 양은 일정하다.

07 오른쪽 그림은 10 % 질산 납 수용액 6 mL에 10 % 아이오딘화 칼륨 수용액의 부피를 늘려가며 넣었을 때 생성된 앙금의 높이를 나타낸 것이다. 아이오딘화 칼륨 수용액의 부피가 일정량 이상이 되면 앙금의 양이 일정해지는 까닭으로 옳은 것은?

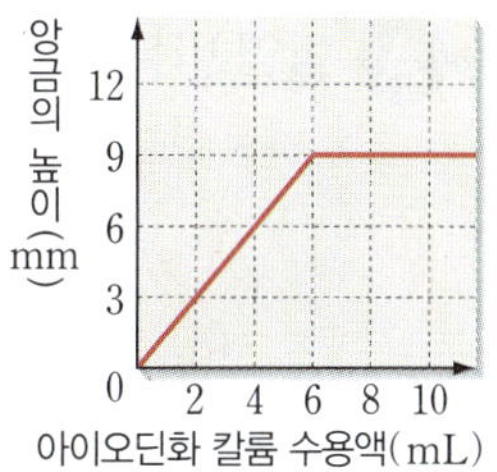

① 앙금이 이온으로 나뉘기 때문이다.
② 질산 납이 모두 반응하였기 때문이다.
③ 생성된 앙금이 화학 반응을 방해하기 때문이다.
④ 반응이 일어나는 데 시간이 오래 걸리기 때문이다.
⑤ 아이오딘화 칼륨 수용액이 많아져 포화 용액이 되기 때문이다.

08 오른쪽 그림은 이산화 탄소의 분자 모형을 나타낸 것이다. 탄소 10 g과 산소 24 g이 반응할 때 생성되는 이산화 탄소의 질량은 몇 g인지 구하시오.(단, 원자의 상대적 질량은 탄소가 12, 산소가 16이다.)

중요
09 표는 일정한 온도와 압력에서 기체 A와 B가 반응하여 기체 C를 생성할 때의 부피 관계를 나타낸 것이다.

실험	반응 전 기체의 부피(L)		반응 후 남은 기체의 종류와 부피(L)	생성된 기체 C의 부피(L)
	A	B		
1	10	10	B, 5	10
2	30	10	A, 10	20

이 반응에 참여하는 기체 A~C의 부피비(A : B : C)로 옳은 것은?

① 1 : 1 : 1
② 1 : 2 : 2
③ 2 : 1 : 2
④ 2 : 2 : 1
⑤ 3 : 1 : 2

10 질소 1 L 속의 분자 수를 N이라고 할 때 수소 3 L와 암모니아 2 L 속의 분자 수를 옳게 짝 지은 것은?(단, 온도와 압력은 일정하다.)

	수소	암모니아		수소	암모니아
①	N	N	②	2N	3N
③	2N	6N	④	3N	2N
⑤	4N	2N			

✎ 서술형 문제

11 질량 보존 법칙에 의하면 화학 반응이 일어날 때 반응 전과 후에 물질의 질량이 변하지 않고 일정하게 보존된다. 질량 보존 법칙이 성립하는 까닭을 '원자'라는 용어를 포함하여 설명하시오.

[12~13] 오른쪽 그림은 일정한 온도와 압력에서 수소 기체와 질소 기체가 반응하여 암모니아 기체가 생성될 때 반응시킨 기체와 반응 후 남은 기체의 부피를 나타낸 것이다. 물음에 답하시오.(단, B에서 암모니아 기체 18 mL가 생성되었다.)

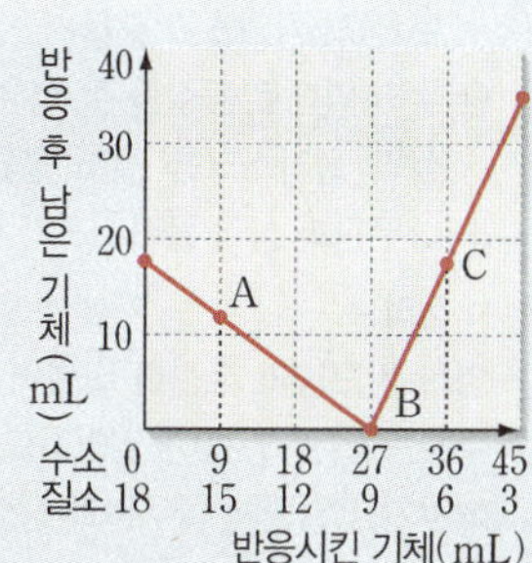

12 A에서 생성된 암모니아 기체의 부피를 구하는 과정을 반응에 참여하는 기체의 부피비를 포함하여 설명하시오.

13 C에서 남은 기체의 종류와 부피를 구하는 과정을 반응에 참여하는 기체의 부피비를 포함하여 설명하시오.

03강 화학 반응과 에너지 변화

❶ 발열 반응과 흡열 반응

구분	❶( ) 반응	❷( ) 반응
정의	화학 반응이 일어날 때 주변으로 에너지를 방출하는 반응	화학 반응이 일어날 때 주변의 에너지를 흡수하는 반응
주변의 온도 변화	온도가 ❸( )진다.	온도가 ❹( )진다.
예	• 호흡 • 연소 • 산과 금속의 반응 • 철이 녹스는 반응 • 산과 염기의 중화 반응 • 산화 칼슘과 물의 반응	• 광합성 • 물의 전기 분해 • 탄산수소 나트륨의 열 분해 • 질산 암모늄과 물의 반응

흡열 반응에서 온도 변화

》 과정 및 결과

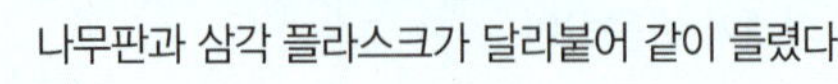

❶ 물을 떨어뜨린 나무판 위에 염화 암모늄과 수산화 바륨이 들어 있는 삼각 플라스크를 올려놓는다.

❷ 유리 막대로 물질을 잘 섞은 다음 삼각 플라스크를 들어 올렸더니 나무판과 삼각 플라스크가 달라붙어 같이 들렸다.

》 정리

염화 암모늄과 수산화 바륨이 반응할 때 주변의 에너지를 흡수하는 흡열 반응이 일어나므로 나무판 위의 물이 에너지를 빼앗기고 얼면서 나무판과 삼각 플라스크가 달라붙는다.

❷ 에너지 출입을 활용하는 예

구분	예	원리
발열 반응	발열 도시락	산화 칼슘과 물이 반응하면서 에너지를 ❺( )하여 음식을 데운다.
	흔드는 손난로	철가루가 공기 중의 산소와 천천히 반응하면서 에너지를 방출한다.
❻( ) 반응	냉찜질 팩	물과 질산 암모늄이 반응하면서 주변의 에너지를 흡수하므로 주변의 온도가 낮아진다.

답정 ❶ 발열 ❷ 흡열 ❸ 높아 ❹ 낮아 ❺ 방출 ❻ 흡열

★ 바른답·알찬풀이 51쪽

A 발열 반응과 흡열 반응 알아보기

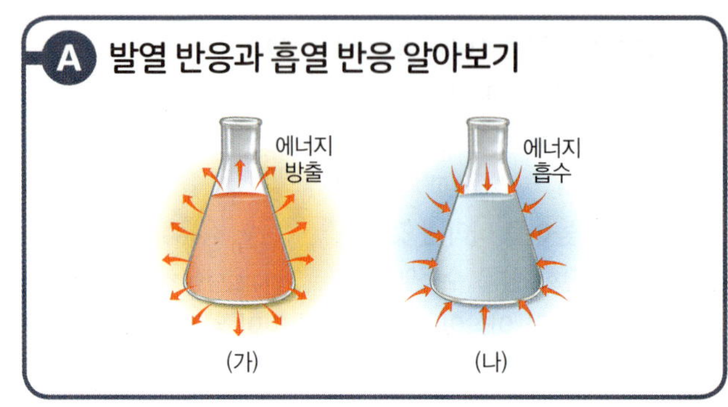

[01~03] 위 그림은 삼각 플라스크에서 반응이 일어날 때 에너지 출입을 나타낸 것이다. 물음에 답하시오.

01 그림 (가)와 (나) 중에서 반응이 일어날 때 주변의 온도가 낮아지는 것을 고르시오.

02 그림 (가)와 같은 에너지 출입이 일어나는 반응이 <u>아닌</u> 것은?

① 나무가 탄다.
② 철가루와 산소가 반응한다.
③ 탄산수소 나트륨을 가열한다.
④ 묽은 염산과 아연이 반응한다.
⑤ 묽은 염산과 수산화 나트륨 수용액이 반응한다.

03 오른쪽 그림은 부직포 주머니 속에 철가루, 소금, 숯가루, 질석을 넣고, 물을 약간 떨어뜨린 다음 밀봉하여 만든 손난로를  나타낸 것이다. 손난로를 흔들 때 일어나는 현상에 대한 설명으로 옳은 것은?

① 철가루가 산소와 반응한다.
② 숯가루가 산소와 반응한다.
③ 물이 응고하면서 에너지를 방출한다.
④ 물의 전기 분해와 에너지 출입이 같다.
⑤ 위 그림의 (가)와 (나) 중에서 (나)와 관련이 있다.

★ 바른답·알찬풀이 52쪽

01 에너지 출입이 일어나는 반응에 대한 설명으로 옳지 <u>않은</u> 것은?

① 흡열 반응이 일어나는 주변은 온도가 낮아진다.
② 화학 반응이 일어날 때 에너지를 방출하거나 흡수한다.
③ 고체 물질과 물이 반응할 때는 항상 에너지를 흡수한다.
④ 광합성은 빛에너지를 흡수하여 일어나므로 흡열 반응이다.
⑤ 발열 반응이 일어날 때는 반응이 일어나는 쪽에서 주변으로 에너지를 방출한다.

02 물질의 변화가 일어날 때 주변으로부터 에너지를 흡수하는 경우를 〈보기〉에서 모두 고른 것은?

보기
ㄱ. 철가루가 산소와 반응한다.
ㄴ. 산화 칼슘과 물이 반응한다.
ㄷ. 아이스크림 통 속 드라이아이스가 점점 작아진다.
ㄹ. 물에 전류를 흘려주면 수소 기체와 산소 기체로 분해된다.

① ㄱ, ㄴ   ② ㄱ, ㄹ   ③ ㄴ, ㄷ
④ ㄷ, ㄹ   ⑤ ㄱ, ㄴ, ㄷ

03 발열 반응을 이용하는 예를 〈보기〉에서 모두 고른 것은? (중요)

보기
ㄱ. 가스레인지에서 도시가스를 태워 요리를 한다.
ㄴ. 질산 암모늄과 물의 반응을 이용한 팩을 만든다.
ㄷ. 철가루와 숯가루, 소금 등을 넣고 밀봉한 부직포 주머니를 만든다.

① ㄱ   ② ㄴ   ③ ㄱ, ㄷ
④ ㄴ, ㄷ   ⑤ ㄱ, ㄴ, ㄷ

04 에너지 출입이 나머지 넷과 다른 것은? (중요)

① 식물이 광합성을 한다.
② 철가루와 산소가 반응한다.
③ 물과 산화 칼슘이 반응한다.
④ 묽은 염산에 아연을 넣는다.
⑤ 수산화 나트륨 수용액과 묽은 염산이 반응한다.

05 다음은 양초가 연소하는 과정에 대한 설명이다.

고체 양초는 (가) 녹아서 촛농으로 되고, 촛농은 심지를 타고 올라가 증기가 되어 (나) 불을 밝히며 연소한다.

이에 대한 설명으로 옳은 것을 〈보기〉에서 모두 고른 것은?

보기
ㄱ. (가)에서 에너지를 방출한다.
ㄴ. (나)의 반응이 일어나면 주변의 온도가 높아진다.
ㄷ. (가)와 (나)에서 모두 분자의 종류가 변한다.

① ㄱ   ② ㄴ   ③ ㄱ, ㄷ
④ ㄴ, ㄷ   ⑤ ㄱ, ㄴ, ㄷ

✎ 서술형 문제

06 다음은 물과 고체 물질이 반응할 때 용액의 온도 변화에 대한 설명이다.

(가) 물과 질산 암모늄이 반응하면 용액의 온도가 낮아진다.
(나) 물과 산화 칼슘이 반응하면 용액의 온도가 높아진다.

(가)와 (나)에서 고체 물질과 물이 반응할 때 용액의 온도 변화가 다른 까닭을 에너지 출입으로 설명하시오.

01 에너지 출입이 나머지 넷과 <u>다른</u> 것은?

① 나무를 연소시켜 불을 피운다.
② 더운 여름 마당에 물을 뿌리면 시원해진다.
③ 철가루가 들어 있는 손난로를 흔들면 따뜻해진다.
④ 포도당과 산소가 반응하여 우리 몸의 체온을 유지한다.
⑤ 묽은 염산에 아연 조각을 넣으면 용액의 온도가 높아진다.

중요
02 다음은 수산화 바륨과 염화 암모늄의 반응에서 에너지 출입을 알아보기 위한 실험이다.

> [실험 과정]
> (가) 나무판 위를 물로 적신 다음 그 위에 삼각 플라스크를 올려놓고, 수산화 바륨과 염화 암모늄을 넣는다.
> (나) 유리 막대로 물질을 잘 섞은 다음 나무판 위에 올려놓은 삼각 플라스크를 들어 본다.

이에 대한 설명으로 옳은 것을 〈보기〉에서 모두 고른 것은?

> **보기**
> ㄱ. 나무판 위의 물은 에너지를 방출하여 언다.
> ㄴ. 반응이 일어난 후 삼각 플라스크를 만져 보면 뜨겁다.
> ㄷ. 삼각 플라스크와 나무판이 달라붙어 같이 들려 올라온다.
> ㄹ. 수산화 바륨과 염화 암모늄이 반응할 때 주변으로 에너지를 방출한다.

① ㄱ, ㄴ   ② ㄱ, ㄷ   ③ ㄴ, ㄹ
④ ㄷ, ㄹ   ⑤ ㄱ, ㄴ, ㄹ

03 그림은 실생활에서 볼 수 있는 2가지 현상을 나타낸 것이다.

(가) 뷰테인이 연소하면서 물이 끓는다.

(나) 얼음이 녹으면서 음료수가 시원해진다.

이에 대한 설명으로 옳은 것을 〈보기〉에서 모두 고른 것은?

> **보기**
> ㄱ. (가)에서 발열 반응을 이용하여 물을 끓인다.
> ㄴ. (나)에서 얼음이 녹으면서 주변의 온도가 낮아진다.
> ㄷ. (가)와 (나)의 변화가 일어날 때 새로운 종류의 물질이 생성된다.

① ㄱ   ② ㄷ   ③ ㄱ, ㄴ
④ ㄴ, ㄷ   ⑤ ㄱ, ㄴ, ㄷ

04 그림은 실생활에서 에너지 출입을 이용하는 예를 나타낸 것이다.

(가) 흔드는 손난로

(나) 냉찜질 팩

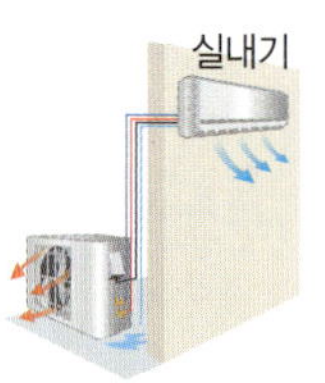

(다) 에어컨의 실내기

이에 대한 설명으로 옳은 것을 〈보기〉에서 모두 고른 것은?

> **보기**
> ㄱ. (가)는 흡열 반응을 이용한다.
> ㄴ. (나)에서 반응이 일어날 때 주변의 에너지를 흡수한다.
> ㄷ. (다)는 상태 변화가 일어날 때 출입하는 에너지를 이용한다.

① ㄱ   ② ㄴ   ③ ㄱ, ㄷ
④ ㄴ, ㄷ   ⑤ ㄱ, ㄴ, ㄷ

05 그림과 같이 고체 아이오딘(I_2)이 들어 있는 비커 위에 찬물이 담긴 둥근바닥 플라스크를 올려놓고 서서히 가열하였더니 아이오딘이 고체에서 기체로 되었다가 다시 고체로 되었다.

A~C 중 에너지를 방출하는 과정을 모두 고른 것은?

① A　　　　② B　　　　③ C
④ A, B　　　⑤ A, C

06 그림은 2가지 반응이 일어날 때 에너지 출입을 나타낸 것이다.

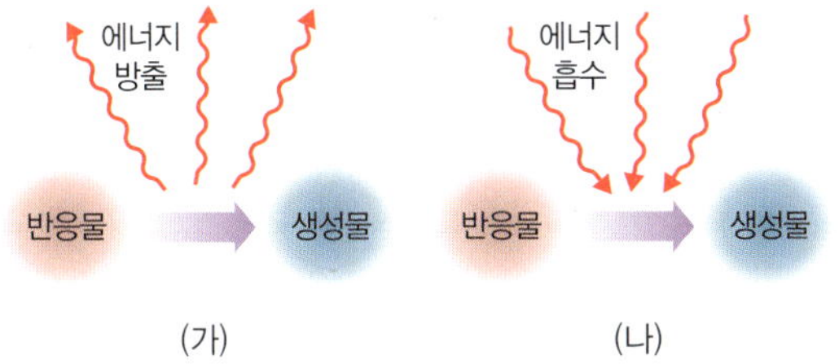

이에 대한 설명으로 옳은 것을 〈보기〉에서 모두 고른 것은?

> **보기**
> ㄱ. (가)의 반응이 일어날 때 주변의 온도가 높아진다.
> ㄴ. (나)의 반응은 냉각 장치에 활용할 수 있다.
> ㄷ. (나)와 같은 에너지 출입이 일어나는 반응에는 탄산수소 나트륨의 열분해, 광합성 등이 있다.

① ㄱ　　　　② ㄷ　　　　③ ㄱ, ㄴ
④ ㄴ, ㄷ　　　⑤ ㄱ, ㄴ, ㄷ

07 표는 20 ℃의 물 100 g이 들어 있는 비커에 고체 물질 **X**와 **Y**를 각각 넣어 반응시켰을 때 수용액의 최종 온도를 나타낸 것이다.

구분	최종 온도(℃)
X를 넣은 수용액	22
Y를 넣은 수용액	19

이에 대한 설명으로 옳은 것을 〈보기〉에서 모두 고른 것은?

> **보기**
> ㄱ. X와 물이 반응할 때는 주변으로 에너지를 방출한다.
> ㄴ. X로는 질산 암모늄이 가능하다.
> ㄷ. Y와 물의 반응은 발열 반응이다.

① ㄱ　　　　② ㄷ　　　　③ ㄱ, ㄴ
④ ㄴ, ㄷ　　　⑤ ㄱ, ㄴ, ㄷ

08 다음은 메테인 연소 반응의 화학 반응식이다.

$$CH_4 + 2O_2 \longrightarrow 2(\ ㉠\ ) + (\ ㉡\ )$$

이에 대한 설명으로 옳은 것을 〈보기〉에서 모두 고른 것은?

> **보기**
> ㄱ. ㉠에 해당하는 화학식은 H_2O이다.
> ㄴ. 메테인과 ㉡에 들어 있는 탄소 원자 수는 같다.
> ㄷ. 이 반응에서 출입하는 에너지를 난방이나 취사에 이용할 수 있다.

① ㄱ　　　　② ㄷ　　　　③ ㄱ, ㄴ
④ ㄴ, ㄷ　　　⑤ ㄱ, ㄴ, ㄷ

✏ 서술형 문제

09 분말 형태의 소석고($CaSO_4 \cdot \frac{1}{2}H_2O$)를 묻힌 붕대를 물에 적시고 다친 다리를 감은 후 기다리면 붕대가 따뜻해진다. 이로부터 알 수 있는 사실을 에너지 출입과 관련지어 설명하시오.

01 다음은 우리 주위에서 일어나는 몇 가지 현상이다.

> • 김치가 시어졌다.
> • 철문에 녹이 슬어 붉게 변했다.
> • 가을이 되자 사과가 빨갛게 익었다.

위 현상들의 공통점을 〈보기〉에서 모두 고른 것은?

> 보기
> ㄱ. 물질의 성질이 변한다.
> ㄴ. 물질을 이루는 원자의 배열이 변한다.
> ㄷ. 물질을 구성하는 분자는 변하지 않는다.

① ㄱ   ② ㄷ   ③ ㄱ, ㄴ
④ ㄴ, ㄷ   ⑤ ㄱ, ㄴ, ㄷ

02 밑줄 친 내용이 화학 변화로 인해 나타나는 현상이 <u>아닌</u> 것은?

① 얼음물이 든 컵 주변에 <u>물방울이 맺힌다.</u>
② 사과의 껍질을 깎아 두면 <u>갈색으로 변한다.</u>
③ 달걀을 가열하면 <u>색이 변하고 단단하게 굳어진다.</u>
④ 달걀 껍데기에 식초를 떨어뜨리면 <u>기체가 발생한다.</u>
⑤ 석회수에 이산화 탄소를 통과시키면 <u>뿌옇게 흐려진다.</u>

03 그림은 물질의 변화를 모형으로 나타낸 것이다.

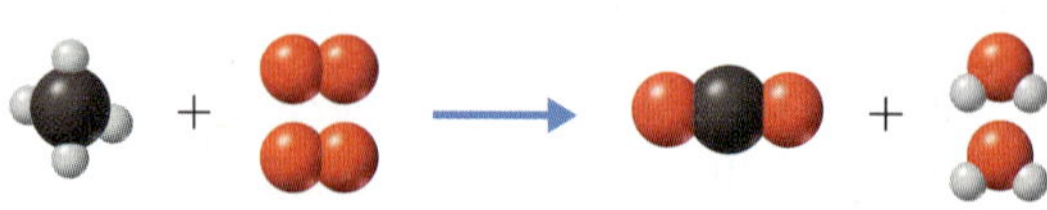

이 변화가 물리 변화와 화학 변화 중에서 어느 것인지 쓰고, 그 까닭을 원자의 배열과 관련지어 설명하시오.

04 물질의 변화에 대한 설명으로 옳지 <u>않은</u> 것은?

① 상태 변화는 물리 변화이다.
② 물리 변화에서는 분자의 배열이 변한다.
③ 화학 변화에서는 분자의 종류가 변한다.
④ 화학 변화에서는 물질을 이루는 원자의 배열이 변한다.
⑤ 화학 변화에서는 물질을 이루는 원자의 종류와 개수가 변한다.

05 화학 반응식에 대한 설명으로 옳지 <u>않은</u> 것은?

① 계수가 1인 경우는 생략한다.
② 화살표의 왼쪽은 반응물이다.
③ 화학 반응을 화학식으로 표현한 것이다.
④ 반응물과 생성물의 분자 수가 같아지도록 계수를 정한다.
⑤ 계수비를 통해 화학 반응에서 물질의 입자 수 변화를 알 수 있다.

06 다음은 자동차 에어백에 관한 설명이다.

> 에어백은 자동차의 충돌을 감지하여 순간적으로 부피가 팽창하도록 만들어진 안전 장치이다. 자동차가 충돌하면 에어백 내에서 아자이드화 나트륨(NaN_3)이 나트륨(Na)과 질소(N_2)로 분해되는 반응이 일어난다. 이때 발생하는 질소 기체 때문에 에어백이 부풀면서 사람을 보호한다.
>
> 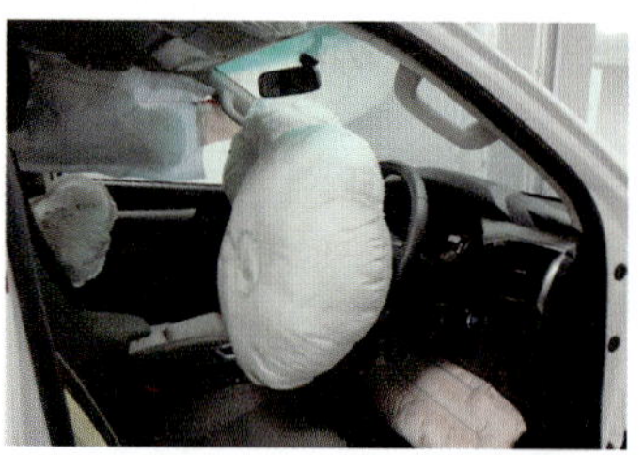

에어백이 부풀 때 일어나는 반응을 화학 반응식으로 나타내시오.

07 다음은 온도와 압력이 일정할 때 질소 기체와 수소 기체가 반응하여 암모니아 기체를 생성하는 반응의 화학 반응식이다.

$$N_2 + 3H_2 \longrightarrow 2NH_3$$

이에 대한 설명으로 옳지 <u>않은</u> 것은?(단, 원자의 상대적 질량은 질소가 14, 수소가 1이다.)

① 반응 전후 수소 원자의 개수는 같다.
② 질소 14 g과 수소 3 g이 모두 반응하면 암모니아 17 g이 생성된다.
③ 암모니아를 구성하는 질소와 수소의 질량비는 질소 : 수소=1 : 3이다.
④ 질소 기체 50 mL와 완전히 반응하는 수소 기체의 부피는 150 mL이다.
⑤ 질소 분자 1개와 수소 분자 3개가 반응하여 암모니아 분자 2개를 생성한다.

08 화학 반응식을 옳게 나타낸 것은?

① $CO + O \longrightarrow CO_2$
② $Na_2 + Cl_2 \longrightarrow 2NaCl$
③ $2Ag_2O \longrightarrow 4Ag + O_2$
④ $H_2O_2 \longrightarrow H_2O + O_2$
⑤ $CaCO_3 + 2HCl \longrightarrow CaCl_2 + H_2 + CO_2$

서술형
09 그림과 같이 밀폐되지 않은 곳에서 막대 저울의 양쪽에 같은 질량의 강철 솜을 매달고 오른쪽의 강철 솜을 가열하였다.

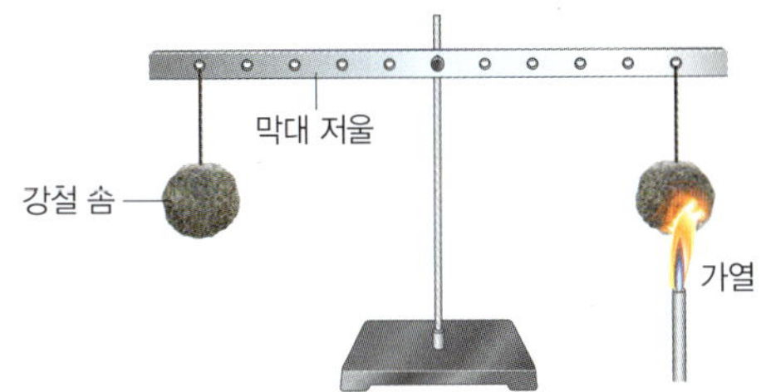

막대 저울이 어떻게 되는지 쓰고, 그 까닭을 설명하시오.

10 다음은 마그네슘 연소 반응의 화학 반응식이다.

$$2Mg + O_2 \longrightarrow 2MgO$$

마그네슘 30 g을 완전 연소시켰더니 산화 마그네슘 50 g이 생성되었다. 이에 대한 설명으로 옳은 것을 〈보기〉에서 모두 고른 것은?(단, 산소 원자의 상대적 질량은 16이다.)

보기
ㄱ. 반응한 산소의 질량은 20 g이다.
ㄴ. 마그네슘 원자의 상대적 질량은 24이다.
ㄷ. 산화 마그네슘을 구성하는 마그네슘과 산소의 질량비(마그네슘 : 산소)는 3 : 2이다.

① ㄱ   ② ㄴ   ③ ㄷ
④ ㄴ, ㄷ   ⑤ ㄱ, ㄴ, ㄷ

11 그림은 탄소와 산소로 이루어진 2가지 물질을 모형으로 나타낸 것이다.

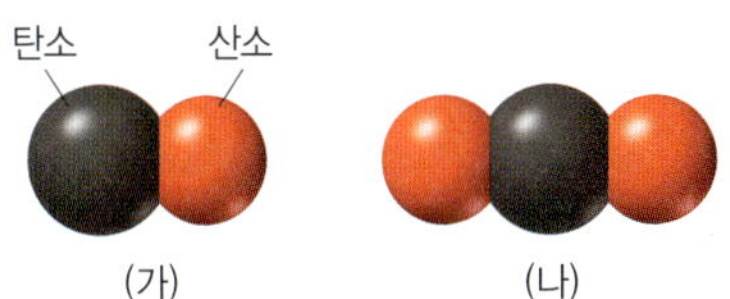

이에 대한 설명으로 옳은 것을 〈보기〉에서 모두 고른 것은? (단, 원자의 상대적 질량은 탄소가 12, 산소가 16이다.)

보기
ㄱ. (가)와 (나)는 성질이 다르다.
ㄴ. (가)에서 탄소 : 산소의 질량비는 3 : 8이다.
ㄷ. 같은 양의 탄소와 결합하는 산소의 질량비는 (가) : (나)=1 : 2이다.

① ㄱ   ② ㄴ   ③ ㄱ, ㄷ
④ ㄴ, ㄷ   ⑤ ㄱ, ㄴ, ㄷ

12 표는 물질 A와 B가 반응하여 화합물 C를 생성할 때의 질량 관계를 나타낸 것이다.

처음 혼합한 물질의 질량(g)		남은 물질의 종류와 질량(g)
A	B	
0.5	5.0	B, 1.0
3.0	8.0	A, 2.0

A와 B로 이루어진 화합물 C에서 A 원자와 B 원자의 개수비(A : B)는?(단, A 원자와 B 원자의 상대적 질량비는 A : B=1 : 16이다.)

① 1 : 1　　② 1 : 2　　③ 1 : 3
④ 2 : 1　　⑤ 2 : 3

13 일정 성분비 법칙에 대한 설명으로 옳은 것을 〈보기〉에서 모두 고른 것은?

┌─ 보기 ─
ㄱ. 철과 산소가 결합하여 산화 철을 만들 때 성립한다.
ㄴ. 암모니아를 물에 녹여 암모니아수를 만들 때 성립한다.
ㄷ. 화합물을 구성하는 성분 원소 사이에 일정한 질량비가 성립한다.
└─

① ㄱ　　　　② ㄴ　　　　③ ㄱ, ㄷ
④ ㄴ, ㄷ　　　⑤ ㄱ, ㄴ, ㄷ

14 볼트(B) 8개의 질량이 40 g이고, 너트(N) 20개의 질량이 40 g이다. 이를 이용하여 어떤 화합물 모형 8개를 만들고 너트 4개가 남았다. 이 화합물의 화학식과 화합물을 이루는 볼트와 너트의 질량비(B : N)를 옳게 짝 지은 것은?

	화학식	질량비		화학식	질량비
①	BN	5 : 2	②	BN_2	5 : 2
③	BN_2	5 : 4	④	BN_3	5 : 6
⑤	B_2N_3	5 : 3			

15 오른쪽 그림은 도가니에 구리 가루를 넣고 완전 연소시키는 모습을, 표는 구리가 완전 연소하여 산화 구리(Ⅱ)가 생성될 때 연소시킨 구리와 생성된 산화 구리(Ⅱ)의 질량을 나타낸 것이다.

구리의 질량(g)	1.0	2.0	3.0	4.0
산화 구리(Ⅱ)의 질량(g)	1.25	2.50	3.75	5.00

이에 대한 설명으로 옳은 것을 〈보기〉에서 모두 고른 것은?

┌─ 보기 ─
ㄱ. 구리 16 g을 연소시키면 산화 구리(Ⅱ) 20 g을 얻을 수 있다.
ㄴ. 연소시킨 구리의 질량이 증가하면 반응하는 산소의 질량도 증가한다.
ㄷ. 연소시킨 구리의 질량에 관계없이 반응하는 구리와 산소의 질량비(구리 : 산소)는 일정하다.
└─

① ㄱ　　　　② ㄷ　　　　③ ㄱ, ㄴ
④ ㄴ, ㄷ　　　⑤ ㄱ, ㄴ, ㄷ

서술형

16 표는 수소 기체와 산소 기체가 반응하여 수증기가 생성되는 화학 반응에 대한 자료를 나타낸 것이다.(단, 온도와 압력은 일정하며 원자의 상대적 질량은 수소가 1, 산소가 16이다.)

모형	수소　＋　산소　→　수증기
분자 수의 비	수소 : 산소 : 수증기=(㉠)
(㉡) 법칙	수증기를 이루는 수소와 산소의 질량비는 수소 : 산소=1 : 8이다.
(㉢) 법칙	수증기 생성 반응에서 기체의 부피비는 수소 : 산소 : 수증기=2 : 1 : 2이다.

(1) ㉠~㉢에 들어갈 알맞은 내용을 각각 쓰시오.

(2) 위 반응을 화학 반응식으로 나타내시오.

17 표는 온도와 압력이 일정할 때 수소 기체와 산소 기체가 반응하여 수증기를 생성할 때의 부피 관계를 나타낸 것이다.

실험	반응 전 기체의 부피 (mL)		반응 후 남은 기체의 종류와 부피(mL)	생성된 수증기의 부피(mL)
	수소	산소		
1	20	10	없음.	20
2	30	5	(가)	10
3	(나)	15	수소, 10	(다)

이에 대한 설명으로 옳은 것은?

① (가)는 '수소, 10'이다.
② (나)는 '30'이다.
③ (다)는 '50'이다.
④ 반응하는 산소의 부피는 수소의 부피에 비례한다.
⑤ 실험 2에서 수소의 부피를 증가시키면 생성되는 수증기의 부피가 증가한다.

18 그림은 일정한 온도와 압력에서 질소 기체와 수소 기체가 반응하여 암모니아 기체가 생성될 때의 부피 관계를 나타낸 것이다.

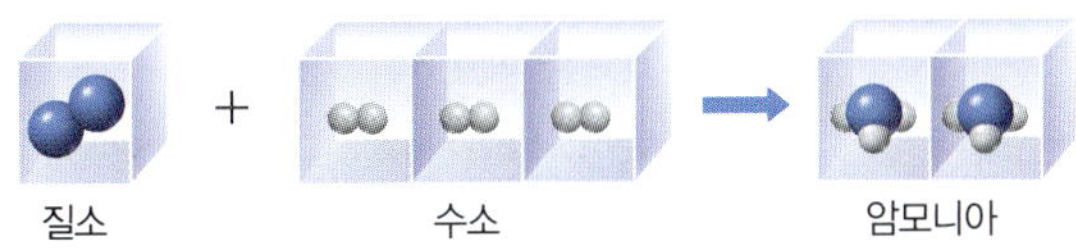

이에 대한 설명으로 옳지 <u>않은</u> 것은?

① 반응 후 총 원자의 개수가 변하지 않는다.
② 부피비는 질소 : 수소 : 암모니아=1 : 3 : 2이다.
③ 암모니아를 구성하는 질소와 수소의 질량비는 일정하다.
④ 질소 2분자가 모두 반응하면 암모니아 4분자가 생성된다.
⑤ 같은 온도와 압력에서 같은 부피의 질소와 암모니아를 구성하는 원자 수는 같다.

19 그림은 일정한 온도와 압력에서 수소 기체와 염소 기체가 반응하여 염화 수소 기체가 생성되는 반응을 모형으로 나타낸 것이다.

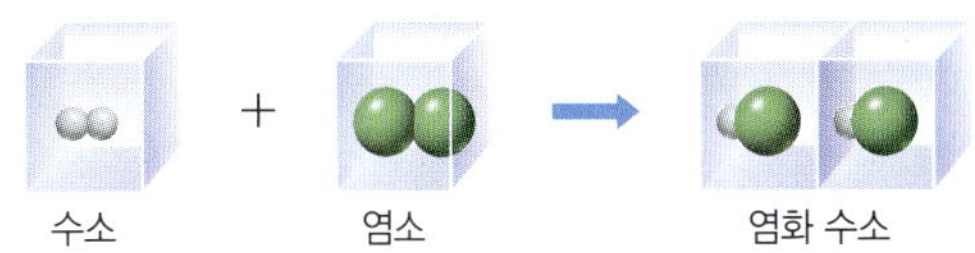

염소 기체 10 mL 속에 들어 있는 분자의 개수를 N개라고 할 때 염소 기체 10 mL가 모두 반응하여 생성되는 염화 수소 분자의 개수는 몇 개인가?

① N개
② 2N개
③ 3N개
④ 4N개
⑤ 5N개

20 에너지 출입이 나머지 넷과 <u>다른</u> 것은?

① 호흡
② 철과 산소의 반응
③ 메테인의 연소 반응
④ 질산 암모늄과 물의 반응
⑤ 묽은 염산과 수산화 칼슘 수용액의 중화 반응

21 그림 (가)는 얼음물에 소금을 넣는 모습을, (나)는 삼각 플라스크에서 수산화 바륨과 염화 암모늄을 섞는 모습을 나타낸 것이다.

(가)와 (나)에서 공통으로 일어나는 현상을 에너지 출입과 관련지어 설명하시오.

04 기권의 층상 구조와 특징

❶ 기권

1 기권 지구를 둘러싸고 있는 대기로, 지표~높이 약 1000 km까지의 구간

2 대기 지구를 둘러싸고 있는 여러 가지 기체로, 질소와 산소가 전체 대기의 약 99 %를 차지

> 질소>❶(　　　)>아르곤>이산화 탄소>기타

❷ 기권의 구조

1 기권의 구분 높이에 따른 기온 변화

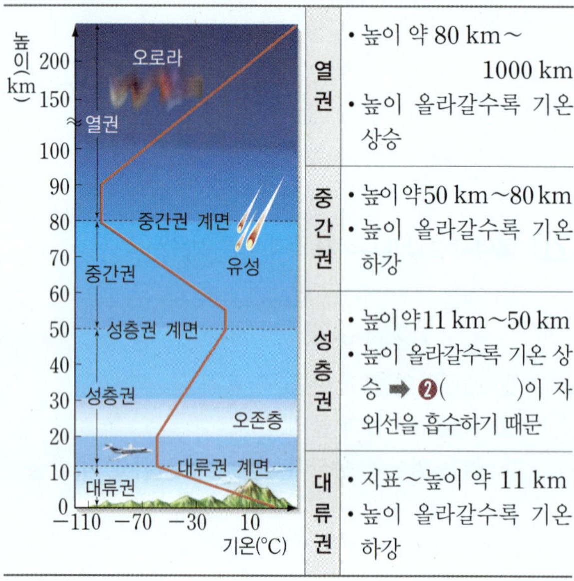

구분	
열권	• 높이 약 80 km~1000 km • 높이 올라갈수록 기온 상승
중간권	• 높이 약 50 km~80 km • 높이 올라갈수록 기온 하강
성층권	• 높이 약 11 km~50 km • 높이 올라갈수록 기온 상승 ➡ ❷(　　　)이 자외선을 흡수하기 때문
대류권	• 지표~높이 약 11 km • 높이 올라갈수록 기온 하강

2 기권의 특징

구조	특징
대류권	• 대기가 불안정하여 ❸(　　　)가 일어난다. • 수증기가 풍부하여 구름, 눈, 비 등의 기상 현상이 일어난다. • 전체 대기의 약 80 %가 분포한다.
❹(　　　)	• ❺(　　　)을 흡수하는 오존층이 존재한다. • 대기가 안정하여 대류가 일어나지 않는다.
중간권	• 대류가 있으나, 수증기가 거의 없어 기상 현상은 나타나지 않는다. • 상층부는 기권 중 기온이 가장 낮다. • 유성이 관측된다.
열권	• 공기가 희박하여 밤낮의 기온 차가 크다. • 극지방 상공에서 ❻(　　　)가 관측된다. • 인공위성의 궤도로 이용된다.

❸ 지구의 복사 평형

1 복사 에너지 물체가 ❼(　　　)의 형태로 방출하는 에너지로 모든 물체는 복사 에너지를 방출한다.

구분	정의
태양 복사 에너지	• 태양이 방출하는 복사 에너지 • 가시광선(가장 많음), 적외선, 자외선 등
지구 복사 에너지	• 지구에서 방출하는 복사 에너지 • 주로 ❽(　　　)

2 지구의 복사 평형

① ❾(　　　): 물체가 흡수하는 복사 에너지의 양과 방출하는 복사 에너지의 양이 같아 물체의 온도가 일정하게 유지되는 상태

② 지구의 복사 평형

> 흡수하는 태양 복사 에너지의 양 = 방출하는 지구 복사 에너지의 양 ➡ 지구의 연평균 기온 일정

③ 지구는 태양으로부터 끊임없이 에너지를 받고 있지만, 복사 평형을 이루고 있어 지구의 연평균 ❿(　　　)은 일정하게 유지된다.

❹ 지구 온난화

1 온실 효과

온실 효과	지구 복사 에너지의 일부가 지구 대기에 흡수되었다가 지표로 재방출되어 지구의 평균 온도를 높이는 현상
⓫(　　　)	온실 효과를 일으키는 기체 🔢 수증기, 이산화 탄소, 메테인, 오존, 프레온 가스 등

2 지구 온난화 대기 중에 온실 기체의 양이 증가하여 지구의 평균 기온이 상승하는 현상

영향	빙하 면적 감소, 기상 이변 증가, 해수면 상승, 기후 변화, 해양 산성화, 생태계 변화 등
해결 방안	온실 기체의 배출량 줄이기, 친환경 에너지 개발, 삼림 보존, 국제 협력 등

답 ❶ 산소 ❷ 오존 ❸ 대류 ❹ 성층권 ❺ 자외선 ❻ 오로라 ❼ 복사 ❽ 지표면 ❾ 복사 평형 ❿ 기온 ⓫ 온실 기체

A 기권의 구조와 특징

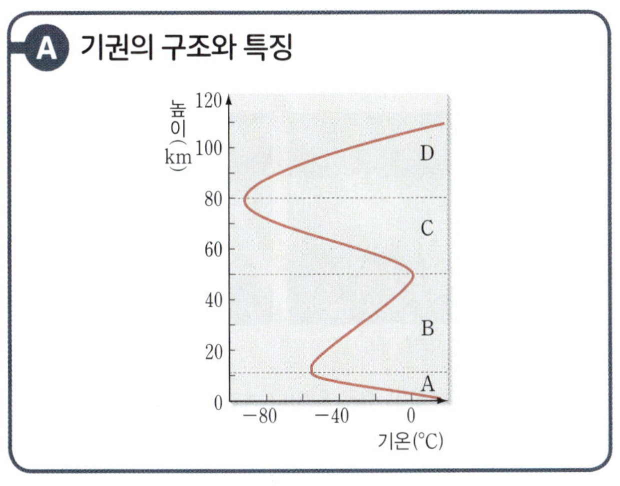

[01~05] 위 그림은 기권의 구조를 나타낸 것이다. 물음에 답하시오.

01 A~D층의 이름을 각각 쓰시오.

02 A~D 중 대류가 나타나는 층을 모두 고르시오.

03 A~D 중 기상 현상이 활발하게 일어나는 층을 고르시오.

04 A~D 중 기온이 가장 낮은 구간이 있는 층을 고르시오.

05 위 그림의 D층에서 관측할 수 있는 현상을 〈보기〉에서 모두 고르시오.

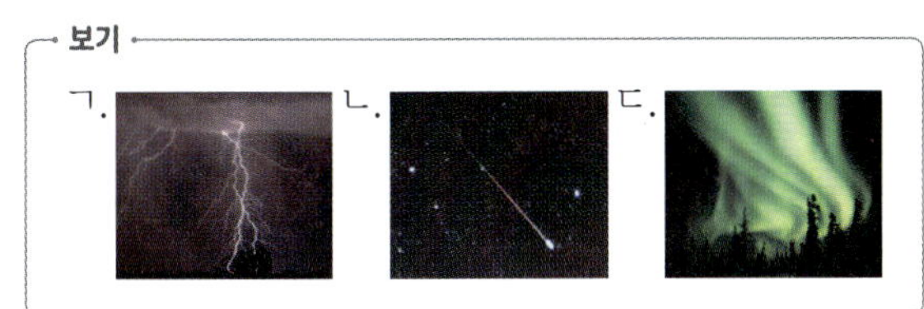

B 복사 평형

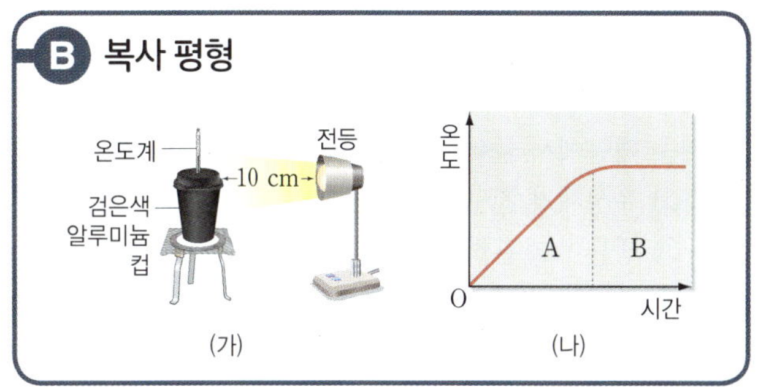

[06~09] 위 그림 (가)는 복사 평형을 알아보기 위한 실험 장치를, (나)는 실험 결과를 나타낸 것이다. 물음에 답하시오.

06 위 실험에서 지구의 복사 평형을 설명할 때 전등은 무엇에 비유할 수 있는지 쓰시오.

07 위 실험에서 지구의 복사 평형을 설명할 때 알루미늄 컵은 무엇에 비유할 수 있는지 쓰시오.

08 다음은 그림 (나)의 A, B 구간의 에너지양을 비교한 것이다. ( ) 안에 들어갈 알맞은 부등호를 쓰시오.

> • A 구간: 컵이 흡수하는 복사 에너지양 (㉠) 컵이 방출하는 에너지양
> • B 구간: 컵이 흡수하는 복사 에너지양 (㉡) 컵이 방출하는 에너지양

09 다음은 위 실험 결과에 대한 설명이다. ( ) 안에 들어갈 알맞은 말을 쓰시오.

> 위 실험에서 알루미늄 컵 속 공기의 온도가 계속 높아지지 않은 까닭은 컵 속의 공기가 (   )을/를 이루었기 때문이다.

01 대기의 역할로 옳지 <u>않은</u> 것은?

① 태양에서 들어오는 자외선을 흡수한다.
② 유성체가 지구와 충돌하는 것을 막아 준다.
③ 생물이 호흡하는 데 필요한 질소를 공급한다.
④ 지표에서 방출하는 열을 흡수하여 지구를 보온해 준다.
⑤ 열을 전달하여 저위도와 고위도의 온도 차이를 줄여 준다.

02 표는 지표면에서 높이 올라갈수록 달라지는 기권의 기온 변화를 나타낸 것이다.

높이(km)	높이 상승에 따른 기온 변화
0~11	낮아진다.
11~50	(가)
50~80	(나)
80~1000	높아진다.

(가)와 (나)에 들어갈 기온 변화를 옳게 짝 지은 것은?

    (가)   (나)
① 높아진다.   높아진다.
② 높아진다.   낮아진다.
③ 낮아진다.   높아진다.
④ 낮아진다.   낮아진다.
⑤ 일정하다.   일정하다.

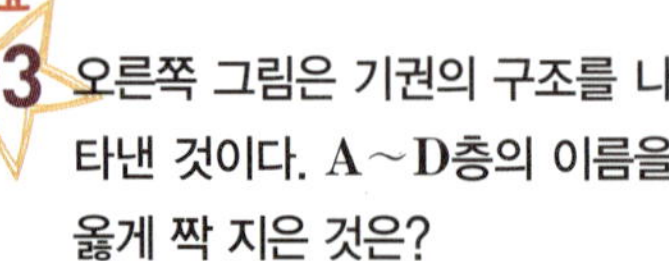

중요

03 오른쪽 그림은 기권의 구조를 나타낸 것이다. A~D층의 이름을 옳게 짝 지은 것은?

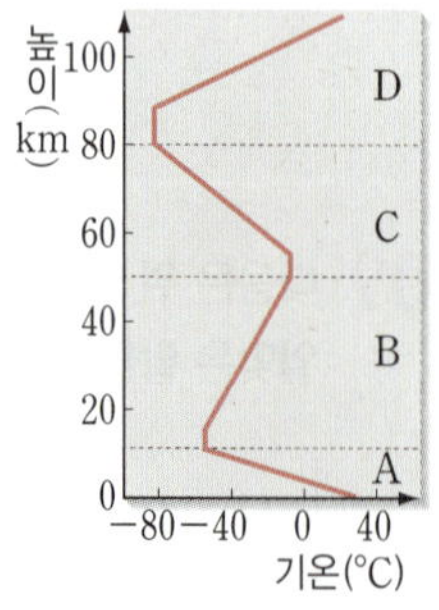

   층   이름
① A   열권
② B   대류권
③ B   성층권
④ C   대류권
⑤ D   중간권

04 그림 (가)와 (나)는 기권에서 관측되는 현상을 나타낸 것이다.

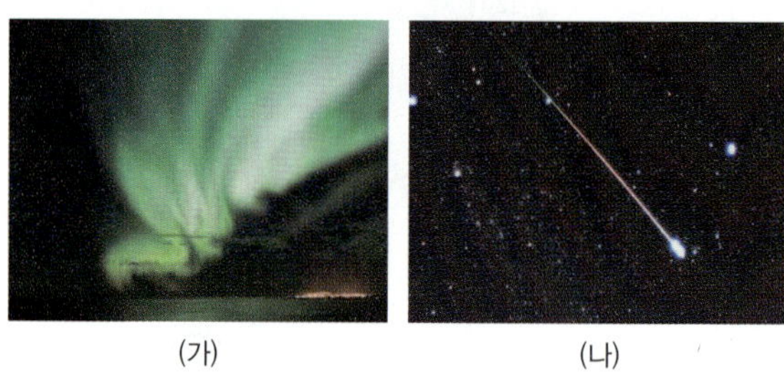

(가)   (나)

(가)와 (나) 현상이 주로 일어나는 층을 옳게 짝 지은 것은?

  (가)   (나)   (가)   (나)
① 대류권 중간권   ② 성층권 대류권
③ 성층권 열권   ④ 중간권 성층권
⑤ 열권   중간권

05 열권에서 위로 올라갈수록 기온이 높아지는 까닭으로 옳은 것은?

① 위로 올라갈수록 중력이 작아지기 때문
② 태양 복사 에너지를 직접 흡수하기 때문
③ 대류가 활발하여 열을 고르게 전달해 주기 때문
④ 오존층이 있어서 태양의 자외선을 흡수하기 때문
⑤ 지표에서 방출되는 지구 복사 에너지를 받아 가열되기 때문

06 복사 에너지에 대한 설명으로 옳은 것을 〈보기〉에서 모두 고른 것은?

  ┌ 보기 ┐
ㄱ. 물체는 표면 온도에 따라 방출하는 복사 에너지의 종류가 다르다.
ㄴ. 복사 평형은 물체가 흡수하는 복사 에너지의 양이 방출하는 복사 에너지의 양보다 많은 상태이다.
ㄷ. 지구가 방출하는 복사 에너지를 지구 복사 에너지, 태양이 방출하는 복사 에너지를 태양 복사 에너지라고 한다.

① ㄱ   ② ㄴ   ③ ㄱ, ㄷ
④ ㄴ, ㄷ   ⑤ ㄱ, ㄴ, ㄷ

07 그림은 지구에 출입하는 에너지를 나타낸 것이다.

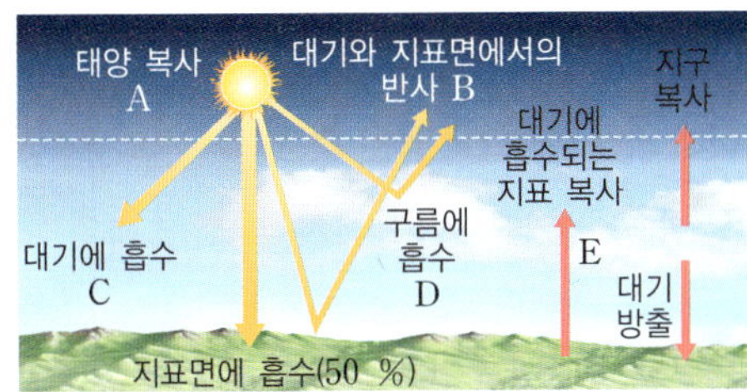

A~E 중 지구 온난화와 가장 관계 깊은 에너지의 출입 과정을 고르시오.

중요
08 오른쪽 그림과 같이 장치한 후 전등을 켜고 알루미늄 컵 속의 온도 변화를 측정하였다. 시간에 따른 알루미늄 컵 속의 온도 변화로 가장 적절한 것은?

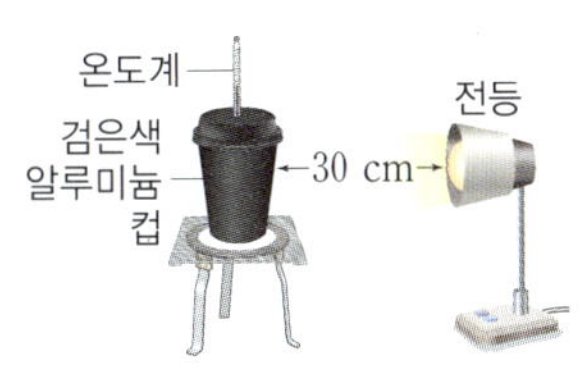

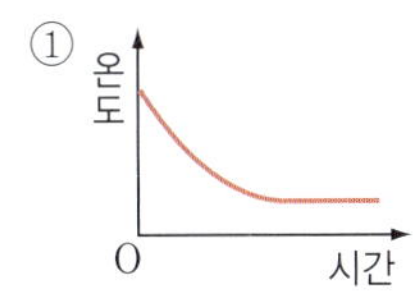

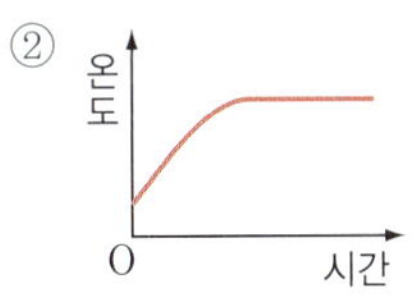

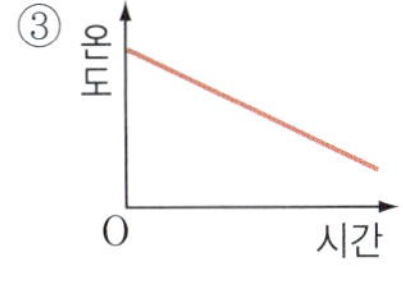

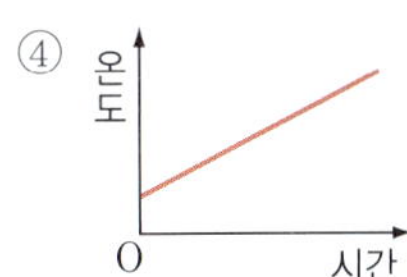

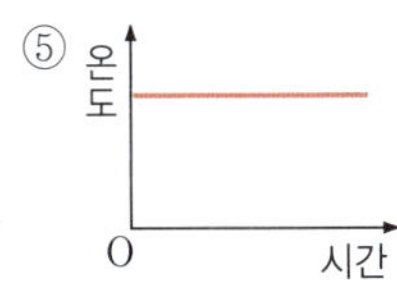

09 지구 복사 에너지가 주로 방출하는 파장의 영역으로 옳은 것은?

① X선 영역
② 감마선 영역
③ 적외선 영역
④ 자외선 영역
⑤ 가시광선 영역

10 다음 설명과 가장 관련 있는 기체로 옳은 것은?

> 대부분 인간 활동으로 방출되며, 산업 혁명으로 화석 연료의 사용이 증가하고 점점 공업화될수록 대기 중의 농도가 급증하고 있다.

① 산소
② 질소
③ 아르곤
④ 수증기
⑤ 이산화 탄소

11 지구 온난화를 막기 위한 대책으로 옳지 <u>않은</u> 것은?

① 녹지를 조성하고, 삼림을 보존한다.
② 대기 중 온실 기체의 양을 증가시킨다.
③ 풍력, 수력 등의 친환경 에너지를 개발한다.
④ 버스나 지하철과 같은 대중교통을 이용한다.
⑤ 국제 협력을 통해 온실 기체의 배출량을 줄인다.

✎ 서술형 문제

12 기권의 역할을 2가지만 설명하시오.

13 대류권과 중간권의 공통점과 차이점을 설명하시오.

01 그림은 지구의 대기를 이루는 기체의 부피비를 나타낸 것이다.

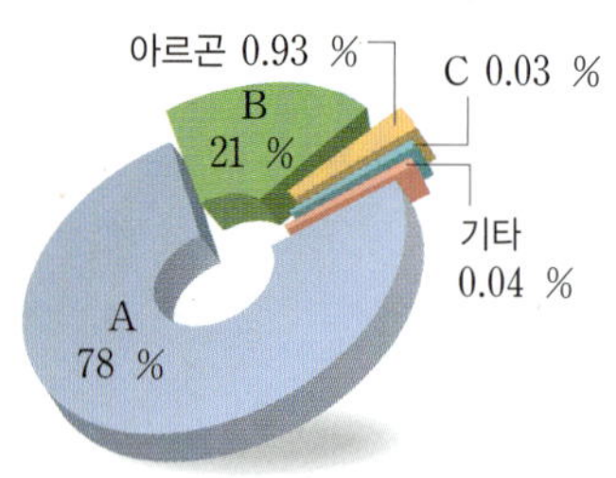

A~C 중 생물의 호흡에 이용되는 기체의 기호와 이름을 옳게 짝 지은 것은?

① A - 질소
② A - 산소
③ B - 질소
④ B - 산소
⑤ C - 아르곤

02 대기의 역할에 대한 설명으로 옳은 것을 〈보기〉에서 모두 고른 것은?

┌─ 보기 ─
ㄱ. 저위도와 고위도의 기온 차를 줄여 준다.
ㄴ. 생명체가 호흡할 수 있도록 산소를 공급한다.
ㄷ. 지표에서 방출되는 열을 흡수하여 지구를 보온하는 역할을 한다.
└─

① ㄱ
② ㄷ
③ ㄱ, ㄴ
④ ㄴ, ㄷ
⑤ ㄱ, ㄴ, ㄷ

03 다음과 같은 특징이 나타나는 기권의 층으로 옳은 것은?

┌─
• 전체 대기의 약 80 %가 분포한다.
• 위로 올라갈수록 기온이 낮아진다.
• 대류 현상과 기상 현상이 나타난다.
└─

① 외권
② 열권
③ 성층권
④ 중간권
⑤ 대류권

중요

04 오른쪽 그림은 기권을 4개의 층으로 구분하여 나타낸 것이다. 이에 대한 설명으로 옳은 것은?

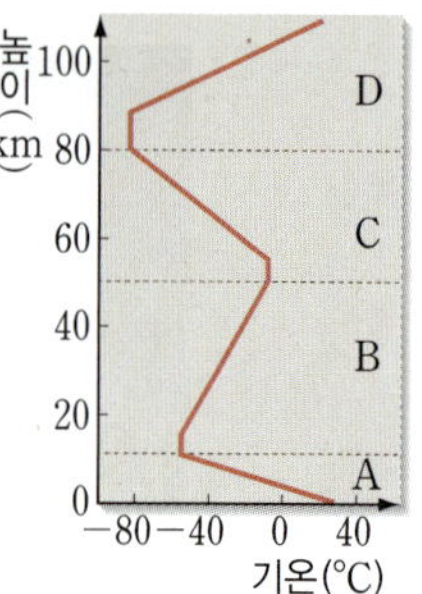

① 밤낮의 기온 차가 가장 큰 층은 A이다.
② 공기의 대류가 일어나는 층은 B, D이다.
③ 장거리 여객기의 항로로 이용되는 층은 B이다.
④ A~D는 모두 지표에서 방출되는 열에 의해 가열된다.
⑤ 오로라가 관측되며 인공위성의 궤도로 이용되는 층은 C이다.

05 성층권에 대한 설명으로 옳은 것을 〈보기〉에서 모두 고른 것은?

┌─ 보기 ─
ㄱ. 오존층이 존재한다.
ㄴ. 대류가 활발하게 일어난다.
ㄷ. 위로 올라갈수록 기온이 낮아진다.
ㄹ. 대기가 안정하여 비행기의 항로로 이용된다.
└─

① ㄱ, ㄴ
② ㄱ, ㄷ
③ ㄱ, ㄹ
④ ㄴ, ㄷ
⑤ ㄷ, ㄹ

06 지구가 복사 평형을 이루고 있기 때문에 나타나는 현상으로 옳은 것은?

① 위도에 따라 태양 고도가 달라진다.
② 극지방에서 오로라를 관측할 수 있다.
③ 저위도에서 고위도로 에너지가 이동한다.
④ 지구의 연평균 기온이 일정하게 유지된다.
⑤ 대류권 계면의 높이가 계절에 따라 달라진다.

07 그림과 같이 장치하고 전등을 켠 다음 2분마다 알루미늄 컵 속의 기온을 측정하였다.

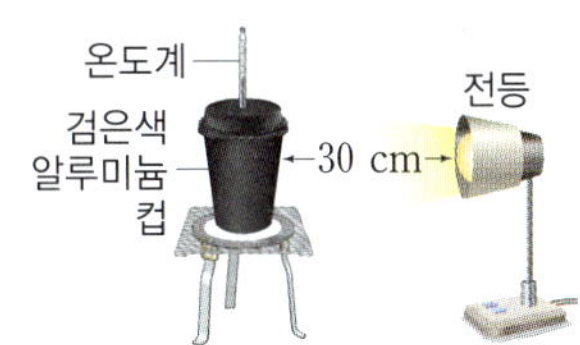

위 실험에 대한 설명으로 옳은 것을 〈보기〉에서 모두 고른 것은?

> **보기**
> ㄱ. 처음에는 컵이 에너지를 방출하지 않고 흡수만 한다.
> ㄴ. 컵 속의 기온은 상승하다가 어느 정도 시간이 지 나면 일정해진다.
> ㄷ. 컵 속의 기온이 더 이상 변하지 않을 때 컵이 흡 수하는 에너지와 방출하는 에너지의 양이 같다.

① ㄱ　　　　② ㄴ　　　　③ ㄱ, ㄷ
④ ㄴ, ㄷ　　　⑤ ㄱ, ㄴ, ㄷ

중요
08 그림은 지구로 들어오는 태양 복사 에너지를 100 %로 하였을 때 지구의 열수지를 나타낸 것이다.

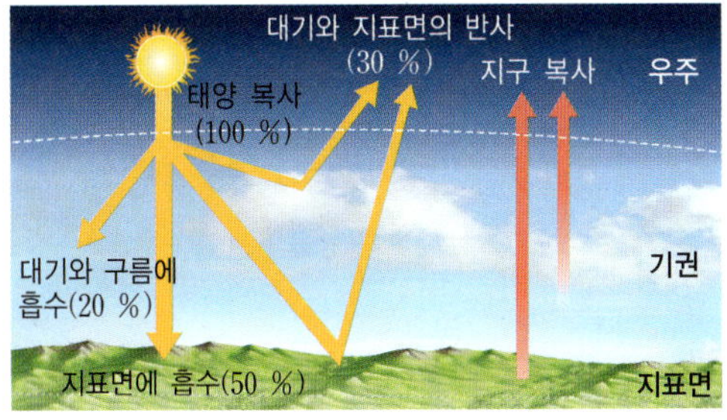

지구로 들어오는 태양 복사 에너지 중 50 %는 지표면에 서, 20 %는 대기와 구름에서 흡수한다. 지구가 방출하는 복사 에너지는 지구로 들어오는 태양 복사 에너지의 몇 % 인지 쓰시오.

09 지구 온난화를 일으키는 기체들을 옳게 짝 지은 것은?

① 산소, 질소, 수증기
② 수소, 산소, 이산화 탄소
③ 질소, 이산화 탄소, 수증기
④ 이산화 탄소, 수증기, 메테인
⑤ 이산화 탄소, 메테인, 아르곤

10 지구 온난화의 영향으로 옳지 <u>않은</u> 것은?

① 해수의 염분이 높아진다.
② 해수면의 높이가 상승한다.
③ 전염병과 열대성 질병이 증가한다.
④ 사막화가 심해져 경작지가 줄어든다.
⑤ 가뭄, 홍수 등 기상 이변이 빈번해진다.

✎ 서술형 문제

11 기권 중 대류권과 중간권은 위로 올라갈수록 기온이 낮아지므로 공기의 대류가 일어난다. 그러나 대류권과 는 달리 중간권에서는 구름, 비 등의 기상 현상이 나 타나지 않는데, 그 까닭을 설명하시오.

12 최근 인간 활동에 의해 대기 중의 이산화 탄소 농도가 증가하여 지구 온난화가 가속화되고 있다. 대기 중의 이산화 탄소 농도가 증가한 가장 중요한 원인을 2가 지만 설명하시오.

05강 대기 중의 물

❶ 대기 중의 수증기

1 포화 수증기량

① ❶(　　　) 상태: 공기가 수증기를 최대한으로 포함하고 있는 상태

② 포화 수증기량: 포화 상태의 공기 ❷(　　) kg 속에 들어 있는 수증기의 양(g)

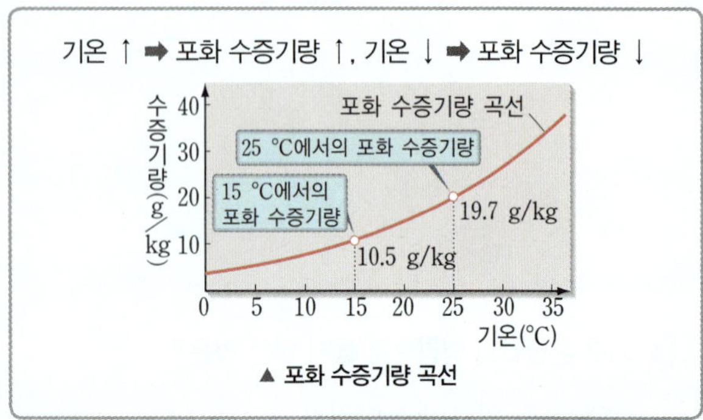

2 이슬점과 응결량

응결	대기 중의 수증기가 물방울로 변하는 현상
이슬점	수증기가 응결되기 시작할 때의 온도 ➡ 공기 중의 수증기량이 많을수록 이슬점이 ❸(　　).
❹(　　)	현재 수증기량−냉각된 기온에서의 포화 수증기량

❷ 상대 습도

1 상대 습도   공기의 습한 정도를 백분율로 나타낸 것

$$상대\ 습도(\%)=\frac{현재\ 수증기량(g/kg)}{포화\ 수증기량(g/kg)}\times100$$

2 습도의 변화   기온, 장소, 계절, 날씨 등에 따라 변한다.

① 기온이 일정할 때: 현재 수증기량이 많을수록 상대 습도는 ❺(　　).

② 현재 수증기량이 일정할 때: 기온이 높을수록 상대 습도는 낮다.

3 맑은 날 하루 동안 기온, 습도, 이슬점의 변화

① 이슬점은 거의 일정하다.

② 기온은 오후 2~3시경에 가장 높고, 습도는 새벽에 가장 높게 나타난다. ➡ 기온과 습도의 변화는 ❻(　　) 나타난다.

❸ 구름

1 단열 팽창   외부와 열을 교환하지 않고 공기가 팽창하여 온도가 내려가는 현상

2 구름   물방울이나 빙정(얼음 알갱이)이 하늘에 떠 있는 것

3 구름의 생성 과정

생성 과정	공기 상승 → 부피 팽창 → 기온 ❼(　　) → 이슬점 도달 → 수증기 응결 → 구름 생성
생성 조건	• 지표면이 불균등하게 가열될 때 • 따뜻한 공기와 찬 공기가 만날 때 • 저기압 중심으로 공기가 모여들 때 • 이동하는 공기가 산과 같은 장애물을 만날 때

4 모양에 따른 구름의 분류

구분	❽(　　) 구름	❾(　　) 구름
모양	위로 솟아오른 모양	옆으로 퍼진 모양
생성 조건	상승 기류가 강할 때	상승 기류가 약할 때
강수 형태	소나기	이슬비

❹ 강수

강수 이론	병합설(따뜻한 비)	빙정설(찬비)
지역	❿(　　) 지방	중위도나 ⓫(　　) 지방
강수 과정		
	크기가 다른 물방울끼리 충돌·합쳐짐. → 물방울 성장 → 떨어지면 비	빙정＋수증기 → 빙정 성장 → 떨어지면 눈, 떨어지다 녹으면 비

답 ❶ 포화 ❷ 1 ❸ 높다 ❹ 응결량 ❺ 높다 ❻ 반대로 ❼ 하강 ❽ 적운형 ❾ 층운형 ❿ 열대 ⓫ 고위도

A 포화 수증기량 곡선

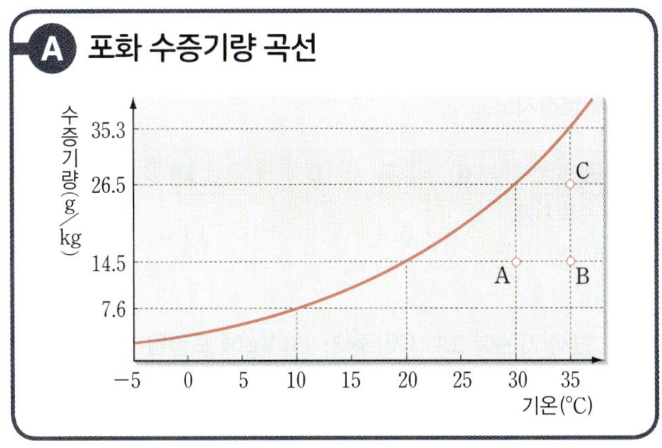

[01~05] 위 그림은 기온에 따른 포화 수증기량 곡선을 나타낸 것이다. 물음에 답하시오.

01 A, B, C 공기의 온도를 부등호로 비교하시오.

02 A, B, C 공기 중 불포화 상태의 공기를 모두 고르시오.

03 A, B, C 공기의 이슬점을 부등호로 비교하시오.

04 A 공기의 포화 수증기량은 몇 g/kg인지 쓰시오.

05 C 공기 1 kg을 20 ℃까지 냉각시켰을 때 응결되는 수증기량은 몇 g인지 구하시오.

B 빙정설과 병합설

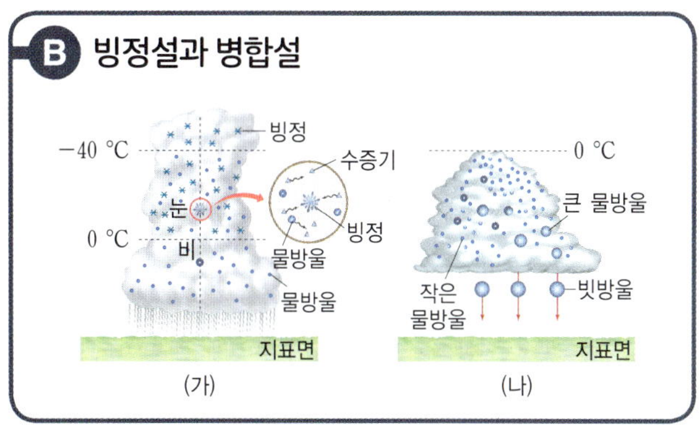

[06~09] 위 그림 (가)와 (나)는 구름에서 비나 눈이 만들어지는 과정을 나타낸 것이고, 〈보기〉는 강수 과정과 관련된 용어를 나타낸 것이다. 물음에 답하시오.

보기
• 찬비　　　• 따뜻한 비　　　• 빙정
• 열대 지방　　　• 중위도나 고위도 지방

06 (가)와 (나)의 강수 이론을 각각 무엇이라고 하는지 쓰시오.

07 그림 (가)와 관련 있는 것을 〈보기〉에서 모두 고르시오.

08 그림 (나)와 관련 있는 것을 〈보기〉에서 모두 고르시오.

09 (가)와 (나) 중 우리나라의 강수 이론을 설명하는 것은 어느 것인지 쓰시오.

01 다음 현상들 중 일어나는 원인이 같은 것을 〈보기〉에서 모두 고른 것은?

> 보기
> ㄱ. 맑은 날 새벽에는 풀잎에 이슬이 맺힌다.
> ㄴ. 젖은 머리카락을 헤어드라이어로 말린다.
> ㄷ. 얼음물을 담은 컵 표면이 뿌옇게 흐려진다.
> ㄹ. 목욕을 한 후 욕실 거울이 뿌옇게 흐려진다.

① ㄱ, ㄴ　　② ㄴ, ㄹ　　③ ㄱ, ㄴ, ㄷ
④ ㄱ, ㄷ, ㄹ　　⑤ ㄴ, ㄷ, ㄹ

02 오른쪽 그림과 같이 공기 중으로 나가는 물 분자 수와 물속으로 들어오는 수증기 분자 수가 같은 상태를 무엇이라고 하는지 쓰시오.

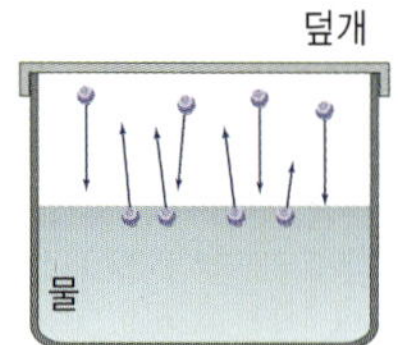

03 그림은 기온에 따른 포화 수증기량을 나타낸 것이다.

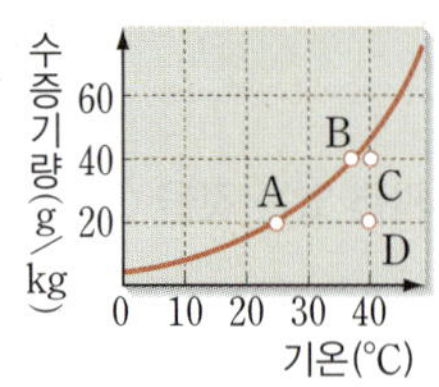

이에 대한 설명으로 옳은 것은?

① A와 B는 불포화 상태이다.
② B와 C의 이슬점은 같다.
③ C는 D보다 이슬점이 낮다.
④ C와 D의 현재 수증기량은 같다.
⑤ 상대 습도가 가장 높은 것은 D이다.

[04~05] 표는 기온과 포화 수증기량의 관계를 나타낸 것이다. 물음에 답하시오.

기온(℃)	0	5	10	15	20	25	30
포화 수증기량 (g/kg)	3.8	5.4	7.6	10.5	14.5	19.7	26.5

04 현재 기온이 25 ℃인 공기 10 kg에 포함될 수 있는 최대 수증기량은 얼마인가?

① 19.7 g　　② 26.5 g　　③ 197 g
④ 1450 g　　⑤ 1970 g

05 현재 기온이 15 ℃이고, 상대 습도가 70 %인 공기 1 kg의 기온을 20 ℃로 높였을 때 상대 습도는 몇 %인가?

① 약 27 %　　② 약 36 %　　③ 약 42 %
④ 약 51 %　　⑤ 약 74 %

06 상대 습도에 대한 설명으로 옳은 것을 〈보기〉에서 모두 고른 것은?

> 보기
> ㄱ. 이슬점이 높으면 상대 습도가 낮아진다.
> ㄴ. 포화 상태인 공기의 상대 습도는 100 %이다.
> ㄷ. 이슬점의 변화가 없으면 상대 습도의 변화가 없다.

① ㄱ　　②ㄴ　　③ ㄱ, ㄷ
④ ㄴ, ㄷ　　⑤ ㄱ, ㄴ, ㄷ

07 그림은 어느 맑은 날 하루 동안의 기온, 습도, 이슬점의 변화를 나타낸 것이다.

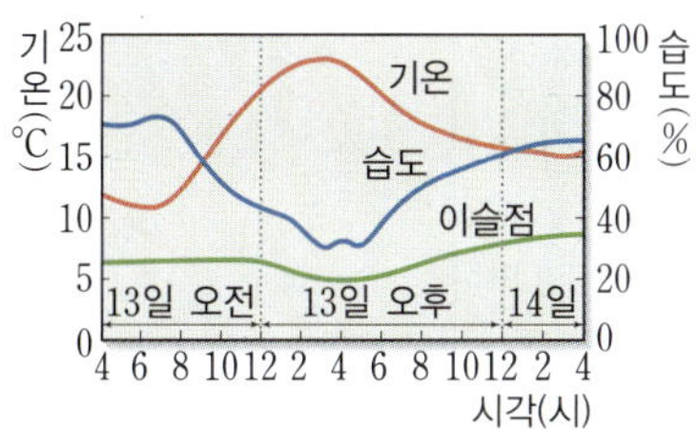

이날 공기 중의 수증기량 변화에 대한 설명으로 옳은 것은?

① 하루 동안 공기 중의 수증기량은 거의 변하지 않는다.
② 새벽에는 기온이 낮아서 응결량이 많으므로 공기 중의 수증기량이 감소한다.
③ 새벽에는 기온이 낮아서 응결량이 많으므로 공기 중의 수증기량이 증가한다.
④ 오후 2~3시경에는 기온이 높아서 증발량이 많으므로 공기 중의 수증기량이 감소한다.
⑤ 오후 2~3시경에는 기온이 높아서 증발량이 많으므로 공기 중의 수증기량이 증가한다.

08 그림은 공기가 상승하여 구름이 만들어지는 과정을 나타낸 것이다.

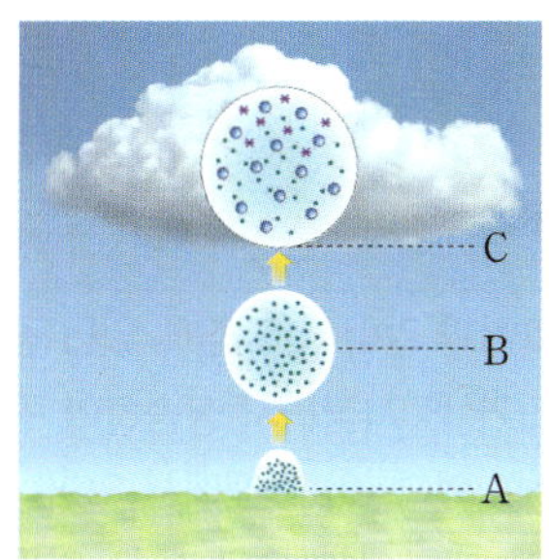

이에 대한 설명으로 옳지 **않은** 것은?

① C에서는 기온과 이슬점이 같다.
② C에서 구름이 만들어지기 시작한다.
③ A에서 C로 갈수록 기온은 낮아진다.
④ 공기 덩어리가 상승하면서 부피가 팽창한다.
⑤ 상승하는 공기의 주변 기압은 일정하게 유지된다.

09 구름을 모양에 따라 분류할 때 다음 설명에 해당하는 구름의 이름을 쓰시오.

- 위로 높게 솟아오른 모양이다.
- 여름철 상승 기류가 강할 때 만들어진다.
- 좁은 지역에 걸쳐 천둥과 번개를 동반한 소나기가 내리기도 한다.

10 오른쪽 그림은 어느 강수 이론을 나타낸 것이다. 이에 대한 설명으로 옳은 것을 〈보기〉에서 모두 고른 것은?

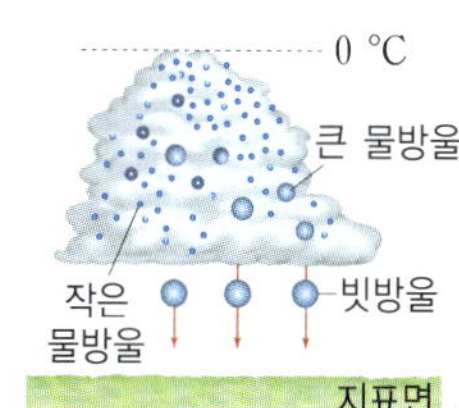

보기
ㄱ. 열대 지방의 강수 이론이다.
ㄴ. 비가 내리다 지표면의 기온이 낮아지면 눈으로 변한다.
ㄷ. 구름 속의 물방울들이 충돌하고 합쳐져서 빗방울이 만들어진다.

① ㄱ
② ㄴ
③ ㄱ, ㄷ
④ ㄴ, ㄷ
⑤ ㄱ, ㄴ, ㄷ

✏ 서술형 문제

11 맑은 날 기온이 높아지면 상대 습도는 낮아진다. 그 까닭을 설명하시오.

12 오른쪽 그림과 같은 실험 장치에서 공기 펌프를 누른 후 밸브를 열었을 때 장치 내부에서 일어나는 변화를 설명하시오.

01 포화 수증기량과 포화 상태에 대한 설명으로 옳은 것을 〈보기〉에서 모두 고른 것은?

> **보기**
> ㄱ. 포화 수증기량은 기온에 관계없이 항상 일정하다.
> ㄴ. 어떤 공기가 수증기를 최대로 포함하고 있는 상태를 포화 상태라고 한다.
> ㄷ. 포화 수증기량은 포화 상태의 공기 1 kg 속에 들어 있는 수증기량(g)이다.

① ㄱ ② ㄴ ③ ㄷ
④ ㄱ, ㄴ ⑤ ㄴ, ㄷ

02 오른쪽 그림과 같이 물이 담긴 알루미늄 컵에 얼음을 넣은 시험관으로 잘 저어 주면서 컵의 표면이 흐려지는 순간 물의 온도를 측정하였다. 이 실험을 통해 측정하고자 하는 것은 무엇인지 쓰시오.

03 기온과 포화 수증기량의 관계를 그래프로 옳게 나타낸 것은?

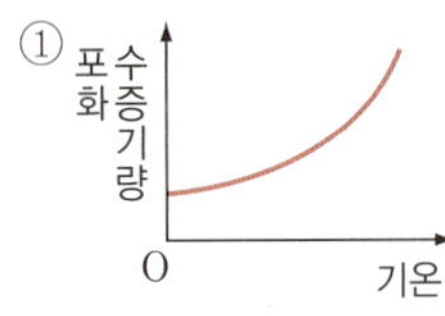

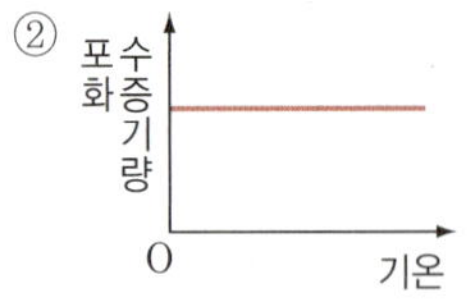

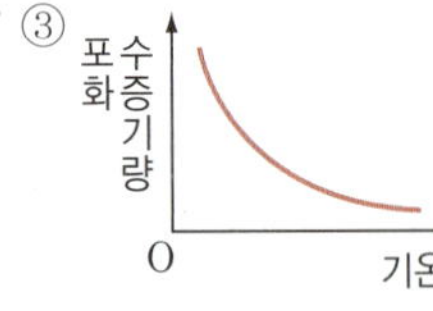

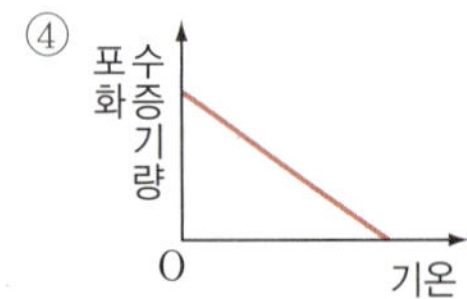

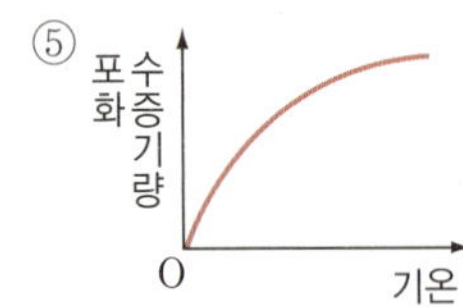

04 그림은 기온에 따른 포화 수증기량을 나타낸 것이다.

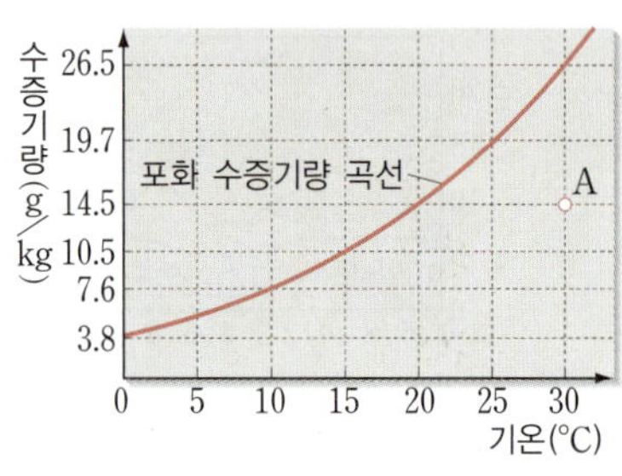

10 kg의 공기 A를 15 °C로 냉각시킬 때 응결되는 수증기량은 몇 g인가?

① 4.0 g ② 10.5 g ③ 40 g
④ 105 g ⑤ 400 g

중요
05 표는 기온과 포화 수증기량의 관계를 나타낸 것이다.

기온(°C)	5	10	15	20	25	30
포화 수증기량(g/kg)	5.4	7.6	10.5	14.5	19.7	26.5

현재 기온이 30 °C인 어느 실험실의 상대 습도를 측정하였더니 약 39.6 %였다. 이 실험실의 이슬점은 약 몇 °C인가?(단, 상대 습도는 소수 둘째 자리에서 반올림한 것이다.)

① 5 °C ② 10 °C ③ 15 °C
④ 20 °C ⑤ 25 °C

06 오른쪽 그림과 같이 A 지점에 있던 공기 덩어리가 B 지점까지 상승하여 구름이 생성되었다. 이 과정에서 일어나는 변화에 대한 설명으로 옳은 것을 모두 고르면?(정답 2개)

① 주변 기압의 상승
② 공기의 부피 팽창
③ 공기의 온도 상승
④ 공기의 상대 습도 증가
⑤ 공기의 포화 수증기량 증가

07 오른쪽 그림은 구름의 생성 과정을 알아 보기 위한 실험 장치를 나타낸 것이다. 이에 대한 설명으로 옳은 것을 〈보기〉에 서 모두 고른 것은?

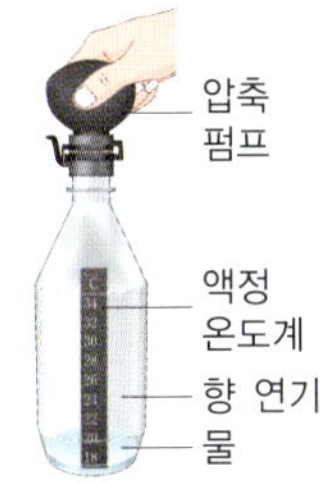

보기

ㄱ. 압축 펌프를 누른 후 뚜껑을 열면 내부가 맑아 진다.
ㄴ. 압축 펌프를 누른 후 뚜껑을 열면 내부의 공기가 팽창하여 기온이 낮아진다.
ㄷ. 향 연기는 수증기의 응결이 잘 일어나도록 도와 주는 응결핵의 역할을 한다.

① ㄱ   ② ㄴ   ③ ㄷ
④ ㄱ, ㄴ   ⑤ ㄴ, ㄷ

중요
08 그림은 구름을 모양에 따라 두 종류로 구분한 것이다.

(가)   (나)

(가)와 (나) 중 상승 기류가 약한 곳에서 생기는 구름을 고르고, 그 명칭을 쓰시오.

09 오른쪽 그림은 어느 지방에 서 비가 내리는 과정을 나타 낸 것이다. 이에 대한 설명으 로 옳은 것은?

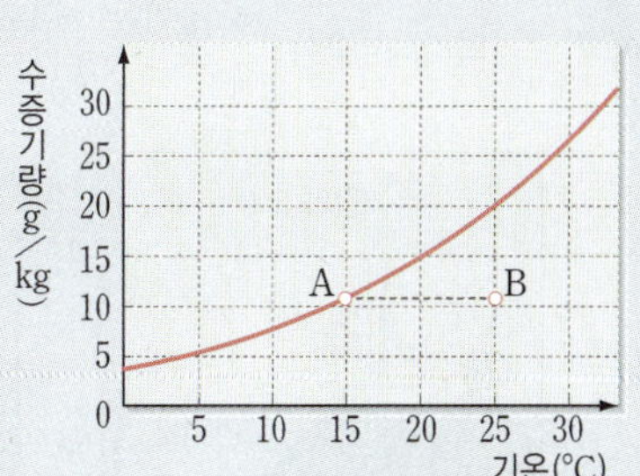

① 구름 속에 물방울과 빙 정이 공존한다.
② 중위도니 고위도 지방 에서 내리는 비를 설명한 것이다.
③ 빙정에는 계속 수증기가 달라붙는다.
④ 이와 같은 강수 이론을 빙정설이라고 한다.
⑤ 물방울끼리 합쳐져 무거워지면 떨어져 비가 된다.

[10~11] 오른쪽 그림은 어느 지방에서 발달한 구름의 모습을 나타낸 것이다. 물음에 답하시오.

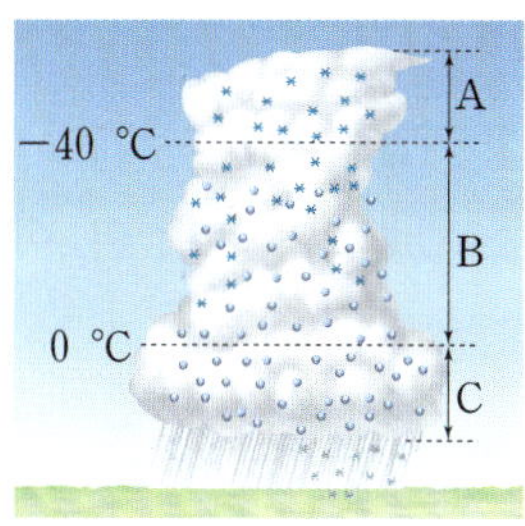

10 A~C 중 물방울과 빙정이 함께 섞여 있는 곳을 고르 시오.

11 위 그림에 대한 설명으로 옳지 <u>않은</u> 것은?

① 이 구름에서 내린 비를 찬비라고 한다.
② 이와 같은 강수 이론을 빙정설이라고 한다.
③ B층에서는 빙정에 물방울이 달라붙어 눈이 된다.
④ B층에서 만들어진 눈이 내려오다 녹으면 비가 된다.
⑤ 중위도나 고위도 지방에서 내리는 비와 눈의 생성 과정을 설명하는 이론이다.

✏️ **서술형 문제**

12 추운 겨울날 바깥에서 방 안으로 들어오면 안경이 뿌 옇게 흐려진다. 그 까닭을 다음 용어를 모두 사용하여 설명하시오.

• 기온   • 포화 수증기량   • 수증기   • 응결

13 그림은 기온에 따른 포화 수증기량을 나타낸 것이다.

A와 B의 이슬점을 비교하고, 그 까닭을 설명하시오.

06강 기압과 바람

❶ 기압

1 기압 공기의 무게에 의해 나타나는 압력

① 기압의 방향: 위, 아래, 왼쪽, 오른쪽 ❶(　　　) 방향으로 작용

② 기압의 이용: 흡착 고리, 빨대, 진공청소기, 펌프, 분무기 등

2 기압의 측정(토리첼리의 실험)

실험 과정	수은이 담긴 수조에 수은을 가득 채운 유리관을 거꾸로 세운다.
실험 결과	수은 기둥이 수은면으로부터 약 ❷(　　　) cm 높이에서 멈춘다. ➡ 수은면에 작용하는 기압과 수은 기둥의 압력이 같아지기 때문
수은 기둥의 높이 변화	• 기압이 ❸(　　　)할 때 유리관의 굵기나 기울기가 변해도 수은 기둥의 높이는 변하지 않는다. • 기압이 낮아지면 수은 기둥의 높이는 낮아지고, 기압이 높아지면 수은 기둥의 높이는 높아진다.

3 기압의 크기

> 1기압=❹(　　　) cmHg=760 mmHg
> ≒❺(　　　) hPa=물기둥 약 10 m 높이의 압력

4 기압의 변화 기압의 크기는 측정 위치, 장소, 시각에 따라 변한다.

높이에 따라	측정 시각, 장소에 따라
위로 올라갈수록 급격히 낮아진다. ➡ 위로 올라갈수록 중력이 급격히 작아져 공기의 양이 줄어들기 때문	측정 시각과 장소에 따라 달라진다. ➡ 공기는 계속해서 움직이기 때문

▲ 높이에 따른 기압 변화($h_1 < h_2$)

❷ 바람

1 바람

바람	두 지점의 ❻(　　　) 차이에 의해 수평으로 이동하는 공기의 흐름
바람이 부는 원리	지표면에서 가열된 곳은 공기가 상승하므로 기압이 낮아지고, 냉각된 곳은 공기가 하강하므로 기압이 높아진다. ➡ 기압 차이로 인해 기압이 높은 곳에서 낮은 곳으로 바람이 불게 된다.

2 해륙풍 해안에서 ❼(　　　)를 주기로 풍향이 바뀌는 바람

구분	❽(　　　)	❾(　　　)
부는 시기	낮	밤
풍향	바다 → 육지	육지 → 바다
기온	바다<육지	바다>육지
기압	바다>육지	바다<육지
모습		

3 계절풍 대륙과 해양 사이에서 ❿(　　　)년을 주기로 풍향이 바뀌어 부는 바람

구분	⓫(　　　)	⓬(　　　)
부는 시기	여름철	겨울철
풍향	해양 → 대륙	대륙 → 해양
기온	해양<대륙	해양>대륙
기압	해양>대륙	해양<대륙
모습		

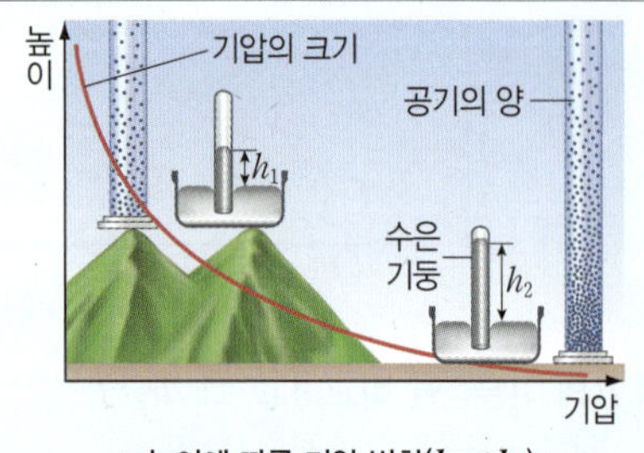

정답 ❶ 모든 ❷ 76 ❸ 일정 ❹ 76 ❺ 1013 ❻ 기압 ❼ 하루 ❽ 해풍 ❾ 육풍 ❿ 1 ⓫ 남동 계절풍 ⓬ 북서 계절풍

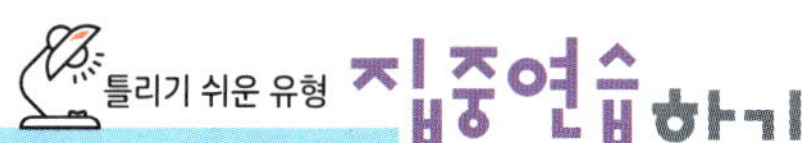

A 해륙풍

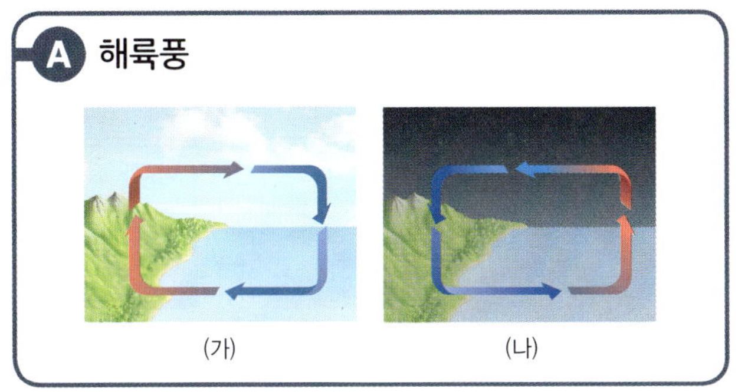

(가)　　　　　　(나)

[01~04] 위 그림 (가)와 (나)는 어느 해안 지방에 불고 있는 바람을 나타낸 것이다. 물음에 답하시오.

01 그림 (가)와 (나)에서 부는 바람의 이름을 각각 쓰시오.

02 (가)와 (나)에서 바람이 불 때 육지와 바다 중 기온이 높은 곳은 어디인지 각각 쓰시오.

03 (가)와 (나)에서 바람이 불 때 육지와 바다 중 기압이 높은 곳은 어디인지 각각 쓰시오.

04 다음은 그림 (가)와 (나)의 풍향을 나타낸 것이다. (　　) 안에 들어갈 알맞은 풍향을 화살표로 나타내시오.

> • (가): 바다 (　　) 육지
> • (나): 바다 (　　) 육지

B 계절풍

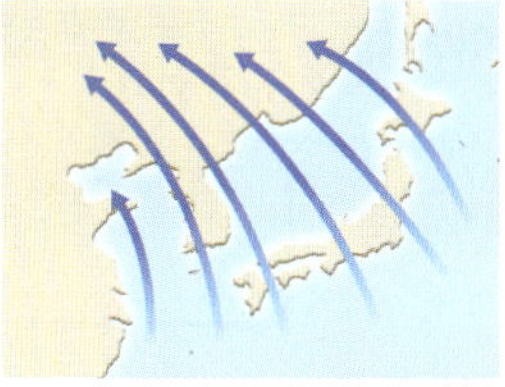

(가) 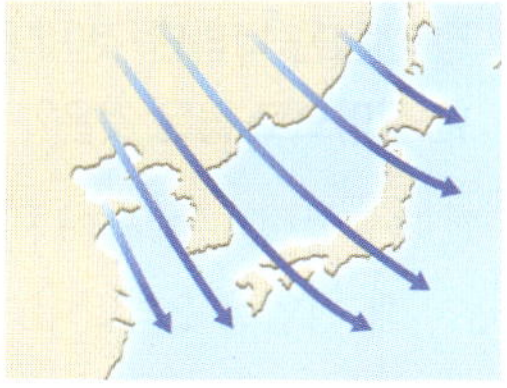　　　　　　(나)

[05~08] 위 그림 (가)와 (나)는 우리나라에서 부는 계절풍을 나타낸 것이다. 물음에 답하시오.

05 그림 (가)와 (나)에서 부는 바람의 이름을 쓰시오.

06 그림 (가)와 (나)가 발생하는 계절은 언제인지 쓰시오.

07 다음은 그림 (가)의 해양과 대륙의 기온과 기압 분포를 나타낸 것이다. (　　) 안에 들어갈 알맞은 부등호를 쓰시오.

> • 기온: 해양 (　　) 대륙
> • 기압: 해양 (　　) 대륙

08 그림 (나)에서 바람이 부는 방향을 쓰시오.

01 오른쪽 그림은 토리첼리의 기압 측정 실험을 나타낸 것이다. 이에 대한 설명으로 옳은 것은?

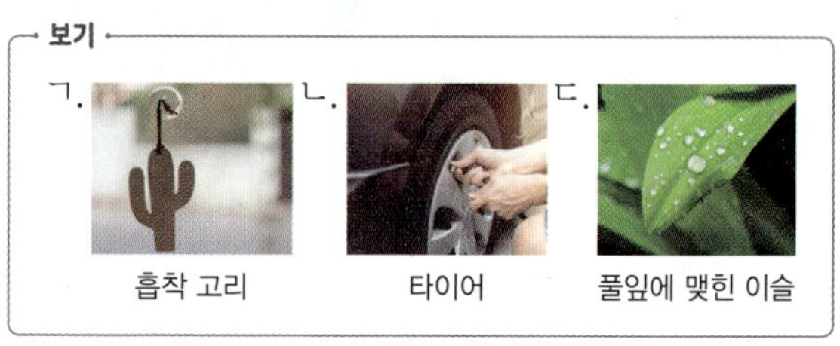

① 이 실험이 이루어진 곳의 현재 기압은 2기압이다.
② 유리관을 기울이면 수은 기둥의 높이는 낮아진다.
③ 굵은 유리관을 사용하면 수은 기둥의 높이는 낮아진다.
④ 수은 기둥의 높이는 장소에 관계없이 항상 76 cm 이다.
⑤ 높은 산에서 이 실험을 하면 수은 기둥의 높이는 지금보다 낮아진다.

02 다음은 1기압의 크기를 나타낸 것이다. ( ) 안에 들어갈 알맞은 값을 쓰시오.

> 1기압＝㉠( ) cmHg≒㉡( ) hPa＝
> 물기둥 약 ㉢( ) m의 압력

03 토리첼리의 기압 측정 실험에서 수은 기둥이 수은면에서 약 76 cm 높이에서 멈춘 까닭으로 옳은 것은?

① 수은면을 누르는 기압이 매우 작기 때문
② 유리관과 수은의 마찰력이 매우 크기 때문
③ 유리관 속의 진공이 수은을 누르고 있기 때문
④ 유리관 속의 수은 기둥에 의한 무게가 매우 크기 때문
⑤ 유리관 속 수은 기둥에 의한 압력과 수은면에 작용하는 기압의 크기가 같기 때문

04 기압을 이용한 예를 〈보기〉에서 모두 고르시오.

> ─ 보기 ─
> ㄱ. 흡착 고리   ㄴ. 타이어   ㄷ. 풀잎에 맺힌 이슬

05 바람에 대한 설명으로 옳은 것을 〈보기〉에서 모두 고른 것은?

> ─ 보기 ─
> ㄱ. 바람은 기압이 높은 곳에서 낮은 곳으로 분다.
> ㄴ. 두 지점의 기압 차이가 클수록 바람이 세게 분다.
> ㄷ. 지표면이 가열되는 곳은 기압이 높고, 냉각되는 곳은 기압이 낮다.
> ㄹ. 바람은 기압 차이에 의해 공기가 수평 방향으로 이동하는 흐름이다.

① ㄱ, ㄴ   ② ㄱ, ㄹ   ③ ㄴ, ㄷ
④ ㄱ, ㄴ, ㄹ   ⑤ ㄴ, ㄷ, ㄹ

중요
06 기압에 대한 설명으로 옳지 <u>않은</u> 것은?

① 기압이 낮아지면 수은 기둥의 높이는 낮아진다.
② 위로 올라갈수록 중력이 작아지므로 기압이 높아진다.
③ 공기는 계속 이동하기 때문에 장소에 따라 기압은 달라진다.
④ 높은 산에서 토리첼리의 실험을 하면 수은 기둥의 높이는 76 cm보다 낮다.
⑤ 기압이 동일한 지역에서 토리첼리의 실험을 하면 유리관의 굵기에 상관없이 수은 기둥의 높이는 일정하다.

07 그림은 물과 모래의 가열·냉각 실험을 나타낸 것이다.

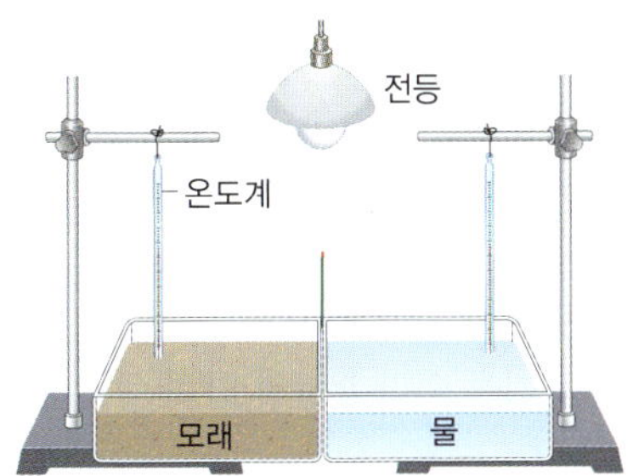

이 실험에 대한 설명으로 옳은 것을 〈보기〉에서 모두 고른 것은?

보기

ㄱ. 전등을 켜면 모래 쪽의 기압이 물 쪽보다 낮아진다.
ㄴ. 전등을 끄면 모래의 온도가 물보다 빨리 낮아진다.
ㄷ. 전등을 켜고 시간이 지나면 물의 온도가 모래의 온도보다 높아진다.
ㄹ. 전등을 켜고 가운데 향을 피우면 향 연기는 모래에서 물 쪽으로 이동한다.

① ㄱ, ㄴ　　② ㄱ, ㄷ　　③ ㄴ, ㄷ
④ ㄴ, ㄹ　　⑤ ㄷ, ㄹ

08 해륙풍과 계절풍의 공통점으로 옳은 것은?

① 바람의 규모　　② 바람의 주기
③ 바람이 부는 지역　　④ 바람이 부는 원리
⑤ 바람이 부는 시기

09 우리나라의 해안가에서 부는 바람에 대한 설명으로 옳지 않은 것은?

① 낮에는 해풍이 분다.
② 밤에는 육풍이 분다.
③ 낮에는 바다가 육지보다 기압이 높다.
④ 밤에는 육지가 바다보다 기압이 높다.
⑤ 낮에는 육지가 바다보다 기온이 낮다.

10 오른쪽 그림은 어느 해안 지방에서 부는 바람을 나타낸 것이다. 이 바람의 특징을 옳게 짝 지은 것은?

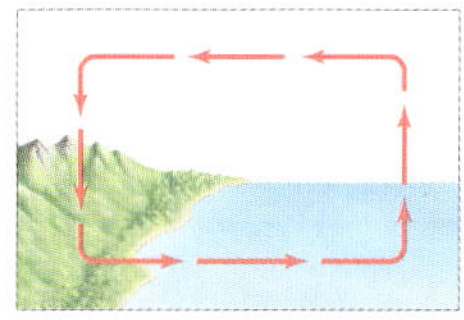

	명칭	시간	기온	기압
①	육풍	낮	바다<육지	바다<육지
②	육풍	밤	바다>육지	바다>육지
③	육풍	밤	바다>육지	바다<육지
④	해풍	낮	바다<육지	바다>육지
⑤	해풍	낮	바다>육지	바다<육지

11 오른쪽 그림은 어느 계절에 우리나라 부근에서 부는 계절풍을 나타낸 것이다.

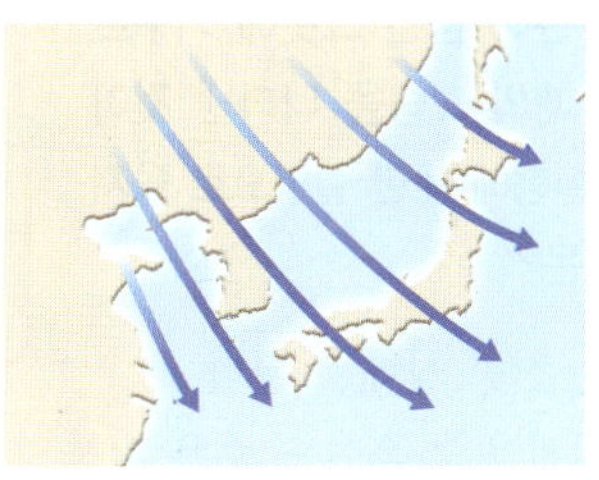

이에 대한 설명으로 옳은 것은?

① 남동 계절풍이다.
② 대륙 쪽이 기압이 낮다.
③ 해양 쪽이 기온이 높다.
④ 여름철에 부는 바람이다.
⑤ 하루를 주기로 부는 바람이다.

✐ 서술형 문제

12 우리가 평소에 기압을 잘 느끼지 못하는 까닭을 설명하시오.

13 바람이 부는 원인과 바람의 방향을 기압과 관련지어 설명하시오.

01 기압에 대한 설명으로 옳지 <u>않은</u> 것은?

① 공기의 무게 때문에 생기는 압력이다.
② 기압의 단위는 hPa을 주로 사용한다.
③ 기압은 아래, 위, 옆 등 사방에서 작용한다.
④ 기압은 지표면에서 높이 올라갈수록 낮아진다.
⑤ 1 hPa은 수은 기둥 76 cm가 누르는 압력과 같다.

02 오른쪽 그림은 유리관에 수은을 넣고 수은이 담긴 그릇에 거꾸로 세웠을 때의 모습을 나타낸 것이다. 이 실험에 대한 설명으로 옳지 <u>않은</u> 것은?

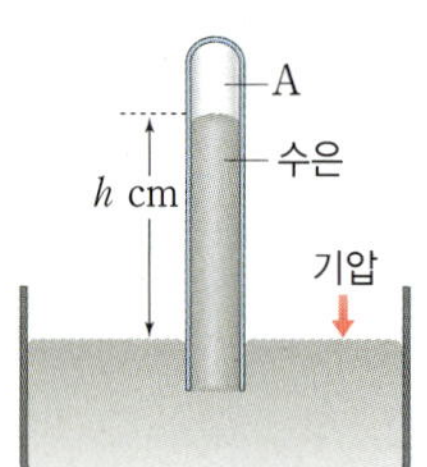

① A는 진공 상태가 된다.
② 유리관을 기울여도 수은 기둥의 높이는 변하지 않는다.
③ 유리관의 굵기가 굵어지면 수은 기둥의 높이는 낮아진다.
④ 토리첼리는 이 실험을 통해 기압의 크기를 처음으로 측정하였다.
⑤ 기압이 1기압인 지역에서 이 실험을 하면 수은 기둥의 높이 h는 76 cm이다.

03 〈보기〉는 여러 가지 기압의 크기를 나타낸 것이다.

> **보기**
> ㄱ. 1000 hPa ㄴ. 780 mmHg
> ㄷ. 79 cmHg

기압이 큰 것부터 순서대로 나열하시오.

04 다음 중 크기가 나머지 넷과 <u>다른</u> 것은?

① 1기압
② 76 cmHg
③ 물기둥 약 10 m의 압력
④ 수은 기둥 760 mm의 압력
⑤ 공기 기둥 약 1 km의 압력

05 (중요) 기압에 의해 나타나는 현상과 거리가 <u>먼</u> 것은?

① 타이어에 공기를 넣으니 팽팽해졌다.
② 높은 산에 올라가니 귀가 먹먹해졌다.
③ 풍선에 공기를 불어 넣었더니 풍선이 커졌다.
④ 맑은 날 정오에 기온이 높아지면 습도가 낮아진다.
⑤ 빈 우유팩을 빨대로 빨았더니 우유팩이 찌그러졌다.

06 다음은 바람이 부는 원인에 대한 설명이다.

> 지표면이 가열되는 곳에서는 기압이 ㉠(   )지고, 냉각되는 곳에서는 기압이 ㉡(   )져서 두 지점의 기압 차이에 의해 바람이 불게 된다.

㉠, ㉡에 들어갈 알맞은 말을 옳게 짝 지은 것은?

	㉠	㉡		㉠	㉡
①	높아	높아	②	낮아	낮아
③	높아	낮아	④	낮아	높아
⑤	높아	일정			

07 그림 (가)와 (나)는 어느 해안 지방에서 부는 바람을 나타낸 것이다.

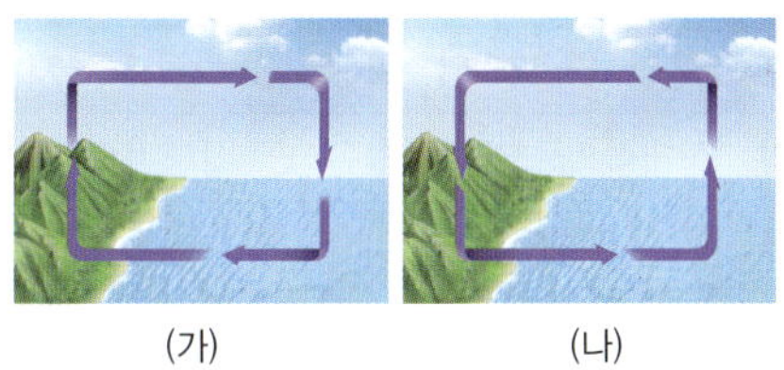

위 그림에 대한 설명으로 옳은 것은?

① (가)는 밤, (나)는 낮에 부는 바람이다.
② (가)에서 바다는 육지보다 기압이 낮다.
③ (나)에서 육지는 바다보다 기온이 높다.
④ (가)와 (나)는 1년을 주기로 풍향이 바뀐다.
⑤ (가)와 (나)는 육지와 바다의 가열·냉각 속도 차이에 의해 부는 바람이다.

08 그림은 우리나라에서 부는 계절풍을 나타낸 것이다.

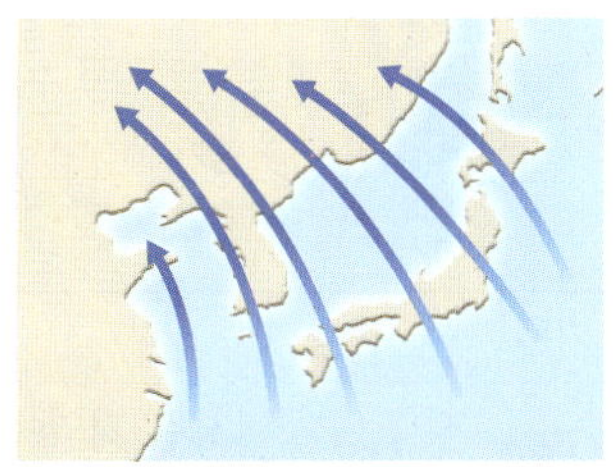

위 그림에서 대륙이 해양보다 더 큰 값을 가지는 물리량을 〈보기〉에서 모두 고른 것은?

보기
ㄱ. 기온   ㄴ. 기압   ㄷ. 수증기량

① ㄱ   ② ㄴ   ③ ㄷ
④ ㄱ, ㄴ   ⑤ ㄴ, ㄷ

09 계절풍에 대한 설명으로 옳은 것은?

① 한달을 주기로 풍향이 변한다.
② 해륙풍이 부는 원리와는 다르다.
③ 우리나라는 여름에 북서 계절풍이 분다.
④ 겨울에는 대륙 쪽에 저기압, 해양 쪽에 고기압이 형성된다.
⑤ 계절풍은 대륙이 해양보다 온도 변화가 크기 때문에 형성된다.

10 그림과 같이 모래와 물을 수조에 담고 10분 동안 전등을 켜서 모래와 물의 온도 변화를 측정한 후, 다시 전등을 끄고 10분 동안 온도 변화를 측정하였다.

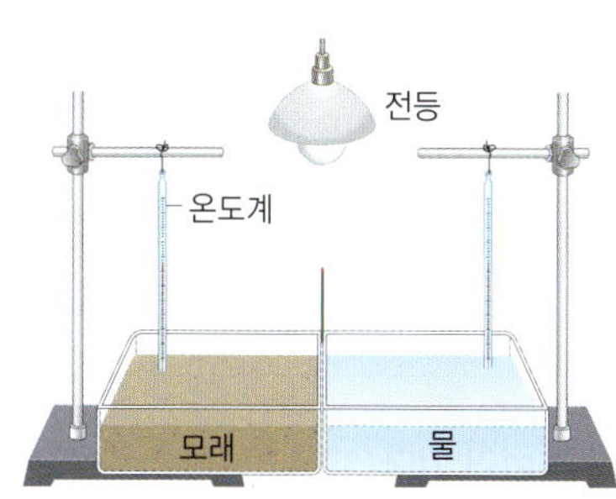

전등을 켰을 때 향 연기의 이동 방향과 이와 관련 있는 바람을 옳게 짝 지은 것은?

	향 연기의 이동 방향	바람
①	물 → 모래	해풍
②	물 → 모래	육풍
③	물 → 모래	북서 계절풍
④	모래 → 물	해풍
⑤	모래 → 물	육풍

✏ 서술형 문제

11 오른쪽 그림은 토리첼리의 기압 측정 실험을 나타낸 것이다. 이 실험을 기압이 1기압인 곳에서 했을 경우 수은 기둥의 높이 h_1은 몇 cm인지 쓰고, 그 까닭을 설명하시오.

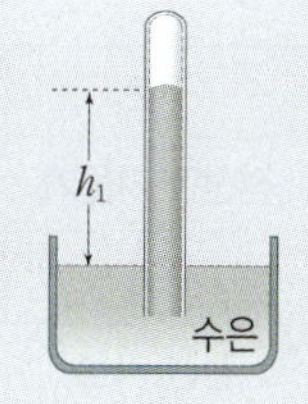

12 해륙풍과 계절풍의 공통점을 설명하시오.

07 _강 날씨 변화

❶ 기단

1 기단 기온과 습도가 거의 균일한 거대한 공기 덩어리

2 기단의 성질 발생지에 따라 성질이 달라진다.

기단의 발생지	고위도		저위도	
	대륙	해양	대륙	해양
기단의 성질	한랭 건조	한랭 다습	고온 건조	고온 다습

3 우리나라 주변의 기단 우리나라는 대륙과 해양의 경계에 위치하고 있어 계절에 따라 영향을 주는 기단이 다르다.

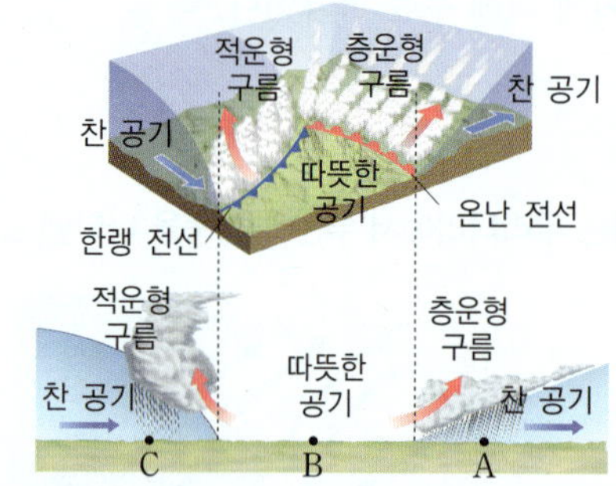

구분	성질
❶( ) 기단	온난 건조
오호츠크해 기단	한랭 다습
북태평양 기단	고온 다습
시베리아 기단	❷( )

❷ 전선과 날씨

1 전선면과 전선

① 전선면: 성질이 다른 두 기단이 만날 때 생기는 경계면
② ❸( ): 전선면이 지표면과 만나서 생기는 경계선

2 한랭 전선과 온난 전선

구분		한랭 전선	온난 전선
전선면 기울기		급하다.	완만하다.
구름		적운형 구름	층운형 구름
전선 기호			
강수		전선 뒤 좁은 지역에 ❹( )	전선 앞 넓은 지역에 약한 비
전선 통과 후	기온	❺( )	❻( )
	기압	상승	하강
	풍향	남서풍 → 북서풍	남동풍 → 남서풍
단면			

❸ 기압과 날씨

1 고기압과 저기압(북반구)

구분	고기압	저기압
기압	상대적으로 기압이 높은 곳	상대적으로 기압이 낮은 곳
기류	하강 기류	상승 기류
바람	❼( ) 방향으로 불어 나간다.	❽( ) 방향으로 불어 들어온다.
날씨	맑다.	흐리거나 비가 온다.

2 온대 저기압 중위도 지방에서 자주 발생하는 저기압으로, 한랭 전선과 온난 전선을 동반한다.

① 이동 방향: ❾( )의 영향으로, 서 → 동으로 이동
② 온대 저기압 주변의 날씨

위치	기온	풍향	날씨
A	낮음.	남동풍	넓은 지역에 ❿( ) 구름, 이슬비
B	높음.	남서풍	대체로 맑고 따뜻한 날씨
C	낮음.	북서풍	좁은 지역에 ⓫( ) 구름, 소나기

❹ 날씨와 일기도

1 일기도 기상 요소를 기호로 표시하여 여러 지역의 대기 상태를 한눈에 알아보기 쉽게 작성한 지도

2 우리나라의 계절별 기압 배치와 날씨

계절	기압 배치	날씨
봄, 가을	이동성 고기압과 저기압	• 봄: 잦은 날씨 변화, 꽃샘추위, 황사 • 가을: 맑은 날씨
여름	⓬( ) 기압 배치	• 남동 계절풍이 불고, 무덥고 습한 날씨 • 장마(초여름), 열대야, 태풍
겨울	⓭( ) 기압 배치	• 북서 계절풍이 불고, 춥고 건조한 날씨 • 한파, 폭설

정답 ❶ 양쯔강 ❷ 한랭 건조 ❸ 전선 ❹ 소나기 ❺ 하강 ❻ 상승 ❼ 시계 ❽ 시계 반대 ❾ 편서풍 ❿ 층운형 ⓫ 적운형 ⓬ 남고북저형 ⓭ 서고동저형

A 기단

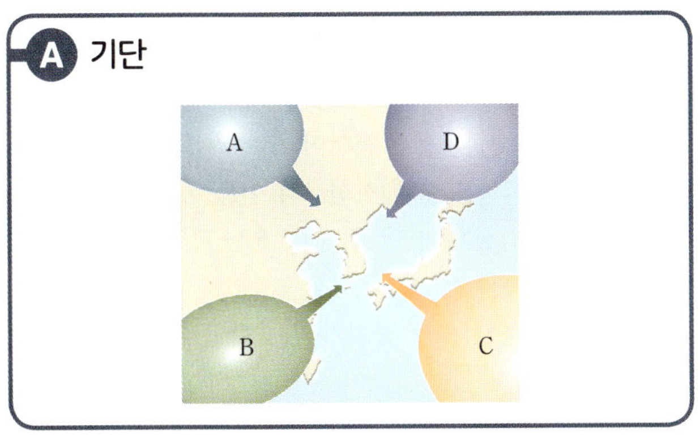

[01~04] 위 그림은 우리나라 주변의 기단을 나타낸 것이다. 물음에 답하시오.

01 A~D 기단의 이름을 각각 쓰시오.

02 A~D 기단이 우리나라에 영향을 미치는 계절을 각각 쓰시오.

03 A~D 기단 중 장마 전선을 형성하는 두 기단을 고르시오.

04 A~D 기단의 성질을 〈보기〉에 제시한 용어를 이용하여 쓰시오.

┌ 보기 ─────────────────────────┐
• 온난   • 한랭   • 고온   • 건조   • 다습
└──────────────────────────────┘

B 온대 저기압

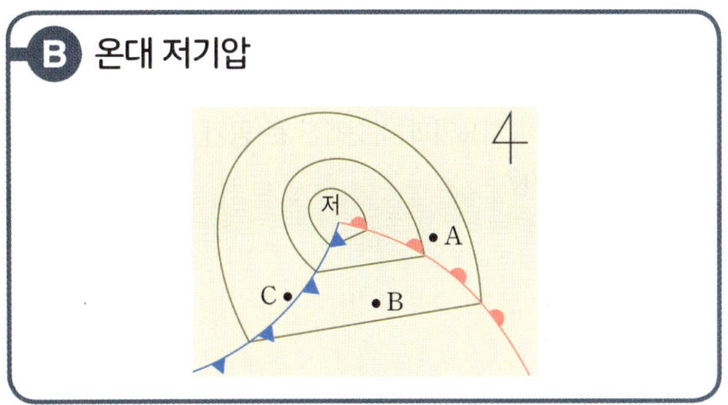

[05~08] 위 그림은 우리나라 부근에 발달한 온대 저기압을 나타낸 것이다. 물음에 답하시오.

05 A~C 중 소나기가 내리는 지역을 고르시오.

06 A~C 중 층운형 구름이 형성되는 지역을 고르시오.

07 A~C 지역에서의 풍향을 〈보기〉에서 골라 각각 쓰시오.
┌ 보기 ─────────────────────────┐
• 남동풍   • 남서풍   • 북서풍
└──────────────────────────────┘

08 A~C 중 현재는 이슬비가 내리지만 앞으로 날씨가 맑아지고 기온이 높아질 것으로 예상되는 지역을 고르시오.

01 공기 덩어리가 한 지역에 오랫동안 머물러 있어 기온, 습도 등의 성질이 지표면과 비슷해진 큰 공기 덩어리를 무엇이라고 하는가?

① 기단　　② 전선　　③ 태풍
④ 강수　　⑤ 장마

[02~03] 그림 (가)는 기단의 발생지를, (나)는 기단의 성질을 나타낸 것이다. 물음에 답하시오.

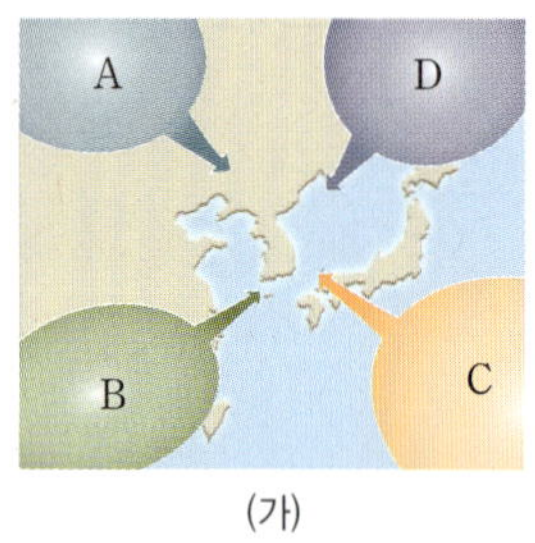

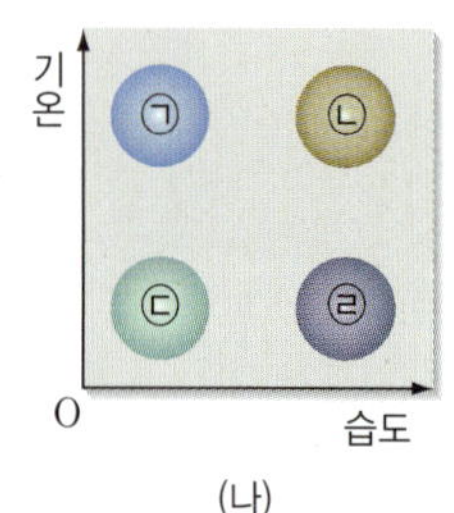

중요
02 위 그림 (가)와 (나)에 나타난 기단의 발생지와 성질을 옳게 짝 지은 것은?

	(가)	(나)		(가)	(나)
①	A	㉣	②	B	㉡
③	B	㉢	④	C	㉠
⑤	D	㉣			

03 다음 글의 밑줄 친 부분과 관련있는 기단을 그림 (가)에서 찾아 옳게 짝 지은 것은?

> 올해 여름 전국적으로 많은 인명 피해와 재산 피해를 가져왔던 폭우는 우리나라에 형성된 장마 전선의 영향 때문이었다. 장마 전선은 우리나라에 영향을 주는 기단 중 습기를 많이 포함하고 있는 두 기단의 세력이 서로 비슷해지는 6~7월에 발달하는데, 장마 전선이 형성되면 많은 양의 비가 내린다.

① A, B　　② A, C　　③ B, C
④ B, D　　⑤ C, D

04 전선에 대한 설명으로 옳지 <u>않은</u> 것은?

① 장마 전선은 정체 전선이다.
② 온난 전선은 한랭 전선보다 이동 속도가 빠르다.
③ 폐색 전선은 한랭 전선과 온난 전선이 겹쳐져서 생긴다.
④ 한랭 전선은 찬 공기가 따뜻한 공기를 파고들 때 만들어진다.
⑤ 정체 전선은 세력이 비슷한 두 기단이 만나 한 장소에 오랫동안 머무를 때 만들어진다.

05 다음은 우리나라 상공을 기상 위성으로 찍은 사진과 이에 대한 설명이다.

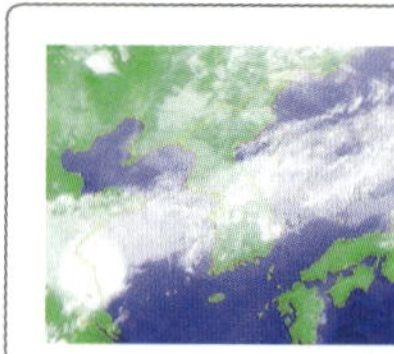

북태평양 기단과 오호츠크해 기단의 영향으로 며칠째 비가 내리고 있다.

위 사진에 나타난 전선의 종류와 기호를 옳게 짝 지은 것은?

	전선	기호		전선	기호
①	온난 전선	▲▲▲	②	한랭 전선	▲▲▲
③	정체 전선	⌒▼⌒	④	정체 전선	⌒▲⌒
⑤	폐색 전선	⌒▼⌒			

06 다음 글에서 설명하는 전선의 명칭을 쓰시오.

> • 전선의 뒤쪽 좁은 지역에 소나기가 내린다.
> • 찬 공기가 따뜻한 공기 아래로 파고들 때 만들어진다.
> • 전선의 뒤쪽에 강한 상승 기류가 발생하여 적운형 구름이 만들어진다.

07 그림은 어느 전선의 단면을 나타낸 것이다.

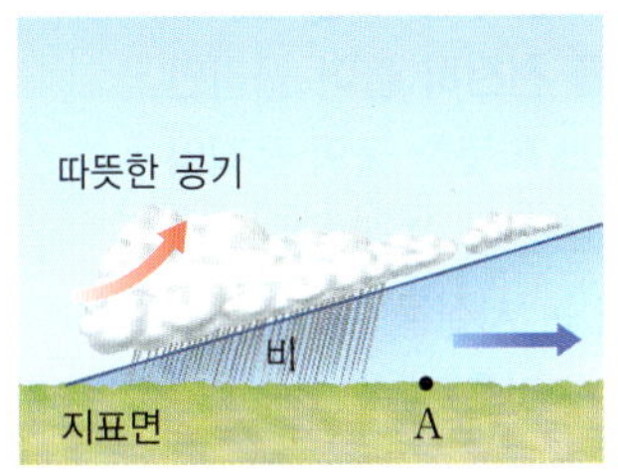

이 전선에 대한 설명으로 옳지 **않은** 것은?

① 층운형 구름이 발달한다.
② 전선면의 기울기가 완만하다.
③ 전선의 앞쪽에 소나기가 내린다.
④ A 지역은 전선이 통과한 후 기온이 높아진다.
⑤ 따뜻한 공기가 찬 공기 위로 올라갈 때 생기는 전선이다.

08 고기압 지역에 대한 설명으로 옳은 것은?

① 주변 지역보다 기압이 높은 지역이다.
② 고기압 중심에 상승 기류가 발달한다.
③ 기압이 1000 hPa보다 높은 지역이다.
④ 고기압 지역은 주변 지역보다 날씨가 흐리다.
⑤ 북반구 고기압 지역에서는 바람이 시계 방향으로 불어 들어온다.

09 북반구 저기압 지역에서의 바람 방향과 공기의 연직 운동으로 옳은 것은?

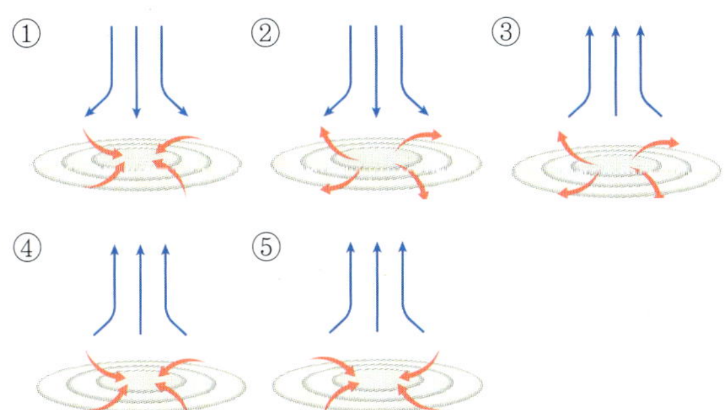

중요
10 그림은 우리나라 부근을 지나는 온대 저기압을 나타낸 것이다.

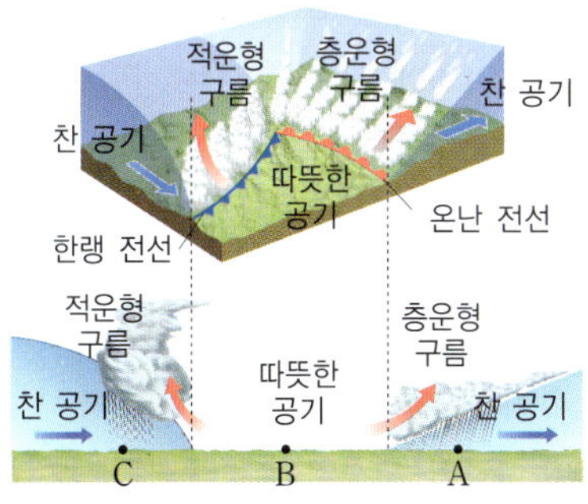

A ~ C 세 지역의 날씨에 대한 설명으로 옳은 것을 〈보기〉에서 모두 고른 것은?

┌ 보기 ┐
ㄱ. A 지역은 온난 전선이 통과했기 때문에 비가 그치고 기온이 높아진다.
ㄴ. B 지역은 현재 기온이 높고, 날씨가 맑다.
ㄷ. C 지역은 층운형 구름이 나타나고 넓은 지역에 걸쳐 비가 내리기도 한다.
ㄹ. 편서풍의 영향으로 온대 저기압은 서쪽에서 동쪽으로 이동한다.

① ㄱ, ㄷ   ② ㄴ, ㄹ   ③ ㄷ, ㄹ
④ ㄱ, ㄴ, ㄷ   ⑤ ㄴ, ㄷ, ㄹ

✎ 서술형 문제

11 오른쪽 그림과 같이 찬물과 따뜻한 물을 수조에 담고 칸막이를 들어 올리면 찬물과 따뜻한 물은 바로 섞이지 않고 경계를 이룬다. 이 실험을 통해 알 수 있는 사실과 이러한 현상이 나타나는 까닭을 설명하시오.

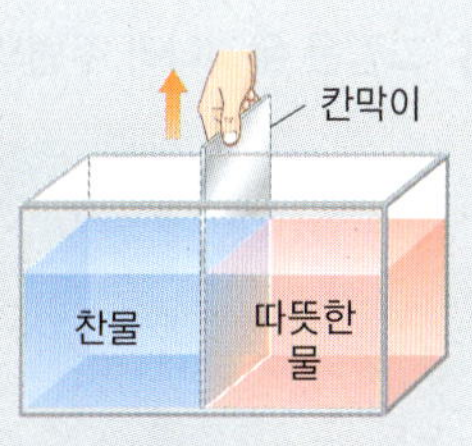

12 온대 저기압은 한랭 전선과 온난 전선을 동반한다. 시간이 지난 후 한랭 전선과 온난 전선 사이의 거리는 어떻게 변할지 쓰고, 그 까닭을 설명하시오.

01 기단에 대한 설명으로 옳은 것은?

① 기단은 크기에 따라 성질이 다르다.
② 어떤 지역에 영향을 주는 기단은 계절에 관계없이 항상 일정하다.
③ 대륙에서 생성된 기단은 습하고, 해양에서 생성된 기단은 건조하다.
④ 저위도에서 생성된 기단은 차고, 고위도에서 생성된 기단은 따뜻하다.
⑤ 기단은 이동 지역의 지표면의 영향을 받아 아랫부분부터 성질이 변한다.

02 우리나라에 영향을 주는 기단과 성질을 옳게 짝 지은 것은?

	기단	성질
①	양쯔강 기단	고온 다습
②	시베리아 기단	온난 건조
③	시베리아 기단	한랭 다습
④	북태평양 기단	고온 다습
⑤	오호츠크해 기단	한랭 건조

03 그림은 우리나라 주변의 기단을 나타낸 것이다.

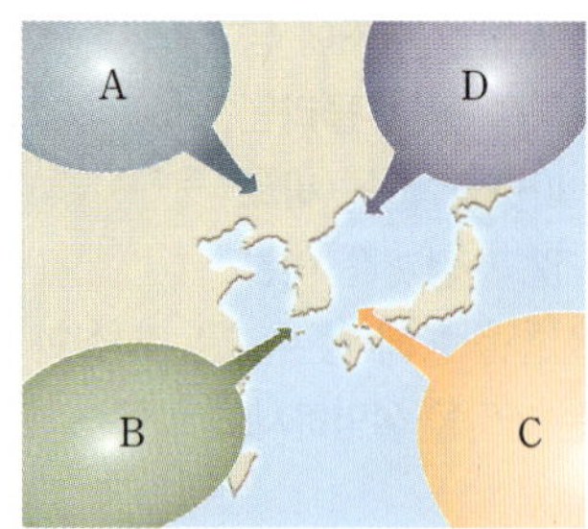

기단 A~D에 대한 설명으로 옳은 것은?

① A는 우리나라의 여름철에 영향을 준다.
② B는 주로 우리나라의 봄과 가을철에 영향을 준다.
③ C는 한랭 다습한 성질을 가진다.
④ D는 북태평양 기단이다.
⑤ A와 B는 여름철 장마 전선에 영향을 준다.

04 오른쪽 그림과 같이 장치한 후 칸막이를 천천히 들어 올리면서 찬물과 따뜻한 물의 움직임을 살펴보았다. 이 실험을 통해 알 수 있는 사실을 〈보기〉에서 모두 고른 것은?

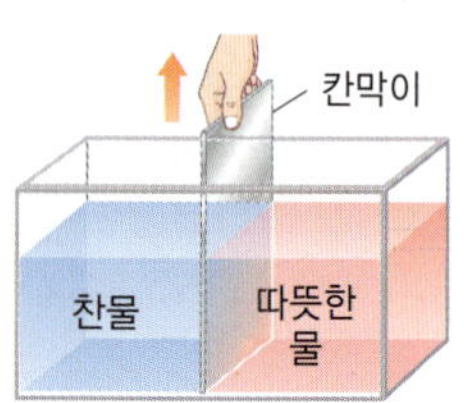

보기

ㄱ. 전선의 생성 원리를 알아보기 위한 것이다.
ㄴ. 따뜻한 공기와 찬 공기가 만나면 전선면은 따뜻한 공기 쪽으로 기울어질 것이다.
ㄷ. 칸막이를 들어 올리면 바로 섞이지 않고 찬물은 아래로, 따뜻한 물은 위로 움직인다.

① ㄴ　　　　② ㄷ　　　　③ ㄱ, ㄴ
④ ㄱ, ㄷ　　　⑤ ㄱ, ㄴ, ㄷ

05 세력이 비슷한 두 기단이 한곳에 오랫동안 머물러 있는 경우에 만들어지는 전선으로 옳은 것은?

① 온난 전선　　　② 한랭 전선
③ 폐색 전선　　　④ 정체 전선
⑤ 한대 전선

06 그림은 어느 전선의 단면을 나타낸 것이다.

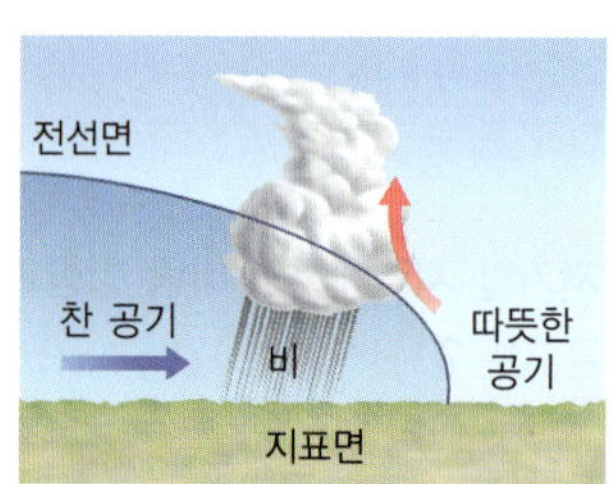

이에 대한 설명으로 옳지 않은 것은?

① 한랭 전선의 단면이다.
② 전선면의 기울기가 급하다.
③ 층운형 구름이 만들어진다.
④ 전선의 이동 속도가 빠르다.
⑤ 전선의 뒤쪽에 소나기가 내린다.

07 그림은 북반구 어느 지역의 등압선을 나타낸 것이다.

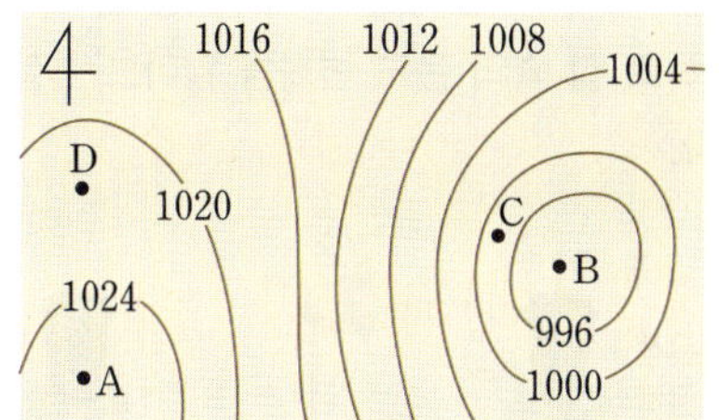

이에 대한 설명으로 옳은 것을 〈보기〉에서 모두 고른 것은?

보기

ㄱ. A에서는 바람이 불어 나간다.
ㄴ. A~D 중 바람이 가장 강하게 부는 곳은 D이다.
ㄷ. A 지역은 하강 기류가, B 지역은 상승 기류가 발달한다.

① ㄱ 　　　② ㄴ 　　　③ ㄱ, ㄷ
④ ㄴ, ㄷ 　　　⑤ ㄱ, ㄴ, ㄷ

08 그림은 우리나라 부근을 지나는 온대 저기압의 단면을 나타낸 것이다.

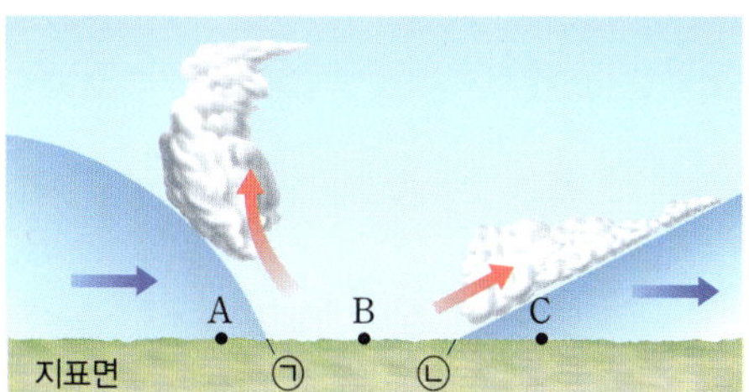

위 그림에 대한 설명으로 옳은 것을 〈보기〉에서 모두 고른 것은?

보기

ㄱ. ㉠은 ㉡보다 이동 속도가 빠르다.
ㄴ. A 지역에서는 층운형 구름이 발달한다.
ㄷ. B 지역은 현재 기온이 높고, 날씨가 맑다.
ㄹ. C 지역에서는 ㉡이 통과한 후 기온이 낮아진다.

① ㄱ, ㄴ 　　　② ㄱ, ㄷ 　　　③ ㄴ, ㄷ
④ ㄴ, ㄹ 　　　⑤ ㄷ, ㄹ

09 다음은 계절별 우리나라 일기의 특징을 순서 없이 나타낸 것이다.

(가) 삼한사온 현상이 나타난다.
(나) 꽃샘추위가 나타난다.
(다) 남고북저형의 기압 배치가 나타난다.
(라) 장마 전선이 형성되어 많은 비가 내린다.

봄철부터 겨울철까지의 일기를 순서대로 나열하시오.

✏ 서술형 문제

10 고기압 중심 부근에서 일반적으로 날씨가 맑은 까닭을 설명하시오.

11 그림은 어느 날 우리나라 부근을 통과하는 온대 저기압의 모습을 나타낸 것이다.

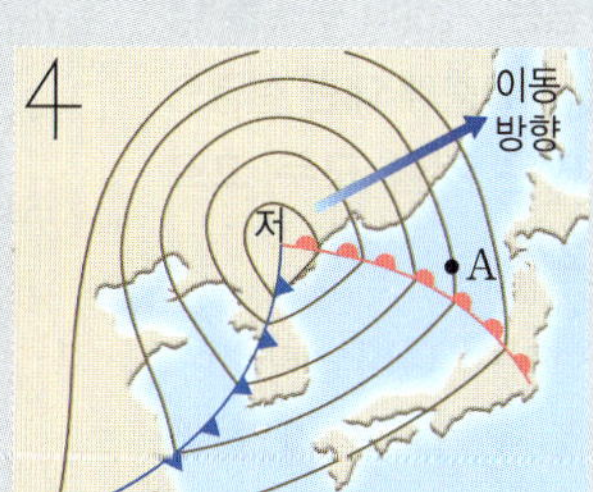

A 지점의 현재 날씨와 앞으로 예상되는 날씨 변화를 설명하시오.

Ⅱ 단원 평가하기

01 지구를 둘러싸고 있는 대기 중 가장 많은 부피를 차지하는 기체 2가지를 순서대로 옳게 나타낸 것은?

① 산소, 질소
② 질소, 산소
③ 산소, 아르곤
④ 질소, 이산화 탄소
⑤ 산소, 이산화 탄소

02 대기의 역할에 대한 설명으로 옳지 <u>않은</u> 것은?

① 유성체가 지표면에 충돌하는 것을 막아 준다.
② 식물의 호흡과 광합성에 필요한 기체를 제공한다.
③ 저위도 지방과 고위도 지방의 기온 차이를 줄여 준다.
④ 지구의 열이 우주 공간으로 빠져나가는 것을 도와 준다.
⑤ 지구 밖에서 들어오는 해로운 자외선을 흡수하여 지구상의 생명체를 보호한다.

03 오른쪽 그림은 기권의 구조를 나타낸 것이다. D층에 대한 설명으로 옳지 <u>않은</u> 것을 모두 고르면?(정답 2개)

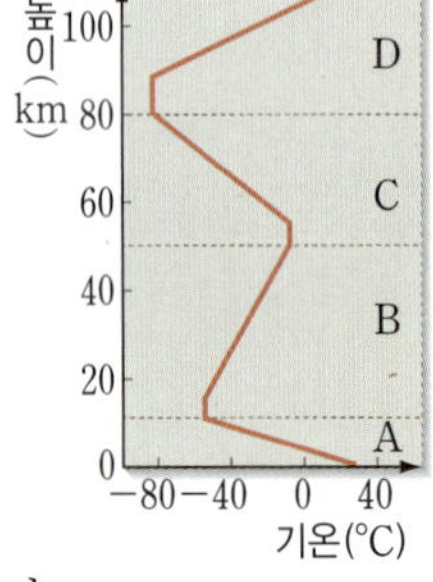

① 기상 현상이 나타난다.
② 기권 중 공기가 가장 희박하다.
③ 낮과 밤의 기온 차가 매우 크다.
④ 높이 올라갈수록 기온이 낮아진다.
⑤ 고위도 지역에서 오로라가 발생한다.

04 그림 (가)와 (나)는 전등과 알루미늄 컵 사이의 거리를 다르게 하여 컵 속의 온도 변화를 알아보는 실험을 나타낸 것이다.

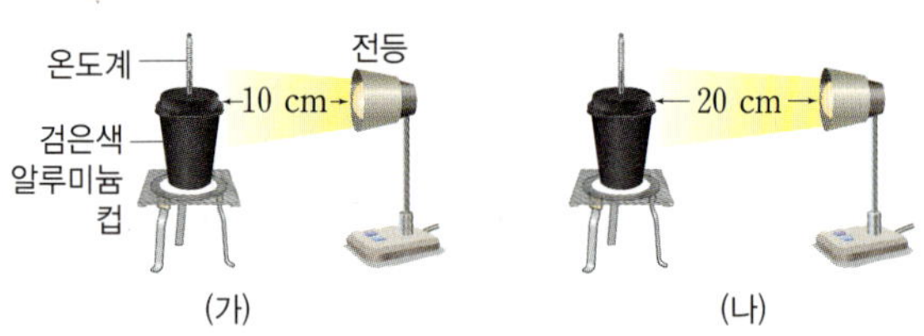

위 실험에 대한 설명으로 옳은 것을 〈보기〉에서 모두 고른 것은?

보기
ㄱ. 복사 평형 온도는 (가)가 (나)보다 높다.
ㄴ. 복사 평형에 도달하는 시간은 (가)가 (나)보다 오래 걸린다.
ㄷ. 알루미늄 컵의 온도 변화는 전등으로부터의 거리와 상관없다.

① ㄱ
② ㄱ, ㄴ
③ ㄱ, ㄷ
④ ㄴ, ㄷ
⑤ ㄱ, ㄴ, ㄷ

05 복사 에너지에 대한 설명으로 옳지 <u>않은</u> 것은?

① 지구 복사 에너지의 대부분은 자외선 형태이다.
② 모든 물체는 표면 온도에 해당하는 복사 에너지를 방출한다.
③ 저온의 물체는 주로 적외선 형태의 복사 에너지를 방출한다.
④ 표면 온도가 높을수록 물체는 더 많은 복사 에너지를 방출한다.
⑤ 태양은 표면 온도가 높아 가시광선, 적외선, 자외선 등의 형태로 복사 에너지를 방출한다.

06 공기 중에 포함된 수증기에 대한 설명으로 옳지 <u>않은</u> 것은?

① 기온이 높아질수록 포화 수증기량은 증가한다.
② 공기가 수증기를 최대한 포함한 상태를 포화 상태라고 한다.
③ 포화 상태의 공기 중에 물이 든 비커를 놓아두면 물의 양은 계속 줄어든다.
④ 일정한 부피의 공기는 각 온도에서 포함할 수 있는 수증기의 양이 정해져 있다.
⑤ 포화 상태의 공기 1 kg 속에 들어 있는 수증기의 양(g)이 포화 수증기량이다.

07 오른쪽 그림은 기온과 포화 수증기량의 관계를 나타낸 것이다. A~C의 물리량 중 같은 값을 가지는 것은?

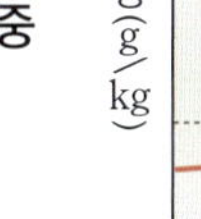

① 기온
② 이슬점
③ 증발량
④ 상대 습도
⑤ 포화 수증기량

08 다음 중 구름이 생기는 경우가 <u>아닌</u> 것은?

① 

② 

③ 

④ 

⑤ 

09 현재 기온에서 포화 수증기량이 24 g/kg이고, 현재 공기 중의 수증기량이 18 g/kg일 때 상대 습도를 구하시오.

10 그림 (가)와 (나)는 서로 다른 강수 이론을 나타낸 것이다.

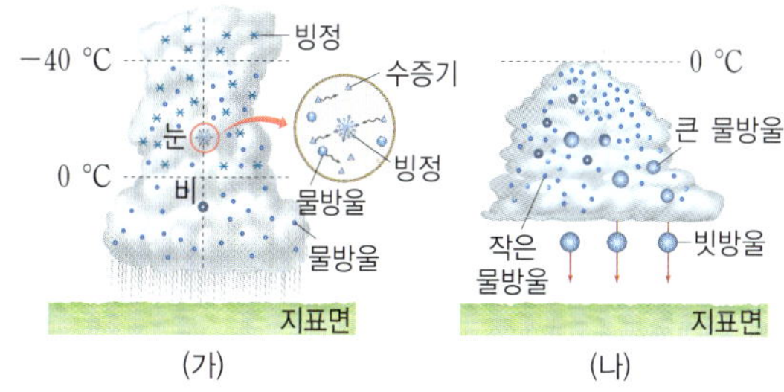

위 그림에 대한 설명으로 옳지 <u>않은</u> 것은?

① (가)는 따뜻한 비, (나)는 찬비가 내린다.
② 중위도나 고위도 지방은 (가)와 같은 과정으로 비가 내린다.
③ (가) 구름 속에는 빙정, 물방울, 수증기가 함께 존재한다.
④ (나) 구름 속에는 크고 작은 물방울들이 존재한다.
⑤ (나)는 열대 지방에서 비가 내리는 과정을 설명한 것이다.

서술형

11 적운형 구름과 층운형 구름의 차이점을 2가지만 설명하시오.

12 그림 (가)와 같이 따뜻한 물로 헹군 유리병 위에 삶은 달걀을 올려놓았더니, 잠시 후 (나)와 같이 달걀이 유리병 안으로 들어갔다.

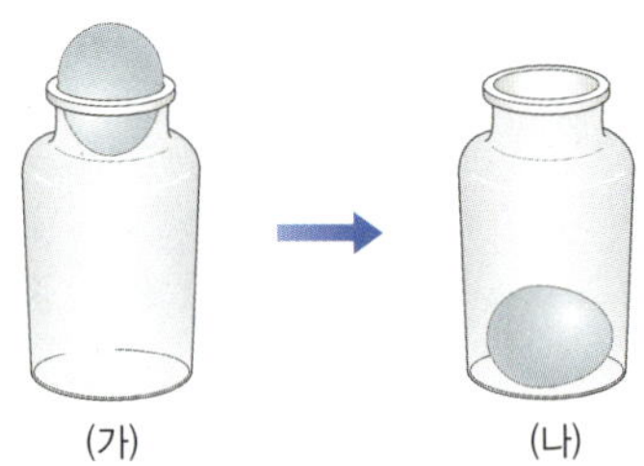

위 실험에서 유리병 안으로 달걀이 들어간 까닭으로 가장 적절한 것은?

① 유리병 안의 기압이 외부와 같아졌기 때문
② 유리병 안의 기압이 외부보다 낮아졌기 때문
③ 유리병 안의 기압이 외부보다 높아졌기 때문
④ 유리병 안의 기온이 외부보다 낮아졌기 때문
⑤ 유리병 안의 기온이 외부보다 높아졌기 때문

13 그림과 같이 유리관에 수은을 가득 채우고 수은이 담긴 수조에 유리관을 거꾸로 세운 후 수은 기둥의 높이(h)를 측정하였다.

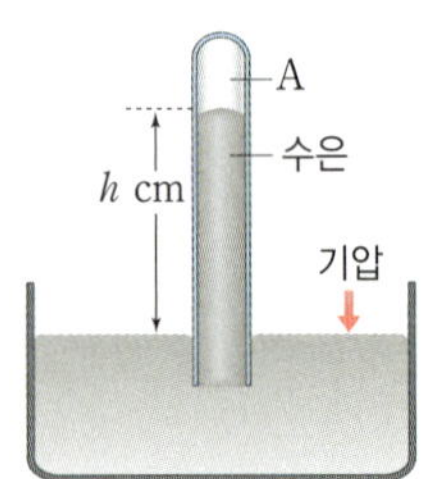

위의 실험을 약 **1013 hPa**인 지역에서 했을 경우, 수은 기둥의 높이 h는 약 얼마인지 쓰시오.

14 그림은 어느 해안 지방에서 부는 바람을 나타낸 것이다.

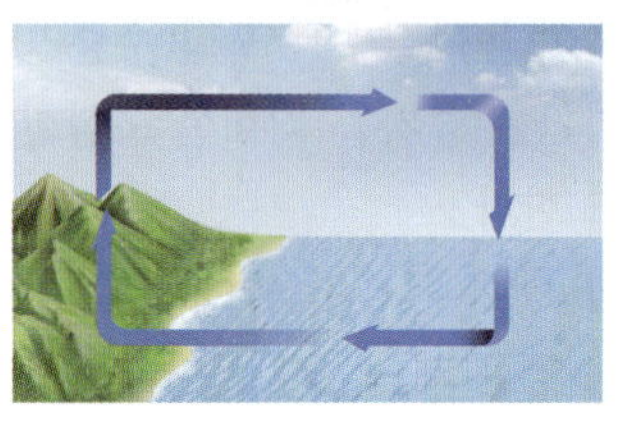

이에 대한 설명으로 옳은 것을 〈보기〉에서 모두 고른 것은?

> **보기**
> ㄱ. 육풍이다.
> ㄴ. 밤에 부는 바람이다.
> ㄷ. 육지 쪽이 기압이 낮다.
> ㄹ. 하루를 주기로 부는 바람이다.

① ㄱ, ㄴ 　② ㄱ, ㄷ 　③ ㄴ, ㄷ
④ ㄴ, ㄹ 　⑤ ㄷ, ㄹ

15 그림은 우리나라에서 부는 계절풍을 나타낸 것이다.

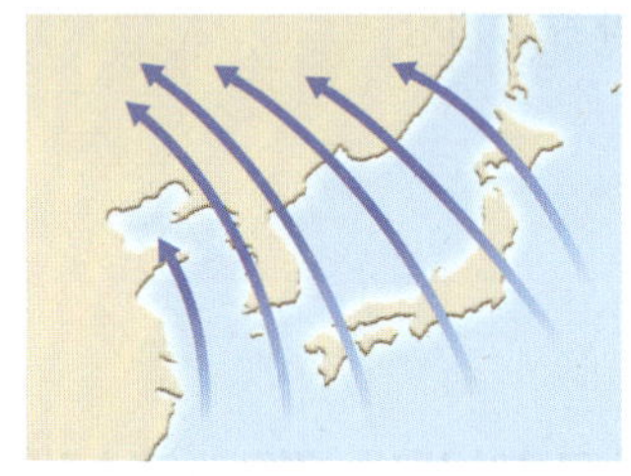

이에 대한 설명으로 옳은 것을 〈보기〉에서 모두 고른 것은?

> **보기**
> ㄱ. 우리나라의 겨울철에 부는 바람으로 북서 계절풍이다.
> ㄴ. 대륙이 해양보다 빨리 가열되어 기온이 높게 나타난다.
> ㄷ. 해양이 대륙보다 기압이 높아 바람이 해양에서 대륙 쪽으로 분다.
> ㄹ. 우리나라는 대륙과 해양의 경계에 위치하여 이와 같이 1년을 주기로 풍향이 바뀌는 바람이 분다.

① ㄱ, ㄴ, ㄷ 　② ㄱ, ㄴ, ㄹ 　③ ㄱ, ㄷ, ㄹ
④ ㄴ, ㄷ, ㄹ 　⑤ ㄱ, ㄴ, ㄷ, ㄹ

16 그림과 같이 장치하고 전등을 켜서 물과 모래의 온도 변화를 측정한 후, 다시 전등을 끄고 물과 모래의 온도 변화를 측정하였다.

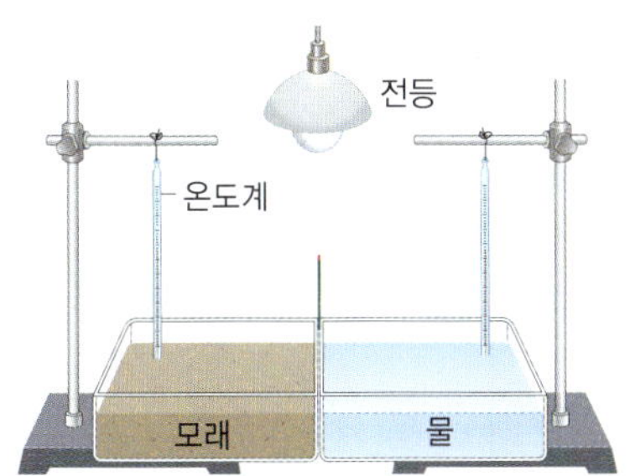

위 실험에 대한 설명으로 옳지 <u>않은</u> 것은?

① 전등을 껐을 때 공기의 이동과 같은 원리로 부는 바람을 육풍이라고 한다.
② 전등을 켰을 때 공기의 이동과 같은 원리로 부는 바람을 해풍이라고 한다.
③ 전등을 끄면 향 연기는 모래에서 물 쪽으로 이동한다.
④ 전등을 켜고 가열하면 물 쪽의 기압이 모래 쪽보다 높다.
⑤ 전등을 켜면 향 연기는 온도가 높은 곳에서 낮은 곳으로 이동한다.

17 그림은 우리나라에 영향을 미치는 기단을 나타낸 것이다.

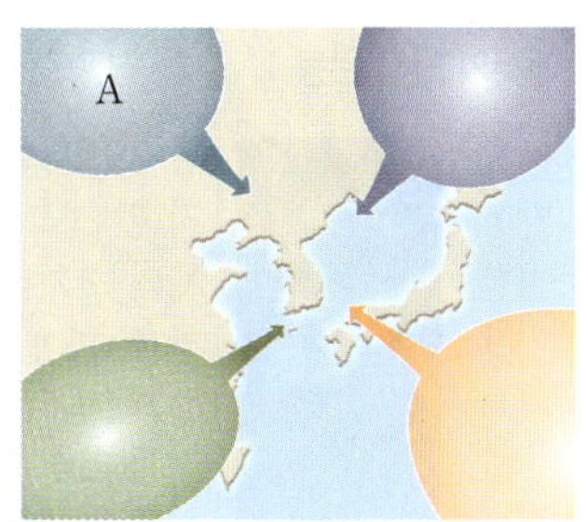

A 기단이 우리나라에 영향을 주는 계절과 이때 우리나라의 날씨를 옳게 짝 지은 것은?

① 여름, 고온 건조하다.
② 여름, 춥고 습하다.
③ 가을, 춥고 건조하다.
④ 겨울, 춥고 습하다.
⑤ 겨울, 춥고 건조하다.

18 전선에 대한 설명으로 옳지 <u>않은</u> 것은?

① 장마 전선은 정체 전선의 한 종류이다.
② 한랭 전선이 온난 전선보다 빠르게 이동한다.
③ 온난 전선이 통과한 후에는 기온이 낮아진다.
④ 전선면이 지표면과 만나는 경계선을 전선이라고 한다.
⑤ 폐색 전선은 한랭 전선과 온난 전선이 겹쳐져서 생긴다.

19 그림 (가)와 (나)는 서로 다른 두 전선의 단면을 나타낸 것이다.

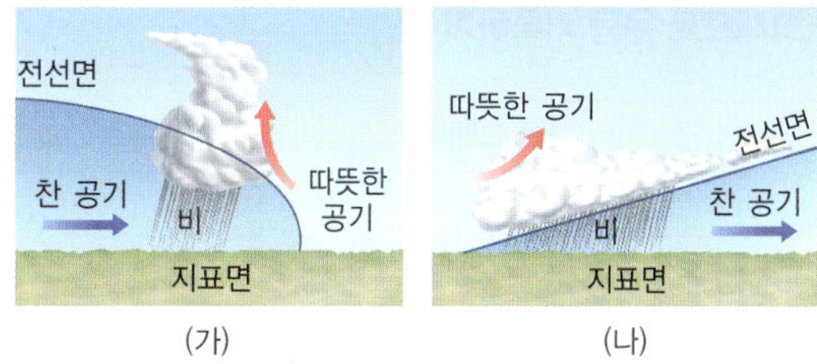

(가)와 (나) 두 전선의 특징을 옳게 비교한 것은?

	구분	(가)	(나)
①	전선의 종류	온난 전선	한랭 전선
②	구름의 모양	층운형	적운형
③	비의 형태	소나기	이슬비
④	이동 속도	느리다.	빠르다.
⑤	통과 후 기온	높아진다.	낮아진다.

20 저기압에 대한 설명으로 옳지 <u>않은</u> 것은?

① 저기압 중심에서는 날씨가 흐리다.
② 공기는 저기압에서 고기압으로 이동한다.
③ 저기압 중심에서는 상승 기류가 발달한다.
④ 주변보다 기압이 상대적으로 낮은 지역이다.
⑤ 북반구에서는 중심을 향해 시계 반대 방향으로 바람이 불어 들어간다.

08강 운동

❶ 운동의 기록

1 운동 시간에 따라 물체의 ❶(　　　)가 변하는 현상

① 이동 거리: 물체가 운동하는 동안 움직인 거리

② 속력: 일정한 시간 동안 물체가 이동한 거리로 물체의 ❷(　　　)를 나타낸다. ➡ 속력$=\frac{\text{이동 거리}}{\text{걸린 시간}}$

2 연속 사진으로 운동 기록하기

물체의 모습	물체의 속력
이동 방향 → 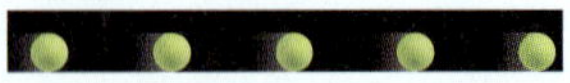	물체 사이의 간격이 일정 ➡ 속력이 ❸(　　　)하다.
이동 방향 → 	물체 사이의 간격이 점점 증가 ➡ 속력이 빨라진다.
이동 방향 → 	물체 사이의 간격이 점점 감소 ➡ 속력이 느려진다.

3 그래프로 운동 기록하기

시간-이동 거리 그래프	시간-속력 그래프
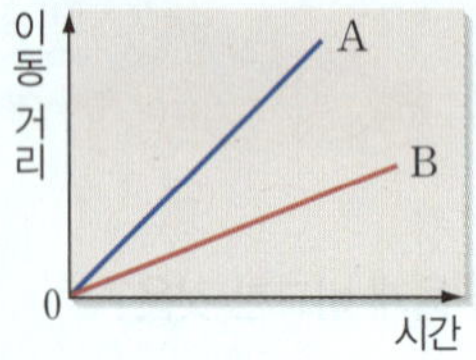	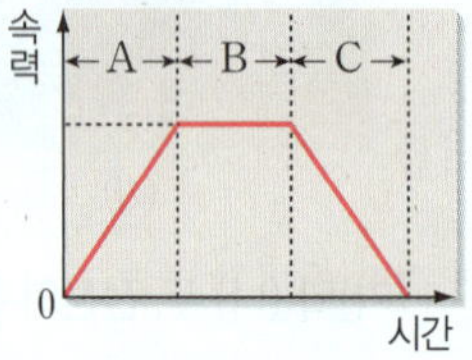
• 기울기: ❹(　　　)을 의미 • A, B의 기울기가 일정하다. ➡ 속력이 일정 • 기울기가 클수록 속력이 ❺(　　　). ➡ A>B	• 그래프 아래의 넓이: ❻(　　　)를 의미 • A 구간: 속력이 증가 • B 구간: 속력이 일정 • C 구간: 속력이 감소

❷ 등속 운동

1 등속 운동 속력이 일정한 운동

시간-이동 거리 그래프	시간-속력 그래프
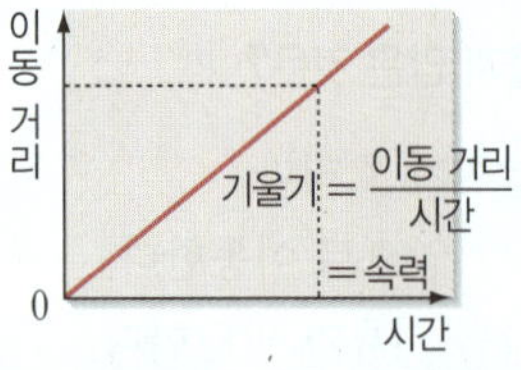	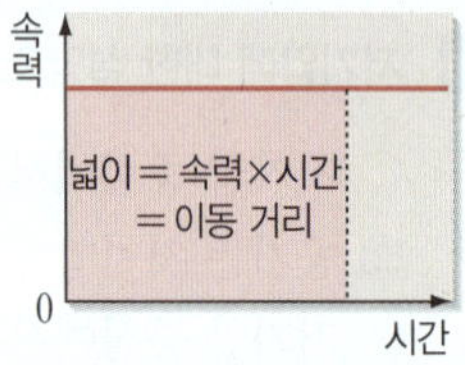
기울기가 일정한 직선	시간축에 평행한 직선

2 등속 운동의 예 에스컬레이터, 무빙워크, 컨베이어 벨트 등

❸ 자유 낙하 운동

1 자유 낙하 운동 공기 저항을 무시할 때 물체가 ❼(　　　)만 받으면서 아래로 떨어지는 운동

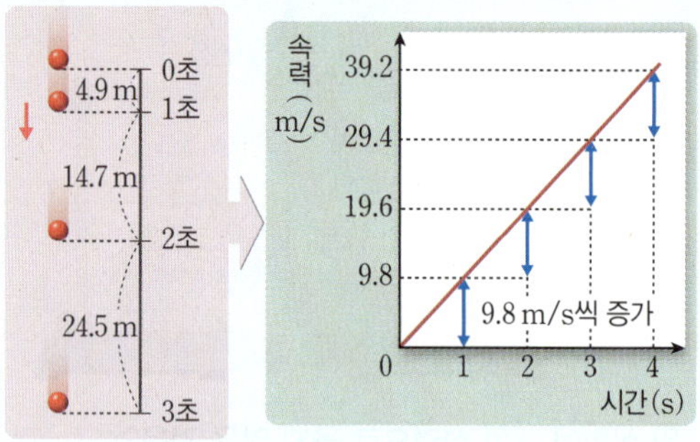

① 물체의 시간에 따른 위치 변화: 물체 사이의 간격이 점점 넓어진다.

② 물체의 시간에 따른 속력 변화: 물체의 속력이 일정하게 ❽(　　　)한다.

③ 자유 낙하 하는 물체에 작용하는 힘: 물체가 낙하하는 방향으로 일정한 크기의 중력이 작용한다.

2 중력 가속도 상수 자유 낙하 하는 물체의 속력은 매초마다 9.8 m/s씩 증가하는데, 이때 9.8을 지구의 중력 가속도 상수라고 한다.

> 중력의 크기=9.8×❾(　　　)

❹ 질량이 다른 물체의 자유 낙하 운동

1 공기 중과 진공 중에서의 낙하 운동

공기 중에서의 낙하 운동	진공 중에서의 낙하 운동
물체가 운동 방향과 반대 방향으로 공기 저항을 받으므로 공기 저항을 적게 받는 물체가 더 ❿(　　　) 떨어진다. 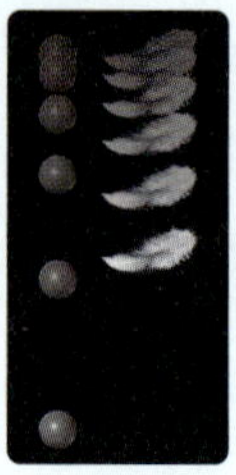	공기 저항을 받지 않으므로 물체의 크기나 질량에 관계없이 같은 높이에서 낙하하는 물체는 동시에 지면에 도달한다. 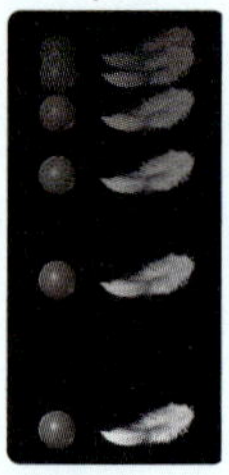

2 질량이 다른 물체의 자유 낙하 운동 자유 낙하 하는 모든 물체는 질량에 관계없이 속력이 1초에 ⓫(　　　) m/s씩 일정하게 증가한다. ➡ 물체는 지면에 동시에 도달한다.

답 ❶ 위치 ❷ 빠르기 ❸ 일정 ❹ 속력 ❺ 빠르다 ❻ 이동 거리 ❼ 중력 ❽ 증가 ❾ 질량 ❿ 빨리 ⓫ 9.8

A 등속 운동 분석하기

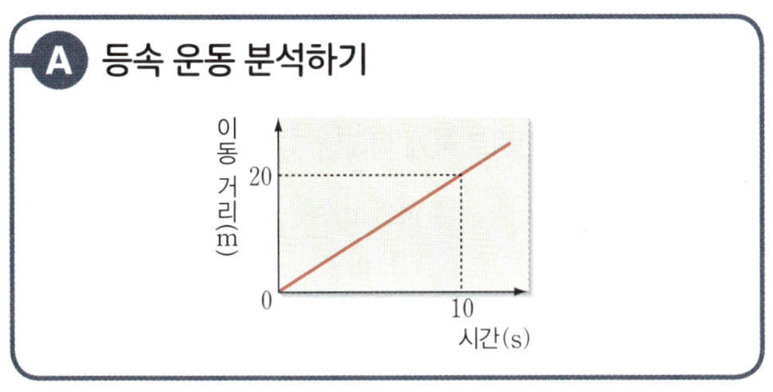

[01~04] 위 그림은 운동하는 어떤 물체의 시간에 따른 이동 거리를 나타낸 것이다. 물음에 답하시오.

01 이 물체는 어떤 운동을 하는지 쓰시오.

02 이 물체의 속력은 몇 m/s인지 구하시오.

03 이 물체가 20초 동안 이동한 거리는 몇 m인지 구하시오.

04 이 물체와 같은 운동을 하는 예를 〈보기〉에서 모두 고르시오.

> **보기**
> ㄱ. 무빙워크
> ㄴ. 에스컬레이터
> ㄷ. 브레이크를 밟은 자동차
> ㄹ. 빗면을 굴러 내려가는 공

05 오른쪽 그림은 운동하는 어떤 물체의 시간에 따른 속력을 나타낸 것이다. 이 물체가 0~10초 동안 이동한 거리는 몇 m인지 구하시오.

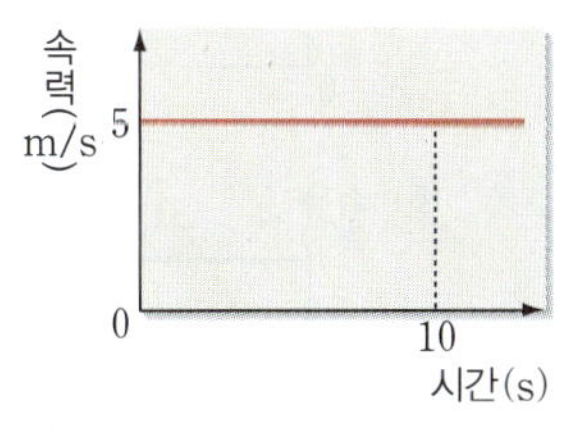

B 자유 낙하 운동 분석하기

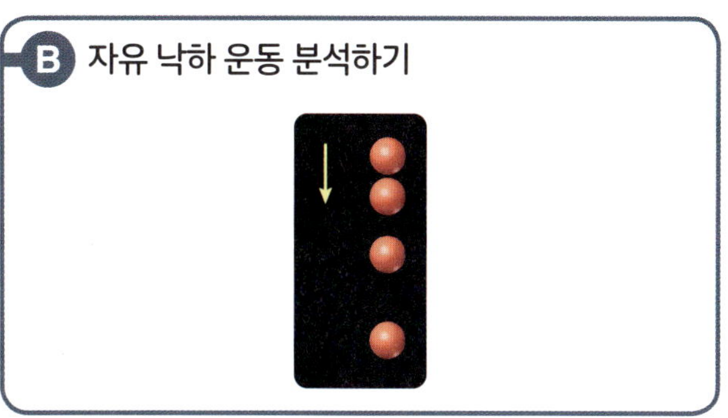

[06~08] 위 그림은 정지해 있던 물체가 자유 낙하 운동 하는 모습을 1초 간격으로 나타낸 것이다. 물음에 답하시오.

06 이 물체에 작용하는 힘은 무엇인지 쓰시오.

07 1초, 2초, 3초일 때 속력의 비(1초 : 2초 : 3초)는 얼마인지 구하시오.

08 이 물체의 시간에 따른 속력을 그래프로 옳게 나타낸 것은?

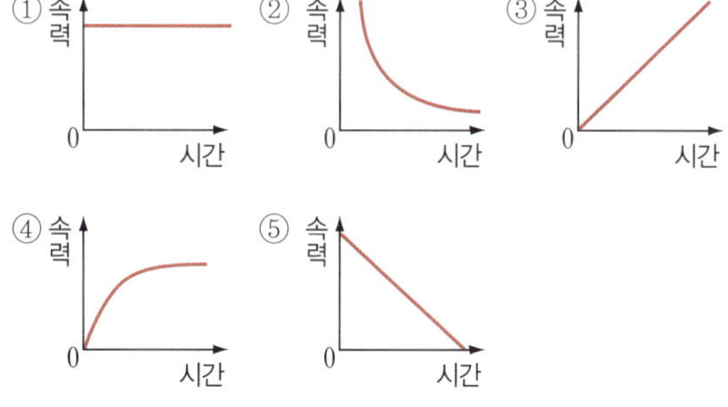

09 무게가 9.8 N인 물체 A와 무게가 39.2 N인 물체 B가 같은 높이에서 동시에 자유 낙하 운동을 하였다. 지면에 먼저 도달하는 물체를 쓰시오.

01 속력에 대한 설명으로 옳지 <u>않은</u> 것은?

① 단위 시간 동안 물체가 이동한 거리를 속력이라 한다.

② 속력이 1 km/h인 물체는 1시간 동안 1 km를 이동한다.

③ 속력을 비교할 때 같은 시간 동안 이동한 거리가 짧을수록 속력이 빠르다.

④ 속력을 비교할 때 같은 거리를 이동하는 데 걸린 시간이 짧을수록 속력이 빠르다.

⑤ 평균 속력은 물체가 이동한 시간 동안 평균적으로 어느 정도의 빠르기로 운동하였는지를 나타낸다.

중요

02 그림은 장난감 자동차의 시간에 따른 이동 거리를 나타낸 것이다.

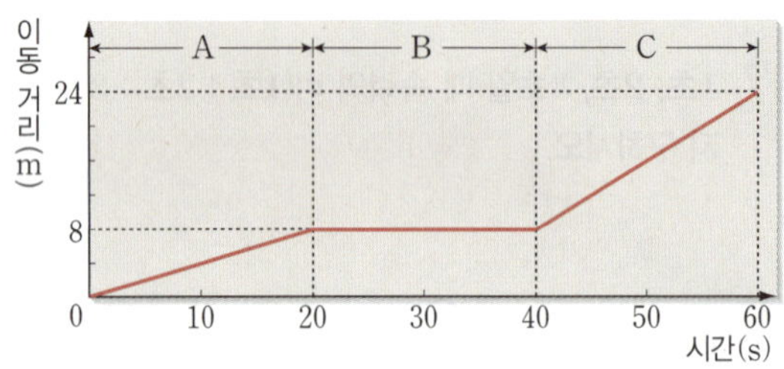

이에 대한 설명으로 옳은 것을 〈보기〉에서 모두 고른 것은?

보기
ㄱ. A 구간에서 장난감 자동차의 속력은 빨라지고 있다.
ㄴ. B 구간에서 장난감 자동차는 정지해 있다.
ㄷ. 장난감 자동차가 가장 빠르게 이동하는 구간은 C 구간이다.

① ㄱ   ② ㄷ   ③ ㄱ, ㄴ
④ ㄴ, ㄷ   ⑤ ㄱ, ㄴ, ㄷ

03 오른쪽 그림과 같이 일정한 속력으로 움직이는 컨베이어 벨트 위에 놓여 있는 가방이 10 m를 이동하는 데 4초가 걸렸다. 이 컨베이어 벨트의 속력은 몇 m/s인지 구하시오.

04 72 km/h의 속력으로 달리는 자동차가 있다. 이 자동차의 속력을 m/s 단위로 옳게 나타낸 것은?

① 5 m/s   ② 7.2 m/s   ③ 10 m/s
④ 20 m/s   ⑤ 72 m/s

05 어떤 기차가 서울에서 출발할 때부터 300 km/h의 일정한 속력으로 달리고 있다. 이 속력으로 1시간 30분 동안 달리면 부산에 도착할 수 있다고 한다. 서울에서 부산까지의 거리는 몇 km인지 구하시오.

중요

06 그림 (가)와 (나)는 운동하는 장난감 자동차의 모습을 1초 간격으로 나타낸 것이다.

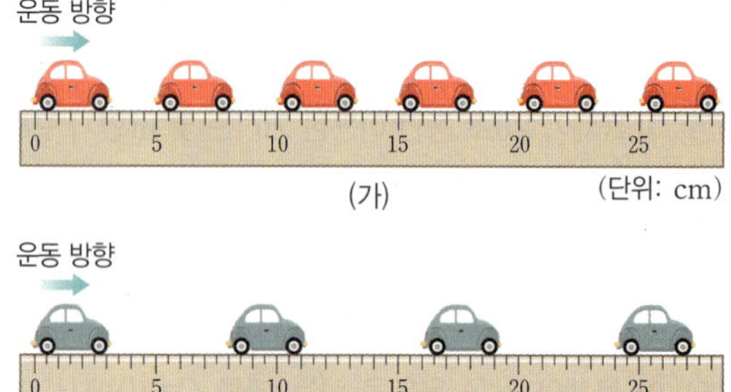

두 장난감 자동차의 운동을 그래프로 옳게 나타낸 것을 모두 고르면?(정답 2개)

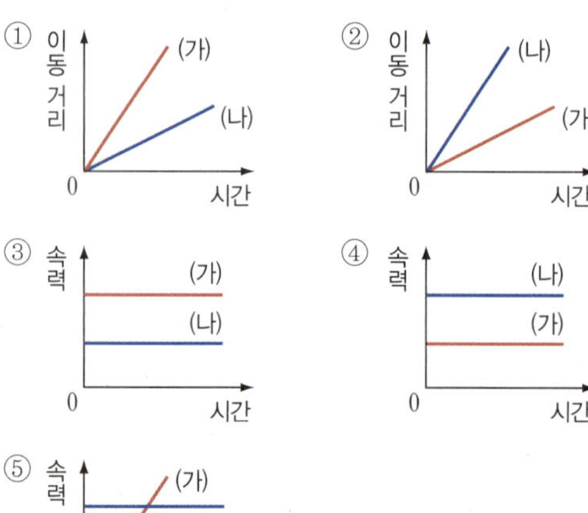

07 마찰이 없는 수평면 위를 운동하는 공에 대한 설명으로 옳은 것은?(단, 외부에서 작용하는 힘은 없다.)

① 잠시 후 정지한다.
② 속력이 점점 감소한다.
③ 속력이 점점 증가한다.
④ 속력이 변하지 않는다.
⑤ 운동 방향이 계속 변한다.

08 자유 낙하 하는 물체에 대한 설명으로 옳은 것을 〈보기〉에서 모두 고른 것은?

보기
ㄱ. 자유 낙하 하는 물체는 등속 운동을 한다.
ㄴ. 자유 낙하 하는 물체의 속력은 일정하게 증가한다.
ㄷ. 자유 낙하 하는 물체에는 운동 방향과 반대 방향으로 중력이 작용한다.

① ㄱ 　　② ㄴ 　　③ ㄷ
④ ㄱ, ㄷ 　　⑤ ㄴ, ㄷ

09 다음은 자유 낙하 하는 물체의 사진을 이용해 시간 – 속력 그래프를 만드는 실험 과정이다.

> (가) 사진에서 공의 가운데를 위쪽부터 자른 후, 잘라낸 조각들을 그래프의 시간축에 따라 나란히 붙인다.
> (나) 잘라낸 조각의 윗변을 지나는 선을 그어 그래프를 완성한다.
>
> 　
> 　(가)　　　　　　(나)

이에 대한 설명으로 옳은 것을 〈보기〉에서 모두 고른 것은?

보기
ㄱ. 그래프를 완성하면 기울어진 직선 형태가 된다.
ㄴ. 공과 공 사이를 잘라낸 조각의 길이는 각 구간에서의 속력을 의미한다.
ㄷ. 완성된 그래프를 통해 자유 낙하 하는 물체의 속력은 항상 일정하다는 것을 알 수 있다.

① ㄷ 　　② ㄱ, ㄴ 　　③ ㄱ, ㄷ
④ ㄴ, ㄷ 　　⑤ ㄱ, ㄴ, ㄷ

중요
10 오른쪽 그림은 어떤 물체의 시간에 따른 속력을 나타낸 것이다. 이에 대한 설명으로 옳은 것을 〈보기〉에서 모두 고른 것은?

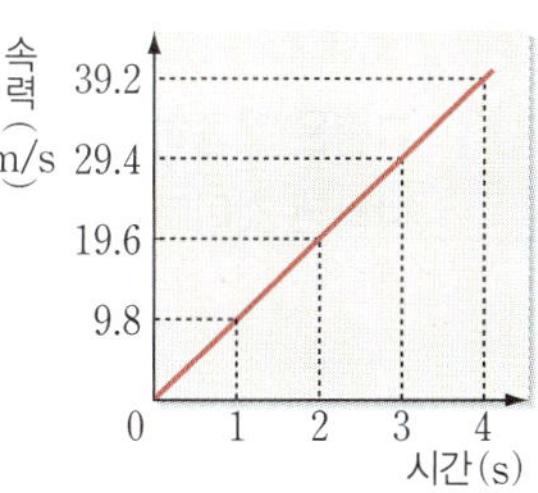

보기
ㄱ. 물체의 속력은 매초 $9.8 \ \mathrm{m/s}$씩 증가한다.
ㄴ. 물체가 운동하는 방향과 반대 방향으로 중력이 작용한다.
ㄷ. 이와 같이 운동하는 물체에는 에스컬레이터, 컨베이어 벨트, 무빙워크 등이 있다.

① ㄱ 　　② ㄴ 　　③ ㄷ
④ ㄱ, ㄷ 　　⑤ ㄴ, ㄷ

11 진공 중에서 자유 낙하 하는 질량이 $1 \ \mathrm{kg}$인 물체에 작용하는 힘의 크기가 $9.8 \ \mathrm{N}$이라면, 진공 중에서 자유 낙하 하는 질량이 $3 \ \mathrm{kg}$인 물체에 작용하는 힘의 크기는 몇 N인지 구하시오.

✐ 서술형 문제

12 다음과 같이 자유 낙하 운동에 대한 실험을 하였다.

> (가) 오른쪽 그림과 같이 벽에 일정한 간격으로 색 테이프를 붙인다.
> (나) 물체를 가만히 놓아 자유 낙하 운동 하게 하면서 그 모습을 동영상으로 촬영한다.
> (다) 동영상을 느린 속력으로 재생하여 물체의 운동을 분석한다.
>
> 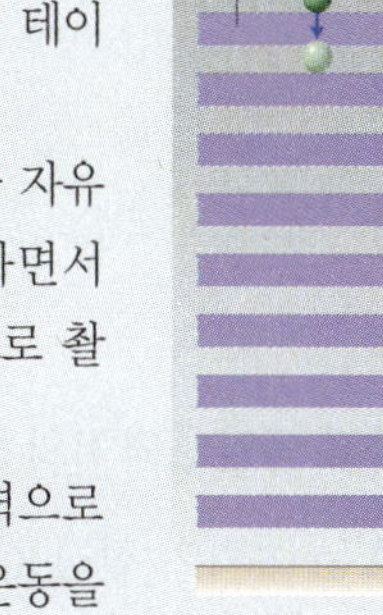
>

자유 낙하 하는 물체가 색 테이프를 지나는 시간 간격이 어떻게 될지 그 까닭과 함께 설명하시오.

01 그림은 운동하는 장난감 자동차의 모습을 **0.1초** 간격으로 나타낸 것이다.

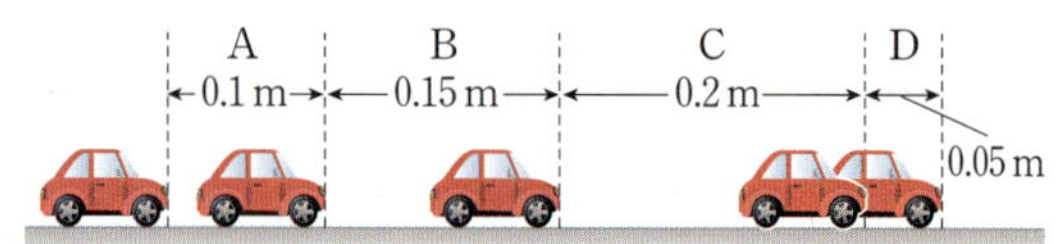

속력이 가장 빠른 구간과 속력이 가장 느린 구간을 옳게 짝 지은 것은?

	가장 빠른 구간	가장 느린 구간
①	A	B
②	A	D
③	B	C
④	C	D

⑤ 속력이 모두 같다.

[02~03] 오른쪽 그림은 물체 A와 B의 시간에 따른 이동 거리를 나타낸 것이다. **0초**일 때 A와 B는 같은 위치에 있었다. 물음에 답하시오.

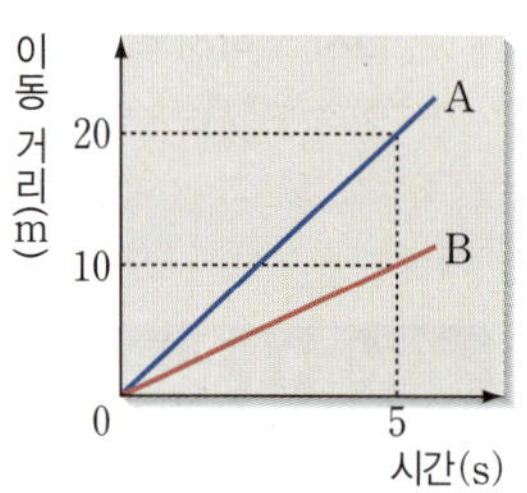

02 5초일 때 A와 B의 속력은 몇 **m/s**인지 각각 구하시오.

03 0~5초 동안 A와 B의 운동에 대한 설명으로 옳은 것은?

① A는 속력이 점점 감소하는 운동을 한다.
② B는 속력이 점점 증가하는 운동을 한다.
③ 매 순간 A의 속력은 B의 속력과 같다.
④ A의 이동 거리는 B의 이동 거리의 $\frac{1}{2}$ 배이다.
⑤ A와 B의 이동 거리는 시간에 따라 일정하게 증가한다.

04 오른쪽 그림은 어떤 물체가 6초 동안 이동한 거리를 시간에 따라 나타낸 것이다. 이 물체의 시간에 따른 속력을 그래프로 옳게 나타낸 것은?

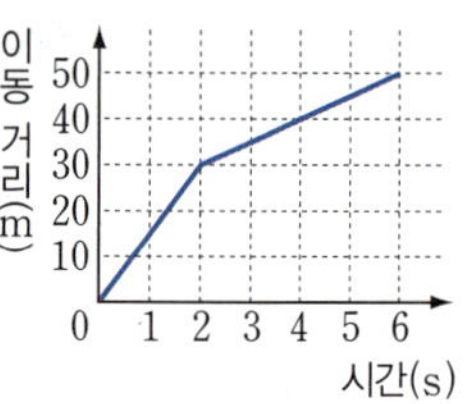

① 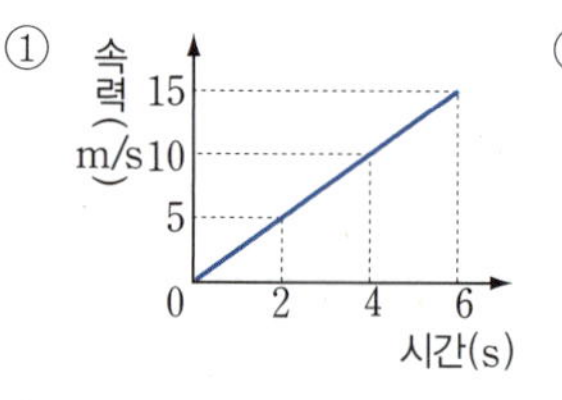

② 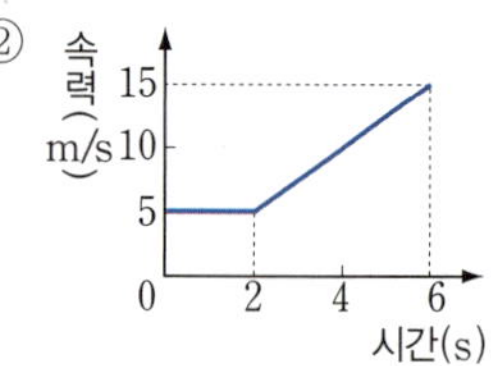

③ 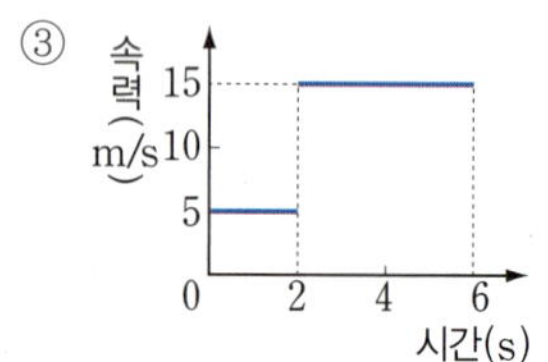

④ 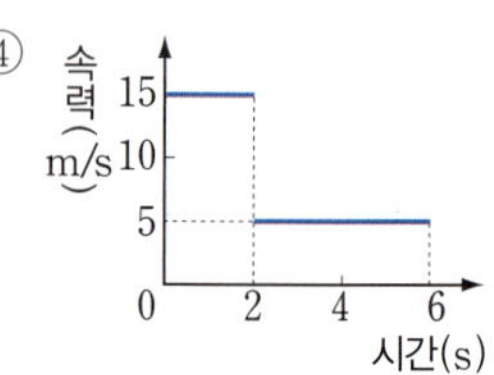

⑤ 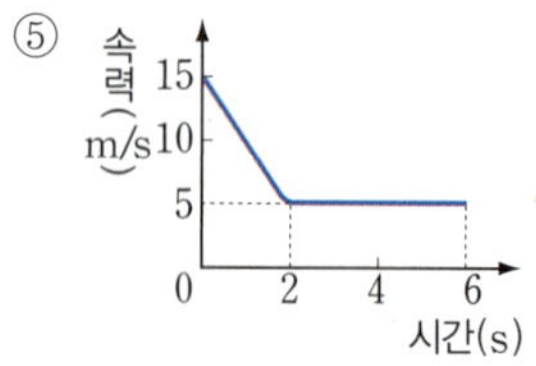

중요

05 그림 (가)는 물체 A의 시간에 따른 이동 거리를 나타낸 것이고, (나)는 물체 B의 시간에 따른 속력을 나타낸 것이다.

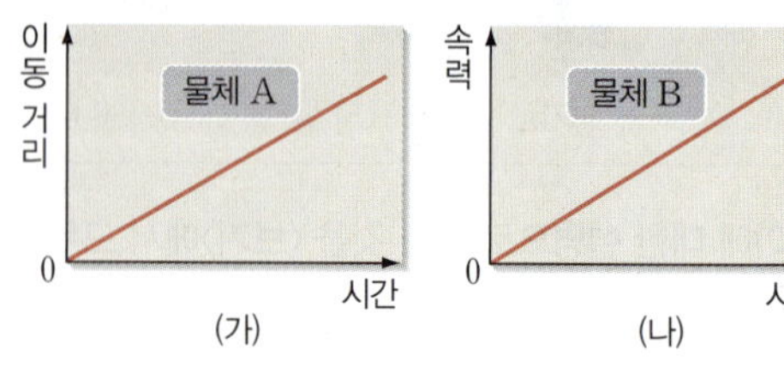

물체 A와 B의 예로 옳게 짝 지은 것은?

	물체 A	물체 B
①	무빙워크	에스컬레이터
②	무빙워크	컨베이어 벨트
③	에스컬레이터	나무에서 떨어지는 사과
④	나무에서 떨어지는 사과	컨베이어 벨트
⑤	옥상에서 아래로 던진 공	에스컬레이터

06 자유 낙하 운동에 대한 설명으로 옳지 <u>않은</u> 것은?

① 자유 낙하 운동 하는 물체의 속력은 낙하 시간에 비례하여 증가한다.
② 자유 낙하 운동 하는 물체의 질량이 클수록 1초마다 증가하는 속력이 빠르다.
③ 자유 낙하 운동 하는 물체의 낙하 시간이 1초 증가하면 속력이 9.8 m/s 증가한다.
④ 공중에 정지해 있던 물체가 중력만을 받아 떨어지는 운동을 자유 낙하 운동이라고 한다.
⑤ 중력 가속도 상수는 자유 낙하 운동을 하는 물체의 시간에 따른 속력 변화 정도를 뜻한다.

07 오른쪽 그림은 자유 낙하 운동 하는 물체의 시간에 따른 속력을 나타낸 것이다. 이 물체가 0~2초 동안 낙하한 거리는 몇 **m**인지 구하시오.

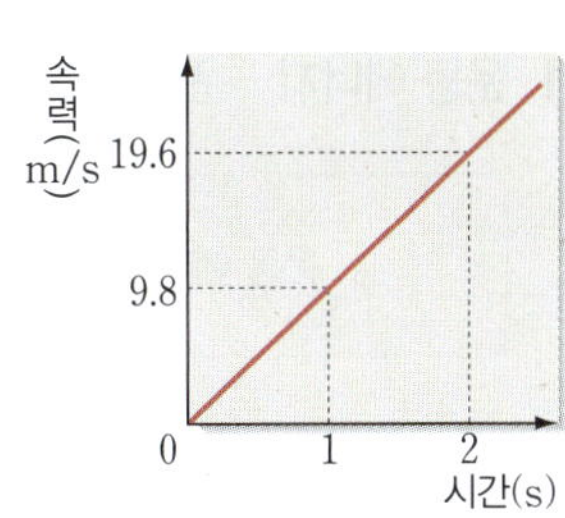

중요
08 그림은 질량이 다른 물체 **A~D**가 같은 높이에서 동시에 자유 낙하 운동을 하는 모습을 나타낸 것이다.

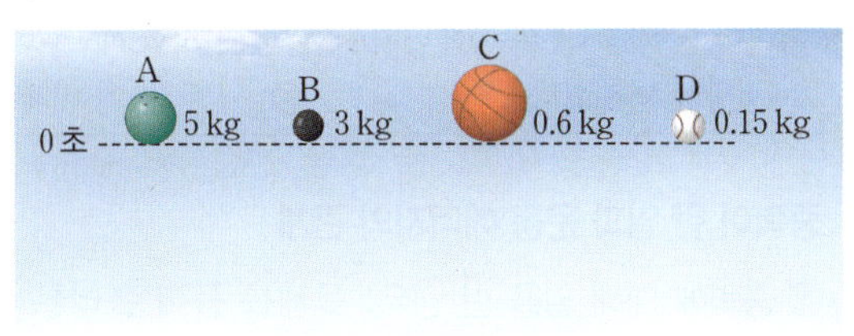

이에 대한 설명으로 옳은 것을 〈보기〉에서 모두 고른 것은?(단, 공기 저항은 무시한다.)

> **보기**
> ㄱ. A가 가장 먼저 지면에 도달한다.
> ㄴ. 물체 A~D의 속력 변화는 모두 같다.
> ㄷ. 물체 A~D에 작용하는 중력의 크기는 모두 같다.

① ㄱ ② ㄴ ③ ㄷ
④ ㄱ, ㄴ ⑤ ㄴ, ㄷ

09 오른쪽 그림과 같이 지구에서 쇠구슬과 깃털을 동시에 떨어뜨리면 쇠구슬이 먼저 떨어진다. 그러나 달에서 쇠구슬과 깃털을 동시에 떨어뜨리면 동시에 떨어진다. 그 까닭으로 옳은 것은?(단, 쇠구슬과 깃털을 떨어뜨리는 높이는 같다.)

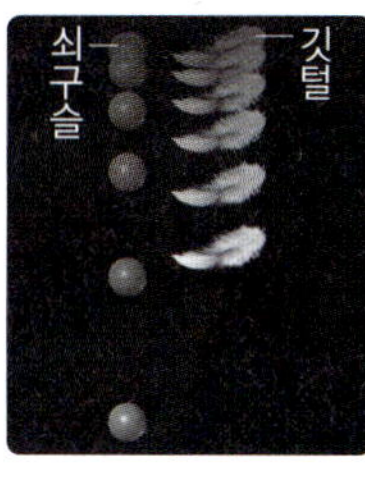

① 달에서는 중력이 작용하지 않기 때문
② 달에서는 공기 저항을 받지 않기 때문
③ 달에서의 중력이 지구에서의 중력보다 크기 때문
④ 달에서의 중력이 지구에서의 중력보다 작기 때문
⑤ 달에서는 쇠구슬과 깃털의 질량이 모두 0이 되기 때문

✏️ 서술형 문제

10 오른쪽 그림은 1977년 발사되어 우주를 일정한 속력으로 날아가고 있는 보이저 1호이다. 보이저 1호가 우주에서 일정한 속력으로 날아가는 까닭을 설명하시오.

11 다음은 물체의 낙하 운동에 대한 실험이다.

> [가설]
> 질량이 큰 물체일수록 낙하할 때 속력이 더 빠르게 증가한다.
>
> [실험 방법]
> 질량이 1 kg인 물체와 2 kg인 물체를 같은 높이에서 가만히 놓아 동시에 낙하시킨다.
>
> [실험 결과]
> 질량이 다른 두 물체가 동시에 지면에 도달한다.

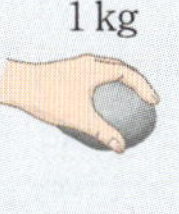

실험 결과 가설이 옳지 않다는 것을 알게 되었다. 새로운 가설을 어떻게 세워야 할지 설명하시오.

09 _강 일과 에너지

❶ 일

1 과학에서의 일 물체에 힘을 작용하여 물체를 ❶(　　　)의 방향으로 이동시킬 때 일을 한다고 한다.

2 과학에서의 일을 하지 않은 경우(일의 양이 0인 경우)
① 물체가 움직이지 않은 경우(이동 거리가 0인 경우)
② 물체에 작용한 힘이 0인 경우
③ 물체에 작용한 힘의 방향과 이동 방향이 ❷(　　　)인 경우

3 일의 양 물체에 한 일의 양은 물체에 작용하는 힘의 크기와 힘의 방향으로 이동한 거리의 곱이다.

> 일＝힘×힘의 방향으로 이동한 거리, $W=Fs$

물체를 들어 올릴 때 한 일 (❸(　　　)에 대하여 한 일)	물체가 자유 낙하 할 때 한 일 (중력이 한 일)
일 ＝ 물체의 무게 × 들어 올린 높이	일 ＝ 물체에 작용하는 중력 × 낙하한 거리

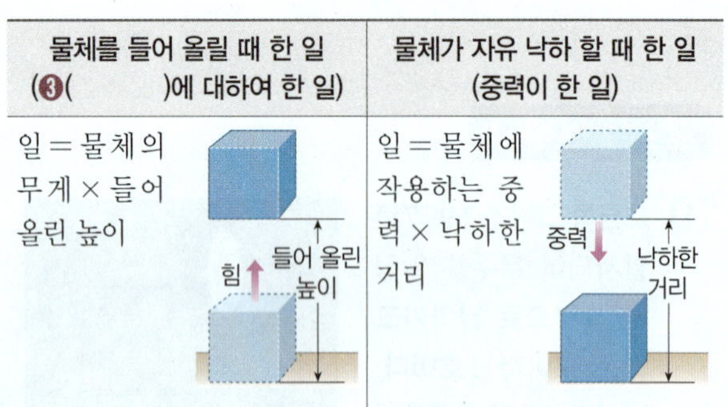

4 일의 단위 J(줄)

❷ 일과 에너지의 관계

1 에너지 일을 할 수 있는 능력(단위: J(줄))

2 일과 에너지의 관계 일과 에너지는 서로 전환될 수 있다.

외부에서 물체에 일을 한 경우	물체가 외부에 일을 한 경우
물체에 해 준 일의 양만큼 물체의 에너지가 ❹(　　　)한다. ➡ 물체의 나중 에너지＝처음 에너지＋물체에 해 준 일의 양	물체가 한 일의 양만큼 물체의 에너지가 ❺(　　　)한다. ➡ 물체의 나중 에너지＝처음 에너지－물체가 한 일의 양

❸ 중력에 의한 위치 에너지

1 중력에 의한 위치 에너지 ❻(　　　)으로부터 높은 곳에 있는 물체가 가지는 에너지

> 중력에 의한 위치 에너지＝9.8×질량×높이, $E=9.8mh$

2 중력에 의한 위치 에너지와 질량 및 높이의 관계

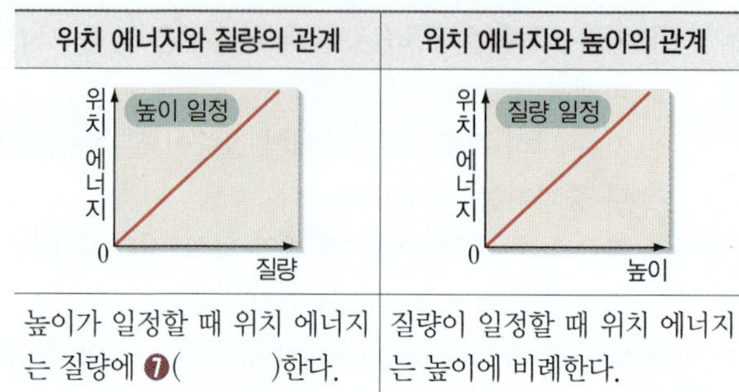

위치 에너지와 질량의 관계	위치 에너지와 높이의 관계
높이가 일정할 때 위치 에너지는 질량에 ❼(　　　)한다.	질량이 일정할 때 위치 에너지는 높이에 비례한다.

3 기준면으로부터의 높이에 따른 위치 에너지 기준면이 달라지면 물체의 높이가 달라지므로, 물체가 가지는 중력에 의한 위치 에너지도 달라진다.

❹ 운동 에너지

1 운동 에너지 운동하는 물체가 가지는 에너지

> 운동 에너지＝$\dfrac{1}{2}$×질량×속력², $E=\dfrac{1}{2}mv^2$

2 운동 에너지와 질량 및 속력의 관계

운동 에너지와 질량의 관계	운동 에너지와 속력의 관계
속력이 일정할 때 운동 에너지는 질량에 비례한다.	질량이 일정할 때 운동 에너지는 ❽(　　　)에 비례한다.

3 중력이 한 일과 운동 에너지의 관계
① 중력에 대해 일을 한 경우: 물체를 들어 올리는 일을 하면 물체의 중력에 의한 위치 에너지가 ❾(　　　)한다.
② 중력이 물체에 일을 한 경우: 자유 낙하 하는 경우와 같이 중력이 물체에 일을 하면 물체의 ❿(　　　) 에너지가 증가한다. ➡ 물체의 질량이 클수록, 물체가 낙하한 거리가 길수록 물체의 ⓫(　　　) 에너지가 커진다.

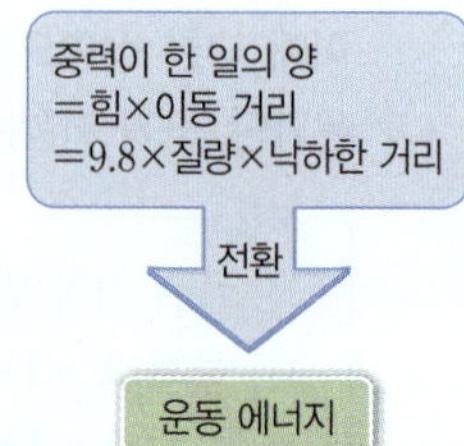

정답 ❶ 힘 ❷ 수직 ❸ 중력 ❹ 증가 ❺ 감소 ❻ 기준면 ❼ 비례 ❽ 속력의 제곱 ❾ 증가 ❿ 운동 ⓫ 운동

★ 바른답·알찬풀이 65쪽

A 기준면에 따른 위치 에너지 알아보기

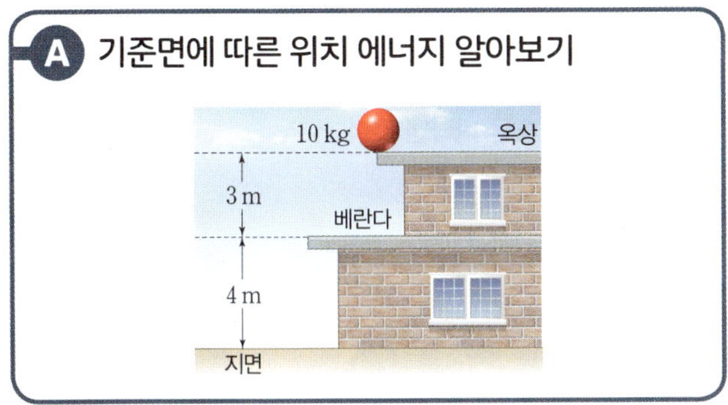

[01~03] 위 그림과 같이 지면으로부터 4 m 높이에 베란다가 있고, 베란다로부터 3 m 높이에 옥상이 있다. 옥상에는 질량이 10 kg인 물체가 놓여 있다. 물음에 답하시오.

01 지면을 기준면으로 할 때 옥상에 놓인 물체의 중력에 의한 위치 에너지는 몇 J인지 구하시오.

02 베란다를 기준면으로 할 때 옥상에 놓인 물체의 중력에 의한 위치 에너지는 몇 J인지 구하시오.

03 옥상에 놓인 물체를 베란다로 내려놓았을 때 중력에 의한 위치 에너지의 감소량은 몇 J인지 구하시오.

04 그림과 같이 질량과 높이가 다른 6개의 물체가 있다.

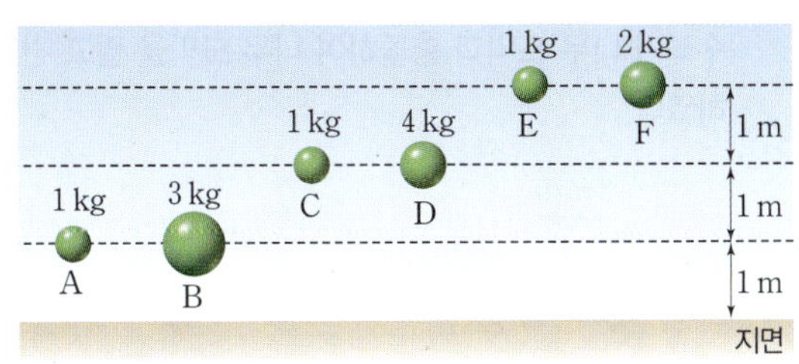

지면을 기준면으로 할 때 위치 에너지가 가장 큰 물체와 가장 작은 물체를 각각 쓰시오.

B 일과 에너지의 전환

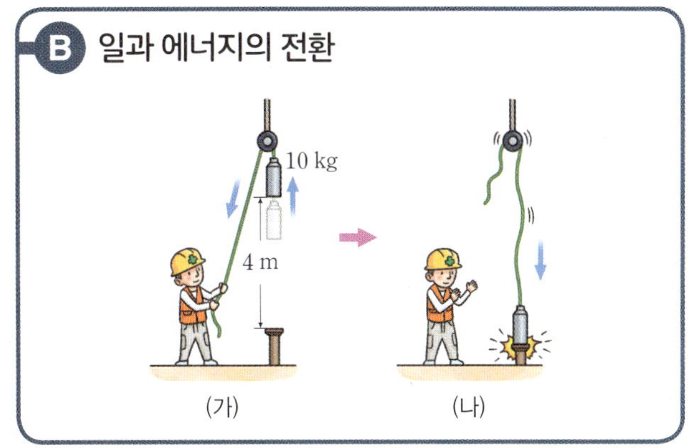

[05~07] 위 그림 (가)는 질량이 10 kg인 추를 말뚝의 윗면으로부터 4 m 높이까지 들어 올리는 모습을 나타낸 것이고, (나)는 4 m 높이에서 추를 자유 낙하시켜 말뚝을 박게 하는 모습을 나타낸 것이다. 물음에 답하시오.(단, 공기 저항과 모든 마찰은 무시한다.)

05 다음은 위 그림과 같은 상황에서 일과 에너지의 관계에 대한 설명이다. (   ) 안에 들어갈 알맞은 말을 쓰시오.

> 그림 (가)와 같이 추를 천천히 들어 올리면서 중력에 대해 일을 하면 한 일의 양만큼 추의 (㉠) 에너지가 증가한다. 그림 (나)와 같이 줄을 놓으면 자유 낙하 하는 추에 (㉡)이/가 일을 하는데, 이렇게 한 일의 양만큼 추의 (㉢) 에너지가 증가한다. 이때 낙하한 추는 말뚝을 박는 일을 하고, 말뚝에 한 일의 양만큼 추의 (㉣) 에너지가 감소한다.

06 그림 (가)와 같이 질량이 10 kg인 추를 말뚝의 윗면으로부터 4 m 높이까지 들어 올렸을 때 추가 가지는 중력에 의한 위치 에너지는 몇 J인지 구하시오.(단, 위치 에너지의 기준면은 말뚝의 윗면이다.)

07 그림 (나)와 같이 자유 낙하시킨 추가 말뚝과 충돌하기 직전에 가지는 운동 에너지는 몇 J인지 구하시오.

01 과학에서 의미하는 일을 한 경우는?

① 역도 선수가 역기를 들고 서 있었다.
② 벽을 힘껏 밀었으나 움직이지 않았다.
③ 가방을 들고 수평한 복도를 걸어갔다.
④ 바닥에 떨어진 책을 책상 위에 올려놓았다.
⑤ 우주 공간에서 우주선이 등속 운동을 하고 있다.

02 물체에 한 일의 양이 나머지와 다른 하나는?

① 질량이 1 kg인 물체를 수직으로 10 m 들어 올렸다.
② 수평면에 놓인 물체를 9.8 N의 힘으로 10 m 밀었다.
③ 무게가 9.8 N인 물체를 10 m 높이만큼 들어 올렸다.
④ 무게가 10 N인 물체를 9.8 m 높이만큼 들어 올렸다.
⑤ 질량이 9.8 kg인 물체를 수평면에서 10 N의 힘으로 10 m 끌어당겼다.

중요
03 그림 (가)와 같이 장치하고 추의 낙하 높이와 질량을 다르게 하면서 추를 낙하시켜 나무 도막의 이동 거리를 측정하였더니 그림 (나)와 같았다.

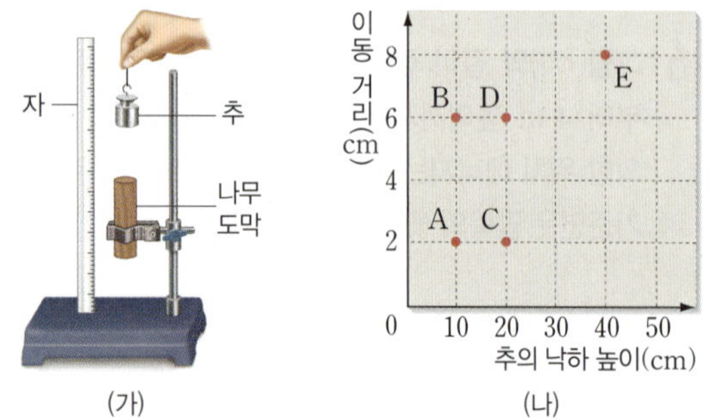

실험에 사용한 추의 질량이 가장 큰 경우는?

① A
② B
③ C
④ D
⑤ E

04 그림은 지구와 달에서 질량이 같은 물체가 같은 높이에 놓여 있는 모습을 나타낸 것이다.

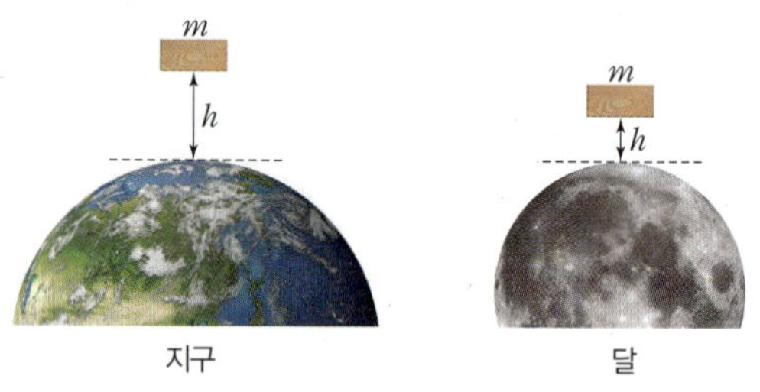

지구와 달에서 물체의 중력에 의한 위치 에너지를 등호나 부등호를 이용해 비교하시오.

05 오른쪽 그림은 아래쪽 저수지에 있는 물을 위쪽 저수지로 끌어올린 후, 이 물을 다시 떨어뜨려 터빈을 돌려 전기 에너지를 생산하는 양수식 수력 발전소를 나타낸 것이다. 이에 대한 설명으로 옳은 것을 〈보기〉에서 모두 고른 것은?

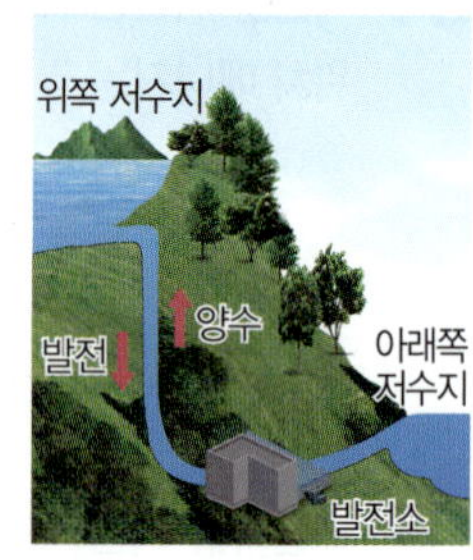

> **보기**
>
> ㄱ. 위쪽 저수지로 끌어올려진 물은 중력에 의한 위치 에너지가 감소한다.
> ㄴ. 아래쪽 저수지의 물을 위쪽으로 끌어올리는 것은 중력이 일을 하는 경우이다.
> ㄷ. 위쪽 저수지의 물이 가진 에너지가 터빈을 돌리는 일로 전환되어 전기 에너지를 생산한다.

① ㄱ
② ㄴ
③ ㄷ
④ ㄱ, ㄴ
⑤ ㄴ, ㄷ

06 그림과 같이 3 m/s의 속력으로 운동하던 질량이 2 kg인 수레가 나무 도막과 충돌하여 나무 도막을 밀고 간 후 정지하였다.

수레가 나무 도막에 한 일의 양은 몇 J인지 구하시오.(단, 모든 마찰은 무시한다.)

07 그림은 지면으로부터 **20 m** 높이에서 질량이 **2 kg**인 새가 **5 m/s**의 속력으로 날고 있는 모습을 나타낸 것이다.

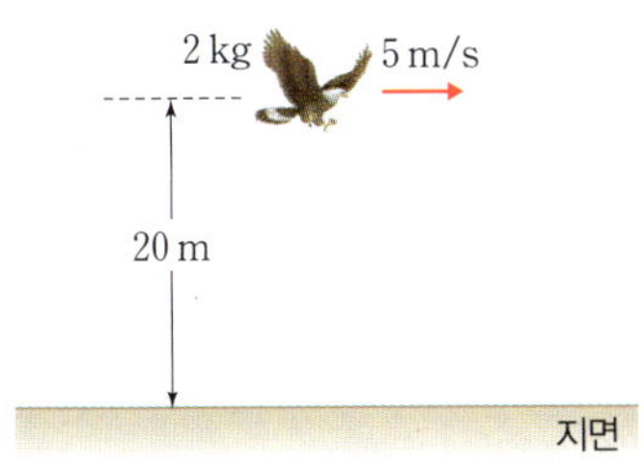

이 새의 중력에 의한 위치 에너지와 운동 에너지를 옳게 짝지은 것은?

	위치 에너지	운동 에너지
①	25 J	40 J
②	25 J	392 J
③	196 J	196 J
④	392 J	25 J
⑤	392 J	196 J

08 다음과 같이 주어진 두 물체 A와 B의 운동 에너지의 비 (A : B)는?

> • A: 질량이 1 kg이고, 속력이 2 m/s이다.
> • B: 질량이 2 kg이고, 속력이 4 m/s이다.

① 1 : 2 ② 1 : 4 ③ 1 : 8
④ 4 : 1 ⑤ 8 : 1

09 오른쪽 그림은 어떤 물체의 운동 에너지와 속력의 관계를 나타낸 것이다. 이 물체의 질량은?

① 2 kg ② 4 kg
③ 5 kg ④ 10 kg
⑤ 20 kg

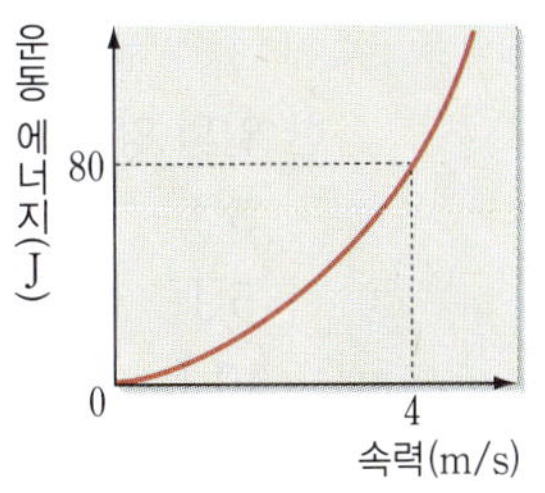

[10~11] 오른쪽 그림과 같이 질량이 **2 kg**인 물체가 **10 m** 높이에서 자유 낙하를 시작하였다. 물음에 답하시오.(단, 공기 저항과 모든 마찰은 무시하며, 위치 에너지의 기준면은 지면이다.)

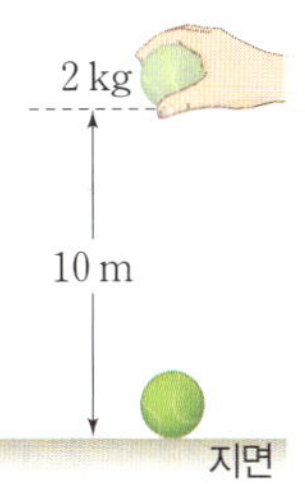

중요
10 이에 대한 설명으로 옳은 것을 〈보기〉에서 모두 고른 것은?

> ─ 보기 ─
> ㄱ. 자유 낙하 하기 직전 물체의 중력에 의한 위치 에너지는 196 J이다.
> ㄴ. 지면에 도달했을 때 물체의 운동 에너지는 196 J 이다.
> ㄷ. 물체가 3 m 낙하했을 때 중력이 물체에 한 일의 양은 58.8 J이다.

① ㄱ ② ㄴ ③ ㄷ
④ ㄱ, ㄴ ⑤ ㄱ, ㄴ, ㄷ

11 물체가 **5 m** 낙하했을 때 중력에 의한 위치 에너지와 운동 에너지는 각각 몇 **J**인지 구하시오.

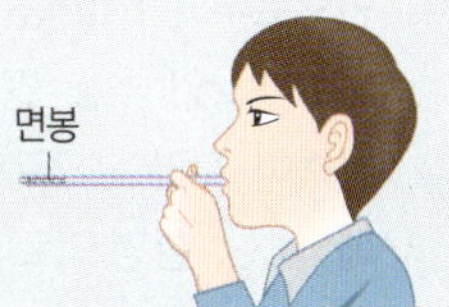
서술형 문제

12 다음은 그림과 같이 빨대에 면봉을 잘라서 넣고 입으로 불어서 면봉을 날리는 실험 결과에 대한 내용이다.

> [실험 결과]
> (가) 빨대의 같은 위치에 면봉을 넣은 후 빨대를 각각 세게 불고 약하게 불었더니, 세게 불었을 때 면봉이 더 멀리 날아갔다.
> (나) 면봉을 빨대 끝과 입 근처에 각각 넣은 후 같은 세기로 빨대를 불었더니 입 근처에 넣었을 때 면봉이 더 멀리 날아갔다.

(가)와 (나)의 실험 결과를 일과 에너지의 관계를 이용하여 설명하시오.

01 다음은 철수와 민수가 한 일이다.

> • 철수: 질량이 1 kg인 물체를 1 m 높이의 선반 위에 올려놓았다.
> • 민수: 질량이 1.5 kg인 물체를 1 m 높이의 선반 위에 올려놓았다.

철수와 민수가 한 일의 비(철수 : 민수)를 구하시오.

02 그림은 고대 이집트인 A~E가 빗면과 돌, 흙, 통나무를 이용하여 피라미드를 건설하는 모습을 나타낸 것이다.

1 m 이동하는 동안 한 일의 양이 0인 사람은?

① A
② B
③ C
④ D
⑤ E

중요
03 오른쪽 그림과 같이 말뚝의 윗면으로부터 1 m 높이에서 질량이 5 kg인 추를 떨어뜨렸더니 말뚝이 지면 속으로 박혔다. 이에 대한 설명으로 옳은 것을 〈보기〉에서 모두 고른 것은?(단, 모든 마찰은 무시한다.)

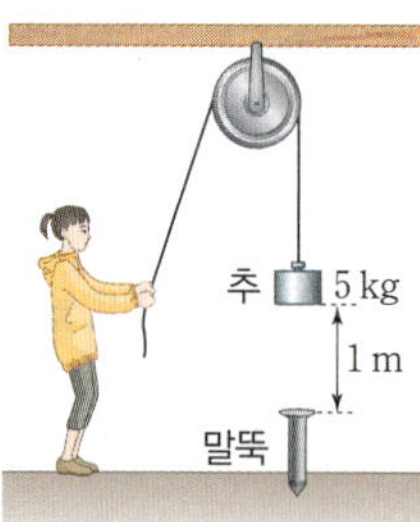

┌ 보기 ─
ㄱ. 추가 가진 중력에 의한 위치 에너지가 말뚝을 박는 일로 전환된다.
ㄴ. 추의 질량이 2배가 되면 말뚝이 박히는 깊이는 2배가 된다.
ㄷ. 말뚝의 윗면으로부터 추의 높이가 2배가 되면 말뚝이 박히는 깊이는 $\frac{1}{2}$배가 된다.

① ㄱ
② ㄴ
③ ㄷ
④ ㄱ, ㄴ
⑤ ㄱ, ㄴ, ㄷ

중요
04 오른쪽 그림과 같이 어떤 물체가 2 m 높이의 선반에 놓여 있을 때 가지는 중력에 의한 위치 에너지가 60 J이었다. 이 물체가 5 m 높이의 선반에 놓여 있을 때 가지는 중력에 의한 위치 에너지는?(단, 위치 에너지의 기준면은 지면이다.)

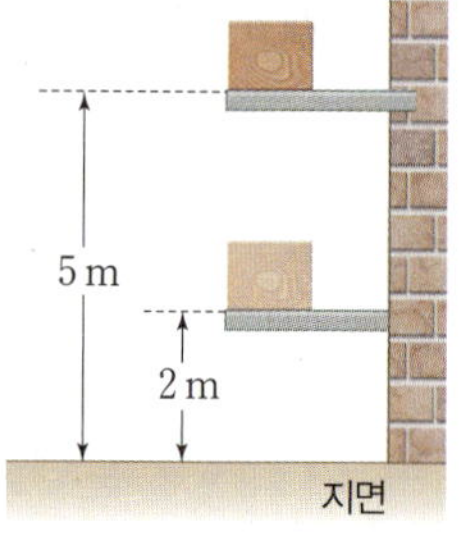

① 60 J
② 90 J
③ 120 J
④ 150 J
⑤ 180 J

05 오른쪽 그림은 몸무게가 다른 두 사람이 널뛰기 하는 모습을 나타낸 것이다. 어떤 사람이 더 높이 올라가는지에 대한 다음 설명의 (　) 안에 들어갈 알맞은 말을 쓰시오.

> 중력에 의한 위치 에너지는 물체의 질량과 물체의 높이에 각각 (　㉠　)한다. 따라서 두 사람 중 몸무게가 (　㉡　) 사람이 질량이 작아 같은 위치 에너지를 가져도 더 높이 올라가게 된다.

06 오른쪽 그림은 질량이 5 kg인 역기를 1 m 들어 올린 모습을 나타낸 것이다. 이때 물체에 한 일의 양과 증가한 중력에 의한 위치 에너지의 양을 옳게 짝 지은 것은?

	한 일의 양	증가한 위치 에너지
①	5 J	5 J
②	5 J	49 J
③	49 J	0 J
④	49 J	5 J
⑤	49 J	49 J

07 중력에 의한 위치 에너지와 운동 에너지에 대한 설명으로 옳은 것은?

① 중력이 물체에 일을 하면 물체의 운동 에너지가 증가한다.
② 높은 곳에 있는 물체가 가지는 에너지를 운동 에너지라고 한다.
③ 위치 에너지의 크기는 물체의 질량과 속력의 제곱에 각각 비례한다.
④ 운동 에너지의 크기는 물체의 질량과 물체의 높이에 각각 비례한다.
⑤ 중력과 같은 방향으로 물체에 일을 하면 물체의 위치 에너지가 증가한다.

중요
08 오른쪽 그림과 같이 투명 관의 위 끝 A점에서 50 cm 아래인 B점에 속력 측정기를 설치한 후 쇠구슬을 가만히 놓아 낙하시켰다. 이에 대한 설명으로 옳은 것은?(단, 공기 저항과 모든 마찰은 무시한다.)

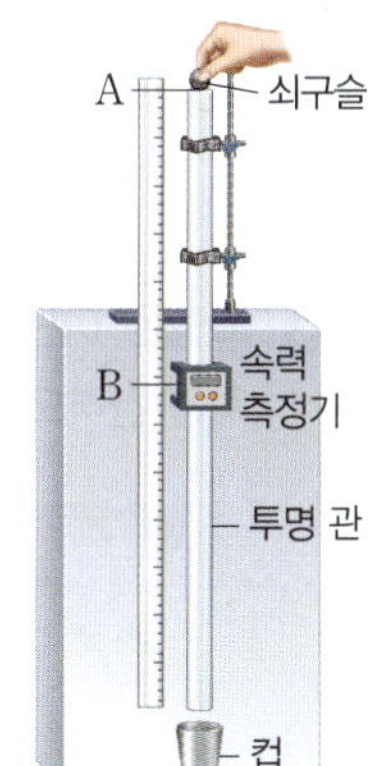

① 낙하하는 동안 쇠구슬의 속력이 점점 느려진다.
② 낙하하는 동안 쇠구슬의 운동 에너지가 점점 증가한다.
③ A점과 B점에서 쇠구슬의 중력에 의한 위치 에너지는 같다.
④ 낙하하는 동안 쇠구슬의 중력에 의한 위치 에너지가 점점 증가한다.
⑤ A점에서 B점까지 낙하하는 동안 중력이 한 일의 양은 B점에서 쇠구슬의 운동 에너지보다 크다.

중요
09 운동 에너지를 이용한 예로 옳은 것을 〈보기〉에서 모두 고른 것은?

┌ 보기 ┐
ㄱ. 볼링공을 굴려 핀을 쓰러뜨린다.
ㄴ. 바람을 이용하여 윈드서핑을 한다.
ㄷ. 댐에 고인 물을 이용히여 수력 발전을 한다.
ㄹ. 공사장에서 항타기를 이용하여 말뚝을 박는다.

① ㄱ, ㄴ
② ㄴ, ㄷ
③ ㄴ, ㄹ
④ ㄱ, ㄴ, ㄷ
⑤ ㄴ, ㄷ, ㄹ

10 다음은 현수가 쓴 일기의 일부이다. ( ) 안에 들어갈 알맞은 말을 쓰시오.

어제 친구들과 농구를 했다. 민호가 나에게 패스한 공은 엄청 빨라서 운동 에너지가 매우 컸다. 패스를 받은 나는 재빠르게 슛을 했다. 위로 올라가던 공은 (㉠) 에너지가 점점 커졌고, 골대를 향해 아래로 내려오던 공은 (㉡) 에너지가 점점 커지다가 골망을 통과하였다.

11 질량이 2 kg인 독수리가 정지 상태에서 250 m만큼 자유 낙하 운동을 하였다. 이때 독수리의 운동 에너지는 몇 J인지 구하시오.

✎ 서술형 문제

12 다음은 자동차의 속력과 제동 거리 사이의 관계에 대한 설명이다.

운전자가 브레이크를 밟은 후 자동차가 완전히 정지할 때까지 이동한 거리를 제동 거리라고 한다. 그림은 자동차의 속력과 제동 거리 사이의 관계를 나타낸 것이다.

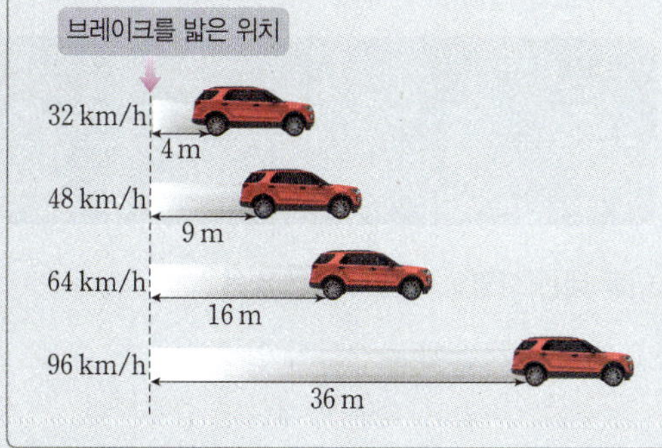

자동차의 속력이 128 km/h일 때의 제동 거리는 몇 m인지 쓰고, 그렇게 생각한 까닭을 설명하시오.

Ⅲ 단원 평가하기

01 오른쪽 그림은 고속 열차와 버스의 시간에 따른 이동 거리를 나타낸 것이다. 고속 열차가 **300 km** 지점에 도착한 다음, 얼마의 시간이 지난 후에 버스가 같은 지점에 도착하는지 쓰시오.

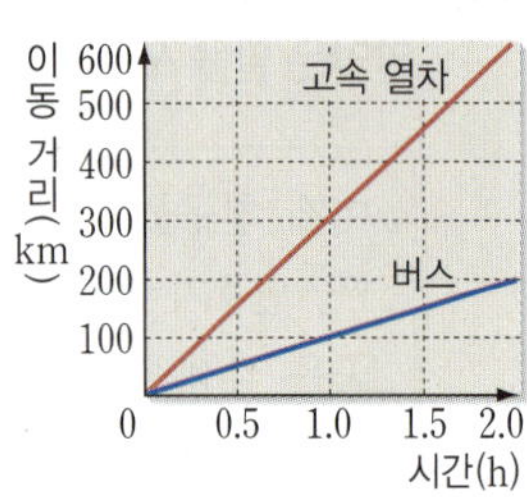

02 그림은 직선상을 운동하는 어떤 물체의 시간에 따른 속력을 나타낸 것이다.

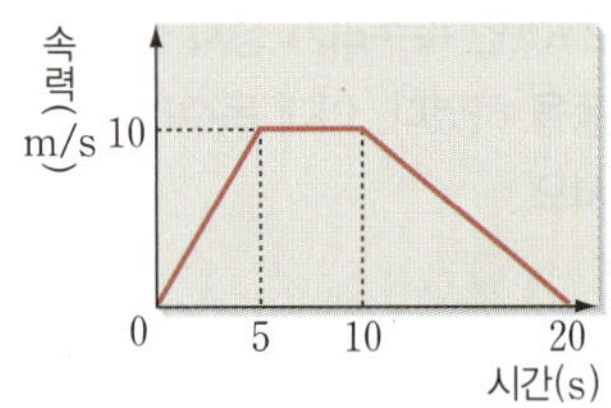

0~20초 동안 이 물체가 이동한 거리는?

① 75 m　　② 100 m　　③ 125 m
④ 150 m　　⑤ 200 m

03 그림은 마찰이 없는 수평면 위에서 운동하는 물체의 모습을 일정한 시간 간격으로 찍은 연속 사진이다.

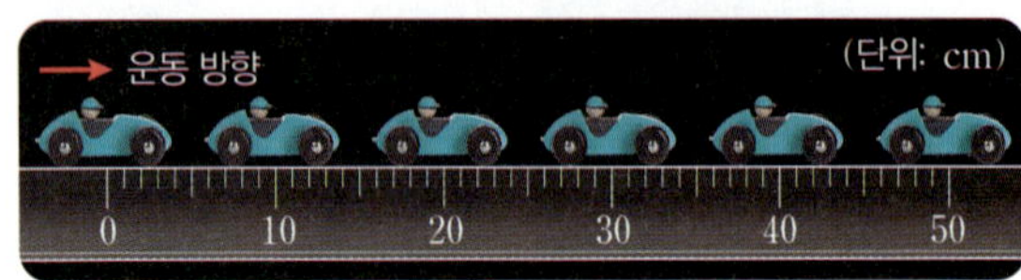

이에 대한 설명으로 옳지 않은 것은?

① 속력은 시간에 관계없이 일정하다.
② 이동 거리는 시간에 비례하여 증가한다.
③ 속력과 방향이 모두 일정한 운동을 한다.
④ 물체에는 일정한 크기의 힘이 계속 작용하고 있다.
⑤ 시간–속력 그래프의 모양은 시간축에 나란한 직선 모양이 된다.

04 그림은 두 물체 **A**와 **B**의 운동을 같은 시간 간격으로 각각 나타낸 것으로 물체 사이의 간격은 일정하다.

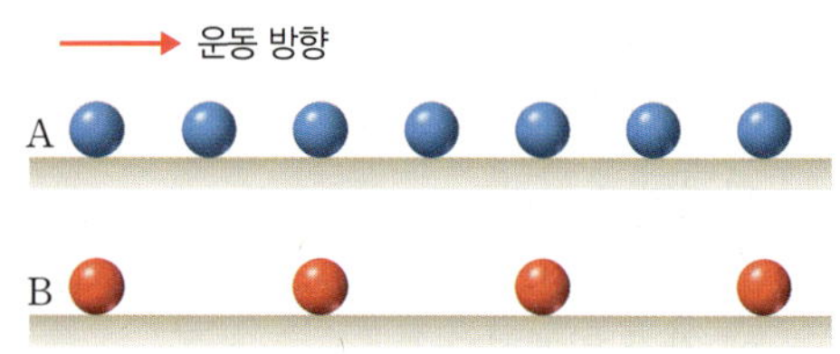

이에 대한 설명으로 옳은 것은?

① A의 속력은 점점 빨라진다.
② B의 속력은 점점 느려진다.
③ A의 속력이 B의 속력보다 빠르다.
④ B의 속력은 시간에 비례하여 증가한다.
⑤ 같은 시간 동안 이동한 거리는 B가 A보다 크다.

05 그림은 어떤 사람이 **100 m** 달리기를 하는 모습을 같은 시간 간격으로 나타낸 것이다.

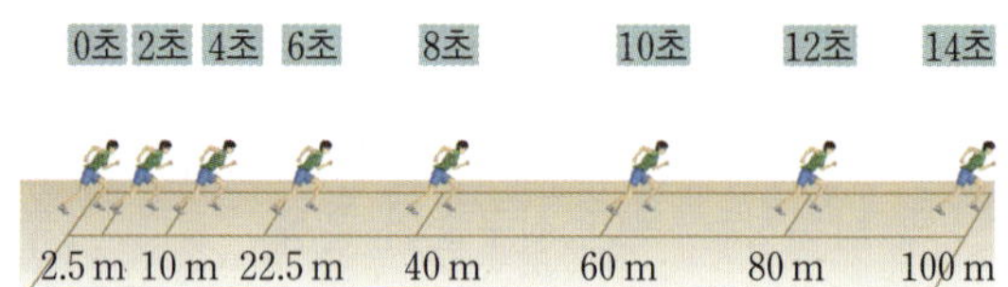

이 사람의 시간–속력 그래프로 가장 적절한 것은?

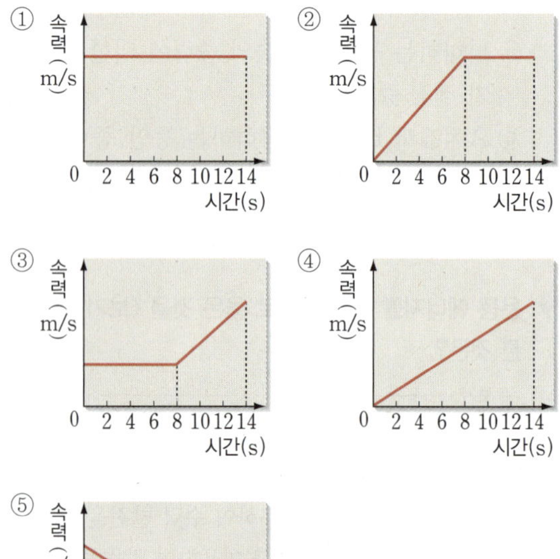

06 오른쪽 그림은 질량이 **5 kg**인 물체가 자유 낙하 하는 모습을 나타낸 것이다. 물체는 **3초**일 때 지면에 도달하였다. 지면에 도달하는 순간 물체의 속력은?

① 4.9 m/s ② 9.8 m/s
③ 19.6 m/s ④ 29.4 m/s
⑤ 39.2 m/s

07 그림 (가)와 (나)는 쇠구슬과 깃털을 같은 높이에서 동시에 낙하시킨 모습을 각각 나타낸 것이다.

(가)와 (나)는 어떤 상태인지 각각 쓰시오.(단, (가)와 (나)는 진공 중이나 공기 중의 한 상태이다.)

서술형

08 다음은 힘과 물체의 속력 변화에 대한 설명이다.

> • 물체의 운동 방향과 같은 방향으로 힘이 작용하면 물체의 속력이 증가하고, 물체의 운동 방향과 반대 방향으로 힘이 작용하면 물체의 속력이 감소한다.
> • 물체에 작용하는 힘의 크기가 클수록 속력 변화가 크다.

표는 여러 천체의 중력 값을 상대적으로 나타낸 것이다.

천체	금성	지구	화성	목성	달
중력	0.91	1.00	0.38	2.54	0.17

같은 높이에서 같은 물체를 자유 낙하시켰을 때 **1초당 속력 변화가 가장 큰 천체를 고르고, 그 까닭을 설명하시오.**

09 다음은 등속 운동과 자유 낙하 운동에 대한 설명이다.

> (가) 물체에 일정한 힘이 작용한다.
> (나) 물체에 힘이 작용하지 않는다.
> (다) 1초 동안 증가한 속력이 0이다.
> (라) 1초 동안 증가한 속력이 9.8 m/s이다.
> (마) 1초 동안 움직인 거리가 일정하다.
> (바) 시간이 지날수록 1초 동안 움직인 거리가 증가한다.

등속 운동과 자유 낙하 운동에 대한 설명을 옳게 짝 지은 것은?(단, 공기 저항과 모든 마찰은 무시한다.)

	등속 운동	자유 낙하 운동
①	(가), (다), (마)	(나), (라), (바)
②	(가), (라), (바)	(나), (다), (마)
③	(나), (다), (마)	(가), (라), (바)
④	(나), (다), (바)	(가), (라), (마)
⑤	(나), (라), (마)	(가), (다), (바)

10 자유 낙하 운동 하는 물체의 시간에 따른 속력을 그래프로 옳게 나타낸 것은?

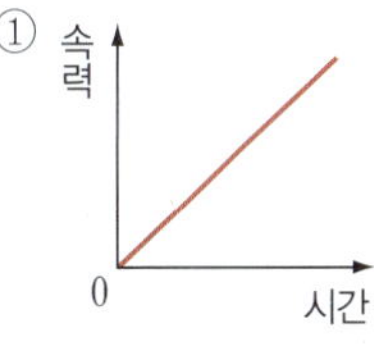

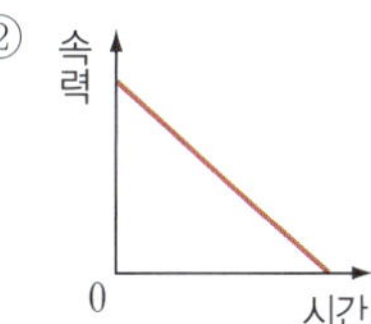

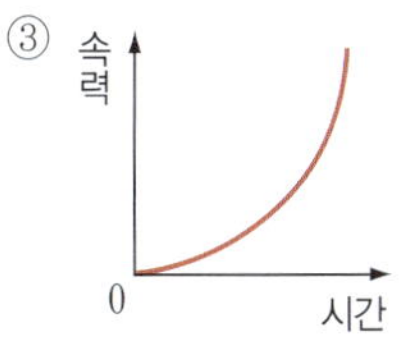

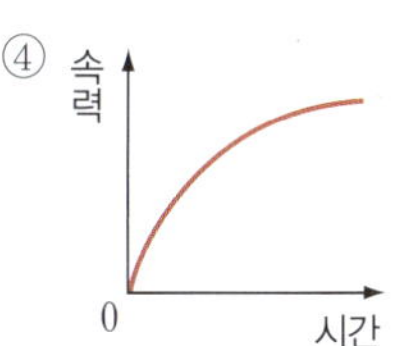

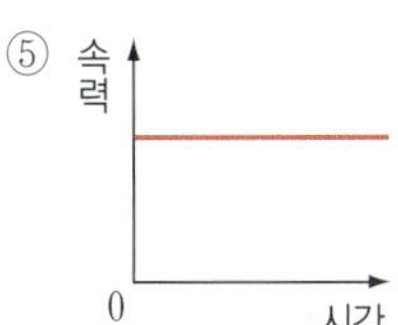

11 지원이가 청소 시간에 한 일 중 과학에서의 일에 해당하는 것을 〈보기〉에서 모두 고른 것은?

> ─ 보기 ─
> ㄱ. 책상을 밀어서 한쪽으로 옮겼다.
> ㄴ. 쓰레기봉투를 들고 복도를 걸어갔다.
> ㄷ. 청소를 쉽고 빨리할 수 있는 방법에 대해 고민하였다.

① ㄱ　　　　② ㄷ　　　　③ ㄱ, ㄴ
④ ㄴ, ㄷ　　　⑤ ㄱ, ㄴ, ㄷ

12 한 일의 양이 가장 많은 경우는?

① 무게가 20 N인 물체를 2 m 들어 올렸다.
② 무게가 8 N인 책을 들어 올려 2 m 높이의 책꽂이에 꽂았다.
③ 질량이 10 kg인 상자를 10 N의 힘으로 밀어서 60 cm만큼 이동시켰다.
④ 책상 위의 나무 도막을 5 N의 힘으로 끌어당겨 20 cm만큼 이동시켰다.
⑤ 책상 위에 놓여 있는 책을 60 N의 힘으로 수평 방향으로 30 cm 끌어당겼다.

13 오른쪽 그림은 돌을 빗면을 따라 밀어 올리는 모습을 나타낸 것이다. 이에 대한 설명으로 옳은 것을 〈보기〉에서 모두 고른 것은?(단, 모든 마찰은 무시한다.)

> ─ 보기 ─
> ㄱ. 돌의 에너지는 변화 없다.
> ㄴ. 사람이 한 일과 돌의 증가한 에너지는 같다.
> ㄷ. 빗면 위의 돌은 떨어지면서 말뚝을 박는 일을 할 수 있다.

① ㄴ　　　　② ㄱ, ㄴ　　　③ ㄱ, ㄷ
④ ㄴ, ㄷ　　　⑤ ㄱ, ㄴ, ㄷ

14 어떤 물체가 450 J의 일을 하고 난 후 350 J의 에너지를 가지고 있다. 이 물체가 처음에 가지고 있던 에너지는 몇 J인지 구하시오.

15 오른쪽 그림과 같이 지면에 놓인 질량이 1 kg인 물체를 천천히 들어 올렸더니 물체의 중력에 의한 위치 에너지가 29.4 J이 되었다. 이에 대한 설명으로 옳지 <u>않은</u> 것은?(단, 공기 저항과 모든 마찰은 무시하며, 위치 에너지의 기준면은 지면이다.)

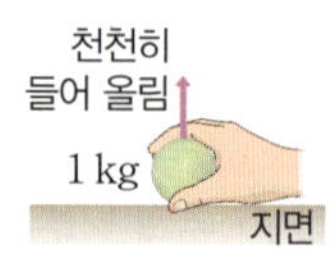

① 물체를 들어 올린 높이는 3 m이다.
② 물체를 들어 올리는 힘의 크기는 29.4 N이다.
③ 물체에 중력에 대해 한 일의 양은 29.4 J이다.
④ 물체는 중력의 방향과 반대 방향으로 이동하였다.
⑤ 중력에 의한 위치 에너지를 가진 물체는 다른 물체에 일을 할 수 있다.

16 그림은 기준면으로부터의 높이에 따른 두 물체 A와 B의 중력에 의한 위치 에너지를 나타낸 것이다.

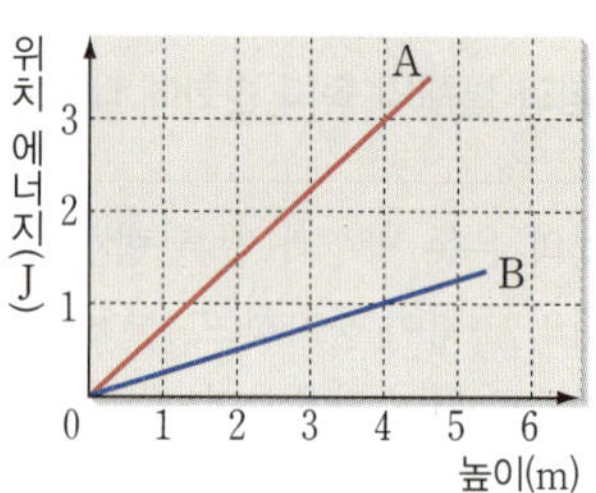

이에 대한 설명으로 옳은 것을 〈보기〉에서 모두 고른 것은?

> ─ 보기 ─
> ㄱ. A의 질량이 B의 질량보다 크다.
> ㄴ. A와 B의 질량 비(A : B)는 3 : 1이다.
> ㄷ. 중력에 의한 위치 에너지는 높이에 비례한다.

① ㄱ　　　　② ㄴ　　　　③ ㄱ, ㄷ
④ ㄴ, ㄷ　　　⑤ ㄱ, ㄴ, ㄷ

★ 바른답·알찬풀이 68쪽

서술형

17 오른쪽 그림과 같이 장치하고 추를 떨어뜨리면서 나무 도막의 이동 거리를 측정하여 추의 위치 에너지를 비교하려고 한다.

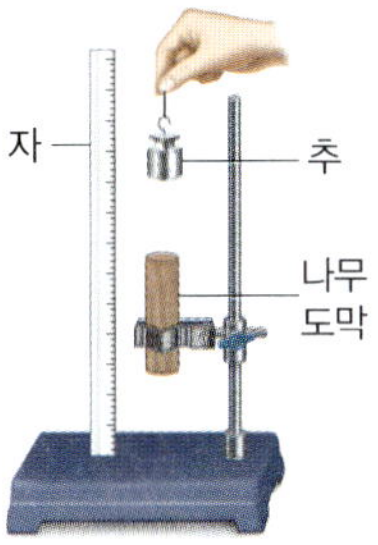

(1) 추의 위치 에너지와 질량의 관계를 알아보기 위해 일정하게 유지해야 하는 것을 쓰시오.

(2) 추의 위치 에너지와 높이의 관계를 알아보기 위해 일정하게 유지해야 하는 것을 쓰시오.

(3) 나무 도막의 이동 거리를 측정하여 추의 위치 에너지를 비교해 볼 수 있는 까닭을 설명하시오.

18 그림 (가)와 같이 수평면에 정지해 있는 수레를 일정한 크기의 힘 F로 거리 s만큼 밀었더니 수레의 속력이 1 m/s가 되었다. 그림 (나)는 같은 수레를 일정한 크기의 힘 $2F$로 거리 $2s$만큼 미는 모습을 나타낸 것이다.

(가) (나)

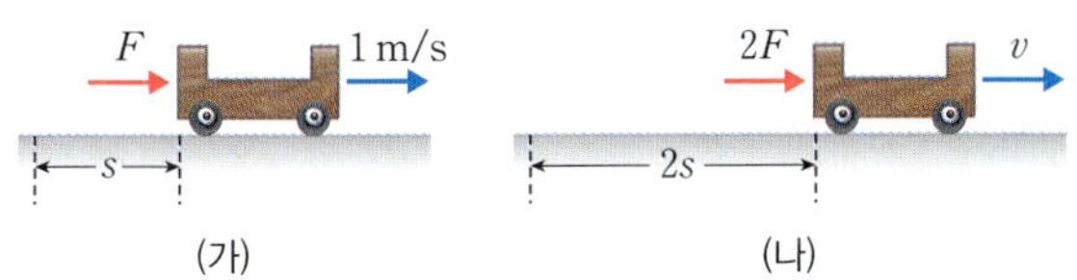

이에 대한 설명으로 옳은 것을 <보기>에서 모두 고른 것은?(단, 모든 마찰은 무시한다.)

보기

ㄱ. (가)와 (나)에서 모두 수레에 해 준 일은 수레의 운동 에너지로 전환된다.
ㄴ. (가)에서 수레가 가지는 에너지는 Fs이고, (나)에서 수레가 가지는 에너지는 $4Fs$이다.
ㄷ. (나)에서 수레의 속력은 4 m/s가 된다.

① ㄱ ② ㄷ ③ ㄱ, ㄴ
④ ㄴ, ㄷ ⑤ ㄱ, ㄴ, ㄷ

19 그림과 같이 빗면에서 굴러 내려온 쇠구슬이 나무 도막을 밀어내도록 장치하고 빗면이 끝나는 곳에 속력 측정기를 올려놓았다.

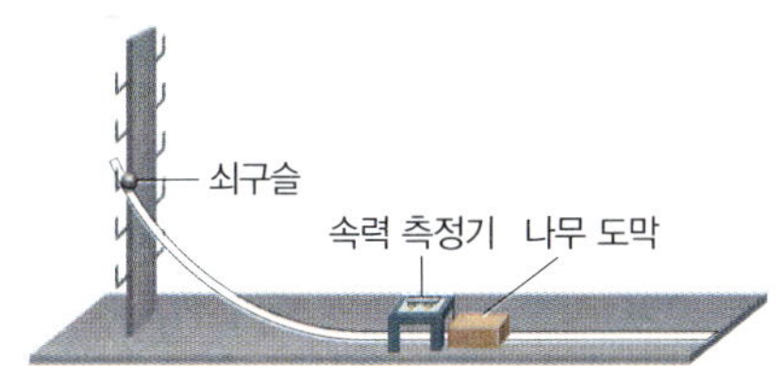

쇠구슬의 질량이 일정할 때 나무 도막의 이동 거리와 쇠구슬의 속력의 제곱 관계를 그래프로 가장 적절하게 나타낸 것은?

①

②

③

④

⑤

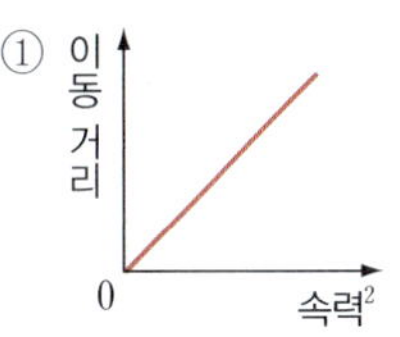

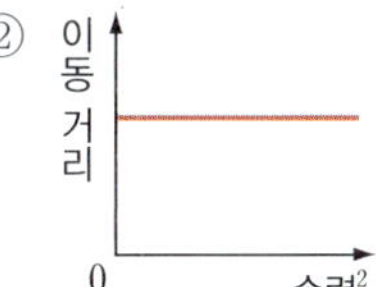

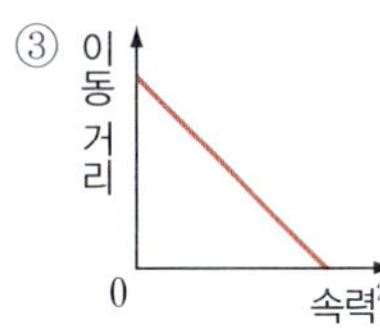

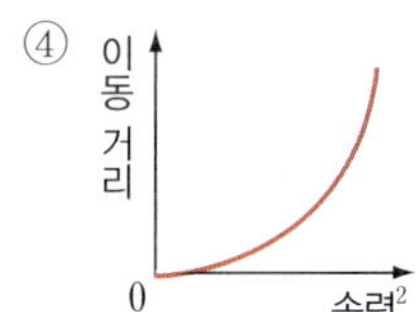

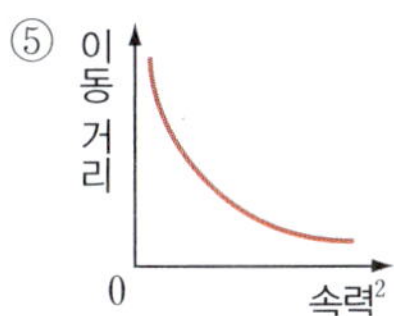

20 그림은 일정한 속력으로 운동하는 두 물체 A, B의 운동 에너지와 질량의 관계를 나타낸 것이다.

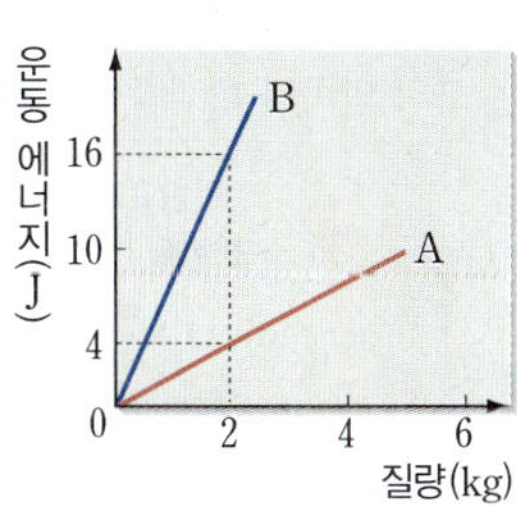

두 물체의 속력의 비(A : B)는 얼마인지 구하시오.

10강 감각 기관

❶ 눈의 구조와 기능

1 눈의 구조와 기능

홍채	동공의 크기 조절
❶( )	빛을 굴절시켜 망막에 상이 맺히게 함.
섬모체	수정체의 두께 조절
유리체	눈 안을 채우고 있는 투명한 물질
망막	❷( ) 분포, 상이 맺히는 부위
맥락막	검은색 색소가 있어 눈 속을 어둡게 함.

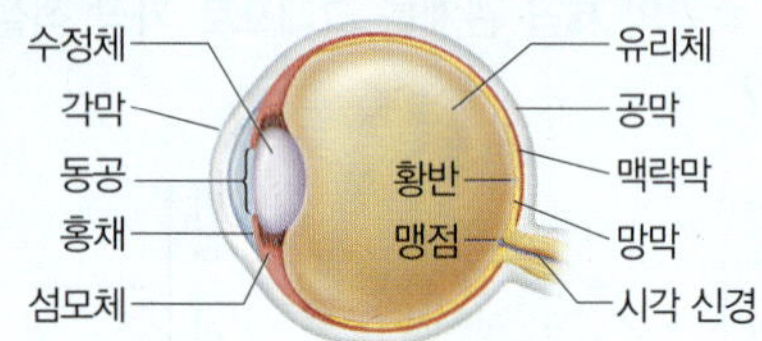

2 시각의 성립 경로
빛 → 각막 → 수정체 → ❸( ) → 망막의 시각 세포 → 시각 신경 → 대뇌

3 눈의 조절 작용

명암 조절	밝을 때	홍채의 면적이 늘어나면서 동공이 작아진다.	
	어두울 때	홍채의 면적이 줄어들면서 동공이 커진다.	
원근 조절	먼 곳을 볼 때	섬모체가 이완하여 수정체의 두께가 ❹( ).	
	가까운 곳을 볼 때	섬모체가 수축하여 수정체의 두께가 ❺( ).	

❷ 귀의 구조와 기능

1 귀의 구조와 기능

고막	소리에 의해 진동하는 얇은 막
❻( )	고막의 진동을 증폭시킴.
달팽이관	소리 자극을 받아들이는 청각 세포가 분포
귀인두관	고막 안쪽과 바깥쪽의 압력을 같게 조절

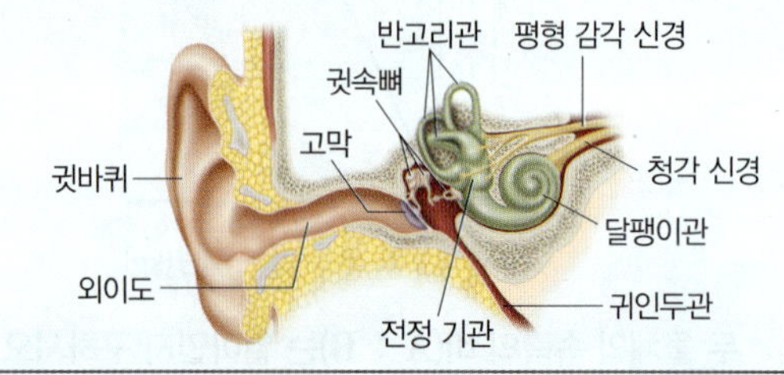

2 청각의 성립 경로
소리(공기의 진동) → 외이도 → 고막 → 귓속뼈 → ❼( )의 청각 세포 → 청각 신경 → 대뇌

3 평형 감각
눈으로 보지 않고도 몸이 회전하거나 기울어지는 것을 느낄 수 있는 감각

반고리관	몸의 회전을 감지	평형 감각 신경을 통해 소뇌로 자극이 전달됨.
❽( )	몸의 기울어짐을 감지	

❸ 코와 혀의 구조와 기능

1 코의 구조와 기능

코의 구조	콧속 윗부분에 있는 ❾( )에 후각 세포가 모여 있다.
특징	후각은 다른 감각에 비해 쉽게 피로해져 세기와 종류가 같은 냄새를 계속 맡으면 나중에는 그 냄새를 잘 느끼지 못한다.
후각의 성립 경로	기체 상태의 화학 물질 → 후각 상피의 후각 세포 → 후각 신경 → 대뇌

2 혀의 구조와 기능

혀의 구조	혀 표면에는 유두가 나 있으며, 유두의 옆면에는 맛세포가 모여 있는 맛봉오리가 있다.
특징	• 기본적인 맛: 단맛, 짠맛, 신맛, 쓴맛, 감칠맛 • 음식의 맛은 미각과 ❿( )이 함께 작용하여 느끼는 것이다.
미각의 성립 경로	액체 상태의 화학 물질 → 맛봉오리의 맛세포 → 미각 신경 → 대뇌

❹ 피부의 구조와 기능

피부의 구조	압력과 같은 물리적인 힘이나 온도 변화를 자극으로 받아들이는 ⓫( )이 있다.
감각점	• 피부에서 자극을 받아들이는 부위로, 통점, 압점, 촉점, 냉점, 온점이 있다. • 온몸에 분포하며, 몸의 부위에 따라 단위 면적당 분포하는 감각점의 수가 다르다. • 일반적으로 통점이 가장 많다.
피부 감각의 성립 경로	자극 → 감각점 → 피부 감각 신경 → 대뇌

정답 ❶ 수정체 ❷ 시각 세포 ❸ 유리체 ❹ 얇아진다 ❺ 두꺼워진다 ❻ 귓속뼈 ❼ 달팽이관 ❽ 전정 기관 ❾ 후각 상피 ❿ 후각 ⓫ 감각점

A 눈의 조절 작용 알아보기

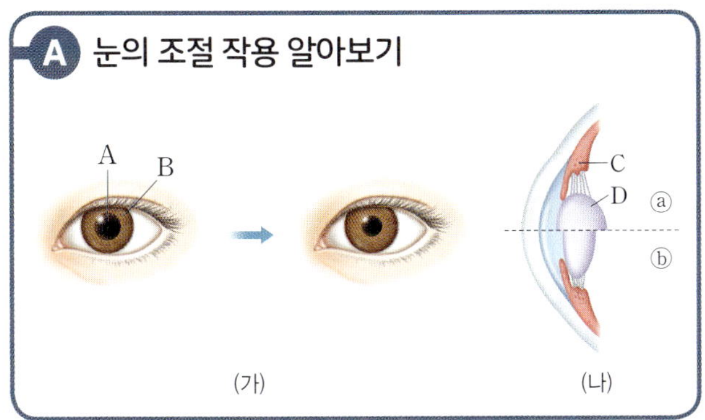

B 귀의 구조와 기능 알아보기

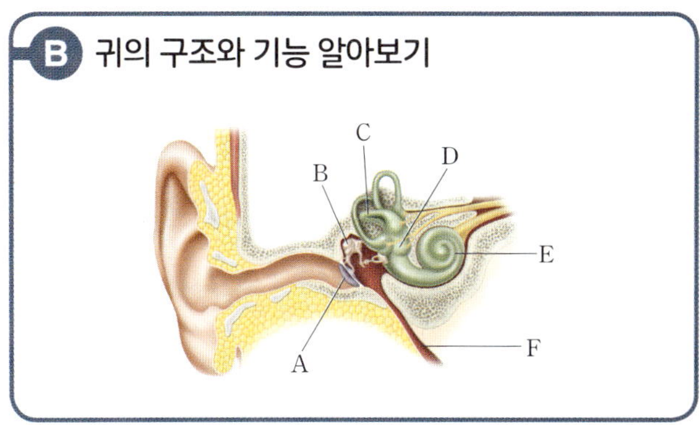

[01~05] 위 그림 (가), (나)는 눈의 조절 작용을 나타낸 것이다. 물음에 답하시오.

01 (가)의 A, B의 이름을 각각 쓰시오.

02 다음은 (가)에 대한 설명이다. ( ) 안에 들어갈 알맞은 말을 고르시오.

> 눈이 (가)와 같은 변화를 나타내면 주변의 밝기가 ㉠(어두워질 때, 밝아질 때)이며, 이때 B의 면적이 ㉡(늘어나면서, 줄어들면서) A의 크기가 ㉢(커진다, 작아진다).

03 (나)의 C, D의 이름을 각각 쓰시오.

04 다음은 (나)에 대한 설명이다. ( ) 안에 들어갈 알맞은 말을 고르시오.

> (나)에서 ⓐ는 ㉠(먼 곳, 가까운 곳)을 볼 때이며, 이때 C가 ㉡(수축하여, 이완하여) D의 두께가 ㉢(얇아진다, 두꺼워진다). ⓑ는 ⓐ의 조절 작용과 반대이다.

05 밝은 방 안에서 책을 보다가 어두운 밖으로 나가 하늘의 별을 쳐다보았을 때 A와 D의 변화를 각각 쓰시오.

[06~09] 위 그림은 귀의 구조를 나타낸 것이다. 물음에 답하시오.

06 다음 설명에 해당하는 구조의 기호와 이름을 각각 쓰시오.

> (가) 고막의 진동을 증폭시킨다.
> (나) 소리 자극을 받아들이는 청각 세포가 분포한다.

07 다음 ( ) 안에 들어갈 알맞은 구조의 기호와 이름을 각각 쓰시오.

> 높은 곳에 올라갔을 때 귀가 먹먹해지는 것은 (㉠) 안쪽과 바깥쪽의 압력이 달라졌기 때문이다. 이때 침을 삼키거나 하품을 하면 (㉡)이/가 작용하여 먹먹한 느낌이 사라진다.

08 다음 설명과 관련 있는 구조의 기호와 이름을 각각 쓰시오.

> (가) 눈을 감아도 몸이 기울어지는 것을 알 수 있다.
> (나) 눈을 감아도 버스가 어느 방향으로 회전하는지 알 수 있다.

09 청각의 성립 경로에 포함되는 구조의 기호를 찾아 순서대로 나열하시오.

중요
01 그림은 눈의 구조를 나타낸 것이다.

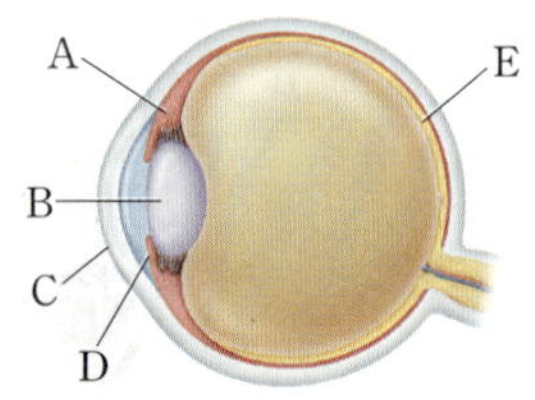

이에 대한 설명으로 옳지 <u>않은</u> 것은?

① A는 B의 두께를 조절한다.
② B는 사진기의 조리개와 같은 역할을 한다.
③ C는 투명하여 빛이 잘 통과한다.
④ D는 눈으로 들어오는 빛의 양을 조절한다.
⑤ E에는 빛을 자극으로 받아들이는 시각 세포가 분포한다.

02 다음은 시각 관련 실험이다.

[실험 과정]
오른손으로 그림과 같은 검사지를 눈높이만큼 들고 왼손으로 왼쪽 눈을 가린다. 오른쪽 눈으로 토끼를 응시한 후 검사지를 눈앞에서 천천히 앞뒤로 움직여 본다.

이에 대한 설명으로 옳은 것을 〈보기〉에서 모두 고른 것은?

보기
ㄱ. 맹점을 확인하기 위한 실험이다.
ㄴ. 어느 순간 그림의 오른쪽에 있는 당근이 사라져서 보이지 않는다.
ㄷ. 오른손으로 오른쪽 눈을 가리고 왼쪽 눈으로 실험하면 같은 결과를 얻을 수 없다.

① ㄱ   ② ㄴ   ③ ㄷ
④ ㄱ, ㄴ   ⑤ ㄴ, ㄷ

03 그림은 어떤 자극에 대한 눈의 변화를 나타낸 것이다.

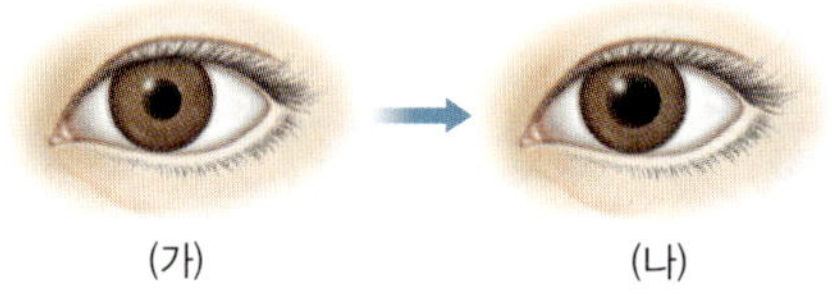

(가)   (나)

눈의 구조가 (가)에서 (나)로 변하는 예로 옳은 것은?

① 손전등을 눈에 비추었다.
② 눈을 한참 감고 있다가 떴다.
③ 문제를 풀다가 칠판을 보았다.
④ 밤에 정전이 되어 형광등이 꺼졌다.
⑤ 벽에 걸린 시계를 보다가 책상 위의 책을 보았다.

04 미래는 가까운 곳은 잘 보이지만, 먼 곳은 잘 보이지 않아 안경을 쓴다. 미래의 눈의 이상과 교정에 대한 설명으로 옳은 것을 〈보기〉에서 모두 고르시오.

보기
ㄱ. 근시이다.
ㄴ. 안경은 볼록 렌즈로 된 것이다.
ㄷ. 먼 곳의 물체를 볼 때 상이 망막 앞에 맺힌다.
ㄹ. 수정체와 망막 사이의 거리가 정상보다 짧다.

중요
05 그림은 귀의 구조를 나타낸 것이다.

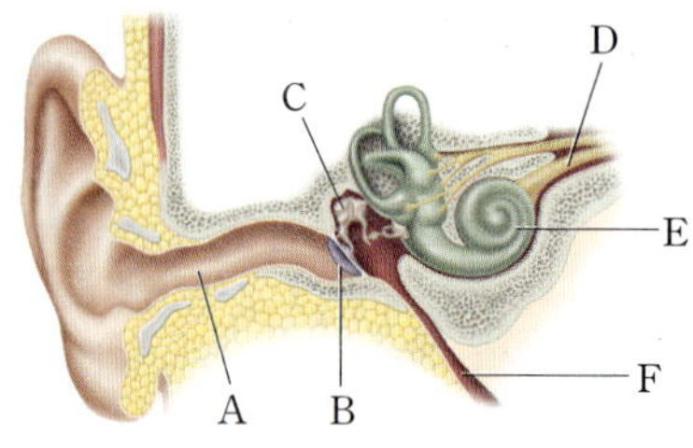

이에 대한 설명으로 옳지 <u>않은</u> 것은?

① A는 소리가 이동하는 통로이다.
② B는 소리에 의해 진동한다.
③ C는 B의 진동을 증폭시킨다.
④ D는 E에서 받아들인 소리 자극을 대뇌로 전달한다.
⑤ F는 C에서 증폭된 소리를 E로 전달한다.

06 다음은 평형 감각에 대한 설명이다. ( ) 안에 들어갈 알맞은 말을 쓰시오.

> 제자리에서 맴돌다가 멈추어도 계속 회전하는 것처럼 느껴진다. 이것은 귀에 있는 평형 감각 기관인 (   )에서 받아들인 자극이 한동안 계속되기 때문에 일어나는 현상이다.

07 그림은 코의 구조 중 일부를 확대한 것이다.

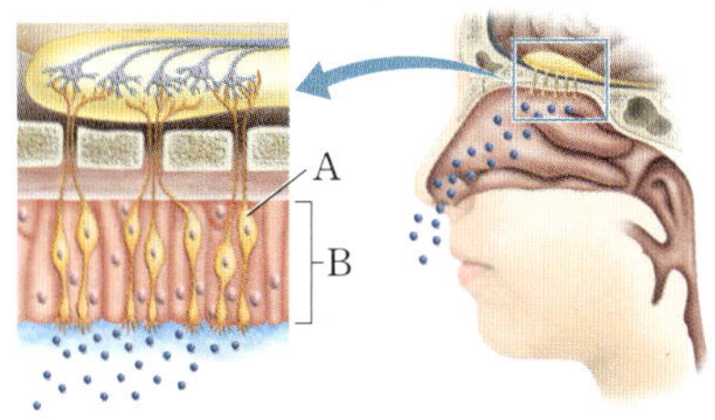

이에 대한 설명으로 옳지 <u>않은</u> 것은?

① A에서 받아들인 자극은 대뇌로 전달된다.
② 같은 냄새를 계속 맡으면 A가 쉽게 피로해진다.
③ A에서 받아들인 자극은 음식의 맛을 느끼는 데에도 관여한다.
④ A는 후각 신경으로, 기체 상태의 화학 물질을 자극으로 받아들인다.
⑤ B는 점액으로 덮여 있으며, 건조하면 냄새를 잘 맡지 못한다.

중요
08 음식의 맛을 느끼기까지의 경로로 옳은 것은?

① 액체 상태의 화학 물질 → 맛봉오리의 맛세포 → 미각 신경 → 대뇌
② 액체 상태의 화학 물질 → 맛봉오리의 맛세포 → 대뇌 → 미각 신경
③ 액체 상태의 화학 물질 → 미각 신경 → 맛봉오리의 맛세포 → 대뇌
④ 기체 상태의 화학 물질 → 맛봉오리의 맛세포 → 미각 신경 → 대뇌
⑤ 기체 상태의 화학 물질 → 미각 신경 → 맛봉오리의 맛세포 → 대뇌

09 다음은 피부의 온도 감각을 알아보기 위한 실험이다.

> [실험 과정]
> (가) 손을 30 ℃ 물에 담갔다가 15 ℃ 물에 담갔더니 차가운 느낌이 들었다.
> (나) 손을 0 ℃ 물에 담갔다가 15 ℃ 물에 담갔더니 따뜻한 느낌이 들었다.

위 실험을 통해 알 수 있는 사실로 가장 적절한 것은?

① 냉점과 온점은 동시에 자극을 감지한다.
② 15 ℃ 미만에서는 냉점이 자극을 감지한다.
③ 15 ℃ 이상에서는 온점이 자극을 감지한다.
④ 냉점과 온점은 상대적인 온도 변화를 자극으로 받아들인다.
⑤ 손을 40 ℃ 물에 담갔다가 30 ℃ 물에 담그면 따뜻한 느낌이 든다.

중요
10 피부 감각에 대한 설명으로 옳은 것을 모두 고르면?(정답 2개)

① 감각점에서 받아들인 자극은 소뇌로 전달된다.
② 매운맛과 떫은맛은 미각이 아니라 피부 감각이다.
③ 우리 몸에 가장 많이 분포하는 감각점은 촉점이다.
④ 특정 감각점이 많을수록 그 감각점이 받아들이는 자극에 더 예민하다.
⑤ 감각점의 종류가 같으면 몸의 부위에 관계없이 분포 정도가 일정하다.

✏ 서술형 문제

11 물체를 보기까지의 과정을 눈의 구조와 다음 내용을 모두 포함하여 설명하시오.

> 빛의 굴절, 상의 맺힘, 자극의 전달

12 혀의 부위에 따라 느낄 수 있는 맛의 종류와 맛을 느끼는 정도가 조금씩 다르다. 그 까닭을 설명하시오.

중요
01 오른쪽 그림은 눈의 구조를 나타낸 것이다. 이에 대한 설명으로 옳은 것은?

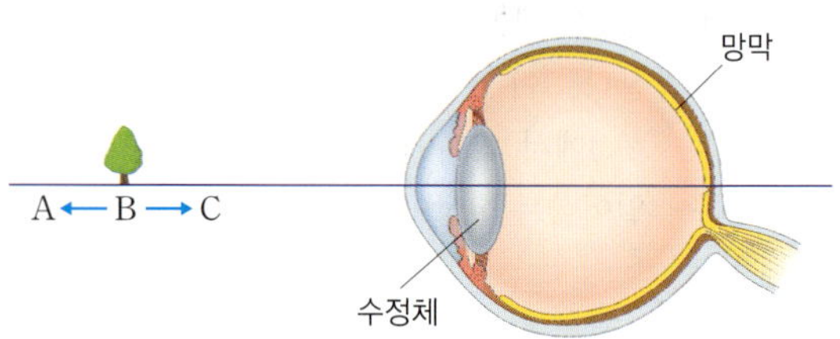

① A는 암실 역할을 한다.
② B와 G는 물체와 눈 사이의 거리에 따라 구조가 변한다.
③ C에서 굴절된 빛은 F에 상을 맺는다.
④ D는 불투명하여 빛의 산란을 막는다.
⑤ E는 부위에 따라 시각 세포의 분포 정도가 다르다.

02 사람의 눈과 사진기에서 비슷한 역할을 하는 것끼리 옳게 짝 지은 것은?

	구분	눈	사진기
①	빛의 굴절	수정체	렌즈
②	빛의 양 조절	눈꺼풀	조리개
③	빛의 투과 조절	섬모체	어둠상자
④	빛의 산란 방지	홍채	셔터
⑤	상이 맺힘.	맥락막	필름

03 오른쪽 그림은 물체와의 거리에 따른 눈의 구조 변화를 나타낸 것이다. ⓐ에서 ⓑ로 변할 때에 해당하는 내용으로 옳은 것을 모두 고르면?(정답 2개)

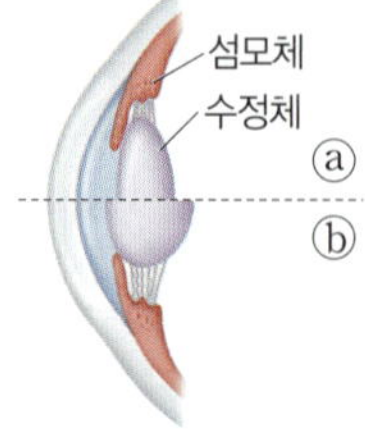

① 섬모체가 이완하였다.
② 섬모체가 수축하였다.
③ 어두운 방에 들어가 전등을 켰다.
④ 신호등을 보다가 휴대 전화를 보았다.
⑤ 손목시계를 보다가 벽의 그림을 보았다.

04 그림은 B 지점에 놓인 물체를 관찰할 때의 모습을 나타낸 것이다.

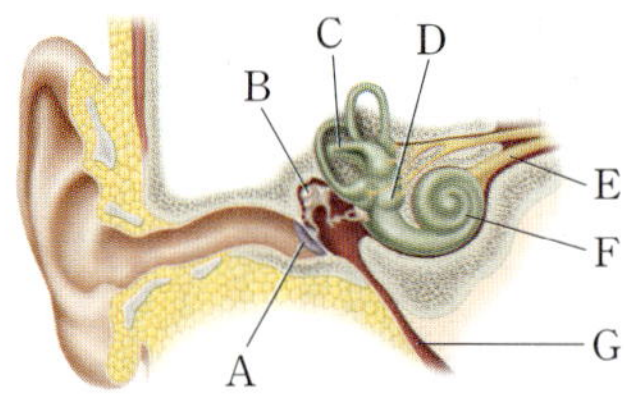

이에 대한 설명으로 옳은 것을 〈보기〉에서 모두 고른 것은?

보기

ㄱ. 물체를 A 지점으로 옮기면 섬모체가 이완한다.
ㄴ. 물체를 C 지점으로 옮기면 수정체의 두께가 얇아진다.
ㄷ. 물체와 눈 사이의 거리에 따라 홍채의 면적이 조절되어 수정체의 두께가 변한다.

---

① ㄱ
② ㄷ
③ ㄱ, ㄴ
④ ㄱ, ㄷ
⑤ ㄴ, ㄷ

[05~06] 그림은 귀의 구조를 나타낸 것이다. 물음에 답하시오.

중요
05 A~G 중 손상되면 소리를 잘 듣지 못하는 것과 관련 있는 구조를 모두 골라 기호와 이름을 각각 쓰시오.

06 다음 설명에 해당하는 구조의 기호와 이름을 각각 쓰시오.

3개의 작은 뼈로 되어 있으며, 고막의 진동을 증폭시켜 작은 소리도 잘 들을 수 있게 한다.

07 평형 감각에 대한 설명으로 옳지 <u>않은</u> 것은?

① 몸의 회전은 반고리관에서 감지한다.
② 귀는 청각뿐 아니라 평형 감각도 담당한다.
③ 몸의 회전이나 기울어짐을 느낄 수 있는 감각이다.
④ 평형 감각 기관에서 받아들인 자극은 청각 신경을 통해 대뇌로 전달된다.
⑤ 눈을 감고도 몸이 기울어지는 것을 느낄 수 있는 것은 전정 기관에서 자극을 받아들이기 때문이다.

08 후각에 대한 설명으로 옳은 것은?

① 감각점에서 자극을 받아들인다.
② 같은 냄새를 계속 맡을수록 더 예민해진다.
③ 냄새는 후각과 미각이 함께 작용하여 느낀다.
④ 같은 냄새를 계속 맡으면 다른 냄새도 잘 맡지 못한다.
⑤ 후각의 성립 경로는 자극 → 후각 상피의 후각 세포 → 후각 신경 → 대뇌이다.

09 그림은 혀의 구조 중 일부를 확대한 것이다.

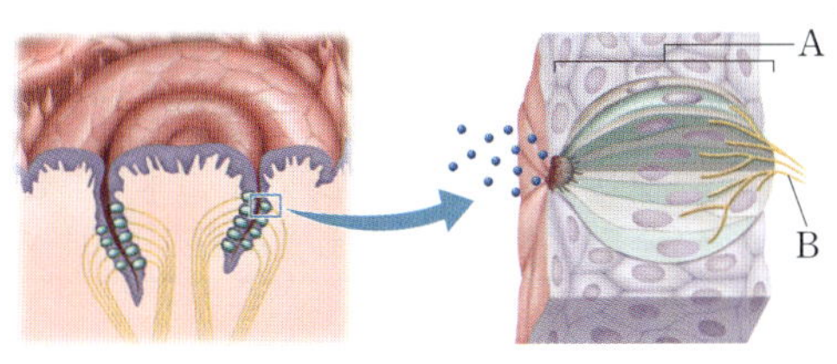

이에 대한 설명으로 옳지 <u>않은</u> 것은?

① A는 유두이다.
② A에는 맛세포가 존재한다.
③ A에 있는 세포는 액체 상태의 화학 물질을 자극으로 받아들인다.
④ B는 미각 신경이다.
⑤ B는 맛세포에서 받아들인 자극을 대뇌로 전달한다.

10 오른쪽 그림은 피부에 있는 감각점을 나타낸 것이다. 이에 대한 설명으로 옳지 <u>않은</u> 것은?

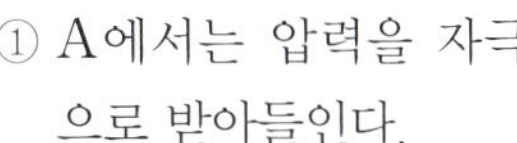
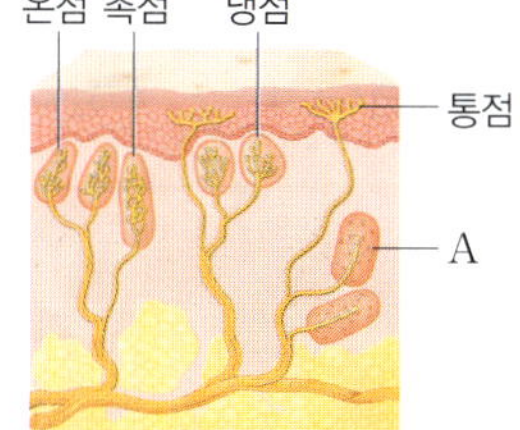

① A에서는 압력을 자극으로 받아들인다.
② 평균 분포 밀도는 A가 가장 높다.
③ 감각점은 내장 기관에도 분포한다.
④ 감각점에서 받아들인 자극은 대뇌로 전달된다.
⑤ 특정 감각점이 많은 부위는 그 감각점이 받아들이는 자극에 더 예민하다.

서술형 문제

11 오른쪽 그림과 같이 눈을 가리고 코를 막은 상태에서 맛을 보면 양파와 사과의 맛을 잘 구별하지 못한다. 그 까닭을 설명하시오.

12 다음은 피부 감각에 대한 실험이다.

[실험 과정 및 결과]
(가) 하드보드지의 네 변에 이쑤시개를 2개씩 각각 8 mm, 6 mm, 4 mm, 2 mm 간격으로 붙인다.
(나) 실험자는 눈을 가리고, 보조자는 실험자의 손바닥을 하드보드지 네 변의 이쑤시개로 돌아가며 살짝 누른다.
(다) 이쑤시개가 2개로 느껴지는 최소 거리를 구한다.
(라) 실험자의 손가락 끝과 손등에 과정 (나)와 (다)를 반복하여 표와 같은 결과를 얻었다.

구분	손바닥	손가락 끝	손등
최소 거리(mm)	6	2	8

위 실험을 통해 알 수 있는 사실 2가지를 설명하시오.

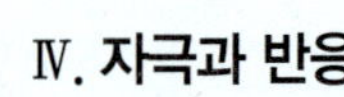

11강 뉴런과 신경계

❶ 뉴런의 구조와 기능

1 뉴런 ❶(   )를 구성하는 기본 단위가 되는 신경 세포

신경 세포체	핵과 세포질이 있으며, 생명 활동이 일어난다.
가지 돌기	감각 기관이나 다른 뉴런으로부터 오는 자극을 받아들인다.
❷( )	다른 뉴런이나 반응기로 자극을 전달한다.

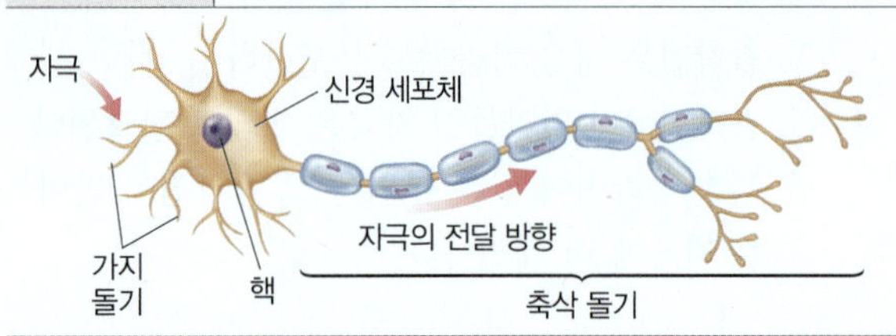

2 뉴런의 종류

감각 뉴런	• 감각 신경을 구성한다. • 감각 기관에서 받아들인 자극을 연합 뉴런으로 전달한다.
❸( )	• 중추 신경을 구성한다. • 감각 뉴런을 통해 전달받은 자극을 종합하여 적절한 명령을 내린다.
운동 뉴런	• 운동 신경을 구성한다. • 연합 뉴런의 명령을 ❹( )로 전달한다.

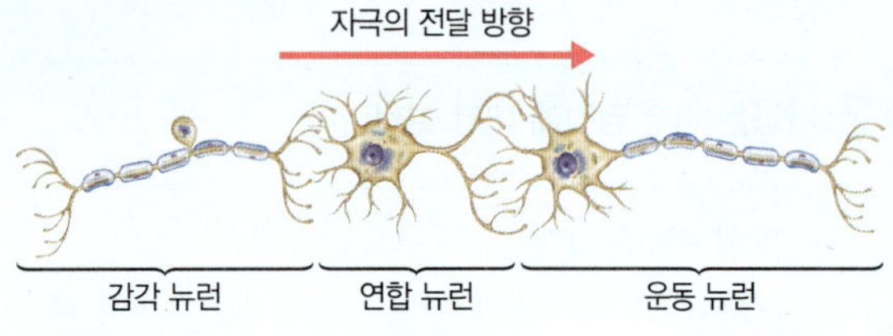

❷ 신경계의 구조와 기능

1 신경계 감각 기관이 받아들인 자극을 뇌로 전달하거나, 자극을 판단하여 적절한 ❺(   )이 나타나도록 신호를 전달하는 체계

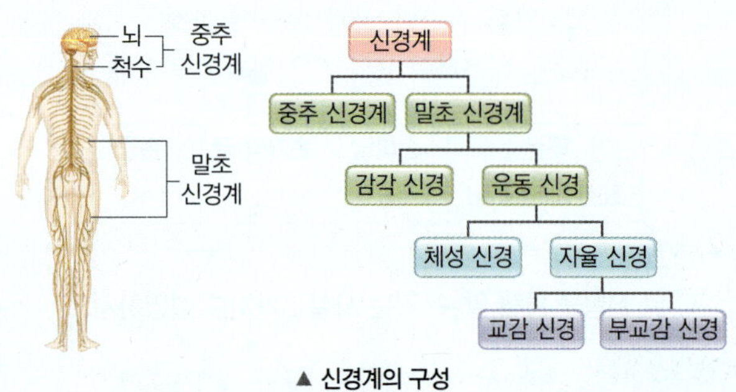

▲ 신경계의 구성

❷ 중추 신경계

뇌	❻( )	자극의 종합 및 해석, 복잡한 정신 활동
	간뇌	혈당량, 체온 등 몸속 상태를 일정하게 유지
	중간뇌	안구 운동과 동공의 크기 조절
	❼( )	근육 운동 조절, 몸의 균형 유지
	연수	심장 박동, 호흡 운동, 소화액 분비 조절
❽( )		• 뇌와 몸의 각 부분 사이에서 신호가 전달되는 통로 역할을 한다. • 무조건 반사의 중추

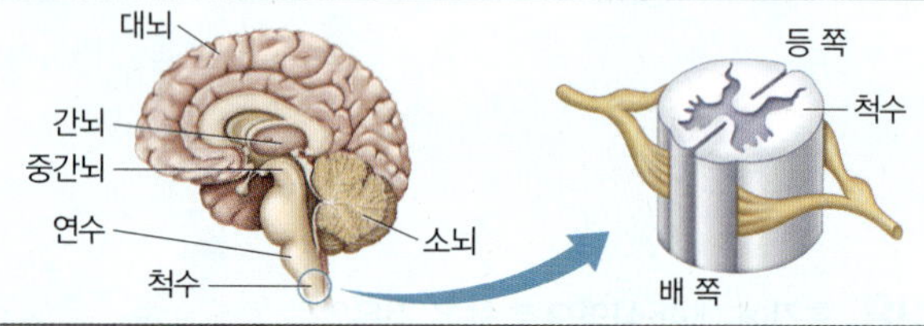

3 말초 신경계

감각 신경		감각 기관이 받아들인 자극을 중추 신경계로 전달한다.
운동 신경	체성 신경	대뇌의 명령을 팔이나 다리 등의 근육으로 전달한다.
	❾( )	• 대뇌의 직접적인 명령 없이 내장 기관의 운동을 조절 • 교감 신경과 ❿( ) 신경으로 구분

❸ 자극에 따른 반응의 경로

1 의식적인 반응 ⓫(   )가 관여하며, 자신의 의지에 따라 일어나는 반응

반응 경로	자극 → 감각 기관 → 감각 신경 → (척수) → 대뇌 → (척수) → 운동 신경 → 반응기 → 반응
예	주전자의 물을 원하는 만큼 컵에 따르는 행동, 어두운 방에서 손을 더듬어 스위치를 켜는 행동 등

2 무조건 반사 대뇌가 관여하지 않는 무의식적인 반응

반응 경로	자극 → 감각 기관 → 감각 신경 → 척수, 연수, 중간뇌 → 운동 신경 → 반응기 → 반응
예	무릎 반사(척수), 기침·재채기(연수), ⓬( )의 크기 변화(중간뇌)

답 ❶ 신경계 ❷ 축삭 돌기 ❸ 연합 뉴런 ❹ 반응기 ❺ 반응 ❻ 대뇌 ❼ 소뇌 ❽ 척수 ❾ 자율 신경 ❿ 부교감 ⓫ 대뇌 ⓬ 동공

★ 바른답·알찬풀이 72쪽

A 뉴런의 구조와 기능 알아보기

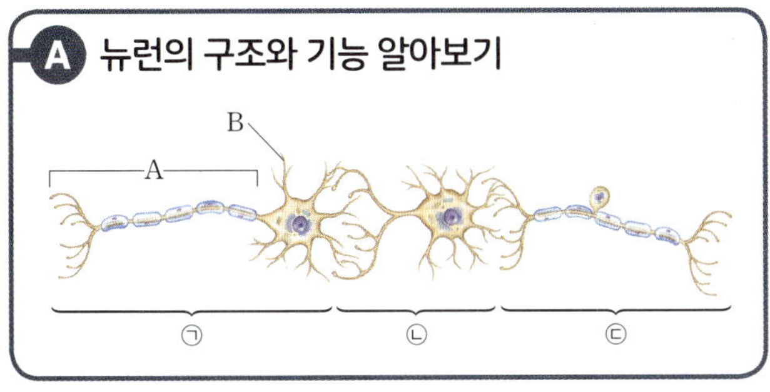

[01~05] 위 그림은 세 종류의 뉴런이 연결된 모습을 나타낸 것이다. 물음에 답하시오.

01 뉴런을 이루는 구조 A와 B의 이름을 각각 쓰고, 각 부분의 기능을 〈보기〉에서 고르시오.

> ─ 보기 ─
> ㄱ. 다른 뉴런이나 반응기로 자극을 전달한다.
> ㄴ. 감각 기관이나 다른 뉴런으로부터 오는 자극을 받아들인다.

02 ㉠~㉢ 중 감각 기관으로부터 오는 자극을 받아들이는 뉴런의 기호와 이름을 각각 쓰시오.

03 ㉠~㉢ 중 뇌와 척수를 구성하는 뉴런의 기호와 이름을 각각 쓰시오.

04 ㉠~㉢을 자극이 전달되는 순서대로 나열하시오.

05 ㉡의 축삭 돌기에 자극을 주었을 때 ㉠, ㉢ 중 자극이 전달되는 뉴런의 기호와 이름을 각각 쓰시오.

B 자극에 따른 반응 경로 알아보기

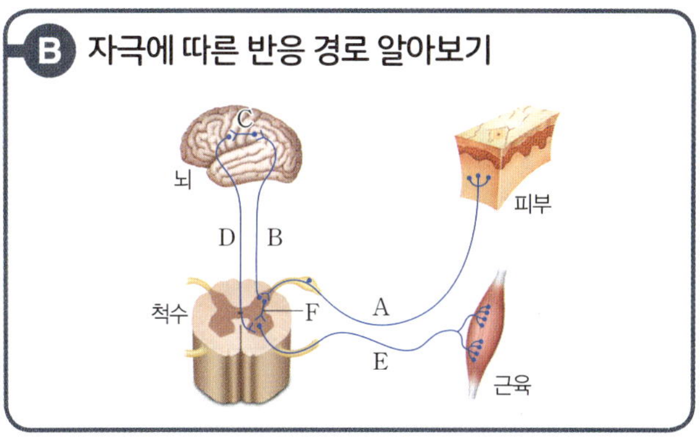

[06~09] 위 그림은 자극에 따른 반응 경로를 나타낸 것이다. 물음에 답하시오.

06 다음은 자극에 따른 반응의 경로에 대한 설명이다. ( ) 안에 들어갈 알맞은 말을 쓰시오.

> 감각 기관이 받아들인 자극에 대해 우리 몸이 나타내는 행동을 (㉠)(이)라고 하며, (㉠)은/는 대뇌가 관여하는 (㉡)과/와 대뇌가 관여하지 않는 (㉢)(으)로 나뉜다.

07 A, E는 어떤 신경인지 각각 쓰시오.

08 피자를 먹으려고 집었다가 너무 뜨거워서 급히 손을 떼는 행동의 반응 경로를 위 그림에서 찾아 순서대로 나열하시오.

09 주머니에 손을 넣어 여러 가지 동전 중 500원짜리 동전을 찾아 꺼내는 행동의 반응 경로를 위 그림에서 찾아 순서대로 나열하시오.

[01~02] 그림은 뉴런의 구조를 나타낸 것이다. 물음에 답하시오.

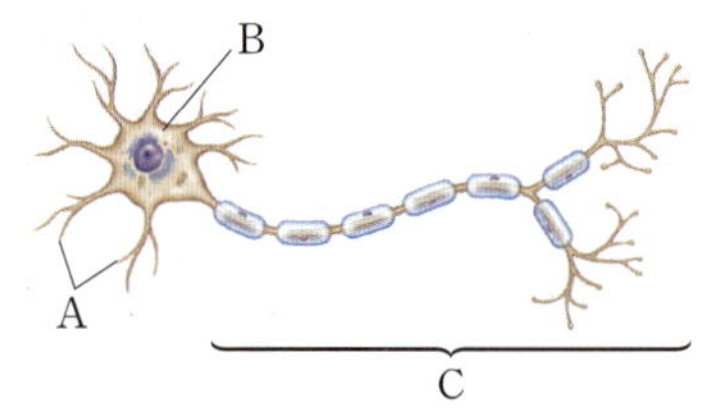

01 A~C의 이름을 옳게 짝 지은 것은?

	A	B	C
①	가지 돌기	축삭 돌기	신경 세포체
②	가지 돌기	신경 세포체	축삭 돌기
③	축삭 돌기	신경 세포체	가지 돌기
④	축삭 돌기	가지 돌기	신경 세포체
⑤	신경 세포체	축삭 돌기	가지 돌기

중요 02 위 그림에 대한 설명으로 옳지 않은 것은?

① 신경계를 구성하는 기본 단위인 신경 세포이다.
② 다른 뉴런으로부터 오는 자극은 A에서 받아들인다.
③ B에는 핵과 세포질이 있다.
④ C의 끝은 감각 기관과 연결되어 있다.
⑤ C는 다른 뉴런이나 반응기로 자극을 전달한다.

03 다음은 뉴런에 대한 학생 A~C의 의견이다.

제시한 의견이 옳은 학생을 모두 고르시오.

중요 04 그림은 자극이 전달되는 과정을 나타낸 것이다. A와 B는 각각 반응기와 감각 기관 중 하나이다.

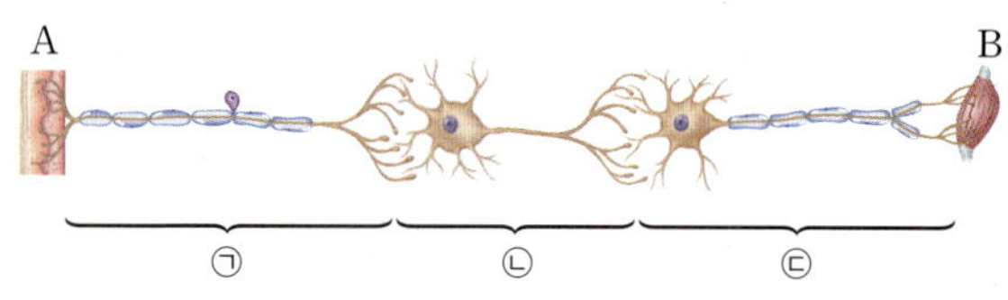

이에 대한 설명으로 옳은 것은?

① A는 반응기이다.
② ㉠은 운동 신경을, ㉢은 감각 신경을 구성한다.
③ ㉡은 ㉠에서 받아들인 자극을 종합하여 ㉢에 적절한 명령을 내린다.
④ ㉠과 ㉡은 말초 신경계를, ㉢은 중추 신경계를 구성한다.
⑤ 자극은 ㉢ → ㉡ → ㉠의 방향으로 전달된다.

05 신경계에 대한 설명으로 옳은 것을 모두 고르면?(정답 2개)

① 중추 신경계는 뇌와 척수로 이루어져 있다.
② 자율 신경은 감각 신경과 운동 신경으로 이루어져 있다.
③ 자율 신경은 사람의 의지대로 움직이는 반응에 관여한다.
④ 말초 신경계는 중추 신경계와 온몸의 조직이나 기관을 연결한다.
⑤ 체성 신경은 교감 신경과 부교감 신경으로 구분되는데, 이들은 서로 반대 작용을 한다.

06 오른쪽 그림은 사람의 뇌 구조를 나타낸 것이다. 이에 대한 설명으로 옳은 것은?

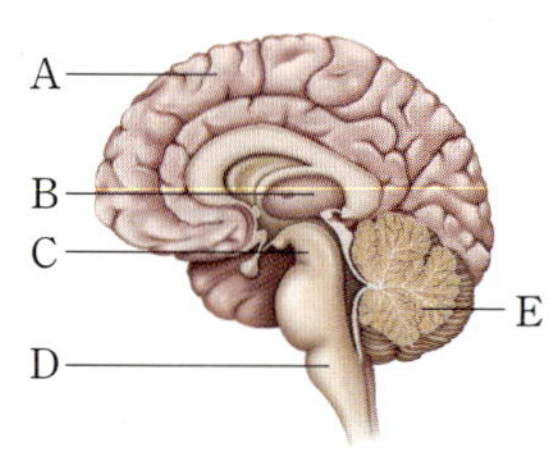

① A는 몸의 자세와 균형 유지의 중추이다.
② B는 체온 조절에 관여한다.
③ C는 의식적인 반응의 중추이다.
④ D는 판단, 추리 등 고등 정신 활동을 담당한다.
⑤ E는 호흡 운동, 심장 박동 등을 조절한다.

07 다음 내용과 관련 있는 뇌의 이름을 쓰시오.

> • 몸의 자세와 균형을 유지한다.
> • 근육 운동이 정확하게 일어나도록 조절한다.

08 교감 신경과 부교감 신경을 옳게 비교한 것을 〈보기〉에서 모두 고른 것은?

> 보기
> ㄱ. 교감 신경은 대뇌의 지배를 받고, 부교감 신경은 대뇌의 지배를 받지 않는다.
> ㄴ. 교감 신경은 감각 신경으로 구성되고, 부교감 신경은 운동 신경으로 구성된다.
> ㄷ. 교감 신경은 위급한 상황에서 활발히 작용하고, 부교감 신경은 안정된 상태에서 활발히 작용한다.

① ㄴ   ② ㄷ   ③ ㄱ, ㄴ
④ ㄱ, ㄷ   ⑤ ㄴ, ㄷ

중요
09 그림은 자극의 전달 경로를 나타낸 것이다.

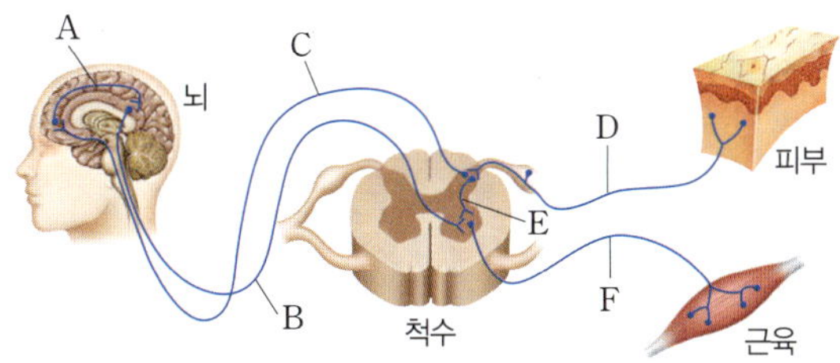

이에 대한 설명으로 옳지 <u>않은</u> 것은?

① 피부의 감각점에서 받아들인 자극은 D를 통해 중추 신경으로 전달된다.
② E는 연합 뉴런으로 이루어져 있다.
③ F는 운동 신경이다.
④ 척수는 자극을 뇌로 전달하는 통로 역할을 할 뿐 반응의 중추 역할은 하지 않는다.
⑤ 등이 간지러워 긁는 반응은 피부 → D → C → A → B → F → 근육의 경로로 일어난다.

중요
10 오른쪽 그림과 같이 무릎뼈 바로 아래를 고무망치로 가볍게 쳤더니 자신도 모르게 다리가 저절로 올라갔다. 다음은 이 반응의 반응 경로를 나타낸 것이다. ( ) 안에 들어갈 알맞은 말을 쓰시오.

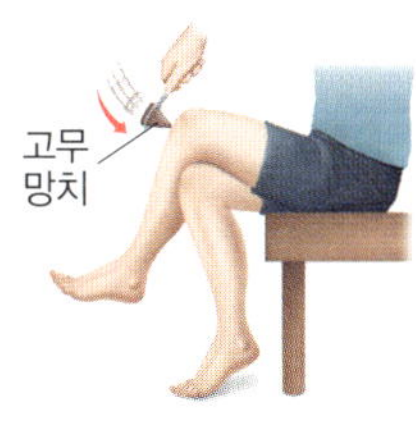

> 자극 → 감각 기관 → (㉠) → (㉡) → 운동 신경 → 반응기 → 반응

11 다음 반응의 특징으로 옳은 것은?

> • 코에 먼지가 들어가 재채기를 했다.
> • 음식을 먹다가 목에 걸려 기침이 났다.

① 의식적인 반응이다.
② 후천적으로 습득하는 반응이다.
③ 소뇌가 반응 중추인 무조건 반사이다.
④ 자극이 대뇌로 전달되기 전에 일어난다.
⑤ 자신의 의지에 따라 일어나는 반응이다.

서술형 문제

12 다음은 식물인간과 뇌사자에 대한 설명이다.

> • 식물인간은 대뇌는 손상되었지만, 다른 부위는 정상이다.
> • 뇌사자는 뇌의 모든 부위가 손상되었다.

식물인간과 뇌사자 중 인공호흡기가 필요한 사람은 누구인지 쓰고, 그 까닭을 설명하시오.

13 오른쪽 그림과 같이 날아오는 공을 보고 방망이로 공을 치는 행동의 반응 경로를 다음 내용을 모두 포함하여 설명하시오.

> 반응 중추, 자극 전달 방향, 신경

01 뉴런에 대한 설명으로 옳지 <u>않은</u> 것은?

① 신경계를 구성하는 기본 단위이다.
② 우리 몸에서 신호를 전달하는 역할을 한다.
③ 다른 세포에서는 볼 수 없는 독특한 구조를 가지고 있다.
④ 하나의 긴 가지 돌기와 여러 개의 짧은 축삭 돌기로 구성되어 있다.
⑤ 하나의 뉴런에서 자극은 가지 돌기에서 축삭 돌기 방향으로 전달된다.

02 다음 설명에 해당하는 뉴런의 종류를 쓰시오.

> • 시각 신경, 청각 신경, 미각 신경 등을 구성한다.
> • 감각 기관에서 받아들인 자극을 연합 뉴런으로 전달한다.

03 그림은 3개의 뉴런이 연결된 모습을 모식적으로 나타낸 것이다.

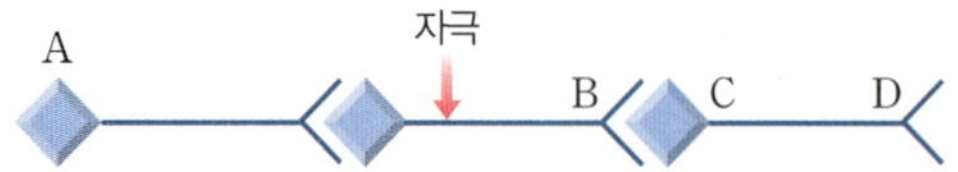

화살표 부분에 자극을 주었을 때, A~D 중 자극이 전달되는 곳을 모두 고른 것은?(단, ◆에는 핵이 있다.)

① A, B   ② B, C   ③ C, D
④ B, C, D   ⑤ A, B, C, D

04 신경계에 대한 설명으로 옳은 것을 〈보기〉에서 모두 고른 것은?

> ┌ 보기 ┐
> ㄱ. 신경계는 중추 신경계와 말초 신경계로 구성된다.
> ㄴ. 감각 기관에서 받아들인 자극은 중추 신경계에서 종합·분석한다.
> ㄷ. 말초 신경계 중 자율 신경은 감각 신경과 운동 신경으로 이루어져 있다.

① ㄴ   ② ㄷ   ③ ㄱ, ㄴ
④ ㄱ, ㄷ   ⑤ ㄴ, ㄷ

[05~06] 오른쪽 그림은 사람의 뇌 구조를 나타낸 것이다. 물음에 답하시오.

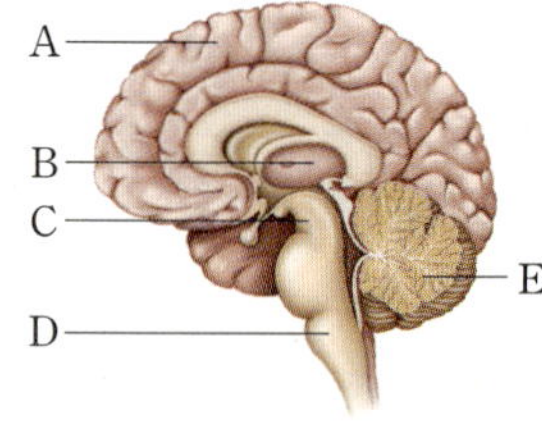

05 다음과 같은 현상과 관련 있는 구조의 기호와 이름을 각각 쓰시오.

> • 체온은 항상 일정하게 유지된다.
> • 물을 많이 마시면 오줌의 양이 증가하고, 음식을 짜게 먹으면 물을 많이 마시게 된다.

06 A와 관련이 가장 <u>적은</u> 것은?

① 날씨가 추워 옷을 껴입었다.
② 과학책을 읽고 독후감을 썼다.
③ 시험 시간에 수학 문제를 풀었다.
④ 아이스크림이 차고 달다고 느꼈다.
⑤ 어두운 곳에 있다가 밝은 곳으로 나왔더니 동공이 작아졌다.

07 척수에 대한 설명으로 옳지 <u>않은</u> 것은?

① 척추 속에 들어 있다.
② 말초 신경계에 속한다.
③ 무릎 반사와 같은 무조건 반사의 중추이다.
④ 척수가 손상되면 팔이나 다리를 움직이지 못할 수 있다.
⑤ 팔이나 다리에서 받아들인 자극이 대뇌로 전달되는 통로가 된다.

08 교감 신경과 부교감 신경의 작용을 옳게 비교한 것은?

① 교감 신경은 동공을 축소시킨다.
② 교감 신경은 침 분비를 촉진한다.
③ 교감 신경은 호흡 운동을 억제한다.
④ 부교감 신경은 심장 박동을 억제한다.
⑤ 부교감 신경은 소화 운동을 억제한다.

09 그림은 감각 기관에서 받아들인 자극이 신경계를 거쳐 반응기로 전달되는 여러 가지 경로를 나타낸 것이다.

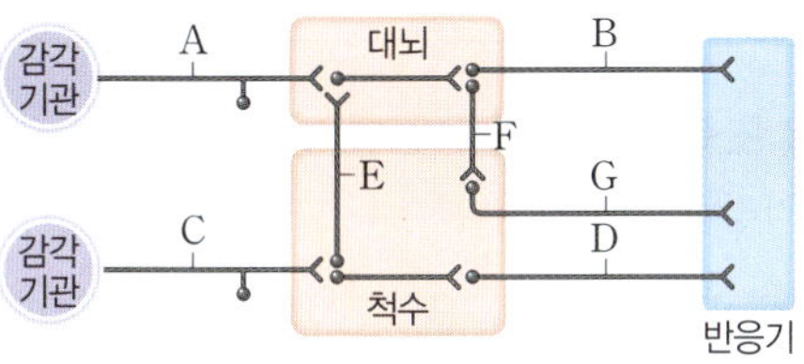

다음과 같은 반응이 일어나는 반응 경로를 나열하시오.

> 영화의 한 장면을 보고 얼굴을 찡그렸다.

중요
10 다음과 같은 반응에 대한 설명으로 옳은 것은?

> 뾰족한 압정에 발이 찔리자 자신도 모르게 발을 뗐다.

① 대뇌가 직접 관여한다.
② 의식적인 반응보다 느리게 일어난다.
③ 의식적인 반응보다 반응 경로가 길다.
④ 후천적인 학습에 의해 얻어진 반응이다.
⑤ 자극은 척수뿐만 아니라 대뇌로도 전달된다.

중요
11 오른쪽 그림과 같이 한 사람(A)이 예고 없이 자를 떨어뜨리면 다른 사람(B)이 자의 기준점에 손가락을 대고 있다가 떨어지는 자를 보고 잡는 실험을 하였다. 이 실험에 대한 설명으로 옳은 것을 〈보기〉에서 모두 고른 것은?

> **보기**
> ㄱ. 자가 떨어진 거리가 길수록 반응 시간이 짧은 것이다.
> ㄴ. 떨어지는 자를 보고 잡는 것은 대뇌가 관여하는 의식적인 반응이다.
> ㄷ. B가 눈을 가리고 A가 '땅' 하는 소리와 함께 자를 떨어뜨려도 같은 결과가 나온다.

① ㄴ   ② ㄷ   ③ ㄱ, ㄴ
④ ㄱ, ㄷ   ⑤ ㄴ, ㄷ

서술형 문제

12 어떤 사람이 교통사고 후 다음과 같은 반응을 보였다.

> • 심장 박동, 호흡 운동 등은 정상이다.
> • 손전등을 눈에 비추어도 아무 변화가 없다.

위 자료로만 미루어 볼 때 이 사람은 뇌의 어느 부위를 다쳤는지 쓰고, 그렇게 생각한 까닭을 설명하시오.

13 그림은 반응 (가), (나)가 일어나는 경로를 나타낸 것이다.

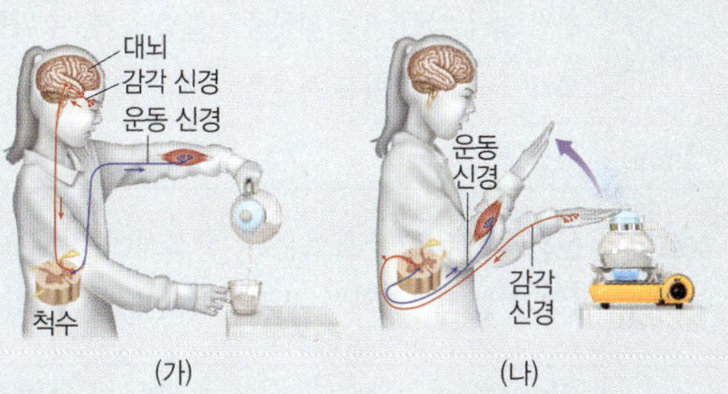

반응 (가)와 (나)의 차이점을 반응의 이름과 중추를 포함하여 설명하시오.

12강 호르몬과 항상성 유지

❶ 호르몬의 조절 작용

1 ❶(   ) 몸이 환경 변화에 적절히 반응하여 몸의 상태를 일정하게 유지하려는 성질로, 호르몬과 신경계의 조절 작용으로 유지된다.

2 호르몬 세포나 기관으로 신호를 전달하는 화학 물질
① ❷(   )에서 만들어져 혈액으로 분비된다.
② 혈액을 따라 온몸을 순환하면서 신호를 전달하고 각 기관의 활동을 조절한다.
③ 표적 세포나 표적 기관에만 작용하며, 여러 가지 생리 작용을 조절한다.
④ 적은 양으로 큰 효과를 나타낸다.
⑤ 분비량이 너무 적으면 결핍증이, 너무 많으면 과다증이 나타난다.

3 사람의 내분비샘과 호르몬

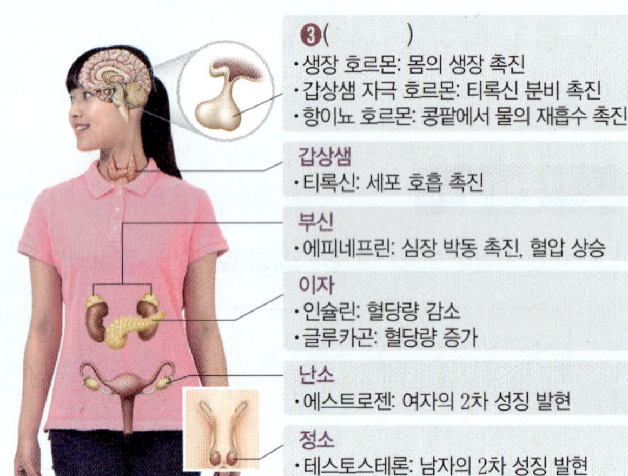

4 호르몬의 결핍증과 과다증

생장 호르몬	결핍	소인증	키가 매우 작음.
	과다	거인증	키가 매우 큼.
		말단 비대증	손, 발 등이 커짐.
티록신	결핍	갑상샘 기능 저하증	체중 증가, 추위를 탐.
	과다	갑상샘 기능 항진증	체중 감소, 눈 돌출
인슐린	결핍	❹( )	혈당량이 높게 유지됨.

5 호르몬과 신경계의 비교 호르몬은 신경계에 비해 느리지만 작용 범위가 넓고, 효과가 오래 지속된다.

구분	신호 전달 속도	작용 범위	효과의 지속성	신호 전달 매체
호르몬	느리다.	넓다.	❺( ).	혈액
신경계	빠르다.	좁다.	❻( ).	뉴런

❷ 항상성 유지

1 항상성 유지
① 항상성 유지의 중추는 ❼(   )이다.
② 호르몬과 신경계의 작용에 의해 항상성이 유지된다.
③ 혈중 호르몬 농도에 따라 호르몬의 분비가 조절된다.

2 혈당량 조절 주로 인슐린과 글루카곤의 작용으로 혈당량이 일정하게 유지된다.

혈당량이 높을 때	이자에서 ❽( ) 분비 → 간에서 포도당을 글리코젠으로 합성하여 저장하는 것과 세포가 혈액 속의 포도당을 흡수하는 것을 촉진 → 혈당량 감소
혈당량이 낮을 때	이자에서 ❾( ) 분비 → 간에서 글리코젠을 포도당으로 분해하는 것을 촉진하고 분해된 포도당을 혈액으로 방출 → 혈당량 증가

3 체온 조절 열 발생량과 열 방출량을 조절함으로써 체온이 일정하게 유지된다.

추울 때	• 열 발생량 증가: 근육 떨림, 티록신 분비 • 열 방출량 ❿( ): 피부 근처 혈관 수축 ➡ 피부 근처로 흐르는 혈액의 양 감소
더울 때	열 방출량 증가: 피부 근처 혈관 확장 ➡ 피부 근처로 흐르는 혈액의 양 증가, 땀 분비량 증가

4 몸속 수분량 조절 항이뇨 호르몬의 작용으로 몸속 수분량이 일정하게 유지된다.

몸속 수분량이 적을 때	뇌하수체에서 항이뇨 호르몬 분비 ⓫( ) → 콩팥에서 물의 재흡수 촉진 → 오줌의 양 감소 → 몸속 수분량 증가
몸속 수분량이 많을 때	뇌하수체에서 항이뇨 호르몬 분비 ⓬( ) → 콩팥에서 물의 재흡수 억제 → 오줌의 양 증가 → 몸속 수분량 감소

A 사람의 내분비샘과 호르몬 알아보기

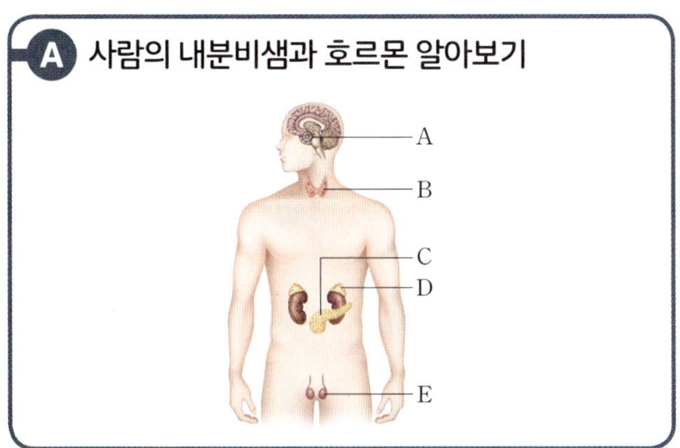

B 혈당량 조절 과정 알아보기

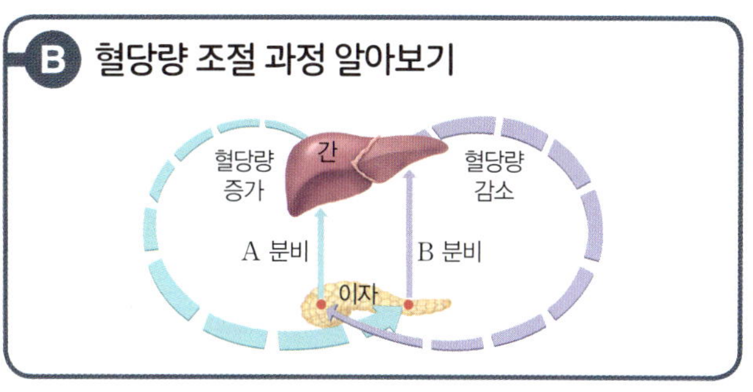

[01~05] 위 그림은 사람의 내분비샘을 나타낸 것이다. 물음에 답하시오.

01 다른 내분비샘의 호르몬 분비에 관여하는 호르몬을 분비하는 내분비샘의 기호와 이름을 쓰시오.

02 다음과 같은 기능을 하는 호르몬의 이름과 이 호르몬을 분비하는 내분비샘의 기호와 이름을 쓰시오.

> 남자의 2차 성징을 발현시킨다.

03 B에서 분비되는 호르몬의 결핍증과 과다증을 각각 쓰시오.

04 C에서 분비되어 혈당량 조절에 관여하는 호르몬 2가지를 모두 쓰시오.

05 다음은 D에서 분비되는 호르몬의 기능을 설명한 것이다. ( ) 안에 들어갈 알맞은 말을 쓰거나 고르시오.

> D는 콩팥 위에 붙어 있는 내분비샘인 (㉠)(으)로, (㉠)에서 분비되는 호르몬인 (㉡)은/는 혈압을 상승시키고, 심장 박동을 ㉢(억제, 촉진)한다.

[06~09] 위 그림은 혈당량 조절 과정을 나타낸 것이다. 물음에 답하시오.

06 호르몬 A, B의 이름을 각각 쓰시오.

07 다음은 간에서 일어나는 작용을 나타낸 것이다.

> 포도당 $\underset{㉡}{\overset{㉠}{\rightleftarrows}}$ 글리코젠

㉠, ㉡ 중 A, B가 촉진하는 반응을 각각 쓰시오.

08 다음과 같은 행동을 한 이후에 A, B 중 분비량이 증가하는 호르몬의 기호를 고르시오.

(1) 탄수화물이 주성분인 음식을 먹었다. (　　　)
(2) 식사 후에 1시간 동안 달리기를 하였다. (　　　)

09 다음은 B의 분비량이 너무 적을 때 나타나는 증상에 대한 설명이다. ( ) 안에 들어갈 알맞은 말을 쓰시오.

> B의 분비량이 너무 적으면 혈당량이 정상보다 계속 높게 유지되어 (㉠)이/가 오줌에 섞여 나오는 (㉡)에 걸릴 수 있다.

01 그림은 우리 몸에서 물질 A가 작용하는 모습을 나타낸 것이다.

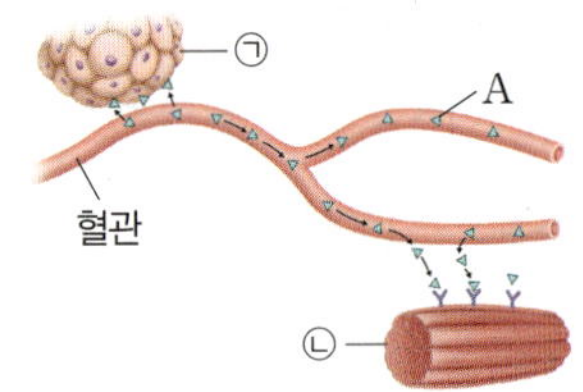

이에 대한 설명으로 옳지 <u>않은</u> 것은?

① ㉠은 내분비샘이다.
② ㉠의 예로 갑상샘이 있다.
③ ㉡은 A의 표적 기관이다.
④ A의 분비량이 많을수록 생명 활동에 유리하다.
⑤ A는 신호를 전달하며, 항상성 유지에 관여한다.

중요
02 뇌하수체에 대한 설명으로 옳지 <u>않은</u> 것은?

① 간뇌의 아래쪽에 붙어 있다.
② 생장을 촉진하는 호르몬을 분비한다.
③ 표적 기관이 콩팥인 호르몬을 분비한다.
④ 혈당량을 증가시키는 호르몬을 분비한다.
⑤ 다른 내분비샘의 호르몬 분비에 관여한다.

03 다음 설명에 해당하는 기관 A의 이름을 쓰시오.

- A에서 분비되는 2가지 호르몬의 표적 기관은 모두 간이다.
- A는 소화액을 분비하는 외분비샘이면서 혈당량을 조절하는 호르몬을 분비하는 내분비샘이다.

04 다음 설명에 해당하는 호르몬의 이름을 쓰시오.

- 뇌하수체에서 분비된다.
- 몸속 수분량 조절에 관여한다.
- 콩팥에서 물의 재흡수를 촉진한다.

05 티록신의 분비에 이상이 있을 때 나타나는 증상으로 옳은 것을 〈보기〉에서 모두 고른 것은?

─ 보기 ─
ㄱ. 키가 잘 자라지 않는다.
ㄴ. 키가 비정상적으로 많이 자란다.
ㄷ. 눈이 돌출되고, 맥박이 빨라진다.
ㄹ. 체중이 증가하고 추위를 잘 탄다.

① ㄱ, ㄴ　　② ㄱ, ㄷ　　③ ㄴ, ㄷ
④ ㄴ, ㄹ　　⑤ ㄷ, ㄹ

중요
06 신경계와 호르몬의 특징을 비교한 것으로 옳은 것은?

① 작용 범위는 신경계가 호르몬보다 넓다.
② 효과의 지속성은 신경계가 호르몬보다 길다.
③ 신호 전달 속도는 호르몬이 신경계보다 빠르다.
④ 신경계는 뉴런을 통해, 호르몬은 혈액을 통해 신호를 전달한다.
⑤ 신경계는 특정 부위에만 작용하고, 호르몬은 모든 세포에 작용한다.

07 혈당량이 증가하는 경우로 옳은 것을 〈보기〉에서 모두 고른 것은?

> **보기**
> ㄱ. 탄수화물이 주성분인 음식을 먹었다.
> ㄴ. 세포가 혈액 속의 포도당을 흡수하였다.
> ㄷ. 식사 전에 달리기와 같은 운동을 하였다.
> ㄹ. 이자에서 인슐린의 분비량이 증가하였다.

① ㄱ   ② ㄱ, ㄴ   ③ ㄴ, ㄷ
④ ㄷ, ㄹ   ⑤ ㄱ, ㄷ, ㄹ

중요
08 그림은 이자에서 분비되는 호르몬 X와 Y가 간에서 촉진하는 반응을 각각 나타낸 것이다.

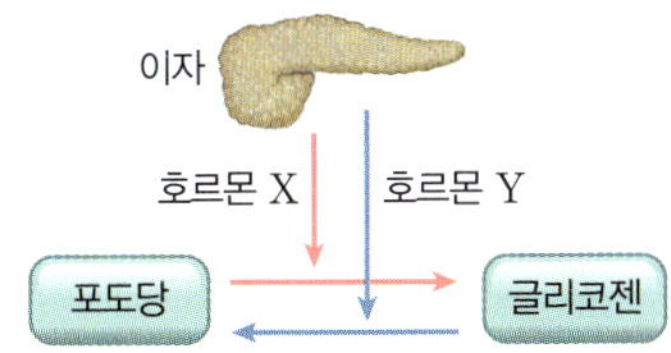

이에 대한 설명으로 옳은 것은?

① X는 글루카곤이다.
② 운동을 하면 X의 분비량이 증가한다.
③ 혈당량이 높아지면 Y의 분비가 촉진된다.
④ X와 Y는 모두 혈액을 통해 간으로 운반된다.
⑤ Y의 작용으로 세포에서의 포도당 흡수가 촉진된다.

09 체온 조절에 대한 설명으로 옳은 것은?

① 더울 때는 세포 호흡이 촉진된다.
② 더울 때는 열 방출량이 감소한다.
③ 더울 때는 피부 근처 혈관이 확장된다.
④ 추울 때는 열 발생량이 감소한다.
⑤ 추울 때는 피부 근처로 흐르는 혈액의 양이 증가한다.

10 그림은 몸속 수분량을 조절하는 과정을 나타낸 것이다.

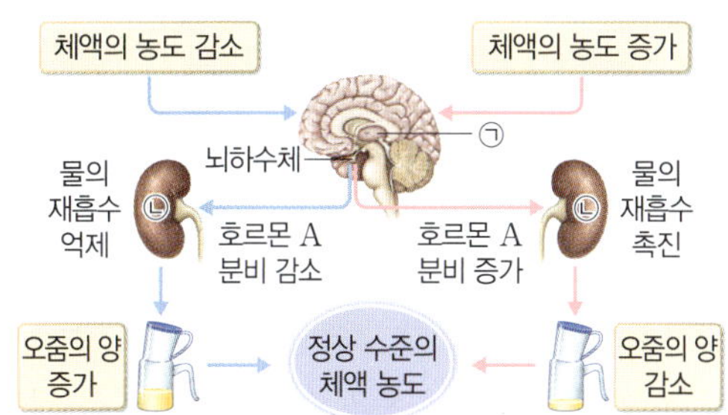

이에 대한 설명으로 옳은 것을 〈보기〉에서 모두 고른 것은?

> **보기**
> ㄱ. ㉠은 간뇌이다.
> ㄴ. ㉡은 A의 표적 기관인 콩팥이다.
> ㄷ. 땀을 많이 흘리면 A의 분비량이 감소한다.
> ㄹ. A의 분비량이 감소하면 체액의 농도가 감소한다.

① ㄱ, ㄴ   ② ㄱ, ㄷ   ③ ㄴ, ㄷ
④ ㄴ, ㄹ   ⑤ ㄷ, ㄹ

✎ 서술형 문제

11 항상성이란 무엇인지 설명하고, 우리 몸에서 항상성이 유지되는 예를 1가지만 설명하시오.

12 그림은 건강한 사람의 혈당량과 이자에서 분비되는 호르몬 A, B의 분비량을 나타낸 것이다.

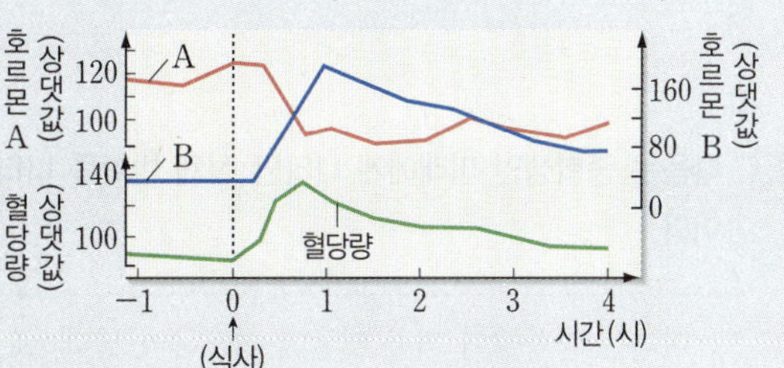

호르몬 A, B의 이름을 그렇게 판단한 까닭과 함께 설명하시오.

01 호르몬에 대한 설명으로 옳지 <u>않은</u> 것은?

① 적은 양으로 항상성 유지에 관여한다.
② 내분비샘에서 항상 일정한 양이 분비된다.
③ 세포나 기관으로 신호를 전달하는 화학 물질이다.
④ 종류에 따라 분비되는 기관과 작용하는 기관이 다르다.
⑤ 혈액을 따라 온몸을 순환하다가 표적 세포나 표적 기관에만 작용한다.

[02~03] 오른쪽 그림은 사람의 내분비샘을 나타낸 것이다. 물음에 답하시오.

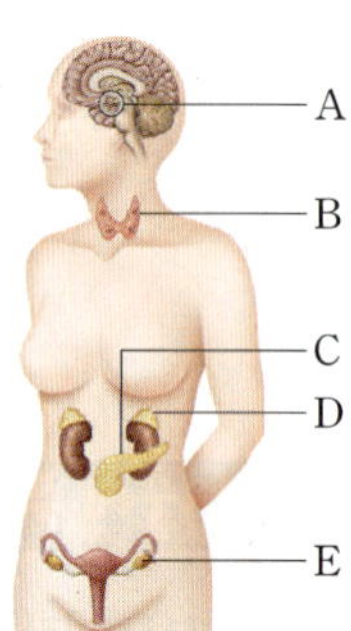

02 A에 이상이 생겼을 때 나타날 수 있는 증상과 가장 거리가 <u>먼</u> 것은?

① 소인증
② 거인증
③ 당뇨병
④ 갑상샘 기능 저하증
⑤ 갑상샘 기능 항진증

03 다음은 중학생인 미래에게 나타난 신체 변화를 나타낸 것이다.

> 미래는 중학생이 되자 얼굴에 여드름이 났다. 또, 가슴이 커지고 골반이 넓어졌다.

이와 같은 신체 변화를 일으키는 호르몬과 이 호르몬을 분비하는 내분비샘의 기호와 이름을 각각 쓰시오.

04 다음 호르몬들이 공통적으로 작용하는 기관으로 옳은 것은?

> 인슐린, 글루카곤, 에피네프린

① 간 　　② 이자 　　③ 심장
④ 콩팥 　　⑤ 부신

05 성장기 이후에 생장 호르몬이 너무 많이 분비되었을 때 나타날 수 있는 증상으로 옳은 것은?

① 비정상적으로 키가 작다.
② 체중이 증가하고 추위를 잘 탄다.
③ 혈당량이 정상 수준보다 높게 유지된다.
④ 입술, 코가 두꺼워지고 손과 발이 커진다.
⑤ 체중이 감소하고 눈이 돌출되며, 맥박이 빨라진다.

06 그림 (가), (나)는 우리 몸에서 신호가 전달되는 과정을 간단히 나타낸 것이다.

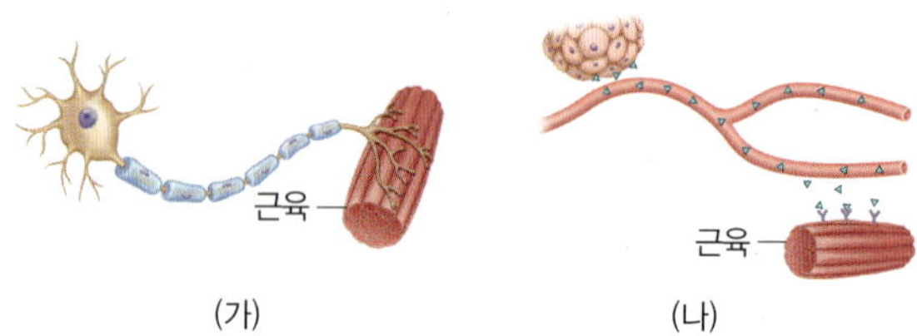

이에 대한 설명으로 옳은 것은?

① 체온 조절에는 (나)만 관여한다.
② (나)는 (가)보다 효과가 오래 지속된다.
③ 몸의 생장과 같은 신체 변화는 (나)보다 (가)와 관련이 더 깊다.
④ (가)는 온몸에 신호를 전달하지만, (나)는 특정 기관에만 신호를 전달한다.
⑤ (가)는 중추 신경의 영향을 받지만, (나)는 중추 신경의 영향을 받지 않는다.

07 그림은 혈당량 조절 과정을 나타낸 것이다. A~C는 모두 호르몬이다.

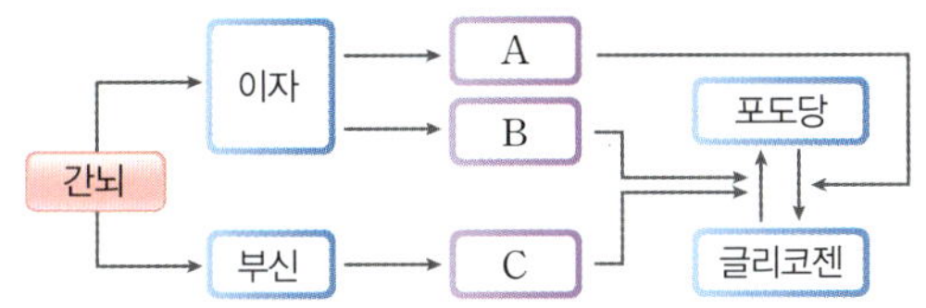

이에 대한 설명으로 옳지 <u>않은</u> 것은?

① A는 인슐린이다.
② B는 혈당량을 증가시킨다.
③ C는 글리코젠을 포도당으로 분해한다.
④ 혈당량이 높을 때는 A의 분비량이 증가한다.
⑤ 식사 후에는 B의 분비가 촉진된다.

08 그림 (가)와 (나)는 각각 추울 때와 더울 때 피부 근처 혈관의 모습을 순서 없이 나타낸 것이다.

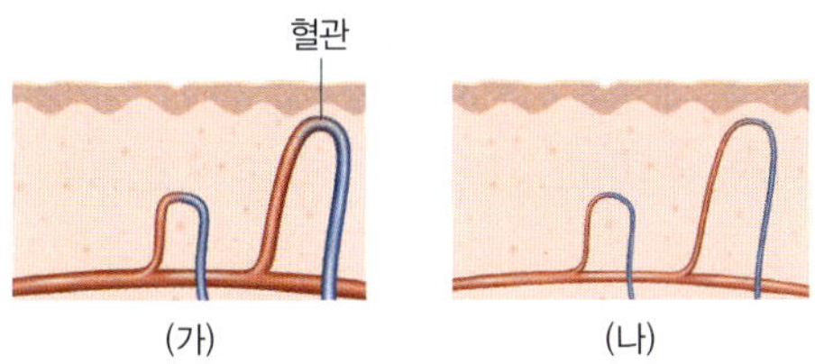

이에 대한 설명으로 옳지 <u>않은</u> 것은?

① (가)는 더울 때, (나)는 추울 때의 모습이다.
② 외부로 열이 더 많이 방출되는 경우는 (가)이다.
③ (가)일 때가 (나)일 때보다 땀을 더 많이 흘릴 것이다.
④ (가)일 때는 (나)일 때보다 몸에서 열이 더 많이 발생한다.
⑤ 피부 근처로 흐르는 혈액의 양은 (가)일 때가 (나)일 때보다 많다.

09 다음은 더울 때와 추울 때 우리 몸에서의 열 방출량과 열 발생량을 비교한 것이다. (   ) 안에 들어갈 알맞은 부등호를 쓰시오.

(1) 열 방출량: 더울 때 (   ) 추울 때
(2) 열 발생량: 더울 때 (   ) 추울 때

10 다음은 체액의 농도가 높을 때 호르몬에 의해 체액의 농도가 조절되는 과정을 순서 없이 나열한 것이다.

(가) 오줌의 양이 감소한다.
(나) 콩팥에서 물의 재흡수를 촉진한다.
(다) 간뇌에서 체액의 농도가 높음을 감지한다.
(라) 체액의 농도가 감소하여 정상 수준이 된다.
(마) 뇌하수체에서 항이뇨 호르몬의 분비가 증가한다.

위 과정을 순서대로 옳게 나열한 것은?

① (가) → (나) → (다) → (라) → (마)
② (나) → (라) → (마) → (가) → (다)
③ (다) → (가) → (마) → (라) → (나)
④ (다) → (나) → (마) → (가) → (라)
⑤ (다) → (마) → (나) → (가) → (라)

✐ 서술형 문제

11 그림은 티록신이 분비되는 과정을 나타낸 것이다.

우리 몸에서 티록신의 혈중 농도가 일정하게 유지되는 원리를 설명하시오.

12 인슐린은 우리 몸에서 혈당량 조절에 관여하는 호르몬이다. 인슐린이 혈당량을 조절하는 작용 2가지를 설명하시오.

[01~02] 오른쪽 그림은 눈의 구조를 나타낸 것이다. 물음에 답하시오.

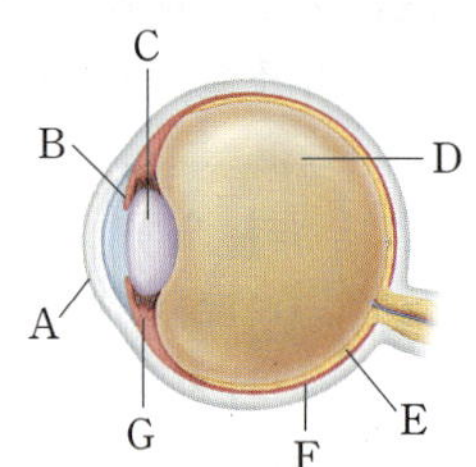

01 다음과 같은 특징을 갖는 구조의 기호와 이름을 쓰시오.

> • 스스로 두꺼워지거나 얇아질 수 없다.
> • 두께가 조절되지 않으면 상이 망막에 잘 맺히지 못한다.

02 위 그림에 대한 설명으로 옳은 것은?

① B는 눈의 원근 조절에 관여한다.
② C는 사진기의 조리개와 같은 역할을 한다.
③ F에는 시각 세포가 분포한다.
④ G는 동공의 크기를 조절한다.
⑤ 빛 자극이 전달되는 경로는 A → C → D → E이다.

03 그림과 같이 한 사람(A)이 눈을 감고 있다가 1분 후에 눈을 뜨면, 다른 사람이 손전등을 눈에 비추었다.

A의 눈의 변화에 대한 설명으로 옳은 것은?

① 섬모체가 이완한다.
② 홍채의 면적이 줄어든다.
③ 동공의 크기가 작아진다.
④ 수정체의 두께가 두꺼워진다.
⑤ 눈으로 들어오는 빛의 양은 변화가 없다.

서술형
04 그림은 귀의 구조를 나타낸 것이다.

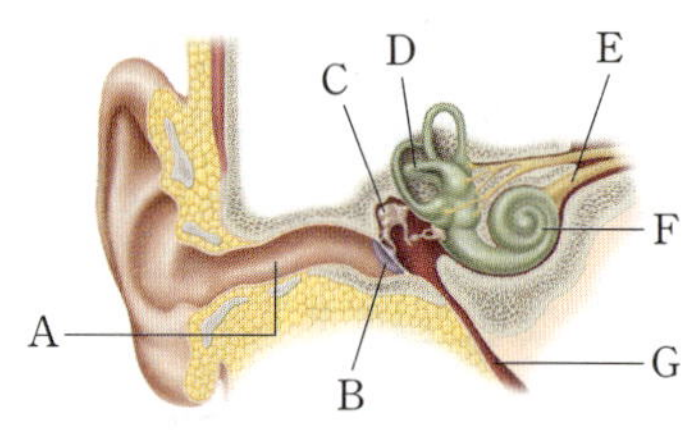

우리가 소리를 듣기까지의 과정을 위 그림에 나타낸 구조의 기호와 이름을 포함하여 설명하시오.

05 평형 감각에 대한 설명으로 옳지 <u>않은</u> 것은?

① 귀에서 자극을 받아들인다.
② 몸의 회전은 반고리관에서 감지한다.
③ 몸의 기울어짐은 전정 기관에서 감지한다.
④ 눈을 감고도 몸의 균형을 유지할 수 있게 해 준다.
⑤ 평형 감각 기관에서 받아들인 자극은 청각 신경을 통해 대뇌로 전달된다.

06 오른쪽 그림은 코의 구조 중 일부를 확대한 것이다. 이에 대한 설명으로 옳지 <u>않은</u> 것은?

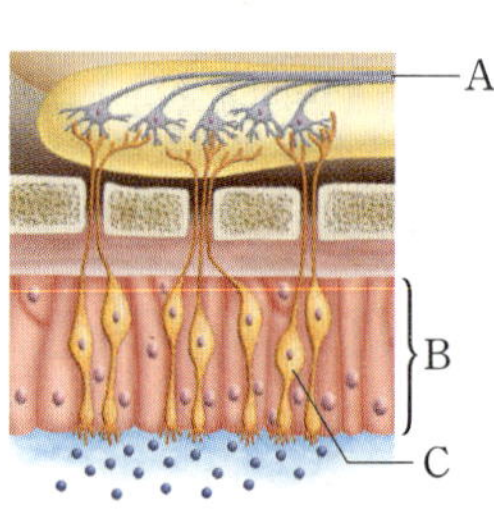

① A는 자극을 대뇌로 전달한다.
② A는 연합 뉴런으로 이루어져 있다.
③ B는 점액으로 덮여 있다.
④ C는 기체 상태의 화학 물질을 자극으로 받아들인다.
⑤ 이와 같은 구조는 콧속 윗부분에 있다.

07 미각에 대한 설명으로 옳지 <u>않은</u> 것은?

① 맛세포는 맛봉오리에 모여 있다.
② 감칠맛은 혀에서 느끼는 기본적인 맛이다.
③ 척수가 손상된 사람은 맛을 잘 느끼지 못한다.
④ 혀의 부위에 따라 맛세포의 분포 정도가 다르다.
⑤ 맛세포에서 받아들인 자극은 미각 신경을 통해 대뇌로 전달된다.

서술형

08 우리가 혀를 통해 느낄 수 있는 기본적인 맛의 종류는 5가지이지만 실제로 느끼는 맛의 종류는 이보다 훨씬 많다. 그 까닭을 설명하시오.

09 다음은 피부 감각점의 분포를 알아보는 실험이다.

> [실험 과정 및 결과]
> (가) 하드보드지 네 변에 이쑤시개를 2개씩 각각 8 mm, 6 mm, 4 mm, 2 mm 간격으로 붙인다.
> (나) 실험자는 눈을 가리고, 보조자는 실험자의 손바닥을 하드보드지 네 변의 이쑤시개로 돌아가며 살짝 누른다.
> (다) 이쑤시개가 2개로 느껴지는 최소 거리를 구한다.
> (라) 실험자의 손등과 손가락 끝에 과정 (나)와 (다)를 반복하여 표와 같은 결과를 얻었다.
>
> | 구분 | 손바닥 | 손등 | 손가락 끝 |
> |---|---|---|---|
> | 최소 거리(mm) | 6 | 8 | 2 |

이에 대한 설명으로 옳은 것을 모두 고르면?(정답 2개)

① 손등은 손바닥보다 감각이 예민하다.
② 감각점 사이의 거리가 가장 먼 부분은 손가락 끝이다.
③ 손바닥과 손등에 단위 면적당 분포하는 감각점의 수는 다르다.
④ 이쑤시개가 2개로 느껴지는 최소 거리가 길수록 감각이 예민한 것이다.
⑤ 두 이쑤시개의 간격이 4 mm일 때 손가락 끝에서는 이쑤시개가 2개로 느껴진다.

10 그림은 세 종류의 뉴런이 연결된 모습을 나타낸 것이다.

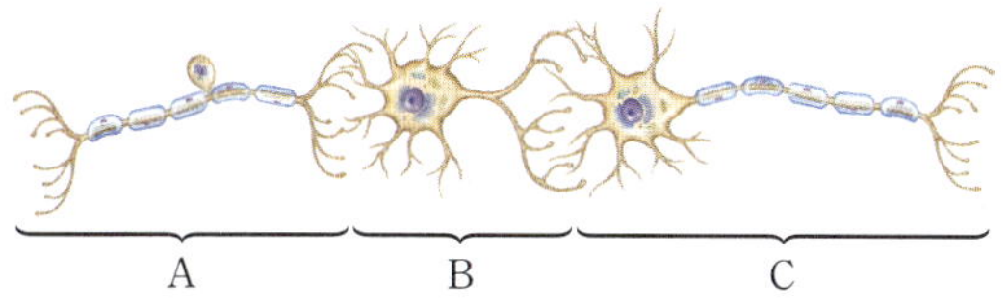

이에 대한 설명으로 옳은 것은?

① A는 신경 세포체가 없다.
② B는 말초 신경계를 구성한다.
③ C의 가지 돌기는 반응기에 연결되어 있다.
④ 자율 신경은 A와 C로 이루어져 있다.
⑤ B는 A로부터 전달받은 자극을 분석하여 C에 적절한 명령을 내린다.

11 신경계의 자극 전달 과정을 컴퓨터의 정보 전달 과정에 비유할 때 연합 뉴런에 해당하는 것은?

① 자판
② 모니터
③ 중앙 처리 장치
④ 자판과 중앙 처리 장치 사이의 케이블
⑤ 중앙 처리 장치와 모니터 사이의 케이블

12 오른쪽 그림은 사람의 뇌 구조를 나타낸 것이다. 각 부분과 관련 있는 현상을 옳게 짝 지은 것은?

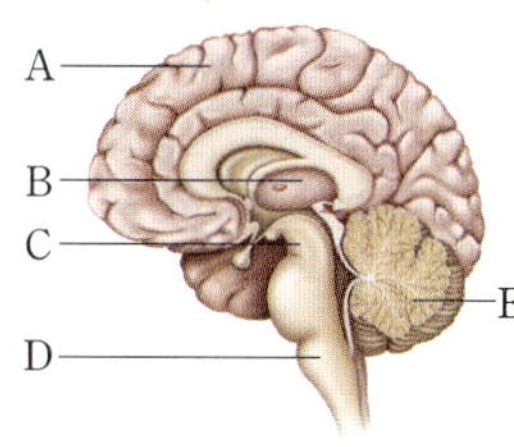

① A: 혈당량이 일정하게 유지된다.
② B: 어두운 곳으로 들어가자 동공이 커졌다.
③ C: 길을 걷다가 물웅덩이가 있어 피해 갔다.
④ D: 무서운 영화를 봤더니 심장이 빨리 뛰었다.
⑤ E: 영어 단어를 20개 암기하였다.

13 오른쪽 그림은 사람의 신경계 중 일부를 나타낸 것이다. A에 대한 설명으로 옳지 <u>않은</u> 것은?

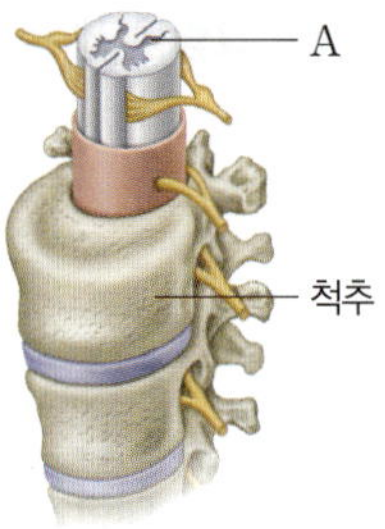

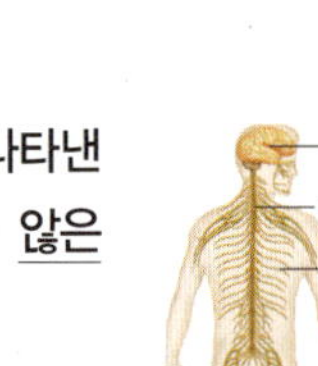

① 중추 신경계에 속한다.
② 소뇌 아래쪽으로 뻗어 있다.
③ 연합 뉴런으로 이루어져 있다.
④ 감각 신경과 운동 신경이 지나는 통로가 된다.
⑤ 뜨거운 것에 손이 닿았을 때 급히 손을 떼는 반응의 중추이다.

14 오른쪽 그림은 사람의 신경계를 나타낸 것이다. 이에 대한 설명으로 옳지 <u>않은</u> 것은?

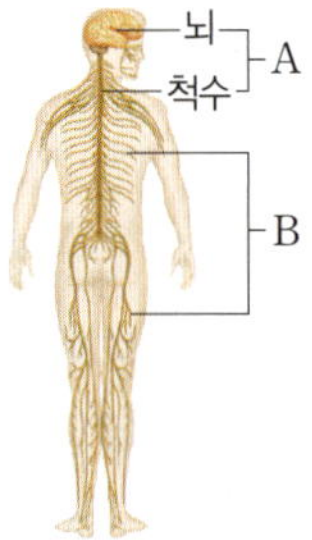

① A는 여러 가지 감각 정보를 종합한다.
② A의 명령은 B를 통해 각 기관으로 전달된다.
③ B는 A와 온몸의 조직이나 기관을 연결한다.
④ B는 감각 신경과 운동 신경으로 구성되어 있다.
⑤ 자율 신경은 A에, 체성 신경은 B에 속한다.

15 미래와 함께 놀이공원에 놀러간 철수는 공포 체험관에 들어갔다. 철수한테 나타나는 반응으로 옳은 것을 〈보기〉에서 모두 고르시오.

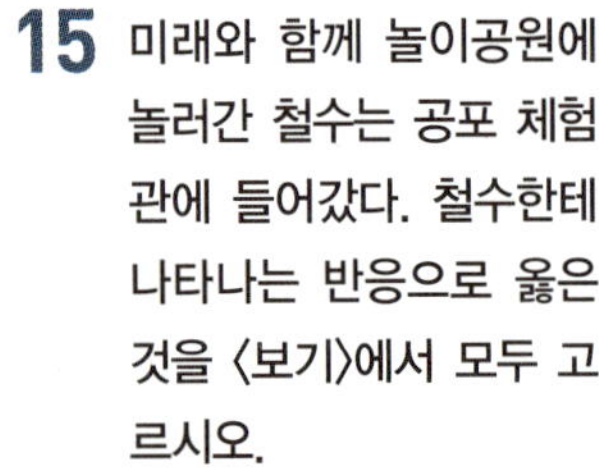

┌─ 보기 ─
ㄱ. 동공이 커지고, 심장 박동이 빨라진다.
ㄴ. 소화액의 분비와 소화 운동이 촉진된다.
ㄷ. 교감 신경보다 부교감 신경이 더 활발하게 작용한다.
└─

16 다음은 우리 몸에서 일어나는 2가지 반응을 나타낸 것이다.

> (가) 신호등에 초록색 불이 켜지는 것을 보고 길을 건넜다.
> (나) 음식물을 입안에 넣고 씹었더니 침이 분비되었다.

(가)와 (나)의 차이점을 자극에 따른 반응의 경로와 관련하여 설명하시오.

17 다음은 어떤 반응이 일어나는 반응 경로를 나타낸 것이다.

> 자극 → 감각 기관 → 감각 신경 → (척수) → 대뇌 → (척수) → 운동 신경 → 반응기 → 반응

이에 대한 설명으로 옳지 <u>않은</u> 것은?

① 의식적인 반응이다.
② 자신의 의지에 따라 일어난다.
③ 무조건 반사보다 빠르게 일어난다.
④ 대뇌의 판단과 명령에 따라 일어나는 반응이다.
⑤ 발이 간지러워 긁는 행동은 이와 같은 경로로 일어난다.

18 다음은 호르몬에 대한 설명이다. (　) 안에 들어갈 알맞은 말을 쓰시오.

> 호르몬은 신경계와 함께 우리 몸의 (　㉠　)을/를 유지하는 데 관여하는 물질로, 세포나 기관으로 (　㉡　)을/를 전달하고, 각 기관의 활동을 조절한다. 호르몬의 작용을 받는 세포나 기관을 (　㉢　)(이)라고 한다.

19 오른쪽 그림은 사람의 내분비샘을 나타낸 것이다. 각 부분에서 분비되는 호르몬을 옳게 짝 지은 것은?

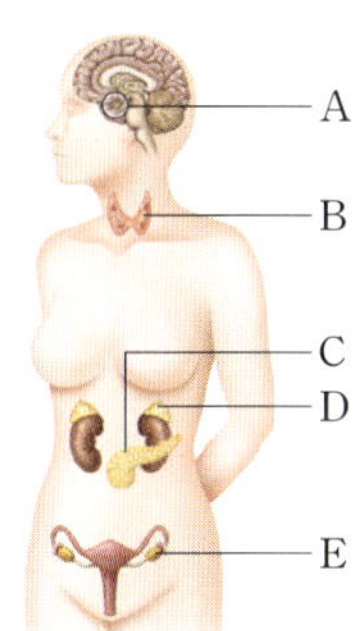

① A – 생장 호르몬
② B – 갑상샘 자극 호르몬
③ C – 에피네프린
④ D – 글루카곤
⑤ E – 항이뇨 호르몬

20 다음은 호르몬의 분비 이상으로 나타나는 증상을 나타낸 것이다.

> (가) 체중이 증가하고 추위를 잘 탄다.
> (나) 입술, 코 등이 두꺼워져 얼굴 모습이 변하고 손과 발이 커진다.

위와 같은 증상이 나타나는 원인을 옳게 짝 지은 것은?

	(가)	(나)
①	티록신 결핍	생장 호르몬 과다
②	티록신 과다	생장 호르몬 결핍
③	인슐린 결핍	티록신 결핍
④	생장 호르몬 과다	티록신 과다
⑤	생장 호르몬 결핍	인슐린 결핍

서술형

21 우리 몸에서는 호르몬과 신경계의 작용으로 몸의 상태를 일정하게 유지한다. 호르몬과 신경계의 차이점을 다음 내용을 모두 포함하여 설명하시오.

> 신호 전달 속도, 작용 범위, 효과의 지속성

22 오른쪽 그림은 건강한 사람의 시간에 따른 혈당량 변화를 나타낸 것이다. 이에 대한 설명으로 옳은 것을 〈보기〉에서 모두 고른 것은?

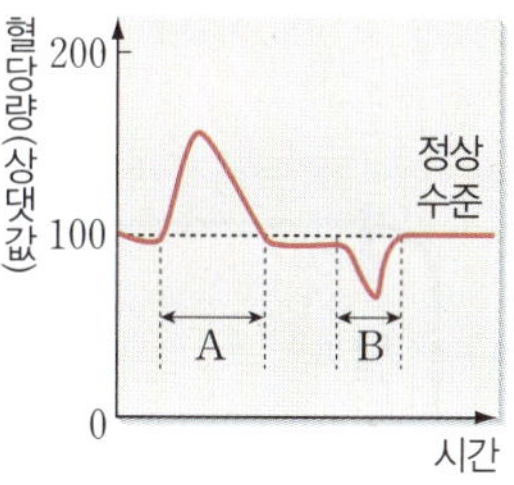

> **보기**
> ㄱ. A 시기에는 이자에서 인슐린이 분비된다.
> ㄴ. 글루카곤의 분비량은 B 시기에서가 A 시기에서보다 많다.
> ㄷ. 운동을 하면 A 시기와 같은 혈당량 변화가 나타날 수 있다.

① ㄱ   ② ㄷ   ③ ㄱ, ㄴ
④ ㄴ, ㄷ   ⑤ ㄱ, ㄴ, ㄷ

23 다음은 추울 때 우리 몸에서 일어나는 조절 과정에 대한 학생 A~C의 의견이다.

제시한 의견이 옳은 학생을 모두 고르시오.

24 우리 몸속 수분량을 조절하는 데 관여하는 호르몬과 이 호르몬이 분비되는 내분비샘을 쓰시오.

오답노트

오답노트로 틀린 문제를 다시 점검하여 실력을 쌓아 보세요.

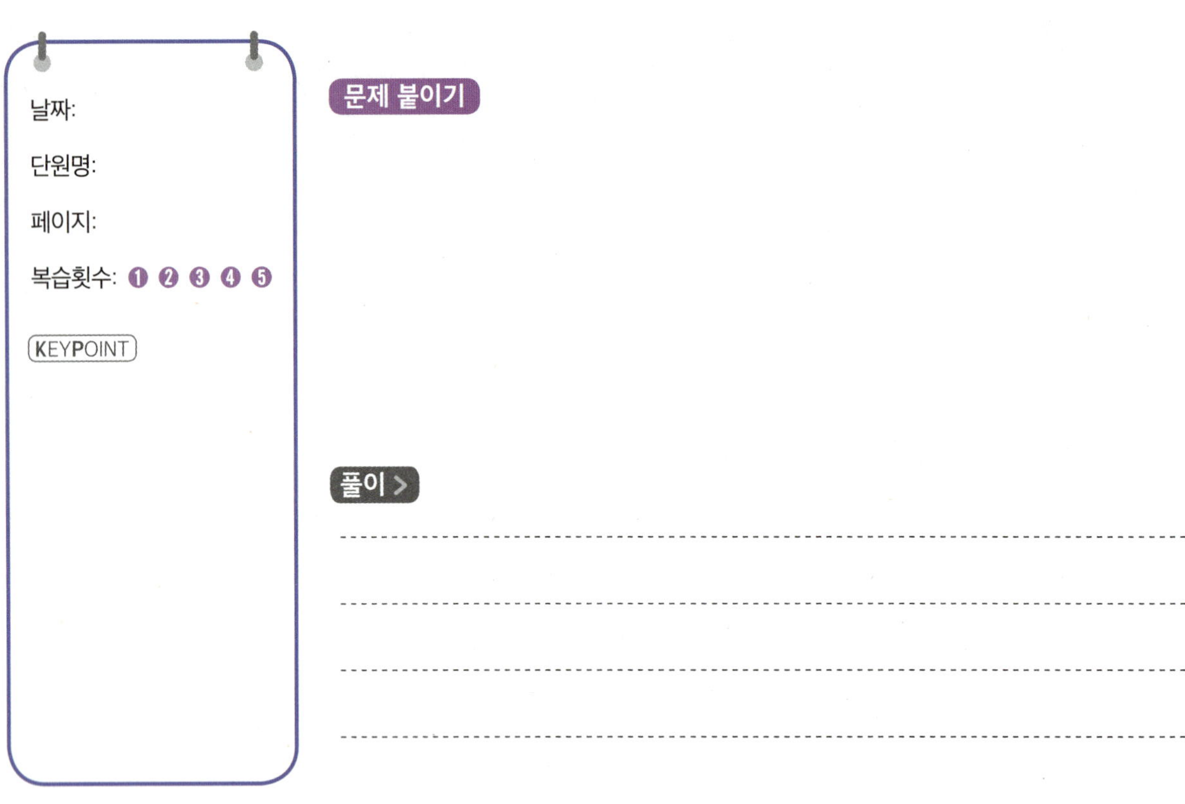

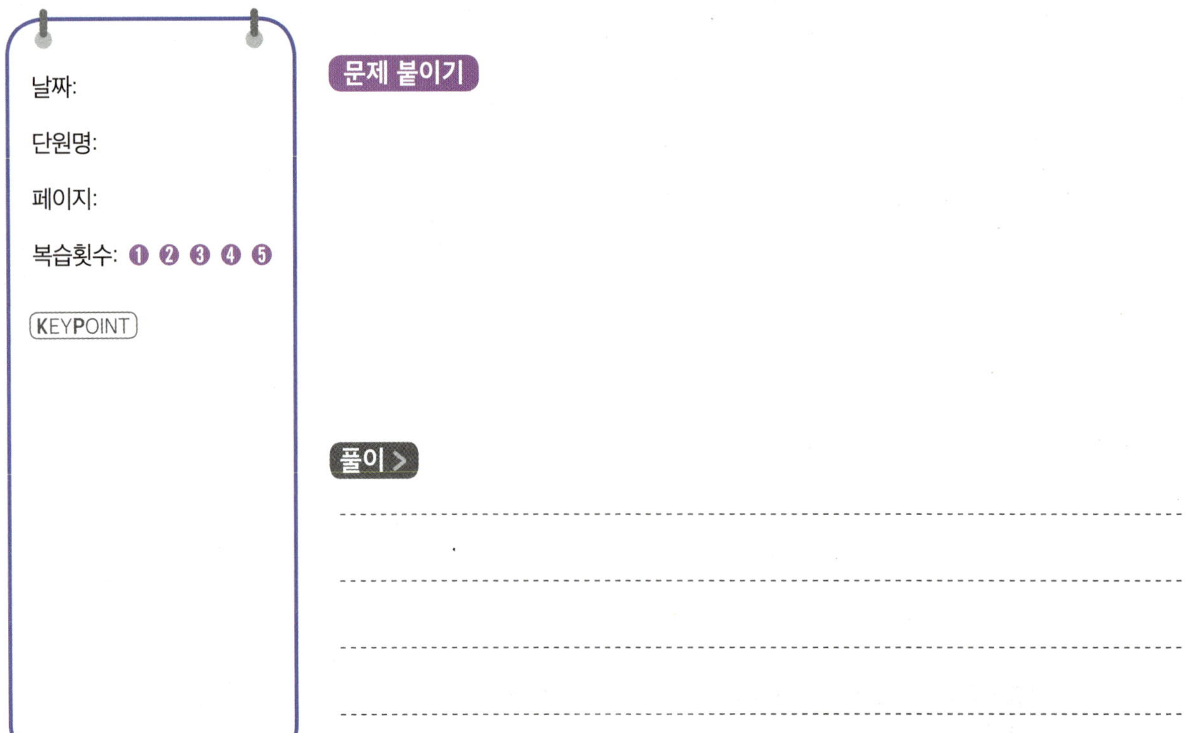

✂ 자르는 선

Contact Mirae-N
www.mirae-n.com
(우)06532 서울시 서초구 신반포로 321
1800-8890

미래엔 교과서 연계 도서

교과서 예습 복습과 학교 시험 대비까지
한 권으로 완성하는 자율학습서와 실전 유형서

미래엔 교과서 자습서

[2022 개정]
국어 (신유식) 1-1, 1-2, 2-1, 2-2
　　(민병곤) 1-1, 1-2, 2-1, 2-2
영어 1, 2
수학 1, 2
사회 ①, ②
역사 ①, ②
도덕 ①, ②
과학 1, 2
기술·가정 ①, ②
생활 일본어, 생활 중국어, 한문

[2015 개정]
국어 3-1, 3-2
영어 3
수학 3
사회 ②
역사 ②
도덕 ②
과학 3
기술·가정 ①, ②
생활 일본어, 생활 중국어, 한문

미래엔 교과서 평가 문제집

[2022 개정]
국어 (신유식) 1-1, 1-2, 2-1, 2-2
　　(민병곤) 1-1, 1-2, 2-1, 2-2
영어 1-1, 1-2, 2-1, 2-2
사회 ①, ②
역사 ①, ②
도덕 ①, ②
과학 1, 2

[2015 개정]
국어 3-1, 3-2
영어 3-1, 3-2
사회 ②
역사 ②
도덕 ②
과학 3

예비 고1을 위한 고등 도서

비주얼 개념서

이미지 연상으로 필수 개념을 쉽게 익히는
비주얼 개념서

국어　문법
영어　분석독해

문학 입문서

작품 이해에서 문제 해결까지
손쉬운 비법을 담은 문학 입문서

현대 문학, 고전 문학

필수 개념 기본서

복잡한 개념은 쉽게, 핵심 문제는 완벽하게!
사회·과학 내신과 수능의 필수 개념 기본서

사회　통합사회1, 통합사회2,
　　　한국사1, 한국사2
과학　통합과학1, 통합과학2

MiraeN 에듀

엔픽

고등학교 사회·과학 학습 비법을 제대로 전수한다!

결국 관건은 실전!

실전에서 잘 써먹을 수 있는
핵심 개념과 필수 유형으로 구성했습니다.

미래엔이 PICK한 개념과 유형으로 실력 PEAK에 도달하세요.

필수 개념 픽! 꼭 알아야 할 핵심 개념과 필수 자료를 체계적으로 익히기
필수 유형 픽! 내신부터 수능까지 필수 유형을 단계별로 훈련하기
필수 기출 픽! 꼭 익혀야 하는 필수 기출은 완벽하게 해결하기

내신과 수능을 다 잡는 **필수 개념 기본서**

엔픽

사회   통합사회1, 통합사회2,
         한국사1, 한국사2
과학   통합과학1, 통합과학2

올리드

1 쉽게 이해되는 원리, 단계별 문제 풀이 학습

교과서 개념 탐구, 자료를 자세하게 설명하여 원리 이해가 쉽고, 기본 - 실력 문제를 해결하며 개념 이해 및 적용 정도를 확인할 수 있습니다.

2 올리드 돋보기로 한 번 더 집중 학습

탐구 / 자료 / 개념 / 계산 돋보기로 핵심 개념과 탐구를 집중 학습할 수 있으며, 문제로 개념을 이해했는지 바로 확인할 수 있습니다.

3 핵심 정리와 실전 문제로 시험 대비 학습

핵심 정리와 함께 틀리기 쉬운 유형을 반복 학습한 후 학교 시험과 유사한 실전 문제로 중간·기말고사를 대비할 수 있습니다.

Mirae N 에듀

신뢰받는 미래엔

미래엔은 "Better Content, Better Life" 미션 실행을 위해 탄탄한 콘텐츠의 교과서와 참고서를 발간합니다.

소통하는 미래엔

미래엔의 [도서 오류] [정답 및 해설] [도서 내용 문의] 등은 홈페이지를 통해서 확인이 가능합니다.

Contact Mirae-N
www.mirae-n.com
(우)06532 서울시 서초구 신반포로 321
1800-8890

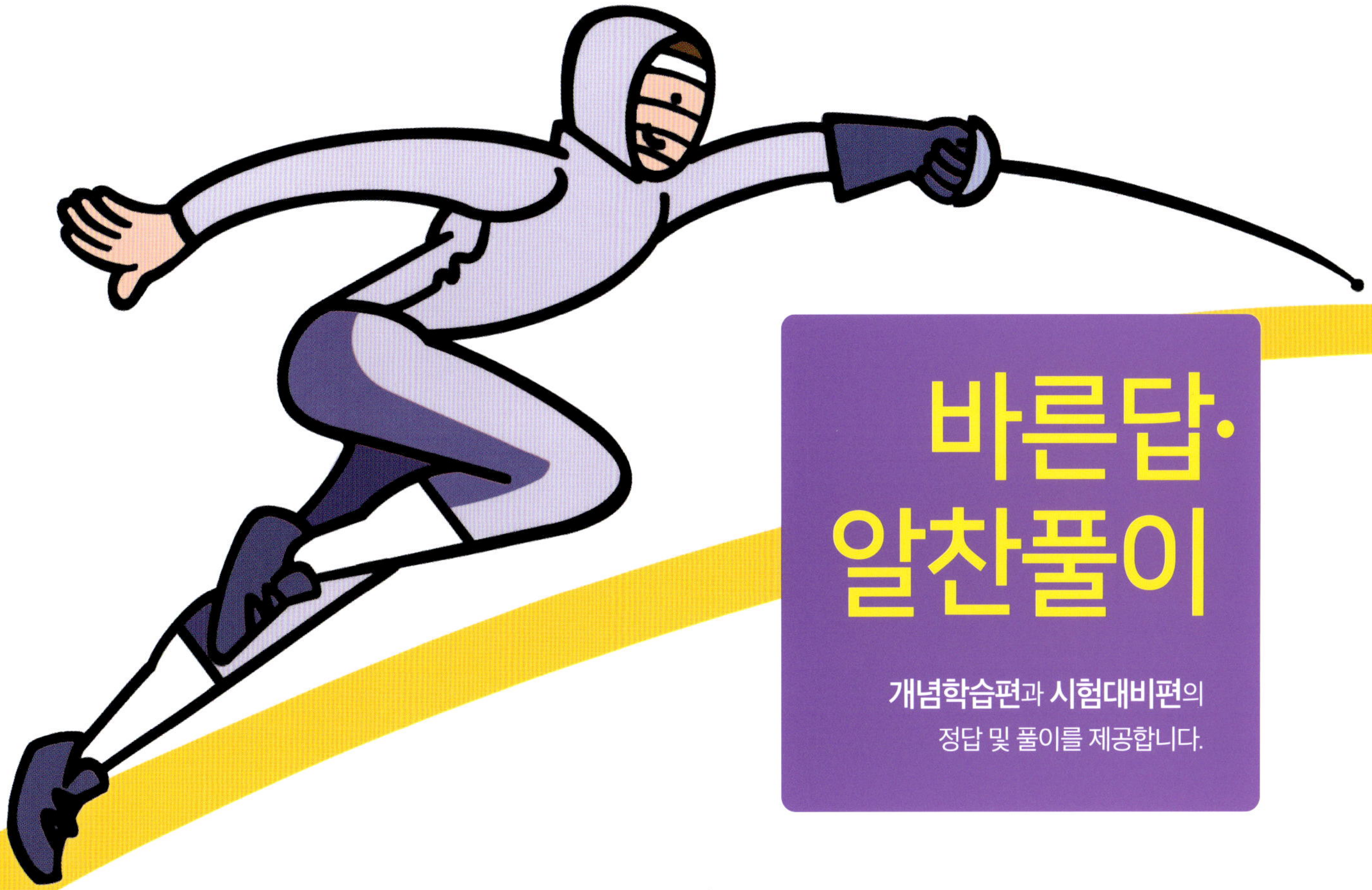

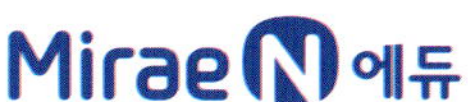

바른답·알찬풀이

개념학습편과 **시험대비편**의
정답 및 풀이를 제공합니다.

개념 잡고 성적 올리는 **필수 개념서**

올리드

중등 **과학 3-1**

올리드 100점 전략 개념을 꽉! • 문제를 싹! • 시험을 확! • 오답을 꼭! 잡아라

MiraeN 에듀

올리드 100점 전략

1 개념과 탐구를 알차게 모아 정리한 **개념 꽉 잡기**

2 기본-실력-마무리 평가 3단계 문제로 **문제 싹 잡기**

3 개념학습편-시험대비편 반복 학습으로 **시험 확 잡기**

4 명쾌한 해설과 문제 해결 노하우를 담은 **오답 꼭 잡기**

개념학습편

시험대비편

바른답·알찬풀이

바른답·알찬풀이

중등 과학 3-1

개념 학습편 4

시험 대비편 46

Ⅰ. 화학 반응의 규칙과 에너지 변화

11쪽 기본 문제로 개념 다지기
01 ㉠ 물리, ㉡ 화학 02 (1) 물리 (2) 화학 (3) 화학 (4) 물리 (5) 물리 (6) 화학 03 (가) 물리 변화, (나) 화학 변화, (다) 물리 변화 04 화학 변화 05 (가) 물리 변화, (나) 화학 변화 06 (1) × (2) ○ (3) × (4) × 07 원자의 배열, 물질의 성질, 분자의 종류 08 화학 반응 09 ㉠ 왼쪽, ㉡ 오른쪽, ㉢ 원자, ㉣ 1 10 (1) CH_4 (2) NH_3 (3) HCl (4) H_2O_2 (5) CO_2 (6) MgO 11 ㉠ 2, ㉡ 2, ㉢ O_2 12 (1) MgO (2) O_2 (3) 2 (4) $NaCl$ 13 (1) ○ (2) × (3) × (4) ○ 14 반응하는 입자 수의 비, 반응물과 생성물의 종류 15 (가) 2개, (나) 4개

14쪽 탐구 올리드 돋보기
01 (1) × (2) × (3) ○ (4) ○ 02 (나)

15쪽 개념 올리드 돋보기
01 2 02 4

16쪽 대표 문제로 실력 확인하기
01 ③ 02 ⑤ 03 ④ 04 (가) ㉡, ㉢, ㉤, (나) ㉠, ㉣, ㉥ 05 ⑤ 06 ④ 07 ㄱ, ㄴ 08 ②, ③ 09 ④ 10 MgO 11 ③ 12 ③ 13 ② 14 ④ 15 ⑤ 16 5 17 ③ 18 AB_3 19 ① 20 ③ 21 물리 변화가 일어날 때는 분자의 배열만 달라지고 분자의 종류는 바뀌지 않으므로 물질의 성질이 달라지지 않는다. 화학 변화가 일어날 때는 원자의 배열이 달라져 분자의 종류가 바뀌므로 물질의 성질이 달라진다. 22 (1) 변한다, 원자의 배열이 달라져 반응 전과 다른 새로운 물질이 생성되기 때문이다. (2) $A_2 + B_2 \longrightarrow 2AB$ 23 ③ 24 (1) (가) 빛과 열이 발생한다, (나) 기체가 발생한다. (2) (가) $2Mg + O_2 \longrightarrow 2MgO$, (나) $Mg + 2HCl \longrightarrow MgCl_2 + H_2$

21쪽 기본 문제로 개념 다지기
01 (1) × (2) × (3) ○ 02 (1) 앙금 (2) = 03 (1) 감소 (2) 증가 (3) 일정 04 ㉠ 화합물, ㉡ 질량비, ㉢ 일정 성분비 05 (가) 6개, (나) 3개 06 (1) 4 : 1 (2) 3 g (3) 16 g 07 18 g 08 (1) 부피 (2) 분자 (3) 분자 09 (1) 1 : 1 : 2 (2) 기체 반응 법칙 (3) $H_2 + Cl_2 \longrightarrow 2HCl$ 10 (1) 1 : 3 : 2 (2) 20, 수소, 10 11 (1) ○ (2) ○ (3) × 12 (가) 수소, 4, (나) 12 13 같다.

24쪽 탐구 올리드 돋보기
01 (1) ○ (2) × (3) × (4) ○ 02 해설 참조

25쪽 탐구 올리드 돋보기
01 (1) ○ (2) ○ (3) × 02 (1) 1 : 8, 1 : 16 (2) 64 g

26쪽 대표 문제로 실력 확인하기
01 ② 02 ⑤ 03 ③ 04 (가)=(나)>(다) 05 16 g 06 ④ 07 (가) 16 g, (나) 3 : 2 08 2개 09 1 : 1 10 ② 11 ① 12 ③ 13 (가) 산소, 0.2 g, (나) 5.4 g 14 ③ 15 ③ 16 ⑤ 17 20 mL 18 2 : 1 : 2 19 ⑤ 20 ② 21 (1) 질량 보존 법칙이 성립한다. 철과 결합한 공기 중의 산소의 질량을 고려하면 반응 전후 질량이 같기 때문이다. (2) 7 : 3, 산화 철을 이루는 산소의 질량은 생성된 산화 철의 질량에서 반응한 강철 솜의 질량을 뺀 값이므로 24 g이다. 따라서 철과 산소의 질량비는 철 : 산소=56 : 24=7 : 3이다. 22 ① 23 일산화 탄소는 12 : 16 = 3 : 4이고, 이산화 탄소는 12 : (16×2)=3 : 8이다. 결합하는 탄소와 산소 원자의 개수비(탄소 : 산소)가 일산화 탄소는 1 : 1, 이산화 탄소는 1 : 2로 다르기 때문이다. 24 (1) 3 L, 2N개 (2) 화학 반응 전후 원자의 종류와 개수가 변하지 않으므로 질량 보존 법칙이 성립한다, 질소와 수소가 결합할 때 일정한 개수비로 결합하므로 일정 성분비 법칙이 성립한다, 반응하는 기체의 부피비가 일정하므로 기체 반응 법칙이 성립한다 중 2가지

31쪽 기본 문제로 개념 다지기
01 에너지 02 (1) ○ (2) × (3) × (4) ○ (5) ○ 03 (1) 흡열 (2) 발열 (3) 발열 (4) 흡열 (5) 발열 (6) 흡열 04 (1) ○ (2) × (3) ○ 05 ㉠ 방출, ㉡ 높아, ㉢ 흡수, ㉣ 낮아 06 (1) 흡열 (2) 발열 (3) 발열 (4) 흡열

32쪽 탐구 올리드 돋보기
01 (1) ○ (2) ○ (3) × (4) × 02 ⑤

33쪽 탐구 올리드 돋보기
01 (1) ○ (2) × (3) × (4) ○ 02 발열 반응

34쪽 대표 문제로 실력 확인하기
01 ⑤ 02 ③ 03 ⑤ 04 ① 05 ③ 06 ① 07 ④ 08 ⑤ 09 ② 10 ③ 11 (1) (가), (나) 12 (가), (나) 13 A, B 14 ③ 15 (1) 나무판이 삼각 플라스크에 달라붙어 같이 들려 올라온다. (2) 삼각 플라스크 안에서 수산화 바륨과 염화 암모늄이 반응할 때 주변의 에너지를 흡수하므로 나무판 위의 물이 얼어 삼각 플라스크가 나무판에 달라붙기 때문이다. 16 (가), (나), (다)의 반응은 에너지를 방출하는 발열 반응이고, (라)의 반응은 에너지를 흡수하는 흡열 반응이다. 17 산화 칼슘과 물이 반응하면서 방출하는 에너지를 이용하여 음식물을 데우거나, 구제역을 일으키는 바이러스를 사멸시킬 수 있다. 18 ②, ⑤ 19 ㄱ, ㄷ

39쪽 실전 문제로 Ⅰ 단원 마무리하기
01 ④ 02 물리 변화는 물질의 상태나 모양만 달라지고 물질의 성질은 변하지 않지만, 화학 변화는 물질의 성질이 변하여 새로운 물질이 생성되기 때문이다. 03 ④ 04 ④ 05 ④ 06 11 07 ④ 08 (가)<(나), 강철 솜과 반응한 산소의 질량까지 고려하면 질량 보존 법칙이 성립한다. 10 ⑤ 11 (가) 50 g, (나) 구리, 10 g 12 33 g 13 100 mL 14 ② 15 ④ 16 ⑤ 17 ②, ④ 18 온도가 25 °C보다 높아진다. 묽은 염산과 수산화 나트륨 수용액이 반응할 때 에너지를 방출하기 때문이다.

Ⅱ. 기권과 날씨

45쪽 기본 문제로 개념 다지기
01 ㉠ 대기, ㉡ 기권 02 A: 질소, B: 산소, C: 이산화 탄소 03 (1) ○ (2) × (3) × (4) × 04 높이에 따른 기온 변화 05 (1) × (2) ○ (3) × (4) ○ (5) × 06 (1) A: 대류권, B: 성층권, C: 중간권, D: 열권 (2) A, C (3) B (4) 성층권 계면 07 (1)-㉢ (2)-㉤ (3)-㉡ (4)-㉠ 09 복사 평형 10 (1) 20 % (2) 70 % 11 복사 평형 12 (1) ○ (2) × (3) × 13 지구 온난화 14 (1) 상승 (2) 감소 (3) 증가

48쪽 탐구 올리드 돋보기
01 (1) ○ (2) ○ (3) × (4) ○ 02 A: 흡수량>방출량, B: 흡수량=방출량

49쪽 대표 문제로 실력 확인하기
01 ④ 02 ③ 03 ⑤ 04 ④ 05 ③ 06 A-대류권, C-중간권 07 ① 08 ⑤ 09 성층권 10 ⑤ 11 ① 12 ④ 13 ③ 14 ③ 15 ④ 16 ④ 17 ② 18 ② 19 ① 20 ① 21 태양 복사 에너지의 흡수량=지구 복사 에너지의 방출량 22 ⑤ 23 ④ 24 ① 25 ④ 26 ② 27 ① 28 (1) 높이에 따른 기온 변화 (2) A, 대류권 (3) 중간권 계면까지 기온은 계속 하강하다가 열권에서 태양 복사 에너지에 의해 직접 가열되어 기온이 상승하는 2개의 층으로 구분될 것이다. 29 지구가 흡수하는 태양 복사 에너지양과 방출하는 지구 복사 에너지양이 같아 복사 평형을 이루기 때문이다. 30 (1) 복사 평형 (2) 알루미늄 컵이 흡수하는 에너지양과 방출하는 에너지양이 같아졌기 때문이다. 31 ⑤

55쪽 기본 문제로 개념 다지기
01 (1) × (2) ○ (3) × (4) ○ 02 ㉠ 포화 수증기량, ㉡ 기온 03 (1) A, D (2) 20 °C (3) ㉠ 19.7 g/kg, ㉡ 10.5 g/kg (4) 2.9 g 04 (1) ○ (2) × (3) ○ (4) ○ 05 ㉠ 14.5, ㉡ 26.5 06 50 % 07 A: 기온, B: 습도, C: 이슬점 08 단열 변화 09 ㉠ 팽창, ㉡ 하강, ㉢ 이슬점, ㉣ 응결 10 C 11 (1) ○ (2) × (3) ○ (4) ○ (5) × 12 구름의 모양 13 (1) 강수 (2) 충돌 (3) 빙정설 14 (1) 빙정설 (2) (나)

58쪽 탐구 올리드 돋보기
01 ㉠ 20, ㉡ 14.5, ㉢ 35.3, ㉣ 약 41.1 02 (1) D (2) D (3) A: 100 %, B: 52.4 %, C: 41.1 %, D: 75.1 %

59쪽 탐구 올리드 돋보기
01 (1) ○ (2) × (3) × (4) ○ 02 ②

60쪽 대표 문제로 실력 확인하기
01 ④ 02 ② 03 ① 04 B 05 ③ 06 ⑤ 07 ① 08 ③ 09 $\dfrac{5.4\ g/kg}{19.7\ g/kg} \times 100$ 10 ④ 11 ② 12 ⑤ 13 ⑤ 14 ① 15 ③ 16 ①, ⑤ 17 ㅁ-ㄱ-ㄷ-ㅂ-ㄴ-ㄹ 18 ① 19 ① 20 ② 21 (1) 138 g (2) 기온을 20 °C로 낮추거나 12.0 g/kg의 수증기를 공급해 준다. 22 ③ 23 ⑤ 24 공기의 상승 운동이 다르기 때문이다. 25 (1) (가) 중위도와 고위도 지방, (나) 열대 지방 (2) 크고 작은 물방울들이 서로 충돌하여 합쳐지면서 빗방울이 성장하고, 빗방울이 무거워져 떨어지면 비가 된다.

65쪽 기본 문제로 개념 다지기
01 ㉠ 760, ㉡ 1013 02 (1) ○ (2) ○ (3) × (4) ○ (5) - 03 ㉠ 높은, ㉡ 낮은 04 (1) × (2) ○ (3) ○ (4) ○ 05 (1)-㉡-ⓑ (2)-㉠-ⓐ

66쪽 탐구 올리드 돋보기
01 (1) ○ (2) ○ (3) × (4) × (5) ○ (6) ○ 02 ④

67쪽 대표 문제로 실력 확인하기
01 ② 02 ② 03 ④ 04 ③ 05 ④ 06 (가)>(나)=(다) 07 ③ 08 ⑤ 09 ④ 10 A 11 ⑤ 12 ④ 13 ⑤ 14 육풍, 밤 15 ② 16 ① 17 ㄷ-ㄱ-ㄴ 18 수은면에 작용하는 기압의 크기와 수은 기둥의 압력이 같아졌기 때문이다. 19 (1) (가) A, (나) C (2) (가) 해풍, (나) 북서 계절풍 (3) 육지와 바다를 구성하는 물질의 비열 차이에 의해 가열·냉각 속도 차이가 생긴다. 이로 인해 육지와 바다의 기압 차이가 발생하여 기압이 높은 곳에서 낮은 곳으로 바람이 분다.

71쪽 기본 문제로 개념 다지기
01 (1) ○ (2) ○ (3) × (4) ○   02 (1) C (2) C, D   03 (1)-㉢ (2)-㉣ (3)-㉡ (4)-㉠   04 ㉠ 전선면, ㉡ 전선   05 (가) 한랭 전선, (나) 온난 전선   06 (1) × (2) ○ (3) ○ (4) ×   07 (가) 저기압, (나) 고기압   08 ㉠ 한랭, ㉡ 온난   09 (1) B (2) C (3) A   10 일기도   11 (1)-㉢ (2)-㉡ (3)-㉠   12 여름

74쪽 자료 올리드 돋보기
01 시베리아 기단   02 ③

75쪽 대표 문제로 실력 확인하기
01 ③   02 ①   03 ②   04 ②   05 ②   06 A-㉢, B-㉠, C-㉡, D-㉣   07 ③   08 ②   09 ㉠ 찬물, ㉡ 따뜻한 물   10 ③   11 ④   12 ①   13 ④   14 ①   15 ③   16 ③   17 ③   18 (가) 한랭 전선, (나) 온난 전선   19 ③   20 여름, 남고북저형   21 ④   22 ④   23 ②   24 (1) 한랭 전선 (2) 전선 뒤쪽에 적운형 구름이 형성되어 좁은 구역에 걸쳐 소나기가 내리며, 기온은 내려가고 기압은 높아진다.   25 A-온난 전선, B-한랭 전선   26 A   27 (1) ㉠ 한랭 전선, ㉡ 온난 전선 (2) A, C (3) 현재 남동풍이 불고 있지만 시간이 지나면서 풍향은 남서풍 → 북서풍(시계 방향)으로 변한다.   28 우리나라는 여름철에 남동쪽에서 발달한 북태평양 기단의 영향을 받기 때문이다.   29 C

81쪽 실전 문제로 Ⅱ단원 마무리하기
01 ⑤   02 ①   03 중간권에는 수증기가 거의 존재하지 않기 때문이다.   04 ④   05 ⑤   06 ④   07 ④   08 공기 중의 수증기량이 거의 일정하기 때문이다.   09 ④   10 ㄴ-ㄷ-ㄱ   11 ②   12 ①   13 ④   14 ②   15 A, 시베리아 기단의 차고 건조한 공기가 황해를 지나면서 열과 수증기를 공급받아 많은 눈이 오게 된다.   16 ③   17 한랭 전선   18 ④   19 ④, ⑤

Ⅲ. 운동과 에너지

87쪽 기본 문제로 개념 다지기
01 (1) ○ (2) ○ (3) ×   02 40 m/s   03 (1) A 구간: 1초, B 구간: 1초 (2) B (3) B   04 (1) 느리다 (2) 빠르다   05 (1) ○ (2) × (3) ○   06 (1) 60 (2) 3 m/s   07 5 m/s   08 300 m   09 (1) 일정하게 빨라지는 (2) 같은   10 ㉠ 9.8, ㉡ 중력   11 19.6 m/s   12 ㄴ   13 (1) ○ (2) × (3) ×   14 (1) ㉠ (가), ㉡ (나) (2) (나) (3) (가)   15 동시에 바닥에 도달한다.

90쪽 탐구 올리드 돋보기
01 (1) ○ (2) ×   02 ㉠ 등속, ㉡ 빠르다

91쪽 탐구 올리드 돋보기
01 (1) × (2) ○ (3) ○   02 1 : 1

92쪽 대표 문제로 실력 확인하기
01 5 m/s   02 ④   03 80 km/h   04 ③   05 ②   06 ③   07 ㄱ, ㄷ   08 1 m/s   09 ③   10 ①   11 ③   12 ②   13 ②   14 ④   15 ③   16 1 : 3   17 ③   18 ④   19 ①   20 ④   21 ④   22 ㉠ 비례, ㉡ 속력   23 ④   24 전파의 속력이 일정해야 한다.   25 ③

97쪽 기본 문제로 개념 다지기
01 (1) × (2) × (3) ○ (4) × (5) ×   02 (1) 방향 (2) 거리 (3) 힘   03 100 J   04 2.5 N   05 58.8 J   06 (1) ○ (2) × (3) ○ (4) ×   07 (1) 100 J (2) 50 J   08 ㉠ 감소, ㉡ 증가   09 98 J   10 ㄱ, ㄹ   11 (1) × (2) ○ (3) ○   12 4 cm   13 (1) 4배 (2) 2배 (3) 8배   14 6 m   15 294 J   16 (1) 운동 (2) 모두 (3) 위치 (4) 모두

100쪽 탐구 올리드 돋보기
01 (1) ○ (2) ○ (3) × (4) × (5) × (6) ○   02 0.098 J   03 ㄱ, ㄴ

101쪽 대표 문제로 실력 확인하기
01 ③   02 ②, ⑤   03 ②   04 30 J   05 ④   06 ③   07 58.8 J   08 ③   09 ③   10 310 J   11 ②, ⑤   12 ①   13 ①, ③   14 ④   15 2배   16 ④   17 ④   18 36 J   19 ②   20 ③   21 ④   22 D   23 ②   24 운동   25 (1) 0 (2) 중력 (3) 한 일의 양 $=10\,N\times(0.2\times4)\,m=8\,J$ 26 ④   27 ①   28 (1) 세 수레의 속력을 같게 하기 위해서 (2) 물체의 운동 에너지는 질량에 비례한다.   29 100000 J

107쪽 실전 문제로 Ⅲ단원 마무리하기
01 B-C-A   02 ③   03 ③   04 50 m   05 ①   06 이동 거리가 시간에 비례하므로 물체는 속력이 일정한 등속 운동을 한다.   07 ⑤   08 ③   09 ①   10 ②   11 상자를 받치고 있으므로 힘의 방향으로 이동한 거리가 0이다. 따라서 민수가 상자에 한 일의 양은 0이다.   12 ③   13 ⑤   14 49 J   15 ③   16 4 : 1   17 ④   18 ③

Ⅳ. 자극과 반응

113쪽 기본 문제로 개념 다지기
01 ㉠ 자극, ㉡ 감각 기관   02 시각   03 (1) B: 홍채 (2) E: 섬모체 (3) C: 수정체 (4) F: 맥락막 (5) D: 유리체 (6) G: 망막   04 ㉠ 수정체, ㉡ 시각 신경   05 (1) 밝아질 (2) 늘어나 (3) 줄어든다   06 (1) 줄어든다   07 (1) ○ (2) ○ (3) ○ (4) ×   08 (1) 근 (2) 원 (3) 원 (4) 근   09 (1) C: 귓속뼈 (2) D: 반고리관 (3) B: 고막 (4) G: 귀인두관 (5) F: 달팽이관 (6) E: 청각 신경   10 귀인두관   11 ㉠ 고막, ㉡ 달팽이관   12 (1) 청각 (2) 평형 감각   13 (1) 반고리관, ㉡ 전정 기관   14 (1) × (2) ○ (3) × (4) ○   15 (1) 후각 세포 (2) 기체 상태의 화학 물질   16 (1) ○ (2) ○ (3) ○ (4) ×   17 ㉠ 유두, ㉡ 맛봉오리   18 단맛, 짠맛, 신맛, 쓴맛, 감칠맛   19 ㉠ 미각, ㉡ 후각   20 (1) ○ (2) ○ (3) ○ (4) ○ (5) ×   21 통점   22 (1) ○ (2) × (3) × (4) ○

118쪽 탐구 올리드 돋보기
01 (1) ○ (2) ○ (3) × (4) ○ (5) ○   02 ①

119쪽 대표 문제로 실력 확인하기
01 ④   02 ③   03 ①   04 ④   05 ②   06 ③   07 ④   08 ⑤   09 C, E   10 ②   11 ㉠ 고막, ㉡ 귀인두관   12 ③   13 ③   14 ①   15 ④   16 A: 유두, B: 맛세포   17 ③   18 ⑤   19 ④   20 ②   21 ③   22 ②, ④   23 ④   24 ④   25 ①   26 전정 기관, 몸의 기울어짐을 감지하여 균형을 유지할 수 있도록 한다.   27 B로 들이마신 공기 중에 포함된 기체 상태의 화학 물질이 A 부분에 있는 후각 세포를 자극하면, 이 자극이 후각 신경을 통해 대뇌로 전달되어 냄새를 맡을 수 있게 된다.   28 혀에 있는 감각 세포인 맛세포는 액체 상태의 화학 물질을 자극으로 받아들이기 때문이다.   29 ㄱ, ㄷ

125쪽 기본 문제로 개념 다지기
01 ㉠ 신경계, ㉡ 뉴런   02 (1) B: 신경 세포체 (2) C: 축삭 돌기 (3) A: 가지 돌기   03 (1) A-㉢-㉢, B-㉡-㉢, C-㉠-㉣ (2) A → B → C   04 ㉠ 말초, ㉡ 척수, ㉢ 운동 신경   05 (1) C: 중간뇌 (2) E: 연수 (3) D: 소뇌 (4) B: 간뇌 (5) A: 대뇌   06 (1) ○ (2) ○ (3) ×   07 (1) ㉠ 감각 기관, ㉡ 반응기 (2) 자율 신경   08 (1) ○ (2) × (3) ○ (4) ×   09 (1) 의 (2) 의 (3) 무 (4) 무 (5) 공   10 (1) ○ (2) ○ (3) ㉢   11 (1) B, ㉡ C, ㉢ D (2) F   12 (1) ○ (2) × (3) × (4) ○

128쪽 탐구 올리드 돋보기
01 (1) ○ (2) × (3) × (4) ○   02 ①

129쪽 대표 문제로 실력 확인하기
01 ⑤   02 운동 뉴런   03 ㄴ, ㄷ, ㄹ   04 ③   05 E: 소뇌   06 ②   07 ④   08 ④   09 ①   10 ③   11 ⑤   12 ④   13 ②   14 ④   15 ①   16 ①   17 중추 신경계와 말초 신경계, 중추 신경계는 여러 감각 정보를 종합하여 적절한 반응을 하도록 명령을 내린다. 말초 신경계는 온몸에 그물처럼 퍼져 있어 중추 신경계와 온몸의 조직이나 기관을 연결한다.   18 얼굴이 가려워 손으로 긁었다. 공이 날아오는 것을 보고 손으로 잡았다. 등   19 감각 기관 → C → 척수 → D → 반응기, 뇌의 판단이나 명령을 거치지 않아 반응이 빠르게 일어나므로 위험으로부터 우리 몸을 보호할 수 있다.

133쪽 기본 문제로 개념 다지기
01 ㉠ 항상성, ㉡ 호르몬   02 (1) ○ (2) ○ (3) × (4) ○   03 (1) A-뇌하수체-㉣ (2) B-갑상샘-㉢ (3) C-이자-㉠ (4) D-부신-㉤ (5) E-정소-㉢   04 (1) 티록신 (2) 에스트로겐 (3) 항이뇨 호르몬 (4) 에피네프린 (5) 글루카곤   05 (1) ㉢ (2) ㉠ (3) ㉣ (4) ㉢   06 ㉠ 느리다, ㉡ 빠르다, ㉢ 넓다, ㉣ 좁다, ㉤ 길다, ㉥ 짧다, ㉦ 혈액, ㉧ 뉴런   07 인슐린   08 (1) A: 글루카곤, B: 인슐린 (2) A   09 (1) × (2) ○ (3) × (4) × (5) ○   10 (1) 더 (2) 더 (3) 추 (4) 더   11 (1) (나) (2) (가) (3) (가)   12 ㉠ 적어, ㉡ 증가, ㉢ 감소

137쪽 대표 문제로 실력 확인하기
01 ④   02 ①   03 ②   04 ①   05 ②   06 ⑤   07 ⑤   08 ㉠ 억제, ㉡ 촉진, ㉢ 피드백   09 ⑤   10 ⑤   11 ⑤   12 ㄱ, ㄷ   13 (나) → (마) → (라) → (다) → (가)   14 ⑤   15 ③, ④   16 ④   17 갑상샘 기능 저하증은 갑상샘에서 티록신이 너무 적게 분비될 때 나타난다. 티록신은 세포 호흡을 촉진하므로 갑상샘 기능 저하증에 걸리면 포도당이 소모되지 않아 체중이 증가하고 에너지가 발생하지 못해 추위를 잘 탄다.   18 ③   19 날씨가 더우면 열 방출량을 늘리기 위해 피부 근처 혈관이 확장되어 피부 근처로 흐르는 혈액의 양이 증가하여 얼굴이 빨갛게 된다.

141쪽 실전 문제로 Ⅳ단원 마무리하기
01 ②   02 (가) 어두운 곳에서 밝은 곳으로 나왔으므로 홍채의 면적이 늘어나 동공이 작아지면서 눈으로 들어오는 빛의 양이 줄어든다. (나) 가까운 곳을 보다가 먼 곳을 보았으므로 섬모체가 이완하여 수정체의 두께가 얇아진다.   03 ④   04 ㉠ 전정 기관, ㉡ 소뇌   05 ④   06 ②   07 ㄱ   08 ㄱ   09 C: 중간뇌, 안구 운동과 동공의 크기를 조절한다.   10 ②   11 ④   12 ①   13 ④   14 ⑤   15 ⑤   16 ⑤   17 추울 때는 피부 근처 혈관이 수축되어 피부 근처로 흐르는 혈액의 양이 감소하여 열 방출량이 감소하고, 근육의 떨림으로 열 발생량이 증가한다.   18 ㉠ 간뇌, ㉡ 항이뇨 호르몬

Ⅰ. 화학 반응의 규칙과 에너지 변화

01강 물질의 변화

01 ㉠ 물리, ㉡ 화학　**02** (1) 물리 (2) 화학 (3) 화학 (4) 물리 (5) 물리
(6) 화학　**03** (가) 물리 변화, (나) 화학 변화, (다) 물리 변화
04 화학 변화　**05** (가) 물리 변화, (나) 화학 변화　**06** (1) ×
(2) ○ (3) × (4) ×　**07** 원자의 배열, 물질의 성질, 분자의 종류
08 화학 반응　**09** ㉠ 왼쪽, ㉡ 오른쪽, ㉢ 원자, ㉣ 1　**10** (1) CH_4
(2) NH_3 (3) HCl (4) H_2O_2 (5) CO_2 (6) MgO　**11** ㉠ 2, ㉡ 2, ㉢ O_2
12 (1) MgO (2) O_2 (3) 2 (4) $NaCl$　**13** (1) ○ (2) × (3) × (4) ○
14 반응하는 입자 수의 비, 반응물과 생성물의 종류　**15** (가) 2개,
(나) 4개

02 (1)은 융해(상태 변화), (4)는 용해, (5)는 확산으로 물리 변화이다. (2), (3), (6)은 변화가 일어날 때 물질의 성질이 달라져 새로운 물질로 변하는 화학 변화이다. 화학 변화가 일어날 때 색과 굳기가 변하거나 기체가 발생하는 현상을 볼 수 있다.

03 (가)에서는 양초의 상태가 고체에서 액체로 변하는 융해(상태 변화)가, (다)에서는 양초의 상태가 액체에서 고체로 변하는 응고(상태 변화)가 일어난다. (나)에서는 기화된 양초가 빛과 열을 내며 타는 연소가 일어난다. 따라서 (가)와 (다)는 물리 변화이고, (나)는 화학 변화이다.

04 화학 변화가 일어날 때는 앙금이 생성되기도 하고, 빛이나 열이 발생하기도 하며, 물질의 색이나 맛이 달라지는 등 다양한 변화가 일어난다.

05 (가)에서는 분자의 배열만 달라질 뿐 분자의 종류는 변하지 않으므로 물리 변화이다. (나)에서는 분자의 종류가 달라져 처음 물질과는 다른 물질이 생성되므로 화학 변화이다.

06 (1), (4) 물리 변화가 일어날 때 분자의 배열만 달라져 물질의 종류가 변하지 않으므로 물질의 성질도 변하지 않는다.
(3) 물리 변화와 화학 변화 모두에서 원자의 종류와 개수는 변하지 않는다.

07 화학 변화가 일어날 때는 원자의 배열이 변하여 새로운 분자가 생성되므로 물질의 성질이 달라진다. 그러나 원자의 개수, 종류, 크기는 변하지 않는다.

09 화학 반응식에서 반응물은 화살표의 왼쪽, 생성물은 화살표의 오른쪽에 나타낸다. 계수가 1인 경우에는 생략한다.

11 물 분해 반응의 화학 반응식은 $2H_2O \longrightarrow 2H_2 + O_2$이다.

12 반응 전후 원자의 종류와 개수가 같도록 계수를 맞춘다.

13 (2) 반응 전후 원자의 배열이 달라진다.
(3) 수소 원자 수는 반응 전후 모두 6이다.

15 분자 수의 비가 메테인 : 이산화 탄소 : 수증기＝1 : 1 : 2
이므로 메테인 분자 2개가 완전 연소하면 이산화 탄소 분자 2개와 물 분자 4개가 생성된다.

01 (1) × (2) × (3) ○ (4) ○　**02** (나)

01 (1) 마그네슘을 작게 잘라도 마그네슘은 다른 물질로 변하지 않으므로 물질의 성질이 변하지 않는다.
(2) 마그네슘을 태운 재는 마그네슘이 산소와 결합한 산화 마그네슘으로 마그네슘과는 다른 물질이다.

02 (가)는 모양이 달라지는 물리 변화이고, (나)는 물질의 성질이 달라지는 화학 변화이다.

01 2　**02** 4

01 반응 전후 원자의 종류와 개수가 같아지도록 반응물인 CO와 생성물인 CO_2의 앞에 계수 2를 쓴다.
$$2CO + O_2 \longrightarrow 2CO_2$$

02 반응 전후 수소 원자(H)와 염소 원자(Cl)의 개수가 같아지도록 생성물인 HCl의 앞에 계수 2를 쓰므로 화학 반응식은 $H_2 + Cl_2 \longrightarrow 2HCl$이다. 따라서 계수의 총합은 $1+1+2＝4$이다.

01 ③　**02** ⑤　**03** ④　**04** (가) ㉡, ㉢, ㉤, (나) ㉠, ㉣, ㉥　**05** ⑤
06 ④　**07** ㄱ, ㄴ　**08** ②, ③　**09** ④　**10** MgO　**11** ③
12 ③　**13** ②　**14** ④　**15** ⑤　**16** 5　**17** ③　**18** AB_3
19 ①

고난도·서술형 문제

20 ③　**21** 물리 변화가 일어날 때는 분자의 배열만 달라지고 분자의 종류는 바뀌지 않으므로 물질의 성질이 달라지지 않는다. 화학 변화가 일어날 때는 원자의 배열이 달라져 분자의 종류가 바뀌므로 물질의 성질이 달라진다.　**22** (1) 변한다. 원자의 배열이 달라져 반응 전과 다른 새로운 물질이 생성되기 때문이다. (2) $A_2 + B_2 \longrightarrow 2AB$
23 ③　**24** (1) (가) 빛과 열이 발생한다. (나) 기체가 발생한다. (2) (가) $2Mg + O_2 \longrightarrow 2MgO$, (나) $Mg + 2HCl \longrightarrow MgCl_2 + H_2$

01 ③ 철의 붉은 녹은 철이 공기 중의 산소, 수분과 반응하여 다른 물질로 변화한 것으로 화학 변화이다.

[오답 피하기] ① 유리가 깨지는 것은 모양이 변하는 것으로 물리 변화이다.

② 잉크가 물에 퍼지는 현상은 확산으로 물리 변화이다.

④ 물이 끓어 수증기가 되는 것은 물이 액체 상태에서 기체 상태로 변하는 현상으로 물리 변화이다.

⑤ 탄산음료를 따를 때 거품이 올라오는 것은 기체의 용해도가 감소하여 탄산음료에 녹아 있던 이산화 탄소가 빠져나오는 현상으로 물리 변화이다.

02 ⑤ 물질이 연소할 때는 빛과 열이 발생하며, 이것은 물질이 성질이 전혀 다른 새로운 물질로 변하는 화학 변화이다.

[오답 피하기] ①, ② 물리 변화에서는 분자의 배열만 변하므로 물질의 종류는 달라지지 않는다. 따라서 물질의 성질도 변하지 않는다.

③, ④ 확산이 일어나거나 물질의 상태나 모양이 변할 때 물질의 종류가 변하지 않으므로 물리 변화이다.

03 화학 변화가 일어날 때는 원자의 배열이 바뀌면서 새로운 분자가 생성되므로 물질의 성질이 달라진다. 물리 변화와 화학 변화 모두에서 원자의 개수는 변하지 않는다.

[개념 더하기]

물질의 변화에서 변하는 것과 변하지 않는 것

구분	물리 변화	화학 변화
변하는 것	분자의 배열	• 원자의 배열 • 분자의 종류 • 물질의 성질
변하지 않는 것	• 원자의 종류와 개수 • 분자의 종류 • 물질의 성질	원자의 종류와 개수

04 물이 끓어 수증기가 되는 기화(상태 변화) 현상(ⓒ)이나, 채소를 잘게 자르는 것(ⓔ), 코코아가 우유에 퍼지는 것(ⓜ)은 물질의 성질이 변하지 않는 물리 변화이다. 도시가스가 산소와 반응하여 불꽃을 내며 타는 것(ⓖ)이나 프라이팬 위에서 달걀이 익는 것(ⓔ), 깎아 놓은 과일의 색이 변하는 것(ⓗ)은 화학 변화이다.

[개념 더하기]

달걀의 가열과 과일의 갈변
• 달걀을 가열하면 익어서 굳는 것은 단백질의 구조가 변하는 현상으로 화학 변화이다. 액체가 응고(액체 → 고체)하는 것은 냉각할 때 일어나는 상태 변화로 물리 변화이다. 액체가 응고한 고체 물질은 열을 가하면 다시 액체로 되지만, 익힌 달걀은 다시 되돌릴 수 없다.
• 갈변은 과일 속에 포함되어 있는 물질이 공기 중의 산소와 반응하여 갈색으로 변하는 현상으로 화학 변화이다.

05 도시가스가 연소할 때 빛과 열이 발생하고, 달걀이 익을 때 색, 냄새, 맛, 굳기가 변한다. 물질의 상태만 변하는 것은 물리 변화이다.

06 ㄱ. A에서는 고체 양초가 녹아 촛농(액체 양초)으로 되는 융해(상태 변화)가 일어난다.

ㄴ, ㄷ. B에서 기체 상태의 양초가 공기 중의 산소와 반응하여 이산화 탄소와 수증기가 생성된다. 이것은 원자의 배열이 변하여 처음과는 다른 새로운 물질이 생성되는 화학 변화이다.

[오답 피하기] ㄹ. C에서는 촛농이 흘러내리다 고체 양초로 되는 응고(상태 변화)가 일어나므로 물리 변화이다. 물리 변화와 화학 변화 모두에서 원자의 개수는 변하지 않는다.

[자료 분석]

양초의 연소에서 물질의 변화
• A: 고체 양초가 녹아 촛농이 된다(융해).
• B: 심지를 타고 올라간 액체 양초가 기화되어 열과 빛을 내며 탄다.
• C: 촛농이 흘러내리다 굳는다(응고).

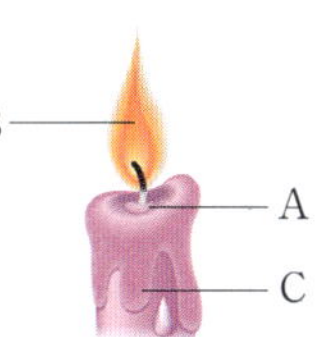

07 종이를 태우는 것은 화학 변화, 방 안에 향수 냄새가 퍼지는 것은 물리 변화이다. 석회수에 입김을 불어 넣을 때 뿌옇게 흐려지는 것은 탄산 칼슘의 흰색 앙금이 생성되는 화학 변화이다. 물리 변화와 화학 변화 모두에서 원자의 종류(ㄱ)와 개수(ㄴ)는 변하지 않는다.

[오답 피하기] ㄷ. 물리 변화에서 분자의 배열이 변한다.

ㄹ, ㅁ. 화학 변화에서 분자의 종류, 물질의 성질이 변한다.

08 ② (가)는 물이 수증기로 변하는 기화이므로 분자 사이의 거리가 멀어진다.

③ (나)는 물이 수소와 산소로 분해되므로 원자의 배열이 달라진다.

[오답 피하기] ① (가)에서 분자의 종류는 달라지지 않는다.

④ (나)에서 분자의 종류가 달라진다.

⑤ 물리 변화와 화학 변화 모두에서 원자의 종류와 개수는 달리지지 않는다.

[자료 분석]

물리 변화와 화학 변화

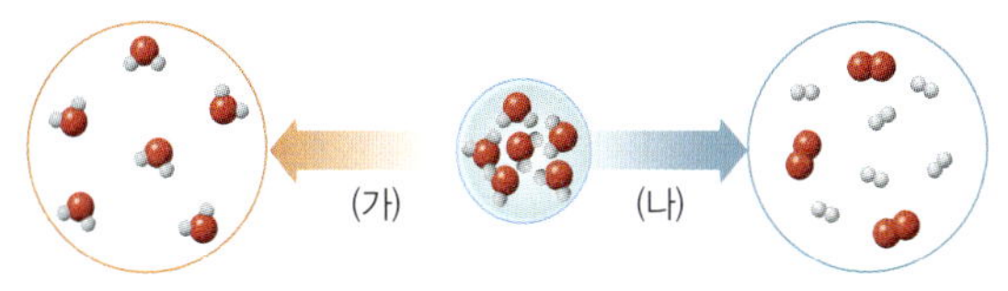

• (가)는 분자의 배열이 변하여 분자 사이의 거리가 달라진다. ➡ 물리 변화
• (나)는 원자의 배열이 변하여 한 종류의 분자가 두 종류의 분자로 분해된다. ➡ 화학 변화

09 (가)는 물리 변화, (나)는 화학 변화이다. 뜨거운 프라이팬 위에 올려놓은 버터가 녹는 것은 고체에서 액체로의 융해(상태 변화)로 물리 변화이다.

10 연소는 물질이 산소와 빠르게 반응하는 것이다. 마그네슘이 연소하면 산화 마그네슘(MgO)이 생성된다.

11 ③ (다)에서 마그네슘 리본과 연소 후 남은 재에 묻은 염산을 떨어뜨리면 마그네슘 리본에서는 기체가 발생하지만, 연소 후 남은 재에서는 화학 변화가 일어나 성질이 달라졌으므로 기체가 발생하지 않는다.

오답 피하기 ①, ④ 마그네슘이 연소하면 산소와 반응하여 산화 마그네슘이 되는 것, 마그네슘에 묻은 염산을 떨어뜨리면 수소 기체가 발생하는 것은 모두 화학 변화이다. 화학 변화가 일어날 때는 원자의 배열이 달라진다.
② 마그네슘은 은백색이고, 광택이 있다. 연소 후 남은 재는 흰색이고, 광택이 없다.
⑤ 마그네슘은 광택이 있으나 연소 후 남은 재는 광택이 없고 색도 다르다. 또한 마그네슘과 연소 후 남은 재에 묻은 염산을 각각 떨어뜨리면 연소 후 남은 재에서는 기체가 발생하지 않는다. 이로부터 화학 변화가 일어나면 물질의 성질이 달라짐을 알 수 있다.

12 화학 반응식을 통해 물질의 질량은 알 수 없다.

13 화학 반응 전후의 입자 수가 반응에 따라 다를 수 있으므로 화살표 양쪽 계수의 총합이 항상 같지는 않다.

14 반응 전 수소 원자의 개수는 $2H_2O_2$에서 4개이고, 반응 후 산소 원자의 개수는 $2H_2O$와 O_2에서 4개이다.

15 반응 전후 원자의 종류와 개수가 같아야 한다. 탄소와 금속은 원소 기호로 화학식을 나타낸다.

오답 피하기 ① $C + O_2 \longrightarrow CO_2$ 또는 $2C + O_2 \longrightarrow 2CO$
② $2H_2O \longrightarrow 2H_2 + O_2$
③ $N_2 + 3H_2 \longrightarrow 2NH_3$
④ $2Cu + O_2 \longrightarrow 2CuO$

16 반응 전후 나트륨(Na) 원자의 개수가 같도록 반응물 앞에 계수 2를 써서 $2NaHCO_3 \longrightarrow Na_2CO_3 + H_2O + CO_2$이다. 따라서 계수의 총합은 $2+1+1+1=5$이다.

17 ③ 물 분자 1개는 3개의 원자로 이루어지고, 물 분자가 2개 생성되므로 생성물의 원자 수는 총 6이다.

오답 피하기 ① 물은 화살표 오른쪽에 있으므로 생성물이다.
② 계수비는 분자 수의 비를 나타내므로 반응 전의 분자 수는 3, 반응 후의 분자 수는 2이다.
④ $2H_2$에서 앞의 2는 수소 분자 수를, 뒤의 작은 숫자 2는 수소 분자를 이루는 수소 원자 수를 나타낸다. 즉, 2개의 수소 원자로 이루어진 수소 분자가 2개이므로 반응물의 수소 원자 수는 총 4이다.

18 A_2 분자 1개와 B_2 분자 3개가 모두 반응하여 생성물 분자 2개를 생성하므로 A 원자 2개와 B 원자 6개가 생성물 분자 2개를 만든다. 따라서 생성물 분자 1개는 A 원자 1개와 B 원자 3개로 이루어진다.

19 메테인이 연소하면 이산화 탄소와 물이 생성된다. 화학 반응식을 완성하면 다음과 같다.
$$CH_4 + 2O_2 \longrightarrow CO_2(\text{㉠}) + 2H_2O(\text{㉡})$$
① 화학 반응식의 계수비는 분자 수의 비이므로 반응 전의 분자 수와 반응 후의 분자 수는 3으로 같다.

오답 피하기 ② 이산화 탄소를 석회수에 통과시키면 뿌옇게 흐려진다.
③ CO_2와 H_2O은 구성하는 원자 수가 3으로 같다.
④ 화학 반응식의 계수비는 반응하거나 생성되는 물질의 입자 수의 비를 나타낸다. 메테인과 산소의 계수비가 $1 : 2$이므로 메테인 분자 1개가 완전히 반응하기 위해서는 산소 분자 2개가 필요하다.
⑤ 메테인과 물의 계수비가 $1 : 2$이므로 메테인 분자 2개가 완전 연소하면 물 분자 4개가 생성된다.

20 ③ (나)에서 액체인 물이 기체인 수증기로 기화되면 분자 사이의 거리가 멀어진다.

오답 피하기 ① 설탕물에서 설탕은 성질을 잃지 않고 섞여 있으므로 맛은 변하지 않는다. 그러나 태운 설탕은 설탕의 성질을 가지지 않으므로 단맛이 없고 쓴맛이 난다.
② (가)에서 설탕 분자가 물 분자 사이에 끼어들어 있으므로 설탕이 보이지 않는다. 이때 분자의 크기는 달라지지 않는다.
④ 설탕은 탄소, 수소, 산소로 이루어진 물질이다. 설탕을 계속 가열하면 설탕의 성분 중 수소와 산소는 수증기가 되어 빠져나가고 탄소만 남게 되어 검게 변한다. 화학 변화가 일어나도 원자의 종류는 달라지지 않는다.
⑤ (다)는 화학 변화이므로 물질의 성질이 달라진다.

21 **예시 답안** 물리 변화가 일어날 때는 분자의 배열만 달라지고 분자의 종류는 바뀌지 않으므로 물질의 성질이 달라지지 않는다. 화학 변화가 일어날 때는 원자의 배열이 달라져 분자의 종류가 바뀌므로 물질의 성질이 달라진다.

채점 기준	배점(%)
물리 변화, 화학 변화가 일어날 때 물질의 성질 변화 여부를 분자나 원자의 배열을 이용하여 모두 옳게 설명한 경우	100
물리 변화와 화학 변화 중 1가지만 옳게 설명한 경우	50

22 (1) **예시 답안** 변한다. 원자의 배열이 달라져 반응 전과 다른 새로운 물질이 생성되기 때문이다.

(2) 화학 반응식의 계수비는 분자 수의 비와 같으며, 계수비가 가장 간단한 정수비를 이루어야 한다.

<u>예시 답안</u> $A_2 + B_2 \longrightarrow 2AB$

	채점 기준	배점(%)
(1)	성질의 변화를 옳게 쓰고, 그 까닭을 원자의 배열을 이용하여 옳게 설명한 경우	60
	성질의 변화만 옳게 쓴 경우	30
(2)	화학 반응식을 옳게 쓴 경우	40

23 ㄱ. 물질이 산소와 빠르게 반응하여 열과 빛을 내는 현상을 연소라고 한다. (가)는 메테인의 연소 반응, (나)는 수소의 연소 반응이므로 모두 화학 변화이다. 따라서 원자의 배열이 달라진다.

ㄴ. 화학 반응식을 완성하면 다음과 같다.

(가) $CH_4 + 2O_2 \longrightarrow CO_2 + \underline{2H_2O}$

(나) $2H_2 + O_2 \longrightarrow \underline{2H_2O}$

<u>오답 피하기</u> ㄷ. (가)에서 CH_4 분자 1개는 산소 분자 2개와 반응하고, (나)에서 H_2 분자 2개는 산소 분자 1개와 반응한다. 따라서 산소 분자 1개와 반응하는 분자 수는 CH_4은 0.5이고, H_2는 2이므로 산소 분자 1개와 반응하는 CH_4과 H_2 분자 수의 비는 $0.5 : 2 = 1 : 4$이다.

통합형 **문제 분석**

화학 반응식

(가) $CH_4 + 2O_2 \longrightarrow CO_2 + (\ ㉠\ )$ ─ H 원자 4개와 O 원자 2개로 이루어진다.

(나) $2H_2 + O_2 \longrightarrow (\ ㉡\ )$

• (가)는 메테인이 산소와 반응하여 이산화 탄소와 물을 생성하는 반응이다. ➡ ㉠에 들어갈 물질의 화학식은 H_2O이고, 반응 전 H와 O 원자의 개수를 보아 계수는 2이다. 즉, ㉠은 $2H_2O$이다.

• (나)는 수소와 산소가 반응하여 물을 생성하는 반응이다. ➡ ㉡에 들어갈 물질의 화학식은 H_2O이고, 반응 전 H와 O 원자의 개수를 보아 계수는 2이다. 즉, ㉡은 $2H_2O$이다.

• (가)와 (나)는 모두 물질이 성질이 전혀 다른 물질로 변하는 화학 변화이다.

24 (1) <u>예시 답안</u> (가) 빛과 열이 발생한다. (나) 기체가 발생한다.

(2) (가)는 Mg이 O_2와 반응하여 MgO을 생성하는 반응이고, (나)는 Mg이 HCl과 반응하여 H_2와 $MgCl_2$을 생성하는 반응이다.

<u>예시 답안</u> (가) $2Mg + O_2 \longrightarrow 2MgO$

(나) $Mg + 2HCl \longrightarrow MgCl_2 + H_2$

	채점 기준	배점(%)
(1)	2가지 현상을 모두 옳게 쓴 경우	50
	1가지 현상만 옳게 쓴 경우	25
(2)	2가지 화학 반응식을 모두 옳게 쓴 경우	50
	1가지 화학 반응식만 옳게 쓴 경우	25

02 강 **화학 반응의 규칙**

기본 문제로 **개념 다지기** 21쪽, 23쪽

01 (1) × (2) × (3) ○ **02** (1) 앙금 (2) = **03** (1) 감소 (2) 증가 (3) 일정 **04** ㉠ 화합물, ㉡ 질량비, ㉢ 일정 성분비 **05** (가) 6개, (나) 3개 **06** (1) 4 : 1 (2) 3 g (3) 16 g **07** 18 g **08** (1) 부피 (2) 분자 (3) 분자 **09** (1) 1 : 1 : 2 (2) 기체 반응 법칙 (3) $H_2 + Cl_2 \longrightarrow 2HCl$ **10** (1) 1 : 3 : 2 (2) 20, 수소, 10 **11** (1) ○ (2) ○ (3) × **12** (가) 수소, 4, (나) 12 **13** 같다.

01 (1) 질량 보존 법칙은 물리 변화와 화학 변화 모두에서 성립한다.

(2) 기체 발생 반응이나 연소 반응에서도 반응하거나 생성된 기체의 질량을 고려하면 질량 보존 법칙이 성립한다.

02 (1) 탄산 이온과 칼슘 이온이 반응하여 탄산 칼슘의 흰색 앙금을 생성한다.

(2) 앙금이 생성되어도 질량은 증가하지 않고 일정하다.

03 (1) 나무를 태우면 생성된 이산화 탄소와 수증기가 공기 중으로 날아가므로 질량이 감소한다.

(2) 강철 솜을 가열하면 공기 중의 산소가 결합하므로 질량이 증가한다.

(3) 앙금 생성 반응은 밀폐되지 않은 용기나 밀폐된 용기에서 모두 질량이 일정하다.

05 (가) 흰색 공 2개와 빨간색 공 1개가 결합한 A_2B는 최대 6개를 만들 수 있으며, 이때 남는 공은 없다.

(나) 흰색 공 2개와 빨간색 공 2개가 결합한 A_2B_2는 최대 3개를 만들 수 있으며, 이때 흰색 공 6개가 남는다.

06 (1) 구리 4 g과 반응하는 산소의 질량은 1 g이므로 구리와 산소의 질량비는 구리 : 산소 = 4 : 1이다.

(2) 질량비는 구리 : 산소 = 4 : 1이므로 구리 12 g을 완전히 연소시키기 위해 필요한 산소의 질량 x는 $4 : 1 = 12 : x$, $x = 3(g)$이다.

(3) 질량비는 구리 : 산화 구리(Ⅱ) = 4 : 5이므로 산화 구리(Ⅱ) 20 g을 얻기 위해 필요한 구리의 질량은 16 g이다.

07 질량비는 마그네슘 : 산화 마그네슘 = 3 : 5이므로 산화 마그네슘 30 g 속 마그네슘의 질량 x는 $3 : 5 = x : 30$, $x = 18(g)$이다.

10 질소와 수소가 반응하여 암모니아가 생성되는 반응에서 기체의 부피비는 질소 : 수소 : 암모니아 = 1 : 3 : 2이다.

11 (3) 수증기 생성 반응에서 반응에 참여하는 기체의 부피비는 수소 : 산소 : 수증기 = 2 : 1 : 2이므로 수소 4 mL와 산소 2 mL가 반응하여 수증기 4 mL가 생성된다.

12 실험 1, 2에서 수증기 생성 반응의 부피비는 수소 : 산소 : 수증기＝2 : 1 : 2이다. 따라서 실험 3에서 수소 16 mL와 산소 6 mL가 반응하면 수증기 12 mL가 생성되고, 수소 4 mL가 남는다. 즉, (가)는 수소, 4이고, (나)는 12이다.

13 온도와 압력이 일정할 때 모든 기체는 같은 부피 속에 같은 수의 분자가 들어 있다.

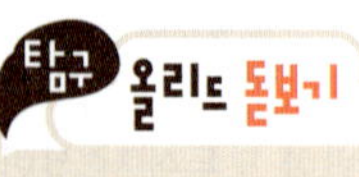

24쪽

01 (1) ○ (2) × (3) × (4) ○ **02** 해설 참조

01 (2) 실험 ❶에서는 기체가 발생하지 않으므로 뚜껑을 열어 두어도 빠져나가는 물질이 없다. 따라서 뚜껑을 열기 전후 질량은 변하지 않는다. 실험 ❷에서는 뚜껑을 열면 발생한 이산화 탄소 기체가 빠져나가므로 질량이 감소할 것이다.
(3) 탄산수소 나트륨과 식초를 반응시키면 이산화 탄소 기체가 발생한다.

02 반응 전후 입자의 종류와 개수는 변하지 않으므로 혼합 용액의 수용액 속에 나트륨 이온(●) 2개와 염화 이온(★) 2개를 그려 넣어야 한다.

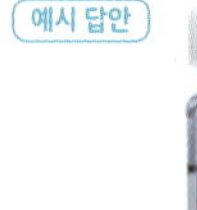

25쪽

01 (1) ○ (2) ○ (3) × **02** (1) 1 : 8, 1 : 16 (2) 64 g

01 (3) 빨간색 공 4개와 흰색 공 6개로 물 분자 모형을 만들면 물 분자 모형 3개를 만들고, 빨간색 공 1개가 남는다.

02 (1) 물은 수소 원자 2개와 산소 원자 1개로 이루어져 있으므로 질량비는 $(1 \times 2) : (16 \times 1) = 1 : 8$이다. 과산화 수소는 수소 원자 2개와 산소 원자 2개로 이루어져 있으므로 질량비는 $(1 \times 2) : (16 \times 2) = 1 : 16$이다.
(2) 과산화 수소를 구성하는 수소와 산소의 질량비가 수소 : 산소＝1 : 16이므로 과산화 수소 68 g 속 산소의 질량은 $68 \times \dfrac{16}{17} = 64(g)$이다. 즉, 과산화 수소 68 g 속에 수소 4 g과 산소 64 g이 들어 있다.

대표 문제로 **실력 확인하기**

26~29쪽

01 ②	**02** ⑤	**03** ③	**04** (가)＝(나)＞(다)	**05** 16 g
06 ④	**07** (가) 16 g, (나) 3 : 2		**08** 2개	**09** 1 : 1	**10** ②
11 ①	**12** ③	**13** (가) 산소, 0.2 g, (나) 5.4 g		**14** ③
15 ③	**16** ⑤	**17** 20 mL	**18** 2 : 1 : 2	**19** ⑤

고난도·서술형 문제

20 ②　　**21** (1) 질량 보존 법칙이 성립한다. 철과 결합한 공기 중의 산소의 질량을 고려하면 반응 전후 질량이 같기 때문이다. (2) 7 : 3, 산화 철을 이루는 산소의 질량은 생성된 산화 철의 질량에서 반응한 강철 솜의 질량을 뺀 값이므로 24 g이다. 따라서 철과 산소의 질량비는 철 : 산소＝56 : 24＝7 : 3이다.　　**22** ①　　**23** 일산화 탄소는 12 : 16 ＝3 : 4이고, 이산화 탄소는 12 : (16×2)＝3 : 8이다. 결합하는 탄소와 산소 원자의 개수비(탄소 : 산소)가 일산화 탄소는 1 : 1, 이산화 탄소는 1 : 2로 다르기 때문이다.　　**24** (1) 3 L, 2N개
(2) 화학 반응 전후 원자의 종류와 개수가 변하지 않으므로 질량 보존 법칙이 성립한다. 질소와 수소가 결합할 때 일정한 개수비로 결합하므로 일정 성분비 법칙이 성립한다. 반응하는 기체의 부피비가 일정하므로 기체 반응 법칙이 성립한다 중 2가지

01 ② 앙금이 생성되는 반응에서도 반응 전후 원자의 종류와 개수가 같으므로 질량 보존 법칙이 성립한다.
오답 피하기 ① 물리 변화와 화학 변화 모두에서 원자의 종류와 개수가 변하지 않는다. 따라서 물리 변화와 화학 변화 모두에서 질량 보존 법칙이 성립한다.
③ 기체가 발생하는 반응에서 발생한 기체의 질량을 고려하면 질량 보존 법칙이 성립한다.
④ 반응 전과 후 물질의 전체 질량은 변하지 않으므로 반응물의 총 질량과 생성물의 총 질량은 같다.
⑤ 반응 전후 원자의 종류와 개수가 같으므로 질량 보존 법칙이 성립한다.

02 ⑤ 염화 나트륨 수용액과 질산 은 수용액이 반응하면 염화 은의 흰색 앙금이 생성되므로 용액이 뿌옇게 흐려진다. 이때 반응 전후 원자의 종류와 개수는 변하지 않으므로 질량은 변하지 않는다.
오답 피하기 ① 물리 변화와 화학 변화 모두에서 원자의 종류와 개수는 변하지 않는다. 따라서 앙금 생성 반응에서도 반응 후 원자의 종류는 변하지 않는다.
② 반응 전후 원자의 배열만 달라지고 원자의 종류와 개수는 변하지 않으므로 앙금이 생성되어도 질량은 변하지 않는다.
③ 염화 나트륨 수용액과 질산 은 수용액을 섞으면 염화 은의 흰색 앙금이 생성되는 반응이 일어난다. 이때 기체는 발생하지 않는다.
④ 화학 반응이 일어나면 원자의 배열이 변하여 분자의 종류가 달라지므로 새로운 물질이 생성된다.

03 ③ 강철 솜이 연소하면 결합한 산소의 질량만큼 질량이 증가한다.

오답 피하기 ① 종이를 태우면 생성된 이산화 탄소와 수증기가 공기 중으로 날아가므로 질량이 감소한다.

②, ⑤ 밀폐되지 않은 용기에서 물에 설탕을 녹이거나 앙금이 생성되는 반응이 일어나도 반응 전후 질량은 변하지 않는다.

④ 탄산 칼슘에 식초를 떨어뜨리면 이산화 탄소 기체가 발생하여 공기 중으로 날아가므로 질량이 감소한다.

> 개념 더하기
>
> **종이와 강철 솜의 연소 반응에서 질량 변화**
>
> 
>
>
> | 종이 | 반응 후 질량이 감소하는 것처럼 보이지만 반응한 산소와 생성된 이산화 탄소, 수증기의 질량을 고려하면 질량이 일정하다. |
> |---|---|
> | 강철 솜 | 강철 솜이 산소와 결합하여 질량이 증가하는 것처럼 보이지만 강철 솜과 결합한 산소의 질량을 고려하면 질량은 일정하다. |

04 탄산 칼슘과 묽은 염산이 반응하면 이산화 탄소 기체가 발생한다. (나)에서는 기체가 빠져나가지 않으므로 질량이 변하지 않고, (다)에서는 기체가 빠져나가므로 질량이 감소한다.

05 과산화 수소의 질량=(물+산소)의 질량이므로, 발생한 산소의 질량은 $34-18=16(g)$이다.

06 ④ 밀폐되지 않은 용기에서 철을 연소시키면 질량이 증가하므로 저울이 (나) 쪽으로 기울어진다.

오답 피하기 ① 철이 산소와 반응하여 철과는 다른 물질이 되므로 (가)에서 (나)로의 변화는 화학 변화이다.

② 연소 전과 후 질량이 일정하므로 질량 보존 법칙이 성립한다.

③ 산화 철은 철과 산소가 일정한 개수비로 결합한 물질로 철과 산소의 질량비는 일정하다.

⑤ 철과 산소가 일정한 질량비로 반응하므로 (나)에서 철이 모두 반응한 후 산소 기체가 남아 있다. 이로부터 일정 성분비 법칙을 확인할 수 있다.

07 (가) 질량 보존 법칙에 의해 산소의 질량=산화 마그네슘의 질량−마그네슘의 질량=$40-24=16(g)$이다.
(나) 산화 마그네슘을 구성하는 마그네슘과 산소의 질량비는 마그네슘 : 산소=$24 : 16=3 : 2$이다.

08 BN_2는 B 1개와 N 2개로 이루어지므로 BN_2 2개를 만들고, N 2개가 남는다.

09 BN_2를 이루는 B와 N의 개수비는 B : N=$1 : 2$이므로 질량비는 B : N=$6 : (3\times2)=1 : 1$이다.

10 ② 일정 성분비 법칙은 화합물에서는 성립하나 혼합물에서는 성립하지 않는다. 소금물은 혼합물로 소금과 물의 혼합 비율에 따라 농도가 달라진다.

오답 피하기 ①, ③, ④, ⑤ 물, 암모니아, 산화 구리(Ⅱ), 염화 나트륨은 화합물이므로 일정 성분비 법칙이 성립한다.

11 구리와 산소는 $4 : 1$의 질량비로 반응하므로 구리 4 g을 가열하여 모두 반응시키면 산화 구리(Ⅱ) 5 g이 생성된다. 따라서 도가니의 처음 질량은 24 g이고, 전체 질량이 증가하다가 반응이 완결된 후 25 g으로 일정해진다.

12 ㄱ. 질소 기체 14 g과 수소 기체 3 g이 모두 반응하므로 질량 보존 법칙에 따라 생성된 암모니아의 질량은 17 g이다.
ㄴ. 암모니아를 구성하는 질소와 수소의 질량비가 $14 : 3$이고, 원자의 상대적 질량비가 $14 : 1$이므로 질소와 수소 원자의 개수비는 질소 : 수소=$1 : 3$이다.

오답 피하기 ㄷ. 암모니아를 구성하는 질소와 수소는 일정한 질량비로 반응하므로 수소 기체의 질량을 6 g으로 늘려도 생성된 암모니아의 질량은 더 이상 증가하지 않는다.

13 수소와 산소는 $1 : 8$의 질량비로 반응하므로 수소 0.6 g과 산소 4.8 g이 반응하고, 산소 0.2 g이 남는다. 이때 생성되는 물의 질량은 $0.6+4.8=5.4(g)$이다.

> 자료 분석
>
> **일정 성분비 법칙**
>
> | 실험 | 반응 전 기체의 질량(g) | | 반응 후 남은 기체의 종류와 질량(g) |
> |---|---|---|---|
> | | 수소 | 산소 | |
> | 1 | 0.3 | 3.0 | 산소, 0.6 |
> | 2 | 0.9 | 6.4 | 수소, 0.1 |
>
> • 실험 1에서 수소 0.3 g과 산소 2.4($=3.0-0.6$) g이 반응한다.
> • 실험 2에서 수소 0.8($=0.9-0.1$) g과 산소 6.4 g이 반응한다.
> ➡ 물의 합성 반응에서 수소와 산소는 $1 : 8$의 질량비로 반응한다.

14 ㄱ. 수소와 염소는 $1 : 1$의 부피비로 반응하므로 수소 10 mL와 완전히 반응하는 염소의 부피는 10 mL이다.
ㄷ. 수소와 염화 수소의 계수비가 수소 : 염화 수소=$1 : 2$이므로 수소 분자 2개가 반응하면 염화 수소 분자 4개가 생성된다.

오답 피하기 ㄴ. 반응 전후 분자의 개수는 같으나 질량 보존 법칙이 성립하는 것은 원자의 종류와 개수가 같기 때문이다.

15 기체 1부피에는 분자가 1개씩 들어가므로 질소 원자 2개와 수소 원자 6개가 암모니아 분자 2개를 생성한다. 따라서 암모니아 분자는 질소 원자 1개와 수소 원자 3개로 이루어진다.

16 ⑤ 기체의 반응에서 화학 반응식의 계수비=분자 수의 비=부피비이다. 따라서 기체의 부피비는 질소 : 암모니아=1 : 2이므로 질소 10 mL가 모두 반응하면 암모니아 20 mL가 생성된다.

오답 피하기 ① 반응 전은 4부피, 반응 후는 2부피로 기체의 부피는 감소한다.

② 수소와 질소는 3 : 1의 부피비로 반응한다. 주어진 모형만으로 질량비는 알 수 없다.

③ 각 기체 1부피에 들어 있는 분자 수는 같다.

④ 질소 분자 1개는 수소 분자 3개와 반응한다.

> **개념 더하기**
>
> **아보가드로 법칙**
>
> 게이뤼삭은 기체 반응 법칙을 원자설과 관련지어 원자 모형으로 설명하고자 하였지만 기체 반응 법칙을 원자 모형으로 설명하면 원자가 쪼개지는 모순이 생겼다.
>
> 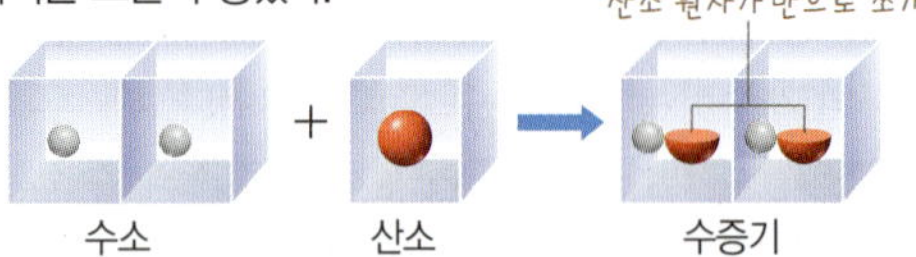
>
>
> 이러한 모순을 해결하기 위해 아보가드로는 기체 물질은 분자라는 단위 입자로 이루어져 있을 것이라고 생각하고, 온도와 압력이 같을 때 같은 부피 속에는 같은 수의 분자가 들어 있다는 분자설을 제안하였다. 이후 아보가드로의 분자설은 실험으로 확인되었으며, "일정한 온도와 압력에서 모든 기체는 같은 부피 속에 같은 수의 분자를 갖는다."라는 아보가드로 법칙으로 인정받았다.
>
> 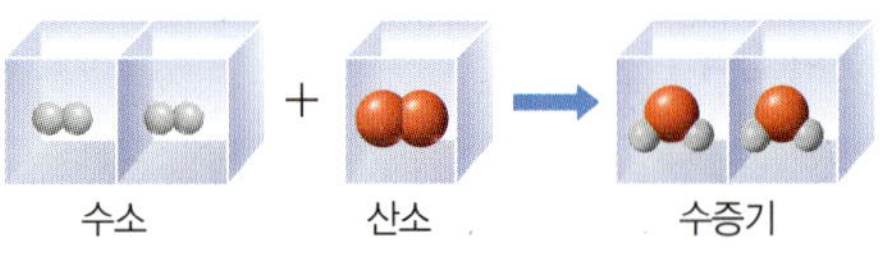
>

17 일산화 탄소와 산소, 이산화 탄소 기체는 2 : 1 : 2의 부피비로 반응한다. 따라서 x는 일산화 탄소, 20 mL이고, y는 산소, 10 mL이므로 x와 y를 반응시키면 이산화 탄소 20 mL가 생성된다.

18 기체의 반응에서 화학 반응식의 계수비는 기체의 부피비와 같다. 따라서 기체의 부피비와 계수비는 일산화 탄소 : 산소 : 이산화 탄소=2 : 1 : 2이다.

19 ⑤ 기체의 부피비는 수소 : 산소 : 수증기=2 : 1 : 2이므로 수소 기체 20 mL와 산소 기체 10 mL가 반응하면 수증기 20 mL가 생성된다.

오답 피하기 ① 수소 2부피와 산소 1부피가 반응하므로 수소와 산소의 부피비는 수소 : 산소=2 : 1이다.

② 산소와 수증기의 부피비가 산소 : 수증기=1 : 2이므로 분자 수의 비도 산소 : 수증기=1 : 2이다.

③ 질량 보존 법칙과 일정 성분비 법칙에 의해 수소 2 g과 산소 16 g이 반응하면 수증기 18 g이 생성된다.

④ 수증기는 수소 원자 2개와 산소 원자 1개로 구성되며, 원자의 상대적 질량비는 1 : 16이므로 수증기를 구성하는 원소의 질량비는 수소 : 산소=(2×1) : 16=1 : 8이다.

20 ② A 이후 앙금의 높이가 더 이상 높아지지 않고 일정한 것은 반응할 질산 납 수용액이 없기 때문이다.

오답 피하기 ① 10 % 질산 납 수용액 6 mL가 모두 반응할 때까지 가한 10 % 아이오딘화 칼륨 수용액의 부피가 6 mL이므로 농도가 같은 질산 납 수용액과 아이오딘화 칼륨 수용액은 1 : 1의 부피비로 반응한다.

③ B에는 아이오딘화 칼륨 수용액이 남아 있으므로 질산 납 수용액을 넣으면 앙금의 양이 증가한다.

④ 아이오딘화 납을 이루는 납과 아이오딘이 정해진 개수비로 결합하므로 일정한 비율을 넘는 반응물이 반응하지 않고 남는다. 따라서 납과 아이오딘의 질량비는 일정하다.

⑤ 일정량의 질산 납 수용액에 아이오딘화 칼륨 수용액의 양을 2 mL씩 증가시키며 넣었으므로 A, B, C에서 전체 질량은 A<B<C이다.

> **통합형** **문제 분석**
>
> **아이오딘화 납 앙금 생성 반응**
>
>
>
> • 질산 납 수용액과 아이오딘화 칼륨 수용액이 반응하면 아이오딘화 납의 노란색 앙금이 생성된다.
> • A 이후 앙금의 높이가 더 이상 증가하지 않는 까닭: 아이오딘화 칼륨과 반응할 수 있는 질산 납이 없기 때문이다.
> • 질산 납 수용액 6 mL에 아이오딘화 칼륨 수용액 6 mL를 넣은 A에서 완전히 반응하였다. ➡ 같은 농도의 질산 납 수용액과 아이오딘화 칼륨 수용액은 1 : 1의 부피비로 반응한다.
> • 일정량의 질산 납 수용액과 반응하는 아이오딘화 칼륨 수용액의 양은 일정하다. ➡ 아이오딘화 납을 구성하는 납과 아이오딘의 질량비는 일정하다.

21 (1) **예시 답안** 질량 보존 법칙이 성립한다. 철과 결합한 공기 중의 산소의 질량을 고려하면 반응 전후 질량이 같기 때문이다.

(2) **예시 답안** 7 : 3, 산화 철을 이루는 산소의 질량은 생성된 산화 철의 질량에서 반응한 강철 솜의 질량을 뺀 값이므로 24 g이다. 따라서 철과 산소의 질량비는 철 : 산소=56 : 24=7 : 3이다.

	채점 기준	배점(%)
(1)	질량 보존 법칙이 성립함을 그 까닭을 포함하여 옳게 설명한 경우	50
	질량 보존 법칙이 성립한다고만 쓴 쓴 경우	25
(2)	질량비를 구하는 과정을 포함하여 옳게 설명한 경우	50
	질량비만 옳게 쓴 경우	25

22 ① (가)의 화학 반응식을 완성하면 다음과 같다.

$$C_2H_5OH + 3O_2 \longrightarrow 2CO_2 + 3H_2O$$

오답 피하기 ② 기체 반응 법칙은 반응물과 생성물이 모두 기체인 경우에 성립한다. (가)에서 에탄올은 실온에서 액체, (나)에서 구리와 산화 구리(Ⅱ)는 실온에서 고체이므로 기체 반응 법칙이 성립하지 않는다.

③ 화학 반응식의 계수비는 물질의 입자 수의 비이므로 반응 후 입자 수는 (가)에서 증가하고, (나)에서 감소한다.

④ 산화 구리(Ⅱ)를 구성하는 구리와 산소 원자의 개수비는 1 : 1이지만, 구리와 산소 원자의 상대적 질량은 다르므로 질량비는 1 : 1이 아니다.

⑤ (가)에서는 기체가 발생하므로 반응 후 질량이 감소하고, (나)에서는 구리가 산소와 결합하므로 질량이 증가한다.

23 **예시 답안** 일산화 탄소는 12 : 16=3 : 4이고, 이산화 탄소는 12 : (16×2)=3 : 8이다. 결합하는 탄소와 산소 원자의 개수비(탄소 : 산소)가 일산화 탄소는 1 : 1, 이산화 탄소는 1 : 2로 다르기 때문이다.

채점 기준	배점(%)
질량비를 모두 옳게 구하고, 질량비가 다른 까닭을 옳게 설명한 경우	100
질량비만 옳게 구한 경우	50

24 (1) 기체의 부피비는 질소 : 수소 : 암모니아=1 : 3 : 2이므로 질소 1 L와 수소 3 L가 반응하여 암모니아 2 L를 생성한다. 이때 같은 온도와 압력에서 같은 부피 속에 들어 있는 분자 수는 같으므로 암모니아 2 L에는 암모니아 분자 2N개가 들어 있다.

(2) 질량 보존 법칙, 일정 성분비 법칙, 기체 반응 법칙이 모두 성립한다.

예시 답안 화학 반응 전후 원자의 종류와 개수가 변하지 않으므로 질량 보존 법칙이 성립한다. 질소와 수소가 결합할 때 일정한 개수비로 결합하므로 일정 성분비 법칙이 성립한다. 반응하는 기체의 부피비가 일정하므로 기체 반응 법칙이 성립한다 중 2가지

채점 기준	배점(%)
2가지 법칙을 모두 옳게 설명한 경우	100
1가지 법칙만 옳게 설명한 경우	50

03강 화학 반응과 에너지 변화

기본 문제로 개념 다지기 31쪽

01 에너지 **02** (1) ○ (2) × (3) × (4) ○ (5) ○ **03** (1) 흡열 (2) 발열 (3) 발열 (4) 흡열 (5) 발열 (6) 흡열 **04** (1) ○ (2) × (3) ○ **05** ㉠ 방출, ㉡ 높아, ㉢ 흡수, ㉣ 낮아 **06** (1) 흡열 (2) 발열 (3) 발열 (4) 흡열

02 (2) 발열 반응은 주변으로 에너지를 방출하는 반응이므로 발열 반응이 일어나면 주변의 온도가 높아진다.

(3) 산과 염기의 중화 반응은 주변으로 에너지를 방출하는 발열 반응이다.

03 (1) 식물은 빛에너지를 흡수하여 이산화 탄소와 물로부터 포도당을 합성하고, 산소 기체를 내놓는다.

(2) 금속이 공기 중의 산소와 반응하여 녹슬 때 에너지를 방출한다.

(3) 메테인이 공기 중의 산소와 반응하면 빛과 열을 내며 연소한다.

(4) 탄산수소 나트륨은 에너지를 흡수하여 탄산 나트륨과 물, 이산화 탄소로 분해된다.

(5) 산과 금속이 반응할 때 에너지를 방출한다.

(6) 물에 전류를 흘려주면 물이 전기 에너지를 흡수하여 수소와 산소로 분해된다.

04 (2) 흡열 반응이 일어나면 주변의 온도가 낮아진다.

06 발열 도시락, 연소 반응은 반응이 일어날 때 방출하는 에너지를 이용하는 것이다. 냉찜질 팩은 질산 암모늄이 물과 반응할 때 에너지를 흡수하는 반응을, 냉장고의 냉장실은 증발기에서 냉매가 기화할 때 에너지를 흡수하는 반응을 이용한 것이다.

탐구 올리드 돋보기 32쪽

01 (1) ○ (2) ○ (3) × (4) × **02** ⑤

01 (3) 나무판 위의 물은 에너지를 방출하여 얼음으로 응고된다.

(4) 에너지를 흡수하는 반응이 일어나면 주변의 온도가 낮아진다.

02 염화 암모늄과 수산화 바륨의 반응은 흡열 반응이다. 탄산수소 나트륨을 가열하면 에너지를 흡수하여 탄산 나트륨과 이산화 탄소, 물로 분해된다.

$$2NaHCO_3 \xrightarrow{\text{가열}} Na_2CO_3 + CO_2 + H_2O$$

탐구 올리드 돋보기

33쪽

01 (1) × (2) × (3) × (4) ○　　**02** 발열 반응

01 (1) 철이 공기 중의 산소와 반응할 때 에너지를 방출하므로 손난로에 이용할 수 있다.

(2) 실험 ❶에서는 에너지를 방출하는 반응이 일어나고, 실험 ❷에서는 에너지를 흡수하는 반응이 일어난다.

(3) 철이 산소와 모두 반응하면 더 이상 반응이 일어나지 않으므로 손난로는 재사용할 수 없다.

02 휴대용 가열 용기는 산화 칼슘과 물이 반응할 때 방출하는 에너지로 음식을 가열한다.

대표 문제로 실력 확인하기

34~37쪽

01 ⑤　　**02** ③　　**03** ⑤　　**04** ①　　**05** ③　　**06** ④　　**07** ④
08 ⑤　　**09** ②　　**10** ③　　**11** (가) ㄴ, (나) ㄱ, (다) ㄷ
12 (가), (나)　　**13** A, B　　**14** ③

고난도·서술형 문제

15 (1) 나무판이 삼각 플라스크에 달라붙어 같이 들려 올라온다. (2) 삼각 플라스크 안에서 수산화 바륨과 염화 암모늄이 반응할 때 주변의 에너지를 흡수하므로 나무판 위의 물이 얼어 삼각 플라스크가 나무판에 달라붙기 때문이다.　　**16** (가), (나), (다)의 반응은 에너지를 방출하는 발열 반응이고, (라)의 반응은 에너지를 흡수하는 흡열 반응이다.　　**17** 산화 칼슘과 물이 반응하면서 방출하는 에너지를 이용하여 음식물을 데우거나, 구제역을 일으키는 바이러스를 사멸시킬 수 있다.　　**18** ②, ⑤　　**19** ㄱ, ㄷ

01 ⑤ 화석 연료가 연소할 때 빛과 열에너지를 방출하고, 물을 전기 분해 할 때 전기 에너지를 흡수한다. 이처럼 발열 반응이나 흡열 반응이 일어날 때 항상 열에너지만 출입하는 것은 아니다.

오답 피하기 ①, ③ 에너지를 방출하는 반응을 발열 반응이라고 한다. 발열 반응이 일어나면 주변으로 에너지를 방출하므로 주변의 온도가 높아진다.

②, ④ 에너지를 흡수하는 반응을 흡열 반응이라고 한다. 흡열 반응이 일어나면 주변에서 반응이 일어나는 쪽으로 에너지가 이동하므로 주변의 온도가 낮아진다.

02 ㄱ, ㄷ. (가)는 금속과 산의 반응, (나)는 산과 염기의 중화 반응으로 모두 발열 반응이다. 따라서 주변으로 에너지를 방출하므로 용액의 온도가 높아진다.

오답 피하기 ㄴ. (가)에서는 수소 기체가 발생하고, (나)에서는 기체가 발생하지 않는다.

03 주어진 그림은 반응이 일어나는 곳에서 주변으로 에너지를 방출하는 발열 반응이다.

ㄱ, ㄴ. 반응이 일어날 때 주변으로 에너지를 방출하므로 발열 반응이다. 발열 반응이 일어나면 주변의 온도가 높아지므로 삼각 플라스크를 손으로 만지면 따뜻하다.

ㄷ. 묽은 염산과 수산화 나트륨 수용액의 중화 반응에서는 에너지를 방출하므로 그림과 에너지 출입이 같다.

> **개념 더하기**
>
> **발열 반응에서 에너지 이동**
>
> 발열 반응이 일어나면 반응이 일어나는 곳에서 주변으로 에너지가 이동하므로 주변의 온도가 높아진다.
>
> 예 산과 금속의 반응, 산과 염기의 반응, 화석 연료의 연소 등
>
> 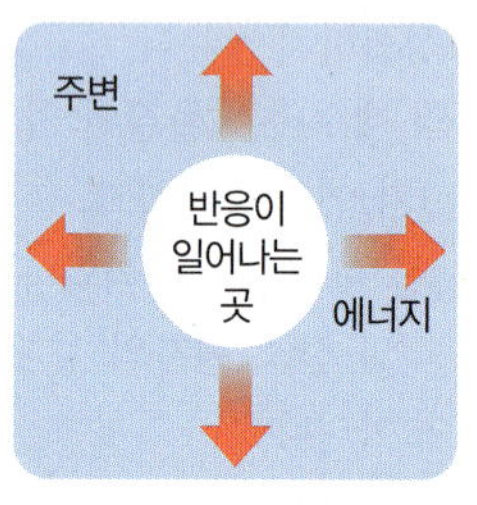
>

04 ㄱ. 철가루와 산소의 반응, 뷰테인의 연소 반응은 에너지를 방출하는 발열 반응이다.

오답 피하기 ㄴ. 화학 변화는 (가)와 (나)의 2가지이며, (다)는 기화(상태 변화)로 물리 변화이다.

ㄷ. (가)와 (나)는 에너지를 방출하고, (다)는 에너지를 흡수하므로 에너지가 출입하는 변화는 3가지이다.

05 발열 반응이 일어날 때는 주변으로 에너지를 방출하므로 주변의 온도가 높아진다.

ㄱ. 철가루와 산소가 반응할 때는 에너지를 방출하므로 주변의 온도가 높아진다.

ㄴ. 산화 칼슘과 물이 반응할 때는 에너지를 방출하므로 주변의 온도가 높아진다.

오답 피하기 ㄷ. 염화 암모늄과 수산화 바륨이 반응할 때는 주변에서 에너지를 흡수하므로 주변의 온도가 낮아진다.

06 ④ 철과 산소가 반응할 때는 에너지를 방출하므로 주변의 온도가 높아진다.

오답 피하기 ① 산화 철은 철과 산소가 결합한 화합물로 성분 원소인 철과는 다른 물질이다. 따라서 산화 철과 철은 성질이 다르다.

② 철과 산소의 반응은 에너지를 방출하는 반응이다.

③ 질량 보존 법칙이 성립하므로 산화 철의 질량은 (철＋산소)의 질량과 같다.

⑤ 산화 철은 철과 산소가 일정한 개수비로 결합하므로 철과 산소의 질량비는 일정하다.

산화 철의 생성 반응

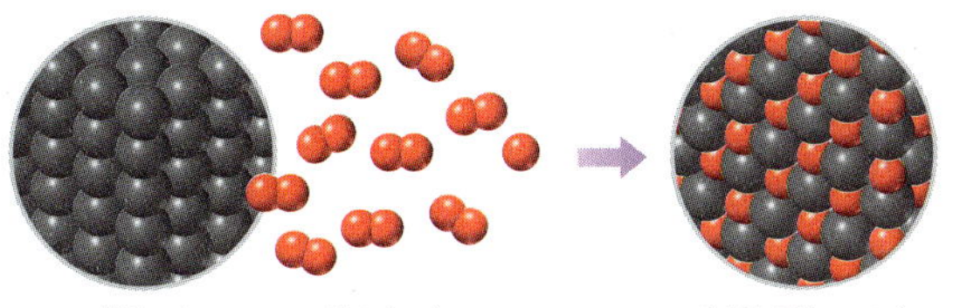

- 철은 수많은 원자가 규칙적으로 배열되어 있으므로 원소 기호로 나타낸다.
- 산화 철은 철 이온(Fe^{3+})과 산화 이온(O^{2-})이 2 : 3의 개수비로 결합하여 만들어진다.
  ➡ 산화 철을 이루는 철과 산소의 질량비는 일정하다.
  ➡ 일정 성분비 법칙이 성립한다.
- (철+산소)의 질량은 산화 철의 질량과 같다.
  ➡ 질량 보존 법칙이 성립한다.

07 주어진 그림은 반응이 일어날 때 주변의 에너지를 흡수하는 흡열 반응이다. 질산 암모늄과 물이 반응하면 주변의 온도가 낮아지므로 이 반응은 흡열 반응이다.
ㄴ. 물의 전기 분해는 전기 에너지를 흡수하여 일어나는 흡열 반응이므로 질산 암모늄과 물의 반응과 에너지 출입이 같다.
ㄷ. 흡열 반응이 일어나면 주변의 온도가 낮아진다.
오답 피하기 ㄱ. 반응이 일어날 때 에너지를 흡수하므로 흡열 반응이다.

흡열 반응에서 에너지 이동

흡열 반응이 일어나면 반응이 일어나는 곳의 주변에서 반응이 일어나는 곳으로 에너지가 이동하므로 주변의 온도가 낮아진다.
예 물의 전기 분해, 광합성 등

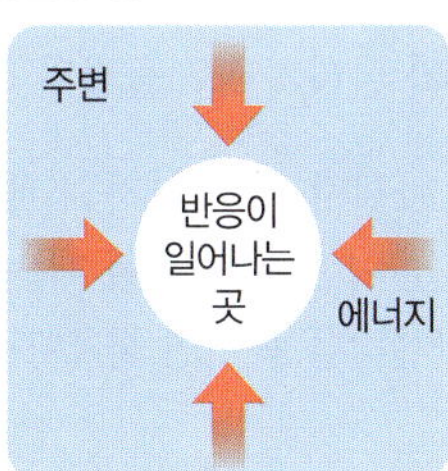

08 삼각 플라스크 안에서 반응이 일어나면 나무판 위의 물이 얼면서 나무판과 삼각 플라스크가 달라붙는다.
ㄱ, ㄷ. 수산화 바륨과 염화 암모늄의 반응은 에너지를 흡수하는 흡열 반응으로 질산 암모늄과 물의 반응과 에너지의 출입이 같다.
ㄴ. 삼각 플라스크 안에서 반응이 일어날 때 주변에서 에너지를 흡수하므로 나무판 위의 물이 에너지를 빼앗긴다. 따라서 물은 열에너지를 방출하여 응고된다.

09 철이 녹스는 반응, 세포 호흡은 발열 반응이다. 광합성, 탄산수소 나트륨의 분해 반응은 흡열 반응이다.

세포 호흡과 광합성에서 에너지 출입

- 세포 호흡: 산소가 포도당과 반응하여 이산화 탄소와 물로 되면서 에너지를 방출하는 반응으로 발열 반응이다.
- 광합성: 식물이 태양의 빛에너지를 흡수하여 뿌리에서 빨아올린 물과 잎에서 흡수한 이산화 탄소로 포도당과 산소를 합성하는 반응으로 흡열 반응이다.

10 냉각 장치에 이용할 수 있는 반응은 에너지를 흡수하는 흡열 반응이다. 질산 암모늄과 물의 반응은 흡열 반응이다.
오답 피하기 ①, ②, ④, ⑤는 모두 발열 반응이다.

11 발열 도시락은 산화 칼슘과 물의 반응을, 손난로는 철과 산소의 반응을, 냉찜질 팩은 질산 암모늄과 물의 반응을 이용한 것이다.

12 (가)와 (나)는 에너지를 방출하는 반응을 활용한 장치이고, (다)는 에너지를 흡수하는 반응을 활용한 장치이다.

13 • 학생 A: 물과 수산화 나트륨이 반응하면 에너지를 방출하므로 용액의 온도가 높아진다.
• 학생 B: 물과 염화 칼륨이 반응하면 에너지를 흡수하므로 용액의 온도가 낮아진다. 냉찜질 팩은 질산 암모늄과 물이 반응할 때 에너지를 흡수하는 흡열 반응을 이용한 것이므로 염화 칼륨과 물의 반응은 냉찜질 팩에서 일어나는 반응과 에너지 출입이 같다.
오답 피하기 • 학생 C: 고체 물질과 물이 반응할 때 물질의 종류에 따라 에너지를 방출하기도 하고, 에너지를 흡수하기도 한다.

14 질산 암모늄과 물의 반응은 에너지를 흡수하는 흡열 반응이므로 주변의 온도가 낮아진다.
ㄱ, ㄴ. 물과 질산 암모늄이 반응할 때 주변의 에너지를 흡수하므로 비닐 팩이 차가워진다.
오답 피하기 ㄷ. 이 반응이 일어나면 주변의 온도가 낮아지므로 냉찜질 팩을 만드는 데 이용할 수 있다.

15 (1) **예시 답안** 나무판이 삼각 플라스크에 달라붙어 같이 들려 올라온다.
(2) **예시 답안** 삼각 플라스크 안에서 수산화 바륨과 염화 암모늄이 반응할 때 주변의 에너지를 흡수하므로 나무판 위의 물이 얼어 삼각 플라스크가 나무판에 달라붙기 때문이다.

	채점 기준	배점(%)
(1)	나무판과 삼각 플라스크가 달라붙어 같이 들린다고 설명한 경우	40
(2)	에너지 출입을 이용하여 삼각 플라스크와 나무판이 달라붙는 까닭을 옳게 설명한 경우	60
	삼각 플라스크 안에서 흡열 반응이 일어난다고만 설명한 경우	30

16 예시 답안 (가), (나), (다)의 반응은 에너지를 방출하는 발열 반응이
고, (라)의 반응은 에너지를 흡수하는 흡열 반응이다.

채점 기준	배점(%)
분류 기준을 옳게 설명한 경우	100

17 예시 답안 산화 칼슘과 물이 반응하면서 방출하는 에너지를 이용
하여 음식물을 데우거나, 구제역을 일으키는 바이러스를 사멸시
킬 수 있다.

채점 기준	배점(%)
예시 답안과 같이 옳게 설명한 경우	100
에너지를 방출하기 때문이라고만 쓴 경우	50

18 ②, ⑤ 탄산수소 나트륨을 가열하면 에너지를 흡수하여 탄
산 나트륨, 물, 이산화 탄소로 분해된다. 이때 발생한 이산
화 탄소가 공기 중으로 빠져나가면서 빵의 단면에 구멍이
생긴다.

오답 피하기 ① 탄산수소 나트륨이 열분해될 때 산소와 반응하
지 않는다.

③ 탄산수소 나트륨은 에너지를 흡수하여 분해된다.

④ 탄산수소 나트륨이 분해될 때 이산화 탄소 기체가 생성
된다.

19 ㄱ, ㄷ. 에어컨의 실내기에서는 액체 상태의 냉매가 기체
상태로 변하면서 에너지를 흡수하므로 실내가 시원해진
다. 손난로에서는 철가루가 산소와 반응하여 산화 철로 되
면서 에너지를 방출하므로 손난로가 따뜻해진다.

오답 피하기 ㄴ, ㄹ. 에어컨의 실내기는 액체 상태의 냉매가
기화하는 물리 변화에서 출입하는 에너지를, 손난로는 철
가루의 화학 변화에서 출입하는 에너지를 이용한다.

통합형 문제 분석

에너지 출입을 활용한 장치

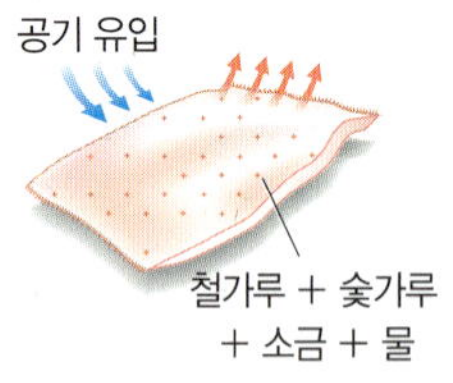

• (가) 에어컨의 실내기: 에어컨의 실내기에서는 액체 냉매가 기화하
면서 열에너지를 흡수하여 실내 공기를 시원하게 한다. 한편 에어
컨의 실외기에서는 기체 냉매가 다시 액화하면서 열에너지를 방출
하므로 더운 바람이 나온다.
➡ 에어컨에서 일어나는 변화는 물리 변화이다.

• (나) 손난로: 철가루가 산소와 반응하면서 열에너지를 방출하므로
따뜻해진다.
➡ 손난로에서 일어나는 변화는 화학 변화이다.

실전 문제로 Ⅰ 단원 **마무리하기** 39~41쪽

01 ④　**02** 물리 변화는 물질의 상태나 모양만 달라지고 물질의 성
질은 변하지 않지만, 화학 변화는 물질의 성질이 변하여 새로운 물질
이 생성되기 때문이다.　**03** ②　**04** ①, ②　**05** ④　**06** 11
07 ④　**08** ③　**09** (가)<(나), 강철 솜과 반응한 산소의 질량까지
고려하면 질량 보존 법칙이 성립한다.　**10** ⑤　**11** (가) 50 g, (나)
구리, 10 g　**12** 33 g　**13** 100 mL　**14** ②　**15** ④　**16** ⑤
17 ②, ④　**18** 온도가 25 ℃보다 높아진다. 묽은 염산과 수산화 나
트륨 수용액이 반응할 때 에너지를 방출하기 때문이다.

01 화학 변화가 일어날 때 물질은 처음과 전혀 다른 새로운 물
질로 변하며, 색, 냄새, 맛의 변화가 일어나기도 한다. 김
치가 시어지는 것은 미생물의 작용으로 발효가 일어난 것
으로 화학 변화이고, 철이 공기 중의 산소, 수분과 반응하
여 녹스는 것은 화학 변화이다. 뜨거운 빵 위의 버터가 녹
는 것은 융해로 물리 변화이며, 종이를 자르는 것은 모양만
변하는 물리 변화이다.

02 예시 답안 물리 변화는 물질의 상태나 모양만 달라지고 물질의 성
질은 변하지 않지만, 화학 변화는 물질의 성질이 변하여 새로운
물질이 생성되기 때문이다.

채점 기준	배점(%)
물리 변화는 물질의 성질이 변하지 않고, 화학 변화는 물질의 성질이 변하기 때문이라고 옳게 설명한 경우	100
물리 변화와 화학 변화 중에서 1가지만 옳게 설명한 경우	50

03 ② 주어진 그림은 원자의 배열이 달라져 새로운 분자가 생
성되는 화학 변화를 나타낸 것이다.

오답 피하기 ① 반응 전의 분자 수는 4, 반응 후의 분자 수는 4
로 분자 수는 일정하다.

③, ④ 화학 변화가 일어나도 원자의 종류와 개수는 달라지
지 않는다.

⑤ 분자의 종류가 달라지므로 물질의 성질은 달라진다.

04 원자의 배열은 바뀌지 않고 분자의 배열만 바뀌는 변화는
물리 변화이다. 물이 수증기로 될 때는 분자 사이의 거리가
멀어지며, 물에 설탕을 녹이면 물 분자 사이로 설탕 분자가
들어가 섞인다.

05 ④ 화학 반응식의 계수비＝분자 수의 비＝기체의 반응에
서 부피비≠질량비이다. 즉, 메테인과 산소는 1 : 2의 질
량비로 반응하지 않는다. 질량비를 알기 위해서는 원자의
상대적 질량을 알아야 한다.

오답 피하기 ① 화학 반응식에서 화살표 왼쪽의 물질은 반응
물, 오른쪽의 물질은 생성물이다. 따라서 반응물은 메테인
과 산소이다.

② 반응 전후 원자의 종류와 개수는 변하지 않는다.

③ 반응 전후 분자의 개수는 3으로 같다.

⑤ 메테인 : 이산화 탄소의 계수비가 1 : 1이므로 메테인 분자 1개가 완전히 연소하면 이산화 탄소 분자 1개가 생성된다.

06 화학 반응 전후 원자의 종류와 개수가 같아지도록 계수를 맞추어 화학 반응식을 완성하면 다음과 같다.
- $C_3H_8 + 5O_2 \longrightarrow 3CO_2 + 4H_2O$
- $2H_2O_2 \longrightarrow 2H_2O + O_2$

$x=5$, $y=4$, $z=2$이므로 $x+y+z=11$이다.

07 반응 전후 물질을 이루는 원자의 종류와 개수가 변하지 않으므로 질량 보존 법칙이 성립한다.

08 ㄱ, ㄷ. 양초가 연소하면 양초의 주성분인 탄소와 수소가 공기 중의 산소와 반응하여 이산화 탄소와 수증기를 생성한다. 유리컵을 씌우면 양초와 반응하는 산소의 양이 제한되므로 양초가 남아 있더라도 산소가 모두 반응하여 없어지면 일정 성분비 법칙에 따라 더 이상 연소 반응이 일어나지 않기 때문에 불이 꺼진다.

(오답 피하기) ㄴ. 반응 전후 질량을 측정하지 않았으므로 질량 보존 법칙이 성립하는지 확인할 수 없다.

09 강철 솜이 연소하면 공기 중의 산소와 반응하여 산화 철이 되므로 질량이 증가한다.

(예시 답안) (가)<(나), 강철 솜과 반응한 산소의 질량까지 고려하면 질량 보존 법칙이 성립한다.

채점 기준	배점(%)
질량을 옳게 비교하고, 질량 보존 법칙이 성립하는 것을 옳게 설명한 경우	100
질량만 옳게 비교한 경우	50

10 ㄱ. 질량 보존 법칙에 의해 (구리+산소)의 질량=산화 구리(Ⅱ)의 질량이므로 산소의 질량은 산화 구리(Ⅱ)의 질량에서 구리의 질량을 뺀 값이다.

ㄴ. 구리 0.4 g이 반응하면 산화 구리(Ⅱ) 0.5 g이 생성되므로 반응한 산소의 질량은 0.1 g이다. 따라서 구리와 산소의 질량비는 구리 : 산소=4 : 1로 일정하다.

ㄷ. 구리와 산소 원자의 상대적 질량비가 4 : 1이므로 산화 구리(Ⅱ)를 구성하는 구리와 산소 원자의 개수비는 구리 : 산소=1 : 1이다.

개념 더하기

원자의 상대적 질량과 일정 성분비 법칙

화합물을 이루는 원자의 개수비가 일정하고, 각각의 원자는 원자의 종류에 따라 질량이 다르므로 화합물을 이루는 성분 원소의 질량비는 일정하다. 예를 들어 산화 구리(Ⅱ)는 구리와 산소 원자가 1 : 1의 개수비로 결합한 물질이며, 구리 원자의 상대적 질량은 64, 산소 원자의 상대적 질량은 16이므로 산화 구리(Ⅱ)를 구성하는 구리와 산소의 질량비는 구리 : 산소=64 : 16=4 : 1이다.

---

11 산화 구리(Ⅱ)가 생성될 때 반응하는 구리와 산소의 질량비는 4 : 1이다. 따라서 산소 10 g과 반응하는 구리는 40 g이므로 구리 10 g이 남고, 산화 구리(Ⅱ) 50 g이 생성된다.

12 B 1개의 질량은 5 g, N 1개의 질량은 2 g이다. 또한 B 4개와 N 10개로 만들 수 있는 BN_3의 최대 개수는 3개이다. BN_3 1개의 질량은 $5+(3\times2)=11(g)$이므로 BN_3 3개의 질량은 $3\times11=33(g)$이다.

13 기체의 부피비가 질소 : 산소 : 일산화 질소=1 : 1 : 2이므로 질소 기체 50 mL는 산소 기체 50 mL와 반응하여 일산화 질소 기체 100 mL를 생성한다.

14 화학 반응식을 나타낼 때는 계수비를 가장 간단한 정수비로 나타낸다. A_2 4개와 B_2 4개가 반응하여 AB_2 4개를 생성하고, A_2 2개가 남으므로 계수비는 $A_2 : B_2 : AB_2=(4-2) : 4 : 4=1 : 2 : 2$이다.

15 온도와 압력이 일정할 때 같은 부피 속에 들어 있는 분자의 개수는 같다. 1부피에 들어 있는 분자의 개수는 1로 같지만, 원자의 개수는 수소와 산소는 2, 수증기는 3이다.

16 ㄱ, ㄴ. 실험 1에서 A_2 20 L와 B_2 10 L가 반응하여 C 20 L가 생성된다. 즉, 부피비는 $A_2 : B_2 : C=2 : 1 : 2$이므로 실험 2에서 생성되는 C의 부피는 40 L(㉠)이다. 실험 3에서는 A_2 60 L와 B_2 30 L가 반응하여 C 60 L가 생성되고, B_2 10 L(㉡)가 남는다.

ㄷ. 기체의 반응에서 기체의 부피비는 분자 수의 비이므로 A_2 분자 2개와 B_2 분자 1개가 반응하여 C 분자 2개가 생성된다. 즉, A 원자 4개와 B 원자 2개가 반응하여 C 분자 2개가 생성되므로 C 분자는 A 원자 2개와 B 원자 1개로 이루어지며, C의 화학식은 A_2B이다.

17 ②, ④ 산화 칼슘과 물의 반응, 산과 금속의 반응이 일어날 때 에너지를 방출한다. 따라서 주변의 온도가 높아진다.

(오답 피하기) ① 얼음물에 소금을 녹이면 온도가 낮아지므로 냉각제로 이용할 수 있다.
③ 질산 암모늄과 물이 반응할 때는 주변의 에너지를 흡수하여 온도가 낮아지므로 냉찜질 팩에 이용할 수 있다.
⑤ 수산화 바륨과 염화 암모늄이 반응할 때 에너지를 흡수하므로 주변의 온도가 낮아진다.

18 묽은 염산과 수산화 나트륨 수용액이 반응하면 중화 반응이 일어난다. 중화 반응은 발열 반응이므로 에너지를 방출하여 주변의 온도가 높아진다.

(예시 답안) 온도가 25 ℃보다 높아진다. 묽은 염산과 수산화 나트륨 수용액이 반응할 때 에너지를 방출하기 때문이다.

채점 기준	배점(%)
온도 변화를 옳게 예측하고, 그 까닭을 옳게 설명한 경우	100
온도가 높아진다고만 쓴 경우	50

Ⅱ. 기권과 날씨

04강 기권의 층상 구조와 특징

기본 문제로 **개념 다지기**   45쪽, 47쪽

01 ㉠ 대기, ㉡ 기권   **02** A: 질소, B: 산소, C: 이산화 탄소   **03** (1) ○ (2) × (3) ○ (4) ×   **04** 높이에 따른 기온 변화   **05** (1) × (2) ○ (3) × (4) ○ (5) ×   **06** (1) A: 대류권, B: 성층권, C: 중간권, D: 열권 (2) A, C (3) B (4) 성층권 계면   **07** (1)-㉢ (2)-㉠ (3)-㉣ (4)-㉡   **08** (1) ○ (2) ○ (3) × (4) ○   **09** 복사 평형   **10** (1) 20 % (2) 70 %   **11** 복사 평형   **12** (1) ○ (2) × (3) ×   **13** 지구 온난화   **14** (1) 상승 (2) 감소 (3) 증가

01 기권은 대기가 차지하는 공간이다.

02 대기는 여러 가지 기체로 이루어져 있으며, 질소와 산소가 전체 대기의 약 99 %를 차지한다.

03 (2) 기권은 지표면으로부터 높이 약 1000 km까지의 구간이다.
(4) 대기 중 가장 많은 양을 차지하는 것은 질소이고, 두 번째로 많은 양을 차지하는 것은 산소이다. 이산화 탄소는 네 번째로 많은 양을 차지한다.

04 기권은 높이에 따른 기온 변화를 기준으로 4개의 층으로 구분한다.

05 (1) 기권은 높이에 따른 기온 변화에 따라 대류권, 성층권, 중간권, 열권 4개의 층으로 구분한다.
(3) 기상 현상이 나타나는 층은 대류권 1개이다.
(5) 대류권과 중간권에서는 위로 올라갈수록 기온이 낮아지고, 성층권과 열권에서는 위로 올라갈수록 기온이 높아진다.

06 (1) 기권은 높이에 따른 기온 분포에 따라 지표로부터 대류권, 성층권, 중간권, 열권으로 구분한다.
(2) 높이 올라갈수록 기온이 낮아지는 층에서는 대류가 일어난다.
(3) 오존층은 높이 약 20 km ~ 30 km 구간에 존재한다.
(4) 성층권과 중간권의 경계면은 성층권 계면이다.

07 유성은 중간권에서 나타나고, 구름은 수증기가 있는 대류권에서 생성된다. 오로라는 열권에서 나타나고, 비행기의 항로로 이용되는 곳은 대기가 안정한 성층권이다.

08 (3) 지구는 주로 적외선을 방출한다.

10 (1) 지구로 입사하는 태양 복사 에너지 100 % 중 지표면에 흡수되는 양 50 %와 대기와 지표면의 반사로 우주 공간으로 되돌아가는 양 30 %를 제외하면 대기와 구름에 20 %가 흡수된다.

(2) 지구는 복사 평형을 이루고 있으므로 흡수하는 태양 복사 에너지 70 %만큼을 지구 복사 에너지의 형태로 우주 공간으로 방출한다.

11 지구는 흡수하는 태양 복사 에너지양과 방출하는 지구 복사 에너지양이 같은 복사 평형 상태이다.

12 (2) 대기가 있을 때에는 대기에 의한 온실 효과로 인해 대기가 없을 때보다 더 높은 온도에서 복사 평형이 일어난다.
(3) 온실 효과를 일으키는 온실 기체에는 수증기, 이산화 탄소, 메테인, 오존 등이 있다.

13 대기 중 온실 기체의 양이 증가하면 온실 효과가 증가하면서 지구의 평균 기온이 높아진다.

14 지구 온난화가 일어나면 지구의 평균 기온이 상승하여 해수면이 상승하고 빙하 면적이 줄어들며, 전 세계적으로 기상 이변이 자주 발생하게 된다.

탐구 **올리드 돋보기**   48쪽

01 (1) ○ (2) ○ (3) × (4) ○   **02** A: 흡수량＞방출량, B: 흡수량＝방출량

01 (3) 14분 이전까지는 알루미늄 컵이 흡수하는 복사 에너지양이 방출하는 복사 에너지양보다 많아 기온이 상승한다.

02 A 구간은 컵이 흡수하는 에너지양이 방출하는 에너지양보다 많아 온도가 상승하고, B 구간은 컵이 흡수하는 에너지양과 방출하는 에너지양이 같아 온도가 일정하게 유지된다.

대표 문제로 **실력 확인하기**   49~53쪽

01 ③   **02** ②   **03** ⑤   **04** ④   **05** ③   **06** A-대류권, C-중간권   **07** ①   **08** ⑤   **09** 성층권   **10** ⑤   **11** ①   **12** ③, ④   **13** ③   **14** ③   **15** ④   **16** ④   **17** ②   **18** ②   **19** ①   **20** ①   **21** 태양 복사 에너지의 흡수량＝지구 복사 에너지의 방출량   **22** ⑤   **23** ④   **24** ①   **25** ④   **26** ②

고난도·서술형 문제

27 ①   **28** (1) 높이에 따른 기온 변화 (2) A, 대류권 (3) 중간권 계면까지 기온은 계속 하강하다가 열권에서 태양 복사 에너지에 의해 직접 가열되어 기온이 상승하는 2개의 층으로 구분될 것이다.   **29** 지구가 흡수하는 태양 복사 에너지양과 방출하는 지구 복사 에너지양이 같아 복사 평형을 이루기 때문이다.   **30** (1) 복사 평형 (2) 알루미늄 컵이 흡수하는 에너지양과 방출하는 에너지양이 같아졌기 때문이다.   **31** ⑤

01 대기 중 가장 많은 양을 차지하는 기체는 질소이고, 두 번째로 많은 양을 차지하는 기체는 산소이다.

02 ㄴ. B는 산소로, 생물의 호흡과 생명 유지에 필요한 기체이다.
　오답 피하기 ㄱ. A는 질소, B는 산소, C는 아르곤, D는 이산화 탄소이다.
　ㄷ. 지구 온난화를 일으키는 주요 원인이 되는 기체는 이산화 탄소이다.

03 대기는 저위도의 남는 열을 고위도로 운반하여 저위도와 고위도의 기온 차를 줄여 준다.

04 기권은 높이에 따른 기온 변화에 따라 대류권, 성층권, 중간권, 열권으로 구분한다.

05 A는 대류권, B는 성층권, C는 중간권, D는 열권이다. C층에서는 높이 올라갈수록 기온이 낮아져 대류가 일어나지만, 수증기가 거의 없어 기상 현상은 나타나지 않는다.

06 높이 올라갈수록 기온이 낮아지는 층은 기층이 불안정하므로 대류가 일어난다.

07 대류권에는 수증기가 존재하고 대류가 일어나므로 구름이 생성되고 비나 눈과 같은 기상 현상이 나타난다.

08 ⑤ 오존층은 성층권의 높이 약 20 km~30 km에 분포하여 태양으로부터 오는 자외선을 흡수한다.
　오답 피하기 ① 대류권에서는 높이 올라갈수록 지구 복사 에너지가 적게 도달하므로 기온이 낮아진다.
　② 성층권은 위로 올라갈수록 기온이 높아지므로 대류가 일어나지 않아 기층이 안정하여 비행기의 항로로 이용된다.
　③ 중간권 계면은 기권 중 기온이 가장 낮다.
　④ 열권은 공기가 희박하여 낮과 밤의 기온 차가 크다.

> **개념 더하기**
>
> ### 기권의 특징
>
> | 구분 | 특징 |
> | --- | --- |
> | 대류권 | • 전체 대기의 약 80 %가 분포한다.
• 위로 올라갈수록 기온이 낮아져 대기가 불안정해 대류가 일어난다.
• 수증기가 있어 비, 눈 등의 기상 현상이 일어난다. |
> | 성층권 | • 약 20 km~30 km 높이에 오존층이 존재한다.
• 대기가 안정하여 비행기의 항로로 이용된다. |
> | 중간권 | • 중간권의 상층은 기권 중 기온이 가장 낮다.
• 위로 올라갈수록 기온이 낮아져 대기가 불안정해 대류가 일어난다.
• 수증기가 거의 없어 기상 현상이 일어나지 않는다.
• 중간권 상층에서 유성이 나타난다. |
> | 열권 | • 공기가 희박하여 낮과 밤의 기온 차가 매우 크다.
• 고위도 지역에서 오로라가 나타난다.
• 인공위성의 궤도로 이용된다. |

09 성층권은 위로 올라갈수록 기온이 높아지므로 대기가 안정하여 장거리 비행기의 항로로 이용되며, 오존층이 분포한다.

10 대류권에서는 높이 올라갈수록 지표에서 방출되는 에너지가 적게 도달하기 때문에 높이 올라갈수록 기온이 낮아진다.

11 대류권에는 수증기가 있어 기상 현상이 나타나지만, 중간권에는 수증기가 거의 없어 기상 현상이 나타나지 않는다.

12 ③, ④ 열권은 기권 중 공기가 가장 희박하여 낮과 밤의 기온 차가 매우 크다.
　오답 피하기 ① 유성은 중간권에서 나타난다.
　② 구름은 대류가 일어나고 수증기가 있는 대류권에서 생성된다.
　⑤ 열권에서는 높이 올라갈수록 기온이 높아진다.

13 ③ 인공위성의 궤도는 열권에 위치한다.
　오답 피하기 ① 구름은 수증기가 있고 대류가 일어나는 대류권에서 생성된다.
　② 비행기의 항로로 이용되는 층은 기층이 안정한 성층권이다.
　④ 유성은 주로 중간권에서 나타난다.
　⑤ 오로라는 열권에서 나타난다.

14 그림은 고위도 지방에서 볼 수 있는 오로라 현상으로, 열권에서 나타난다.

15 높이 약 80 km는 중간권과 열권의 경계면인 중간권 계면으로, 기권 중 기온이 가장 낮다.

16 오존층은 성층권에 존재하며, 인공위성의 궤도로 이용되고 오로라가 나타나는 층은 열권이다. 기상 현상은 대류가 일어나며 수증기가 존재하는 대류권에서 나타나고, 기온이 가장 낮은 곳은 중간권 계면 부근에서 나타난다.

17 ② 오로라는 열권에서 관측되는 현상이다.
　오답 피하기 ①, ④ 오존층은 성층권의 높이 약 20 km~30 km에 분포한다.
　③, ⑤ 성층권의 오존층에서 태양의 자외선을 흡수하므로 성층권에서는 위로 올라갈수록 기온이 높아진다.

18 태양은 표면 온도가 높아 가시광선, 적외선, 자외선 등의 형태로 복사 에너지를 방출하며, 그중 가시광선을 가장 많이 방출한다.

19 지구는 표면 온도가 낮으므로 주로 적외선 영역의 복사 에너지를 방출한다.

20 태양 복사 에너지 중 30 %는 대기와 지표면에 의해 반사되어 우주 공간으로 되돌아가고, 지구는 대기와 구름에서 20 %, 지표면에서 50 %를 흡수하여 총 70 %를 흡수한다.

21 지구는 흡수하는 에너지의 양과 방출하는 에너지의 양이 같아 복사 평형을 이루고 있다.

22 복사 평형의 원리를 알아보기 위한 실험으로, 알루미늄 컵이 복사 평형을 이루면 컵 속의 온도가 일정하게 유지된다. 지구의 연평균 기온이 일정하게 유지되는 까닭은 지구가 흡수하는 태양 복사 에너지양과 방출하는 지구 복사 에너지양이 같아서 복사 평형을 이루고 있기 때문이다.

23 처음에는 알루미늄 컵이 흡수하는 에너지양이 방출하는 에너지양보다 많아 온도가 올라가다가 일정 시간이 지나면 알루미늄 컵이 흡수하는 에너지양과 방출하는 에너지양이 같아져서 온도가 일정해진다.

24 ㄱ. 대기 중 온실 효과를 일으키는 기체를 온실 기체라고 하며, 수증기, 이산화 탄소, 메테인 등이 있다.

오답 피하기 ㄴ. 대기가 없다면 지구의 평균 기온은 현재보다 낮아질 것이다.

ㄷ. 온실 기체에 의해 지구의 평균 기온이 점점 높아지는 현상은 지구 온난화이다.

25 지구 온난화가 진행되면 지구의 평균 기온이 높아지므로 극지방의 기온도 점점 높아져 빙하가 녹는다.

26 석탄, 석유와 같은 화석 연료를 사용하면 대기로 배출되는 이산화 탄소의 양이 증가하므로 지구 온난화를 가속화하게 된다.

27 높이 20 km~50 km 구간은 성층권에 속하며, 성층권의 오존은 태양의 자외선을 흡수하기 때문에 위로 올라갈수록 기온이 높아진다.

통합형 문제 분석

기권의 높이에 따른 기온 분포

대류권	위로 올라갈수록 지구 복사 에너지가 적게 도달하여 기온이 낮아진다.
성층권	오존이 태양으로부터 들어오는 자외선을 흡수하여 위로 올라갈수록 기온이 높아진다.
중간권	위로 올라갈수록 성층권에서 멀어져 성층권의 열이 적게 도달하여 기온이 낮아진다.
열권	태양 복사 에너지의 직접적인 영향으로 위로 올라갈수록 기온이 높아진다.

28 (1) 기권은 높이에 따른 기온 변화를 기준으로 대류권, 성층권, 중간권, 열권으로 구분한다.

(2) 대류권은 위로 올라갈수록 기온이 낮아져 대류가 일어나고, 수증기가 있어 기상 현상이 나타난다.

(3) 오존층이 존재하기 때문에 기권은 높이에 따른 기온 변화에 따라 4개의 층으로 구분된다.

예시 답안 중간권 계면까지 기온은 계속 하강하다가 열권에서 태양 복사 에너지에 의해 직접 가열되어 기온이 상승하는 2개의 층으로 구분될 것이다.

채점 기준	배점(%)
기권에서의 기온 분포와 2개의 층으로 구분됨을 옳게 설명한 경우	100
2개의 층으로 구분된다고만 설명한 경우	50

29 지구는 복사 평형을 이루고 있다.

예시 답안 지구가 흡수하는 태양 복사 에너지양과 방출하는 지구 복사 에너지양이 같아 복사 평형을 이루기 때문이다.

채점 기준	배점(%)
지구가 흡수하는 에너지양과 방출하는 에너지양의 크기를 옳게 비교하고, 복사 평형을 이루었기 때문이라고 설명한 경우	100
복사 평형을 이루고 있기 때문이라고만 설명한 경우	50

30 (1) 알루미늄 컵이 흡수하는 에너지양과 방출하는 에너지양이 같아 온도가 일정해진다.

(2) 예시 답안 알루미늄 컵이 흡수하는 에너지양과 방출하는 에너지양이 같아졌기 때문이다.

채점 기준	배점(%)
알루미늄 컵이 흡수하는 복사 에너지양과 방출하는 복사 에너지양이 같아졌음을 옳게 설명한 경우	100
복사 평형을 이루었기 때문이라고만 설명한 경우	50

31 지구 온난화는 대기 중에 온실 기체의 양이 증가하여 지구의 평균 온도가 높아지는 현상으로, 주로 화석 연료의 사용으로 인한 이산화 탄소의 농도 증가가 주요 원인이다. 그림에서 이산화 탄소의 농도가 증가할수록 지구의 평균 기온도 높아짐을 알 수 있다.

통합형 문제 분석

지구 온난화

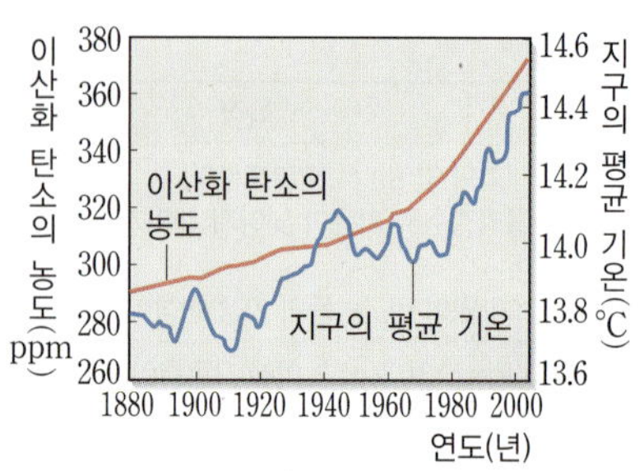

- 이산화 탄소의 농도 변화: 화석 연료의 사용 증가, 무분별한 삼림 개발에 의한 광합성량 감소 등으로 대기 중의 이산화 탄소는 계속해서 증가하고 있다.
- 지구의 평균 기온 변화: 점점 높아지고 있다.
- 이산화 탄소 농도와 지구의 평균 기온의 관계: 이산화 탄소의 농도가 증가함에 따라 지구의 평균 기온이 상승한다.

05강 대기 중의 물

기본 문제로 개념 다지기

55쪽, 57쪽

01 (1) × (2) ○ (3) × (4) ○　　**02** ⊙ 포화 수증기량, ⓒ 기온　　**03**
(1) A, D (2) 20 ℃ (3) ⊙ 19.7 g/kg, ⓒ 10.5 g/kg (4) 2.9 g
04 (1) ○ (2) × (3) ○ (4) ○　　　　**05** ⊙ 14.5, ⓒ 26.5
06 50 %　　**07** A: 기온, B: 습도, C: 이슬점　　**08** 단열 변화
09 ⊙ 팽창, ⓒ 하강, ⓒ 이슬점, ⓔ 응결　　**10** C　　**11** (1) ○ (2) ×
(3) ○ (4) ○ (5) ×　　**12** 구름의 모양　　**13** (1) 강수 (2) 충돌 (3) 빙
정설　　**14** (1) 빙정설 (2) (나)

01 (1) 어떤 공기가 수증기를 최대로 포함하고 있는 상태를 포
화 상태라고 한다.
(3) 현재 공기에 포함되어 있는 수증기량이 많을수록 이슬
점이 높다.

02 포화 수증기량은 기온의 영향을 받는다.

03 (1) 포화 수증기량 곡선상에 있는 공기는 포화 상태이다.
(2) 이슬점은 현재 수증기량과 포화 수증기량 곡선이 만나
는 지점의 가로축 값이다.
(3) 현재 수증기량은 포화 수증기량 곡선과 만나는 지점의
세로축 값이다.
(4) $10.5\,g - 7.6\,g = 2.9\,g$

04 (2) 습도는 기온, 장소, 계절, 날씨 등에 따라 변한다.

05 상대 습도는 포화 수증기량에 대한 현재 수증기량을 백분
율(%)로 나타낸 것이다.

06 $\dfrac{17\,g/kg}{34\,g/kg} \times 100 = 50(\%)$

07 맑은 날 기온은 낮에 가장 높고, 기온과 습도는 반대로 나
타나며, 이슬점은 거의 일정하다.

09 공기 덩어리가 상승하면 단열 팽창에 의해 수증기가 응결
하고 구름이 생성된다.

10 공기 덩어리가 상승하여 부피가 팽창하고, 기온이 낮아져
이슬점에 도달하면 구름이 생기기 시작한다.

11 공기가 산의 경사면을 타고 올라갈 때 구름이 생성될 수 있다.

12 구름은 모양에 따라 위로 솟은 모양의 적운형 구름과 옆으
로 퍼진 모양의 층운형 구름으로 분류한다.

13 열대 지방에서는 병합설로, 중위도나 고위도 지방에서는
빙정설로 강수 과정을 설명한다.

14 (1) 중위도와 고위도의 강수 과정을 설명하는 빙정설이다.
(2) 열대 지방에서는 병합설로 강수 과정을 설명한다.

탐구 올리드 돋보기

58쪽

01 ⊙ 20, ⓒ 14.5, ⓒ 35.3, ⓔ 약 41.1　　**02** (1) D (2) D (3) A:
100 %, B: 52.4 %, C: 41.1 %, D: 75.1 %

01 공기 B의 현재 수증기량은 14.5 g/kg이고, 포화 수증기
량은 35.3 g/kg이므로 상대 습도는 약 41.1 %이다.

02 (1) 현재 수증기량은 공기 A와 B는 7.6 g/kg, 공기 C는
14.5 g/kg, 공기 D는 26.5 g/kg이다.
(2) 현재 수증기량이 많을수록 기온을 낮추었을 때 응결되
는 양이 많다.
(3) A: $\dfrac{7.6}{7.6} \times 100 = 100(\%)$, B: $\dfrac{7.6}{14.5} \times 100 \fallingdotseq 52.4(\%)$,

C: $\dfrac{14.5}{35.3} \times 100 \fallingdotseq 41.1(\%)$, D: $\dfrac{26.5}{35.3} \times 100 \fallingdotseq 75.1(\%)$

탐구 올리드 돋보기

59쪽

01 (1) ○ (2) × (3) × (4) ○　　**02** ②

01 (2) 간이 가압 장치의 뚜껑을 여는 것은 단열 팽창을 의미한다.
(3) 향 연기를 넣은 후에는 향 연기를 넣기 전보다 내부 변
화가 뚜렷하게 나타난다.

02 페트병 안 공기를 압축시켰다가 간이 가압 장치의 뚜껑을
열면 공기가 팽창하면서 기온이 내려가 수증기가 응결하므
로 페트병 내부는 뿌옇게 흐려진다.

대표 문제로 실력 확인하기

60~63쪽

01 ④　　**02** ②　　**03** ①　　**04** B　　**05** ③　　**06** ⑤　　**07** ①
08 ③　　**09** $\dfrac{5.4\,g/kg}{19.7\,g/kg} \times 100$　　**10** ④　　**11** ②　　**12** ⑤　　**13** ⑤
14 ①　　**15** ③　　**16** ①, ⑤　　**17** ㅁ-ㄱ-ㄹ-ㄷ-ㅂ-ㄴ　　**18** ①
19 ①　　**20** ②

고난도·서술형 문제

21 (1) 138 g (2) 기온을 20 ℃로 낮추거나 12.0 g/kg의 수증기를
공급해 준다.　　**22** ③　　**23** ⑤　　**24** 공기의 상승 운동이 다르기 때
문이다.　　**25** (1) (가) 중위도와 고위도 지방, (나) 열대 지방 (2) 크고
작은 물방울들이 서로 충돌하여 합쳐지면서 빗방울이 성장하고, 빗방
울이 무거워져 떨어지면 비가 된다.

01 ㄴ, ㄷ. 추운 겨울날 실내로 들어오면 안경이 뿌옇게 흐려지는 것이나 냉장고에서 꺼낸 찬 음료수 캔 표면에 물방울이 생기는 것은 이슬점에 도달하여 수증기의 응결이 일어난 것이다.

오답 피하기 ㄱ. 어항의 물이 줄어드는 것은 증발 현상이다.

02 현재 수증기량이나 이슬점은 포화 수증기량에 영향을 주지 않는다.

03 기온이 높을수록 공기가 포함할 수 있는 수증기량이 증가하므로, 포화 수증기량은 증가한다.

04 포화 상태의 공기는 최대한의 수증기를 포함하고 있으므로 증발이 일어나기 가장 어렵다.

05 불포화 상태의 공기를 포화 상태로 만들기 위해서는 기온을 낮추거나 수증기를 공급해 준다. C 공기는 현재 기온은 30 ℃, 이슬점은 20 ℃이고, 현재 수증기량은 14.5 g/kg, 포화 수증기량은 26.5 g/kg이므로, C 공기 10 kg을 포화 상태로 만들기 위해서는 기온을 이슬점까지 낮추거나 포화 수증기량에 도달할 만큼의 수증기를 공급해 주면 된다. 따라서 C 공기의 기온을 20 ℃까지 낮추거나 (26.5−14.5) g/kg×10 kg=120 g만큼의 수증기를 공급해 주어야 한다.

06 알루미늄 컵 표면에 물방울이 생기기 시작하는 온도는 이슬점이다.

07 이슬점은 공기 중에 포함된 현재 수증기량에 의해 결정된다. 현재 수증기량이 많으면 이슬점이 높고, 현재 수증기량이 적으면 이슬점이 낮다.

08 상대 습도(%)는 $\dfrac{\text{현재 수증기량}}{\text{포화 수증기량}} \times 100$이므로, $40\ \% = \dfrac{\text{현재 수증기량}}{26.5\ \text{g/kg}} \times 100$에서 현재 수증기량은 10.6 g/kg이다. 따라서 새벽에 이슬이 맺히려면 포화 수증기량이 10.6 g/kg 이하가 되어야 한다.

09 상대 습도(%)는 $\dfrac{\text{현재 수증기량}}{\text{포화 수증기량}} \times 100$이므로, $\dfrac{5.4\ \text{g/kg}}{19.7\ \text{g/kg}} \times 100$으로 구할 수 있다.

10 응결량은 (실제 수증기량−냉각된 온도에서의 포화 수증기량)이므로 18.3 g/kg−7.6 g/kg=10.7 g/kg이다. 따라서 이 공기 5 kg을 냉각시키면 53.5 g의 수증기가 응결된다.

11 C 공기를 냉각시켜 포화 수증기량 곡선과 만났을 때의 온도가 이슬점이므로 이슬점은 20 ℃이고, 응결되는 수증기의 양은 (실제 수증기량−냉각된 온도에서의 포화 수증기량)이므로 14.5 g/kg−7.6 g/kg=6.9 g/kg이다.

12 기온을 5 ℃로 낮추었을 때 응결량이 가장 많은 것은 현재 수증기량이 가장 많은 D이다.

자료 분석

포화 수증기량 곡선 해석

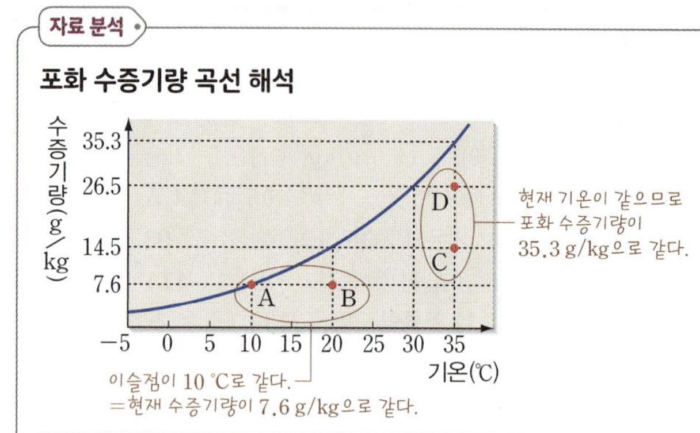

구분	A	B	C	D
현재 기온(℃)	10	20	35	35
이슬점(℃)	10	10	20	30
현재 수증기량(g/kg)	7.6	7.6	14.5	26.5
포화 수증기량(g/kg)	7.6	14.5	35.3	35.3
상대 습도(%)	100	약 52.4	약 41.1	약 75.1

13 ⑤ 맑은 날 하루 동안 이슬점은 거의 일정하게 나타나는데, 그 까닭은 공기 중에 포함된 수증기량이 거의 일정하기 때문이다.

오답 피하기 ① 습도는 오후 2~3시경에 가장 낮고, 새벽에 가장 높다.
② 하루 동안 공기 중의 수증기량은 거의 일정하므로 이슬점은 거의 일정하다.
③ 포화 수증기량은 기온이 높을수록 증가하므로 오후 2~3시경에 가장 많고, 새벽에 가장 적다.
④ 습도와 기온의 일변화는 거의 반대로 나타난다.

14 다른 조건이 변하지 않을 때 밀폐된 방 안에서 에어컨을 틀면 현재 수증기량은 일정하지만 기온이 낮아지면서 포화 수증기량은 감소하므로 습도는 높아진다.

15 실험 장치의 뚜껑을 열면 공기의 압력이 감소하여 부피가 팽창하고, 기온이 하강하여 상대 습도가 높아진다. 이때 공기의 온도가 이슬점 아래로 내려가면 수증기가 응결하여 페트병 내부는 뿌옇게 흐려진다.

개념 더하기

구름 발생 실험

압축 펌프를 누를 때 (단열 압축)	뚜껑을 열 때 (단열 팽창)
부피 압축 → 기온 상승 → 습도 감소 → 내부가 맑아진다.	부피 팽창 → 기온 하강 → 습도 증가 → 내부가 뿌옇게 흐려진다.

16 지표 부근의 공기가 상승하면 주위 공기의 압력이 낮아져 부피가 팽창하고, 온도가 낮아지므로 포화 수증기량이 감소하여 상대 습도는 높아진다.

17 구름의 생성 과정은 공기 상승 → 부피 팽창 → 기온 하강 → 이슬점 도달 → 수증기 응결 → 구름 생성 순이다.

18 구름은 공기의 상승이 일어나야 생성된다.

19 ㄱ. A에서 E로 올라갈수록 주위 기압이 낮아지므로 공기 덩어리의 부피는 팽창한다.

오답 피하기 ㄴ. B∼C 구간에는 물방울만 존재한다.

ㄷ. 불포화 상태의 공기가 포화 상태로 바뀌는 높이는 이슬점에 도달하여 구름이 생성되기 시작한 B이다.

20 열대 지방에서는 구름 속의 크고 작은 물방울들이 합쳐져서 무거워지면 떨어져 비가 된다.

개념 더하기

강수 이론

구분	병합설(열대 지방)	빙정설(중위도, 고위도 지방)
강수 과정	물방울끼리 충돌해서 합쳐진다. → 빗방울로 성장한다. → 빗방울이 무거워져 지표면으로 떨어지면 비가 된다.	수증기가 빙정에 달라붙는다. → 빙정이 무거워져 지표면으로 떨어지면 눈, 떨어지다 녹으면 비가 된다.

21 (1) $(14.5\ \mathrm{g/kg} - 7.6\ \mathrm{g/kg}) \times 20\ \mathrm{kg} = 138\ \mathrm{g}$

(2) 예시 답안 기온을 20 °C로 낮추거나 12.0 g/kg의 수증기를 공급해 준다.

채점 기준	배점(%)
기온 변화와 수증기 공급량을 모두 옳게 설명한 경우	100
기온 변화와 수증기 공급량 중 1가지만 옳게 설명한 경우	50

22 ㄱ. A는 기온과 습도의 일변화가 가장 크므로 맑은 날이고, C는 습도가 가장 높고 기온과 이슬점이 비슷하므로 비 오는 날이다.

ㄴ. 맑은 날에는 공기 중의 수증기량이 거의 일정하므로 이슬점의 변화가 거의 없다.

오답 피하기 ㄷ. 비 오는 날은 공기 중의 수증기량이 많기 때문에 이슬점이 높고, 기온과 습도의 변화가 작다.

통합형 문제 분석

기온, 습도, 이슬점의 일변화

- 맑은 날: 기온과 습도의 변화는 반대로 나타나고, 공기 중에 수증기량이 거의 일정하기 때문에 이슬점은 크게 변하지 않는다.
- 흐린 날: 맑은 날보다 기온 변화가 작기 때문에 습도 변화도 작다.
- 비 오는 날: 공기 중에 수증기량이 많기 때문에 이슬점은 높고, 기온과 습도 변화는 작다. 이때 습도는 거의 100 %에 가까워지고, 기온과 이슬점은 비슷하다.

23 공기 덩어리가 상승하면 주위 기압의 감소로 부피가 팽창하고 기온이 하강하며, 공기 덩어리 내부의 습도가 높아진다.

통합형 문제 분석

공기 덩어리의 상승에 따른 변화

산을 넘는 공기 덩어리는 외부와 열을 주고받지 않는 상태로 이동하므로 단열 팽창이 일어나 기온이 하강한다.

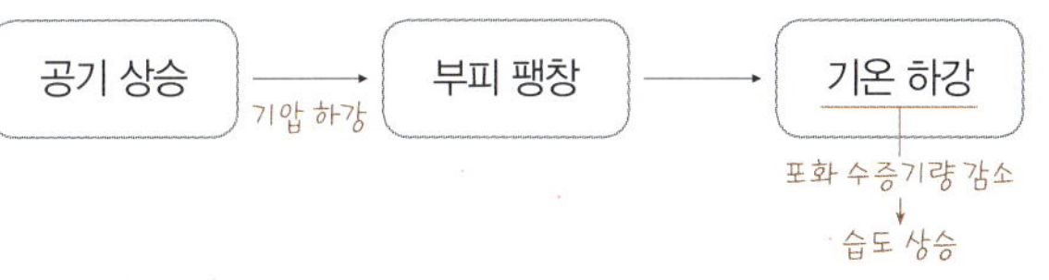

24 공기의 상승 운동이 약하면 (가)와 같이 층운형 구름이 생기고, 공기의 상승 운동이 강하면 (나)와 같이 적운형 구름이 생긴다.

예시 답안 공기의 상승 운동이 다르기 때문이다.

채점 기준	배점(%)
공기의 상승 운동 차이로 옳게 설명한 경우	100

25 (1) (가)는 빙정설, (나)는 병합설이다.

(2) 예시 답안 크고 작은 물방울들이 서로 충돌하여 합쳐지면서 빗방울이 성장하고, 빗방울이 무거워져 떨어지면 비가 된다.

채점 기준	배점(%)
빗방울이 성장하는 과정과 비가 내리는 과정을 모두 옳게 설명한 경우	100
빗방울이 성장하는 과정과 비가 내리는 과정 중 1가지만 옳게 설명한 경우	50

06강 기압과 바람

기본 문제로 개념 다지기   65쪽

01 ㉠ 760, ㉡ 1013   **02** (1) ○ (2) × (3) × (4) × (5) ○   **03** ㉠ 높은, ㉡ 낮은   **04** (1) × (2) × (3) ○ (4) ○   **05** (1)-㉡-ⓑ (2)-㉠-ⓐ

01 1기압은 수은 기둥 76 cm(=760 mm)가 누르는 압력과 같다.

02 (2) 기압이 같을 때 유리관의 굵기나 기울기에 상관없이 수은 기둥의 높이는 같다.

(3) 위로 올라갈수록 공기의 양이 적어지므로 기압이 낮아진다.

(4) 기압은 모든 방향으로 작용한다.

03 바람은 두 지점의 기압 차이에 의해 수평 방향으로 이동하는 공기의 흐름으로, 기압이 높은 곳에서 기압이 낮은 곳으로 분다.

04 (1) 해륙풍은 하루를 주기로 풍향이 바뀌어 부는 바람이다. (2) 낮에는 바다에서 육지로 해풍이 불고, 밤에는 육지에서 바다로 육풍이 분다.

05 우리나라에서 여름철에는 해양에서 대륙 쪽으로 남동 계절풍이, 겨울철에는 대륙에서 해양 쪽으로 북서 계절풍이 분다.

탐구 올리드 돋보기   66쪽

01 (1) ○ (2) ○ (3) × (4) × (5) ○ (6) ○   **02** ④

01 모래는 물보다 빨리 가열되고 빨리 냉각된다. 따라서 전등을 켠 후 일정 시간이 지나면 모래가 물보다 온도가 높아져 향 연기는 물에서 모래 쪽으로 이동하고, 전등을 끄면 모래가 물보다 온도가 낮아져 향 연기는 모래에서 물 쪽으로 이동한다.

02 전등을 끄면 모래가 물보다 빨리 냉각되어 모래의 온도가 물보다 낮아 모래 위의 기압은 높아지고 물 위의 기압은 낮아진다. 따라서 모래에서 물 쪽으로 향 연기가 이동한다.

대표 문제로 실력 확인하기   67~69쪽

01 ②   **02** ⑤   **03** ④   **04** ③   **05** ④   **06** (가)>(나)=(다)
07 ③   **08** ⑤   **09** ④   **10** A   **11** ⑤   **12** ④   **13** ⑤
14 육풍, 밤   **15** ②   **16** ①

고난도·서술형 문제

17 ㄷ－ㄱ－ㄴ   **18** 수은면에 작용하는 기압의 크기와 수은 기둥의 압력이 같아졌기 때문이다.   **19** (1) (가) A, (나) C (2) (가) 해풍, (나) 북서 계절풍 (3) 육지와 바다를 구성하는 물질의 비열 차이에 의해 가열·냉각 속도 차이가 생긴다. 이로 인해 육지와 바다의 기압 차이가 발생하여 기압이 높은 곳에서 낮은 곳으로 바람이 분다.

01 ② 위로 올라갈수록 공기의 양이 감소하므로 기압이 감소한다.

오답 피하기 ① 기체는 모든 방향으로 움직이므로 기압은 모든 방향으로 작용한다.
③ 공기는 계속해서 움직이기 때문에 측정 시각과 장소에 따라 기압이 달라진다.
④ 공기가 단위 면적에 작용하는 힘을 기압이라고 한다.
⑤ 1기압은 수은 기둥 높이 76 cm에 해당하는 대기 압력으로, 76 cmHg로 나타낼 수 있다.

02 추운 겨울날 실내에 들어올 때 안경이 뿌옇게 흐려지는 것은 응결에 의한 현상이다.

03 캔에 넣은 물을 가열하면 물이 증발하면서 캔 내부 압력이 팽창하였다가 냉각시키면 수증기가 응결하여 내부 압력이 낮아져 캔 외부와의 기압 차이로 캔이 찌그러진다.

04 수은 온도계는 온도에 따른 액체의 부피 변화를 이용한 것이다.

05 ④ 기압이 같을 때 수은 기둥의 높이는 유리관의 굵기에 상관없이 일정하다.

오답 피하기 ① 유리관에 수은을 가득 채웠으므로 유리관 안에는 공기가 없다. 따라서 A는 진공 상태이다.
② 기압이 높아지면 수은 기둥의 높이는 높아진다.
③ 기압이 같을 때 수은 기둥의 높이는 유리관의 기울기에 상관없이 일정하다.
⑤ 높은 산 위로 올라가면 기압이 낮아지므로 수은 기둥의 높이는 낮아진다.

개념 더하기

토리첼리의 기압 측정 실험

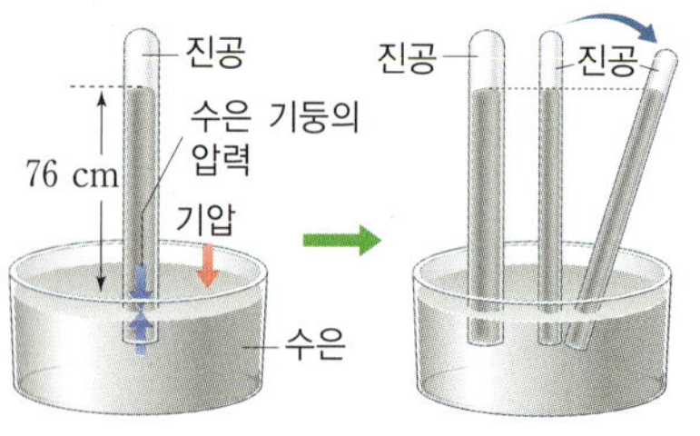

· 수은 기둥은 수은면으로부터 약 76 cm 높이에서 멈춘다. ➡ 수은면에 작용하는 기압과 수은 기둥의 압력이 같아지기 때문
· 같은 기압에서는 유리관의 굵기나 기울기가 달라져도 수은 기둥의 높이는 변하지 않는다.

06 유리관의 기울기나 굵기에 상관없이 수은 기둥의 높이가 높을수록 기압이 크다.

07 1기압=76 cmHg=760 mmHg≒1013 hPa=물기둥 약 10 m가 누르는 힘=공기 기둥 약 1000 km가 누르는 힘이다.

08 기권에서 높이 올라갈수록 공기의 양이 급격히 줄어들기 때문에 기압도 높이 올라갈수록 급격히 감소한다.

09 바람은 지표면의 가열과 냉각에 의해 발생한 기압 차이로 인해 기압이 높은 곳에서 낮은 곳으로 분다.

10 지표면이 가열된 곳은 공기가 주위보다 가벼워 상승하고, 지표면 부근 기압이 낮아진다.

자료 분석

바람이 부는 원리

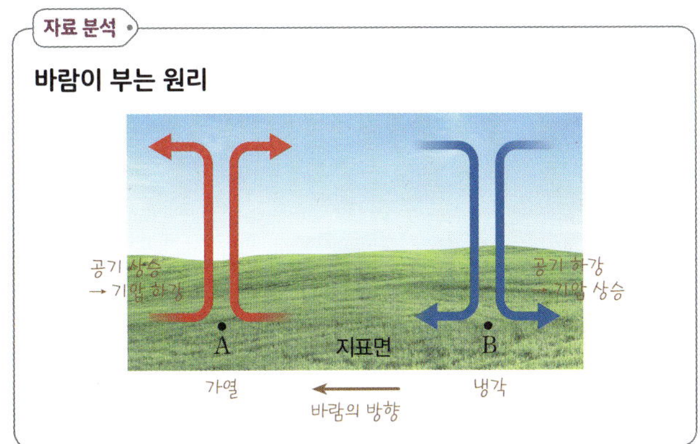

11 ㄱ. 모래는 물보다 비열이 작으므로 먼저 가열되고 먼저 냉각된다.
ㄴ. 전등을 켜면 모래 쪽 공기가 상승하여 기압은 물 쪽이 모래 쪽보다 높아진다.
ㄷ. 전등을 끄면 모래 쪽 공기가 하강하여 모래 쪽이 물 쪽보다 기압이 높아 모래에서 물 쪽으로 향 연기가 이동한다.

12 전등을 켰을 때는 모래가 물보다 빨리 가열되고, 전등을 껐을 때는 모래가 물보다 빨리 냉각된다.

개념 더하기

물과 모래의 가열 · 냉각 곡선

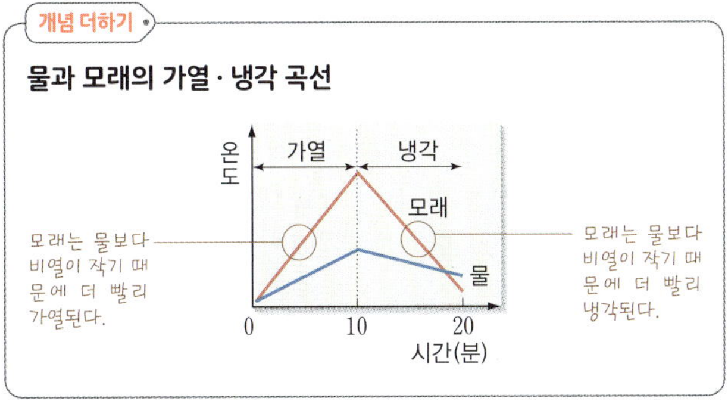

13 해륙풍과 계절풍은 육지가 바다보다 빨리 가열되고 빨리 냉각되기 때문에 육지와 바다의 기압 차이가 생기면서 발생하는 바람이다.

14 밤에는 육지가 바다보다 빨리 냉각되므로 바다 쪽 기온이 육지 쪽 기온보다 높아진다. 따라서 바다 쪽에 저기압이 형성되어 육지에서 바다 쪽으로 육풍이 분다.

15 육지가 가열되어 육지 쪽에 저기압, 바다 쪽에 고기압이 형성되어 바다에서 육지로 해풍이 분다.

16 ① (가)는 여름철에 부는 남동 계절풍이다.

오답 피하기 ② (나)는 겨울철에 부는 북서 계절풍이다.
③ (가) 시기에는 대륙이 해양보다 먼저 가열되므로 해양의 기압이 높고 대륙의 기압이 낮다.
④ (나) 시기에는 대륙이 해양보다 먼저 냉각되므로 대륙의 기온이 낮고 해양의 기온이 높다.
⑤ 계절풍은 대륙과 해양의 가열 · 냉각 차이로 인해 발생한 기압 차에 의해 대륙과 해양 사이에서 1년을 주기로 풍향이 바뀌는 바람이다.

17 기압이 높을수록 수은 기둥의 높이는 높아진다. 1기압은 물기둥 약 10 m가 누르는 힘과 같으므로 수심 20 m인 바닷속에서의 기압은 약 2기압이다. 따라서 기압이 가장 높은 ㄷ에서 수은 기둥의 높이가 가장 높고, 기압이 가장 낮은 에베레스트산 정상에서 수은 기둥의 높이가 가장 낮다.

18 **예시 답안** 수은면에 작용하는 기압의 크기와 수은 기둥의 압력이 같아졌기 때문이다.

채점 기준	배점(%)
수은면에 작용하는 기압과 수은 기둥이 누르는 압력이 같아졌다라고 옳게 설명한 경우	100
수은 기둥이 누르는 압력이 외부의 기압과 같아졌다고 설명한 경우	60

19 (1) 바람은 기압이 높은 곳에서 낮은 곳으로 분다.
(2) (가)는 해안가에서 하루를 주기로 낮에 부는 해풍이고, (나)는 1년을 주기로 겨울철에 부는 북서 계절풍이다.
(3) **예시 답안** 육지와 바다를 구성하는 물질의 비열 차이에 의해 가열·냉각 속도 차이가 생긴다. 이로 인해 육지와 바다의 기압 차이가 발생하여 기압이 높은 곳에서 낮은 곳으로 바람이 분다.

채점 기준	배점(%)
육지와 바다의 구성 물질의 비열 차, 가열·냉각 속도 차, 기압 차를 모두 언급하여 옳게 설명한 경우	100
육지와 바다의 가열·냉각 속도 차로 인해 기압 차가 발생해 바람이 분다고 설명한 경우	60
육지와 바다의 기압 차로 인해 바람이 분다고 설명한 경우	30

07 강 날씨와 생활

기본 문제로 개념 다지기 71쪽, 73쪽

01 (1) ○ (2) ○ (3) × (4) ○ **02** (1) C (2) C, D **03** (1)-ⓒ (2)-ⓔ (3)-ⓛ (4)-⊙ **04** ⊙ 전선면, ⓛ 전선 **05** (가) 한랭 전선, (나) 온난 전선 **06** (1) × (2) ○ (3) ○ (4) × **07** (가) 저기압, (나) 고기압 **08** ⊙ 한랭, ⓛ 온난 **09** (1) B (2) C (3) A **10** 일기도 **11** (1)-ⓒ (2)-ⓛ (3)-⊙ **12** 여름

01 (3) 고위도에서 발생한 기단은 기온이 낮다.

02 A는 시베리아 기단, B는 양쯔강 기단, C는 북태평양 기단, D는 오호츠크해 기단이다.
(1) 우리나라의 여름철에는 북태평양 기단의 영향을 받는다.
(2) 해양에서 발생한 기단은 습한 성질을 가진다.

03 대륙에서 발생한 기단은 건조하고 해양에서 발생한 다습하며, 고위도에서 발생한 기단은 한랭하고 저위도에서 발생한 기단은 온난하다.

05 한랭 전선의 전선면 기울기는 급하고, 온난 전선의 전선면 기울기는 완만하다.

06 (1) 고기압은 주변보다 상대적으로 기압이 높은 곳이다.
(4) 북반구 저기압 중심부에서 바람은 시계 반대 방향으로 불어 들어간다.

07 북반구 저기압 중심에서는 상승 기류가 발생하고 바람이 시계 반대 방향으로 불어 들어가며, 고기압 중심에서는 하강 기류가 발생하고 바람이 시계 방향으로 불어 나간다.

08 온대 저기압은 한랭 전선과 온난 전선을 동반하며, 전선을 경계로 기압과 날씨 등이 급격히 변한다.

09 (1) 현재 따뜻한 공기가 위치하는 지역(B)의 기온이 높다.
(2) 온난 전선의 앞쪽(C)에서는 남동풍이 분다.
(3) 한랭 전선의 후면(A)에서는 적운형 구름이 형성되어 좁은 지역에 걸쳐 소나기가 내린다.

10 일기도에는 기온, 기압, 풍향, 풍속, 고기압, 저기압, 등압선, 전선 등이 표시되어 있다.

11 우리나라의 봄과 가을철에는 이동성 고기압과 저기압이 교대로 통과한다.

12 북태평양 기단의 영향을 받는 계절은 여름이다.

자료 올리드 돋보기

74쪽

01 시베리아 기단　　**02** ③

01 서고동저형의 기압 배치가 뚜렷하므로 겨울철 일기도이다. 따라서 시베리아 기단의 영향을 받는다.

02 ③ 여름에는 북태평양 기단의 영향을 받아 무덥고 습한 날씨가 계속 되며, 밤에도 기온이 떨어지지 않는 열대야가 나타나기도 한다.

오답 피하기 ① 봄에는 양쯔강 기단의 영향을 받아 꽃샘추위가 나타난다.
② 초여름에는 오호츠크해 기단의 영향을 받아 동해안 지역에 서늘하고 습한 날씨가 나타나고, 장마 전선이 우리나라 부근에 오래 머물면서 많은 비를 내리기도 한다.
④ 가을에는 양쯔강 기단의 영향을 받지만 꽃샘추위는 봄에 나타나는 현상이다.
⑤ 겨울에는 시베리아 기단의 영향으로 서고동저형 기압 배치가 나타나며, 북서 계절풍이 불고 한파와 폭설이 내린다.

대표 문제로 실력 확인하기

75~79쪽

01 ③　**02** ①　**03** ②　**04** ②　**05** ②　**06** A-ⓒ, B-㉠, C-ⓛ, D-㉣　**07** ③　**08** ②　**09** ㉠ 찬물, ⓛ 따뜻한 물　**10** ③　**11** ④　**12** ①　**13** ④　**14** ①　**15** ④　**16** ③　**17** ③　**18** (가) 한랭 전선, (나) 온난 전선　**19** ③　**20** 여름, 남고북저형　**21** ④　**22** ④　**23** ③

고난도·서술형 문제

24 (1) 한랭 전선 (2) 전선 뒤쪽에 적운형 구름이 형성되어 좁은 구역에 걸쳐 소나기가 내리며, 기온은 내려가고 기압은 높아진다.　**25** A-온난 전선, B-한랭 전선　**26** A　**27** (1) ㉠ 한랭 전선, ⓛ 온난 전선 (2) A, C (3) 현재 남동풍이 불고 있지만 시간이 지나면서 풍향은 남서풍 → 북서풍(시계 방향)으로 변한다.　**28** 우리나라는 여름철에 남동쪽에서 발달한 북태평양 기단의 영향을 받기 때문이다.　**29** C

01 기단은 발생지에 따라 성질이 달라진다. 고위도에서 발생한 기단은 한랭하고 저위도에서 발생한 기단은 온난하며, 해양에서 발생한 기단은 습하고 대륙에서 발생한 기단은 건조하다. 또한 기단이 발생지에서 다른 지역으로 이동하면 이동하는 지역의 영향을 받아 성질이 변한다.

02 고위도에서 만들어진 차고 건조한 기단이 따뜻한 바다 위를 지나면 열과 수증기를 공급받아 기온과 습도가 모두 높아진다.

개념 더하기

기단의 이동

차고 건조한 기단이 따뜻한 바다를 통과할 때 수증기가 공급되어 적운형 구름이 만들어지고, 비나 눈이 내리기도 한다.
예 시베리아 기단이 황해를 지날 때 황해로부터 열과 수증기를 공급받으므로 겨울철 우리나라의 서해안에는 폭설이 내리는 경우가 있다.

03 우리나라의 봄철에는 중국의 양쯔강 부근에서 발달한 온난 건조한 양쯔강 기단의 영향을 받는다.

04 대륙에서 발생한 기단은 건조한 성질을 가진다.

05 A는 시베리아 기단, B는 양쯔강 기단, C는 북태평양 기단, D는 오호츠크해 기단이다.
② C와 D 기단은 해양에서 발생하였으므로 습도가 높다.
오답 피하기 ① A와 D 기단은 고위도에서 발생하였으므로 기온이 낮다.
③ B 기단은 봄과 가을에 우리나라의 날씨에 영향을 준다. 북태평양 기단(C)과 북쪽의 찬 기단의 세력이 비슷할 때 한 곳에 오래 머물면서 많은 비를 내리는 장마가 온다.
④ C 기단은 한여름에 세력이 발달하여 우리나라에 무더위를 가져온다.
⑤ D 기단의 영향으로 동해안에 서늘하고 습한 날씨가 나타난다. 폭염과 열대야는 북태평양 기단(C)의 영향이다.

개념 더하기

우리나라 주변의 기단

명칭	성질	영향을 주는 계절
시베리아 기단	한랭 건조	겨울
양쯔강 기단	온난 건조	봄·가을
북태평양 기단	고온 다습	여름
오호츠크해 기단	한랭 다습	초여름

06 A는 한랭 건조(ⓒ)한 시베리아 기단, B는 온난 건조(㉠)한 양쯔강 기단, C는 고온 다습(ⓛ)한 북태평양 기단, D는 한랭 다습(㉣)한 오호츠크해 기단이다.

자료 분석

우리나라 주변 기단의 성질

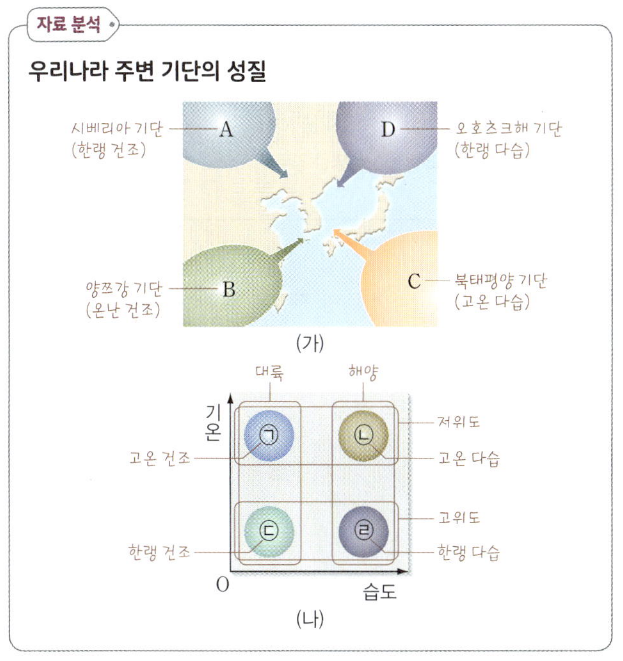

07 온난 전선이 지나가고 나면 따뜻한 공기의 영향을 받으므로 기온이 높아진다.

08 ② 전선을 경계로 기온, 기압, 풍향, 풍속 등의 날씨가 달라진다.
오답 피하기 ① A는 전선면, B는 전선이다.
③ 전선면은 밀도가 큰 기단 쪽으로 기울어져 형성된다.
④, ⑤ 전선면은 성질이 다른 두 기단이 만나 섞이지 않아서 생긴 경계면이다.

09 이 실험에서 칸막이를 들어 올리면 찬물은 따뜻한 물 아래로 이동한다.

10 온난 전선은 전선 앞쪽 넓은 구역에 걸쳐 층운형 구름이 형성되어 지속적인 비가 내리고, 한랭 전선은 전선 뒤쪽 좁은 구역에 걸쳐 적운형 구름이 형성되어 소나기가 내린다.

개념 더하기

한랭 전선과 온난 전선의 특징

구분	온난 전선	한랭 전선
형성	따뜻한 공기가 찬 공기 위로 올라갈 때	찬 공기가 따뜻한 공기 아래를 파고들 때
전선면 기울기	완만하다.	급하다.
구름	층운형 구름	적운형 구름
강수	전선의 앞쪽에 지속적인 비(이슬비)	전선의 뒤쪽에 소나기
이동 속도	느리다.	빠르다.
통과 후 변화	기온 상승, 기압 하강	기온 하강, 기압 상승

11 우리나라를 가로지르는 전선은 세력이 비슷한 두 기단이 만나 한곳에 오랫동안 머무르는 정체 전선의 일종인 장마 전선이다.

12 ① 따뜻한 공기가 찬 공기 위를 타고 올라가면 온난 전선이 형성된다.
오답 피하기 ② 온난 전선 앞쪽에는 층운형 구름이 형성된다.
③ 온난 전선은 전선의 이동 속도가 느리다.
④ 온난 전선은 전선면의 기울기가 완만하다.
⑤ 온난 전선의 앞쪽에는 넓은 지역에 걸쳐 약한 비가 내린다.

13 (가)는 한랭 전선, (나)는 온난 전선이다. 한랭 전선이 통과한 후에는 찬 공기의 영향으로 기온은 낮아지고, 기압은 높아진다. 온난 전선이 통과한 후에는 따뜻한 공기의 영향으로 기온은 높아지고 기압은 낮아진다.

14 북반구 고기압 중심부에서는 하강 기류가 발달하고, 바람이 시계 방향으로 불어 나간다.

15 저기압 중심에서는 상승 기류가 발달하기 때문에 구름이 만들어지며, 날씨가 흐리고 비나 눈이 내린다.

16 A 지역에는 적운형 구름에서 소나기가 내리고, B 지역은 맑으며, C 지역에는 층운형 구름에서 지속적인 비가 내린다.

자료 분석

온대 저기압 부근의 날씨

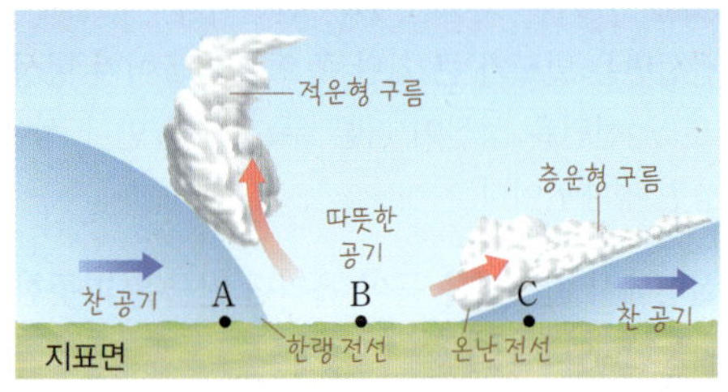

구분	A 지역	B 지역	C 지역
구름	적운형 구름	없음.	층운형 구름
날씨	소나기	맑음.	이슬비
풍향	북서풍	남서풍	남동풍

17 15~18시 사이에 풍향이 남서풍에서 북서풍으로 바뀌었고, 기온이 낮아졌으므로 이때 한랭 전선이 통과하였다.

18 온대 저기압은 남동쪽으로 온난 전선을, 남서쪽으로 한랭 전선을 동반한다.

19 A 지역은 현재 온난 전선 앞쪽에 위치하므로 이슬비가 내리며, 온난 전선이 통과하고 나면 날씨가 맑아졌다가 한랭 전선이 통과한 후에는 소나기가 내린다.

20 남쪽에 고기압, 북쪽에 저기압이 형성되어 있으므로 남고북저형의 기압 배치가 나타나는 여름철 일기도이다.

21 (가)는 봄철, (나)는 겨울철의 대표적인 일기도이다. 꽃샘추위는 봄철, 폭설과 한파는 겨울철 날씨의 특징이다.

22 ④ 겨울철에는 서고동저형의 기압 배치가 나타나고 북서 계절풍이 분다.

오답 피하기 ①, ③ 여름철에는 남고북저형 기압 배치가 나타나고 남동 계절풍이 불며, 북태평양 기단의 영향을 받아 열대야와 폭염이 이어진다.
②, ⑤ 봄철에는 이동성 고기압과 온대 저기압이 자주 통과하여 날씨 변화가 심하고, 일시적으로 남하하는 찬 기단의 영향으로 꽃샘추위가 발생한다.

23 A는 태풍으로, 열대 지방의 해상에서 발생하는 최대 풍속 17 m/s 이상인 열대 저기압이다. 태풍은 강한 바람과 비를 동반한다.

24 (1) 찬 공기가 따뜻한 공기 아래로 파고들어 형성된 전선이다.
(2) **예시 답안** 전선 뒤쪽에 적운형 구름이 형성되어 좁은 구역에 걸쳐 소나기가 내리고, 기온은 내려가고 기압은 높아진다.

채점 기준	배점(%)
제시된 5가지 요소를 모두 포함하여 옳게 설명한 경우	100
제시된 요소 중 3가지만 포함하여 설명한 경우	50
제시된 요소 중 1가지만 포함하여 설명한 경우	20

25 온난 전선이 통과한 후에는 기온이 높아지고 기압은 낮아지며, 한랭 전선이 통과한 후에는 기온이 낮아지고 기압은 높아진다.

통합형 **문제 분석**

온대 저기압 통과 시 기온, 기압 변화

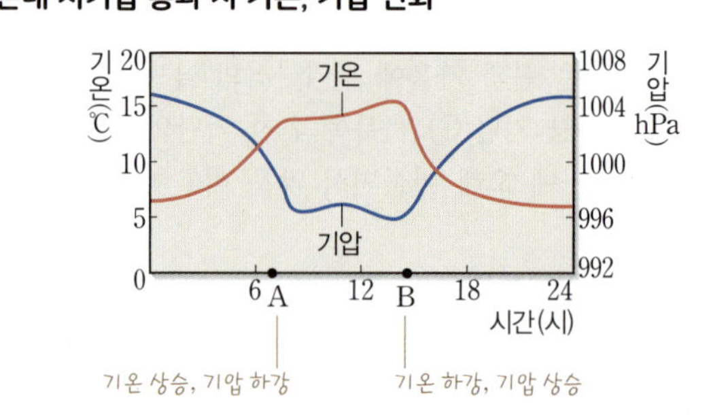

• 온난 전선 통과 후에는 기온이 상승하고, 기압이 하강한다.
• 한랭 전선 통과 후에는 기온이 하강하고, 기압이 상승한다.

26 (나)는 바람이 시계 반대 방향으로 불어 들어오므로 저기압 지역이다. (가)에서 저기압은 A이다.

27 (1) 온대 저기압에서 온난 전선은 진행 방향의 앞쪽, 한랭 전선은 진행 방향의 뒤쪽에 위치한다.
(2) A 지역에서는 소나기, C 지역에서는 이슬비가 내린다.
(3) **예시 답안** 현재 남동풍이 불고 있지만 시간이 지나면서 풍향은 남서풍 → 북서풍(시계 방향)으로 변한다.

채점 기준	배점(%)
현재 풍향과 바뀌는 풍향을 순서대로 옳게 설명한 경우	100
시계 방향으로 변한다고만 설명한 경우	40

28 **예시 답안** 우리나라는 여름철에 남동쪽에서 발달한 북태평양 기단의 영향을 받기 때문이다.

채점 기준	배점(%)
기단과 까닭을 모두 옳게 설명한 경우	100
기단만 쓴 경우	30

29 (가)는 서고동저형의 기압 배치가 나타나는 겨울철 일기도로, 한랭 건조한 시베리아 기단의 영향을 받는다.

통합형 **문제 분석**

겨울철 일기도와 기단의 성질

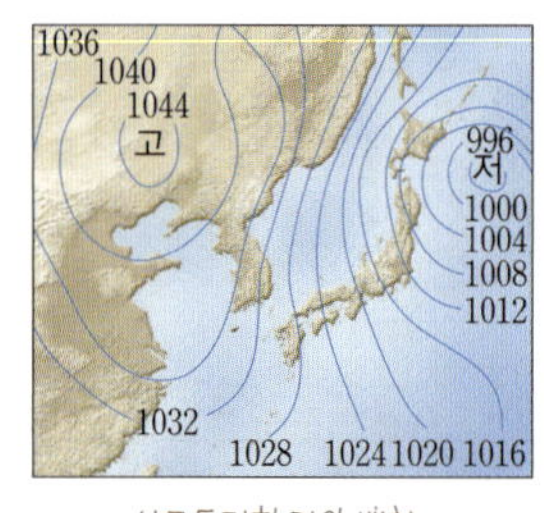
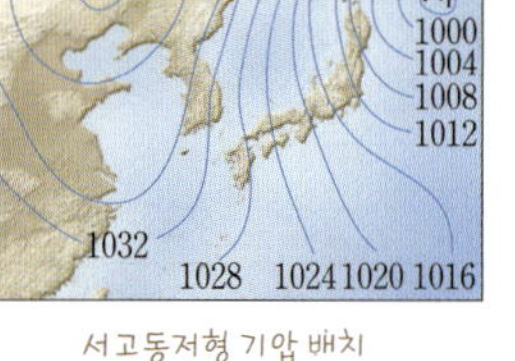

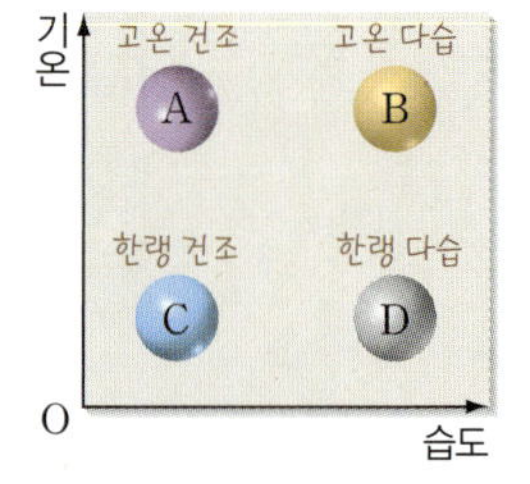

01 ⑤   **02** ①   **03** 중간권에는 수증기가 거의 존재하지 않기 때문이다.   **04** ④   **05** ⑤   **06** ④   **07** ④   **08** 공기 중의 수증기량이 거의 일정하기 때문이다.   **09** ④   **10** ㄴ - ㄷ - ㄱ   **11** ②   **12** ①   **13** ④   **14** ②   **15** A. 시베리아 기단의 차고 건조한 공기가 황해를 지나면서 열과 수증기를 공급받아 많은 눈이 오게 된다.   **16** ③   **17** 한랭 전선   **18** ④   **19** ④, ⑤

01 A는 대류권, B는 성층권, C는 중간권, D는 열권이다. 기온이 가장 낮은 구간이 존재하는 층은 C이다.

02 (가)와 같은 기상 현상은 대류권에서 나타나고, (나)와 같은 유성은 중간권에서 나타난다.

03 대류권에서는 대류가 일어나면서 공기 중에 수증기를 포함하고 있기 때문에 기상 현상이 나타나게 된다.

> **예시 답안** 중간권에는 수증기가 거의 존재하지 않기 때문이다.

채점 기준	배점(%)
수증기가 존재하지 않기 때문이라고 옳게 설명한 경우	100
수증기 때문이라고만 설명한 경우	30

04 지구는 복사 평형을 이루므로 지구가 흡수하는 복사 에너지양과 방출하는 복사 에너지양이 같다. 따라서 지구는 70 %의 복사 에너지를 우주 공간으로 방출한다.

05 지구 온난화가 일어나면 지구의 평균 기온이 높아지면서 해수의 온도도 높아진다. 따라서 동해에는 한류성 어종이 감소하고 난류성 어종이 증가한다.

06 A, B, C 공기의 이슬점은 각각 10 ℃, 20 ℃, 30 ℃이므로 C 공기가 가장 높고, 습도는 A 공기가 100 %로 가장 높다.

> **자료 분석 ◦**
>
> **포화 수증기량 곡선 해석**
>
> | 구분 | A | B | C |
> |---|---|---|---|
> | 현재 기온(℃) | 10 | 30 | 35 |
> | 이슬점(℃) | 10 | 20 | 30 |
> | 현재 수증기량(g/kg) | 7.6 | 14.5 | 26.5 |
> | 포화 수증기량(g/kg) | 7.6 | 26.5 | 35.3 |
> | 상대 습도(%) | 100 | 약 54.7 | 약 75.1 |

07 ④ 이 공기의 이슬점은 15 ℃이므로, 현재 10.5 g/kg의 수증기가 포함되어 있다.

> **오답 피하기** ① 기온과 이슬점이 같지 않으므로 이 공기는 불포화 상태이다.

② 이 공기의 현재 수증기량은 10.5 g/kg이고, 포화 수증기량은 19.7 g/kg이므로 상대 습도(%)는 $\frac{10.5}{19.7} \times 100$ ≒53 %이다.

③ 이 공기의 현재 수증기량은 10.5 g/kg이고, 포화 수증기량은 19.7 g/kg이므로, (19.7−10.5)=9.2 g/kg의 수증기를 더 포함할 수 있다.

⑤ 현재 수증기량이 10.5 g/kg이고, 10 ℃에서 포화 수증기량이 7.6 g/kg이므로 응결량은 (10.5−7.6) g/kg=2.9 g/kg이다.

08 **예시 답안** 공기 중의 수증기량이 거의 일정하기 때문이다.

채점 기준	배점(%)
공기 중의 수증기량이 거의 일정하기 때문이라고 옳게 설명한 경우	100
수증기량 때문이라고만 설명한 경우	30

09 ㄴ, ㄷ. A, B 과정에서 공기 덩어리가 상승하면 공기 덩어리의 부피가 팽창하고, 기온이 낮아져 C 높이에서 이슬점에 도달하여 구름이 생기기 시작한다.

> **오답 피하기** ㄱ. A에서 C로 갈수록 주위의 기압이 낮아진다.

> **자료 분석 ◦**
>
> **구름의 생성 과정**
>
> 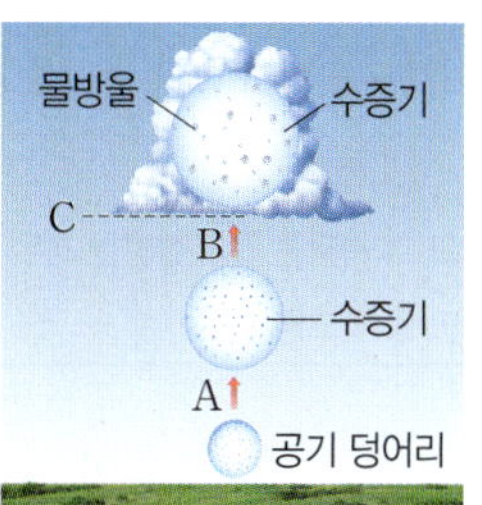
>
>
> • A에서 C로 갈수록 공기의 양이 적어지므로 기압은 낮아진다.
> • A, B 과정에서 공기 덩어리가 상승하면서 주변 공기의 기압이 낮아지면서 부피가 커진다.
> • C 지점은 수증기가 응결하여 물방울이 형성되기 시작하는 구간으로 구름이 생성되는 높이이다. ➡ 이슬점 도달, 상대 습도 100 %

10 우리나라와 같은 중위도 지방에서는 물방울에서 증발한 수증기가 얼음 알갱이에 달라붙어 커지면 무거워져 떨어지면서 눈이 되고 내리는 도중 녹으면 비가 된다.

11 수은 기둥의 높이가 76 cm이므로 현재의 기압은 약 1013 hPa이며, 높은 산에 올라가면 기압이 낮아지므로 수은 기둥의 높이는 현재보다 낮아진다.

12 위로 올라갈수록 기압이 감소하므로 풍선의 크기는 점점 커진다.

13 (가)는 밤에 부는 육풍, (나)는 겨울철에 부는 북서 계절풍이다. (나)에서 기온은 해양이 대륙보다 높아 대륙에 고기압, 해양에 저기압이 형성된다.

> **자료 분석**
>
> **해륙풍과 계절풍**
>
> 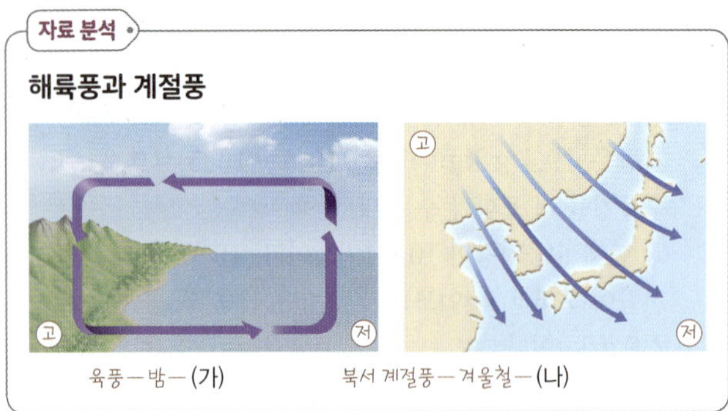
>
>
> 육풍―밤―(가)   북서 계절풍―겨울철―(나)

14 ② B는 온난 건조한 대륙성 기단으로, 봄과 가을철에 영향을 미치는 양쯔강 기단이다.

오답 피하기 ① A는 한랭 건조한 시베리아 기단으로, 겨울철에 영향을 미친다.

③, ④ C는 저위도의 해양에서 발생한 북태평양 기단으로, 우리나라 장마철과 여름철에 영향을 미친다.

⑤ D는 고위도의 해양에서 발생한 오호츠크해 기단으로, 초여름에 영향을 미쳐 동해안에 서늘하고 습한 날씨를 가져온다.

15 건조한 기단이 바다를 지나면 습한 기단이 된다.

예시 답안 A. 시베리아 기단의 차고 건조한 공기가 황해를 지나오면서 열과 수증기를 공급받아 많은 눈이 오게 된다.

채점 기준	배점(%)
원인이 되는 기단과 그 까닭을 옳게 설명한 경우	100
원인이 되는 기단만 옳게 고른 경우	30

16 온난 전선이 통과한 후에는 기압이 하강하고, 기온이 상승하며, 구름이 소멸된다. 온난 전선이 통과하기 전에는 남동풍이 불다가 전선이 통과한 후에는 남서풍으로 바뀌므로 풍향은 시계 방향으로 바뀐다.

17 한랭 전선의 뒤쪽에는 적운형 구름이 발달한다.

18 A 쪽에는 한랭 전선이, B 쪽에는 온난 전선이 발달해 있으며, 한랭 전선 뒤쪽과 온난 전선 앞쪽에는 찬 공기가 분포하고, 한랭 전선과 온난 전선 사이에는 따뜻한 공기가 분포한다.

19 이동성 고기압과 온대 저기압이 교대로 통과하는 것으로 보아 양쯔강 기단의 영향을 받는 봄철 일기도이다. 봄철에는 날씨 변화가 심하고, 꽃샘추위가 발생한다.

Ⅲ. 운동과 에너지

08강 운동

> **기본 문제로 개념다지기**   87쪽, 89쪽
>
> **01** (1) ○ (2) ○ (3) ×   **02** 40 m/s   **03** (1) A 구간: 1초, B 구간: 1초 (2) B (3) B   **04** (1) 느리다 (2) 빠르다   **05** (1) ○ (2) × (3) ○
> **06** (1) 60 (2) 3 m/s   **07** 5 m/s   **08** 300 m   **09** (1) 일정하게 빨라지는 (2) 같은   **10** ㉠ 9.8, ㉡ 중력   **11** 19.6 m/s
> **12** ㄴ   **13** (1) ○ (2) × (3) ×   **14** (1) ㉠ (가), ㉡ (나) (2) (나) (3) (가)
> **15** 동시에 바닥에 도달한다.

01 속력의 단위는 m/s, km/h 등을 사용한다.

02 평균 속력 $= \dfrac{\text{이동 거리}}{\text{걸린 시간}} = \dfrac{1200 \text{ m}}{30 \text{ s}} = 40 \text{ m/s}$

03 A, B 구간 모두 이동하는 데 1초가 걸렸으므로 구간 이동 거리가 긴 B 구간의 속력이 더 빠르다.

05 물체가 등속 운동 할 때 속력은 시간에 관계없이 항상 일정하다.

06 (1) 킥보드는 10초당 30 m씩 일정한 속력으로 이동하므로 20초일 때는 60 m 지점에 위치해 있다.

(2) 킥보드의 속력 $= \dfrac{\text{이동 거리}}{\text{걸린 시간}} = \dfrac{30 \text{ m}}{10 \text{ s}} = 3 \text{ m/s}$

07 시간 - 이동 거리 그래프의 기울기는 물체의 속력을 나타내므로 물체의 속력 $= \dfrac{\text{이동 거리}}{\text{걸린 시간}} = \dfrac{10 \text{ m}}{2 \text{ s}} = 5 \text{ m/s}$이다.

08 시간 - 속력 그래프 아래의 넓이는 이동 거리를 나타내므로 15초 동안 이동한 거리는 20 m/s × 15 s = 300 m이다.

09 자유 낙하 운동 하는 물체에는 운동 방향과 같은 방향으로 중력이 작용하므로 속력이 일정하게 빨라진다.

10 자유 낙하 운동은 물체가 중력만 받으면서 아래로 떨어지는 운동이다. 이때 매초 9.8 m/s씩 속력이 일정하게 증가한다.

11 자유 낙하시킨 물체는 1초마다 속력이 9.8 m/s씩 증가하므로 2초 후의 속력은 9.8 m/s × 2 = 19.6 m/s이다.

12 자유 낙하 하는 물체의 속력은 시간에 따라 일정하게 증가한다.

13 자유 낙하 하는 물체는 중력만을 받으면서 운동하며, 속력이 매초 9.8 m/s씩 일정하게 증가한다. 같은 높이에서 동시에 자유 낙하 하는 물체는 질량에 관계없이 동시에 지면에 도달한다.

14 (가)에서는 공기 저항이 작용하므로 공기 저항을 적게 받는 물체가 더 빨리 떨어지고, (나)에서는 공기 저항이 작용하지 않으므로 두 물체가 동시에 떨어진다.

15 진공 중에서는 쇠구슬과 깃털에 중력만 작용하므로 두 물체는 동시에 바닥에 도달한다.

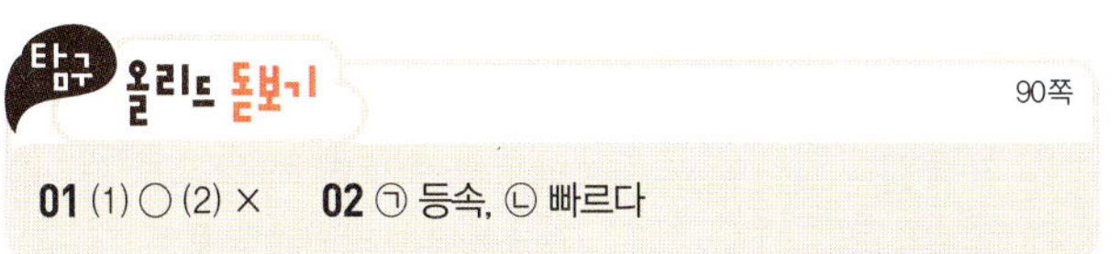

90쪽

01 (1) ◯ (2) ✕   **02** ㉠ 등속, ㉡ 빠르다

01 등속 운동 하는 물체의 시간 – 속력 그래프는 시간축에 나란한 직선 모양이 된다.

02 그래프가 원점을 지나는 직선 형태이므로 A, B 모두 시간에 따라 이동 거리가 일정하게 증가하는 등속 운동을 한다. 또한 시간 – 이동 거리 그래프의 기울기는 속력을 의미하므로 기울기가 큰 A의 속력이 B의 속력보다 빠르다.

91쪽

01 (1) ✕ (2) ◯ (3) ◯   **02** 1 : 1

01 물체에 작용하는 중력의 크기는 물체의 질량에 비례한다.

02 자유 낙하 하는 물체는 질량에 관계없이 속력이 매초마다 9.8 m/s씩 증가한다. 따라서 두 물체의 속력 변화의 비는 1 : 1이다.

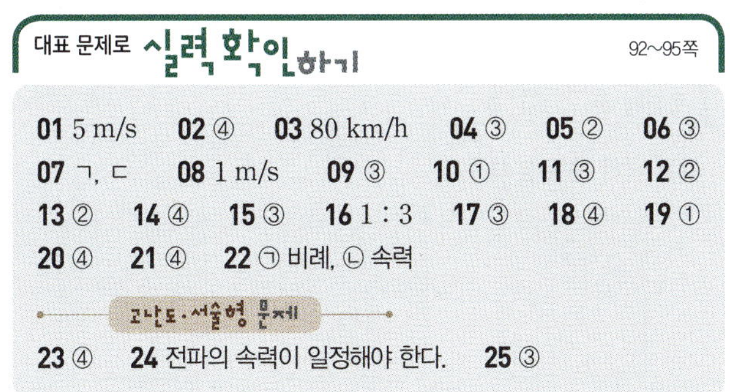

대표 문제로 **실력 확인**하기

92~95쪽

01 5 m/s **02** ④ **03** 80 km/h **04** ③ **05** ② **06** ③
07 ㄱ, ㄷ **08** 1 m/s **09** ③ **10** ① **11** ③ **12** ②
13 ② **14** ④ **15** ③ **16** 1 : 3 **17** ① **18** ④ **19** ①
20 ④ **21** ④ **22** ㉠ 비례, ㉡ 속력

고난도·서술형 문제

23 ④ **24** 전파의 속력이 일정해야 한다. **25** ③

01 속력 $= \dfrac{\text{이동 거리}}{\text{걸린 시간}} = \dfrac{1000 \text{ m}}{200 \text{ s}} = 5$ m/s

02 같은 거리를 이동하는 데 걸린 시간이 짧을수록 속력이 빠르다.

03 기차는 3시간 동안 240 km를 이동하였으므로 평균 속력은 $\dfrac{240 \text{ km}}{3 \text{ h}} = 80$ km/h이다.

04 초음파가 되돌아오는 데 걸린 시간이 4초였으므로 배에서 바닥까지 가는 데 걸린 시간은 2초이다. 따라서 배에서 바닥까지의 깊이는 1500 m/s×2 s=3000 m이다.

05 일정한 시간 간격으로 나타낸 축구공 사이의 간격이 점점 좁아진다. 이는 축구공의 속력이 점점 감소하기 때문이다.

자료 분석

물체의 속력 분석하기

축구공 사이의 시간 간격이 1초로 동일하다. ➡ 축구공 사이의 거리가 속력을 의미한다. ➡ 속력이 일정하게 감소하고 있다.

06 ㄱ. 자전거 사이의 간격이 일정하므로 속력이 일정한 운동을 하며, 속력은 $\dfrac{8 \text{ m}}{2 \text{ s}} = 4$ m/s로 일정하다.

ㄷ. 속력이 일정하므로 이동 거리는 일정하게 증가한다.

오답 피하기 ㄴ. 2초 동안 8 m를 이동하였다.

07 ㄱ, ㄷ. 등속 운동 하는 물체의 속력은 시간에 따라 일정하므로 이동 거리는 시간에 비례하여 증가한다.

오답 피하기 ㄴ. 운동하는 모든 물체의 위치는 시간에 따라 변한다.

08 공은 0.6초 동안 60 cm를 이동한다. 따라서 공의 속력은 $\dfrac{0.6 \text{ m}}{0.6 \text{ s}} = 1$ m/s이다.

09 공의 속력은 1 m/s로 일정하므로 30초 동안 이동한 거리는 1 m/s×30 s=30 m이다.

10 공의 속력이 일정하므로 시간 – 속력 그래프는 시간축에 나란한 직선 형태가 된다.

개념 더하기

등속 직선 운동의 표현

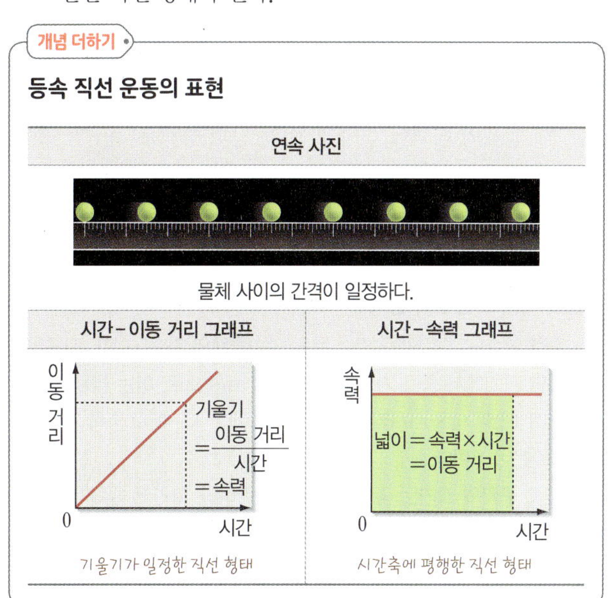

11 A와 B의 이동 거리는 각각 시간에 비례하므로, 두 물체는 모두 등속 운동을 한다. 이때 A의 속력은 $\dfrac{20\,\text{m}}{1\,\text{s}}=20\,\text{m/s}$, B의 속력은 $\dfrac{10\,\text{m}}{1\,\text{s}}=10\,\text{m/s}$이므로 A의 속력이 더 빠르다.

12 시간 – 이동 거리 그래프의 기울기는 속력을 나타내고, 기울기가 클수록 속력이 빠르다. 따라서 기울기가 가장 큰 A의 속력이 가장 빠르고, 기울기가 가장 작은 C의 속력이 가장 느리다.

13 등속 운동은 속력이 변하지 않는다. 롤러코스터는 운동하는 동안 속력과 방향이 변한다.

14 ㄱ, ㄴ. 그래프를 보면 물체의 속력이 1초당 9.8 m/s씩 증가한다. 즉 중력 가속도 상수가 9.8이므로 질량이 1 kg인 물체의 무게는 $9.8 \times 1 = 9.8(\text{N})$이다.
오답 피하기 ㄷ. 시간 – 속력 그래프 아래의 넓이는 물체의 이동 거리를 의미한다. 따라서 물체가 0~2초 동안 이동한 거리는 $\dfrac{1}{2} \times 19.6\,\text{m/s} \times 2\,\text{s} = 19.6\,\text{m}$이다.

15 ㄱ. A는 시간축에 나란한 직선 형태이므로 속력이 일정한 등속 운동을 하고, B는 원점을 지나는 직선 형태이므로 속력이 일정하게 증가하는 운동을 한다.
ㄷ. 자유 낙하 운동을 하는 경우 속력이 일정하게 증가하므로 B와 같은 형태의 그래프로 나타난다.
오답 피하기 ㄴ. 무빙워크는 등속 운동을 하므로 시간 – 속력 그래프로 적절한 것은 A이다.

16 자유 낙하 하는 물체는 1초마다 9.8 m/s씩 속력이 증가하므로 1초일 때의 속력은 $9.8\,\text{m/s} \times 1 = 9.8\,\text{m/s}$이고, 3초일 때의 속력은 $9.8\,\text{m/s} \times 3 = 29.4\,\text{m/s}$이다. 따라서 속력의 비는 1 : 3이다.

17 물체에 작용하는 중력의 크기는 물체의 질량에 비례한다.

18 물체가 낙하하는 방향과 같은 방향으로 작용하는 중력에 의해 물체의 속력이 변하게 된다. 달의 중력은 지구의 $\dfrac{1}{6}$배이므로 달에서의 1초당 속력 변화는 지구에서의 $\dfrac{1}{6}$배이다.

개념 더하기

중력 가속도 상수와 중력
• 중력 가속도: 중력만을 받아 운동하는 물체의 가속도이다. 지구의 표면 근처에서 중력 가속도는 약 $9.8\,\text{m/s}^2$으로, 이는 물체의 속력이 1초당 9.8 m/s씩 변한다는 의미이다. 지구에서 중력 가속도 상수는 9.8이다.
• 중력: 중력의 크기는 중력 가속도×질량이다. 따라서 물체가 중력만을 받아 자유 낙하 할 때 물체의 질량에 비례하는 중력을 받으므로 질량에 관계없이 물체의 속력 변화가 같은 것이다.

19 ㄱ. 공기 저항을 무시하므로 사과는 자유 낙하 운동을 한다. 따라서 2초일 때 속력은 $9.8\,\text{m/s} \times 2 = 19.6\,\text{m/s}$이다.
오답 피하기 ㄴ. 사과는 자유 낙하 운동을 하므로 사과의 질량에 관계없이 1초당 속력 변화는 9.8 m/s로 같다.
ㄷ. 사과에 작용하는 중력의 방향이 사과의 운동 방향과 같으므로 사과의 속력이 일정하게 증가한다.

20 공과 깃털에는 질량에 비례하는 중력이 작용하여 1초당 9.8 m/s씩 일정하게 속력이 증가한다. 따라서 같은 높이에서 동시에 낙하한 공과 깃털은 동시에 바닥에 도달한다.

21 자유 낙하 운동을 하는 물체는 질량에 관계없이 속력이 1초당 9.8 m/s씩 증가한다. 따라서 질량이 2 kg인 물체와 4 kg인 물체의 시간 – 속력 그래프는 동일하다.

22 물체가 자유 낙하 운동을 할 때 속력 변화는 물체의 질량에 관계없이 같다.

23 ④ A는 10초 동안 $12\,\text{m/s} \times 10\,\text{s} = 120\,\text{m}$를 이동하고, B는 10초 동안 $6\,\text{m/s} \times 10\,\text{s} = 60\,\text{m}$를 이동한다. 따라서 10초일 때 A는 B보다 60 m 앞에 있다.
오답 피하기 ①, ③ A의 속력은 12 m/s이고, B의 속력은 6 m/s이다. 따라서 A의 속력이 B의 속력보다 빠르다.
② A, B 모두 속력이 일정한 등속 운동을 한다.
⑤ A의 속력이 B의 속력보다 빠르므로 A와 B 사이의 거리는 시간이 지날수록 점점 커진다.

24 속력이 일정하면 이동 거리가 시간에 비례한다.
예시 답안 전파의 속력이 일정해야 한다.

채점 기준	배점(%)
전파의 속력이 일정해야 한다고 설명한 경우	100
전파가 등속 운동 해야 한다고 설명한 경우	80

25 자유 낙하 하는 물체는 일정한 중력을 받아 속력이 일정하게 증가하므로 이동 거리는 시간에 따라 점점 더 증가한다.

통합형 문제 분석

자유 낙하 운동 분석하기

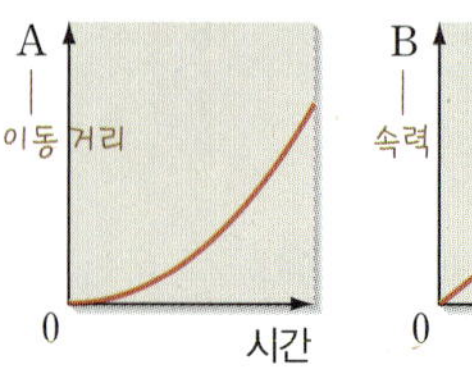

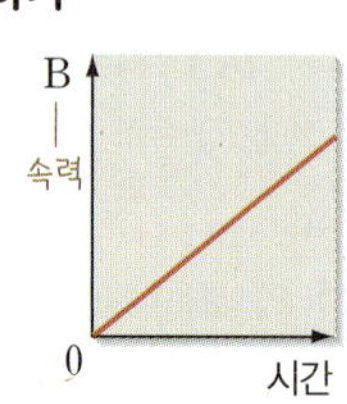

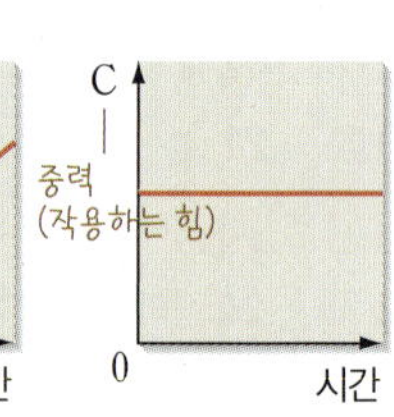

• 자유 낙하 하는 물체에는 일정한 크기의 중력만이 작용한다. ➡ 시간 – 작용하는 힘(중력)의 그래프는 시간축에 나란하다.
• 물체의 운동 방향과 같은 방향으로 중력이 작용하므로 물체의 속력이 일정하게 증가한다. ➡ 시간 – 속력 그래프는 원점을 지나는 직선 형태이다.
• 속력이 일정하게 증가하므로 물체의 이동 거리는 시간에 따라 점점 더 증가한다. ➡ 시간 – 이동 거리 그래프가 포물선 형태이다.

기본 문제로 개념 다지기

97쪽, 99쪽

01 (1) × (2) × (3) ○ (4) × (5) ×　**02** (1) 방향 (2) 거리 (3) 힘
03 100 J　**04** 2.5 N　**05** 58.8 J　**06** (1) ○ (2) × (3) ○
(4) ×　**07** (1) 100 J (2) 50 J　**08** ㉠ 감소, ㉡ 증가　**09** 98 J
10 ㄱ, ㄹ　**11** (1) × (2) ○ (3) ○　**12** 4 cm　**13** (1) 4배
(2) 2배 (3) 8배　**14** 6 m　**15** 294 J　**16** (1) 운동 (2) 모두
(3) 위치 (4) 모두

01 과학에서는 힘이 작용한 방향으로 물체가 움직이는 경우에
만 일을 하였다고 한다. (1)은 힘의 방향과 이동 방향이 수
직, (2)는 이동거리가 0, (5)는 작용한 힘이 0이므로 한 일
의 양이 0이다.
(4) 정신적인 활동은 과학에서 의미하는 일을 한 경우가 아
니다.

03 일의 양=힘×이동 거리=20 N×5 m=100 J

04 일의 양=힘×이동 거리=F×4 m=10 J에서 F=2.5 N
이다.

05 중력에 대하여 한 일의 양=물체의 무게×들어 올린 높이
=(9.8×3) N×2 m=58.8 J

06 (2) N(뉴턴)은 힘의 단위이며, 에너지의 단위로는 J(줄)을
사용한다.
(4) 에너지와 일은 서로 전환된다.

07 (1) 물체에 해 준 일의 양만큼 에너지가 증가한다.
(2) 물체가 한 일의 양만큼 에너지가 감소한다.

09 중력에 의한 위치 에너지=9.8×질량×높이=(9.8×5) N
×2 m=98 J

10 중력에 의한 위치 에너지 E=9.8mh이므로 질량과 높이
에 각각 비례한다.

11 위치 에너지의 기준면은 보통 지면으로 하지만 편리한 대
로 정할 수 있다.

12 추를 떨어뜨리는 높이가 일정할 때 나무 도막의 이동 거리
는 추의 질량에 비례한다. 따라서 추의 질량이 2배가 되면
나무 도막의 이동 거리도 2배가 된다.

13 운동 에너지는 질량과 속력의 제곱에 각각 비례한다.

14 나무 도막이 이동한 거리는 수레의 운동 에너지에 비례한
다. 질량이 3배가 되면 운동 에너지가 3배가 되므로 나무
도막이 이동한 거리도 3배가 된다.

15 물체에 중력이 한 일이 운동 에너지로 전환되므로 운동 에
너지는 (9.8×2) N×15 m=294 J이다.

탐구 올리드 돋보기

100쪽

01 (1) ○ (2) ○ (3) × (4) × (5) × (6) ○　**02** 0.098 J　**03** ㄱ, ㄴ

01 중력이 물체에 한 일의 양은 9.8×물체의 질량×물체가
낙하한 거리로 구할 수 있다. 쇠구슬이 A 지점에 B 지점까
지 이동하는 동안 쇠구슬의 높이는 낮아지므로 위치 에너지
는 감소하며, 중력이 한 일이 운동 에너지로 전환되어 운동
에너지는 증가한다.

02 중력이 추에 한 일=추의 무게×추가 낙하한 거리=(9.8
×0.1) N×0.1 m=0.098 J

03 ㄱ. A 지점에서 추를 가만히 놓았으므로 A 지점에서 추의
속력은 0이다. 따라서 추의 운동 에너지도 0이다.
ㄴ. B 지점에서 추의 운동 에너지는 0.098 J이므로 0.098 J
=$\frac{1}{2}$×0.1 kg×v^2에서 추의 속력은 v=1.4 m/s이다.
오답 피하기 ㄷ. B 지점에서 추의 운동 에너지는 B 지점까지
낙하하는 동안 중력이 추에 한 일과 같으므로 0.098 J이다.

대표 문제로 실력 확인하기

101~105쪽

01 ③　**02** ②, ⑤　**03** ②　**04** 30 J　**05** ④　**06** ③
07 58.8 J　**08** ③　**09** ③　**10** 310 J　**11** ②, ⑤
12 ①　**13** ①, ③　**14** ④　**15** 2배　**16** ④　**17** ④
18 36 J　**19** ②　**20** ③　**21** ④　**22** D　**23** ②　**24** 운동

고난도·서술형 문제

25 (1) 0 (2) 중력 (3) 한 일의 양=10 N×(0.2×4) m=8 J　**26** ④
27 ①　**28** (1) 세 수레의 속력을 같게 하기 위해서 (2) 물체의 운동
에너지는 질량에 비례한다.　**29** 100000 J

01 과학에서는 물체에 힘을 작용하여 물체를 힘의 방향으로
이동시키는 경우에 일을 하였다고 한다. 일상적인 일은 과
학에서의 일이 아니다.

02 물체에 작용한 힘이 0이거나 힘의 방향으로 이동한 거리가
0이면 한 일의 양은 0이다. 또한 힘의 방향과 이동 방향이
수직이면 한 일의 양은 0이다.
② 카트를 민 방향으로 카트가 이동하였으므로 일을 한 경
우이다.
⑤ 중력에 대하여 일을 한 경우이다.
오답 피하기 ① 힘의 방향과 이동 방향이 수직이므로 한 일의
양이 0이다.
③ 이동 거리가 0이므로 한 일의 양이 0이다.
④ 작용한 힘이 0이므로 한 일의 양이 0이다.

03 과학에서의 일의 양은 물체에 작용한 힘의 크기에 힘의 방향으로 이동한 거리를 곱하여 구한다. 이 경우 힘의 방향으로 이동한 거리가 0이므로 과학에서 한 일의 양이 0이다.

04 용수철저울의 눈금은 물체에 작용한 힘을 나타낸다. 따라서 한 일의 양=작용한 힘×이동 거리=15 N×2 m=30 J이다.

05 ㄴ. 연수와 지원이 모두 물체를 들어 올리는 일을 하였으므로 중력에 대해 일을 한 것이다.
ㄷ. 물체를 들어 올린 일=9.8×물체의 질량×들어 올린 높이이다. 두 물체의 질량이 같으므로 한 일의 비는 들어 올린 높이의 비와 같은 1 : 2이다.
오답 피하기 ㄱ. 연수가 한 일의 양은 (9.8×10) N×1 m=98 J이다.

06 (가)에서 한 일의 양=10 N×5 m=50 J이고, (나)에서 한 일의 양=(9.8×5) N×2 m=98 J이다. (다)에서는 힘의 방향과 이동 방향이 수직이므로 한 일의 양이 0이다.

07 중력이 한 일=물체에 작용하는 중력×낙하한 거리=(9.8×2) N×3 m=58.8 J이다.

08 물체를 들어 올리는 일의 양만큼 물체의 에너지가 증가한다.

09 ㄱ. 에너지는 일을 할 수 있는 능력이므로, 에너지를 가진 돌은 일을 할 수 있다.
ㄷ. 돌이 한 일의 양과 감소한 에너지는 같다.
오답 피하기 ㄴ. 돌이 떨어지면서 말뚝에 일을 하는 것은 에너지를 가진 물체가 일을 하는 것이며, 한 일의 양만큼 돌의 에너지는 감소한다.

자료 분석

일과 에너지의 전환

10 물체가 일을 하면 에너지가 감소하고, 일을 받으면 에너지가 증가한다. 따라서 200 J−40 J+150 J=310 J의 에너지를 최종적으로 가진다.

11 ② 높은 곳에 있던 추가 가진 위치 에너지가 말뚝을 박는 일로 전환된다.
⑤ 높이 들어 올린 공이가 가진 위치 에너지가 곡식을 찧는 일로 전환된다.
오답 피하기 ①, ③, ④ 운동 에너지가 일로 전환되는 경우이다.

개념 더하기

중력에 의한 위치 에너지를 이용하는 예
• 공사장의 항타기: 공사장에서 쓰이는 말뚝 박는 항타기는 위치 에너지를 가지고 있어 떨어지면서 일을 할 수 있다.
• 디딜방아: 디딜방아에서 높이 들어 올린 공이는 위치 에너지를 가지고 있으므로 떨어지면서 곡식을 찧는 일을 할 수 있다.
• 수력 발전: 높은 곳에서 떨어지는 물은 위치 에너지를 가지고 있어 터빈을 돌려서 전기를 만들어 낼 수 있다.

항타기   디딜방아   수력 발전

12 ㄱ. 필통을 들어 올리는 일의 양=필통의 무게×들어 올린 높이=15 N×0.5 m=7.5 J이다.
오답 피하기 ㄴ. 필통을 들어 올리는 동안 중력에 대해 일을 한다.
ㄷ. 필통을 들어 올리는 것은 중력에 대해 일을 하는 것이므로 필통의 중력에 의한 위치 에너지가 증가한다. 따라서 중력에 의한 위치 에너지는 필통을 들어 올리는 일의 양인 7.5 J만큼 증가한다.

13 중력에 의한 위치 에너지는 질량과 높이에 각각 비례하므로 각 물체의 위치 에너지의 비를 비교하면 A : B : C : D : E : F=1×1 : 3×1 : 0.5×2 : 2×2 : 1×3 : 2×3 =1 : 3 : 1 : 4 : 3 : 6이다. 따라서 A와 C, B와 E의 위치 에너지가 같다.

14 물체의 높이는 지면을 기준으로 할 때 5 m이고, 베란다를 기준으로 할 때 2.5 m이다. 중력에 의한 위치 에너지는 높이에 비례하므로 위치 에너지의 비는 2 : 1이다.

15 높이가 일정할 때 위치 에너지는 질량에 비례한다. 그래프에서 높이가 0.2 m일 때 A의 위치 에너지는 B의 2배이므로 A의 질량은 B의 2배이다.

16 나무 도막의 이동 거리는 추의 위치 에너지에 비례한다. 따라서 나무 도막의 이동 거리는 추의 질량과 추의 낙하 거리에 각각 비례한다.

개념 더하기

나무 도막의 이동 거리로 추의 위치 에너지와 질량 및 높이의 관계를 알 수 있는 까닭
추의 위치 에너지는 나무 도막에 한 일과 같고 나무 도막에 한 일은 나무 도막의 이동 거리로 비교할 수 있다. 따라서 추의 질량과 낙하 거리를 다르게 하여 나무 도막의 이동 거리를 측정하면 추의 위치 에너지와 질량 및 높이의 관계를 비교할 수 있다.

17 나무 도막이 밀려난 거리는 쇠구슬의 위치 에너지에 비례한다. 따라서 쇠구슬을 굴리는 높이와 질량의 곱이 클수록 나무 도막이 밀려난 거리가 길어진다.

18 물체가 가진 운동 에너지만큼 다른 물체에 일을 해 줄 수 있다. 따라서 해 줄 수 있는 일의 양은 운동 에너지와 같은 $\dfrac{1}{2} \times 2 \text{ kg} \times (6 \text{ m/s})^2 = 36 \text{ J}$이다.

19 운동 에너지는 물체의 질량과 속력의 제곱에 각각 비례한다.

20 ㄱ. 중력에 의한 위치 에너지는 물체의 높이에 비례하므로 A 지점에서가 B 지점에서보다 크다.
ㄴ. B 지점에서 공의 속력은 A 지점에서의 2배이고, 운동 에너지는 속력의 제곱에 비례한다. 따라서 B 지점에서 공의 운동 에너지는 A 지점에서의 4배이다.
오답 피하기 ㄷ. 공이 자유 낙하 하는 동안 중력이 공에 일을 하며, 중력이 한 일이 공의 운동 에너지로 전환된다. 따라서 공의 운동 에너지가 증가한다.

21 질량이 일정할 때 속력이 2배가 되면 운동 에너지는 4배가 되므로 정지할 때까지 이동한 거리는 4배가 된다.

개념 더하기

제동 거리

브레이크를 밟을 때 자동차는 바로 멈추지 못하고 앞으로 더 이동한 후 멈추는데, 이 거리를 제동 거리라고 한다. 자동차의 속력이 빠를수록 제동 거리는 급격하게 길어지는데, 그 까닭은 제동 거리가 운동 에너지에 비례하고, 자동차의 운동 에너지는 속력의 제곱에 비례하기 때문이다.

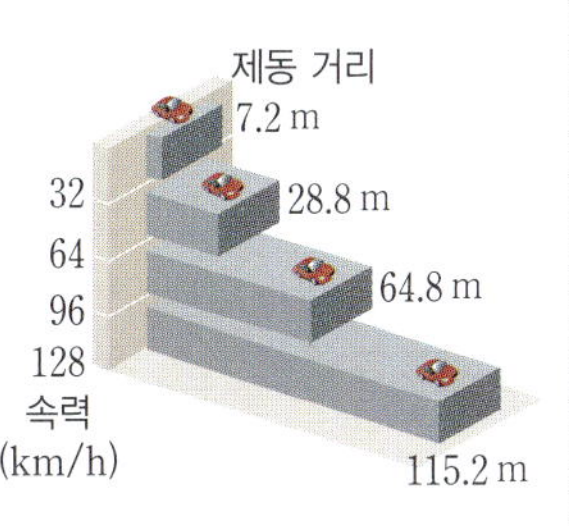

22 추가 자유 낙하 하면 중력이 추에 일을 한다. 이 일이 운동 에너지로 전환되므로 D 지점에서 운동 에너지가 가장 크다.

23 ㄱ. 수레의 속력과 운동 에너지의 관계를 알아보는 실험이므로 수레의 질량이 일정해야 한다.
ㄷ. 수레의 운동 에너지에 따라 나무 도막이 밀려난 거리가 달라지므로 나무 도막의 질량은 일정해야 한다.
오답 피하기 ㄴ. 수레의 속력과 운동 에너지의 관계를 알아보는 실험이므로 수레의 속력을 다르게 해야 한다.
ㄹ. 나무 도막이 밀려난 거리는 수레의 운동 에너지에 따라 달라진다.

24 모두 일상생활에서 운동 에너지를 이용하는 경우이다.

25 (1) 힘의 방향으로 이동한 거리가 0이므로 한 일의 양은 0이다.
(2) 물체에 작용하는 중력에 대해 일을 하였다.

(3) 예시 답안 한 일의 양$=10 \text{ N} \times (0.2 \times 4) \text{m} = 8 \text{ J}$

채점 기준	배점(%)
풀이 과정과 답을 모두 옳게 쓴 경우	100
풀이 과정만 옳게 쓴 경우	60

26 ㄴ, ㄷ. 쇠구슬의 중력에 의한 위치 에너지가 나무 도막을 미는 일로 전환되므로, 쇠구슬의 중력에 의한 위치 에너지와 나무 도막의 이동 거리는 비례한다.
오답 피하기 ㄱ. 나무 도막이 밀려난 거리는 쇠구슬의 위치 에너지에 비례한다. A는 쇠구슬의 위치 에너지가 (가)에서의 2배이므로 $2s$이고, B는 쇠구슬의 위치 에너지가 (가)에서의 3배이므로 $3s$이다.

27 5 m 높이에서 위치 에너지는 $(9.8 \times 2) \text{ N} \times 5 \text{ m} = 98 \text{ J}$이고, 5 m 낙하하는 동안 중력이 한 일은 $(9.8 \times 2) \text{ N} \times 5 \text{ m} = 98 \text{ J}$이다. 물체가 자유 낙하 하면 중력이 일을 하여 물체의 운동 에너지가 증가하게 되며, 운동 에너지는 중력이 한 일과 같은 98 J이다.

28 속력은 같고 질량이 다른 세 수레를 나무 도막에 충돌시킨 후 나무 도막의 이동 거리를 알아보는 실험이다. 따라서 이 실험을 통해 물체의 운동 에너지는 질량에 비례한다는 사실을 알 수 있다.

(1) 예시 답안 세 수레의 속력을 같게 하기 위해서

채점 기준	배점(%)
세 수레의 속력을 같게 하기 위해서라고 쓴 경우	100
세 수레를 동시에 이동시키기 위해서라고 쓴 경우	20

(2) 예시 답안 물체의 운동 에너지는 질량에 비례한다.

채점 기준	배점(%)
운동 에너지는 질량에 비례한다고 쓴 경우	100
운동 에너지는 질량에 따라 달라진다고 쓴 경우	30

29 시간-이동 거리 그래프의 기울기는 자동차의 속력을 의미하므로 자동차의 속력$=\dfrac{120 \text{ m}}{6 \text{ s}} = 20 \text{ m/s}$이다. 따라서 자동차의 운동 에너지$=\dfrac{1}{2} \times 500 \text{ kg} \times (20 \text{ m/s})^2 = 100000 \text{ J}$이다.

통합형 문제 분석

시간-이동 거리 그래프

- 시간-이동 거리 그래프의 기울기는 물체의 속력을 의미한다.
- 그래프의 기울기가 클수록 속력이 빠르다.
- 기울기가 일정하므로 자동차가 등속 운동하는 경우이다.

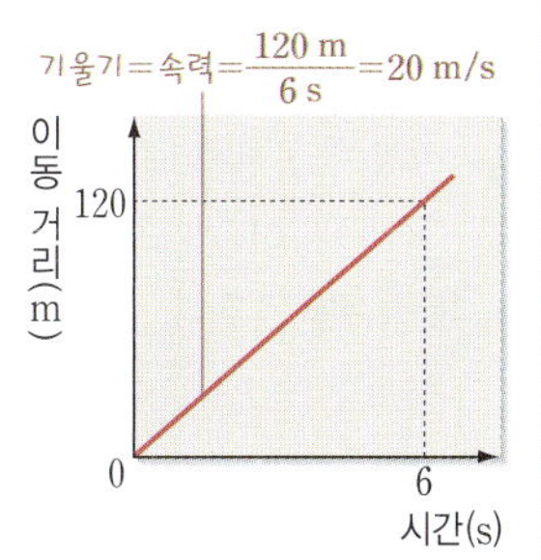

01 B-C-A　**02** ③　**03** ②　**04** 50 m　**05** ①　**06** 이동 거리가 시간에 비례하므로 물체는 속력이 일정한 등속 운동을 한다.　**07** ⑤　**08** ③　**09** ①　**10** ②　**11** 상자를 받치고 있으므로 힘의 방향으로 이동한 거리가 0이다. 따라서 민수가 상자에 한 일의 양은 0이다.　**12** ③　**13** ⑤　**14** 49 J　**15** ③　**16** 4 : 1　**17** ④　**18** ③

01 속력=$\dfrac{\text{이동 거리}}{\text{걸린 시간}}$이므로 세 물체의 속력은 다음과 같다.

A의 속력=$\dfrac{100\ \text{m}}{20\ \text{s}}$=5 m/s

B의 속력=$\dfrac{1000\ \text{m}}{50\ \text{s}}$=20 m/s

C의 속력=$\dfrac{10\ \text{m}}{1\ \text{s}}$=10 m/s

02 ③ 원판 사이의 간격이 일정하므로 원판은 등속 운동을 하며, 등속 운동 하는 원판에는 작용하는 힘이 없다.

오답 피하기 ① 원판 사이의 간격이 일정하므로 원판의 속력은 일정하다.

② 원판이 한 방향으로 운동하므로 원판의 운동 방향은 일정하다.

④ 원판에는 마찰력이 작용하지 않기 때문에 원판이 등속 운동 하는 것이다.

⑤ 원판은 등속 운동 하므로 원판의 이동 거리는 시간에 비례한다.

03 ㄴ. 자동차의 속력이 일정하므로 이동 거리는 일정하게 증가한다.

오답 피하기 ㄱ. 자동차의 속력=$\dfrac{\text{이동 거리}}{\text{걸린 시간}}$=$\dfrac{0.1\ \text{m}}{0.1\ \text{s}}$=1 m/s로 일정하다.

ㄷ. 자동차는 등속 운동을 하고 있으므로 자동차에 작용하는 힘은 없다.

04 시간-속력 그래프 아랫부분의 넓이는 이동 거리와 같다. 따라서 10초 동안 이동한 거리는 5 m/s×10 s=50 m이다.

05 물체는 속력이 일정한 등속 운동을 하므로 이동 거리는 시간에 비례한다.

06 속력이 일정할 때 이동 거리는 시간에 비례한다.

예시 답안 이동 거리가 시간에 비례하므로 물체는 속력이 일정한 등속 운동을 한다.

채점 기준	배점(%)
예시 답안과 같이 설명한 경우	100
이동 거리가 시간에 비례한다고만 설명한 경우	50

07 자유 낙하 하는 물체의 속력은 1초당 9.8 m/s씩 증가하므로 1초당 이동 거리도 9.8 m씩 증가한다. 2초에서 3초까지의 이동 거리가 44.1 m−19.6 m=24.5 m이므로 3초에서 4초까지는 24.5 m+9.8 m=34.3 m를 이동한다. 따라서 4초일 때 물체의 이동 거리는 44.1 m+34.3 m=78.4 m이다.

08 ㄱ. 두 물체에는 두 물체의 질량에 비례하는 중력만이 각각 작용한다.

ㄷ. 두 물체의 속력 변화가 같으므로 두 물체는 동시에 바닥에 떨어진다.

오답 피하기 ㄴ. 질량이 더 큰 쇠구슬에 작용하는 중력의 크기가 더 크다.

09 ① 자유 낙하 하는 물체는 속력이 일정하게 빨라지는 운동을 한다.

오답 피하기 ② 지구에서 자유 낙하 하는 물체의 속력은 1초당 9.8 m/s씩 증가한다.

③ 물체가 자유 낙하 하는 경우 질량에 관계없이 1초당 속력 변화가 같으므로 두 물체는 동시에 떨어진다.

④ 운동 방향과 같은 방향으로 힘이 작용하면 물체의 속력이 점점 증가한다.

⑤ 자유 낙하 하는 물체의 위치를 일정한 시간 간격으로 나타낸 것은 속력을 의미한다. 속력이 아래로 내려갈수록 점점 증가하므로 물체와 물체 사이의 간격도 점점 증가한다.

10 물체가 가진 에너지는 그 물체가 다른 물체에 할 수 있는 일의 양을 측정하여 구할 수 있다.

개념 더하기

에너지의 측정

에너지는 눈에 보이지 않으므로 측정할 수 없다고 생각할 수 있다. 그러나 에너지는 일로 전환되므로 에너지를 가진 물체가 한 일의 양을 계산하여 에너지를 측정할 수 있다.

11 예시 답안 상자를 받치고 있으므로 힘의 방향으로 이동한 거리가 0이다. 따라서 민수가 상자에 한 일의 양은 0이다.

채점 기준	배점(%)
힘의 방향으로 이동한 거리가 0이어서 상자에 한 일의 양이 0이라고 설명한 경우	100
상자에 한 일의 양이 0이라고만 설명한 경우	50

12 나무 도막의 이동 거리는 추의 위치 에너지에 비례하며, 위치 에너지는 질량과 낙하 거리에 각각 비례한다. 따라서 위치 에너지가 4배가 되므로 나무 도막의 이동 거리는 $4s$가 된다.

13 빗면에 놓인 물체의 위치 에너지가 나무 도막을 미는 일로 전환되어 나무 도막이 이동하는 것이다. 질량이 3배, 높이가 2배이면 위치 에너지가 6배가 되므로 나무 도막의 이동 거리도 6배인 12 m가 된다.

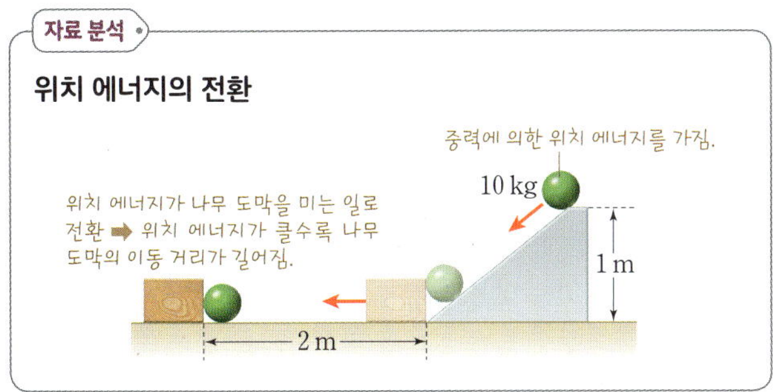

자료 분석

위치 에너지의 전환

14 중력에 대해 물체를 들어 올리는 일은 물체의 위치 에너지로 전환된다. 따라서 물체의 위치 에너지는 (9.8×5) N $\times$ 1 m$=49$ J만큼 증가한다.

15 표로부터 제동 거리는 속력의 제곱에 비례함을 알 수 있다. 따라서 ㉠에 들어갈 값은 $8 \times 4 = 32$(m)이다.

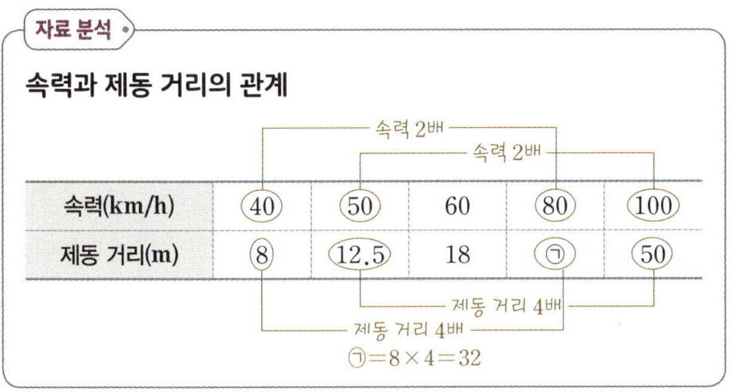

자료 분석

속력과 제동 거리의 관계

속력(km/h)	40	50	60	80	100
제동 거리(m)	8	12.5	18	㉠	50

16 수레의 속력의 제곱이 2(m/s)^{2}일 때 A와 B의 운동 에너지의 비는 8 J : 2 J$=4 : 1$이다. 속력이 일정할 때 운동 에너지는 질량에 비례하므로 A와 B의 질량 비는 $4 : 1$이다.

17 B에서 C로 운동하는 동안 중력이 한 일이 운동 에너지로 전환되므로 야구공의 운동 에너지가 증가한다.

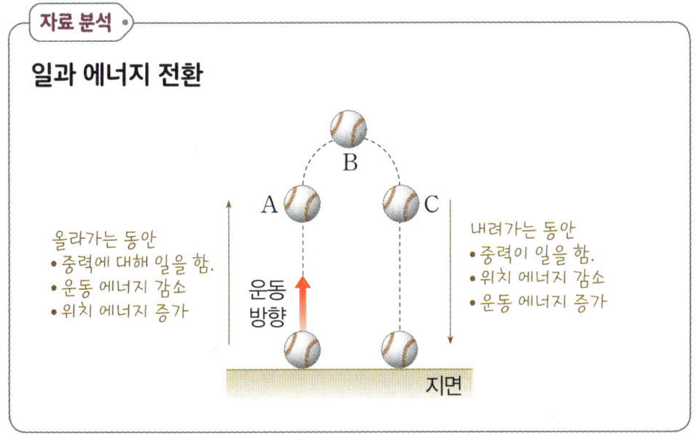

자료 분석

일과 에너지 전환

18 풍력 발전은 바람의 운동 에너지, 래프팅은 물의 운동 에너지, 당구는 공의 운동 에너지를 이용하는 경우이다.
ㄱ. 운동 에너지는 속력의 제곱에 비례한다.
ㄷ. 운동 에너지는 운동하는 물체가 가지는 에너지이다.
오답 피하기 ㄴ. 중력에 의해 생기는 에너지는 중력에 의한 위치 에너지이다.

Ⅳ. 자극과 반응

10강 감각 기관

113쪽, 115쪽, 117쪽

기본 문제로 개념 다지기

01 ㉠ 자극, ㉡ 감각 기관　**02** 시각　**03** (1) B: 홍채
(2) E: 섬모체 (3) C: 수정체 (4) F: 맥락막 (5) D: 유리체 (6) G: 망막
04 ㉠ 수정체, ㉡ 시각 신경　**05** (1) 밝아질 (2) 늘어나 (3) 줄어든다
06 (1) ㉡-ⓐ (2) ㉠-ⓑ　**07** (1) ○ (2) × (3) ○ (4) ×　**08** (1) 근
(2) 원 (3) 원 (4) 근　**09** (1) C: 귓속뼈 (2) D: 반고리관 (3) B: 고막
(4) G: 귀인두관 (5) F: 달팽이관 (6) E: 청각 신경　**10** 귀인두관
11 ㉠ 고막, ㉡ 달팽이관　**12** (1) 청각 (2) 평형 감각　**13** ㉠ 반고
리관, ㉡ 전정 기관　**14** (1) × (2) ○ (3) × (4) ○　**15** (1) 후각 세포
(2) 기체 상태의 화학 물질　**16** (1) ○ (2) ○ (3) ○ (4) ×　**17** ㉠ 유두,
㉡ 맛봉오리　**18** 단맛, 짠맛, 신맛, 쓴맛, 감칠맛　**19** ㉠ 미각,
㉡ 후각　**20** (1) ㉡ (2) ㉤ (3) ㉢ (4) ㉠ (5) ㉣　**21** 통점
22 (1) ○ (2) × (3) × (4) ○

01 생물에 작용하여 특정한 반응이 일어나도록 하는 주변 환경의 변화를 자극이라고 하며, 우리 몸은 눈, 귀, 코, 혀, 피부 등과 같은 감각 기관을 통해 자극을 받아들인다.

02 우리는 눈을 통해 물체의 형태와 크기, 색깔, 거리 등을 느낄 수 있는데, 이러한 감각을 시각이라고 한다.

03 (1) 홍채(B)는 면적을 변화시켜 동공의 크기를 조절한다.
(2), (3) 수정체(C)는 볼록 렌즈 모양으로 빛을 굴절시키며, 수정체의 두께는 섬모체(E)에 의해 조절된다.
(6) 망막(G)에는 시각 세포가 분포하여 빛 자극을 받아들이며, 상이 맺힌다.

04 빛은 수정체에서 굴절되어 망막에 상으로 맺히고, 이 정보는 시각 세포에서 받아들여져 시각 신경을 통해 대뇌로 전달된다.

05 주변이 밝을 때는 홍채의 면적이 늘어나면서 동공이 작아져 눈으로 들어오는 빛의 양을 줄이고, 주변이 어두울 때는 홍채의 면적이 줄어들면서 동공이 커져 눈으로 들어오는 빛의 양을 늘린다.

06 먼 곳을 볼 때는 섬모체가 이완하여 수정체의 두께가 얇아지고, 가까운 곳을 볼 때는 섬모체가 수축하여 수정체의 두께가 두꺼워진다.

07 (1), (2) 눈의 명암 조절은 홍채에 의한 동공의 크기 변화로 일어난다. 어두운 곳에 있다가 밝은 곳으로 가면 홍채의 면적이 늘어나면서 동공이 작아지고, 밝은 곳에 있다가 어두운 곳으로 가면 홍채의 면적이 줄어들면서 동공이 커진다.

(3), (4) 눈의 원근 조절은 섬모체에 의한 수정체의 두께 변화로 일어난다. 가까운 곳을 보다가 먼 곳을 보면 섬모체가 이완하여 수정체의 두께가 얇아지고, 먼 곳을 보다가 가까운 곳을 보면 섬모체가 수축하여 수정체의 두께가 두꺼워진다.

08 근시는 수정체가 두껍거나 수정체와 망막 사이의 거리가 정상보다 길어 먼 곳에 있는 물체를 볼 때 상이 망막 앞에 맺혀 잘 보이지 않으며, 오목 렌즈로 교정한다. 원시는 수정체가 얇거나 수정체와 망막 사이의 거리가 정상보다 짧아 가까운 곳에 있는 물체를 볼 때 상이 망막 뒤에 맺혀 잘 보이지 않으며, 볼록 렌즈로 교정한다.

09 소리 자극은 고막(B)을 진동시키고, 이 진동은 귓속뼈(C)에서 증폭된 후, 달팽이관(F)의 청각 세포에서 받아들여져 청각 신경(E)을 통해 대뇌로 전달된다. 반고리관(D)은 몸의 회전을 감지하며, 귀인두관(G)은 고막 안쪽과 바깥쪽의 압력을 같게 조절하여 고막이 잘 진동하게 한다.

10 고속 엘리베이터를 타고 높이 올라가면 귀가 먹먹해진다. 이때 침을 삼키거나 입을 크게 벌리면 귀인두관의 작용으로 먹먹한 느낌이 사라진다.

11 소리에 의해 고막이 진동하고, 이 진동은 귓속뼈에서 증폭된 후 달팽이관에 있는 청각 세포에서 자극으로 받아들여져 청각 신경을 통해 대뇌로 전달된다.

12 소리를 듣는 감각을 청각, 몸의 회전과 기울어짐을 느끼는 감각을 평형 감각이라고 한다.

13 몸의 회전은 반고리관에서, 몸의 기울어짐은 전정 기관에서 감지한다.

14 (1) 몸의 회전은 반고리관에서 감지하므로 눈을 감아도 몸의 회전 방향을 알 수 있다.
(2) 귀를 통해 공기의 진동을 자극으로 받아들여 소리를 들을 수 있다.
(3) 청각 세포는 달팽이관에 분포한다.
(4) 높은 곳에 올라갔을 때 귀가 먹먹해지는 것은 고막 안쪽과 바깥쪽의 압력이 달라졌기 때문이다. 이때 침을 삼키거나 입을 크게 벌리면 귀인두관의 작용으로 고막 안쪽과 바깥쪽의 압력이 같아져 먹먹한 느낌이 사라진다.

15 (1) 후각 상피에는 후각 세포가 분포한다.
(2) 후각 세포는 기체 상태의 화학 물질을 자극으로 받아들인다.

16 (1), (3) 콧속 윗부분에는 후각 상피가 있으며, 후각 상피에 있는 후각 세포에서 받아들인 자극은 후각 신경을 통해 대뇌로 전달된다.

(2), (4) 후각은 다른 감각에 비해 예민하여 쉽게 피로해져 세기와 종류가 같은 냄새를 계속 맡으면 나중에는 그 냄새를 잘 느끼지 못하게 된다. 그러나 어떤 냄새를 계속 맡아 피로해졌을 때에도 새로운 종류의 냄새는 맡을 수 있다.

17 혀 표면에는 유두가 많이 나 있으며, 유두의 옆면에는 맛세포가 모여 있는 맛봉오리가 분포한다.

18 혀에서 느낄 수 있는 기본적인 맛에는 단맛, 짠맛, 신맛, 쓴맛, 감칠맛의 5가지가 있다.

19 음식의 맛은 미각과 후각이 함께 작용하여 느끼는 것이다. 따라서 감기에 걸려 코가 막혔을 때에는 평상시보다 음식의 맛을 잘 느끼지 못한다.

20 냉점은 차가움(낮은 온도로의 변화)을, 압점은 누르는 압력을, 온점은 따뜻함(높은 온도로의 변화)을, 촉점은 가벼운 접촉을, 통점은 아픔을 자극으로 받아들인다.

21 일반적으로 피부에는 통점이 가장 많이 분포하여 통증에 가장 예민하다.

22 (2) 냉점과 온점은 절대적인 온도를 자극으로 받아들이는 것이 아니라 상대적인 온도 변화를 자극으로 받아들인다.
(3) 몸의 부위에 따라 단위 면적당 분포하는 감각점의 수가 다르다.
(4) 단위 면적당 특정 감각점의 수가 많은 부위일수록 그 감각점이 받아들이는 자극에 더 예민하다.

탐구 올리드 돋보기 118쪽

01 (1) × (2) ○ (3) × (4) ○ (5) ○　**02** ①

01 (1), (2) 맹점은 시각 세포가 분포하지 않아 이곳에 상이 맺히면 보이지 않는다.
(3), (4) 주변의 밝기에 따라 홍채의 면적이 변하여 눈으로 들어오는 빛의 양이 조절된다. 손전등을 눈에 비추면 홍채의 면적이 늘어나면서 동공이 작아져 눈으로 들어오는 빛의 양이 줄어든다.
(5) 주변이 어두울 때는 눈으로 들어오는 빛의 양을 늘리는 방향으로 조절이 일어나고, 주변이 밝을 때는 눈으로 들어오는 빛의 양을 줄이는 방향으로 조절이 일어난다.

02 빛은 동공을 통해 눈 안으로 들어가며, 동공의 크기는 홍채에 의해 조절된다. (가)의 동공이 (나)의 동공보다 작으므로 (가)가 손전등을 비춘 후의 모습을 나타낸 것이다. 따라서 홍채의 면적은 (가)에서가 (나)에서보다 넓다.

대표 문제로 실력 확인하기

01 ⑤	**02** ②	**03** ⑤	**04** ④	**05** ②	**06** ③	**07** ④
08 ⑤	**09** C, E	**10** ②	**11** ㉠ 고막, ㉡ 귀인두관			**12** ③
13 ③	**14** ①	**15** ④	**16** A: 유두, B: 맛세포		**17** ③	**18** ⑤
19 ④	**20** ②	**21** ③	**22** ②, ④	**23** ⑤		

고난도·서술형 문제

24 ④　**25** ①　**26** 전정 기관, 몸의 기울어짐을 감지하여 균형을 유지할 수 있도록 한다.　**27** B로 들이마신 공기 중에 포함된 기체 상태의 화학 물질이 A 부분에 있는 후각 세포를 자극하면, 이 자극이 후각 신경을 통해 대뇌로 전달되어 냄새를 맡을 수 있게 된다.　**28** 혀에 있는 감각 세포인 맛세포는 액체 상태의 화학 물질을 자극으로 받아들이기 때문이다.　**29** ㄱ, ㄷ, ㄹ

01 A는 각막, B는 홍채, C는 수정체, D는 유리체, E는 시각 신경, F는 망막, G는 섬모체이다.

02 ㄴ. 수정체(C)는 빛을 굴절시켜 망막(F)에 물체의 상이 맺히게 한다.
ㄷ. 유리체(D)는 눈 안을 채우고 있는 투명한 물질로, 눈의 형태를 유지한다.
오답 피하기 ㄱ. 홍채(B)는 동공의 크기를 조절하고, 섬모체(G)는 수정체의 두께를 조절한다.
ㄹ. 망막(F) 중 맹점에는 시각 세포가 없어 이곳에 상이 맺히면 보이지 않는다.

개념 더하기

눈의 구조와 기능

각막	홍채의 바깥을 감싸는 투명한 막
홍채	동공의 크기 조절
수정체	빛을 굴절시켜 망막에 상이 맺히게 함.
섬모체	수정체의 두께 조절
유리체	눈 안을 채우고 있는 투명한 물질로 눈의 형태 유지
망막	시각 세포 분포, 상이 맺히는 부위
맥락막	검은색 색소가 있어 눈 속을 어둡게 함.

03 각막(A)을 통해 눈으로 들어온 빛은 수정체(C)에서 굴절되어 유리체(D)를 지나 망막(F)에 상으로 맺히고, 이 정보는 시각 세포에서 받아들여져 시각 신경(E)을 통해 대뇌로 전달된다.

04 홍채의 면적이 늘어나 동공이 작아졌으므로 주변이 밝아졌을 때이다. 따라서 어두운 극장 안에 있다가 밝은 곳으로 나왔을 때 (가)에서 (나)로 변화가 일어난다.

05 먼 곳을 볼 때는 섬모체의 이완에 의해 수정체의 두께가 얇아지고(A), 가까운 곳을 볼 때는 섬모체의 수축에 의해 수정체의 두께가 두꺼워진다.(B)

06 수정체의 두께가 얇아지는 경우는 가까운 곳을 보다가 먼 곳을 볼 때이다.

07 이 사람은 물체의 상이 망막 앞에 맺힌 근시이다. 근시는 수정체와 망막 사이의 거리가 정상보다 길거나 수정체가 두꺼워 먼 곳의 물체를 볼 때 상이 망막 앞에 맺혀 잘 보이지 않으며, 오목 렌즈로 교정한다.

개념 더하기

눈의 이상과 교정

구분	근시	원시
증상	먼 곳의 물체가 잘 보이지 않는다.	가까운 곳의 물체가 잘 보이지 않는다.
원인	수정체가 두껍거나 수정체와 망막 사이의 거리가 정상보다 길다. ➡ 먼 곳의 물체를 볼 때 상이 망막 앞에 맺힌다.	수정체가 얇거나 수정체와 망막 사이의 거리가 정상보다 짧다. ➡ 가까운 곳의 물체를 볼 때 상이 망막 뒤에 맺힌다.
교정	오목 렌즈로 교정한다.	볼록 렌즈로 교정한다.

08 A는 고막, B는 귓속뼈, C는 반고리관, D는 달팽이관, E는 귀인두관이다. 소리 자극을 대뇌로 전달하는 것은 청각 신경이다.

09 소리의 전달 경로는 고막(A) → 귓속뼈(B) → 달팽이관(D)의 청각 세포 → 청각 신경 → 대뇌이다. 반고리관(C)은 몸의 회전을 감지하는 평형 감각 기관이며, 귀인두관(E)은 고막 안쪽과 바깥쪽의 압력을 같게 조절한다.

10 고막의 진동은 귓속뼈에서 증폭되어 달팽이관으로 전달된다. 따라서 귓속뼈가 손상되면 작은 소리를 잘 듣지 못한다.

11 코를 세게 풀면 고막 안쪽과 바깥쪽의 압력이 달라져 귀가 먹먹해진다. 이때 하품을 하면 귀인두관의 작용으로 고막 안쪽과 바깥쪽의 압력이 같아져 먹먹한 느낌이 사라진다.

12 A는 귓속뼈, B는 반고리관, C는 전정 기관, D는 달팽이관, E는 귀인두관이다. 몸의 기울어짐(가)은 전정 기관에서 감지하고, 회전(나)은 반고리관에서 감지한다.

13 A는 후각 신경, B는 후각 세포, C는 후각 상피, D는 기체 상태의 화학 물질이다. 후각 세포는 기체 상태의 화학 물질을 자극으로 받아들여 후각 신경으로 전달한다.

14 후각은 다른 감각에 비해 매우 예민하여 쉽게 피로해지기 때문에 같은 냄새를 계속 맡고 있으면 나중에는 그 냄새를 잘 느끼지 못한다.

15 혀에서 느낄 수 있는 기본적인 맛에는 단맛, 짠맛, 신맛, 쓴맛, 감칠맛의 5가지가 있으며, 매운맛과 떫은맛은 미각이 아니라 감각점에서 느끼는 피부 감각이다.

16 A는 혀의 표면에 나 있는 유두이고, B는 맛세포이다.

개념학습편

17 혀의 표면에는 유두(A)가 나 있고, 유두의 옆면에는 맛세포 (B)가 모여 있는 맛봉오리(C)가 있다. 맛세포는 액체 상태의 화학 물질을 자극으로 받아들여 미각 신경을 통해 대뇌로 전 달한다. 맛세포는 종류에 따라 느낄 수 있는 맛이 다르다.

18 눈을 가리고 코를 막았을 때보다 눈을 가리고 코를 막지 않 았을 때 양파와 사과의 맛을 잘 구별하였으므로 음식의 맛 을 느끼는 데는 미각뿐만 아니라 후각도 중요하게 작용함 을 알 수 있다.

19 ㄴ. 후각은 기체 상태의 화학 물질을, 미각은 액체 상태의 화학 물질을 자극으로 받아들인다.
ㄹ. 후각 세포와 맛세포에서 받아들인 자극은 각각 후각 신 경과 미각 신경을 통해 대뇌로 전달된다.
오답 피하기 ㄱ. 감각점은 피부에서 자극을 받아들이는 부위를 말하며, 후각은 후각 세포에서, 미각은 맛세포에서 자극을 받아들인다.
ㄷ. 후각은 같은 냄새를 계속 맡으면 쉽게 피로해져 나중에 는 그 냄새를 잘 느끼지 못한다.

20 감각점은 피부뿐만 아니라 내장 기관에도 분포하여 아픔 등을 느낄 수 있다.

21 감각점의 평균 분포 밀도는 통점＞압점＞촉점＞냉점＞온 점 순이다.

22 냉점과 온점은 상대적인 온도 변화를 감지한다. 따라서 오 른손은 온점이 자극을 받아들여 따뜻함을 느끼고, 왼손은 냉점이 자극을 받아들여 차가움을 느낀다.

자료 분석

냉점과 온점

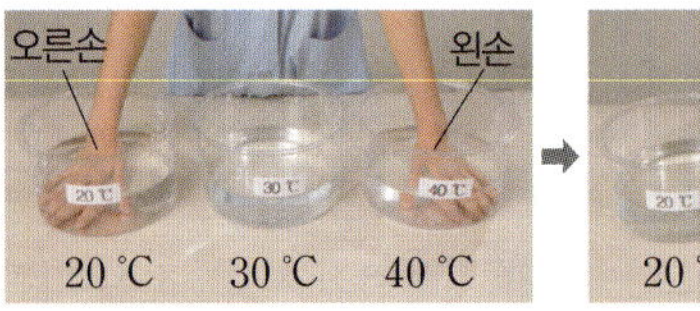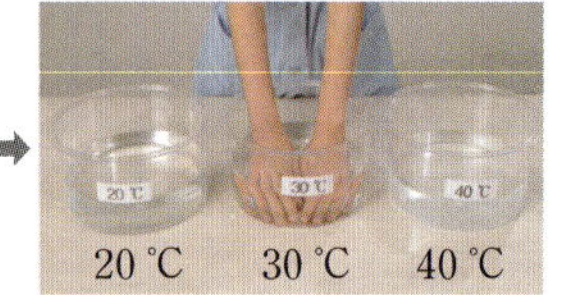

• 오른손: 20 ℃ 물에서 30 ℃ 물로 옮겼다. ➡ 물의 온도가 높아졌 으므로 온점이 자극을 받아들여 따뜻함을 느낀다.
• 왼손: 40 ℃ 물에서 30 ℃ 물로 옮겼다. ➡ 물의 온도가 낮아졌으 므로 냉점이 자극을 받아들여 차가움을 느낀다.

---

23 ⑤ 이쑤시개가 2개로 느껴진다는 것은 감각점 2개에서 각 각 자극을 받아들였다는 것이므로 이쑤시개가 2개로 느껴 지는 최소 거리가 짧을수록 감각이 예민한 것이다.
오답 피하기 ①, ④ 가장 예민한 부위는 이쑤시개가 2개로 느 껴지는 최소 거리가 가장 짧은 손가락 끝으로, 피부의 단위 면적당 분포하는 감각점의 수가 가장 많다.
②, ③ 손바닥과 손등에 분포하는 감각점의 수가 달라서 이 쑤시개가 2개로 느껴지는 최소 거리가 다른 것이다.

24 A는 수정체, B는 홍채, C는 섬모체, D는 맥락막, E는 황 반이다.
④ D는 맥락막으로, 검은색 색소가 있어 눈 속을 어둡게 한다.
오답 피하기 ① 수정체(A)가 정상보다 두꺼운 경우 먼 곳을 볼 때 상이 망막의 앞에 맺혀 잘 보이지 않는다. 이러한 눈의 이상을 근시라고 한다.
② 밝은 곳에 있다가 어두운 곳으로 들어가면 홍채(B)의 면적이 줄어들어 동공이 커진다.
③ 섬모체(C)에 의해 수정체(A)의 두께가 두꺼워지거나 얇 아진다.
⑤ E는 황반으로, 시각 세포가 밀집하여 이곳에 상이 맺히 면 가장 뚜렷하게 보인다.

통합형 문제 분석

눈의 구조와 기능

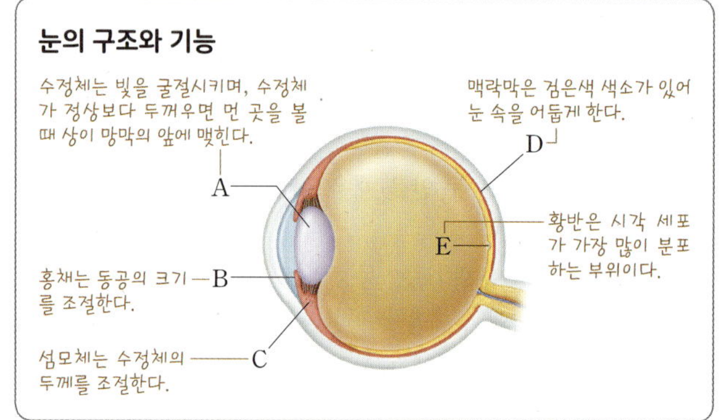

---

25 일반적으로 귓구멍에 꽂는 이어폰의 경우 이어폰에서 발생 한 소리가 고막을 진동시켜 소리가 전달된다. 그러나 귀 근 처에 걸어 사용하는 이어폰의 경우 이어폰에서 발생한 소 리가 이어폰이 닿는 부위에 있는 뼈를 진동시키고, 뼈의 진 동이 달팽이관으로 전달되어 소리를 들을 수 있게 한다.

26 예시 답안 전정 기관, 몸의 기울어짐을 감지하여 균형을 유지할 수 있도록 한다.

채점 기준	배점(%)
전정 기관이라고 쓰고, 그 기능을 옳게 설명한 경우	100
전정 기관만 쓴 경우	30

27 예시 답안 B로 들이마신 공기 중에 포함된 기체 상태의 화학 물질 이 A 부분에 있는 후각 세포를 자극하면, 이 자극이 후각 신경을 통해 대뇌로 전달되어 냄새를 맡을 수 있게 된다.

채점 기준	배점(%)
냄새를 맡기까지의 과정을 기체 상태의 화학 물질, 구조의 기호, 후각 세포, 후각 신경, 대뇌를 포함하여 설명한 경우	100
냄새를 맡기까지의 과정을 기체 상태의 화학 물질, 구조의 기호, 후각 세포, 후각 신경, 대뇌 중 2~3가지만 포함하여 설명한 경우	50

28 예시 답안 혀에 있는 감각 세포인 맛세포는 액체 상태의 화학 물질 을 자극으로 받아들이기 때문이다.

채점 기준	배점(%)
맛세포는 액체 상태의 화학 물질을 자극으로 받아들이기 때문이라고 설명한 경우	100
맛세포와 액체 상태의 화학 물질 중 1가지만 쓴 경우	30

29 ㄱ. 두 핀을 2개로 구별해서 느끼는 최소 거리가 짧을수록 감각점의 수가 많아 감각이 예민하다. 따라서 A는 D보다 촉각이 예민하다.

ㄷ. 두 핀을 2개로 구별해서 느끼는 최소 거리가 몸의 부위마다 다른 것으로부터 몸의 부위에 따라 분포하는 감각점의 수가 다름을 알 수 있다.

ㄹ. A는 두 핀을 2개로 구별해서 느끼는 최소 거리가 약 2 mm이므로, 두 핀 사이의 거리가 10 mm인 경우 A에서는 두 핀을 2개로 느낀다.

오답 피하기 ㄴ. 이 실험은 접촉을 자극으로 받아들이는 감각점에 대한 실험이므로 G가 E보다 냉점의 분포 밀도가 높은지는 알 수 없다.

11강 뉴런과 신경계

기본 문제로 개념 다지기
125쪽, 127쪽

01 ㉠ 신경계, ㉡ 뉴런　　**02** (1) B: 신경 세포체 (2) C: 축삭 돌기 (3) A: 가지 돌기　**03** (1) A-㉢-ⓒ, B-㉡-ⓑ, C-㉠-ⓐ (2) A → B → C　**04** ㉠ 말초, ㉡ 척수, ㉢ 운동 신경　**05** (1) C: 중간뇌 (2) E: 연수 (3) D: 소뇌 (4) B: 간뇌 (5) A: 대뇌　**06** (1) ○ (2) ○ (3) ×　**07** (1) ㉠ 감각 기관, ㉡ 반응기 (2) 자율 신경　**08** (1) ○ (2) × (3) ○ (4) ×　**09** (1) 의 (2) 의 (3) 무 (4) 무 (5) 공　**10** (1) ㉡ (2) ㉠ (3) ㉢　**11** (1) ㉠ B, ㉡ C, ㉢ D (2) F　**12** (1) ○ (2) × (3) × (4) ○

01 신경계를 구성하는 기본 단위는 뉴런으로, 뉴런은 신호를 받아들이고 전달하기에 적합한 구조로 되어 있다.

02 신경 세포체(B)에서는 뉴런이 살아가는 데 필요한 생명 활동이 일어나며, 축삭 돌기(C)는 다른 뉴런이나 반응기로 자극을 전달하고, 가지 돌기(A)는 감각 기관이나 다른 뉴런으로부터 오는 자극을 받아들인다.

03 A는 감각 뉴런, B는 연합 뉴런, C는 운동 뉴런이다. 자극은 감각 뉴런 → 연합 뉴런 → 운동 뉴런의 방향으로 전달되며, 반대 방향으로는 전달되지 않는다.

04 신경계는 중추 신경계와 말초 신경계로 구성된다. 중추 신경계는 뇌와 척수로 구성되며, 말초 신경계는 감각 신경과 운동 신경으로 구성된다.

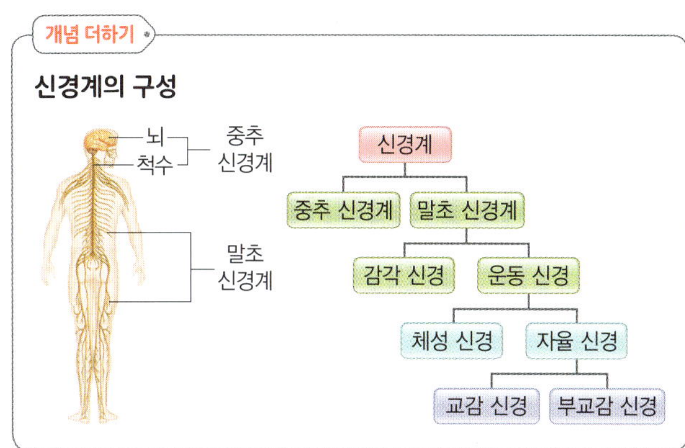
개념 더하기
신경계의 구성

05 사람의 뇌는 대뇌, 간뇌, 중간뇌, 소뇌, 연수로 구성된다. 중간뇌(C)는 안구 운동과 동공의 크기 조절을, 연수(E)는 심장 박동, 호흡 운동, 소화액 분비를, 소뇌(D)는 몸의 자세와 균형 유지를, 간뇌(B)는 혈당량과 체온 유지를, 대뇌(A)는 복잡한 정신 활동을 담당한다.

06 연합 뉴런은 중추 신경계(뇌와 척수)를 구성하며, 척수는 뇌와 말초 신경계 사이에서 신호가 전달되는 통로 역할을 한다. 감각 기관에서 받아들인 자극을 종합하여 그에 적절한 반응을 하도록 명령을 내리는 것은 중추 신경계이다.

07 말초 신경계는 감각 신경과 운동 신경으로 구성되고, 운동 신경은 체성 신경과 자율 신경으로 구분된다.

08 (1), (2) 자율 신경은 심장이나 소장 등 내장 기관에 연결되어 있어, 대뇌의 직접적인 명령 없이 내장 기관의 운동을 조절한다.

(3), (4) 교감 신경과 부교감 신경은 같은 내장 기관에 분포하여 서로 반대 작용을 한다. 교감 신경은 심장 박동을 촉진하고, 부교감 신경은 심장 박동을 억제한다.

09 반응에는 대뇌가 관여하여 자신의 의지에 따라 일어나는 의식적인 반응과 대뇌가 관여하지 않고 무의식적으로 일어나는 무조건 반사가 있다. 무조건 반사는 척수, 연수, 중간뇌가 반응 중추이며, 대뇌를 거치지 않아 반응 속도가 빠르므로 위험으로부터 몸을 보호하는 데 도움이 된다.

10 무릎 반사, 배뇨·배변 반사의 중추는 척수이고, 기침, 재채기, 침과 눈물 분비의 중추는 연수이며, 주변의 밝기에 따른 동공 크기 조절의 중추는 중간뇌이다.

11 어두운 방에서 손을 더듬어 스위치를 누르는 행동은 대뇌가 중추인 의식적인 반응이고, 뜨거운 주전자에 손이 닿았을 때 급히 손을 떼는 행동은 척수가 중추인 무조건 반사이다.

12 무조건 반사는 의식적인 반응보다 반응 경로가 짧아 반응 속도가 빠르다. 무조건 반사는 대뇌가 관여하지 않으며, 의식적인 반응은 대뇌가 관여한다. 무릎 반사가 일어날 때 고무망치의 자극은 대뇌로도 전달되어 고무망치가 피부에 닿은 것을 느낀다.

01 (1) ◯ (2) × (3) × (4) ◯　　**02** ①

01 (1), (2) 소리를 듣고 자를 잡는 것은 대뇌가 관여하는 의식적인 반응이며, 자를 잡으라는 대뇌의 명령이 손의 근육으로 전달되는 데 척수가 통로가 된다.
(3) 자가 떨어진 거리가 길수록 자를 잡는 데 오랜 시간이 걸린 것이므로 반응 속도가 느린 것이다.

02 소리를 듣고 자를 잡는 데 걸리는 시간이 눈으로 보고 자를 잡는 데 걸리는 시간보다 길므로 청각을 통한 반응이 시각을 통한 반응보다 더 느리며, 이 실험을 반복할수록 연습이 되어 반응 시간이 조금씩 짧아진다.

01 ⑤　　**02** 운동 뉴런　　**03** ㄴ, ㄷ, ㄹ　　**04** ③　　**05** E: 소뇌
06 ②　　**07** ④　　**08** ④　　**09** ①　　**10** ③　　**11** ⑤　　**12** ④
13 ②　　**14** ③　　**15** ①

고난도·서술형 문제

16 ①　　**17** 중추 신경계와 말초 신경계, 중추 신경계는 여러 감각 정보를 종합하여 적절한 반응을 하도록 명령을 내린다. 말초 신경계는 온몸에 그물처럼 퍼져 있어 중추 신경계와 온몸의 조직이나 기관을 연결한다.　　**18** 얼굴이 가려워 손으로 긁었다. 공이 날아오는 것을 보고 손으로 잡았다. 등　　**19** 감각 기관 → C → 척수 → D → 반응기, 대뇌의 판단이나 명령을 거치지 않아 반응이 빠르게 일어나므로 위험으로부터 우리 몸을 보호할 수 있다.

01 A는 가지 돌기, B는 신경 세포체, C는 축삭 돌기이다. 뉴런 내에서 자극은 가지 돌기(A) → 신경 세포체(B) → 축삭 돌기(C)의 방향으로 전달된다.

02 컴퓨터 본체에 있는 중앙 처리 장치의 명령을 모니터로 전달하는 것은 케이블이며, 이는 중추 신경의 명령을 반응기로 전달하는 운동 뉴런에 해당한다.

03 신경 세포체가 축삭 돌기의 한쪽 옆에 붙어 있는 ㉠은 감각 뉴런, ㉡은 연합 뉴런, ㉢은 운동 뉴런으로, 자극은 ㉠ → ㉡ → ㉢의 방향으로 전달된다. A와 B 중 반응기는 운동 뉴런과 연결되어 있는 B이다.

04 ③ 중간뇌(C)는 안구 운동과 동공의 크기를 조절한다.
오답 피하기 ① 혈당량, 체온 유지의 중추는 간뇌(B)이다.
②, ④ 감각 기관에서 받아들인 정보를 종합, 분석하여 반응기에 명령을 내리고, 판단, 추리 등 고등 정신 활동을 담당하는 것은 대뇌(A)이다.
⑤ 호흡 운동, 심장 박동 조절의 중추는 연수(D)이다.

05 소뇌(E)는 평형 감각 기관의 정보를 받아들여 몸의 자세와 균형을 유지하는 중추이다.

중추 신경계의 구조와 기능

뇌	대뇌	감각 기관에서 받아들인 자극을 해석하고 명령을 내리며, 기억, 추리, 판단, 학습 등 복잡한 정신 활동을 담당한다.
	간뇌	혈당량, 체온 등 몸속 상태를 일정하게 유지하도록 조절한다.
	중간뇌	안구 운동과 동공의 크기를 조절한다.
	소뇌	근육 운동을 조절하고, 몸의 자세와 균형을 유지한다.
	연수	심장 박동, 호흡 운동, 소화액 분비를 조절한다.
척수		감각 기관에서 받아들인 자극을 뇌로 전달하고, 뇌의 명령을 반응기로 전달하는 통로 역할을 하며, 무릎 반사와 같은 무조건 반사의 중추이다.

06 호흡 운동은 스스로 할 수 있으므로 연수에는 이상이 없고, 교통사고가 나기 전의 상황을 기억하므로 대뇌도 정상이라고 볼 수 있다. 그러나 혈당량과 체온이 일정하게 유지되지 않으므로 몸속 상태를 일정하게 유지하도록 조절하는 중추인 간뇌에 이상이 생겼다고 판단할 수 있다.

07 척추 속에 들어 있는 A는 척수로, 연합 뉴런으로 구성된 중추 신경계이다. 척수는 뇌의 명령을 반응기로 전달하는 통로 역할을 하며, 무릎 반사와 같은 무조건 반사의 중추이다.

08 A는 운동 신경, B는 체성 신경, C는 자율 신경, D는 교감 신경이다.
④ 팔이나 다리 등의 근육에 연결되어 있는 것은 체성 신경(B)이다.
오답 피하기 ① 말초 신경계는 감각 신경과 운동 신경(A)으로 구성된다.
② 체성 신경(B)은 대뇌의 명령을 팔이나 다리 등의 근육으로 전달하여 몸을 움직이는 데 관여한다.
③ 자율 신경(C)은 대뇌의 직접적인 명령 없이 심장이나 소장 등 내장 기관의 운동을 조절한다.
⑤ 교감 신경(D)과 부교감 신경은 같은 내장 기관에 분포하여 서로 반대 작용을 한다.

말초 신경계의 구성

09 교감 신경은 동공 확대, 침 분비 억제, 호흡 운동 촉진, 심장 박동 촉진, 소화 운동 억제 등 우리 몸을 위급한 상황에 대처하기 알맞은 상태로 만든다. 반대로 부교감 신경은 긴장 상태에 있던 몸을 원래의 안정된 상태로 되돌린다.

10 의식적인 반응은 대뇌가 관여하며, 자신의 의지에 따라 일어나는 반응으로, 반응 경로에 따라 척수가 포함되지 않는 경우도 있다. 무조건 반사는 자극이 대뇌를 거치지 않기 때문에 의식적인 반응보다 반응 속도가 빠르다.

11 ①~④는 모두 대뇌가 관여하는 의식적인 반응이며, ⑤ 갑자기 눈에 먼지가 들어가 눈물이 나는 것은 연수가 반응 중추인 무조건 반사이다.

12 ④ 척수는 감각 기관에서 받아들인 자극을 뇌로 전달하고, 뇌의 명령을 반응기로 전달하는 통로 역할을 한다.

오답 피하기 ① A는 감각 신경으로, 감각 뉴런으로 구성된다.
② E는 운동 신경으로, 운동 뉴런으로 구성된다.
③ C는 뇌를 구성하는 연합 뉴런이고, F는 척수를 구성하는 연합 뉴런으로, C와 F는 중추 신경계를 구성한다.
⑤ 무릎 반사는 척수가 중추인 무조건 반사로 피부 → 감각 신경(A) → 척수(F) → 운동 신경(E) → 근육의 경로로 일어난다.

13 떨어지는 자를 보고 잡는 행동은 대뇌가 중추인 의식적인 반응으로, 대뇌는 떨어지는 자를 보고 판단한 후 자를 잡으라는 명령을 내린다. 자가 떨어진 거리가 길수록 자극을 받아 반응이 일어나기까지의 걸리는 시간이 긴 것이다.

14 ㄹ. 의식적인 반응과 무조건 반사의 반응 중추는 모두 중추 신경계이며, 자극을 받아들이고 명령을 전달하는 과정에 말초 신경계가 관여한다.

오답 피하기 ㄱ. 대뇌는 의식적인 반응에만 관여한다.
ㄴ, ㄷ. 무조건 반사는 척수, 연수, 중간뇌가 관여한다.

15 침 분비의 반응 중추는 연수이고, 손가락이 압정에 찔리자 자신도 모르게 재빨리 손가락을 떼는 행동의 반응 중추는 척수이다.

16 신경 세포체의 위치로 보아 A는 운동 뉴런, B는 연합 뉴런, C는 감각 뉴런이다.
① 운동 뉴런(A)은 축삭 돌기의 끝이 반응기와 연결되어 있다.

오답 피하기 ② 간뇌는 중추 신경으로 연합 뉴런(B)으로 구성되어 있다.
③ B는 전달받은 자극을 종합하여 적절한 명령을 내리는 연합 뉴런이다.
④ 자극은 감각 뉴런 → 연합 뉴런 → 운동 뉴런의 방향으로 전달되므로 연합 뉴런인 B에 자극 ㉠을 주면 운동 뉴런(A)으로만 자극이 전달된다.
⑤ 부교감 신경은 A와 같은 운동 뉴런으로 구성된다.

뉴런의 종류와 기능

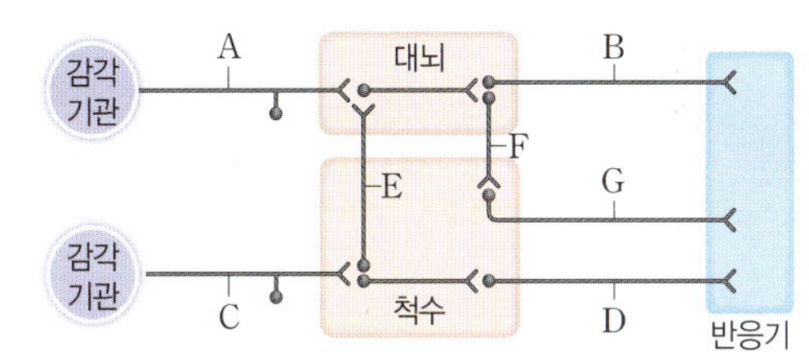

• A: 운동 뉴런 – 중추의 명령을 반응기로 전달한다.
• B: 연합 뉴런 – 감각 뉴런과 운동 뉴런을 연결하고, 감각 뉴런을 통해 전달받은 자극을 종합하여 적절한 명령을 내린다.
• C: 감각 뉴런 – 감각 기관에서 받아들인 자극을 연합 뉴런으로 전달한다.

17 **예시 답안** 중추 신경계와 말초 신경계, 중추 신경계는 여러 감각 정보를 종합하여 적절한 반응을 하도록 명령을 내린다. 말초 신경계는 온몸에 그물처럼 퍼져 있어 중추 신경계와 온몸의 조직이나 기관을 연결한다.

채점 기준	배점(%)
신경계를 2가지로 구분하고, 각각의 기능을 옳게 설명한 경우	100
신경계를 2가지로 구분만 한 경우	30

18 감각 기관 → A → 대뇌 → F → G → 반응기와 같은 반응 경로는 얼굴에 있는 감각 기관에서 자극을 받아들이고, 팔, 다리와 같은 반응기에서 반응이 나타나는 경우이다.

자극에 따른 반응의 경로

반응	반응 경로	반응의 예
의식적인 반응	감각 기관 → A → 대뇌 → B → 반응기	영화의 한 장면을 보고 눈을 찡그렸다.
	감각 기관 → A → 대뇌 → F → G → 반응기	얼굴이 가려워 손으로 긁었다.
	감각 기관 → C → E → 대뇌 → F → G → 반응기	발에 돌이 밟혀 돌을 발로 찼다.
무조건 반사	감각 기관 → C → 척수 → D → 반응기	뜨거운 것이 손에 닿자 자신도 모르게 손을 뗐다.

19 **예시 답안** 감각 기관 → C → 척수 → D → 반응기, 대뇌의 판단이나 명령을 거치지 않아 반응이 빠르게 일어나므로 위험으로부터 우리 몸을 보호할 수 있다.

채점 기준	배점(%)
반응 경로를 쓰고, 유리한 점을 옳게 설명한 경우	100
반응 경로와 유리한 점 중 1가지만 옳게 설명한 경우	50

12강 호르몬과 항상성 유지

기본 문제로 **개념 다지기** 133쪽, 135쪽

01 ㉠ 항상성, ㉡ 호르몬 **02** (1) ○ (2) ○ (3) × (4) ○
03 (1) A - 뇌하수체 - ㉣ (2) B - 갑상샘 - ㉠ (3) C - 이자 - ㉡ (4) D - 부신 - ㉢ (5) E - 정소 - ㉤ **04** (1) 티록신 (2) 에스트로젠 (3) 항이뇨 호르몬 (4) 에피네프린 (5) 글루카곤 **05** (1) ㉣ (2) ㉠ (3) ㉤ (4) ㉢
06 ㉠ 느리다, ㉡ 빠르다, ㉢ 넓다, ㉣ 좁다, ㉤ 길다, ㉥ 짧다, ㉦ 혈액, ◎ 뉴런 **07** 인슐린 **08** (1) A: 글루카곤, B: 인슐린 (2) A
09 (1) × (2) ○ (3) ○ (4) × (5) ○ **10** (1) 더 (2) 추 (3) 추 (4) 더
11 (1) (나) (2) (가) (3) (가) **12** ㉠ 적어, ㉡ 증가, ㉢ 감소

01 우리 몸은 환경이 변하더라도 혈당량, 체온과 같은 몸의 상태를 일정하게 유지하려는 성질이 있는데, 이를 항상성이라고 한다. 항상성(㉠)은 호르몬(㉡)과 신경계의 조절 작용으로 유지된다.

02 (3) 호르몬은 내분비샘에서 만들어져 혈액으로 분비된다.

03 뇌하수체(A)에서는 생장 호르몬, 갑상샘(B)에서는 티록신, 이자(C)에서는 인슐린, 부신(D)에서는 에피네프린, 정소(E)에서는 테스토스테론이 분비된다.

04 티록신은 갑상샘, 에스트로젠은 난소, 항이뇨 호르몬은 뇌하수체, 에피네프린은 부신, 글루카곤은 이자에서 분비된다.

05 인슐린이 너무 적게 분비되면 당뇨병, 티록신이 너무 많이 분비되면 갑상샘 기능 항진증이 나타난다. 생장 호르몬이 성장기에 너무 적게 분비되면 소인증이 나타나고, 성장기 이후에 너무 많이 분비되면 말단 비대증이 나타난다.

06 호르몬은 신경계에 비해 신호 전달 속도가 느리지만, 작용 범위가 넓고 효과가 오래 지속된다.

07 혈당량이 높을 때는 이자에서 인슐린이 분비되어 혈당량을 낮춘다.

08 (1) 이자에서 분비되어 혈당량을 증가시키는 A는 글루카곤, 혈당량을 감소시키는 B는 인슐린이다.
(2) 운동 후에 포도당이 소모되어 혈당량이 감소하므로 혈당량을 증가시키는 글루카곤(A)의 분비량이 증가한다.

09 (1) 혈당량이 낮을 때는 이자에서 글루카곤이 분비된다.
(4) 혈당량이 높을 때는 이자에서 인슐린이 분비되어 간에서 포도당이 글리코젠으로 합성되고, 혈액 속의 포도당이 세포로 흡수된다.

10 (1), (4) 더울 때는 땀 분비량이 증가하고, 피부 근처 혈관이 확장되어 피부 근처로 흐르는 혈액의 양이 증가함으로써 열 방출량이 증가한다.

(2), (3) 추울 때는 피부 근처 혈관이 수축되어 피부 근처로 흐르는 혈액의 양이 감소함으로써 열 방출량이 감소하고, 근육의 떨림으로 열 발생량이 증가한다.

11 (가)는 더울 때 피부 근처 혈관이 확장된 모습으로, 혈관이 확장되면 피부 근처로 흐르는 혈액의 양이 증가하여 열이 외부로 더 많이 방출된다. (나)는 추울 때 피부 근처 혈관이 수축된 모습으로, 혈관이 수축되면 피부 근처로 흐르는 혈액의 양이 감소하여 열이 외부로 더 적게 방출된다.

12 땀을 많이 흘려 몸속 수분량이 적어지면 뇌하수체에서 항이뇨 호르몬의 분비가 증가하여 콩팥에서 물의 재흡수를 촉진한다. 그 결과 오줌의 양이 감소한다.

대표 문제로 **실력 확인하기** 137~139쪽

01 ① **02** ④ **03** ③ **04** ⑤ **05** ② **06** ⑤ **07** ⑤
08 ㉠ 억제, ㉡ 촉진, ㉢ 피드백 **09** ⑤ **10** ⑤ **11** ⑤
12 ㄱ, ㄷ **13** (나) → (마) → (라) → (다) → (가) **14** ⑤ **15** ③, ④

고난도·서술형 문제

16 ④ **17** 갑상샘 기능 저하증은 갑상샘에서 티록신이 너무 적게 분비될 때 나타난다. 티록신은 세포 호흡을 촉진하므로 갑상샘 기능 저하증에 걸리면 포도당이 소모되지 않아 체중이 증가하고 에너지가 발생하지 못해 추위를 잘 탄다. **18** ③ **19** 날씨가 더우면 열 방출량을 늘리기 위해 피부 근처 혈관이 확장되어 피부 근처로 흐르는 혈액의 양이 증가하여 얼굴이 빨갛게 된다.

01 항상성은 환경 변화에 적절히 반응하여 몸의 상태를 일정하게 유지하려는 성질로, 체온 유지, 혈당량 유지, 몸속 수분량 유지 등을 예로 들 수 있다. 항상성 유지의 조절 중추는 간뇌이다.

02 호르몬은 내분비샘에서 만들어져 혈액으로 분비된 후, 혈액을 통해 온몸으로 운반되어 세포나 기관으로 신호를 전달하는 화학 물질이다. 호르몬은 표적 세포나 표적 기관에만 작용하지만, 표적 세포나 표적 기관에만 운반되는 것은 아니다.

> **개념 더하기**
>
> **호르몬의 특성**
> - 내분비샘에서 만들어져 혈액으로 분비된다.
> - 혈액을 따라 온몸을 순환하면서 신호를 전달하고 각 기관의 활동을 조절한다.
> - 표적 세포나 표적 기관에만 작용하며, 여러 생리 작용을 조절한다.
> - 적은 양으로 큰 효과를 나타낸다.
> - 분비량이 너무 적거나 많으면 결핍증이나 과다증이 나타난다.

03 ㄴ, ㄹ. (가)는 외분비샘으로, 분비관으로 물질을 분비하며, 소화샘, 땀샘 등이 있다. (나)는 내분비샘으로, 별도의 분비관이 없어 혈액으로 물질(호르몬)을 분비하며, 뇌하수체, 갑상샘 등이 있다.

오답 피하기 ㄱ, ㄷ. (가)는 외분비샘, (나)는 내분비샘이다. 땀샘은 외분비샘(가)이다.

04 뇌하수체(A)에서는 생장 호르몬, 항이뇨 호르몬, 갑상샘 자극 호르몬이 분비되며, 에스트로젠은 난소에서, 에피네프린은 부신에서 분비된다.

05 갑상샘(B)에서 분비되는 티록신은 세포 호흡을 촉진한다.

06 ⑤ 성장기 이후에 뇌하수체에서 생장 호르몬이 너무 많이 분비되면 입술, 코가 두꺼워지고, 손과 발이 커지는 말단 비대증이 나타난다.

오답 피하기 ① 당뇨병, ② 갑상샘 기능 항진증, ③ 갑상샘 기능 저하증, ④ 소인증이 나타난다.

07 (가)는 신경계에 의해, (나)는 호르몬에 의해 신호가 전달되는 과정이다.

⑤ 신체 변화는 오랜 시간에 걸쳐 지속적으로 일어나므로, 일시적인 반응이 일어나게 하는 신경계보다 느리지만 지속적인 반응이 일어나게 하는 호르몬과 관련이 더 깊다.

오답 피하기 ① 항상성 유지에는 신경계와 호르몬이 모두 관여한다.

②, ③, ④ 호르몬(나)은 혈액을 통해 이동하므로 신경계(가)에 비해 신호 전달 속도가 느리며, 효과의 지속성이 길고, 멀리 있는 표적 세포나 표적 기관에도 작용하므로 작용 범위가 넓다.

08 어떤 원인에 의해 일어난 결과가 다시 그 원인에 영향을 끼치는 조절 원리를 피드백이라고 한다. 호르몬의 분비량은 피드백에 의해 조절된다.

09 A는 티록신의 농도가 높을 때 티록신이 뇌하수체의 작용을 억제해 티록신의 분비를 억제하는 과정, B는 티록신의 농도가 낮을 때 뇌하수체가 갑상샘을 자극해 티록신의 분비를 촉진하는 과정이다. 따라서 뇌하수체의 작용에 이상이 생기면 티록신의 분비에 이상이 생겨 농도가 변한다.

10 ⑤ 혈당량 조절 과정에서 이자에서 분비된 인슐린은 혈당량을 낮추고, 글루카곤은 혈당량을 높인다.

오답 피하기 ① 혈당량 조절 호르몬은 이자와 부신에서 분비된다.

② 인슐린은 혈액 속의 포도당이 세포로 흡수되는 것을 촉진하여 혈당량을 낮춘다.

③ 부신에서 분비되는 에피네프린은 간에서 글리코젠이 포도당으로 분해되는 과정을 촉진하여 혈당량을 증가시킨다.

④ 혈당량이 높으면 이자에서 인슐린이 분비되어 간에서 포도당이 글리코젠으로 합성되는 과정을 촉진한다.

11 이자에서 분비되어 간에 작용하여 혈당량을 증가시키는 호르몬 A는 글루카곤, 혈당량을 감소시키는 호르몬 B는 인슐린이다.

⑤ 인슐린(B)은 포도당이 글리코젠으로 합성되는 과정을 촉진하여 혈당량을 낮춘다.

오답 피하기 ① 식사 후에는 소장에서 포도당을 흡수하여 혈당량이 높아지므로 인슐린(B)의 분비량이 증가한다.

② 인슐린(B)이 정상적으로 분비되지 않으면 당뇨병에 걸리기 쉽다.

③ 혈당량이 정상보다 높아지면 글루카곤(A)의 분비량이 감소한다.

④ 운동을 하면 포도당이 소모되어 혈당량이 낮아지므로 글루카곤(A)의 분비량이 증가한다.

12 추울 때는 근육의 떨림으로 열 발생량이 증가하고 땀 분비량이 감소하며, 피부 근처 혈관이 수축되어 피부 근처로 흐르는 혈액의 양이 감소하여 열 방출량이 감소한다.

13 간뇌에서 체온이 낮음을 감지하여 뇌하수체를 자극하고, 뇌하수체에서 갑상샘 자극 호르몬이 분비되어 갑상샘에서 티록신의 분비가 촉진된다. 티록신이 세포 호흡을 촉진한 결과 열 발생량이 증가하여 체온이 높아진다.

14 ⑤ 추울 때는 갑상샘에서 티록신이 분비되어 열 발생량을 증가시키고, 피부 근처 혈관이 수축되어 열 방출량을 감소시켜 체온을 높인다.

오답 피하기 ①, ② 체온 조절의 중추는 간뇌이며, 피부 근처 혈관이 수축된 것으로 보아 추울 때이다.

③ A는 신경계의 작용으로 피부 근처 혈관이 수축되어 피부를 통한 열 방출량이 감소하는 과정이다.

④ B와 C는 각각 갑상샘 자극 호르몬과 티록신의 작용으로 간과 근육에서 열 발생량이 증가하는 과정이다.

자료 분석

체온 조절 과정

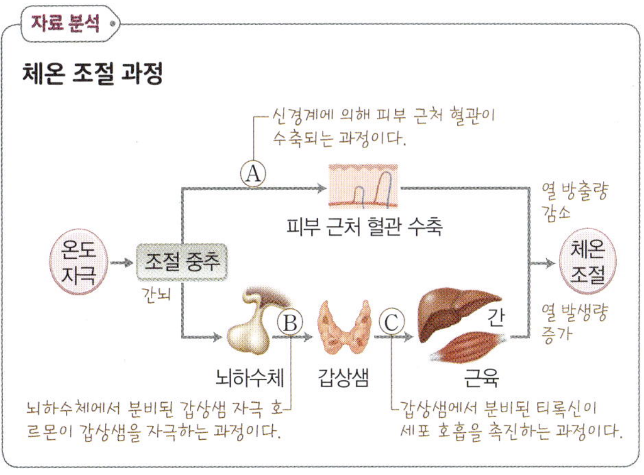

15 물을 많이 마시면 몸속 수분량이 증가하여 체액의 농도가 낮아진다. 따라서 뇌하수체에서 항이뇨 호르몬의 분비가 감소하여 콩팥에서 재흡수되는 물의 양이 감소하고 오줌의 양은 증가한다.

16 ④ 부신(D)에서 분비되는 에피네프린은 혈압을 상승시키고, 심장 박동을 촉진한다.

오답 피하기 ① A는 뇌하수체이고, 에피네프린은 부신(D)에서 분비된다.

② B는 갑상샘이며, 혈당량 조절 과정에서 서로 반대되는 작용을 하는 인슐린과 글루카곤은 이자(C)에서 분비된다.

③ 항이뇨 호르몬의 표적 기관은 콩팥이다.

⑤ 난소(E)에서 분비되는 에스트로젠에 의해 여자의 2차 성징이 발현된다.

17 예시 답안 갑상샘 기능 저하증은 갑상샘에서 티록신이 너무 적게 분비될 때 나타난다. 티록신은 세포 호흡을 촉진하므로 갑상샘 기능 저하증에 걸리면 포도당이 소모되지 않아 체중이 증가하고 에너지가 발생하지 못해 추위를 잘 탄다.

채점 기준	배점(%)
호르몬의 이름과 기능을 포함하여 갑상샘 기능 저하증이 나타나는 까닭을 옳게 설명한 경우	100
호르몬의 이름과 기능만 간단히 설명한 경우	50

18 ③ 글루카곤(A)은 포도당이 간에서 혈액으로 방출되도록 촉진하여 혈당량을 증가시킨다.

오답 피하기 ① 건강한 사람도 혈당량이 조금씩 변한다.

② 혈당량이 증가할 때 분비량이 감소하는 A는 글루카곤, 분비량이 증가하는 B는 인슐린이다.

④ 식사 후에는 혈액 속의 포도당이 세포로 흡수되어 혈당량이 높아지며, 높아진 혈당량은 인슐린(B)에 의해 다시 낮아진다.

⑤ 에피네프린은 글루카곤(A)과 같이 혈당량을 증가시킨다.

통합형 **문제 분석**

혈당량 조절

19 예시 답안 날씨가 더우면 열 방출량을 늘리기 위해 피부 근처 혈관이 확장되어 피부 근처로 흐르는 혈액의 양이 증가하여 얼굴이 빨갛게 된다.

채점 기준	배점(%)
얼굴이 빨갛게 되는 까닭을 열 방출량, 피부 근처 혈관 확장, 흐르는 혈액의 양 증가를 모두 포함하여 설명한 경우	100
얼굴이 빨갛게 되는 까닭을 피부 근처 혈관 확장, 흐르는 혈액의 양 증가로만 설명한 경우	50

실전 문제로 **Ⅳ 단원** **마무리하기**

141~143쪽

01 ②　**02** (가) 어두운 곳에서 밝은 곳으로 나왔으므로 홍채의 면적이 늘어나 동공이 작아지면서 눈으로 들어오는 빛의 양이 줄어든다. (나) 가까운 곳을 보다가 먼 곳을 보았으므로 섬모체가 이완하여 수정체의 두께가 얇아진다.　**03** ④　**04** ㉠ 전정 기관, ㉡ 소뇌

05 ②　**06** ①　**07** ⑤　**08** ㄱ　**09** C: 중간뇌, 안구 운동과 동공의 크기를 조절한다.　**10** ②　**11** ④　**12** ①　**13** ②

14 ④　**15** ⑤　**16** ⑤　**17** 추울 때는 피부 근처 혈관이 수축되어 피부 근처로 흐르는 혈액의 양이 감소하여 열 방출량이 감소하고, 근육의 떨림으로 열 발생량이 증가한다.　**18** ㉠ 간뇌, ㉡ 항이뇨 호르몬

01 ② 망막(E)에는 시각 세포가 없는 맹점이 있어 이 부위에 상이 맺히면 보이지 않는다.

오답 피하기 ① 빛은 수정체(C)를 통과하면서 굴절되어 망막(E)에 상을 맺는다.

③ 암실 역할을 하는 것은 맥락막(F)이다.

④ 섬모체(G)는 수정체의 두께를 조절하며, 동공의 크기를 조절하는 것은 홍채(B)이다.

⑤ 빛은 각막(A) → 수정체(C) → 유리체(D) → 망막(E)의 시각 세포 → 시각 신경 → 대뇌로 전달되어 물체를 볼 수 있게 된다.

02 예시 답안 (가) 어두운 곳에서 밝은 곳으로 나왔으므로 홍채의 면적이 늘어나 동공이 작아지면서 눈으로 들어오는 빛의 양이 줄어든다. (나) 가까운 곳을 보다가 먼 곳을 보았으므로 섬모체가 이완하여 수정체의 두께가 얇아진다.

채점 기준	배점(%)
(가), (나)에서 일어나는 변화를 각각 명암 조절, 원근 조절과 관련지어 옳게 설명한 경우	100
(가), (나)에서 일어나는 변화만을 옳게 설명한 경우	50

03 고막의 진동을 증폭하는 구조는 귓속뼈(B)이고, 소리 자극을 받아들이는 청각 세포가 분포하는 구조는 달팽이관(F)이다.

04 몸의 기울어짐은 전정 기관에서 감지하며, 전정 기관에서 받아들인 자극은 평형 감각 신경을 통해 소뇌로 전달된다.

05 ② 후각 세포는 기체 상태의 화학 물질을, 맛세포는 액체 상태의 화학 물질을 자극으로 받아들인다.

오답 피하기 ① 혀는 맛봉오리가 분포한 모든 곳에서 기본적인 맛을 느끼며 혀의 부위에 따라 맛을 느끼는 정도는 다를 수 있다.

③ 냄새의 종류와 맛의 종류는 모두 대뇌에서 구별한다.

④ 후각 세포는 쉽게 피로해져 같은 냄새를 오래 맡으면 이 냄새를 잘 느끼지 못한다.

⑤ 음식의 맛은 코와 혀를 통해 각각 받아들인 자극을 대뇌에서 종합하여 느끼는 것이다.

06 일반적으로 피부에 분포하는 감각점의 평균 분포 밀도는 통점>압점>촉점>냉점>온점 순이다. 따라서 A는 온점, B는 냉점, C는 압점, D는 통점이다. 온점(A)과 냉점(B)은 절대적인 온도를 자극으로 받아들이는 것이 아니라 상대적인 온도 변화를 감지한다.

07 가지 돌기(A)에서 받아들인 자극은 신경 세포체(B)를 지나 축삭 돌기(C)로 전달된다. 뉴런은 여러 갈래의 돌기가 발달되어 있어 자극을 받아들이고 전달하기에 적합하다.

08 A는 감각 뉴런, B는 연합 뉴런, C는 운동 뉴런이다. 시각 신경은 감각 신경이므로, 감각 뉴런(A)으로 이루어져 있고, 연합 뉴런(B)은 중추 신경인 뇌와 척수를 구성한다. 뉴런 사이의 자극 전달 방향은 A → B → C 순이다.

09 예시 답안 C: 중간뇌, 안구 운동과 동공의 크기를 조절한다.

채점 기준	배점(%)
기호와 이름을 쓰고, 그 기능을 옳게 설명한 경우	100
기호와 이름만 쓴 경우	30

10 교감 신경은 긴장했을 때나 위기 상황에 처했을 때 더 활발하게 작용하며, 동공 확대, 소화 운동 억제, 심장 박동 촉진의 기능을 한다.

11 무릎 반사, 뜨거운 군고구마를 잡았다가 급히 손을 떼는 행동은 모두 척수가 중추인 무조건 반사이다. ①은 연수가 중추인 무조건 반사, ②, ⑤는 대뇌가 중추인 의식적인 반응, ③은 중간뇌가 중추인 무조건 반사이다.

12 눈에서 받아들인 자극은 시각 신경(A)을 통해 대뇌로 전달되고, 대뇌의 명령은 운동 신경(B)을 통해 얼굴 근육으로 전달된다. 머리에 있는 감각 기관에서 머리에 있는 반응기로 신호가 전달될 때에는 척수를 거치지 않는다.

13 호르몬은 내분비샘에서 만들어져 혈액으로 분비되며, 적은 양으로 생리 작용을 조절한다.

14 ④ 난소에서 분비되는 에스트로겐은 여자의 2차 성징을 발현시킨다.

오답 피하기 ① 이자에서 분비되는 인슐린은 혈당량을 감소시킨다.

② 갑상샘에서 분비되는 티록신은 세포 호흡을 촉진한다.

③ 정소에서 분비되는 테스토스테론은 남자의 2차 성징을 발현시킨다.

⑤ 뇌하수체에서 분비되는 갑상샘 자극 호르몬은 갑상샘을 자극하여 티록신의 분비를 촉진한다.

15 ⑤ 티록신이 너무 많이 분비되면 체중이 감소하고 눈이 돌출되는 갑상샘 기능 항진증이 나타난다.

오답 피하기 ① 인슐린이 너무 적게 분비되면 혈당량이 정상보다 높은 상태가 지속되며, 포도당이 오줌에 섞여 나오는 당뇨병이 나타난다.

②, ④ 성장기에 생장 호르몬이 너무 적게 분비되면 소인증이 나타나며, 성장기 이후에 생장 호르몬이 너무 많이 분비되면 말단 비대증이 나타난다.

③ 성호르몬은 2차 성징을 발현시키므로 어린 나이에 성호르몬이 너무 많이 분비되면 2차 성징이 발현될 수 있다.

개념 더하기

호르몬의 종류와 기능

내분비샘	호르몬	기능
뇌하수체	생장 호르몬	몸의 생장 촉진
	갑상샘 자극 호르몬	갑상샘에서 티록신 분비 촉진
	항이뇨 호르몬	콩팥에서 물의 재흡수 촉진
갑상샘	티록신	세포 호흡 촉진
부신	에피네프린	혈압 상승, 심장 박동 촉진
이자	인슐린	혈당량 감소
	글루카곤	혈당량 증가
난소	에스트로겐	여자의 2차 성징 발현
정소	테스토스테론	남자의 2차 성징 발현

16 ⑤ 인슐린, 글루카곤, 에피네프린의 표적 기관은 간이다.

오답 피하기 ① 혈당량이 높아지면 이자(A)에서 인슐린의 분비가 촉진되어 혈당량을 낮춘다.

② 에피네프린이 분비되는 내분비샘은 부신(B)이다.

③ 인슐린은 ㉠ 과정을 촉진하고, 글루카곤과 에피네프린은 ㉡ 과정을 촉진한다.

④ 글리코젠이 포도당으로 분해되는 ㉡ 과정이 촉진되면 혈당량이 증가한다.

자료 분석

혈당량 조절 과정

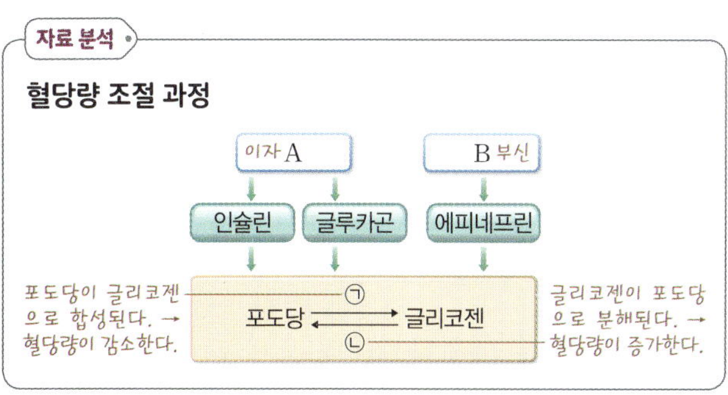

17 예시 답안 추울 때는 피부 근처 혈관이 수축되어 피부 근처로 흐르는 혈액의 양이 감소하여 열 방출량이 감소하고, 근육의 떨림으로 열 발생량이 증가한다.

채점 기준	배점(%)
추울 때 우리 몸에서 일어나는 변화를 4가지 내용을 모두 포함하여 옳게 설명한 경우	100
추울 때 우리 몸에서 일어나는 변화를 4가지 내용 중 2가지만 포함하여 설명한 경우	50

18 몸속 수분량 조절의 중추는 간뇌이다. 몸속 수분량이 많아지면 뇌하수체에서 항이뇨 호르몬의 분비가 감소한다.

Ⅰ. 화학 반응의 규칙과 에너지 변화

01강 물질의 변화

틀리기 쉬운 유형 집중연습하기
3쪽

A 01 물리 변화　02 화학 변화　03 (1) ㄹ (2) ㄱ, ㄴ
04 ㉠ 배열, ㉡ 종류
B 05 (가) 산소, (나) 산화 마그네슘, (다) 물　06 (1) CH_4 (2) CO_2
(3) H_2O_2 (4) MgO　07 (가) 2, (나) 2, 2, (다) 2, 2　08 2개

01 (가)에서 분자의 종류는 변하지 않고, 분자의 배열이 변하여 분자 사이의 거리만 멀어지므로 (가)는 물리 변화이다.

02 (나)에서 원자의 배열이 달라져 새로운 분자가 생성되므로 (나)는 화학 변화이다.

03 (1) 물리 변화가 일어날 때는 분자의 배열이 달라진다.
(2) 물리 변화와 화학 변화 모두에서 원자의 종류와 개수는 달라지지 않는다.

04 화학 변화가 일어날 때는 원자의 배열이 변하여 분자의 종류가 달라지므로 물질의 고유한 성질이 달라진다.

07 반응 전후 원자의 종류와 개수가 같도록 계수를 맞춘다.

08 화학 반응식의 계수비는 분자 수의 비와 같다.

01강 기출 예상 문제로 시험 대비하기 1회
4~5쪽

01 ① 02 ④ 03 ① 04 ① 05 ② 06 ⑤ 07 ③ 08 ③
09 ③ 10 ⑤ 11 20개

서술형 문제
12 (1) 이산화 탄소 기체가 발생하여 거품이 생긴다. (2) 염화 은의 흰색 앙금이 생성된다.　13 (1) $C_2H_5OH + 3O_2 \longrightarrow 2CO_2 + 3H_2O$ (2) $Mg + 2HCl \longrightarrow MgCl_2 + H_2$

01 ① 마그네슘 리본을 자르는 것은 모양만 변하는 물리 변화이다.
　오답 피하기 ② 김치가 발효되어 맛과 냄새가 변한다.: 화학 변화
③ 붉은색 구리를 가열하면 산소와 결합하여 검은색의 산화 구리(Ⅱ)가 된다.: 화학 변화
④ 식초에 달걀 껍데기를 넣으면 달걀 껍데기의 성분인 탄산 칼슘이 식초와 반응하여 이산화 탄소를 발생하므로 거품이 발생한다.: 화학 변화

⑤ 베이킹파우더의 성분인 탄산수소 나트륨이 열에 의해 분해되어 이산화 탄소가 발생하므로 빵이 부풀어 오른다.
: 화학 변화

02 ④ 물이 끓어 수증기가 되는 것은 물리 변화로, 물리 변화가 일어날 때 분자의 종류와 개수는 바뀌지 않고 분자 사이의 거리만 달라진다.
　오답 피하기 ① 물리 변화와 화학 변화가 일어날 때 모두 원자의 종류와 개수는 변하지 않는다.
② 물리 변화에서는 분자의 배열 변화만 일어나므로 분자의 종류는 달라지지 않는다. 따라서 물질의 성질도 변하지 않는다.
③ 분자의 종류와 개수가 달라지지 않으므로 질량도 달라지지 않는다.
⑤ 원자의 크기는 달라지지 않는다.

03 ㄱ, ㄴ 설탕을 물에 녹이면 물 분자와 설탕 분자가 서로 섞이면서 분자의 배열이 달라진다. 이때 설탕 분자와 물 분자는 다른 분자로 변하지 않는다.
　오답 피하기 ㄷ. 설탕물은 물과 설탕의 혼합물로 물과 설탕의 성질을 모두 가지고 있다.
ㄹ. 설탕 분자가 물 분자 사이로 흩어져 보이지 않는다.

개념 더하기

설탕이 물에 녹을 때의 변화

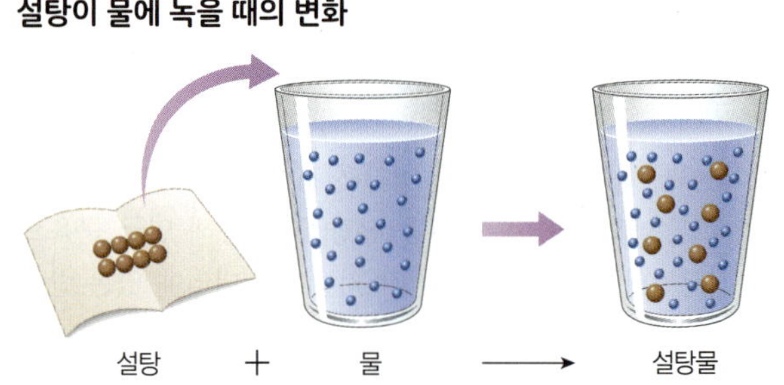

• 설탕이 물에 녹을 때 설탕 분자와 물 분자는 각각 다른 분자로 변하지 않고 고르게 섞인다. ➡ 분자의 배열만 변한다.
• 혼합물은 성분 물질이 각각의 성질을 그대로 가진다. ➡ 설탕물은 설탕과 물이 고르게 섞인 혼합물이므로 단맛이 난다.

04 분자의 배열만 변하는 것은 물리 변화이다.
ㄱ. 컵이 깨지는 것은 모양이 변하는 현상으로 물리 변화이다.
ㄴ. 실온에서 아이스크림이 녹는 것은 고체에서 액체로의 용해(상태 변화)로 물리 변화이다.
　오답 피하기 ㄷ, ㄹ. 단풍잎이 붉게 물드는 것, 마그네슘 리본을 태우는 것은 분자의 종류가 변하는 화학 변화이다.

05 소독제로 세면대를 닦으면 소독제가 때를 다른 물질로 변화시켜 제거하므로 화학 변화이다. 상처난 곳에 과산화 수소수를 바르면 혈액의 성분이 과산화 수소를 물과 산소로 빠르게 분해시키므로 화학 변화이다. 화학 변화가 일어날 때 원자의 종류와 개수는 항상 변하지 않는다.

06 ⑤ 물리 변화와 화학 변화 모두에서 원자의 종류와 개수는 변하지 않는다.

오답 피하기 ① (가)는 물이 얼음으로 되는 응고(상태 변화)이므로 물리 변화이다. 물리 변화가 일어날 때는 분자의 종류가 달라지지 않는다.
② (가)는 물리 변화이므로 물질의 성질이 달라지지 않는다.
③ (나)는 물이 수소와 산소로 분해되므로 화학 변화이다. 화학 변화가 일어날 때는 물질의 성질이 달라진다.
④ (나)는 화학 변화이므로 원자의 배열이 달라져 새로운 분자가 생성된다.

자료 분석

물리 변화와 화학 변화

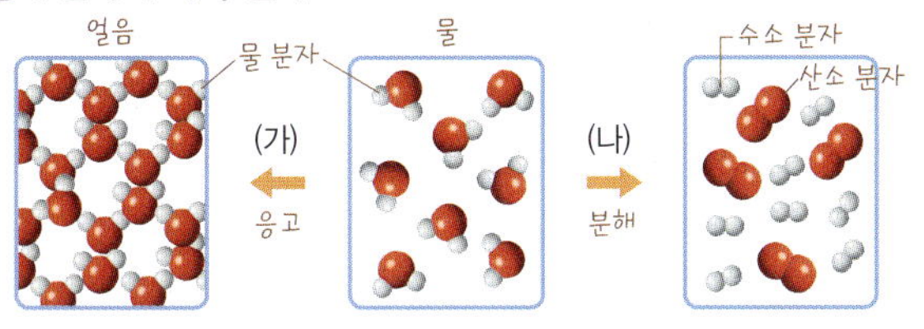

- (가)는 분자 사이의 거리만 달라진다. ➡ 물리 변화
- (나)는 한 종류의 분자가 두 종류의 분자로 분해된다. ➡ 화학 변화

07 화학 반응식의 계수비는 입자 수의 비와 같으며, 기체의 반응에서는 부피비와 같다. 그러나 원자의 상대적 질량이 다르므로 계수비와 질량비는 같지 않다.

08 마그네슘(Mg)이 연소하면 산소(O_2)와 반응하여 산화 마그네슘(MgO)이 생성된다. 완성된 화학 반응식은 다음과 같다.
$$2Mg + O_2 \longrightarrow 2MgO$$

09 2가지 물질의 분자가 각각 1개씩 반응하여 화합물 분자 2개를 생성하는 반응이다. 따라서 화학 반응식의 계수비가 1 : 1 : 2이고, 반응물과 생성물이 모두 분자인 $H_2 + Cl_2 \longrightarrow 2HCl$이다.

10 ⑤ 주어진 반응식에서 암모니아 분자 2개를 얻기 위해 수소 분자 3개가 필요하므로 필요한 수소 원자의 개수는 6개이다.

오답 피하기 ① 반응물은 질소와 수소로 2가지이다.
② 반응 전 분자의 개수는 4, 반응 후 분자의 개수는 2로 감소한다. 반응 전후 원자의 개수는 변하지 않는다.
③ 질소 분자 1개와 수소 분자 3개가 반응한다.
④ 화학 반응식의 계수비는 분자 수의 비와 같으므로 분자 수의 비는 질소 : 수소 : 암모니아=1 : 3 : 2이다.

11 화학 반응식의 계수비는 분자 수의 비와 같으므로 물 생성 반응에서 분자 수의 비는 수소 : 산소 : 물=2 : 1 : 2이다. 따라서 수소 분자 20개와 산소 분자 20개가 반응하면 수소 분자 20개와 산소 분자 10개가 반응하여 물 분자 20개를 생성하고, 산소 분자 10개가 남는다.

12 화학 반응이 일어날 때 기체 발생, 앙금 생성, 빛과 열 발생, 색과 냄새의 변화 등과 같은 현상이 나타난다.

예시 답안 (1) 이산화 탄소 기체가 발생하여 거품이 생긴다.
(2) 염화 은의 흰색 앙금이 생성된다.

	채점 기준	배점(%)
(1)	물질의 종류를 포함하여 현상을 옳게 설명한 경우	50
	현상만 옳게 쓴 경우	25
(2)	물질의 종류를 포함하여 현상을 옳게 설명한 경우	50
	현상만 옳게 쓴 경우	25

13 (1) 에탄올의 연소 반응을 화학 반응식으로 나타내는 과정은 다음과 같다.
Ⅰ. 화살표 왼쪽에 반응물의 화학식을, 화살표 오른쪽에 생성물의 화학식을 쓴다.
$$C_2H_5OH + O_2 \longrightarrow CO_2 + H_2O$$
Ⅱ. 반응물의 탄소 원자 수는 2, 생성물의 탄소 원자 수는 1이므로 생성물의 이산화 탄소 분자 앞에 계수 2를 쓴다.
$$C_2H_5OH + O_2 \longrightarrow 2CO_2 + H_2O$$
Ⅱ. 반응물의 수소 원자 수는 6, 생성물의 수소 원자 수는 2이므로 생성물의 물 분자 앞에 계수 3을 쓴다.
$$C_2H_5OH + O_2 \longrightarrow 2CO_2 + 3H_2O$$
Ⅲ. 생성물의 산소 원자 수는 7, 반응물의 산소 원자 수는 3이므로 반응물의 산소 분자 앞에 계수 3을 쓴다.
$$C_2H_5OH + 3O_2 \longrightarrow 2CO_2 + 3H_2O$$
예시 답안 (1) $C_2H_5OH + 3O_2 \longrightarrow 2CO_2 + 3H_2O$
(2) $Mg + 2HCl \longrightarrow MgCl_2 + H_2$

	채점 기준	배점(%)
(1)	화학 반응식을 옳게 쓴 경우	50
(2)	화학 반응식을 옳게 쓴 경우	50

01강 시험 대비하기 2회

기출 예상 문제로

6~7쪽

01 ③　　**02** ㄱ, ㄹ, ㅁ　　**03** ⑤　　**04** ②　　**05** ①　　**06** ③
07 ③　　**08** ①, ③　　**09** ⑤　　**10** ②　　**11** ③

✎ 서술형 문제

12 물리 변화: 채소를 자른다, 달걀을 깨뜨린다, 물을 끓인다 등, 화학 변화: 프라이팬에서 고기가 익는다, 가스레인지에서 가스가 연소한다, 껍질을 벗긴 사과가 갈색으로 변한다 등　　**13** 화학 반응이 일어나도 물질을 구성하는 원자의 종류와 개수가 변하지 않기 때문이다.

01 물리 변화는 물질을 이루는 분자의 배열이 변하는 현상으로 분자의 종류가 달라지지 않기 때문에 물질의 성질이 변하지 않는다.

02 ㄱ. 꽃향기가 퍼지는 것은 확산이므로 물리 변화이다.

ㄹ. 마개를 열면 기체의 용해도가 감소하여 탄산음료에 녹아 있던 이산화 탄소가 빠져나오는 현상으로 물리 변화이다.

ㅁ. 흰 연기는 차가운 드라이아이스 주변에서 공기 중의 수증기가 액화하여 생긴 물방울이 모인 것으로 물리 변화이다.

오답 피하기 ㄴ. 달걀이 익는 것은 단백질의 구조가 바뀌어 다른 물질로 변하는 현상으로 색과 굳기 등이 변하는 화학 변화이다.

ㄷ. 철에 생기는 붉은 녹은 철이 공기 중의 산소, 물과 반응하여 생긴 것으로 화학 변화이다.

03 화학 변화가 일어날 때는 원자의 배열이 바뀌어 분자의 종류가 달라지므로 물질의 성질이 변한다.

04 설탕을 물에 녹여 설탕물을 만드는 것은 물질의 성질이 변하지 않는 물리 변화이다.

05 ① (가)에서는 설탕의 상태가 고체 → 액체 → 고체로 변하면서 모양이 달라진다.

오답 피하기 ② 물리 변화가 일어날 때 분자는 변하지 않으므로 (가)에서 설탕 분자가 다른 분자로 변하지 않는다.

③ (나)에서는 설탕이 다른 물질로 변하는 화학 변화가 일어나므로 설탕을 이루는 원자의 배열이 변한다.

④ 화학 변화가 일어나도 원자의 종류는 변하지 않으므로 생성된 물질에는 설탕을 이루는 원자가 들어 있다.

⑤ (가)에서는 물리 변화가 일어나므로 설탕의 성질이 변하지 않으나, (나)에서는 화학 변화가 일어나 다른 종류의 물질로 되므로 설탕의 성질을 나타내지 않는다.

06 마그네슘을 구부리는 것은 물리 변화이므로 마그네슘을 구부려도 성질이 변하지 않는다. 마그네슘을 태우면 화학 변화가 일어나므로 마그네슘을 태운 재는 마그네슘과 다른 성질을 나타낸다. 따라서 마그네슘을 태운 재에 묽은 염산을 떨어뜨려도 기체가 발생하지 않는다.

07 물질의 상태만 변하는 것은 물리 변화이다.

개념 더하기

화학 변화가 일어날 때 관찰할 수 있는 현상

• 빛이나 열이 발생한다.

예 메테인이 연소하여 이산화 탄소와 수증기가 생성되면서 빛과 열이 발생한다.

• 기체가 발생한다.

예 탄산 칼슘과 식초가 반응하여 이산화 탄소 기체가 발생한다.

• 앙금이 생성된다.

예 염화 나트륨 수용액과 질산 은 수용액이 반응하면 염화 은의 흰색 앙금이 생성된다.

• 색, 맛, 냄새, 굳기의 변화가 생긴다.

예 프라이팬에서 달걀을 가열하면 달걀이 익으면서 맛, 냄새, 굳기 등이 변한다.

08 반응 전후 원자의 종류와 개수가 같아지도록 계수를 맞춘다.

오답 피하기 ② $2H_2O_2 \longrightarrow 2H_2O + O_2$

④ $2CuO + C \longrightarrow 2Cu + CO_2$

⑤ $2NaHCO_3 \longrightarrow Na_2CO_3 + CO_2 + H_2O$

개념 더하기

완전 연소와 불완전 연소

완전 연소는 물질이 산소가 충분한 조건에서 연소하여 이산화 탄소와 물이 생성되는 것이고, 불완전 연소는 물질이 산소가 충분하지 않은 조건에서 연소하여 이산화 탄소와 물 외에 일산화 탄소와 그을음 등이 생성되는 것이다. 따라서 탄소가 산소와 반응할 때 산소가 충분한 조건에서 연소하면 이산화 탄소가 생성되고, 산소가 충분하지 않은 조건에서 연소하면 일산화 탄소가 생성되므로 탄소가 산소와 반응하는 화학 반응식은 조건에 따라 다음과 같이 두 가지 반응식이 가능하다.

• 완전 연소하여 이산화 탄소가 생성될 때: $C + O_2 \longrightarrow CO_2$

• 불완전 연소하여 일산화 탄소가 생성될 때: $2C + O_2 \longrightarrow 2CO$

09 반응물은 각각 A 원자 2개와 B 원자 2개로 이루어진 A_2, B_2 분자이고, 생성물은 A 원자 1개와 B 원자 3개로 이루어진 AB_3 분자이다.

10 화학 반응식으로 원자와 분자의 크기는 알 수 없다.

11 화학 반응식을 완성하면 다음과 같다.

• $2CH_3OH + 3O_2 \longrightarrow 4H_2O + 2CO_2$

• $CH_4 + 2O_2 \longrightarrow 2H_2O + CO_2$

ㄱ. ㉠에 공통으로 들어가는 물질은 H_2O이다.

ㄴ. 메탄올 분자 2개가 완전 연소할 때 생성되는 물과 이산화 탄소의 분자 수는 각각 4개, 2개이므로 메탄올 분자 1개가 완전 연소할 때 생성되는 물과 이산화 탄소의 분자 수는 각각 2개, 1개이다.

오답 피하기 ㄷ. 메탄올 분자 2개를 완전 연소시키기 위해 필요한 산소 분자의 개수는 3개이고, 메테인 분자 1개를 완전 연소시키기 위해 필요한 산소 분자의 개수는 2개이다. 따라서 각 분자 1개를 완전 연소시키기 위해 필요한 산소 분자의 개수는 메탄올이 1.5개, 메테인이 2개로 메테인이 메탄올보다 많다.

12 **예시 답안** 물리 변화: 채소를 자른다. 달걀을 깨뜨린다. 물을 끓인다 등. 화학 변화: 프라이팬에서 고기가 익는다. 가스레인지에서 가스가 연소한다. 껍질을 벗긴 사과가 갈색으로 변한다 등

채점 기준	배점(%)
물리 변화와 화학 변화 1개당	50

13 **예시 답안** 화학 반응이 일어나도 물질을 구성하는 원자의 종류와 개수가 변하지 않기 때문이다.

채점 기준	배점(%)
예시 답안과 같이 설명한 경우	100

틀리기 쉬운 유형 집중연습하기 9쪽

A 01 4 : 1 02 20 g 03 5 g 04 1 : 8 05 ②
B 06 3 : 1 : 2 07 ② 08 3 : 1
09 ㉠ 3, ㉡ 2, ㉢ A_3B 10 4개

01 구리 4 g과 반응하는 산소의 질량은 1 g이므로 구리와 산소의 질량비(구리 : 산소)는 4 : 1이다.

02 구리 4 g이 반응할 때 생성되는 산화 구리(Ⅱ)의 질량은 5 g이므로 질량비는 구리 : 산화 구리(Ⅱ)=4 : 5이다. 따라서 산화 구리(Ⅱ)의 질량 x는 4 : 5=16 : x, x=20(g)이다.

03 질량비는 산소 : 산화 구리(Ⅱ)=1 : 5이다. 따라서 산소의 질량 x는 1 : 5=x : 25, x=5(g)이다.

04 실험 2에서 수소 (0.4−0.1) g과 산소 2.4 g이 반응한다. 따라서 질량비는 수소 : 산소=0.3 : 2.4=1 : 8이다.

05 수소와 산소는 1 : 8의 질량비로 반응하므로 수소 (0.2−0.1) g과 반응하는 산소의 질량 ㉠은 0.8이다. 수소 0.6 g은 산소 4.8 g과 반응하므로 6.0−4.8=1.2(g), ㉡은 산소, 1.2이다.

06 실험 1에서 A_2 30(=40−10) mL와 B_2 10 mL가 반응하여 C 20 mL가 생성되므로 각 기체 사이의 부피비는 A_2 : B_2 : C=30 : 10 : 20=3 : 1 : 2이다.

07 (가) 반응하는 A_2와 B_2, 생성되는 C의 부피비는 A_2 : B_2 : C=3 : 1 : 2이므로 A_2 60 mL와 B_2 20 mL가 반응하여 C 40 mL가 생성된다.
(나) A_2 90 mL와 B_2 30 mL가 반응하여 C 60 mL가 생성되고, B_2 10 mL가 남는다.

08 기체의 반응에서 화학 반응식의 계수비=부피비=분자 수의 비이므로 계수비는 A_2 : B_2 : C=3 : 1 : 2로 A_2 3개와 B_2 1개가 반응하여 C 2개를 생성한다. 즉, A 원자 6개와 B 원자 2개가 반응하여 C 분자 2개가 생성되므로 C 분자는 A 원자 3개와 B 원자 1개로 이루어진다.

09 기체의 반응에서 화학 반응식의 계수비는 기체의 부피비와 같다. 부피비가 A_2 : B_2 : C=3 : 1 : 2이고, C의 화학식은 A_3B이므로 화학 반응식은 $3A_2 + B_2 \longrightarrow 2A_3B$이다.

10 화학 반응식의 계수비=분자 수의 비이다. 화학 반응식의 계수비가 A_2 : C=3 : 2이므로 A_2 분자 6개가 완전히 반응할 때 생성되는 C 분자의 개수는 4개이다.

---

01 ② 02 ④ 03 ④ 04 ⑤ 05 ③ 06 15 g 07 ①
08 ④ 09 ⑤

✎ 서술형 문제

10 반응 후 질량을 측정한 다음 뚜껑을 열고 질량을 측정한다. 질량 보존 법칙에 의해 반응 후의 질량과 뚜껑을 연 후의 질량 차이는 빠져나간 이산화 탄소의 질량과 같기 때문이다. **11** (1) 물은 1 : 8, 과산화 수소는 1 : 16이다. (2) 물을 이루는 수소와 산소 원자의 개수비는 2 : 1이고, 과산화 수소를 이루는 수소와 산소 원자의 개수비는 1 : 1이기 때문이다.

시험대비편

01 ② 질량 보존 법칙이 성립하므로 (가)와 (나)의 질량은 같다.
오답 피하기 ①, ③ 염화 나트륨 수용액과 질산 은 수용액이 반응하면 염화 은의 흰색 앙금이 생성된다.
④ 반응이 일어나면 새로운 물질이 생성되므로 물질의 성질은 변한다.
⑤ 앙금은 용액 속의 이온들이 반응하여 생성되므로 용기의 밀폐 여부와 상관없이 반응 전과 후의 질량이 같다.

02 밀폐되지 않은 용기에서 나무를 태우면 생성된 이산화 탄소, 수증기가 날아가므로 반응 후 질량이 감소하고, 강철 솜을 태우면 산소와 결합하므로 반응 후 질량이 증가한다.
ㄴ. 강철 솜을 태우면 결합한 산소의 질량만큼 반응 후 질량이 증가한다.
ㄷ. 용기가 밀폐되어 반응한 산소, 반응 후 생성된 이산화 탄소, 수증기의 질량이 모두 포함되면 반응 전후 질량은 일정하다.
오답 피하기 ㄱ. (가)에서 발생한 이산화 탄소와 수증기가 공기 중으로 날아가므로 질량이 감소한다.

03 ④ (나)에서 산소가 모두 반응하지 않고 남는 것은 철과 산소가 일정한 개수비로 결합하기 때문이다. 이로부터 일정 성분비 법칙이 성립함을 알 수 있다.
오답 피하기 ①, ② 철과 산소 원자의 배열이 달라져 산화 철이 생성되는 화학 변화가 일어나며, 이때 원자의 종류와 개수는 변하지 않는다.
③ 용기가 밀폐되지 않으면 반응한 산소의 질량만큼 반응 후의 질량이 증가한다. 따라서 저울이 (나) 쪽으로 기운다.
⑤ 산화 철은 철과 산소가 일정한 개수비로 결합하므로 철과 산소 사이의 질량비는 일정하다.

04 일정 성분비 법칙은 두 가지 이상의 원소가 결합한 화합물에서 성립한다. 한 가지 원소로 이루어진 물질이나 혼합물에서는 일정 성분비 법칙이 성립하지 않는다.
⑤ 산화 마그네슘은 마그네슘과 산소, 염화 은은 염소와 은, 이산화 탄소는 탄소와 산소가 일정한 개수비로 결합한 화합물이다.

오답 피하기 ① 질소, 산소는 한 가지 원소로 이루어진 물질이다.
② 수소, 나트륨은 한 가지 원소로 이루어진 물질이고, 소
금물은 소금과 물이 섞인 혼합물이다.
③ 설탕물은 설탕과 물이 섞인 혼합물이다.
④ 산소는 한 가지 원소만 이루어진 물질이다.

개념 더하기

물질의 분류

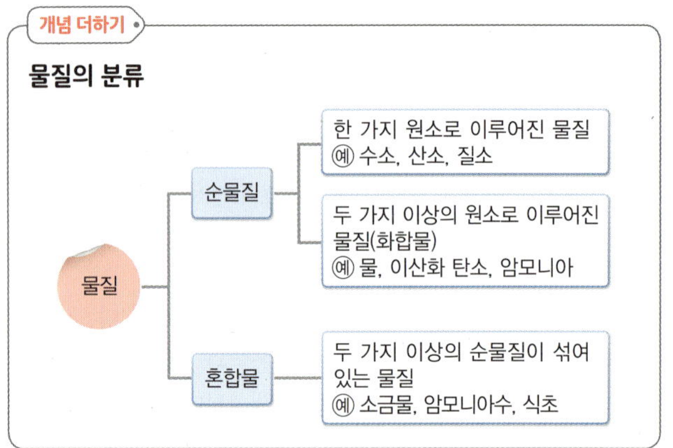

05 구리의 양이 증가하면 이에 따라 반응하는 산소의 질량도
증가하며, 생성되는 산화 구리(Ⅱ)의 질량도 증가한다. 그러
나 반응하는 구리와 산소의 질량비는 구리 : 산소=2 : 0.5
=4 : 1=6 : 1.5=8 : 2=10 : 2.5로 항상 4 : 1이다.

06 질량비는 마그네슘 : 산소 : 산화 마그네슘=3 : 2 : 5이므
로 반응하는 산소의 질량이 $10-4=6(g)$일 때 질량비는 마
그네슘 : 산소 : 산화 마그네슘=3 : 2 : 5=9 : 6 : 15이
다. 즉, 마그네슘 9 g과 산소 6 g이 반응하여 산화 마그네슘
15 g을 생성한다.

07 실험 2에서 수소와 산소는 1 : 8의 질량비로 반응하므
로 실험 1에서 수소 1.0 g과 산소 4.0 g이 반응하면 수소
0.5 g이 남고, 실험 3에서 수소 3.0 g과 산소 28.0 g이
반응하면 산소 4.0 g이 남는다.

08 ④ 수소 50 mL와 산소 50 mL를 반응시키면 수소
50 mL와 산소 25 mL가 반응하여 수증기 50 mL가 생
성되고, 산소 25 mL가 남는다.
오답 피하기 ① 부피비는 수소 : 산소 : 수증기=2 : 1 : 2이다.
② 질량 보존 법칙에 의해 반응한 수소와 산소의 질량의
합은 생성된 수증기의 질량과 같다.
③ 기체의 반응에서 부피비는 분자 수의 비와 같다. 부피비
는 수소 : 산소 : 수증기=2 : 1 : 2이므로 반응하는 분자
수의 비도 수소 : 산소 : 수증기=2 : 1 : 2이다.
⑤ 같은 온도와 압력에서 같은 부피 속에 들어 있는 수소,
산소, 수증기 분자 수는 같다.

09 일정한 온도와 압력에서 반응물과 생성물이 모두 기체인
화학 반응이 일어날 때 반응하는 기체와 생성되는 기체의
부피 사이에 일정한 정수비가 성립한다는 것이 기체 반응
법칙이다.

10 **예시 답안** 반응 후 질량을 측정한 다음 뚜껑을 열고 질량을 측정한
다. 질량 보존 법칙에 의해 반응 후의 질량과 뚜껑을 연 후의 질량
차이는 빠져나간 이산화 탄소의 질량과 같기 때문이다.

채점 기준	배점(%)
방법을 쓰고, 그 까닭을 질량 보존 법칙을 이용하여 옳게 설명한 경우	100
방법을 쓰고, 그 까닭을 질량이 보존되기 때문이라고 설명한 경우	70
방법만 옳게 쓴 경우	30

06 (1) 물과 과산화 수소를 이루는 산소 원자의 개수가 다르다.
예시 답안 (2) 물을 이루는 수소와 산소 원자의 개수비는 2 : 1이
고, 과산화 수소를 이루는 수소와 산소 원자의 개수비는 1 : 1이기
때문이다.

	채점 기준	배점(%)
(1)	질량비를 모두 옳게 쓴 경우	40
	질량비를 1가지만 옳게 쓴 경우	20
(2)	질량비가 다른 까닭을 옳게 설명한 경우	60

02강 기출 예상 문제로 시험 대비하기 2회

12~13쪽

01 ③　**02** ②　**03** 168 g　**04** ①　**05** 4 g　**06** ⑤　**07** ②
08 33 g　**09** ③　**10** ④

서술형 문제

11 화학 반응이 일어나도 반응 전과 후 원자의 종류와 개수가 변하지
않기 때문이다.　　**12** 기체의 부피비는 수소 : 질소 : 암모니아
=3 : 1 : 2이므로 A에서 수소 기체 9 mL와 질소 기체 3 mL가
반응하여 암모니아 기체 6 mL가 생성된다.　　**13** 기체의 부피비는
수소 : 질소 : 암모니아=3 : 1 : 2이므로 C에서 수소 기체 18 mL
와 질소 기체 6 mL가 반응하고 수소 기체 18 mL가 남는다.

01 ③ 용기가 밀폐되어 있는 (나)에서는 발생한 기체가 빠져나
가지 않으므로 (가)와 질량이 같고, (다)에서는 발생한 기체
가 빠져나가므로 질량이 감소한다.
오답 피하기 ①, ② 탄산 칼슘($CaCO_3$)과 묽은 염산(HCl)이
반응하여 염화 칼슘($CaCl_2$), 물(H_2O), 이산화 탄소(CO_2)
가 생성되는 화학 변화가 일어난다.
$$CaCO_3 + 2HCl \longrightarrow CaCl_2 + H_2O + CO_2$$
④ 용기가 밀폐되지 않으면 반응 후 질량이 감소하지만, 빠
져나간 기체의 질량을 고려하면 밀폐되지 않은 용기에서도
질량 보존 법칙이 성립한다.
⑤ 기체 발생 반응에서도 빠져나간 기체의 질량을 고려하
면 질량 보존 법칙이 성립한다.

02 (가) 나무를 밀폐되지 않은 공간에서 연소시키면 생성된 이산화 탄소와 수증기가 날아가므로 질량이 감소한다.

(나) 구리판을 가열하면 공기 중의 산소와 결합하므로 질량이 증가한다.

(다) 앙금 생성 반응은 열린 용기에서나 밀폐된 용기에서 모두 질량이 일정하다.

03 질량 보존 법칙에 의해 탄산수소 나트륨의 질량=(탄산 나트륨+이산화 탄소+물)의 질량이다. 따라서 탄산수소 나트륨의 질량은 $106+44+18=168(g)$이다.

04 일정 성분비 법칙은 화합물이 생성될 때만 성립한다. 식초는 물과 아세트산의 혼합물이다.

오답 피하기 암모니아, 산화 구리(Ⅱ), 이산화 탄소, 아이오딘화 납은 성분 원소가 일정한 질량비로 결합한 화합물이다.

05 구리 0.4 g이 산소 0.1 g과 반응하여 산화 구리(Ⅱ) 0.5 g을 생성하므로 질량비는 산소 : 산화 구리(Ⅱ)$=1 : 5$이다. 따라서 산화 구리(Ⅱ) 20 g 속에 들어 있는 산소의 질량 x는 $1 : 5=x : 20$, $x=4(g)$이다.

06 ⑤ 마그네슘의 양을 늘리면 반응하는 산소의 양도 증가한다.

오답 피하기 ①, ④ 은백색 광택을 띠는 마그네슘이 산소와 결합하여 산화 마그네슘으로 되면 광택이 없어지고 흰색으로 변한다.

② 4분 이후 질량이 더 이상 증가하지 않으므로 마그네슘이 모두 반응하였다. 마그네슘 15 g과 반응한 산소의 질량이 $45-20-15=10(g)$이므로 마그네슘과 산소는 $15 : 10=3 : 2$의 질량비로 반응한다.

③ 마그네슘 15 g이 모두 반응하여 생성된 산화 마그네슘의 질량이 $(45-20)=25(g)$이므로 산소의 질량은 질량 보존 법칙에 의해 $25-15=10(g)$이다.

07 질산 납 수용액이 모두 반응하면 아이오딘화 칼륨 수용액을 넣어도 더 이상 반응이 일어나지 않는다. 따라서 앙금의 양이 일정해진다.

08 이산화 탄소 분자 1개를 이루는 탄소와 산소 원자의 개수비는 탄소 : 산소$=1 : 2$이므로 이산화 탄소를 이루는 탄소와 산소의 질량비는 탄소 : 산소$=12 : (2×16)=3 : 8$이다. 따라서 탄소 10 g과 산소 24 g이 반응하면 이산화 탄소 33 g이 생성되고, 탄소 1 g이 남는다.

09 실험 1에서 B 5 L가 남았으므로 반응에 참여하는 기체의 부피비는 A : B : C$=10 : (10-5) : 10=2 : 1 : 2$이다. 실험 2에서 A 10 L가 남았으므로 반응에 참여하는 기체의 부피비는 A : B : C$=(30-10) : 10 : 20=2 : 1 : 2$이다.

10 일정한 온도와 압력에서 같은 부피 속에 들어 있는 기체 분자 수는 같다. 따라서 분자 수는 부피에 비례하므로 수소 분자 수는 3N, 암모니아 분자 수는 2N이다.

11 예시 답안 화학 반응이 일어나도 반응 전과 후 원자의 종류와 개수가 변하지 않기 때문이다.

채점 기준	배점(%)
원자의 종류와 개수가 변하지 않기 때문이라고 옳게 설명한 경우	100
원자의 종류와 개수 중 1가지만 변하지 않기 때문이라고 설명한 경우	50

12 예시 답안 기체의 부피비는 수소 : 질소 : 암모니아$=3 : 1 : 2$이므로 A에서 수소 기체 9 mL와 질소 3 mL가 반응하여 암모니아 기체 6 mL가 생성된다.

채점 기준	배점(%)
구하는 과정에 부피비를 포함하여 암모니아 기체의 부피를 옳게 구한 경우	100
암모니아 기체의 부피만 옳게 구한 경우	50

13 예시 답안 기체의 부피비는 수소 : 질소 : 암모니아$=3 : 1 : 2$이므로 C에서 수소 기체 18 mL와 질소 기체 6 mL가 반응하고 수소 기체 18 mL가 남는다.

채점 기준	배점(%)
구하는 과정에 부피비를 포함하여 남은 기체의 종류와 부피를 옳게 구한 경우	100
남은 기체의 종류와 부피만 옳게 구한 경우	50

03강 화학 반응과 에너지 변화

틀리기 쉬운 유형 집중연습하기 14쪽

A 01 (나) 02 ③ 03 ①

01 (가)에서는 주변으로 에너지를 방출하므로 주변의 온도가 높아지고, (나)에서는 주변에서 에너지를 흡수하므로 주변의 온도가 낮아진다.

02 (가)는 발열 반응에서의 에너지 출입을 나타낸 것이다. 탄산수소 나트륨은 에너지를 흡수하여 분해되므로 흡열 반응이다.

03 ① 손난로를 흔들면 부직포 속의 철가루와 공기 중의 산소가 반응하면서 에너지를 방출하므로 손이 따뜻해진다.

오답 피하기 ② 숯가루는 반응이 빠르게 일어나도록 도와주는 역할을 한다.

③ 철가루는 수분이 있는 상태에서 산소와 빠르게 반응한다. 손난로에서 물의 응고는 일어나지 않는다.

④ 물의 전기 분해는 에너지를 흡수하는 반응이다.

⑤ 철가루와 산소의 반응은 발열 반응이므로 (가)와 (나) 중에서 (가)와 관련이 있다.

03강 기출 예상 문제로 시험 대비하기 1회

15쪽

01 ③ **02** ④ **03** ③ **04** ① **05** ②

서술형 문제

06 (가)에서 질산 암모늄과 물이 반응할 때는 주변에서 에너지를 흡수하므로 용액의 온도가 낮아진다. (나)에서 산화 칼슘과 물이 반응할 때는 주변으로 에너지를 방출하므로 용액의 온도가 높아진다.

01 ③ 고체 물질과 물의 반응에서는 고체 물질의 종류에 따라 에너지를 흡수하거나 방출한다.

오답 피하기 ① 흡열 반응이 일어날 때는 주변에서 에너지를 흡수하므로 주변의 온도가 낮아진다.
② 화학 반응이 일어날 때는 반응의 종류에 따라 에너지를 방출하기도 하고, 흡수하기도 한다.
④ 광합성은 빛에너지를 흡수하여 일어나므로 흡열 반응이다.
⑤ 발열 반응은 반응이 일어나는 쪽에서 주변으로 에너지를 방출하는 반응이다.

02 ㄷ. 아이스크림 통 속의 고체 드라이아이스가 기체 이산화 탄소로 승화할 때는 주변의 에너지를 흡수하므로 주변의 온도가 낮아진다.
ㄹ. 물에 전류를 흘려주면 전기 에너지를 흡수하여 수소 기체와 산소 기체로 분해된다.

오답 피하기 ㄱ. 철가루와 산소가 반응할 때는 에너지를 방출한다.
ㄴ. 산화 칼슘과 물이 반응할 때는 에너지를 방출한다.

03 발열 반응이 일어나면 주변으로 에너지를 방출하므로 주변의 온도가 높아진다.
ㄱ. 가스레인지에서 도시가스를 태울 때 방출하는 에너지를 이용한다.
ㄷ. 철가루가 공기 중의 산소와 반응하면서 방출하는 에너지를 이용한다.

오답 피하기 ㄴ. 질산 암모늄과 물이 반응할 때 주변에서 에너지를 흡수하는 흡열 반응이 일어난다. 이를 이용하여 냉찜질 팩을 만들 수 있다.

04 식물은 태양의 빛에너지를 흡수하여 물과 이산화 탄소로부터 포도당을 합성한다. 즉, 식물의 광합성은 흡열 반응이고, 나머지는 발열 반응이다.

05 ㄴ. (나)의 연소가 일어날 때는 에너지를 방출하므로 주변의 온도가 높아진다.

오답 피하기 ㄱ. (가)에서 고체 양초는 에너지를 흡수하여 액체 양초로 융해된다.

ㄷ. (가)는 물리 변화, (나)는 화학 변화이다. 따라서 (나)에서만 분자의 종류가 변한다.

개념 더하기

상태 변화와 열에너지

• 열에너지를 흡수하는 상태 변화: 융해, 기화, 승화(고체 → 기체)가 일어날 때는 열에너지를 흡수하므로 주변의 온도가 낮아진다.
• 열에너지를 방출하는 상태 변화: 응고, 액화, 승화(기체 → 고체)가 일어날 때는 열에너지를 방출하므로 주변의 온도가 높아진다.

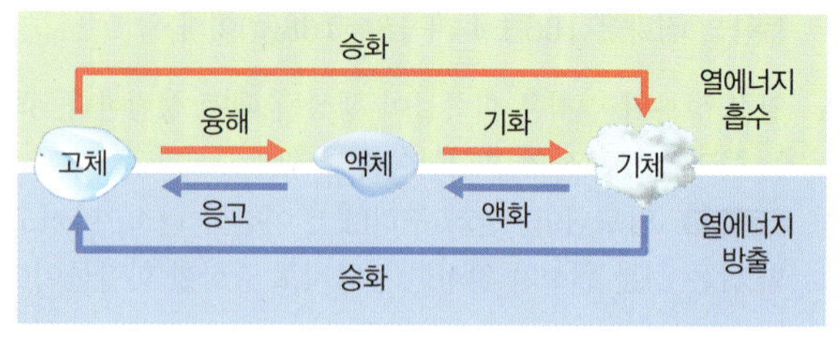

06 예시 답안 (가)에서 질산 암모늄과 물이 반응할 때는 주변에서 에너지를 흡수하므로 용액의 온도가 낮아진다. (나)에서 산화 칼슘과 물이 반응할 때는 주변으로 에너지를 방출하므로 용액의 온도가 높아진다.

채점 기준	배점(%)
(가)와 (나)에서 용액의 온도 변화가 다른 까닭을 모두 옳게 설명한 경우	100
(가)와 (나) 중 1가지만 옳게 설명한 경우	50

03강 기출 예상 문제로 시험 대비하기 2회

16~17쪽

01 ② **02** ② **03** ③ **04** ④ **05** ⑤ **06** ⑤ **07** ①
08 ⑤

서술형 문제

09 석고 붕대가 굳으면서 따뜻해지므로 석고와 물이 반응하면 에너지를 방출함을 알 수 있다.

01 더운 여름 마당에 물을 뿌리면 물이 수증기로 기화하면서 에너지를 흡수한다. 따라서 주변의 온도가 낮아지므로 시원하게 느껴진다. ①, ③, ④, ⑤는 주변으로 에너지를 방출하는 예이다.

02 ㄱ, ㄷ. 나무판 위의 물은 에너지를 방출하고 얼음으로 응고하므로 나무판과 삼각 플라스크가 달라붙는다. 따라서 나무판과 삼각 플라스크가 같이 들려 올라온다.

오답 피하기 ㄴ, ㄹ. 삼각 플라스크 안에서 수산화 바륨과 염화 암모늄이 반응할 때 에너지를 흡수하므로 삼각 플라스크를 만져 보면 차갑다.

03 ㄱ. 뷰테인의 연소는 에너지를 방출하는 발열 반응이다.

ㄴ. 얼음이 녹을 때는 에너지를 흡수하므로 주변의 온도가 낮아진다.

오답 피하기 ㄷ. (가)는 화학 변화, (나)는 물리 변화이다. (나)의 변화가 일어날 때는 물질의 종류가 달라지지 않고 분자의 배열만 달라진다.

04 ㄴ. 냉찜질 팩 속의 질산 암모늄과 물이 반응할 때 주변의 에너지를 흡수하므로 온도가 낮아진다.

ㄷ. 에어컨의 실내기에서는 액체 냉매가 기체로 기화하면서 에너지를 흡수하므로 실내 온도가 낮아진다. 즉, 에어컨은 냉매가 상태 변화할 때 출입하는 에너지를 이용한다.

오답 피하기 ㄱ. 철가루와 산소가 반응하여 에너지를 방출하는 발열 반응을 이용한다.

05 A. 기체 아이오딘이 고체 아이오딘으로 승화할 때 에너지를 방출한다.

C. 알코올이 연소할 때 에너지를 방출한다.

오답 피하기 B. 고체 아이오딘이 기체 아이오딘으로 승화할 때 에너지를 흡수한다.

06 ㄱ. (가)는 에너지를 방출하는 발열 반응으로 반응이 일어날 때 주변의 온도가 높아진다.

ㄴ. (나)는 에너지를 흡수하는 흡열 반응으로 반응이 일어나면 주변의 온도가 낮아져 냉각 장치에 활용할 수 있다.

ㄷ. 탄산수소 나트륨의 열분해, 광합성은 에너지를 흡수하는 흡열 반응이다.

07 ㄱ. X와 물이 반응하면 용액의 온도가 높아지는 것으로 보아 주변으로 에너지를 방출한다.

오답 피하기 ㄴ. 질산 암모늄과 물의 반응은 에너지를 흡수하는 흡열 반응이므로 반응이 일어날 때 용액의 온도가 낮아진다. 따라서 질산 암모늄은 Y로 가능하다.

ㄷ. Y와 물이 반응하면 용액의 온도가 낮아지므로 Y와 물의 반응은 주변의 에너지를 흡수하는 흡열 반응이다.

08 ㄱ. 메테인 연소 반응의 화학 반응식은 다음과 같다.

$$CH_4 + 2O_2 \longrightarrow 2H_2O + CO_2$$

따라서 ㉠은 H_2O, ㉡은 CO_2이다.

ㄴ. 탄소 원자는 메테인과 이산화 탄소에 들어 있으며, 반응 전후 탄소 원자 수는 같아야 하므로 메테인과 이산화 탄소(㉡)에 들어 있는 탄소 원자 수는 같다.

ㄷ. 반응이 일어날 때 에너지를 방출하는데 이때 방출하는 에너지를 난방이나 취사에 사용할 수 있다.

09 예시 답안 석고 붕대가 굳으면서 따뜻해지므로 석고와 물이 반응하면 에너지를 방출함을 알 수 있다.

채점 기준	배점(%)
에너지를 방출하는 것을 알 수 있다고 설명한 경우	100

01 ③   **02** ①   **03** 화학 변화, 원자의 배열이 변하여 새로운 분자가 생성되므로 화학 변화이다.   **04** ⑤   **05** ④   **06** $2NaN_3 \longrightarrow 2Na + 3N_2$ **07** ③   **08** ③   **09** 오른쪽으로 기울어진다. 철이 산소와 결합하여 질량이 증가하기 때문이다.   **10** ⑤   **11** ③   **12** ④   **13** ③   **14** ③   **15** ⑤   **16** (1) ㉠ 2 : 1 : 2, ㉡ 일정 성분비, ㉢ 기체 반응 (2) $2H_2 + O_2 \longrightarrow 2H_2O$ **17** ④   **18** ⑤   **19** ②   **20** ④   **21** 반응이 일어날 때 주변의 에너지를 흡수하므로 주변의 온도가 낮아진다.

01 ㄱ, ㄴ. 주어진 현상은 화학 변화의 예이다. 화학 변화가 일어날 때는 물질을 이루는 원자의 배열이 변하여 처음 물질과는 성질이 전혀 다른 새로운 물질이 된다.

오답 피하기 ㄷ. 화학 변화가 일어날 때는 원자의 배열이 변하여 새로운 분자가 생성된다.

02 얼음물을 실온에 놓아두면 공기 중의 수증기가 차가운 컵 표면에 닿아 물방울로 맺힌다. 즉, 이 현상은 물리 변화이다. 기체가 발생하거나 앙금이 생성되거나 색이 변하는 것은 화학 변화로 인해 나타나는 현상이다.

03 예시 답안 화학 변화. 원자의 배열이 변하여 새로운 분자가 생성되므로 화학 변화이다.

채점 기준	배점(%)
화학 변화라고 쓰고, 그 까닭을 입자 배열과 관련지어 옳게 설명한 경우	100
화학 변화라고만 쓴 경우	30

04 물리 변화와 화학 변화 모두에서 물질을 이루는 원자의 종류와 개수는 변하지 않는다.

05 반응물과 생성물에 포함된 원자의 종류와 개수가 같아지도록 계수를 정한다.

06 반응물은 아자이드화 나트륨, 생성물은 나트륨과 질소이다.

예시 답안 $2NaN_3 \longrightarrow 2Na + 3N_2$

채점 기준	배점(%)
화학 반응식을 옳게 쓴 경우	100

07 ③ 암모니아를 구성하는 질소와 수소의 개수비가 질소 : 수소=1 : 3이므로 질량비는 질소 : 수소=14 : 3이다.

오답 피하기 ① 반응 전후 수소 원자의 개수는 6으로 같다.

② 질량 보존 법칙에 의해 질소 14 g과 수소 3 g이 모두 반응하면 암모니아 17 g이 생성된다.

④ 계수비가 질소 : 수소=1 : 3이므로 질소와 수소는 1 : 3의 부피비로 반응한다.

⑤ 계수비가 질소 : 수소 : 암모니아=1 : 3 : 2이므로 질소 분자 1개와 수소 분자 3개가 반응하여 암모니아 분자 2개를 생성한다.

08 반응 전과 후의 원자의 종류와 개수가 같도록 계수를 맞춘다. 금속은 원소 기호로 화학식을 나타낸다.

오답 피하기 ① $2CO + O_2 \longrightarrow 2CO_2$

② $2Na + Cl_2 \longrightarrow 2NaCl$

④ $2H_2O_2 \longrightarrow 2H_2O + O_2$

⑤ $CaCO_3 + 2HCl \longrightarrow CaCl_2 + H_2O + CO_2$

09 예시 답안 오른쪽으로 기울어진다. 철이 산소와 결합하여 질량이 증가하기 때문이다.

채점 기준	배점(%)
저울의 움직임을 옳게 쓰고, 그 까닭을 옳게 설명한 경우	100
저울의 움직임만 옳게 쓴 경우	40

10 ㄱ, ㄷ. 질량 보존 법칙에 의해 마그네슘 30 g과 결합한 산소의 질량은 20 g이다. 따라서 산화 마그네슘을 구성하는 마그네슘과 산소의 질량비는 마그네슘 : 산소＝3 : 2이다.

ㄴ. 산화 마그네슘은 마그네슘 원자 1개와 산소 원자 1개로 이루어지며, 질량비가 마그네슘 : 산소＝3 : 2이므로 마그네슘 원자의 상대적 질량 x는 $x : 16 = 3 : 2$, $x = 24$이다.

11 ㄱ. (가)는 일산화 탄소, (나)는 이산화 탄소로 다른 물질이므로 성질이 다르다.

ㄷ. 탄소 1개와 결합하는 산소의 개수비가 (가) : (나)＝1 : 2이므로 같은 양의 탄소와 결합하는 산소의 질량비는 (가) : (나)＝1 : 2이다.

오답 피하기 ㄴ. (가)에서는 탄소와 산소가 1 : 1의 개수비로 결합하므로 질량비는 탄소 : 산소＝12 : 16＝3 : 4이다.

12 화합물 C를 구성하는 A와 B의 질량비는 A : B＝1 : 8이다. 이때 원자의 상대적 질량비가 A : B＝1 : 16이므로 화합물 C는 A 원자 2개와 B 원자 1개로 이루어진다.

13 혼합물에서는 일정 성분비 법칙이 성립하지 않는다. 암모니아수는 물과 암모니아의 혼합물이다.

14 볼트 8개와 너트 16개로 화합물 모형 8개를 만들었으므로 화합물 모형 1개는 볼트 1개와 너트 2개로 구성된다. 따라서 화학식은 BN_2로 나타낼 수 있다. 볼트 8개의 질량이 40 g이므로 볼트 1개의 질량은 5 g이고, 너트 20개의 질량이 40 g이므로 너트 1개의 질량은 2 g이다. BN_2는 볼트 1개와 너트 2개로 이루어지므로 볼트와 너트의 질량비는 B : N＝5 : (2×2)＝5 : 4이다.

15 ㄱ. 구리 4 g을 연소시키면 산화 구리(Ⅱ) 5 g이 생성되므로, 구리 16 g을 연소시킬 때 생성되는 산화 구리(Ⅱ)의 질량 x는 $4 : 5 = 16 : x$, $x = 20(g)$이다.

ㄴ. 구리의 질량이 증가하면 이와 반응하는 산소의 질량도 증가한다.

ㄷ. 구리의 질량에 관계없이 반응하는 구리와 산소의 질량비는 구리 : 산소＝4 : 1로 일정하다.

16 (1) 분자 수의 비는 계수비와 같고, 기체의 반응에서 부피비와 같다.

(2) 예시 답안 $2H_2 + O_2 \longrightarrow 2H_2O$

	채점 기준	배점(%)
(1)	㉠~㉢을 모두 옳게 쓴 경우	50
(2)	화학 반응식을 옳게 쓴 경우	50

17 ④ 반응하는 수소와 산소의 부피비는 수소 : 산소＝2 : 1이므로 수소 기체의 부피가 증가하면 이에 비례하여 산소 기체의 부피도 증가한다.

오답 피하기 ① 실험 2에서 산소 5 mL와 반응하는 수소의 부피는 10 mL이므로 (가)는 수소, 20이다.

② 실험 3에서 산소 15 mL와 반응하는 수소의 부피는 30 mL이고, 반응 후 수소 10 mL가 남으므로 (나)는 40이다.

③ 실험 3에서 생성된 수증기의 부피 (다)는 30이다.

⑤ 실험 2에서 남는 기체는 수소이므로 산소의 부피를 증가시켜야 생성되는 수증기의 부피가 증가한다.

18 ⑤ 같은 온도와 압력에서 같은 부피의 질소와 암모니아 분자 수는 같지만, 각각의 분자를 구성하는 원자 수는 다르다.

오답 피하기 ① 반응 전후 원자의 종류와 개수는 변하지 않고, 총 분자 수는 감소한다.

② 부피비는 분자 수의 비와 같으므로 질소 : 수소 : 암모니아＝1 : 3 : 2이다.

③ 암모니아를 구성하는 질소 : 수소의 개수비가 1 : 3으로 일정하므로 질소와 수소의 질량비도 일정하다.

④ 질소와 암모니아 분자 수의 비는 1 : 2이므로 질소 2분자가 모두 반응하면 암모니아 4분자가 생성된다.

19 같은 온도와 압력에서 같은 부피 속에는 같은 수의 분자가 들어 있다. 염소 기체 10 mL가 모두 반응할 때 생성되는 염화 수소의 부피는 20 mL이고, 같은 온도와 압력에서 10 mL에 들어 있는 분자는 N개이므로 20 mL에 들어 있는 분자는 2N개이다.

20 호흡, 철과 산소의 반응, 메테인의 연소 반응, 중화 반응은 에너지를 방출하는 발열 반응이고, 질산 암모늄과 물의 반응은 에너지를 흡수하는 흡열 반응이다.

21 예시 답안 반응이 일어날 때 주변의 에너지를 흡수하므로 주변의 온도가 낮아진다.

채점 기준	배점(%)
에너지 출입과 주변의 온도 변화를 모두 옳게 설명한 경우	100
에너지 출입과 주변의 온도 변화 중 1가지만 옳게 설명한 경우	50

04강 기권의 층상 구조와 특징

틀리기 쉬운 유형 집중연습하기

23쪽

A 01 A: 대류권, B: 성층권, C: 중간권, D: 열권　　02 A, C
03 A　　04 C　　05 ㄷ
B 06 태양　　07 지구　　08 ㉠ >, ㉡ =　　09 복사 평형

02 위로 올라갈수록 기온이 낮아지면 대기가 불안정하여 대류가 나타난다.

03 대류권은 수증기가 풍부하고 대류가 활발하여 다양한 기상 현상이 나타난다.

04 중간권의 상층부는 기권 중 기온이 가장 낮다.

05 열권에서는 오로라가 관측된다.

08 A 구간은 컵의 에너지 흡수량이 방출량보다 많아 온도가 상승한다. B 구간에서 알루미늄 컵은 복사 평형을 이루었다.

09 처음에는 온도가 높아지다가 시간이 지나면서 복사 평형에 도달해 일정해진다.

04강 기출 예상 문제로 시험 대비하기 1회

24~25쪽

01 ③　　02 ②　　03 ③　　04 ⑤　　05 ②　　06 ③　　07 E
08 ②　　09 ③　　10 ⑤　　11 ②

✍ 서술형 문제

12 생물이 살아가는 데 필요한 기체를 제공해 준다. / 우주에서 날아오는 유성체를 막아 준다. / 지구상의 열이 우주로 빠져나가는 것을 막아 준다. / 태양으로부터 들어오는 유해한 자외선을 막아 준다.

13 공통점: 위로 올라갈수록 기온이 낮아지고, 대류가 일어난다. / 차이점: 대류권에서는 기상 현상이 일어나지만 중간권에서는 기상 현상이 일어나지 않는다.

01 대기는 생명체의 호흡에 필요한 산소를 공급한다.

개념 더하기

대기의 역할

- 우주 공간에서 날아오는 유성체를 막아 준다.
- 태양으로부터 들어오는 유해한 빛인 자외선을 막아 준다.
- 지구상의 열이 우주 공간으로 빠져나가는 것을 막아 준다.
- 저위도의 남는 열을 고위도로 운반하여 저위도와 고위도의 온도 차를 줄여 준다.

02 높이 약 11 km~50 km 구간은 성층권으로 위로 올라갈수록 기온이 높아지고, 높이 약 50 km~80 km 구간은 중간권으로 위로 올라갈수록 기온이 낮아진다.

03 A는 대류권, B는 성층권, C는 중간권, D는 열권이다.

04 (가)는 열권에서 나타나는 오로라 현상, (나)는 중간권에서 관측되는 유성이다.

05 열권은 태양 복사 에너지를 직접 흡수하여 가열되기 때문에 위로 올라갈수록 기온이 높아진다.

06 복사 평형은 물체가 흡수하는 복사 에너지의 양과 방출하는 복사 에너지의 양이 같은 상태이다.

개념 더하기

복사 에너지와 복사 평형

복사 에너지	• 물체의 표면에서 복사의 형태로 방출되는 에너지 • 태양 복사 에너지: 태양이 방출하는 복사 에너지 • 지구 복사 에너지: 지구가 방출하는 복사 에너지
복사 평형	흡수하는 복사 에너지양＝방출하는 복사 에너지양 ➡ 물체의 온도가 일정하게 유지

07 대기에 포함되어 있는 온실 기체는 지표에서 복사되는 에너지를 흡수하여 지구의 온도를 높이는 역할을 한다.

08 처음에는 알루미늄 컵 속의 온도가 오르다가 어느 정도 시간이 지나면 흡수하는 에너지의 양과 방출하는 에너지의 양이 같아져 온도가 일정해진다.

09 지구는 태양보다 온도가 낮으므로 주로 파장이 긴 적외선 영역으로 에너지를 방출한다.

10 이산화 탄소와 같은 온실 기체의 대기 중 농도 증가는 지구의 기온 상승과 관계가 있다.

11 대기 중 온실 기체의 양이 증가하면 지구 온난화가 가속화된다. 따라서 지구 온난화를 막기 위해서는 대기 중 온실 기체의 양을 줄여야 한다.

12 지구의 대기는 기권을 구성하고 있는 여러 가지 기체로, 질소와 산소가 전체 대기의 약 99 %를 차지한다.

예시 답안 생물이 살아가는 데 필요한 기체를 제공해 준다. / 우주에서 날아오는 유성체를 막아 준다. / 지구상의 열이 우주로 빠져나가는 것을 막아 준다. / 태양으로부터 들어오는 유해한 자외선을 막아 준다.

채점 기준	배점(%)
대기의 역할 2가지를 모두 옳게 설명한 경우	100
대기의 역할 중 1가지만 옳게 설명한 경우	30

13 대류권과 중간권은 높이 올라갈수록 기온이 낮아져 대류가 일어나지만, 중간권에는 수증기가 거의 없어 기상 현상이 일어나지 않는다.

예시 답안 공통점: 위로 올라갈수록 기온이 낮아지고, 대류가 일어난다. / 차이점: 대류권에서는 기상 현상이 일어나지만 중간권에서는 기상 현상이 일어나지 않는다.

채점 기준	배점(%)
공통점과 차이점을 모두 옳게 설명한 경우	100
공통점과 차이점 중 1가지만 옳게 설명한 경우	50

04강 기출 예상 문제로 시험 대비하기 2회

26~27쪽

01 ④ 02 ⑤ 03 ⑤ 04 ③ 05 ③ 06 ④ 07 ④
08 70 % 09 ④ 10 ①

서술형 문제

11 수증기가 거의 없기 때문이다.
12 석탄, 석유 등 화석 연료의 사용량 증가, 무분별한 개발로 인한 숲의 면적 감소 등

01 대기 중 가장 많은 양을 차지하는 기체 A는 질소이고, 두 번째로 많은 기체 B는 산소이며, 기체 C는 이산화 탄소이다. 생물의 호흡에 이용되는 기체는 산소이다.

02 대기는 생물체에 필요한 기체를 공급해 주며, 지구를 보온한다.

03 대류권은 위로 올라갈수록 기온이 낮아지는 층으로, 대류와 구름, 비, 눈 등의 기상 현상이 나타난다.

04 ③ B층은 기층이 안정되어 있어 공기의 대류가 일어나지 않아 장거리 여객기의 항로로 이용된다.
오답 피하기 ① 밤낮의 기온 차가 가장 큰 층은 공기가 가장 희박한 열권(D)이다.
② 공기의 대류는 높이 올라갈수록 기온이 내려가는 대류권(A)과 중간권(C)에서 일어난다.
④ 지표에서 방출되는 열에 의해 가열되는 층은 대류권(A)이다.
⑤ 오로라가 관측되고, 인공위성의 궤도로 이용되는 층은 열권(D)이다.

05 대류가 일어나는 층은 대류권과 중간권이며, 성층권은 위로 올라갈수록 기온이 상승한다.

06 지구는 태양 복사 에너지를 흡수한 양만큼 지구 복사 에너지를 방출하므로 연평균 기온이 일정하게 유지된다.

07 실험에서 처음에 컵 속의 기온이 상승하는 것은 흡수하는 에너지양이 방출하는 에너지양보다 많기 때문이다. 또, 시간이 지나면 흡수하는 에너지와 방출하는 에너지의 양이 같아져 복사 평형을 이루므로 컵 속의 기온이 일정해진다.

개념 더하기

복사 평형 실험

컵을 가열할 때 처음에는 기온이 상승하므로 컵이 에너지를 방출하지 않고 흡수만 한다고 생각하기 쉽다. 그러나 모든 물체는 표면 온도에 해당하는 복사 에너지를 방출한다. 이러한 사실은 가열 중인 컵을 손으로 만져 보면 뜨겁게 느껴지는 것으로부터 쉽게 알 수 있다.

08 지구는 복사 평형을 이루고 있으므로 흡수한 태양 복사 에너지의 양(70 %)만큼 우주 공간으로 지구 복사 에너지를 방출한다.

09 지구 온난화를 일으키는 기체를 온실 기체라고 하는데, 온실 기체에는 이산화 탄소, 메테인, 수증기, 프레온 가스 등이 있다.

10 지구 온난화로 인해 빙하가 녹으므로 해수의 염분은 낮아진다.

11 예시 답안 수증기가 거의 없기 때문이다.

채점 기준	배점(%)
수증기가 거의 없다고 옳게 설명한 경우	100
수증기 때문이라고만 설명한 경우	30

12 이산화 탄소의 농도 증가는 주로 인간 활동에 의해 일어난다.

예시 답안 석탄, 석유 등 화석 연료의 사용량 증가, 무분별한 개발로 인한 숲의 면적 감소 등

채점 기준	배점(%)
원인 2가지를 옳게 설명한 경우	100
원인을 1가지만 옳게 설명한 경우	50

05강 대기 중의 물

틀리기 쉬운 유형 집중연습하기

29쪽

A 01 A<B=C 02 A, B, C 03 A=B<C
04 26.5 g/kg 05 12.0 g
B 06 (가) 빙정설, (나) 병합설 07 찬비, 빙정, 중위도나 고위도 지방 08 따뜻한 비, 열대 지방 09 (가)

01 기온은 각각 A 공기는 30 ℃, B 공기는 35 ℃, C 공기는 35 ℃이다.

시험대비편

02 A, B, C 모두 포화 수증기량 곡선상에 있지 않다. 포화 상태의 공기는 포화 수증기량 곡선상에 있다.

03 이슬점은 각각 A 공기는 20 ℃, B 공기는 20 ℃, C 공기는 30 ℃이다.

04 포화 수증기량 곡선과 만나는 지점의 세로축 값이다.

05 C 공기의 현재 수증기량은 26.5 g/kg이고, 20 ℃에서의 포화 수증기량은 14.5 g/kg이므로 응결량은 26.5−14.5＝12.0(g/kg)이다.

06 중위도나 고위도의 강수 과정을 설명하는 강수 이론은 빙정설, 열대 지방은 병합설로 설명한다.

09 중위도 지방의 강수 이론은 빙정설로 설명된다.

06 포화 상태인 공기의 상대 습도는 100 %이다. 상대 습도는 이슬점과 포화 수증기량에 따라 결정되므로 이슬점만으로는 상대 습도를 구할 수 없다.

07 이날 이슬점이 거의 변하지 않는 것으로 보아 공기 중의 수증기량은 거의 일정하다.

08 공기 덩어리가 상승하면 주변의 기압이 낮아지므로 공기 덩어리의 부피가 팽창한다.

09 구름은 모양에 따라 층운형 구름과 적운형 구름으로 분류한다.

10 그림은 열대 지방의 구름 속에서 비가 생성되는 과정을 설명한 병합설을 나타낸 것이다.

11 현재 수증기량이 일정하면 습도는 포화 수증기량에 반비례한다.

예시 답안 맑은 날은 공기 중의 수증기량이 거의 변하지 않지만 기온이 높아지면 포화 수증기량이 증가하기 때문이다.

채점 기준	배점(%)
공기 중의 수증기량과 기온에 따른 포화 수증기량의 변화를 옳게 설명한 경우	100
기온에 따른 포화 수증기량의 변화만 설명한 경우	50

12 구름 발생 장치의 밸브를 열면 내부의 기온이 낮아져 수증기가 응결해 내부가 뿌옇게 흐려진다.

예시 답안 내부의 기온이 낮아지고, 뿌옇게 흐려진다.

채점 기준	배점(%)
기온 변화와 내부의 상태를 옳게 설명한 경우	100
기온 변화나 내부의 상태 중 1가지만 옳게 설명한 경우	50

05강 기출 예상 문제로 시험 대비하기 1회

30~31쪽

01 ④	**02** 포화 상태	**03** ②	**04** ③	**05** ④	**06** ②
07 ①	**08** ⑤	**09** 적운형 구름	**10** ③		

✎ 서술형 문제

11 맑은 날은 공기 중의 수증기량이 거의 변하지 않지만 기온이 높아지면 포화 수증기량이 증가하기 때문이다.
12 내부의 기온이 낮아지고, 뿌옇게 흐려진다.

01 응결은 대기 중의 수증기가 물방울로 변하는 현상이고, 증발은 물방울이 수증기로 변하는 현상이다. ㄱ, ㄷ, ㄹ은 응결에 의한 현상이고, 젖은 머리카락이 마르는 것은 증발에 의한 현상이다.

02 포화 상태에서는 응결량과 증발량이 같다.

03 ② B와 C는 현재 수증기량이 같기 때문에 이슬점이 같다.
오답 피하기 ① A와 B는 포화 상태, C와 D는 불포화 상태이다.
③ C는 D보다 현재 수증기량이 많기 때문에 이슬점도 D보다 높다.
④ C와 D는 기온이 같기 때문에 포화 수증기량이 같다.
⑤ A~D 중 상대 습도가 가장 높은 것은 포화 수증기량 곡선상에 있는 A와 B이다.

04 25 ℃, 1 kg의 공기가 최대로 포함할 수 있는 수증기량은 19.7 g이다. 따라서 10 kg의 공기가 최대로 포함할 수 있는 수증기량은 19.7 g/kg×10 kg＝197 g이다.

05 현재 공기 1 kg에는 10.5 g×0.7＝7.35 g의 수증기가 포함되어 있다. 이 공기의 기온을 20 ℃로 높였을 때의 상대 습도는 $\dfrac{7.35\,\text{g/kg}}{14.5\,\text{g/kg}}\times100≒51(\%)$이다.

05강 기출 예상 문제로 시험 대비하기 2회

32~33쪽

01 ⑤	**02** 이슬점	**03** ①	**04** ③	**05** ③	**06** ②, ④	**07** ⑤
08 (나), 층운형 구름		**09** ⑤	**10** B	**11** ③		

✎ 서술형 문제

12 기온이 낮아지면 포화 수증기량이 감소하여 안경 주위의 수증기가 응결하기 때문이다.
13 A와 B의 이슬점은 같다. 이슬점은 현재 수증기량의 영향을 받는데, A와 B의 현재 수증기량이 같기 때문에 이슬점도 같다.

01 포화 수증기량은 포화 상태의 공기 1 kg 속에 포함되어 있는 수증기량(g)으로, 기온이 높아지면 증가하고 기온이 낮아지면 감소한다.

02 수증기의 응결이 일어나기 시작할 때의 온도를 이슬점이라고 한다.

03 포화 수증기량은 기온의 영향을 받는다. 기온이 높아지면 포화 수증기량이 증가하고, 기온이 낮아지면 포화 수증기량은 감소한다.

04 응결량은 현재 공기 중의 수증기량에서 냉각된 기온에서의 포화 수증기량을 뺀 값이다. 공기 A의 현재 수증기량은 14.5 g/kg이고, 15 ℃에서의 포화 수증기량은 10.5 g/kg이다.

05 $39.6\,\% = \dfrac{현재\ 수증기량}{26.5\,g/kg} \times 100$에서 이 실험실의 현재 수증기량은 10.5 g/kg이다. 따라서 이슬점은 15 ℃이다.

06 공기 덩어리가 상승하면 주변 기압이 낮아지므로 부피가 팽창하면서 기온이 내려간다. 그 결과 상대 습도가 증가하여 수증기의 응결이 일어나므로 구름이 생성된다.

07 간이 가압 장치의 압축 펌프를 누른 후 뚜껑을 열면 내부의 부피가 팽창하면서 기온이 낮아져 수증기가 응결하므로 내부가 뿌옇게 흐려진다.

자료 분석

구름 발생 실험

압축 펌프를 누를 때	뚜껑을 열 때

부피 압축 → 기온 상승 → 내부가 맑아진다.	부피 팽창 → 기온 하강 → 내부가 뿌옇게 흐려진다.

---

08 (가)는 상승 기류가 강한 곳에서 생기는 적운형 구름이고, (나)는 상승 기류가 약한 곳에서 생기는 층운형 구름이다.

09 그림의 강수 과정은 열대 지방에서 따뜻한 비를 내리는 강수 과정인 병합설이다.

10 B는 물방울과 빙정이 함께 섞여 있는 층이다. A는 기온이 낮아 주로 얼음 알갱이로 이루어진 층이며, C는 기온이 높아 물방울로 이루어져 있다.

11 ③ 중위도나 고위도 지방에서 높이 발달한 구름에서는 물방울에서 증발한 수증기가 빙정에 달라붙어 눈이 된다.

오답 피하기 ①, ②, ⑤ 그림은 중위도나 고위도 지방에서 내리는 눈과 비의 생성 과정을 설명하는 것으로, 찬비 또는 빙정설이라고 한다.

④ 눈이 내리다가 지표면 부근의 기온이 0 ℃ 이상이면 녹아서 비가 된다.

12 대기 중의 수증기가 물방울로 변하는 현상을 응결이라고 한다.

예시 답안 기온이 낮아지면 포화 수증기량이 감소하여 안경 주위의 수증기가 응결하기 때문이다.

채점 기준	배점(%)
주어진 용어를 모두 사용하여 까닭을 옳게 설명한 경우	100
주어진 용어를 1가지 이상 빼고 까닭을 설명한 경우	50

13 이슬점은 공기 중의 현재 수증기량의 영향을 받는다.

예시 답안 A와 B의 이슬점은 같다. 이슬점은 현재 수증기량의 영향을 받는데, A와 B의 현재 수증기량이 같기 때문에 이슬점도 같다.

채점 기준	배점(%)
A와 B의 이슬점을 옳게 비교하고, 그 까닭을 현재 수증기량과 관련지어 설명한 경우	100
A와 B의 이슬점만 옳게 비교한 경우	40

06강 기압과 바람

틀리기 쉬운 유형 집중연습하기 35쪽

A **01** (가) 해풍, (나) 육풍 **02** (가) 육지, (나) 바다 **03** (가) 바다, (나) 육지 **04** (가) → , (나) ←

B **05** (가) 남동 계절풍, (나) 북서 계절풍 **06** (가) 여름철, (나) 겨울철 **07** 기온: <, 기압:> **08** 대륙 → 해양

01 (가)는 낮에 바다에서 육지로 부는 해풍이고, (나)는 밤에 육지에서 바다로 부는 육풍이다.

02 해풍은 육지 쪽이 기온이 높고, 육풍은 바다 쪽이 기온이 높다.

03 해풍은 바다 쪽에 고기압이 형성되고, 육풍은 육지 쪽에 고기압이 형성된다.

04 해풍은 바다에서 육지로 바람이 불고, 육풍은 육지에서 바다로 바람이 분다.

05 (가)는 여름철에 해양에서 대륙으로 부는 남동 계절풍이고, (나)는 겨울철에 대륙에서 해양으로 부는 북서 계절풍이다.

08 겨울철에는 대륙 쪽의 기압이 해양 쪽보다 높기 때문에 대륙에서 해양으로 바람이 분다.

36~37쪽

01 ⑤　**02** ㉠ 76, ㉡ 1013, ㉢ 10　**03** ⑤　**04** ㄱ, ㄴ　**05** ④
06 ②　**07** ①　**08** ④　**09** ⑤　**10** ③　**11** ③

서술형 문제

12 기압과 같은 크기의 압력이 몸의 안쪽에서 바깥쪽으로 작용하기 때문이다.
13 바람은 두 지점의 기압 차이에 의해서 공기가 수평 방향으로 이동하는 것으로, 기압이 높은 곳에서 낮은 곳으로 분다.

01 1기압은 수은 기둥 76 cm의 압력과 크기가 같다. 따라서 기압이 1기압보다 작아지면 수은 기둥의 높이는 76 cm보다 낮아진다.

02 1기압=76 cmHg≒1013 hPa=약 10 m 물기둥의 압력과 같다.

03 유리관 속의 수은 기둥에 의한 압력과 수은면에 작용하는 기압의 크기가 같기 때문에 수은이 더 이상 내려오지 않고 멈춘다.

04 흡착 고리를 이용해 유리 벽면에 물건을 붙이는 것, 타이어에 공기를 넣으면 팽팽해지는 현상은 모두 기압을 이용한 예이다.

05 바람은 두 지점의 기압 차이에 의해 공기가 기압이 높은 곳에서 낮은 곳으로 이동하는 수평적인 흐름이다.
　　오답 피하기 ㄷ. 지표면이 가열되는 곳은 기압이 낮고, 냉각되는 곳은 기압이 높다.

06 위로 올라갈수록 중력이 급격히 작아져 공기의 양이 줄어들기 때문에 기압이 낮아진다.

07 전등을 끄면 비열이 작은 모래의 온도가 물보다 빨리 내려간다.
　　오답 피하기 ㄷ. 전등을 켜면 비열이 작은 모래의 온도가 물보다 높아진다.
　　ㄹ. 전등을 켜면 비열이 작은 모래가 물보다 빨리 가열된다. 따라서 물 쪽의 기압이 모래 쪽보다 높게 나타나며, 향 연기는 물 쪽에서 모래 쪽으로 이동한다.

08 해륙풍과 계절풍은 육지와 바다의 가열·냉각 속도 차이에 의해 부는 바람이다.

09 낮에는 육지가 바다보다 기온이 높고, 밤에는 바다가 육지보다 기온이 높다.

10 그림은 밤에 부는 육풍이다. 밤에는 바다가 육지보다 기온이 높고, 육지가 바다보다 기압이 높다.

11 겨울철에는 대륙 쪽의 기압이 해양 쪽보다 높으므로 대륙에서 해양 쪽으로 북서 계절풍이 분다.

---

12 우리 몸은 외부의 기압만큼 몸 안쪽에서 바깥쪽으로 압력이 작용한다.
　　예시 답안 기압과 같은 크기의 압력이 몸의 안쪽에서 바깥쪽으로 작용하기 때문이다.

채점 기준	배점(%)
기압과 같은 크기의 압력이 몸 안쪽에서 바깥쪽으로 작용한다고 옳게 설명한 경우	100
기압이 작용한다고만 설명한 경우	30

13 바람은 두 지점의 기압 차이에 의해 분다.
　　예시 답안 바람은 두 지점의 기압 차이에 의해서 공기가 수평 방향으로 이동하는 것으로, 기압이 높은 곳에서 낮은 곳으로 분다.

채점 기준	배점(%)
원인과 방향 모두 옳게 설명한 경우	100
원인이나 방향 중 1가지만 옳게 설명한 경우	50

38~39쪽

01 ⑤　**02** ③　**03** ㄷ-ㄴ-ㄱ　**04** ⑤　**05** ④　**06** ④
07 ⑤　**08** ①　**09** ⑤　**10** ①

서술형 문제

11 76 cm, 1기압은 수은 기둥 76 cm 높이가 누르는 압력과 같기 때문이다.
12 해륙풍과 계절풍은 지표면의 가열과 냉각에 의한 기압 차이로 부는 바람이다.

01 수은 기둥 76 cm가 누르는 압력은 1기압에 해당하며, 약 1013 hPa에 해당한다.

02 토리첼리의 기압 측정 실험에서는 유리관의 굵기나 기울기에 관계없이 같은 기압에서는 수은 기둥의 높이가 일정하다.

> **자료 분석**
>
> **토리첼리의 기압 측정 실험**
>
> 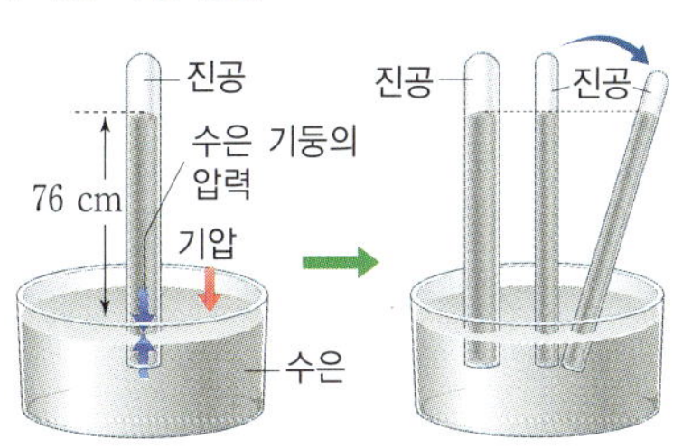
>
>
> • 수은 기둥은 수은면에서 76 cm 높이에서 멈춘다. ➡ 수은면에 작용하는 기압과 수은 기둥의 압력이 같아지기 때문
> • 같은 기압에서는 유리관의 굵기나 기울기를 다르게 해도 수은 기둥의 높이는 변하지 않는다.

03 1기압＝760 mmHg＝약 10 m 물기둥의 압력≒1013 hPa
과 같다.

오답 피하기 780 mmHg와 79 cmHg(＝790 mmHg)는 1
기압보다 기압이 크다. 1000 hPa은 1기압보다 기압이
작다.

04 지구를 둘러싼 대기는 약 1000 km 높이까지 분포하므
로 1기압은 공기 기둥 약 1000 km의 압력과 같다. 1기압
＝760 mmHg＝76 cmHg≒1013 hPa≒10 m 물기
둥≒1000 km 공기 기둥이다.

05 습도는 기온과 수증기량에 의해 달라진다.

06 지표면이 가열되는 곳은 공기가 주변보다 가벼워져 상승하
므로 기압이 낮아진다.

07 ⑤ 해륙풍은 육지와 바다의 가열·냉각 속도 차이에 의해
발생한 기압 차로 인해 부는 바람이다.

오답 피하기 ① (가)는 해풍으로 낮에 부는 바람이고, (나)는
육풍으로 밤에 부는 바람이다.
② (가)에서 바다는 육지보다 기온은 낮고, 기압은 높다.
③ (나)에서 육지는 바다보다 기온은 낮고, 기압은 높다.
④ (가), (나)와 같은 해륙풍은 해안가에서 하루를 주기로
풍향이 바뀌는 바람이다.

08 그림은 여름철에 부는 남동 계절풍을 나타낸 것이다. 여름
철에는 대륙이 해양보다 기온이 높고 기압은 낮으며, 수증
기량은 적다.

09 계절풍이 부는 원리는 해륙풍이 부는 원리와 같고, 시간과
장소의 규모가 다를 뿐이다. 겨울에는 대륙에 고기압, 해양
에 저기압이 형성된다.

10 전등을 켜면 모래가 빨리 가열되어 모래 위의 공기가 상승
하므로, 향 연기는 물 → 모래로 이동한다.

11 기압은 공기가 누르는 압력이다.

예시 답안 76 cm, 1기압은 수은 기둥 76 cm 높이가 누르는 압력
과 같기 때문이다.

채점 기준	배점(%)
높이와 까닭을 옳게 설명한 경우	100
높이만 옳게 설명한 경우	30

12 해륙풍은 해안 지방에서 낮과 밤에 풍향이 반대로 바뀌며
부는 바람이고, 계절풍은 대륙과 해양 사이에서 계절에 따
라 풍향이 바뀌면서 부는 바람이다.

예시 답안 해륙풍과 계절풍은 지표면의 가열과 냉각에 의한 기압
차로 부는 바람이다.

채점 기준	배점(%)
해륙풍과 계절풍의 공통점을 옳게 설명한 경우	100
기압 차이로 발생한다고만 설명한 경우	40

07강 날씨 변화

틀리기 쉬운 유형 집중연습하기
41쪽

A **01** A: 시베리아 기단, B: 양쯔강 기단, C: 북태평양 기단, D: 오
호츠크해 기단　**02** A: 겨울, B: 봄, 가을, C: 여름, D: 초여름
03 C, D　**04** A: 한랭 건조, B: 온난 건조, C: 고온 다습, D:
한랭 다습
B **05** C　**06** A　**07** A: 남동풍, B: 남서풍, C: 북서풍　**08** A

03 우리나라의 초여름에 발생하는 장마 전선은 북쪽의 오호츠크
해 기단과 남쪽의 북태평양 기단이 만나 많은 비를 내린다.

04 대륙에서 발생한 기단은 건조하고, 해양에서 발생한 기단
은 습하다.

05 한랭 전선의 뒤쪽에서는 좁은 지역에 소나기성 비가 내린다.

06 온난 전선 앞쪽에는 층운형 구름이 형성된다.

07 온난 전선의 앞쪽에는 남동풍이, 한랭 전선의 뒤쪽에는 북서
풍이 분다. 온난 전선과 한랭 전선 사이에는 남서풍이 분다.

08 온대 저기압은 서쪽에서 동쪽으로 이동하므로 A 지역은
온난 전선 통과 후 날씨가 맑아지고, 기온이 높아진다.

07강 기출 예상 문제로 시험 대비하기 1회
42~43쪽

01 ①　**02** ⑤　**03** ⑤　**04** ②　**05** ③　**06** 한랭 전선　**07** ③
08 ①　**09** ④　**10** ②

서술형 문제

11 전선의 형성 원리, 성질이 다른 두 물질이 만나면 바로 섞이지 않
고 경계를 이루기 때문이다.
12 두 전선 사이의 거리는 점점 가까워질 것이다. 그 까닭은 한랭 전
선의 이동 속도가 온난 전선보다 빠르기 때문이다.

01 지표면의 한 지역에 공기가 오랫동안 머물러 있으면 기온,
습도 등의 성질이 지표면과 비슷해진다. 이러한 큰 공기 덩
어리를 기단이라고 한다.

02 A는 시베리아 기단으로 한랭 건조(ⓒ), B는 양쯔강 기단
으로 온난 건조(㉠), C는 북태평양 기단으로 고온 다습(ⓒ),
D는 오호츠크해 기단으로 한랭 다습(㉣)하다.

03 습도가 높은 오호츠크해 기단과 북태평양 기단이 동해상에
서 만나면 장마 전선이 형성된다.

04 ② 한랭 전선은 온난 전선보다 이동 속도가 빠르다.

오답 피하기 ① 우리나라에 형성되는 장마 전선은 정체 전선
이다.

③ 폐색 전선은 이동 속도가 빠른 한랭 전선이 온난 전선을 따라잡아 겹쳐져서 생긴다.

④ 한랭 전선은 찬 공기가 따뜻한 공기 아래로 파고들 때 만들어진다.

⑤ 정체 전선은 세력이 비슷한 두 기단이 만나 한 장소에 오랫동안 머무를 때 형성되는 전선이다.

05 우리나라는 여름철에 동해상에서 북태평양 기단과 오호츠크해 기단이 만나 정체 전선인 장마 전선이 만들어진다.

개념 더하기

전선의 기호

한랭 전선	온난 전선	폐색 전선	정체 전선

---

06 한랭 전선에서는 적운형 구름이 만들어지고, 전선 뒤쪽에서 소나기가 내린다.

07 그림은 전선면의 기울기가 완만한 온난 전선이다. 온난 전선에서는 전선 앞쪽에서 이슬비가 내린다.

08 고기압 지역은 주변보다 기압이 상대적으로 높은 지역으로, 하강 기류가 발달해 날씨가 맑다.

09 북반구 저기압 지역에서는 상승 기류가 나타나고, 바람은 시계 반대 방향으로 불어 들어온다.

10 ㄴ. B 지역은 현재 기온이 높고, 날씨가 맑다.
ㄹ. 온대 저기압은 중위도에서 발달하므로 편서풍의 영향으로 서쪽에서 동쪽으로 이동한다.
오답 피하기 ㄱ. A 지역은 온난 전선이 다가오는 지역으로, 이슬비가 내린다.
ㄷ. C 지역은 한랭 전선 뒤쪽으로, 소나기가 내린다.

11 밀도가 큰 찬물은 밀도가 작은 따뜻한 물 아래로 이동한다.
예시 답안 전선의 형성 원리, 성질이 다른 두 물질이 만나면 바로 섞이지 않고 경계를 이루기 때문이다.

채점 기준	배점(%)
이 실험을 통해 알 수 있는 사실과 이러한 현상이 나타나는 까닭을 모두 옳게 설명한 경우	100
이러한 현상이 나타나는 까닭만 옳게 설명한 경우	70
이 실험을 통해 알 수 있는 사실만 옳게 설명한 경우	30

12 **예시 답안** 두 전선 사이의 거리는 점점 가까워질 것이다. 그 까닭은 한랭 전선의 이동 속도가 온난 전선보다 빠르기 때문이다.

채점 기준	배점(%)
두 전선 사이의 거리 변화와 그 까닭을 모두 옳게 설명한 경우	100
두 전선 사이의 거리 변화 까닭만 옳게 설명한 경우	70
두 전선 사이의 거리 변화만 옳게 설명한 경우	30

07강 기출 예상 문제로 시험 대비하기 2회

44~45쪽

01 ⑤ **02** ④ **03** ② **04** ④ **05** ④ **06** ③ **07** ③
08 ② **09** (나)-(라)-(다)-(가)

서술형 문제

10 하강 기류가 생겨 구름이 생성되지 않기 때문이다.
11 현재 이슬비가 내리고 있으나 온난 전선이 통과한 후에는 맑고 따뜻한 날씨가 되며, 그 후 한랭 전선이 지나면서 소나기가 내리고 기온이 낮아진다.

01 ⑤ 기단은 발생 장소에 계속 머무는 것이 아니라 이동하기도 하는데, 이때 이동하는 지역의 지표면의 영향을 받아 아랫부분부터 성질이 변한다.
오답 피하기 ① 기단은 해양, 대륙, 고위도, 저위도 등 발생 장소에 따라 성질이 다르다.
② 어떤 지역에 영향을 주는 기단은 계절에 따라 차이가 난다. 예를 들어 우리나라는 여름에 북태평양 기단의 영향을 받고, 겨울에 시베리아 기단의 영향을 받는다.
③ 대륙에서 생성된 기단은 건조하고, 해양에서 생성된 기단은 습하다.
④ 저위도에서 생성된 기단은 따뜻하고, 고위도에서 생성된 기단은 차다.

02 북태평양 기단은 저위도 해양에서 발생한 기단이므로 고온 다습하다.
오답 피하기 양쯔강 기단은 온난 건조, 시베리아 기단은 한랭 건조, 오호츠크해 기단은 한랭 다습하다.

03 ② 그림에서 A는 시베리아 기단(겨울), B는 양쯔강 기단(봄·가을), C는 북태평양 기단(여름), D는 오호츠크해 기단(초여름)이다.
오답 피하기 ① A는 고위도 대륙에서 발생한 시베리아 기단으로, 우리나라의 겨울철에 영향을 미친다.
③ C는 고온 다습한 북태평양 기단으로, 우리나라의 여름철에 영향을 미친다. 북태평양 기단의 영향으로 우리나라는 여름철에 폭염과 열대야가 나타나기도 한다.
④ D는 고위도 해양에서 발생한 오호츠크해 기단으로, 우리나라의 초여름에 영향을 미친다.
⑤ 우리나라의 장마 전선에 영향을 미치는 기단은 C(북태평양 기단)와 D(오호츠크해 기단)이다.

04 찬 공기와 따뜻한 공기가 만나면 밀도가 큰 찬 공기가 아래쪽으로 움직이므로, 전선면은 찬 공기 쪽으로 기울어지게 된다.

05 정체 전선은 세력이 비슷한 두 기단이 만나 한곳에 오랫동안 머물러 있을 때 만들어진다.

06 한랭 전선에서는 적운형 구름이 만들어진다.

개념 더하기

한랭 전선과 온난 전선

구분	한랭 전선	온난 전선
형성	찬 공기가 따뜻한 공기 아래를 파고들 때	따뜻한 공기가 찬 공기 위로 올라갈 때
전선면 기울기	급하다.	완만하다.
구름	적운형 구름	층운형 구름
강수	전선의 뒤쪽에 소나기	전선의 앞쪽에 이슬비
이동 속도	빠르다.	느리다.
통과 후 변화	기온 하강, 기압 상승	기온 상승, 기압 하강

07 등압선 사이의 간격이 가장 좁은 C에서 바람이 가장 강하게 분다.

08 ㉠은 한랭 전선, ㉡은 온난 전선이다. A 지역에서는 적운형 구름, C 지역에서는 층운형 구름이 발달한다.

09 삼한사온 현상은 겨울, 꽃샘추위는 봄, 남고북저형 기압 배치는 여름, 장마 전선은 초여름 일기의 특징이다.

개념 더하기

우리나라의 계절별 기압 배치와 날씨

구분	기압 배치	날씨
봄, 가을	이동성 고기압과 저기압	• 봄: 잦은 날씨 변화, 꽃샘추위 • 가을: 맑은 날씨
여름	남고북저형	• 남동 계절풍, 무덥고 습한 날씨 • 장마(초여름), 열대야, 태풍
겨울	서고동저형	• 북서 계절풍, 춥고 건조한 날씨 • 한파, 폭설

10 고기압은 주위보다 상대적으로 기압이 높은 곳으로 중심에 하강 기류가 생긴다.

> **예시 답안** 하강 기류가 생겨 구름이 생성되지 않기 때문이다.

채점 기준	배점(%)
까닭을 옳게 설명한 경우	100
하강 기류나 구름 중 1가지만 설명한 경우	40

11 A 지점은 온난 전선 앞쪽에 위치한다.

> **예시 답안** 현재 이슬비가 내리고 있으나 온난 전선이 통과한 후에는 맑고 따뜻한 날씨가 되며, 그 후 한랭 전선이 지나면서 소나기가 내리고 기온이 낮아진다.

채점 기준	배점(%)
현재 날씨와 온난 전선, 한랭 전선이 통과한 후의 날씨를 모두 옳게 설명한 경우	100
현재 날씨만 옳게 설명한 경우	30

Ⅱ단원 평가하기

46~49쪽

01 ② **02** ④ **03** ①,④ **04** ① **05** ① **06** ③ **07** ②
08 ⑤ **09** 75 % **10** ① **11** 공기의 상승 운동이 강할 때에는 적운형 구름이 생성되고, 상승 운동이 약할 때에는 층운형 구름이 생긴다. 적운형 구름에서는 소나기가 내리고, 층운형 구름에서는 이슬비가 내린다. **12** ② **13** 76 cm **14** ⑤ **15** ④ **16** ⑤
17 ⑤ **18** ③ **19** ③ **20** ②

01 대기를 구성하는 기체로는 질소, 산소, 아르곤, 이산화 탄소 등이 있는데, 그중 질소와 산소가 약 99 %로 대부분을 차지한다.

개념 더하기

대기의 성분비

대기는 기권을 구성하고 있는 여러 가지 기체로, 기권을 구성한다.

> 질소 > 산소 > 아르곤 > 이산화 탄소 > 기타

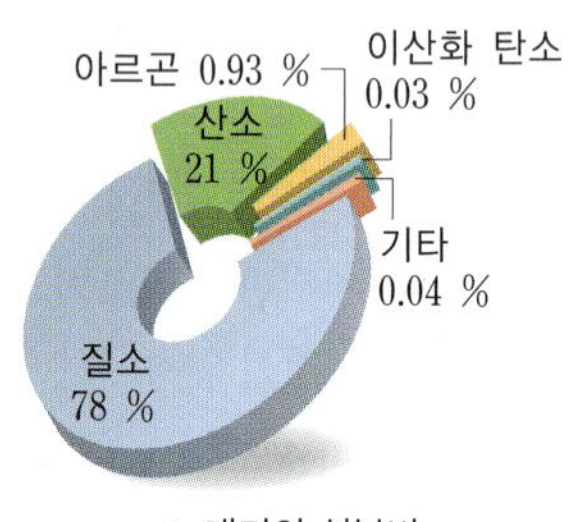

▲ 대기의 성분비

02 지구의 대기는 지구상의 열이 우주 공간으로 빠져나가는 것을 막아 주는 역할을 한다.

03 열권은 공기가 매우 희박하여 낮과 밤의 기온 차가 크게 나타나며, 고위도 지역에서 오로라가 발생한다.

04 ㄱ. 복사 평형 온도는 전등과 알루미늄 컵 사이의 거리가 가까운 (가)가 (나)보다 높다.

> **오답 피하기** ㄴ. 복사 평형에 도달하는 시간은 전등과 알루미늄 컵 사이의 거리가 가까운 (가)가 더 짧다.
> ㄷ. 알루미늄 컵의 온도 변화는 전등으로부터의 거리가 가까울수록 크게 나타난다.

05 지구는 표면 온도가 낮으므로 주로 적외선 형태로 복사 에너지를 방출한다.

06 포화 상태의 공기 중에 물이 든 비커를 놓아두면 증발량과 응결량이 같아져서 물의 높이는 일정하게 유지된다.

07 A~C는 현재 수증기량이 같기 때문에 이슬점도 같다.

08 고기압 중심에서는 하강 기류가 생기므로 구름이 생성되지 않아 날씨가 맑다.

09 상대 습도(%) = $\dfrac{18 \text{ g/kg}}{24 \text{ g/kg}} \times 100 = 75(\%)$

10 (가)는 빙정설로 찬비, (나)는 병합설로 따뜻한 비가 내리는 과정을 설명한다.

개념 더하기

강수 이론

구분	병합설(따뜻한 비)	빙정설(찬비)
지역	열대 지방	중위도나 고위도 지방
강수 과정	물방울끼리 충돌해서 합쳐진다. → 빗방울로 성장한다.→ 빗방울이 무거워져 지표면으로 떨어지면 비가 된다.	물방울에서 증발한 수증기가 빙정에 달라붙는다. → 빙정이 무거워져 지표면으로 떨어지면 눈, 떨어지다 녹으면 비가 된다.

11 구름은 모양에 따라 적운형 구름과 층운형 구름으로 분류한다. 구름의 모양이 다른 까닭은 공기 덩어리의 상승 속도가 다르기 때문이다.

[예시 답안] 공기의 상승 운동이 강할 때에는 적운형 구름이 생성되고, 상승 운동이 약할 때에는 층운형 구름이 생긴다. 적운형 구름에서는 소나기가 내리고, 층운형 구름에서는 이슬비가 내린다.

채점 기준	배점(%)
차이점 2가지 모두 옳게 설명한 경우	100
차이점 1가지만 옳게 설명한 경우	50

12 따뜻한 물로 헹군 유리병이 식으면 외부보다 기압이 낮아진다. 그 결과 달걀이 기압이 낮은 유리병 안으로 들어간다.

13 약 1013 hPa은 1기압에 해당하므로, 수은 기둥 76 cm의 높이가 누르는 힘의 크기와 같다.

14 ㄷ, ㄹ. 그림은 하루를 주기로 낮에 부는 바람인 해풍의 모습이다. 낮에는 육지가 빨리 가열되어 육지 쪽에 저기압이 형성된다.

[오답 피하기] ㄱ. 해풍이다.
ㄴ. 낮에 부는 바람이다.

15 그림은 여름철에 부는 남동 계절풍이다. 여름철에는 대륙이 해양보다 빨리 가열되고, 겨울철에는 대륙이 해양보다 빨리 냉각된다.

16 전등을 켜고 가열하면 모래의 온도는 물보다 빨리 높아져 물 쪽의 기압이 모래 쪽보다 높다. 따라서 향 연기는 물에서 모래 쪽으로 이동한다.

17 A는 우리나라 겨울철에 영향을 주는 시베리아 기단이다. 따라서 우리나라는 춥고 건조한 날씨가 나타난다.

18 온난 전선이 지나가고 나면 따뜻한 공기의 영향을 받으므로 기온이 높아진다.

19 (가)는 한랭 전선, (나)는 온난 전선으로, 한랭 전선 후면에서는 적운형 구름에서 소나기가, 온난 전선 전면에서는 층운형 구름에서 이슬비가 내린다.

20 공기는 고기압 지역에서 저기압 지역으로 이동한다.

Ⅲ. 운동과 에너지

08강 운동

틀리기 쉬운 유형 집중연습하기 51쪽

A **01** 등속 운동 **02** 2 m/s **03** 40 m **04** ㄱ, ㄴ **05** 50 m

B **06** 중력 **07** 1 : 2 : 3 **08** ③ **09** A와 B는 동시에 지면에 도달한다.

01 물체는 속력이 일정한 등속 운동을 한다.

02 속력$=\dfrac{\text{이동 거리}}{\text{걸린 시간}}=\dfrac{20\,\text{m}}{10\,\text{s}}=2\,\text{m/s}$

03 물체는 일정한 속력으로 운동하므로 이동 거리=속력×시간$=2\,\text{m/s}\times20\,\text{s}=40\,\text{m}$이다.

04 ㄱ, ㄴ. 무빙워크와 에스컬레이터는 속력이 일정한 운동을 한다.

[오답 피하기] ㄷ. 브레이크를 밟은 자동차는 속력이 점점 감소한다.
ㄹ. 빗면을 굴러 내려가는 공은 속력이 점점 증가한다.

05 이동 거리는 시간 – 속력 그래프 아래의 넓이와 같다. 따라서 이동 거리$=5\,\text{m/s}\times10\,\text{s}=50\,\text{m}$이다.

06 물체의 운동 방향과 같은 방향으로 중력이 작용한다.

07 물체는 자유 낙하 운동을 하므로 1초마다 속력이 9.8 m/s씩 증가한다. 따라서 1초일 때의 속력은 9.8 m/s, 2초일 때의 속력은 19.6 m/s, 3초일 때의 속력은 29.4 m/s이므로 속력의 비는 1 : 2 : 3이다.

08 물체의 속력이 일정하게 증가하므로 시간 – 속력 그래프는 원점을 지나는 기울기가 일정한 직선 형태이다.

09 자유 낙하 하는 물체의 속력 변화는 물체의 질량에 관계없이 모두 같다. 따라서 A와 B는 동시에 지면에 도달한다.

08강 기출 예상 문제로 시험 대비하기 1회 52~53쪽

01 ③ **02** ④ **03** 2.5 m/s **04** ④ **05** 450 km **06** ②, ④
07 ④ **08** ② **09** ② **10** ① **11** 29.4 N

서술형 문제

12 물체의 속력이 점점 빨라지므로 일정한 간격으로 붙인 색 테이프를 지나는 시간 간격이 점점 짧아진다.

01 속력$=\dfrac{\text{이동 거리}}{\text{걸린 시간}}$이므로 속력을 비교할 때 같은 시간 동안 이동한 거리가 길수록 속력이 빠르다.

02 시간-이동 거리 그래프의 기울기는 속력을 의미한다.
ㄴ. B 구간에서는 이동 거리가 0이므로 장난감 자동차가 정지해 있다.
ㄷ. 기울기가 클수록 속력이 빠른 것이므로 장난감 자동차가 가장 빠르게 이동하는 구간은 기울기가 가장 큰 C 구간이다.
오답 피하기 ㄱ. A, C 구간에서는 기울기가 일정하므로 장난감 자동차의 속력은 일정하다.

자료 분석

시간-이동 거리 그래프 분석하기

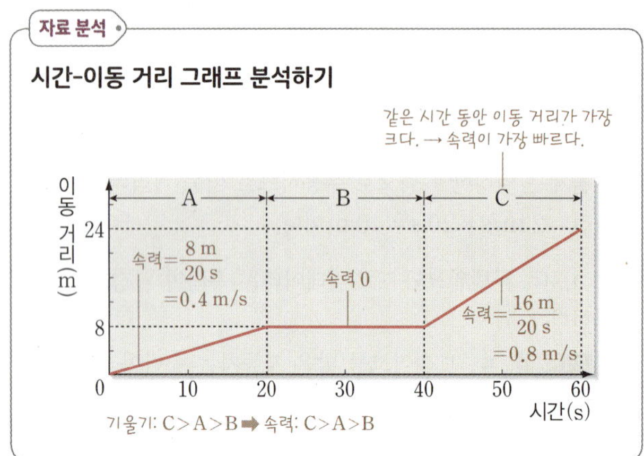

03 속력$=\dfrac{\text{이동 거리}}{\text{걸린 시간}}=\dfrac{10\,\text{m}}{4\,\text{s}}=2.5\,\text{m/s}$

04 $72\,\text{km/h}=\dfrac{72000\,\text{m}}{3600\,\text{s}}=20\,\text{m/s}$

05 서울에서 부산까지의 거리$=$속력$\times$걸린 시간$=300\,\text{km/h}\times1.5\,\text{h}=450\,\text{km}$이다.

06 (가)와 (나)에서 자동차 사이의 간격이 모두 일정하므로 두 자동차는 모두 등속 운동을 한다. 또한 같은 시간 동안 이동한 거리가 더 큰 (나)의 자동차가 속력이 더 빠르다. 따라서 시간-이동 거리 그래프는 원점을 지나는 직선 형태로 나타나며, 기울기는 속력이 빠른 (나)의 자동차가 더 커야 한다.

07 마찰이 없는 수평면 위를 운동하는 공에는 힘이 작용하지 않으므로 물체는 등속 운동을 한다. 따라서 속력이 변하지 않는다.

08 ㄴ. 자유 낙하 하는 물체에는 운동 방향과 같은 방향으로 중력이 작용하여 속력이 일정하게 증가한다.
오답 피하기 ㄱ. 물체가 등속 운동 하려면 물체에 아무런 힘도 작용하지 않아야 한다. 자유 낙하 하는 물체는 속력이 1초당 $9.8\,\text{m/s}$씩 일정하게 증가하는 운동을 한다.
ㄷ. 자유 낙하 하는 물체에는 운동 방향과 같은 방향으로 중력이 작용한다.

09 ㄱ, ㄴ. 공과 공 사이를 잘라낸 조각의 길이는 각 구간에서의 속력을 의미한다. 자유 낙하 하는 물체는 속력이 일정하게 증가하므로 그래프를 완성하면 기울어진 직선 형태가 된다.
오답 피하기 ㄷ. 완성된 그래프가 기울어진 직선 형태인 것은 자유 낙하 하는 물체의 속력이 일정하게 증가하는 것을 의미한다. 물체의 속력이 일정하다면 그래프는 시간축과 나란한 형태가 된다.

10 ㄱ. 시간-속력 그래프의 기울기가 9.8이므로 물체의 속력은 매초 $9.8\,\text{m/s}$씩 증가함을 알 수 있다.
오답 피하기 ㄴ. 물체의 속력이 매초 $9.8\,\text{m/s}$씩 증가하고 있으므로 자유 낙하 운동을 하고 있으며, 물체가 운동하는 방향과 같은 방향으로 중력이 작용한다.
ㄷ. 에스컬레이터, 컨베이어 벨트, 무빙워크 등은 속력이 일정한 운동을 한다.

11 진공 중에서는 물체의 질량에 비례하는 중력만 작용하므로 질량에 관계없이 물체가 동시에 낙하한다. 질량이 $3\,\text{kg}$인 물체에 작용하는 중력의 크기는 $(9.8\times3)\,\text{N}=29.4\,\text{N}$이다.

12 자유 낙하 하는 물체는 중력을 받아 속력이 일정하게 빨라진다.
예시 답안 물체의 속력이 점점 빨라지므로 일정한 간격으로 붙인 색 테이프를 지나는 시간 간격이 점점 짧아진다.

채점 기준	배점(%)
까닭과 함께 색 테이프를 지나는 시간 간격이 점점 짧아진다고 설명한 경우	100
색 테이프를 지나는 시간 간격이 점점 짧아진다고만 설명한 경우	50

01 ④　**02** A: 4 m/s, B: 2 m/s　**03** ⑤　**04** ④　**05** ③
06 ②　**07** 19.6 m　**08** ②　**09** ②

서술형 문제
10 우주에서 보이저 1호에 작용하는 힘이 0이기 때문이다.
11 질량에 관계없이 물체가 낙하할 때 속력이 증가하는 정도는 같다.

01 시간 간격이 동일하므로 구간 이동 거리가 길수록 속력이 빠르다. 따라서 속력이 가장 빠른 구간은 C 구간이고, 속력이 가장 느린 구간은 D 구간이다.

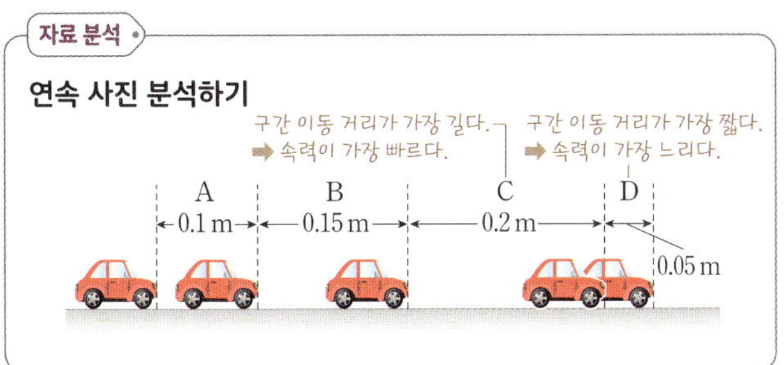

02 A의 속력$=\dfrac{20\,\text{m}}{5\,\text{s}}=4\,\text{m/s}$, B의 속력$=\dfrac{10\,\text{m}}{5\,\text{s}}=2\,\text{m/s}$

03 ⑤ A와 B의 시간 - 이동 거리 그래프가 원점을 지나는 직선 형태이므로 이동 거리는 시간에 따라 일정하게 증가한다.

오답 피하기 ①, ② A와 B의 시간 - 이동 거리 그래프의 기울기는 일정하므로 A와 B 모두 속력이 일정한 운동을 한다. ③ A의 기울기가 B보다 크므로 A의 속력이 B보다 빠르다. ④ 5초일 때 A의 이동 거리는 20 m로 B의 이동 거리인 10 m의 2배이다.

04 0~2초 동안의 속력은 $\dfrac{30\,\text{m}}{2\,\text{s}}=15\,\text{m/s}$로 일정하고, 2~6초 동안의 속력은 $\dfrac{20\,\text{m}}{4\,\text{s}}=5\,\text{m/s}$로 일정하다.

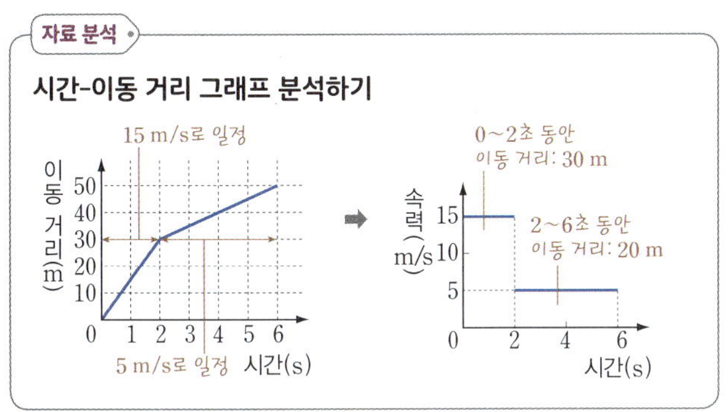

05 A는 속력이 일정한 운동을 하는 물체이고, B는 속력이 일정하게 증가하는 운동을 하는 물체이다.

06 자유 낙하 운동 하는 물체는 질량에 관계없이 1초마다 증가하는 속력이 9.8 m/s로 같다.

07 시간 - 속력 그래프 아래의 넓이는 이동 거리를 의미한다. 따라서 0~2초 동안 낙하한 거리는 $\dfrac{1}{2}\times19.6\,\text{m/s}\times2\,\text{s}=19.6\,\text{m}$이다.

08 ㄴ. 물체 A~D는 모두 매초 9.8 m/s씩 속력이 증가한다. 즉, 물체 A~D의 속력 변화는 모두 같다.

오답 피하기 ㄱ. 자유 낙하 하는 물체의 속력 변화는 질량에 관계없이 모두 같으므로 물체 A~D는 동시에 지면에 도달한다. ㄷ. 물체에 작용하는 중력의 크기는 물체의 질량에 비례한다. 물체 A~D의 질량이 모두 다르므로 중력의 크기도 모두 다르다.

09 달에서는 공기 저항이 작용하지 않으므로 쇠구슬과 깃털 모두 중력만을 받아 떨어진다. 따라서 속력 변화가 같아 동시에 떨어지게 된다.

10 운동하는 물체에 힘이 작용하지 않으면 물체는 등속 운동을 한다.

예시 답안 우주에서 보이저 1호에 작용하는 힘이 0이기 때문이다.

채점 기준	배점(%)
작용하는 힘이 0이라고 설명한 경우	100
마찰이 없기 때문이라고 설명한 경우	50

11 가설과는 다른 실험 결과가 나왔으므로 가설을 다시 세워야 한다.

예시 답안 질량에 관계없이 물체가 낙하할 때 속력이 증가하는 정도는 같다.

채점 기준	배점(%)
질량에 관계없이 물체가 낙하할 때 속력이 증가하는 정도는 같다고 설명한 경우	100
물체가 낙하할 때 속력이 증가하는 정도는 같다고 설명한 경우	50

09강 일과 에너지

틀리기 쉬운 유형 집중연습하기 57쪽

Ⓐ **01** 686 J **02** 294 J **03** 294 J **04** 가장 큰 물체: D, 가장 작은 물체: A
Ⓑ **05** ㉠ 위치, ㉡ 중력, ㉢ 운동, ㉣ 운동 **06** 392 J **07** 392 J

01 위치 에너지$=9.8\times$질량$\times$기준면으로부터의 높이$=(9.8\times10)\,\text{N}\times7\,\text{m}=686\,\text{J}$이다.

02 위치 에너지$=9.8\times$질량$\times$기준면으로부터의 높이$=(9.8\times10)\,\text{N}\times3\,\text{m}=294\,\text{J}$이다.

03 질량이 10 kg인 물체를 3 m 내려놓았으므로 위치 에너지 감소량$=(9.8\times10)\,\text{N}\times3\,\text{m}=294\,\text{J}$이다.

04 위치 에너지는 질량과 높이에 각각 비례하므로 질량×높이의 값이 가장 큰 D가 위치 에너지가 가장 크고, 가장 작은 A가 위치 에너지가 가장 작다.

05 중력에 의한 위치 에너지를 가진 추가 자유 낙하 하면 말뚝을 박는 일을 할 수 있다.

06 말뚝의 윗면으로부터 4 m 높이까지 들어 올렸으므로 위치 에너지$=(9.8\times10)\,\text{N}\times4\,\text{m}=392\,\text{J}$이다.

07 중력이 한 일은 추가 가지고 있던 위치 에너지와 같다. 중력이 한 일이 운동 에너지로 전환되므로 말뚝과 충돌하기 직전 추의 운동 에너지는 392 J이다.

09강 기출 예상 문제로 시험 대비하기 1회

58~59쪽

01 ④	**02** ⑤	**03** ②	**04** 지구>달	**05** ③	**06** 9 J
07 ④	**08** ③	**09** ④	**10** ⑤	**11** 중력에 의한 위치 에너지:	

11 중력에 의한 위치 에너지: 98 J, 운동 에너지: 98 J

✎ 서술형 문제

12 면봉에 작용하는 힘이 클수록, 힘이 작용하는 거리가 길수록 한 일의 양이 많아지므로 면봉은 더 큰 에너지를 가지게 되어 더 멀리 날아간다.

01 ④ 과학에서는 물체가 힘이 작용한 방향으로 이동한 경우에만 일을 하였다고 한다.

오답 피하기 ①, ② 이동 거리가 0이므로 한 일의 양이 0이다.
③ 힘의 방향과 물체의 이동 방향이 수직이므로 한 일의 양이 0이다.
⑤ 우주선에 작용한 힘이 0이므로 한 일의 양이 0이다.

02 ① 한 일의 양=$(9.8×1)$ N×10 m=98 J
② 한 일의 양=9.8 N×10 m=98 J
③ 한 일의 양=9.8 N×10 m=98 J
④ 한 일의 양=10 N×9.8 m=98 J
⑤ 한 일의 양=10 N×10 m=100 J

03 나무 도막의 이동 거리는 추의 중력에 의한 위치 에너지에 비례하고, 추의 중력에 의한 위치 에너지는 추의 질량×추의 낙하 높이에 비례한다. 따라서 $\dfrac{\text{나무 도막의 이동 거리}}{\text{추의 낙하 높이}}$는 추의 질량을 나타낸다고 볼 수 있으므로 추의 질량을 비교하면 B>D>A=E>C 순이다.

자료 분석

중력에 의한 위치 에너지

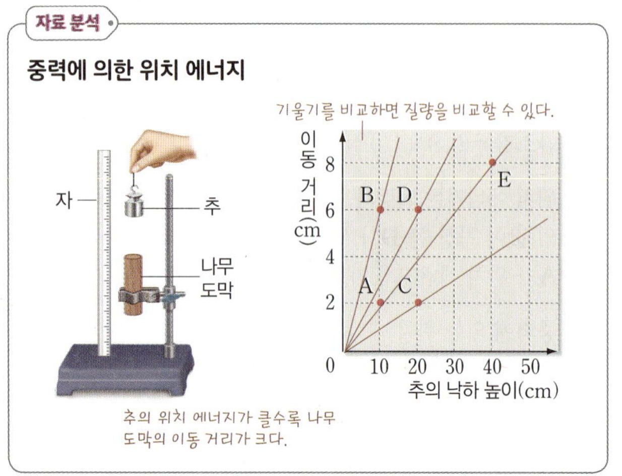

추의 위치 에너지가 클수록 나무 도막의 이동 거리가 크다.

04 중력에 의한 위치 에너지는 물체의 무게와 높이의 곱과 같다. 달에서의 중력은 지구에서의 $\dfrac{1}{6}$배이므로 달에서의 무게는 지구에서의 $\dfrac{1}{6}$배이다. 따라서 달에서의 중력에 의한 위치 에너지는 지구에서의 $\dfrac{1}{6}$배이다.

05 ㄷ. 위쪽 저수지의 물이 가진 중력에 의한 위치 에너지가 터빈을 돌리는 일로 전환된다.

오답 피하기 ㄱ. 위쪽 저수지로 끌어올려진 물은 높이가 증가하므로 중력에 의한 위치 에너지가 증가한다.
ㄴ. 아래쪽 저수지의 물을 위쪽으로 끌어올리는 것은 중력에 대해 일을 하는 경우이다. 위쪽 저수지의 물이 낙하하는 것은 중력이 일을 하는 경우이다.

06 수레가 가진 운동 에너지가 나무 도막을 미는 일로 전환되므로 수레가 나무 도막에 한 일의 양은 수레가 처음 가진 운동 에너지와 같다. 따라서 수레가 나무 도막에 한 일의 양은 $\dfrac{1}{2}×2$ kg$×(3$ m/s$)^2=9$ J이다.

07 위치 에너지=$(9.8×2)$ N×20 m=392 J이고, 운동 에너지=$\dfrac{1}{2}×2$ kg$×(5$ m/s$)^2=25$ J이다.

08 운동 에너지는 질량과 속력의 제곱에 각각 비례하므로, B의 운동 에너지는 A의 $2×2^2=8$(배)이다.

09 속력이 4 m/s일 때 운동 에너지가 80 J이므로 80 J$=\dfrac{1}{2}×m×(4$ m/s$)^2$에서 물체의 질량 $m=10$ kg이다.

10 ㄱ, ㄴ. 10 m 높이에서 물체의 중력에 의한 위치 에너지는 $(9.8×2)$ N×10 m=196 J이고, 이 위치 에너지가 지면에 도달했을 때 모두 운동 에너지로 전환된다.
ㄷ. 물체는 중력의 방향으로 낙하하므로 3 m 낙하했을 때 중력이 물체에 한 일의 양=물체의 무게×낙하한 거리=$(9.8×2)$ N×3 m=58.8 J이다.

11 물체가 5 m 낙하했을 때 지면으로부터의 높이는 5 m이므로 물체의 위치 에너지는 $(9.8×2)$ N×5 m=98 J이다. 운동 에너지는 5 m 낙하하는 동안 중력이 물체에 한 일의 양과 같으므로 $(9.8×2)$ N×5 m=98 J이다.

12 면봉에 한 일의 양이 많을수록 면봉의 에너지가 커져 면봉이 멀리 날아가게 된다.
(가) 빨대를 세게 불수록 면봉에 작용하는 힘이 커지므로 면봉이 더 멀리 날아간다.
(나) 면봉을 입 근처에 놓을 때 면봉에 힘이 작용하는 거리가 길어지므로 면봉이 더 멀리 날아간다.
예시 답안 면봉에 작용하는 힘이 클수록, 힘이 작용하는 거리가 길수록 한 일의 양이 많아지므로 면봉은 더 큰 에너지를 가지게 되어 더 멀리 날아간다.

채점 기준	배점(%)
예시 답안과 같이 설명한 경우	100
한 일의 양이 많으면 에너지가 커져 멀리 날아간다고 설명한 경우	60

09강 기출 예상 문제로 시험 대비하기 2회

60~61쪽

01 2 : 3 **02** ① **03** ④ **04** ④ **05** ㉠ 비례, ㉡ 작은
06 ⑤ **07** ① **08** ② **09** ① **10** ㉠ 위치, ㉡ 운동
11 4900 J

서술형 문제

12 64 m, 자동차의 운동 에너지가 클수록 제동 거리가 크고, 자동차의 운동 에너지는 속력의 제곱에 비례하기 때문이다.

01 물체를 들어 올린 일$=9.8\times$물체의 질량$\times$들어 올린 높이이다. 두 물체를 들어 올린 높이가 같으므로 한 일의 비는 질량의 비와 같은 $1 : 1.5 = 2 : 3$이다.

02 ① A는 흙이 담긴 그릇을 들고 수평 방향으로 이동하므로 힘의 방향과 이동 방향이 수직이어서 한 일의 양이 0이다.
오답 피하기 ② B는 돌을 미는 힘의 방향과 이동 방향이 나란하므로 한 일이 있다.
③, ④, ⑤ C, D, E의 경우 힘의 방향과 이동 방향이 수직이 아니라 비스듬하므로 이동 방향으로 작용한 힘의 성분이 있어서 한 일이 있다.

> **개념 더하기**
>
> **힘과 이동 방향이 비스듬할 때 한 일**
> 물체에 작용한 힘 중 이동 방향 성분의 힘과 이동 거리의 곱으로 구한다.
>
> 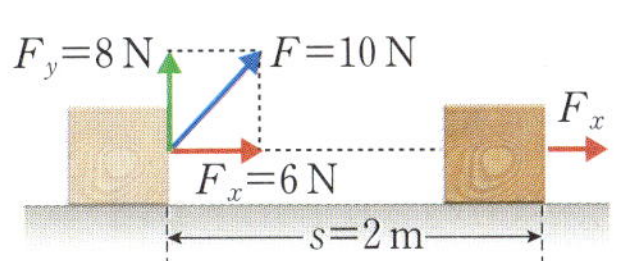
>
>
> 일의 양$=F_x\times s=6\,\mathrm{N}\times 2\,\mathrm{m}=12\,\mathrm{J}$

03 ㄱ, ㄴ. 추가 가진 중력에 의한 위치 에너지가 말뚝을 박는 일을 한다. 따라서 추의 질량이 2배가 되면 위치 에너지가 2배가 되어 말뚝이 박히는 깊이도 2배가 된다.
오답 피하기 ㄷ. 말뚝의 윗면으로부터 추의 높이가 2배가 되면 위치 에너지가 2배가 되어 말뚝이 박히는 깊이도 2배가 된다.

04 중력에 의한 위치 에너지는 물체의 질량과 높이에 각각 비례하므로 질량이 같을 때 물체의 중력에 의한 위치 에너지는 높이에 비례한다. 따라서 5 m 높이에서 중력에 의한 위치 에너지는 $2\,\mathrm{m} : 60\,\mathrm{J} = 5\,\mathrm{m} : E$에서 $E=150\,\mathrm{J}$이다.

05 중력에 의한 위치 에너지는 $9.8\times$질량$\times$높이로 구할 수 있다. 따라서 같은 위치 에너지를 가져도 $9.8\times$질량, 즉 몸무게가 작은 사람이 널뛰기를 할 때 더 높이 올라간다.

06 물체를 들어 올린 일의 양$=$물체의 무게$\times$들어 올린 높이 $=(9.8\times 5)\,\mathrm{N}\times 1\,\mathrm{m}=49\,\mathrm{J}$이고, 물체에 해 준 들어 올린 일의 양만큼 물체의 위치 에너지가 증가한다.

07 ① 중력이 물체에 일을 하면 물체가 중력의 방향으로 떨어져 물체의 속력이 증가하게 된다. 따라서 물체의 운동 에너지가 증가한다.
오답 피하기 ② 높은 곳에 있는 물체가 가지는 에너지를 중력에 의한 위치 에너지라 하고, 운동하는 물체가 가지는 에너지를 운동 에너지라고 한다.
③ 위치 에너지의 크기는 물체의 질량과 물체의 높이에 각각 비례한다.
④ 운동 에너지의 크기는 물체의 질량과 속력의 제곱에 각각 비례한다.
⑤ 중력과 같은 방향으로 물체에 일을 하면 물체의 운동 에너지가 증가하고, 중력과 반대 방향으로 일을 하면 물체의 위치 에너지가 증가한다.

08 ② 낙하하는 동안 중력이 한 일의 양이 쇠구슬의 운동 에너지로 전환된다. 따라서 낙하하는 동안 쇠구슬의 속력과 운동 에너지는 점점 증가한다.
오답 피하기 ① 쇠구슬이 낙하하는 동안 쇠구슬의 운동 방향과 같은 방향으로 중력이 작용한다. 따라서 쇠구슬의 속력이 점점 빨라진다.
③ 쇠구슬의 중력에 의한 위치 에너지는 높이가 높은 A점에서가 B점에서보다 크다.
④ 낙하하는 동안 쇠구슬의 높이가 낮아지므로 중력에 의한 위치 에너지가 점점 감소한다.
⑤ 쇠구슬이 낙하하는 동안 중력이 한 일이 운동 에너지로 전환된다. 따라서 A점에서 B점까지 중력이 한 일의 양은 B점에서 쇠구슬의 운동 에너지와 같다.

09 ㄱ. 볼링공의 운동 에너지가 핀을 쓰러뜨리는 일을 한다.
ㄴ. 바람의 운동 에너지가 윈드서핑을 할 수 있게 한다.
오답 피하기 ㄷ, ㄹ. 중력에 의한 위치 에너지를 이용하는 예이다.

10 공은 위로 올라가면서 높이가 높아져 위치 에너지가 커진다. 골대를 향해 내려오던 공은 중력이 일을 한 만큼 운동 에너지가 증가한다.

11 낙하하는 독수리에 중력이 한 일이 운동 에너지로 전환된다. 따라서 독수리의 운동 에너지는 $(9.8 \times 2) \, \text{N} \times 250 \, \text{m} = 4900 \, \text{J}$이다.

12 자동차의 속력이 $48 \, \text{km/h}$일 때와 $96 \, \text{km/h}$일 때를 비교하면 속력이 2배가 되면 제동 거리가 4배가 됨을 알 수 있다.

예시 답안 $64 \, \text{m}$, 자동차의 운동 에너지가 클수록 제동 거리가 크고, 자동차의 운동 에너지는 속력의 제곱에 비례하기 때문이다.

채점 기준	배점(%)
제동 거리를 옳게 구하고, 그 까닭을 옳게 설명한 경우	100
제동 거리만 옳게 구한 경우	40

Ⅲ 단원 평가하기

62~65쪽

01 2시간 **02** ③ **03** ④ **04** ⑤ **05** ② **06** ④ **07** (가) 공기 중, (나) 진공 중 **08** 목성, 중력이 가장 크게 작용하기 때문에 속력 변화가 가장 크다. **09** ③ **10** ① **11** ① **12** ① **13** ④ **14** 800 J **15** ② **16** ⑤ **17** (1) 추의 높이 (2) 추의 질량 (3) 추의 위치 에너지가 나무 도막을 밀어내는 일로 전환되기 때문이다. **18** ③ **19** ① **20** 1 : 2

01 고속 열차의 속력은 $\dfrac{300 \, \text{km}}{1 \, \text{h}} = 300 \, \text{km/h}$이고, 버스의 속력은 $\dfrac{100 \, \text{km}}{1 \, \text{h}} = 100 \, \text{km/h}$이다. 따라서 버스는 2시간이 지난 후 $300 \, \text{km}$ 지점에 도착한다.

02 시간 - 속력 그래프 아래의 넓이는 이동 거리를 나타낸다. 따라서 0~20초 동안의 이동 거리는 $\dfrac{1}{2} \times 10 \, \text{m/s} \times 5 \, \text{s} + 10 \, \text{m/s} \times 5 \, \text{s} + \dfrac{1}{2} \times 10 \, \text{m/s} \times 10 \, \text{s} = 125 \, \text{m}$이다.

03 물체는 등속 운동을 하고 있으므로 물체에 작용하는 힘은 없다.

04 ⑤ 같은 시간 동안 이동한 거리는 물체 사이의 간격이 큰 B가 A보다 크다.

오답 피하기 ①, ②, ④ A와 B 모두 물체 사이의 간격이 일정하므로 속력이 일정한 등속 운동을 한다.
③ 같은 시간 간격으로 나타내었으므로 물체 사이의 간격이 클수록 속력이 빠른 것이다. 따라서 물체 사이의 간격이 좁은 A의 속력이 B의 속력보다 느리다.

05 이 사람은 처음에 정지 상태에서 출발하여 8초 동안 속력이 일정하게 증가한 후, 결승 지점까지 일정한 속력으로 운동하였다.

자료 분석

일정한 시간 간격으로 나타낸 물체의 운동 분석하기

06 자유 낙하 하는 물체의 속력은 1초마다 $9.8 \, \text{m/s}$씩 증가한다. 따라서 3초일 때의 속력은 $9.8 \, \text{m/s} \times 3 = 29.4 \, \text{m/s}$이다.

07 공기 저항이 없으면 같은 높이에서 동시에 낙하시킨 두 물체는 질량에 관계없이 동시에 떨어진다. 따라서 공기 저항을 받아 낙하 속력이 다른 (가)는 공기 중, (나)는 진공 중이다.

08 예시 답안 목성, 중력이 가장 크게 작용하기 때문에 속력 변화가 가장 크다.

채점 기준	배점(%)
목성을 고르고, 그 까닭을 옳게 설명한 경우	100
목성만 고른 경우	40

09 등속 운동의 경우 작용하는 힘이 없어서 속력이 일정하고 1초 동안 움직인 거리가 일정하다. 자유 낙하 운동의 경우 일정한 힘이 작용하여 속력이 일정하게 증가하고 시간이 지날수록 1초 동안 움직인 거리도 증가한다.

10 자유 낙하 하는 물체는 운동 방향으로 중력을 받아 시간에 따라 속력이 일정하게 증가한다.

11 ㄱ. 책상을 민 방향으로 책상이 이동하였으므로 일을 한 것이다.

오답 피하기 ㄴ. 쓰레기봉투를 들고 복도를 걸어가는 경우 작용한 힘과 이동 방향이 수직이므로 한 일의 양은 0이다.
ㄷ. 정신적인 활동은 과학에서의 일이 아니다.

12 ① 한 일의 양 $= 20 \, \text{N} \times 2 \, \text{m} = 40 \, \text{J}$
② 한 일의 양 $= 8 \, \text{N} \times 2 \, \text{m} = 16 \, \text{J}$
③ 한 일의 양 $= 10 \, \text{N} \times 0.6 \, \text{m} = 6 \, \text{J}$
④ 한 일의 양 $= 5 \, \text{N} \times 0.2 \, \text{m} = 1 \, \text{J}$
⑤ 한 일의 양 $= 60 \, \text{N} \times 0.3 \, \text{m} = 18 \, \text{J}$

13 ㄴ. 사람이 한 일이 돌의 에너지로 전환되므로 사람이 한 일과 돌의 증가한 에너지는 같다.
ㄷ. 빗면 위의 돌은 에너지를 가지고 있으므로 떨어지면서 말뚝을 박는 일을 할 수 있다.

오답 피하기 ㄱ. 사람이 돌을 밀어 올리면 사람이 한 일이 돌의 에너지로 전환되므로 돌의 에너지는 증가한다.

14 물체의 에너지 = 물체가 한 일 + 물체가 일을 한 후 가지고 있는 에너지 $= 450 \, \text{J} + 350 \, \text{J} = 800 \, \text{J}$

15 ② 물체를 들어 올리는 힘의 크기는 물체의 무게와 같은 (9.8×1) N $= 9.8$ N이다.

오답 피하기 ① (9.8×1) N $\times h = 29.4$ J에서 들어 올린 높이는 $h = 3$ m이다.

③ 중력에 대해 한 일의 양은 중력에 의한 위치 에너지와 같은 29.4 J이다.

④ 물체를 들어 올렸으므로 물체는 중력의 방향과 반대 방향으로 이동하였다.

⑤ 에너지를 가진 물체는 다른 물체에 일을 할 수 있다.

16 ㄱ, ㄴ. 높이가 같을 때 중력에 의한 위치 에너지는 질량에 비례한다. 높이가 4 m로 같을 때 A와 B의 위치 에너지가 각각 3 J, 1 J이므로 두 물체의 질량비는 3 : 1이다.

ㄷ. 그래프가 원점을 지나는 직선 형태이므로 중력에 의한 위치 에너지는 높이에 비례한다는 것을 알 수 있다.

17 (1) 추의 높이는 일정하게 유지하고 질량을 변화시키면서 나무 도막의 이동 거리를 측정한다.

(2) 추의 질량은 일정하게 유지하고 높이를 변화시키면서 나무 도막의 이동 거리를 측정한다.

(3) 예시 답안 추의 위치 에너지가 나무 도막을 밀어내는 일로 전환되기 때문이다.

채점 기준	배점(%)
위치 에너지가 나무 도막을 밀어내는 일로 전환되기 때문이라고 설명한 경우	100
위치 에너지와 나무 도막의 이동 거리가 비례한다고 설명한 경우	50

18 ㄱ, ㄴ. 수레에 해 준 일은 운동 에너지로 전환되므로 (가)에서 수레가 가지는 운동 에너지는 Fs이고, (나)에서 수레가 가지는 운동 에너지는 $4Fs$이다.

오답 피하기 ㄷ. (나)에서 수레의 운동 에너지는 (가)에서 수레의 운동 에너지의 4배이다. 질량이 일정할 때 운동 에너지는 속력의 제곱에 비례하므로 (나)에서 수레의 속력은 (가)에서 수레의 속력의 2배인 2 m/s이다.

자료 분석

수레에 한 일과 운동 에너지

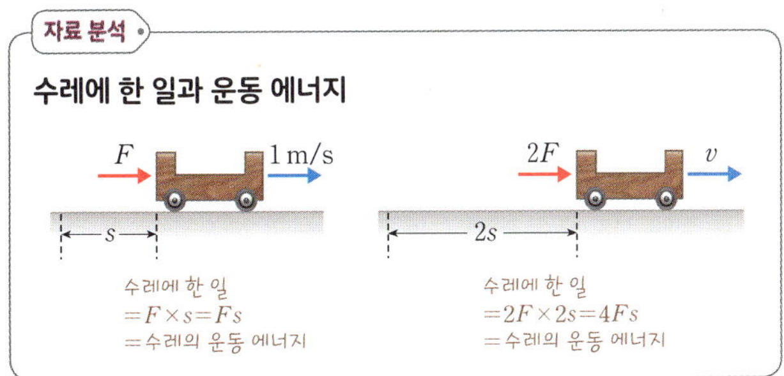

19 쇠구슬의 질량이 일정할 때 나무 도막의 이동 거리는 쇠구슬의 속력의 제곱에 비례한다.

20 질량이 일정할 때 운동 에너지는 속력의 제곱에 비례한다. 질량이 2 kg으로 일정할 때 운동 에너지는 B가 A의 4배이므로 속력은 B가 A의 2배이다.

Ⅳ. 자극과 반응

10강 감각 기관

틀리기 쉬운 유형 **집중연습하기**   67쪽

A **01** A: 동공, B: 홍채   **02** ㉠ 밝아질 때, ㉡ 늘어나면서, ㉢ 작아진다   **03** C: 섬모체, D: 수정체   **04** ㉠ 가까운 곳, ㉡ 수축하여, ㉢ 두꺼워진다   **05** A: 커진다, D: 얇아진다.

B **06** (가) B: 귓속뼈, (나) E: 달팽이관   **07** ㉠ A: 고막, ㉡ F: 귀인두관   **08** (가) D: 전정 기관, (나) C: 반고리관   **09** A → B → E

02 (가)에서 동공(A)의 크기가 작아지므로 주변의 밝기가 밝아질 때이며, 이때 홍채(B)의 면적이 늘어나면서 눈으로 들어오는 빛의 양이 줄어든다.

04 가까운 곳을 볼 때(ⓐ)는 섬모체(C)가 수축하여 수정체(D)의 두께가 두꺼워지고, 먼 곳을 볼 때(ⓑ)는 섬모체가 이완하여 수정체의 두께가 얇아진다.

05 주변의 밝기가 어두워졌으므로 동공(A)의 크기는 커지고, 가까운 곳을 보다가 먼 곳을 보았으므로 수정체(D)의 두께는 얇아진다.

06 고막(A)의 진동은 귓속뼈(B)에서 증폭되며, 소리 자극을 받아들이는 청각 세포는 달팽이관(E)에 분포한다.

08 몸의 기울어짐은 전정 기관(D)에서, 몸의 회전은 반고리관(C)에서 감지한다.

09 청각의 성립 경로는 소리(공기의 진동) → 외이도 → 고막(A) → 귓속뼈(B) → 달팽이관(E)의 청각 세포 → 청각 신경 → 대뇌이다.

10강 기출 예상 문제로 **시험 대비하기 1회**   68~69쪽

01 ②   **02** ④   **03** ④   **04** ㄱ, ㄷ   **05** ⑤   **06** 반고리관   **07** ④   **08** ①   **09** ④   **10** ②, ④

서술형 문제

11 물체에서 반사된 빛은 수정체에서 굴절되어 망막에 상으로 맺힌다. 이때 망막에 분포하는 시각 세포가 빛 자극을 받아들이고, 이 자극은 시각 신경을 통해 대뇌로 전달되어 물체를 볼 수 있게 된다.   **12** 맛세포의 종류에 따라 감지하는 맛이 다르며, 혀의 부위에 따라 맛세포의 분포 정도가 다르기 때문이다.

01 ② 수정체(B)는 사진기의 렌즈와 같은 역할을 한다. 사진기의 조리개와 같은 역할을 하는 것은 홍채(D)이다.

오답 피하기 ① 섬모체(A)는 수정체(B)의 두께를 조절한다.

③ 각막(C)은 홍채의 바깥을 감싸는 투명한 막이다.

④ 홍채(D)는 눈으로 들어오는 빛의 양을 조절한다.

⑤ 망막(E)은 시각 세포가 분포하여 상이 맺히는 부위이다.

02 이 실험은 맹점을 확인하기 위한 것이다. 맹점은 두 눈에 모두 있으므로 오른손으로 오른쪽 눈을 가리고 왼쪽 눈으로 실험해도 같은 결과를 얻을 수 있다.

03 눈의 구조가 (가)에서 (나)로 변하면서 동공의 크기가 커졌으므로 주변의 밝기가 어두워진 것이다. ①, ②는 주변의 밝기가 밝아진 경우이고, ③은 가까운 곳을 보다가 먼 곳을 본 경우, ⑤는 먼 곳을 보다가 가까운 곳을 본 경우이다.

자료 분석

눈의 명암 조절

(가) 밝은 곳 → (나) 어두운 곳

주변의 밝기가 어두워졌다. ➡ 홍채의 면적이 줄어들었다. ➡ 동공의 크기가 커졌다. ➡ 눈으로 들어오는 빛의 양이 늘어난다.

---

04 ㄱ. 미래는 가까운 곳은 잘 보이나 먼 곳은 잘 보이지 않는 근시이다.

ㄷ. 근시는 먼 곳의 물체를 볼 때 상이 망막 앞에 맺힌다.

오답 피하기 ㄴ. 근시는 오목 렌즈로 교정한다.

ㄹ. 근시는 수정체가 두껍거나 수정체와 망막 사이의 거리가 정상보다 길다.

05 A는 소리가 이동하는 통로인 외이도, B는 소리에 의해 진동하는 고막, C는 고막의 진동을 증폭시키는 귓속뼈, D는 청각 세포에서 받아들인 자극을 대뇌로 전달하는 청각 신경, E는 청각 세포가 분포하는 달팽이관, F는 고막 안쪽과 바깥쪽의 압력을 같게 조절하는 귀인두관이다.

개념 더하기

귀의 구조와 기능

고막	소리에 의해 진동하는 얇은 막	
귓속뼈	고막의 진동을 증폭시킴.	
달팽이관	소리 자극을 받아들이는 청각 세포가 분포	
귀인두관	고막 안쪽과 바깥쪽의 압력을 같게 조절	
청각 신경	청각 세포에서 받아들인 자극을 대뇌로 전달	
반고리관	몸의 회전을 감지	평형 감각 기관
전정 기관	몸의 기울어짐을 감지	

---

06 몸이 회전하면 반고리관에 들어 있는 림프가 회전하면서 감각 세포가 자극을 받게 된다. 따라서 제자리에서 맴돌다가 멈추어도 한동안은 림프가 계속 돌아 어지러움을 느끼게 된다.

07 A는 기체 상태의 화학 물질을 자극으로 받아들이는 후각 세포이고, B는 콧속 윗부분에 점액으로 덮여 있는 후각 상피이다. 후각 세포(A)에서 받아들인 자극은 후각 신경을 통해 대뇌로 전달되며, 후각은 미각과 함께 작용하여 음식의 맛을 느끼는 데 관여한다.

08 맛세포는 액체 상태의 화학 물질을 자극으로 받아들이며, 이 자극은 미각 신경을 통해 대뇌로 전달되어 맛을 느끼게 된다.

09 ④ 같은 온도인 15 ℃ 물에 담갔을 때 (가)에서는 차가움을, (나)에서는 따뜻함을 느꼈으므로 냉점과 온점은 상대적인 온도 변화를 자극으로 받아들인다는 것을 알 수 있다.

오답 피하기 ① 온도가 낮아졌을 때는 냉점이, 온도가 높아졌을 때는 온점이 자극을 감지한다.

②, ③ 냉점과 온점은 상대적인 온도 변화를 감지한다.

⑤ 손을 40 ℃ 물에 담갔다가 30 ℃ 물에 담그면 차가운 느낌이 든다.

10 ② 매운맛은 통점에서, 떫은맛은 압점에서 느끼는 피부 감각이다.

④ 특정 감각점이 많을수록 그 감각점이 받아들이는 자극에 더 예민하게 반응한다.

오답 피하기 ① 감각점에서 받아들인 자극은 감각점에 연결된 피부 감각 신경을 통해 대뇌로 전달된다.

③ 우리 몸에 가장 많이 분포하는 감각점은 통점이다.

⑤ 감각점의 종류가 같아도 몸의 부위에 따라 분포 정도가 다르다.

11 예시 답안 물체에서 반사된 빛은 수정체에서 굴절되어 망막에 상으로 맺힌다. 이때 망막에 분포하는 시각 세포가 빛 자극을 받아들이고, 이 자극은 시각 신경을 통해 대뇌로 전달되어 물체를 볼 수 있게 된다.

채점 기준	배점(%)
물체를 보기까지의 과정을 눈의 구조와 제시한 3가지 내용을 모두 포함하여 옳게 설명한 경우	100
물체를 보기까지의 과정을 눈의 구조와 제시한 2가지 내용을 포함하여 옳게 설명한 경우	70
물체를 보기까지의 과정을 제시한 3가지 내용을 포함하여 설명하였으나 눈의 구조를 누락하고 설명한 경우	50

12 예시 답안 맛세포의 종류에 따라 감지하는 맛이 다르며, 혀의 부위에 따라 맛세포의 분포 정도가 다르기 때문이다.

채점 기준	배점(%)
맛세포의 종류와 분포를 옳게 설명한 경우	100
맛세포의 종류와 분포 중 1가지만 옳게 설명한 경우	50

01 ⑤　02 ①　03 ②, ④　04 ①　05 A: 고막, B: 귓속뼈,
E: 청각 신경, F: 달팽이관　06 B: 귓속뼈　07 ④　08 ⑤
09 ①　10 ②

서술형 문제

11 음식의 맛을 느끼는 데에는 미각뿐만 아니라 후각도 중요하게 작용하기 때문이다.　12 몸의 부위에 따라 분포하는 감각점의 수가 다르다. 손바닥, 손가락 끝, 손등 중 손가락 끝이 가장 예민하다.

01 A는 각막, B는 홍채, C는 수정체, D는 유리체, E는 망막, F는 맥락막, G는 섬모체이다.
⑤ 망막(E)의 황반에는 시각 세포가 많이 분포하고, 맹점에는 시각 세포가 분포하지 않는다.
오답 피하기 ① 암실 역할을 하는 것은 맥락막(F)이다.
② 물체와 눈 사이의 거리에 따라 구조가 변하는 것은 수정체(C)와 섬모체(G)이다.
③ 수정체(C)에서 굴절된 빛은 망막(E)에 상을 맺는다.
④ 유리체(D)는 투명한 물질로 빛이 잘 통과한다.

02 눈과 사진기에서 빛의 굴절은 수정체와 렌즈, 빛의 양 조절은 홍채와 조리개, 빛의 투과 조절은 눈꺼풀과 셔터, 빛의 산란 방지는 맥락막과 어둠상자, 상의 맺힘은 망막과 필름이 각각 담당한다.

03 ⓐ에서 ⓑ로 변할 때는 먼 곳을 보다가 가까운 곳을 볼 때이며, 이때 섬모체가 수축하여 수정체의 두께가 두꺼워진다.

04 ㄱ. 물체를 A 지점으로 옮기면 거리가 멀어지므로 섬모체가 이완하여 수정체의 두께가 얇아진다.
오답 피하기 ㄴ. 물체를 C 지점으로 옮기면 거리가 가까워지므로 섬모체가 수축하여 수정체의 두께가 두꺼워진다.
ㄷ. 물체와 눈 사이의 거리에 따라 섬모체가 수축하거나 이완하여 수정체의 두께가 변한다.

개념 더하기

눈의 원근 조절
물체와 눈 사이의 거리에 따라 수정체의 두께를 조절한다.
• 먼 곳을 볼 때: 섬모체가 이완하여 수정체의 두께가 얇아진다.
• 가까운 곳을 볼 때: 섬모체가 수축하여 수정체의 두께가 두꺼워진다.

05 A는 고막, B는 귓속뼈, C는 반고리관, D는 전정 기관, E는 청각 신경, F는 달팽이관, G는 귀인두관이다. 소리는 고막(A)을 진동시키고, 이 진동은 귓속뼈(B)에서 증폭되어 달팽이관(F)의 청각 세포로 전달된 후 청각 신경(E)을 통해 대뇌로 전달된다.

06 귓속뼈(B)는 고막의 진동을 증폭시켜 달팽이관으로 전달한다.

07 평형 감각은 몸의 회전이나 기울어짐을 느낄 수 있는 감각으로, 몸의 회전은 귀의 반고리관에서, 기울어짐은 전정 기관에서 감지한다. 평형 감각 기관에서 받아들인 자극은 평형 감각 신경을 통해 소뇌로 전달된다.

08 ⑤ 후각 상피의 후각 세포에서 받아들인 자극은 후각 신경을 통해 대뇌로 전달되어 냄새를 맡게 된다.
오답 피하기 ① 후각 세포에서 냄새 자극을 받아들인다.
②, ④ 후각 세포는 쉽게 피로해져 같은 냄새를 계속 맡으면 그 냄새를 잘 느끼지 못하지만, 새로운 종류의 냄새는 맡을 수 있다.
③ 후각은 미각에 영향을 미치지만, 냄새를 맡을 때 미각이 작용하는 것은 아니다.

09 A는 유두의 옆면에 분포하는 맛봉오리이며, 맛봉오리에는 액체 상태의 화학 물질을 자극으로 받아들이는 맛세포가 모여 있다. B는 미각 신경으로 맛세포에서 받아들인 자극을 대뇌로 전달한다.

10 A는 압력을 자극으로 받아들이는 압점이며, 감각점의 평균 분포 밀도는 통점이 가장 높고, 그 다음으로 압점(A)이 높다. 감각점은 온도, 압력, 아픔 등의 자극을 받아들여 대뇌로 전달하며, 내장 기관에도 분포한다. 특정 감각점이 많은 부위는 그 감각점이 받아들이는 자극에 더 예민하다.

개념 더하기

감각점
• 피부에서 자극을 받아들이는 부위로, 통점, 압점, 촉점, 냉점, 온점이 있다. ➡ 통점은 아픔, 압점은 압력, 촉점은 접촉, 냉점은 낮은 온도로의 변화, 온점은 높은 온도로의 변화를 자극으로 받아들인다.
• 온몸에 분포하며, 몸의 부위에 따라 분포하는 정도가 다르다. ➡ 특정 감각점이 많을수록 그 감각점이 받아들이는 자극에 대해 더 예민하다.
• 감각점의 평균 분포 밀도: 통점 > 압점 > 촉점 > 냉점 > 온점
• 피부 감각의 성립 경로: 자극 → 감각점 → 피부 감각 신경 → 대뇌

11 예시 답안 음식의 맛을 느끼는 데에는 미각뿐만 아니라 후각도 중요하게 작용하기 때문이다.

채점 기준	배점(%)
음식의 맛은 미각과 후각이 함께 작용하여 느낀다고 옳게 설명한 경우	100
냄새를 맡지 못하면 맛도 느끼지 못하기 때문이라고만 설명한 경우	40

12 예시 답안 몸의 부위에 따라 분포하는 감각점의 수가 다르다. 손바닥, 손가락 끝, 손등 중 손가락 끝이 가장 예민하다.

채점 기준	배점(%)
실험으로 알 수 있는 사실 2가지를 모두 옳게 설명한 경우	100
실험으로 알 수 있는 사실을 1가지만 옳게 설명한 경우	50

11강 뉴런과 신경계

A 01 A: 축삭 돌기-ㄱ, B: 가지 돌기-ㄴ 02 ⓒ 감각 뉴런
03 ⓛ 연합 뉴런 04 ⓒ→ⓛ→ⓣ 05 ⓣ 운동 뉴런
B 06 ⓣ 반응, ⓛ 의식적인 반응, ⓒ 무조건 반사 07 A: 감각
신경, E: 운동 신경 08 피부 → A → F → E → 근육
09 피부 → A → B → C → D → E → 근육

01 가지 돌기(B)는 감각 기관이나 다른 뉴런으로부터 오는 자극을 받아들이고, 축삭 돌기(A)는 다른 뉴런이나 반응기로 자극을 전달한다.

02 감각 기관으로부터 오는 자극을 받아들이는 감각 뉴런(ⓒ)은 신경 세포체가 축삭 돌기의 한쪽 옆에 붙어 있다.

03 연합 뉴런(ⓛ)은 중추 신경인 뇌와 척수를 구성한다.

04 자극은 감각 뉴런(ⓒ) → 연합 뉴런(ⓛ) → 운동 뉴런(ⓣ) 순으로 전달된다.

05 뉴런과 뉴런 사이에서 자극은 한 뉴런의 축삭 돌기에서 다른 뉴런의 가지 돌기 방향으로만 전달된다.

06 감각 기관이 받아들인 자극에 대해 우리 몸이 나타내는 행동을 반응이라고 하며, 반응은 대뇌가 관여하는 의식적인 반응과 대뇌가 관여하지 않는 무조건 반사로 나뉜다.

07 A는 감각 기관으로부터 오는 자극을 받아들이는 감각 신경이고, E는 중추 신경의 명령을 반응기로 전달하는 운동 신경이다.

08 뜨거운 피자에 손이 닿자 급히 손을 떼는 행동은 척수가 반응 중추인 무조건 반사이다.

09 주머니에서 500원짜리 동전을 찾아 꺼내는 행동은 대뇌가 관여하는 의식적인 반응이다.

01 ② 02 ④ 03 A, B 04 ③ 05 ①, ④ 06 ②
07 소뇌 08 ② 09 ④ 10 ⓣ 감각 신경, ⓛ 척수 11 ④

서술형 문제
12 뇌사자, 호흡 운동의 중추는 연수이므로 식물인간은 스스로 호흡할 수 있지만, 뇌사자는 스스로 호흡할 수 없기 때문이다. **13** 눈에서 공이 날아오는 것을 자극으로 받아들여 감각 신경이 이 자극을 대뇌로 전달한다. 대뇌에서는 방망이를 휘두르라는 명령을 내리고, 운동 신경은 이 명령을 팔의 근육으로 전달하여 팔을 휘두르게 한다.

01 A는 감각 기관이나 다른 뉴런으로부터 오는 자극을 받아들이는 가지 돌기, B는 핵과 세포질이 존재하며, 생명 활동이 일어나는 신경 세포체, C는 다른 뉴런이나 반응기로 자극을 전달하는 축삭 돌기이다.

02 뉴런은 신경계를 구성하는 기본 단위인 신경 세포이다. 다른 뉴런으로부터 오는 자극은 가지 돌기(A)에서 받아들이고, 신경 세포체(B)에는 핵과 세포질이 있다. 축삭 돌기(C)의 끝은 다른 뉴런이나 반응기에 연결되어 있다.

03 뉴런은 돌기가 발달되어 있어 자극을 받아들이고 전달하기에 적합하며, 감각 뉴런은 신경 세포체가 축삭 돌기의 한쪽 옆에 붙어 있다. 연합 뉴런은 다른 뉴런보다 가지 돌기가 발달해 있지만 축삭 돌기도 가지고 있다.

04 ③ 연합 뉴런(ⓛ)은 감각 뉴런(ⓣ)에서 받아들인 자극을 종합하여 운동 뉴런(ⓒ)에 적절한 명령을 내린다.
오답 피하기 ① A는 감각 뉴런(ⓣ)과 연결된 감각 기관이다.
② 감각 뉴런(ⓣ)은 감각 신경을, 운동 뉴런(ⓒ)은 운동 신경을 구성한다.
④ ⓣ과 ⓒ은 말초 신경계를, ⓛ은 중추 신경계를 구성한다.
⑤ 자극은 ⓣ → ⓛ → ⓒ의 방향으로 전달된다.

개념 더하기

뉴런의 종류

감각 뉴런	감각 신경을 이루며, 감각 기관에서 받아들인 자극을 연합 뉴런으로 전달한다.
연합 뉴런	중추 신경을 이루며, 감각 뉴런을 통해 전달받은 자극을 종합하여 운동 뉴런에 적절한 명령을 내린다.
운동 뉴런	운동 신경을 이루며, 연합 뉴런의 명령을 반응기로 전달한다.

자극의 전달 방향

감각 뉴런　　　연합 뉴런　　　운동 뉴런

---

05 ①, ④ 중추 신경계는 뇌와 척수로 구성되며, 말초 신경계는 중추 신경계와 온몸의 조직이나 기관을 연결한다.
오답 피하기 ②, ⑤ 자율 신경은 운동 신경으로 이루어져 있으며, 교감 신경과 부교감 신경으로 구분된다.
③ 자율 신경은 대뇌의 직접적인 명령 없이 내장 기관의 운동을 조절하므로 사람의 의지대로 움직이는 반응에 관여하지 않는다.

06 ② 체온 조절에 관여하는 것은 간뇌(B)이다.
오답 피하기 ① 몸의 자세와 균형 유지의 중추는 소뇌(E)이다.
③, ④ 의식적인 반응에 관여하고, 판단, 추리 등 고등 정신 활동을 담당하는 것은 대뇌(A)이다.
⑤ 호흡 운동, 심장 박동 등을 조절하는 것은 연수(D)이다.

07 몸의 자세 및 균형을 유지하고, 근육 운동을 조절하는 중추
는 소뇌이다.

08 교감 신경과 부교감 신경 모두 자율 신경으로, 운동 신경으
로만 구성되며, 대뇌의 직접적인 명령을 받지 않는다.

09 피부의 감각점에서 받아들인 자극은 감각 신경을 통해 중
추 신경으로 전달되며, 중추 신경의 명령은 운동 신경을 통
해 근육으로 전달된다. 척수는 자극을 뇌로 전달하는 통로
역할을 하면서 무조건 반사의 반응 중추이다.

자극의 전달 경로

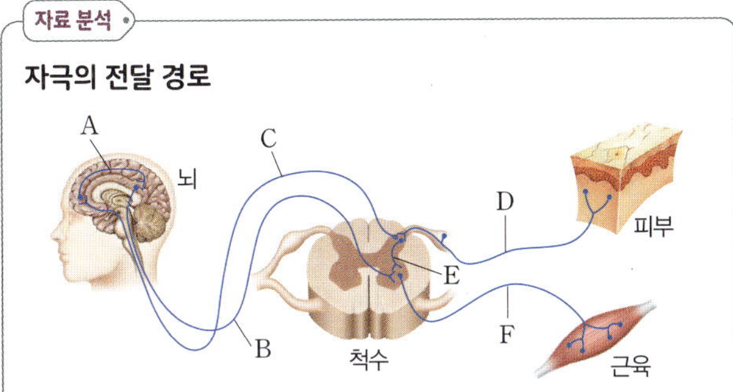

- 의식적인 반응: 자극 → 감각 기관(피부)→ 감각 신경(D, C) → 대
뇌(A) → 운동 신경(B, F) → 반응기(근육) → 반응
- 무조건 반사: 자극 → 감각 기관(피부) → 감각 신경(D) → 척수(E)
→ 운동 신경(F) → 반응기(근육) → 반응

10 무릎뼈 바로 아래를 고무망치로 가볍게 치면 이 자극은 감각
신경을 통해 척수로 전달되며, 다리가 저절로 올라가게 된다.

11 ④ 무조건 반사는 자극이 대뇌로 전달되기 전에 반응이 일
어난다.

오답 피하기 ①, ②, ⑤ 무조건 반사는 대뇌가 관여하지 않고 무
의식적으로 일어나며, 선천적인 반응이다. 의식적인 반응은
대뇌가 관여하고 자신의 의지에 따라 일어나는 반응이다.
③ 재채기와 기침은 연수가 반응 중추인 무조건 반사이다.

12 **예시 답안** 뇌사자, 호흡 운동의 중추는 연수이므로 식물인간은 스스
로 호흡할 수 있지만, 뇌사자는 스스로 호흡할 수 없기 때문이다.

채점 기준	배점(%)
뇌사자라고 쓰고, 인공호흡기가 필요한 까닭을 호흡 운동의 중추를 포함하여 옳게 설명한 경우	100
뇌사자라고 쓰고, 인공호흡기가 필요한 까닭을 연수가 손상되었기 때문이라고만 설명한 경우	70
뇌사자만 쓴 경우	30

13 **예시 답안** 눈에서 공이 날아오는 것을 자극으로 받아들여 감각 신
경이 이 자극을 대뇌로 전달한다. 대뇌에서는 방망이를 휘두르라
는 명령을 내리고, 운동 신경은 이 명령을 팔의 근육으로 전달하
여 팔을 휘두르게 한다.

채점 기준	배점(%)
반응 경로를 예시 답안과 같이 옳게 설명한 경우	100
반응 경로 중 1~2가지가 빠진 경우	50

01 ④	02 감각 뉴런	03 ④	04 ③	05 B: 간뇌	06 ⑤
07 ②	08 ④	09 감각 기관 → A → 대뇌 → B → 반응기		
10 ⑤	11 ①			

서술형 문제

12 중간뇌, 안구 운동과 동공의 크기를 조절하는 중추는 중간뇌이기
때문이다. **13** (가)는 자신의 의지에 따라 일어나는 의식적인 반응으
로 대뇌가 중추이고, (나)는 무의식적으로 일어나는 무조건 반사로 척
수가 중추이다.

01 뉴런은 신경 세포체, 하나의 긴 축삭 돌기와 여러 개의 짧
은 가지 돌기로 구성되어 있다.

02 감각 뉴런은 감각 신경을 구성하고, 감각 기관에서 받아들
인 자극을 연합 뉴런으로 전달한다.

03 뉴런과 뉴런 사이에서는 자극이 한 뉴런의 축삭 돌기에서
다른 뉴런의 가지 돌기 방향으로만 전달된다. 그러므로 화
살표 부분에 자극이 주어지면 B, C, D로는 자극이 전달되
지만, A로는 자극이 전달되지 않는다.

뉴런과 자극의 전달

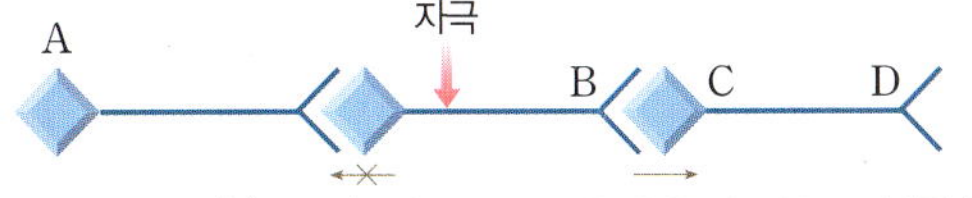

자극은 한 뉴런의 축삭 돌기에서 다른 뉴런의 가지 돌기 방향으로만
전달된다. ➡ B, C, D로만 자극이 전달된다.

04 말초 신경계 중 체성 신경과 자율 신경은 운동 신경으로만
이루어져 있다.

05 체온, 몸속 수분량 등 몸속 상태를 일정하게 유지하도록 조
절하는 작용은 간뇌(B)에서 담당한다.

06 기억, 판단, 추리 등 고등 정신 활동의 중추는 대뇌(A)이
며, 동공의 크기를 조절하는 중추는 중간뇌(C)이다.

07 ② 척수는 뇌와 함께 중추 신경계에 속한다.

오답 피하기 ①, ③ 척수는 척추 속에 들어 있으며, 무릎 반사
와 같은 무조건 반사의 중추이다.
④, ⑤ 척수는 팔이나 다리에서 받아들인 자극이 대뇌로 전
달되고, 대뇌의 명령이 팔이나 다리로 전달되는 통로가 되므
로 척수가 손상되면 팔이나 다리를 움직이지 못할 수 있다.

08 교감 신경은 동공 확대, 침 분비 억제, 호흡 운동과 심장 박
동 촉진, 소화 운동 억제의 작용을 하며, 부교감 신경은 이
와 반대 작용을 한다.

09 얼굴에 있는 감각 기관에서 받아들인 자극은 척수를 거치지 않고 대뇌로 전달되고, 대뇌의 명령이 얼굴에 있는 근육으로 전달될 때에도 척수를 거치지 않는다.

10 ⑤ 뾰족한 압정에 발이 찔렸을 때 자신도 모르게 발을 떼는 행동은 척수가 반응 중추인 무조건 반사이다. 이때 자극은 대뇌로도 전달되어 아픔을 느낀다.

오답 피하기 ① 대뇌가 직접 관여하는 것은 의식적인 반응이다.
② 무조건 반사는 의식적인 반응보다 빠르게 일어나 위급한 상황에서 우리 몸을 보호할 수 있다.
③ 무조건 반사는 대뇌를 거치지 않으므로 의식적인 반응보다 반응 경로가 짧다.
④ 무조건 반사는 태어날 때부터 가지고 있는 선천적인 반응이다.

11 자가 떨어진 거리가 길수록 반응 시간이 긴 것이며, 떨어지는 자를 눈으로 보고 잡을 때와 떨어지는 자를 소리를 듣고 잡을 때의 반응 경로가 다르므로 다른 결과가 나온다.

자료 분석

자극의 전달 경로에 따른 반응 시간

- 떨어지는 자를 눈으로 보고 잡을 때의 반응 경로: 자극 → 눈 → 시각 신경 → 대뇌 → (척수) → 운동 신경 → 손 → 자를 잡음.
- 떨어지는 자를 소리를 듣고 잡을 때의 반응 경로: 자극 → 귀 → 청각 신경 → 대뇌 → (척수) → 운동 신경 → 손 → 자를 잡음.

➡ 떨어지는 자를 눈으로 보고 잡을 때와 소리를 듣고 잡을 때의 반응 경로가 다르기 때문에 자를 잡는 데 걸리는 시간이 다르다.

---

12 심장 박동, 호흡 운동 등은 정상이므로 연수는 정상이다.

예시 답안 중간뇌, 안구 운동과 동공의 크기를 조절하는 중추는 중간뇌이기 때문이다.

채점 기준	배점(%)
중간뇌라고 쓰고, 중간뇌의 기능을 옳게 설명한 경우	100
중간뇌만 쓴 경우	30

13 예시 답안 (가)는 자신의 의지에 따라 일어나는 의식적인 반응으로 대뇌가 중추이고, (나)는 무의식적으로 일어나는 무조건 반사로 척수가 중추이다.

채점 기준	배점(%)
(가), (나)의 차이점을 반응의 이름과 중추를 포함하여 모두 옳게 설명한 경우	100
(가), (나)의 차이점을 반응의 이름과 중추 중 1가지만 포함하여 옳게 설명한 경우	50

12강 호르몬과 항상성 유지

틀리기 쉬운 유형 집중연습하기 79쪽

A **01** A: 뇌하수체 **02** 테스토스테론, E: 정소 **03** 결핍증: 갑상샘 기능 저하증, 과다증: 갑상샘 기능 항진증 **04** 인슐린, 글루카곤 **05** ㉠ 부신, ㉡ 에피네프린, ㉢ 촉진

B **06** A: 글루카곤, B: 인슐린 **07** A: ㉡, B: ㉠ **08** (1) B (2) A **09** ㉠ 포도당, ㉡ 당뇨병

01 뇌하수체(A)에서 분비되는 갑상샘 자극 호르몬은 갑상샘(B)에서 티록신의 분비를 촉진한다.

02 정소(E)에서 분비되는 테스토스테론은 남자의 2차 성징을 발현시킨다.

03 갑상샘(B)에서 티록신이 너무 적게 분비되면 갑상샘 기능 저하증이, 너무 많이 분비되면 갑상샘 기능 항진증이 나타난다.

04 이자(C)에서 분비되는 인슐린과 글루카곤은 혈당량을 조절한다.

05 부신(D)에서 분비되는 에피네프린은 혈압을 상승시키고, 심장 박동을 촉진한다.

06 이자에서 분비되어 혈당량을 증가시키는 A는 글루카곤, 혈당량을 감소시키는 B는 인슐린이다.

07 글루카곤(A)은 글리코젠을 포도당으로 분해하는 반응(㉡)을 촉진하고, 인슐린(B)은 포도당을 글리코젠으로 합성하는 반응(㉠)을 촉진한다.

08 탄수화물이 주성분인 음식을 먹으면 혈당량이 증가하므로 인슐린(B)의 분비량이 증가하고, 식사 후에 운동을 하면 혈당량이 감소하므로 글루카곤(A)의 분비량이 증가한다.

09 인슐린이 너무 적게 분비되면 혈당량이 정상보다 계속 높게 유지되어 당뇨병에 걸릴 수 있다.

12강 기출 예상 문제로 시험 대비하기 1회

80~81쪽

01 ④ **02** ④ **03** 이자 **04** 항이뇨 호르몬 **05** ⑤ **06** ④ **07** ① **08** ④ **09** ③ **10** ①

서술형 문제

11 몸이 환경 변화에 적절히 반응하여 몸의 상태를 일정하게 유지하려는 성질을 항상성이라고 하며, 날씨에 관계없이 체온이 일정하게 유지되는 것을 예로 들 수 있다. **12** 이자에서는 혈당량을 감소시키는 인슐린과 혈당량을 증가시키는 글루카곤이 분비된다. 식사 후 혈당량이 증가할 때 분비량이 증가하는 B는 인슐린이고, 혈당량이 감소할 때 분비량이 증가하는 A는 글루카곤이다.

01 물질 A는 호르몬이며, ㉠은 호르몬(A)을 분비하는 내분비샘, ㉡은 호르몬(A)이 작용하는 표적 기관이다. 호르몬(A)의 분비량이 너무 많거나 적으면 과다증이나 결핍증이 나타날 수 있다.

02 뇌하수체는 간뇌의 아래쪽에 붙어 있으며, 생장 호르몬, 갑상샘 자극 호르몬, 항이뇨 호르몬 등을 분비한다. 혈당량을 증가시키는 호르몬을 분비하는 내분비샘은 이자(글루카곤)와 부신(에피네프린)이다.

03 이자는 이자액을 분비하는 외분비샘이면서 인슐린과 글루카곤을 분비하는 내분비샘이다.

04 항이뇨 호르몬은 뇌하수체에서 분비되며, 콩팥에서 물의 재흡수를 촉진한다. 몸속 수분량은 항이뇨 호르몬의 작용으로 일정하게 유지된다.

05 ㄷ, ㄹ. 티록신이 너무 많이 분비되면 체중이 감소하고 눈이 돌출되며, 맥박이 빨라지는 갑상샘 기능 항진증이 나타난다. 티록신이 너무 적게 분비되면 체중이 증가하고 추위를 잘 타는 갑상샘 기능 저하증이 나타난다.

오답 피하기 ㄱ, ㄴ. 성장기에 생장 호르몬이 너무 적게 분비되면 키가 잘 자라지 않고, 생장 호르몬이 너무 많이 분비되면 키가 비정상적으로 많이 자란다.

06 ④ 신경계는 뉴런을 통해, 호르몬은 혈액을 통해 신호를 전달한다.

오답 피하기 ① 작용 범위는 신경계가 호르몬보다 좁다.
② 효과의 지속성은 신경계가 호르몬보다 짧다.
③ 신호 전달 속도는 호르몬이 신경계보다 느리다.
⑤ 신경계는 뉴런이 분포한 특정 부위에만 작용하고, 호르몬은 표적 세포나 표적 기관에만 작용한다.

07 ㄱ. 혈당량은 혈액 속에 들어 있는 포도당의 양으로, 식사를 하면 소장에서 포도당이 흡수되어 혈당량이 증가한다.

오답 피하기 ㄴ, ㄷ. 세포가 혈액 속의 포도당을 흡수하거나 달리기와 같은 운동을 하여 혈액 속의 포도당이 소모되면 혈당량이 감소한다.

ㄹ. 인슐린은 간에서 포도당을 글리코젠으로 합성하여 저장하는 것과 혈액 속의 포도당이 세포로 흡수되는 것을 촉진하여 혈당량을 낮춘다.

08 X는 포도당을 글리코젠으로 합성하는 반응을 촉진하여 혈당량을 낮추는 인슐린이고, Y는 글리코젠을 포도당으로 분해하는 반응을 촉진하여 혈당량을 높이는 글루카곤이다.
④ 인슐린(X)과 글루카곤(Y)은 모두 호르몬이므로 내분비샘(이자)에서 분비되어 혈액을 통해 표적 기관인 간으로 운반된다.

오답 피하기 ① X는 인슐린이다.
② 운동을 하면 포도당이 소모되므로 글루카곤(Y)이 분비되어 혈당량을 높인다.

③ 혈당량이 높아지면 혈당량을 낮추기 위해 인슐린(X)의 분비가 촉진된다.
⑤ 인슐린(X)의 작용으로 세포에서의 포도당 흡수가 촉진된다.

09 더울 때는 피부 근처 혈관이 확장되어 피부 근처로 흐르는 혈액의 양이 증가하여 열 방출량이 증가한다.

10 ㄱ, ㄴ. 몸속 수분량의 조절 중추는 간뇌(㉠)이다. A는 항이뇨 호르몬으로, 콩팥에서 물의 재흡수를 촉진한다.

오답 피하기 ㄷ. 땀을 많이 흘려 체액의 농도가 증가하면 항이뇨 호르몬(A)의 분비량이 증가하여 콩팥에서 물의 재흡수가 촉진된다.
ㄹ. 항이뇨 호르몬(A)의 분비량이 감소하면 콩팥에서 물의 재흡수가 억제되어 오줌으로 빠져나가는 물의 양이 늘어나고, 몸속 수분량이 감소하여 체액의 농도가 증가한다.

자료 분석

몸속 수분량 조절

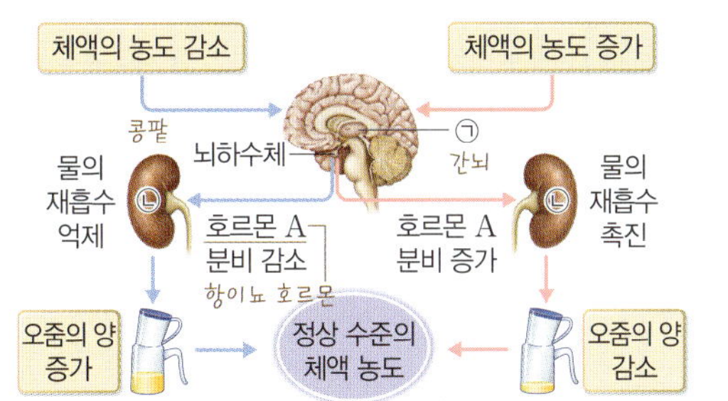

- 몸속 수분량이 많으면 체액의 농도가 낮고, 몸속 수분량이 적으면 체액의 농도가 높다.
- 몸속 수분량 조절은 항이뇨 호르몬(A)에 의해 조절된다.
- 항이뇨 호르몬(A)의 분비량이 증가하면 콩팥에서 물의 재흡수를 촉진한다. ➡ 오줌으로 빠져나가는 물의 양은 줄어들고, 몸속 수분량이 증가하여 체액의 농도가 감소한다.

11 **예시 답안** 몸이 환경 변화에 적절히 반응하여 몸의 상태를 일정하게 유지하려는 성질을 항상성이라고 하며, 날씨에 관계없이 체온이 일정하게 유지되는 것을 예로 들 수 있다.

채점 기준	배점(%)
항상성의 뜻과 항상성 유지의 예를 모두 옳게 설명한 경우	100
항상성의 뜻, 항상성 유지의 예 중 1가지만 옳게 설명한 경우	50

12 **예시 답안** 이자에서는 혈당량을 감소시키는 인슐린과 혈당량을 증가시키는 글루카곤이 분비된다. 식사 후 혈당량이 증가할 때 분비량이 증가하는 B는 인슐린이고, 혈당량이 감소할 때 분비량이 증가하는 A는 글루카곤이다.

채점 기준	배점(%)
호르몬 A, B의 이름과 그렇게 판단한 까닭을 옳게 설명한 경우	100
호르몬 A, B의 이름만 옳게 쓴 경우	30

12강 시험 대비하기 2회

기출 예상 문제로

82~83쪽

01 ② **02** ③ **03** 에스트로젠, E: 난소 **04** ① **05** ④
06 ② **07** ⑤ **08** ④ **09** (1) > (2) < **10** ⑤

✎ 서술형 문제

11 티록신의 혈중 농도가 높으면 뇌하수체에서 갑상샘 자극 호르몬의 분비량이 감소하여 갑상샘에서 티록신의 분비량이 감소하고, 티록신의 혈중 농도가 낮으면 뇌하수체에서 갑상샘 자극 호르몬의 분비량이 증가하여 갑상샘에서 티록신의 분비량이 증가하여 티록신의 혈중 농도가 일정하게 유지된다. **12** 간에서 포도당이 글리코젠으로 합성되는 과정을 촉진하며, 세포가 혈액 속의 포도당을 흡수하는 것을 촉진한다.

01 내분비샘에서 분비되는 호르몬의 양은 몸의 상태에 따라 다르다.

02 뇌하수체(A)에서는 생장 호르몬, 갑상샘 자극 호르몬, 항이뇨 호르몬 등이 분비된다. 당뇨병은 이자(C)에서 인슐린이 너무 적게 분비되었을 때 나타난다.

03 난소(E)에서 분비되는 에스트로젠은 여자의 2차 성징을 발현시킨다.

04 인슐린은 간에서 포도당이 글리코젠으로 합성되는 과정을 촉진하고, 글루카곤과 에피네프린은 간에서 글리코젠이 포도당으로 분해되는 과정을 촉진한다.

05 생장 호르몬이 성장기 이후에 너무 많이 분비되면 입술, 코가 두꺼워지고, 손과 발이 커지는 말단 비대증이 나타난다.

개념 더하기

호르몬 결핍증과 과다증

호르몬	결핍증	과다증
생장 호르몬	소인증	거인증, 말단 비대증
티록신	갑상샘 기능 저하증	갑상샘 기능 항진증
인슐린	당뇨병	–

06 (가)는 신경계에 의해, (나)는 호르몬에 의해 신호가 전달되는 과정이다.
② 호르몬은 신경계보다 효과가 오래 지속된다.
오답 피하기 ①, ⑤ 체온 조절에는 신경계와 호르몬이 모두 관여하며, 신경계와 호르몬은 모두 간뇌와 같은 중추 신경의 영향을 받는다.
③ 몸의 생장과 같은 신체 변화는 오랜 시간에 걸쳐 지속적으로 일어나므로, 일시적인 반응이 일어나게 하는 신경계보다 지속적인 반응이 일어나게 하는 호르몬과 관련이 더 깊다.
④ 신경계는 뉴런이 분포하는 부분에만 신호를 전달하고, 호르몬은 혈액을 통해 온몸을 순환하면서 신호를 전달한다.

07 A는 인슐린, B는 글루카곤, C는 에피네프린이다. 식사 후에는 혈당량이 증가하므로 혈당량을 낮추기 위해 인슐린(A)의 분비가 촉진된다. 혈당량이 낮을 때는 글루카곤과 에피네프린의 분비가 촉진된다.

자료 분석

혈당량 조절

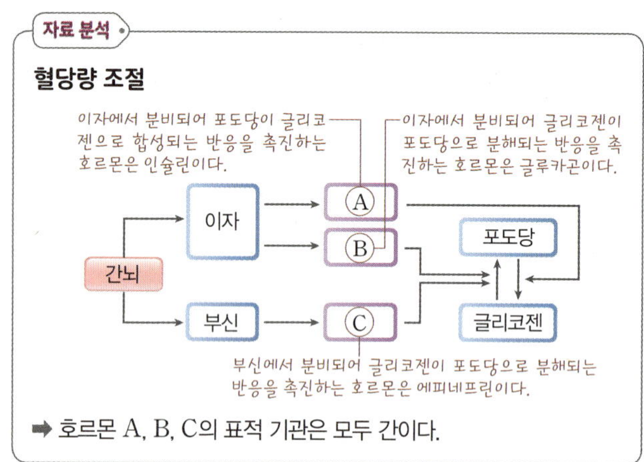

➡ 호르몬 A, B, C의 표적 기관은 모두 간이다.

08 (가)는 피부 근처 혈관이 확장되어 열 방출량이 많으므로 더울 때이며, (나)는 피부 근처 혈관이 수축되어 열 방출량이 적으므로 추울 때이다. 더울 때(가)는 추울 때(나)보다 열 발생량이 적고, 피부 근처로 흐르는 혈액의 양과 땀 분비량이 많다.

09 더울 때는 열 방출량이 증가하고 열 발생량이 감소하며, 추울 때는 열 방출량이 감소하고 열 발생량이 증가한다.

10 체액의 농도(몸속 수분량)는 뇌하수체에서 분비되는 항이뇨 호르몬에 의해 일정하게 유지된다. 체액의 농도가 높을 때 간뇌에서 체액의 농도가 높음을 감지(다) → 뇌하수체에서 항이뇨 호르몬의 분비 증가(마) → 콩팥에서 물의 재흡수 촉진(나) → 오줌의 양 감소(가) → 체액의 농도가 감소하여 정상 수준이 된다.(라)

11 **예시 답안** 티록신의 혈중 농도가 높으면 뇌하수체에서 갑상샘 자극 호르몬의 분비량이 감소하여 갑상샘에서 티록신의 분비량이 감소하고, 티록신의 혈중 농도가 낮으면 뇌하수체에서 갑상샘 자극 호르몬의 분비량이 증가하여 갑상샘에서 티록신의 분비량이 증가하여 티록신의 혈중 농도가 일정하게 유지된다.

채점 기준	배점(%)
티록신의 혈중 농도가 일정하게 유지되는 원리를 피드백 개념을 포함하여 옳게 설명한 경우	100
티록신의 혈중 농도가 일정하게 유지되는 원리를 갑상샘 자극 호르몬의 분비 조절이라고만 설명한 경우	30

12 **예시 답안** 간에서 포도당이 글리코젠으로 합성되는 과정을 촉진하며, 세포가 혈액 속의 포도당을 흡수하는 것을 촉진한다.

채점 기준	배점(%)
인슐린의 혈당량 조절 작용 2가지를 모두 옳게 설명한 경우	100
인슐린의 혈당량 조절 작용 중 1가지만 옳게 설명한 경우	50

01 C: 수정체　**02** ⑤　**03** ③　**04** 소리는 외이도(A)를 지나 고막(B)을 진동시키고, 이 진동은 귓속뼈(C)에서 증폭되어 달팽이관(F)의 청각 세포로 전달된다. 청각 세포는 진동을 자극으로 받아들여 청각 신경(E)을 통해 대뇌로 전달하여 소리를 듣게 된다.　**05** ⑤
06 ②　**07** ③　**08** 음식의 맛은 혀로 느끼는 맛(미각)과 냄새(후각)가 함께 작용하여 느끼는 것이기 때문이다.　**09** ③, ⑤　**10** ⑤
11 ③　**12** ④　**13** ②　**14** ⑤　**15** ㄱ　**16** (가)는 대뇌가 중추인 의식적인 반응이고, (나)는 연수가 중추인 무조건 반사이다.
17 ③　**18** ㉠ 항상성, ㉡ 신호, ㉢ 표적 세포나 표적 기관　**19** ①
20 ①　**21** 호르몬은 신호 전달 속도는 느리지만 작용 범위가 넓고 효과가 오랫동안 지속되며, 신경계는 신호 전달 속도는 빠르지만 작용 범위가 좁고 효과가 짧게 지속된다.　**22** ③　**23** B　**24** 항이뇨 호르몬, 뇌하수체

01 A는 각막, B는 홍채, C는 수정체, D는 유리체, E는 망막, F는 맥락막, G는 섬모체이다. 수정체는 근육이 없어 스스로 두꺼워지거나 얇아지지 않으며, 빛을 굴절시켜 망막에 상이 맺히게 한다.

02 ⑤ 빛 자극이 전달되는 경로는 각막(A) → 수정체(C) → 유리체(D) → 망막(E)의 시각 세포이다.
　오답 피하기 ① 눈의 원근 조절과 관계가 있는 것은 수정체(C)와 섬모체(G)이며, 홍채(B)는 명암 조절과 관계가 있다.
　② 사진기의 조리개와 같은 역할을 하는 것은 홍채(B)이며, 수정체(C)는 사진기의 렌즈와 같은 역할을 한다.
　③ 맥락막(F)은 눈 속을 어둡게 하며, 시각 세포가 분포하는 곳은 망막(E)이다.
　④ 섬모체(G)는 수정체의 두께를 조절하며, 홍채(B)는 동공의 크기를 조절한다.

03 주변의 밝기가 밝아지면 홍채의 면적이 늘어나면서 동공의 크기가 작아져 눈으로 들어오는 빛의 양이 줄어든다. ①은 먼 곳을 볼 때, ②는 주변이 어두울 때, ④는 가까운 곳을 볼 때 나타나는 눈의 변화이다.

04 **예시 답안** 소리는 외이도(A)를 지나 고막(B)을 진동시키고, 이 진동은 귓속뼈(C)에서 증폭되어 달팽이관(F)의 청각 세포로 전달된다. 청각 세포는 진동을 자극으로 받아들여 청각 신경(E)을 통해 대뇌로 전달하여 소리를 듣게 된다.

채점 기준	배점(%)
소리를 듣기까지의 과정을 예시 답안과 같이 옳게 설명한 경우	100
소리를 듣기까지의 과정을 귀 구조의 기호와 이름 5개 중 3개만 포함하여 설명한 경우	60

05 평형 감각은 귀에서 자극을 받아들이며, 몸의 회전은 반고리관에서, 기울어짐은 전정 기관에서 감지한다. 평형 감각 기관에서 받아들인 자극은 평형 감각 신경을 통해 소뇌로 전달된다.

개념 더하기

평형 감각

반고리관	몸의 회전을 감지 ➡ 회전하는 놀이 기구를 타면 몸이 회전하는 느낌을 받는다.
전정 기관	몸의 기울어짐을 감지 ➡ 좁은 평균대 위를 걸을 때 몸이 기울어지는 느낌을 받는다.

06 후각 신경(A)은 감각 뉴런으로 이루어진 감각 신경이며, 후각 세포(C)에서 받아들인 자극을 대뇌로 전달한다.

07 맛세포는 맛봉오리에 모여 있으며, 혀의 부위에 따라 맛세포의 분포 정도가 다르다. 맛세포에서 받아들인 자극은 미각 신경을 통해 대뇌로 전달된다. 따라서 척수가 손상되었다고 맛을 느낄 수 없는 것은 아니다.

08 **예시 답안** 음식의 맛은 혀로 느끼는 맛(미각)과 냄새(후각)가 함께 작용하여 느끼는 것이기 때문이다.

채점 기준	배점(%)
미각과 후각이 함께 작용한다는 내용을 포함하여 옳게 설명한 경우	100
다른 감각이 함께 작용해 느끼기 때문이라고만 설명한 경우	30

09 이쑤시개가 2개로 느껴진다는 것은 감각점 2개에서 각각 자극을 받아들였다는 것이므로 이쑤시개가 2개로 느껴지는 최소 거리가 짧을수록 감각점이 많아 감각이 예민한 것이다. 따라서 손등은 손바닥보다 감각이 둔감하며, 단위 면적당 분포하는 감각점의 수는 서로 다르다.

자료 분석

감각점의 분포

- 이쑤시개가 2개로 느껴지는 최소 거리

구분	손바닥	손등	손가락 끝
최소 거리(mm)	6	8	2

- 이쑤시개가 2개로 느껴지는 최소 거리가 짧다. ➡ 단위 면적당 분포하는 감각점(촉점)의 수가 많다. ➡ 감각이 예민하다. ➡ 손가락 끝의 감각이 가장 예민하고, 손등이 가장 둔감하다.

10 A는 감각 뉴런, B는 연합 뉴런, C는 운동 뉴런이다.
　⑤ 연합 뉴런(B)은 감각 뉴런(A)으로부터 전달받은 자극을 분석하여 운동 뉴런(C)에 적절한 명령을 내린다.
　오답 피하기 ① 감각 뉴런(A)은 신경 세포체가 축삭 돌기의 한쪽 옆에 붙어 있다.
　② 연합 뉴런(B)은 중추 신경계를 구성한다.
　③ 운동 뉴런(C)의 축삭 돌기는 반응기에 연결되어 있다.
　④ 자율 신경은 운동 뉴런(C)으로 이루어져 있다.

시험대비편

11 자판은 감각 기관, 모니터는 반응기, 중앙 처리 장치는 연합 뉴런, 자판과 중앙 처리 장치 사이의 케이블은 감각 뉴런, 중앙 처리 장치와 모니터 사이의 케이블은 운동 뉴런에 해당한다.

12 A는 대뇌, B는 간뇌, C는 중간뇌, D는 연수, E는 소뇌이다. ④ 호흡 운동, 심장 박동 조절의 중추는 연수(D)이다. **[오답 피하기]** ① 혈당량 등 항상성 유지의 중추는 간뇌(B)이다. ② 안구 운동과 동공 크기 조절의 중추는 중간뇌(C)이다. ③ 의식적인 반응의 중추는 대뇌(A)이다. ⑤ 암기, 계산 등 고등 정신 활동은 대뇌(A)가 관여한다.

13 척수는 연수 아래쪽으로 뻗어 있으며, 척추 속에 들어 있다. 뇌와 함께 중추 신경계에 속하며, 감각 신경과 운동 신경이 지나는 통로가 된다. 무릎 반사, 뜨거운 것에 손이 닿았을 때 급히 손을 떼는 반응 등 무조건 반사의 중추이다.

14 A는 중추 신경계, B는 말초 신경계이며, 말초 신경계는 중추 신경계와 온몸의 조직이나 기관을 연결한다. 말초 신경계는 감각 신경과 운동 신경으로 구성되며, 운동 신경은 자율 신경과 체성 신경으로 구분할 수 있다.

15 위급한 상황에 처했을 때는 부교감 신경보다 교감 신경이 더 활발하게 작용하여 동공이 커지고, 심장 박동이 빨라지며, 소화액의 분비와 소화 운동이 억제된다.

> **개념 더하기**
>
> **교감 신경과 부교감 신경**
>
> 자율 신경은 심장이나 소장 등 내장 기관에 연결되어 있어 대뇌의 직접적인 명령 없이 내장 기관의 운동을 조절한다. 자율 신경은 교감 신경과 부교감 신경으로 구분되며, 이들은 같은 내장 기관에 분포하여 서로 반대되는 작용을 한다.
>
> | 구분 | 동공 | 호흡 운동 | 심장 박동 | 소화 운동 | 침 분비 |
> |---|---|---|---|---|---|
> | 교감 신경 | 확대 | 촉진 | 촉진 | 억제 | 억제 |
> | 부교감 신경 | 축소 | 억제 | 억제 | 촉진 | 촉진 |

16 **[예시 답안]** (가)는 대뇌가 중추인 의식적인 반응이고, (나)는 연수가 중추인 무조건 반사이다.

채점 기준	배점(%)
(가)와 (나)의 차이점을 자극에 따른 반응 경로와 관련하여 옳게 설명한 경우	100
(가)와 (나)의 차이점을 반응 이름이나 반응 중추만 포함하여 설명한 경우	50

17 주어진 반응은 대뇌의 판단과 명령에 따라 일어나는 의식적인 반응이다. 의식적인 반응은 자신의 의지에 따라 일어나며, 발이 간지러워 긁는 행동은 이와 같은 경로로 일어난다. 무조건 반사는 자극이 대뇌로 전달되기 전에 반응이 일어나므로 의식적인 반응보다 빠르게 일어난다.

18 우리 몸에서는 신속한 신호 전달과 일시적인 반응이 일어나도록 하는 신경계와 느리지만 지속적인 반응이 일어나도록 하는 호르몬의 상호 작용으로 항상성이 유지된다.

19 뇌하수체(A)에서는 항이뇨 호르몬, 생장 호르몬, 갑상샘 자극 호르몬이 분비된다.

20 (가)는 티록신이 너무 적게 분비되어 나타나는 갑상샘 기능 저하증, (나)는 성장기 이후에 생장 호르몬이 너무 많이 분비되어 나타나는 말단 비대증의 증상이다.

21 **[예시 답안]** 호르몬은 신호 전달 속도는 느리지만 작용 범위가 넓고 효과가 오랫동안 지속되며, 신경계는 신호 전달 속도는 빠르지만 작용 범위가 좁고 효과가 짧게 지속된다.

채점 기준	배점(%)
호르몬과 신경계의 차이점을 3가지 내용을 모두 포함하여 옳게 설명한 경우	100
호르몬과 신경계의 차이점을 2가지 내용을 포함하여 옳게 설명한 경우	60
호르몬과 신경계의 차이점을 1가지 내용을 포함하여 옳게 설명한 경우	30

22 ㄱ, ㄴ. A 시기는 혈당량이 정상 수준보다 높으므로 인슐린이 분비되고, B 시기는 혈당량이 정상 수준보다 낮으므로 글루카곤이 분비된다. **[오답 피하기]** ㄷ. 운동을 하면 포도당이 소모되어 혈당량이 감소하므로 B 시기와 같은 혈당량 변화가 나타난다.

> **자료 분석**
>
> **혈당량 조절**
>
> 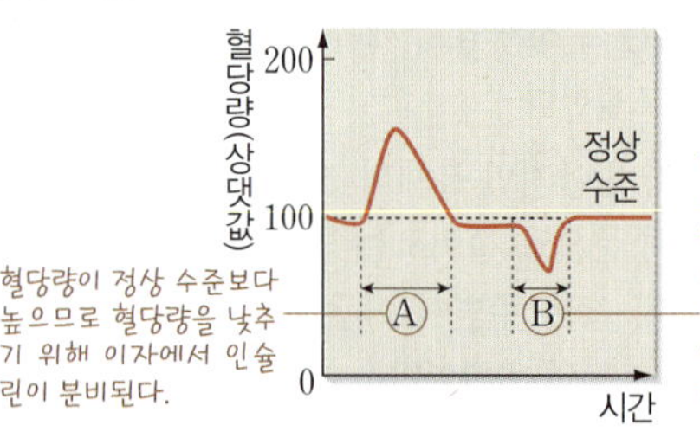
>
>
> • 인슐린은 혈당량이 정상 수준보다 높아지면 분비가 촉진되고, 정상 수준보다 낮아지면 분비가 억제된다.
> • 글루카곤과 에피네프린은 혈당량이 정상 수준보다 높아지면 분비가 억제되고, 정상 수준보다 낮아지면 분비가 촉진된다.

23 추울 때는 간뇌에서 체온 변화를 감지하여 피부 근처 혈관이 수축되어 피부 근처로 흐르는 혈액의 양이 감소하여 열 방출량이 감소하고, 근육이 떨려 열 발생량이 증가하여 체온을 높인다.

24 우리 몸에서는 뇌하수체에서 분비되어 콩팥에서 물의 재흡수를 촉진하는 항이뇨 호르몬의 분비를 조절함으로써 몸속 수분량을 조절한다.

Memo

www.mirae-n.com

학습하다가 이해되지 않는 부분이나 정오표 등의 궁금한 사항이 있나요?
미래엔 홈페이지에서 해결해 드립니다.

교재 내용 문의
나의 교재 문의 | 자주하는 질문 | 기타 문의

교재 정답 및 정오표
정답과 해설 | 정오표

교재 학습 자료
개념 강의 | 문제 자료 | MP3 | 실험 영상